全国注册建筑师资格考试丛书

一级注册建筑师资格考试教材

·4·

建筑材料与构造

（第二版）

全国注册建筑师资格考试教材编委会　编

曹纬浚　主编

中国建筑工业出版社

图书在版编目(CIP)数据

一级注册建筑师资格考试教材. 4，建筑材料与构造 / 全国注册建筑师资格考试教材编委会编；曹纬浚主编. — 2版. — 北京：中国建筑工业出版社，2023.11
（全国注册建筑师资格考试丛书）
ISBN 978-7-112-29327-8

Ⅰ.①一… Ⅱ.①全… ②曹… Ⅲ.①建筑材料－资格考试－自学参考资料②建筑构造－资格考试－自学参考资料 Ⅳ.①TU

中国国家版本馆CIP数据核字(2023)第215764号

责任编辑：黄习习 张 建 徐 冉
责任校对：姜小莲

全国注册建筑师资格考试丛书
一级注册建筑师资格考试教材
· 4 ·
建筑材料与构造
（第二版）
全国注册建筑师资格考试教材编委会 编
曹纬浚 主编

*

中国建筑工业出版社出版、发行（北京海淀三里河路9号）
各地新华书店、建筑书店经销
北京红光制版公司制版
建工社（河北）印刷有限公司印刷

*

开本：787毫米×1092毫米 1/16 印张：30½ 字数：738千字
2023年12月第二版 2023年12月第一次印刷
定价：99.00元（含增值服务）
ISBN 978-7-112-29327-8
(42029)

版权所有 翻印必究
如有内容及印装质量问题，请联系本社读者服务中心退换
电话：(010) 58337283 QQ：2885381756
(地址：北京海淀三里河路9号中国建筑工业出版社604室 邮政编码：100037)

全国注册建筑师资格考试教材编委会

主任委员 赵春山

副主任委员 于春普　曹纬浚

主　　编 曹纬浚

副 主 编 姜忆南

主编助理 曹京　陈璐

编　　委（以姓氏笔画为序）

于春普　王又佳　王昕禾　叶　飞
冯　东　冯　玲　刘　捷　刘　博
许　萍　孙　伟　杜晓辉　李　英
陈　岚　陈　璐　陈向东　赵春山
荣玥芳　侯云芬　姜忆南　贾昭凯
晁　军　钱民刚　郭保宁　曹　京
曹纬浚　穆静波　魏　鹏

序

赵春山

(住房和城乡建设部执业资格注册中心原主任)

我国正在实行注册建筑师执业资格制度,从接受系统建筑教育到成为执业建筑师之前,首先要得到社会的认可,这种社会的认可在当前表现为取得注册建筑师执业资格证书,而建筑师在未来怎样行使执业权力,怎样在社会上进行再塑造和被再评价从而建立良好的社会资源,则是另一个角度对建筑师的要求。因此在如何培养一名合格的注册建筑师的问题上有许多需要思考的地方。

一、正确理解注册建筑师的准入标准

我们实行注册建筑师制度始终坚持教育标准、职业实践标准、考试标准并举,三者之间相辅相成、缺一不可。所谓教育标准就是大学专业建筑教育。建筑教育是培养专业建筑师必备的前提。一个建筑师首先必须经过大学的建筑学专业教育,这是基础。职业实践标准是指经过学校专门教育后又经过一段有特定要求的职业实践训练积累。只有这两个前提条件具备后才可报名参加考试。考试实际就是对大学建筑教育的结果和职业实践经验积累结果的综合测试。注册建筑师的产生都要经过建筑教育、实践、综合考试三个过程,而不能用其中任何一个去代替另外两个过程,专业教育是建筑师的基础,实践则是在步入社会以后通过经验积累提高自身能力的必经之路。从本质上说,注册建筑师考试只是一个评价手段,真正要成为一名合格的注册建筑师还必须在教育培养和实践训练上下功夫。

二、关注建筑专业教育对职业建筑师的影响

应当看到,我国的建筑教育与现在的人才培养、市场需求尚有脱节的地方,比如在人才知识结构与能力方面的实践性和技术性还有欠缺。目前在建筑教育领域实行了专业教育评估制度,一个很重要的目的是想以评估作为指挥棒,指挥或者引导现在的教育向市场靠拢,围绕着市场需求培养人才。专业教育评估在国际上已成为一种通行的做法,是一种通过社会或市场评价教育并引导教育围绕市场需求培养合格人才的良好机制。

当然,大学教育本身与社会的具体应用需要之间有所区别,大学教育更侧重于专业理论基础的培养,所以我们就从衡量注册建筑师第二个标准——实践标准上来解决这个问题。注册建筑师考试前要强调专业教育和三年以上的职业实践。现在专门为报考注册建筑师提供一个职业实践手册,包括设计实践、施工配合、项目管理、学术交流四个方面共十项具体实践内容,并要求申请考试人员在一名注册建筑师指导下完成。

理论和实践是相辅相成的关系,大学的建筑教育是基础理论与专业理论教育,但必须

要给学生一定的时间使其把理论知识应用到实践中去，把所学和实践结合起来，提高自身的业务能力和专业水平。

大学专业教育是作为专门人才的必备条件，在国外也是如此。发达国家对一个建筑师的要求是：没有经过专门的建筑学教育是不能称之为建筑师的，而且不能进入该领域从事与其相关的职业。企业招聘人才也首先要看他们是否具备扎实的基本知识和专业本领，所以大学的本科建筑教育是必备条件。

三、注意发挥在职教育对注册建筑师培养的补充作用

在职教育在我国有两个含义：一种是后补充学历教育，即本不具备专业学历，但工作后经过在职教育通过社会自学考试，取得从事现职业岗位要求的相应学历；还有一种是继续教育，即原来学的本专业和其他专业学历，随着科技发展和自身业务领域的拓宽，原有的知识结构已不适应了，于是通过在职教育去补充相关知识。由于我国建筑教育在过去一段时期底子薄，培养数量与社会需求差距很大。改革开放以后为了满足快速发展的建筑市场需求，一批没有经过规范的建筑教育的人员进入了建筑师队伍。而要解决好这一历史问题，提高建筑师队伍整体职业素质，在职教育有着重要的补充作用。

继续教育是在职教育的一种行之有效的教育形式，它特指具有专业学历背景的在职人员从业后，因社会的发展使得原有知识需要更新，要通过参加新知识、新技术的学习以调整原有知识结构、拓宽知识范围。它在性质上与在职培训相同，但又不能完全画等号。继续教育是有计划性、目标性、提高性的，从整体人才队伍和个人知识总体结构上作调整和补充。当前，社会在职教育在制度上和措施上还不够完善，质量很难保证。有一些人把在职读学历作为"镀金"，把继续教育当作"过关"。虽然最后证明拿到了，但实际的本领和水平并没有相应提高。为此需要我们做两方面的工作，一是要让我们的建筑师充分认识到在职教育是我们执业发展的第一需求；二是我们的教育培训机构要完善制度、改进措施、提高质量，使参加培训的人员有所收获。

四、为建筑师创造一个良好的职业环境

要向社会提供高水平、高质量的设计产品，关键还是要靠注册建筑师的自身素质，但也不可忽视社会环境的影响。大众审美的提高可以让建筑师感受到社会的关注，增强自省意识，努力创造出一个经受得住大众评价的作品。但目前实际上建筑师的很多设计思想受开发商与业主方面很大的影响，有时建筑水平并不完全取决于建筑师，而是取决于开发商与业主的喜好。有的业主审美水平不高，很多想法往往只是自己的意愿，这就很难做出与社会文化、科技、时代融合的建筑产品。要改善这种状态，首先要努力创造尊重知识、尊重人才的社会环境。建筑师要维护自己的职业权利，大众要尊重建筑师的创作成果，业主不要把个人喜好强加于建筑师。同时建筑师自身也要提高自己的素质和修养，增强社会责任感，建立良好的社会信誉。要让创造出的作品得到大众的尊重，首先自己要尊重自己的劳动成果。

五、认清差距，提高自身能力，迎接挑战

目前中国的建筑师与国际水平还存在着一定差距，而面对信息化时代，如何缩小差距

以适应时代变革和技术进步，及时调整并制定新的对策，成为建筑教育需要探讨解决的问题。

我们现在的建筑教育不同程度地存在重艺术、轻技术的倾向。在注册建筑师资格考试中明显感觉到建筑师们在相关的技术知识包括结构、设备、材料方面的把握上有所欠缺，这与教育有一定的关系。学校往往比较注重表现能力方面的培养，而技术方面的教育则相对不足。尽管这些年有的学校进行了一些课程调整，加强了技术方面的教育，但从整体来看，现在的建筑师在知识结构上还是存在缺欠。

建筑是时代发展的历史见证，它凝固了一个时期科技、文化发展的印记，建筑师如果不能与时代发展相适应，努力学习和掌握当代社会发展的科学技术与人文知识，提高建筑的科技、文化内涵，就很难创造出高水平的作品。

当前，我们的建筑教育可以利用互联网加强与国外信息的交流，了解和掌握国外在建筑方面的新思路、新理念、新技术。这里想强调的是，我们的建筑教育还是应该注重与社会发展相适应。当今，社会进步速度很快，建筑所蕴含的深厚文化底蕴也在不断地丰富、发展。现代建筑创作不能单一强调传统文化，要充分运用现代科技发展成果，使建筑在经济、安全、健康、适用和美观方面得到全面体现。在人才培养上也要与时俱进。加强建筑师科技能力的培养，让他们学会适应和运用新技术、新材料去进行建筑创作。

一个好的建筑要实现它的内在和外表的统一，必须要做到：建筑的表现、材料的选用、结构的布置以及设备的安装融为一体。但这些在很多建筑中还做不到，这说明我们一些建筑师在对新结构、新设备、新材料的掌握和运用上能力不够，还需要加大学习的力度。只有充分掌握新的结构技术、设备技术和新材料的性能，建筑师才能够更好地发挥创造水平，把技术与艺术很好地融合起来。

中国加入WTO以后面临国外建筑师的大量进入，这对中国建筑设计市场有很大的冲击，我们不能期望通过政府设立各种约束限制国外建筑师的进入而自保，关键是要使国内建筑师自身具备与国外建筑师竞争的能力，充分迎接挑战、参与竞争，通过实践提高我们的设计水平，为社会提供更好的建筑作品。

前　言

一、本套书出版历程介绍

1994年9月，建设部、人事部下发了《建设部、人事部关于建立注册建筑师制度及有关工作的通知》（建设〔1994〕第598号），决定实行注册建筑师制度，并于1995年组织了第一次全国一级注册建筑师资格考试。北京市规划委员会委托曹纬浚主持整个北京市建筑设计行业考生的培训。参加考试培训的老师均来自北京市各大设计院和高校，都是在各自的专业领域具有较深造诣的专家。培训班受到广大考生的欢迎，当时除北京市以外，有29个省、自治区、直辖市的考生慕名来京参加考前培训。

自2000年起，本套书的主编、作者与中国建筑工业出版社正式合作。主编曹纬浚组织各科目的授课老师将教案整理成书，"一、二级注册建筑师考试教材"和相关教辅配套出版。本套丛书的编写紧扣考试大纲，正确阐述规范、标准的条文内容，并尽量包含高频试题、典型试题的考点。根据每年新修订、颁布的法律法规、标准规范和当年试题的命题情况进行修订更新，并悉心听取广大考生、学员的建议。自一、二级教材第一版正式出版以来，除2015、2016停考的两年外，每年都修订再版，是目前图书市场上出版最早、流传较广、内容严谨、口碑销量俱佳的一套注册建筑师考试用书。

二十余年来，本套丛书已经帮助几万名考生通过考试，并获得了一、二级注册建筑师执业资格。住房和城乡建设部执业资格注册中心原主任赵春山，盛赞本套书为我国注册建筑师制度的实行作出了贡献，还亲自为本套书撰写了序言。

二、套书架构与使用说明

2021年底、2022年初，住房和城乡建设部与人力资源和社会保障部先后发布了全国一、二级注册建筑师资格考试新大纲。一级注册建筑师资格考试2023年过渡，2024年正式执行新大纲；二级注册建筑师资格考试2023年正式执行新大纲。新大纲将一级注册建筑师考试科目由原来的9门改为6门，对二级注册建筑师的4门考试科目进行了调整。

为迎接全新的注册建筑师考试，基于新大纲的变化，整套书包含了"一级注册建筑师资格考试教材"（6本）、"二级注册建筑师资格考试教材"（4本），以及"二级注册建筑师资格考试考前冲刺"（3本）。

读者可以利用"注册建筑师资格考试教材"掌握各科、各板块的知识点，且在各科教材上，编写者均对重点复习内容予以标注，以便考生更好地抓住重点。除了要掌握相应的规范、标准外，教材还按板块归纳总结了历年真题，学习与做题互动，有助于考生巩固知识点，加深理解和记忆。

中国建筑工业出版社为更好地满足考生需求，除了出版纸质教材外，还配套准备了一、二级注册建筑师资格考试数字资源，包括导学课程、考试大纲、科目重难点手册、备考指导。考生可以选择适宜的方式进行复习。

值得一提的是,"二级注册建筑师资格考试考前冲刺"是为应对二级注册建筑师资格考试,全新策划的3本书,旨在帮助考生从总体上建立注册建筑师所需掌握的知识体系,并通过结构化的考点与历年真题对应解析,帮助考生达到速记考点的目的。

三、本书(本版)修订说明

本分册除依据新大纲编写外,还依据自2022年、2023年起发布实施的强制性工程建设规范(以下简称"通用规范",通用规范中的全部条文均必须严格执行)进行全面修订。每章前都列出了该章的考试大纲要求和复习重点。

第一章"建筑材料"精炼了石灰部分内容,增加了装饰砂浆、石油沥青标准与选用、天然石材等内容。用近几年的真题替换了部分例题,完善了部分例题答案。修改了习题、解析及答案。

第二章"建筑构造",依据最新颁布的《建筑防火通用规范》GB 55037—2022和《民用建筑通用规范》GB 55031—2022对各小节中所涉及的有关内容进行了删改和增补。同时,结合近年试题,增补了一些考试中重点考查的知识点。各节中详细的重点内容以波浪线标出,方便读者加强学习并深入理解和掌握。

四、编写分工

"一级注册建筑师资格考试教材"的作者:

第1分册:王昕禾。

第2分册:第一章晁军,第二、四章刘捷,第三章干又佳,第五章荣玥芳,第六章姜忆南。

第3分册:上册——第一章钱民刚,第二、八、九章叶飞,第三~七章冯东;下册——第十章杜晓辉,第十一章刘博,第十二章李英,第十三章许萍,第十四章贾昭凯、贾岩,第十五章冯玲。

第4分册:第一章侯云芬,第二章陈岚。

第5分册:第一章陈向东,第二章穆静波,第三章孙伟。

第6分册:黎志涛。

除上述作者外,多年来曾参与或协助本套书编写、修订的人员有:张思浩、翁如璧、耿长孚、王其明、姜中光、何力、任朝钧、曾俊、林焕枢、张文革、李德富、吕鉴、朋改非、杨金铎、周慧珍、刘宝生、李魁元、尹桔、张英、陶维华、郝昱、赵欣然、霍新民、何玉章、颜志敏、曹一兰、徐华萍、周庄、陈庆年、王志刚、张炳珍、何承奎、孙国樑、李广秋、栾彩虹、翟平、黄莉、汪琪美。

在此预祝各位考生取得好成绩,考试顺利过关!

全国注册建筑师资格考试教材编委会
2023年9月

微信服务号
微信号：JZGHZX

注：本套丛书为一、二级注册建筑师的考生分别建立了交流服务群，用于交流并收集考生在看书过程中发现的问题，以对本丛书进行迭代优化，并及时发布考试动态、共享行业最新资讯；欢迎大家扫码加群，相互交流与促进！

配套增值服务说明

中国建筑工业出版社为更好地服务于考生、满足考生需求，除了出版的纸质教材书籍外，还同步配套准备了注册建筑师考试增值服务内容。考生可以选择适宜的方式进行复习。

兑换增值服务将会获得什么？

```
建标知网会员权限                                    注册建筑师资格考试
   (6个月)                                          知识服务产品
      ↓                                                ↓
┌─────────────────┐                          ┌─────────────────┐
│ 工程建设标准在线阅读 │─┐              ┌─│ 免费刷真题        │
│ 标准资料免费下载    │─┤  全国注册建筑师│  │ 考试大纲          │
│ 标准版本对比       │─┤  资格考试丛书  ├─│ 科目重难点及学习规划手册 │
│ 常见问题答疑库      │─┘  增值服务兑换内容 └─│ 备考指导          │
└─────────────────┘                          └─────────────────┘
```

如何兑换增值服务？

扫描封面二维码，刮开涂层，输入兑换码，即可享有上述免费增值服务内容。

→ 扫描封面二维码

兑换码：××××××× → 刮开涂层输入兑换码

注：增值服务自激活成功之日起生效，如果无法兑换或兑换后无法使用，请及时与我社联系。

客服电话：4008-188-688（周一至周五 9:00～17:00）。

目　录

序 …………………………………………………………………… 赵春山
前言
配套增值服务说明

第一章　建筑材料 …………………………………………………………… 1
　第一节　材料科学知识与建筑材料的基本性质 ………………………… 1
　　一、材料科学知识 …………………………………………………… 1
　　二、建筑材料的基本性质 …………………………………………… 3
　第二节　气硬性无机胶凝材料 …………………………………………… 11
　　一、石灰 ……………………………………………………………… 11
　　二、建筑石膏 ………………………………………………………… 12
　　三、水玻璃 …………………………………………………………… 13
　　四、菱苦土 …………………………………………………………… 14
　第三节　水泥 ……………………………………………………………… 15
　　一、硅酸盐水泥 ……………………………………………………… 15
　　二、掺混合材料的硅酸盐水泥 ……………………………………… 17
　　三、通用硅酸盐水泥的选用 ………………………………………… 18
　　四、通用硅酸盐水泥的技术性质 …………………………………… 20
　　五、水泥的贮存 ……………………………………………………… 21
　　六、通用水泥的质量等级 …………………………………………… 21
　　七、其他品种水泥 …………………………………………………… 21
　第四节　混凝土 …………………………………………………………… 22
　　一、普通混凝土组成材料的技术要求 ……………………………… 22
　　二、普通混凝土的主要技术性质 …………………………………… 26
　　三、普通混凝土的配合比设计 ……………………………………… 32
　　四、其他品种混凝土 ………………………………………………… 32
　第五节　建筑砂浆 ………………………………………………………… 34
　　一、砂浆的技术性质 ………………………………………………… 34
　　二、抹面砂浆 ………………………………………………………… 35
　第六节　墙体材料 ………………………………………………………… 37
　　一、烧结类墙体材料 ………………………………………………… 37
　　二、非烧结类墙体材料 ……………………………………………… 39
　第七节　建筑钢材 ………………………………………………………… 42
　　一、钢材的分类 ……………………………………………………… 42
　　二、建筑钢材的主要力学性能 ……………………………………… 43

三、影响建筑钢材性能的主要因素 ················· 45
　　四、建筑钢材的标准与选用 ······················· 47
　　五、建筑钢材的防锈与防火 ······················· 49
　第八节　木材 ·· 51
　　一、木材的分类与构造 ··························· 51
　　二、木材的主要性质 ····························· 52
　　三、木材的干燥、防腐与防火 ··················· 54
　　四、木材的应用 ··································· 54
　第九节　建筑塑料与胶粘剂 ··························· 56
　　一、高分子化合物基本知识 ······················· 56
　　二、塑料 ··· 57
　　三、胶粘剂 ······································· 59
　第十节　防水材料 ······································ 61
　　一、沥青的分类 ··································· 62
　　二、石油沥青 ····································· 62
　　三、煤沥青 ······································· 63
　　四、改性石油沥青 ································· 64
　　五、防水材料 ····································· 64
　第十一节　绝热材料与吸声材料 ······················ 71
　　一、绝热材料 ····································· 71
　　二、吸声材料 ····································· 74
　　三、隔声材料 ····································· 77
　第十二节　装饰材料 ···································· 77
　　一、装饰材料的定义及选用 ······················· 77
　　二、装饰材料的种类 ····························· 78
　　三、无机装饰材料 ································· 78
　　四、有机装饰材料 ································· 87
　　五、建筑内部装修材料的耐火等级 ··············· 92
　第十三节　绿色建材与绿色建筑设计对材料的要求 ··· 93
　　一、绿色建筑材料 ································· 93
　　二、绿色乡土材料 ································· 93
　　三、绿色建材生产 ································· 94
　　四、绿色建筑设计对材料的要求 ················· 94
　习题 ·· 95
　参考答案及解析 ······································ 100
第二章　建筑构造 ······································ 108
　第一节　建筑构造综述 ······························· 108
　　一、学科特点 ····································· 108
　　二、建筑的本质 ··································· 108

  三、建筑构造的研究对象 …………………………………………… 108
  四、建筑物的构造组成 ……………………………………………… 108
  五、建筑构造设计的基本原则 ……………………………………… 110
  六、建筑物的分类 …………………………………………………… 111
  七、建筑物的等级 …………………………………………………… 116
  八、《建筑防火通用规范》GB 55037—2022 ……………………… 129
  九、《民用建筑通用规范》GB 55031—2022 ……………………… 137
 第二节 地基、基础和地下室构造 ……………………………………… 141
  一、《建筑与市政地基基础通用规范》GB 55003—2021 ………… 141
  二、地基 ……………………………………………………………… 142
  三、基础埋深的确定原则 …………………………………………… 143
  四、基础的种类 ……………………………………………………… 144
  五、地下室的有关问题 ……………………………………………… 147
 第三节 墙体构造 …………………………………………………………… 166
  一、墙体的分类 ……………………………………………………… 166
  二、墙体的保温与节能构造 ………………………………………… 172
  三、建筑工程抗震构造 ……………………………………………… 202
  四、墙体的隔声构造 ………………………………………………… 210
  五、墙体的细部构造 ………………………………………………… 221
  六、隔断墙的构造 …………………………………………………… 227
  七、混凝土小型空心砌块的构造 …………………………………… 235
 第四节 楼板、建筑地面、路面构造 …………………………………… 240
  一、现浇钢筋混凝土楼板和现浇钢筋混凝土梁的尺寸 …………… 240
  二、预制钢筋混凝土楼板的构造 …………………………………… 241
  三、建筑地面构造 …………………………………………………… 241
  四、关于路面的一些问题 …………………………………………… 259
  五、阳台和雨篷的构造 ……………………………………………… 266
 第五节 楼梯、电梯、台阶和坡道构造 ………………………………… 268
  一、楼梯的有关问题 ………………………………………………… 268
  二、楼梯的细部尺寸 ………………………………………………… 272
  三、楼梯的防火要求 ………………………………………………… 276
  四、板式楼梯与梁式楼梯 …………………………………………… 277
  五、楼梯的细部构造 ………………………………………………… 277
  六、台阶与坡道 ……………………………………………………… 278
  七、电梯、自动扶梯和自动人行道 ………………………………… 279
 第六节 屋顶构造 …………………………………………………………… 282
  一、屋顶的基本类型 ………………………………………………… 282
  二、平屋顶的构造 …………………………………………………… 285
  三、瓦屋面（坡屋面）的构造 ……………………………………… 303

四、玻璃采光顶……………………………………………………………312
　　五、太阳能光伏系统………………………………………………………315
第七节　门窗选型与构造……………………………………………………317
　　一、门窗概述………………………………………………………………317
　　二、门窗的设计……………………………………………………………321
　　三、门窗的安装构造………………………………………………………331
　　四、建筑遮阳………………………………………………………………336
　　五、特殊门窗………………………………………………………………338
第八节　建筑工业化的有关问题……………………………………………343
　　一、建筑工业化……………………………………………………………343
　　二、建筑模数协调标准……………………………………………………345
　　三、装配式建筑构造………………………………………………………347
第九节　建筑装饰装修构造…………………………………………………359
　　一、建筑内部装修设计防火………………………………………………359
　　二、装饰装修工程做法要求汇总…………………………………………361
　　三、住宅室内装饰装修及防水要求………………………………………387
第十节　高层建筑和幕墙构造………………………………………………394
　　一、高层建筑简介…………………………………………………………394
　　二、幕墙专题介绍…………………………………………………………395
第十一节　变形缝构造………………………………………………………416
　　一、变形缝概述……………………………………………………………416
　　二、变形缝的设置要求……………………………………………………417
　　三、变形缝构造……………………………………………………………420
第十二节　老年人照料设施建筑和无障碍设计的构造措施………………429
　　一、老年人照料设施建筑的构造要点……………………………………429
　　二、建筑物的无障碍设计…………………………………………………434
第十三节　绿色建筑材料与构造……………………………………………443
　　一、总则……………………………………………………………………444
　　二、术语……………………………………………………………………444
　　三、基本规定………………………………………………………………444
　　四、5类指标控制项与评分项……………………………………………444
　　五、提高与创新……………………………………………………………446
习题……………………………………………………………………………446
参考答案及解析………………………………………………………………457

第一章 建筑材料

本章考试大纲：了解建筑材料的基本分类；了解各类建筑材料的物理化学性能、材料规格、使用范围；掌握常用建筑材料耐久性、适应性、安全性、环保性等方面的要求。

本章复习重点：建筑材料的分类及常用建筑材料的类别。建筑材料的物理性质和力学性质及评价指标，影响因素。各类建筑材料（如无机胶凝材料、混凝土、墙体材料、建筑钢材、木材、建筑塑料、胶粘剂、防水材料、绝热材料、吸声材料、装饰材料等）的技术性质（包括物理力学性质、耐久性、安全性、环保性等），使用范围等。

第一节 材料科学知识与建筑材料的基本性质

一、材料科学知识

【相关真题：2021-001，2020-002，2019-002，2019-031】

材料的组成、结构和构造是决定材料性质的内在因素，要了解材料的性质，必须先了解材料的组成、结构与材料性质之间的关系。

（一）材料的组成

建筑材料的组成分为化学组成和矿物组成。化学组成影响着材料的化学性质，矿物组成影响着材料的物理力学性质。

1. 化学组成

化学组成是指材料的化学成分。**金属材料**以化学元素表示，如钢材中的化学元素有 Fe、C、Si、Mn、S、P 等；**无机非金属材料**通常用各种氧化物表示，如水泥中主要的氧化物包括 CaO、SiO_2、Al_2O_3、Fe_2O_3 等；**有机聚合物**则以有机元素链节重复形式表示，如 C-H。

化学组成影响材料的化学性质；如钢材的主要化学成分为 Fe，所以容易生锈；有机材料由 C-H 化合物及其衍生物组成，所以容易老化。

由于材料的化学成分对其化学性质影响很大，所以通常按照建筑材料的化学组成将其划分为无机材料、有机材料和复合材料三大类，详见表 1-1-1。

建筑材料的分类　　　　　表 1-1-1

分　类			实　例
无机材料	非金属材料	天然石材	毛石、料石、石板、碎石、卵石、砂
		烧土制品	黏土砖、黏土瓦、陶器、炻器、瓷器
		玻璃及熔融制品	玻璃、玻璃棉、矿棉、铸石
		胶凝材料	石膏、石灰、菱苦土、水玻璃，以及各种水泥
		砂浆及混凝土	砌筑砂浆、抹面砂浆
			普通混凝土、轻骨料混凝土
		硅酸盐制品	灰砂砖、硅酸盐砌块

1

续表

分类			实例
无机材料	金属材料	黑色金属	铁、钢
		有色金属	铝、铜及其合金
有机材料		植物质材料	木材、竹材
		沥青材料	石油沥青、煤沥青
		合成高分子材料	塑料、合成橡胶、胶粘剂
复合材料		金属—非金属	钢纤混凝土、钢筋混凝土
		无机非金属—有机	玻纤增强塑料、聚合物混凝土、沥青混凝土、人造石
		金属—有机	PVC涂层钢板、轻质金属夹芯板、铝塑板

也可将建筑材料分为金属材料（包括有色金属和黑色金属）、非金属材料（无机材料和有机材料）和复合材料。

2. 矿物组成

将材料中具有特定晶体结构和特定物理力学性能的组织结构称为矿物。矿物组成是指构成材料的矿物种类和数量。如花岗岩的主要矿物组成为长石和石英，酸性岩石多，因此花岗岩强度高，硬度大，耐磨性、耐酸性和抗风化性能均较好；大理石的主要矿物为方解石和白云石，碱性岩石多，因此大理石的强度、硬度、耐磨性均不如花岗岩，不耐酸腐蚀，抗风化性能差，不适用于室外环境中。

（二）材料的结构

按照尺度可将材料的结构划分为宏观结构、细观结构和微观结构三个层次，是决定材料性质的重要因素之一。

1. 微观结构

材料的微观结构是指原子、分子层次的结构。材料的微观结构决定材料的物理性质，如强度、硬度、熔点、导热、导电性等。

按照材料微观质点的排列特征或联结方式，材料的微观结构分为晶体和非晶体。

（1）晶体结构

在空间上，质点（离子、分子、原子）按特定的规则、呈周期性排列的固体称为晶体。晶体排列示例如图 1-1-1(a) 所示。

（2）非晶体结构

非晶体结构特征为质点在空间上呈现完全无序排列，故又称为无定形体，如图 1-1-1(b) 所示。

2. 细观结构

细观结构（也称亚微观结构）是指在光学显微镜下能观察到的结构，主要用于研究材料内部晶粒的大小及形态，晶界与界面，孔隙与微裂纹等。

3. 宏观结构

宏观结构是指可以通过目测或放大镜观察到的结构，根据宏观结构的密实度（或孔隙特征）和构造方式将其细分。

（1）按照建筑材料的宏观构造特征分为如下四类：

1) 堆聚结构：由骨料与胶凝材料结合而成的材料，如水泥混凝土、沥青混凝土等；

2) 纤维结构：由纤维状物质构成的材料结构，纤维之间存在相当多的孔隙，如木材、玻璃纤维、矿物棉、有机纤维等，平行纤维方向的抗拉强度较高，能用作保温隔热和吸声材料；

3) 层状结构：将材料叠合而成的结构，如胶合板、铝塑板等，各层材料性质不同，但叠合后材料综合性质较好，扩大材料的使用范围；

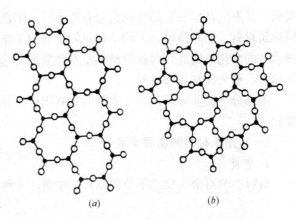

图 1-1-1 晶体、非晶体的排列示意图
(a) 晶体；(b) 非晶体

4) 散粒结构（粒状结构）：材料呈松散颗粒状的结构，如砂石骨料、膨胀蛭石、膨胀珍珠岩、黏土陶粒等。

(2) 按照建筑材料的宏观孔隙特征分为如下三类：

1) 致密结构：无孔隙存在的材料，如玻璃、钢材、塑料等，具有吸水率低、强度高、抗渗性好等性质；

2) 多孔结构：有粗大孔隙的结构，如加气混凝土、泡沫玻璃、泡沫塑料、泡沫混凝土等；

3) 微孔结构：有微细的孔隙结构，如黏土砖、石膏制品等。孔隙率高的材料质量轻、强度较低，但保温、隔热、吸声性能好。

综上所述，建筑材料的性质，就根本来说，取决于其内部（或自身）的组成与结构。一旦材料组成已经确定，无论在什么尺度上的结构，都会在不同方面影响其性能；或者说，材料的内部结构是材料性质的内因，是理解与运用材料的基础。在随后各节有关性能指标的学习，以及各种重要材料的分论中，都要以这个基本观点与方法来作为理解与掌握的基础。

例 1-1-1 （2019）建筑上常用的有机材料不包括（　　）。
A　木材、竹子　　　　　　B　石棉、蛭石
C　橡胶、沥青　　　　　　D　树脂、塑料

解析：有机材料包括天然植物（如木材、竹材等）、沥青材料（石油沥青、煤沥青等）和有机高分子材料（如树脂，橡胶等）。选项B石棉、蛭石为无机非金属材料。

答案：B

二、建筑材料的基本性质

【相关真题：2022-002，2022-005，2022-006，2021-002，2021-009，2020-002，2019-004，2019-007】

各种建筑物均由建筑材料构建而成。不同的建筑物有不同的功能要求，即使是同一建

筑物，其不同部位所起的作用也会有所不同。实现各种功能要求的基本手段之一是合理运用建筑材料。还需指出，不同的建筑物所处的工作环境不尽相同，而且建筑物还要历经寒暑季节的变化。因此，对建筑材料基本性质的要求是多方面的，如物理性质、力学性质、化学性、耐久性和装饰性等。

本部分将简要介绍这些基本性质及其指标，并对其中最重要的指标的测定与计算作简要叙述。

（一）建筑材料的物理参数

1. 密度

材料在绝对密实状态下单位体积的质量，又称质量密度（ρ），可表示为：

$$\rho = \frac{m}{V} \tag{1-1-1}$$

式中　ρ——密度（质量密度）（g/cm³）；
　　　m——材料在干燥状态下的质量（g）；
　　　V——材料在绝对密实状态下的体积（cm³）。

绝对密实状态下的体积是指不包括孔隙在内的体积，参见图1-1-2（c），且与外界条件变化与否无关，只与材料中固体物质的体积有关。

比重也称相对密度，是指物质密度与标准大气压下4℃水的密度比值，为无量纲。因为标准大气压下4℃水的密度为1g/cm³，所以物质的密度与比重在数值上相同；因此，密度俗称比重。

2. 表观密度

材料在自然状态下单位体积的质量，亦称体积密度（ρ_0），可表示为：

$$\rho_0 = \frac{m}{V_0} \tag{1-1-2}$$

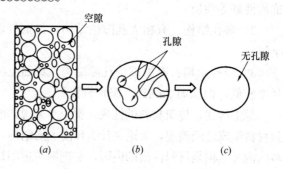

图1-1-2　材料不同状态下的体积

式中　ρ_0——表观（体积）密度（g/cm³或kg/m³）；
　　　m——材料的质量（g或kg）；
　　　V_0——材料在自然状态下的体积（cm³或m³）。

材料自然状态下的体积是指包括内部孔隙在内的体积，如图1-1-2（b）所示。材料表观密度的大小与其含水情况有关，需要说明含水情况，通常材料的表观密度是指气干状态下的表观密度。材料在烘干状态下的表观密度称为干表观密度。

3. 堆积密度

散粒材料在自然堆积状态下单位体积的质量称为堆积密度（ρ_0'），可表示为：

$$\rho_0' = \frac{m}{V_0'} \tag{1-1-3}$$

式中　ρ_0'——散粒材料的堆积密度（kg/m³）；
　　　m——散粒材料的质量（kg）；

V_0'——散粒材料在自然堆积状态下的体积（m^3）。

颗粒材料在堆积状态下的体积，不仅包括材料内部的孔隙，还包括颗粒间的空隙，参见图 1-1-2（a）所示。

密度（ρ）、表观密度（ρ_0）和堆积密度（ρ_0'）均指材料单位体积的质量，不同之处在于确定单位体积时材料所处的状态不同，所以对于同一材料而言，$\rho > \rho_0 > \rho_0'$。

常用建筑材料的密度、表观密度及堆积密度见表 1-1-2。

常用建筑材料的密度、表观密度及堆积密度　　　　表 1-1-2

材　料	密度 ρ（g/cm^3）	表观密度 ρ_0（kg/m^3）	堆积密度 ρ_0'（kg/m^3）
石灰石	2.60	2300～2600	—
花岗石	2.80	2500～2800	—
碎石（石灰石）	—	2600～2700	1400～1700
砂	—	2600～2700	1450～1650
黏　土	2.60	—	1600～1800
普通黏土砖	2.50	1600～1800	—
黏土空心砖	2.50	1000～1400	—
水　泥	3.10	—	1200～1300
普通混凝土	—	2000～2800	—
轻骨料混凝土	—	800～1900	—
木　材	1.55	400～800	—
钢　材	7.85	7850	—
泡沫塑料	—	20～50	—

4. 孔隙率与密实度

孔隙率是指材料中孔隙的体积占材料总体积的百分率（P），可表示为：

$$P = \frac{V_{孔}}{V_0} \times 100\% = \frac{V_0 - V}{V_0} \times 100\% = \left(1 - \frac{V}{V_0}\right) \times 100\% = \left(1 - \frac{\rho_0}{\rho}\right) \times 100\%$$

(1-1-4)

式中　$V_{孔}$——孔隙体积（cm^3）。

材料中固体体积占总体积的百分率称为材料的密实度（D）。孔隙率和密实度两者之和为 1，即 $P+D=1$。材料的孔隙率和密实度直接反映材料的密实程度。

材料孔隙率的大小及孔隙特征对材料的性能（如吸水性、保温性、抗冻性、抗渗性等）有很大的影响。孔隙特征包括孔隙构造（开口与闭口状态）和孔径大小。开口孔隙与外面的大气相连，水与空气能随意进出；而闭口孔隙被封闭在材料内部。一般情况下，孔隙率大的材料适宜作保温材料和吸声材料。同时，还要考虑孔隙的开口与闭口状态。开口孔隙对吸声有利，但对材料的强度、抗渗性、抗冻性等均不利。微小而均匀的闭口孔隙除对材料的抗渗性、抗冻性有利外，还能降低导热系数，使材料具有绝热性能。总之，对于同种材料，孔隙率相同时，其性质不一定相同。孔隙尺寸大小又将孔隙分为大孔、中孔和小孔。

5. 空隙率与填充率

空隙率是指散粒材料在堆积体积中，颗粒间的空隙体积占总体积的百分率（P'），可表示为：

$$P' = \frac{V_{空}}{V'_0} \times 100\% = \frac{V'_0 - V_0}{V'_0} \times 100\% = \left(1 - \frac{V_0}{V'_0}\right) \times 100\% = \left(1 - \frac{\rho'_0}{\rho_0}\right) \times 100\%$$

(1-1-5)

填充率是指散粒材料在堆积体积中，颗粒体积占总体积的百分率，填充率＋空隙率＝1。

空隙率和填充率的大小反映了散粒材料颗粒互相填充的致密程度。在配制混凝土时，为了节约水泥，石子空隙被砂子填充，砂子空隙被水泥填充，所以空隙率和填充率可作为控制砂石级配和计算砂率的依据。

> **例 1-1-2** （2018）下列材料孔隙率最高的是（ ）。
> A 木材　　　　B 花岗岩　　　　C 泡沫塑料　　　　D 轻质混凝土
> **解析**：孔隙率是指材料中孔隙体积占总体积的百分率，反映材料的致密程度，孔隙率越大，材料的表观密度越小，即材料越轻。上述 4 种材料中泡沫塑料最轻，孔隙率最大；花岗岩最重，孔隙率最小。4 种材料的具体孔隙率指标为：木材为 55%～75%，花岗岩为 0.6%～1.5%，泡沫塑料为 95%～99%，轻质混凝土为 60%。故选项 C 孔隙率最高。
> **答案**：C

（二）建筑材料的物理性质

1. 材料的亲水性和憎水性

材料表面与水或空气中的水汽接触时，会产生不同程度的润湿。材料表面能被水润湿的性质称为亲水性；材料表面不能被水润湿的性质称为憎水性。表面能被水润湿的材料为亲水材料，如砖、混凝土、木材等。表面不会被水润湿的材料为憎水材料，如石蜡、沥青、树脂、橡胶等；憎水材料适合作防水和防潮材料。

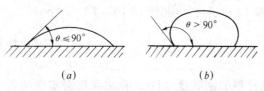

图 1-1-3　材料润湿示意图
(a) 亲水性材料；(b) 憎水性材料

材料被水湿润的情况可用润湿边角 θ 表示。当材料与水接触时，在材料、水、空气三相的交点处，作沿水滴表面的切线，此切线与材料和水接触面的夹角 θ 被称为润湿边角，如图 1-1-3 所示。θ 值越小，表明材料越容易被水润湿。$\theta \leq 90°$ 时，材料能被水湿润，称为亲水性材料；$\theta > 90°$ 时，材料表面不易吸附水，称为憎水性材料。

2. 材料的吸水性和吸湿性

（1）吸水性

吸水性是指材料在水中吸收水分的性质，吸水性的大小用吸水率表示。质量吸水率指材料吸水饱和后，吸入水的质量占材料干燥质量的百分率，可表示为：

$$W_m = \frac{m_1 - m}{m} \times 100\%$$

(1-1-6)

式中　W_m——材料的质量吸水率（%）；

m_1——材料吸水饱和状态下的质量（g 或 kg）；

m——材料在干燥状态下的质量（g 或 kg）。

材料的吸水性与材料的亲水性、憎水性有关，还与材料的孔隙率和孔隙特征有关。封闭孔隙水分不能进入，粗大开口孔隙，水分不能留存，所以吸水率都较小。微细连通孔隙的孔隙率越大，吸水率就越大；因此，具有很多细微开口孔隙的亲水性材料的吸水性较强。

由于孔隙率和孔隙结构不同，各种材料的吸水率相差很大。如花岗岩等致密岩石的吸水率仅为 0.5%～0.7%，普通混凝土的吸水率为 2%～3%，黏土砖的吸水率为 8%～20%；而加气混凝土、软木等轻质材料的吸水率常大于 100%。

(2) 吸湿性

吸湿性是指材料在潮湿空气中吸收水分的性质，用含水率表示。含水率是指材料内部所含水的质量占材料干质量的百分率，可表示为：

$$W = \frac{m_{湿} - m}{m} \times 100\% \tag{1-1-7}$$

式中 W——含水率（%）；

$m_{湿}$——材料吸收空气中水分后的质量（g 或 kg）；

m——材料干燥状态下的质量（g 或 kg）。

材料的含水率与孔隙率有关外，还随环境温度和湿度的不同而异。材料含水率与空气湿度达到平衡时的含水率，称为材料的平衡含水率。平衡含水率是一种动态平衡，即材料不断地从空气中吸收水分的同时，也向空气中释放水分，以保持含水率的稳定。可利用石膏、木材等多孔材料的平衡含水特性——当空气干燥时，材料释放水分，反之材料吸收水分——微调节室内湿度，从而保持室内湿度的稳定性，避免产生剧烈变化。

材料吸水或吸湿含水后都会使材料的性质发生改变，如表观密度和导热系数增大，体积膨胀、强度降低；因此，水在材料中会产生不利影响。

3. 材料的耐水性

材料长期在饱和水作用下不破坏，强度也不显著降低的性质称为耐水性。材料的耐水性用软化系数来表示，即材料在水饱和状态下的抗压强度与材料在干燥状态下的抗压强度之比。

软化系数的大小表明材料在浸水饱和后保持抗压强度的能力，一般材料遇水后，内部质点的结合力减弱，强度会有不同程度的降低。如花岗岩长期浸泡水中，强度将下降 3%，黏土砖和木材吸水后强度降低更大。材料的软化系数为 0～1。软化系数越小，说明材料吸水后强度降低越多，耐水性越差。通常把软化系数大于 0.85 的材料称为耐水材料。长期受水浸泡或处于潮湿环境的重要结构，必须选用软化系数不低于 0.85 的材料；受潮较轻或次要结构的材料，其软化系数则不宜低于 0.75。

4. 材料的抗渗性

材料抵抗压力水渗透的性质称为抗渗性，或不透水性。材料的抗渗性通常用渗透系数来表示。

渗透系数是指一定厚度的材料，在单位压力水头作用下，在单位时间内透过单位面积的水量。渗透系数越小，表明材料渗透的水量越少，抗渗性越好。

对于混凝土或砂浆用抗渗等级表示其抗渗性。抗渗等级是以规定的试件在标准试验方法下所能承受的最大水压力来确定。所以，抗渗等级越大，混凝土或砂浆的抗渗性越好。

材料的抗渗性好坏与其孔隙率及孔隙特征有关。开口大孔，水易渗入，材料的抗渗性差；微细连通孔也易渗入水，材料的抗渗性差；闭口孔水不易渗入，即使孔隙率较大，材料的抗渗性也较好。

5. 材料的抗冻性

材料在水饱和状态下，能经受多次冻融循环（冻结和融化）作用而不破坏，强度也不严重降低的性质，称为材料的抗冻性。

材料在冻融循环作用下产生破坏，主要是由于材料内部孔隙中的水结冰时体积膨胀（约9%）所致。冰膨胀对材料孔壁产生巨大的压力，由此产生的拉应力超过材料的抗拉强度极限时，材料内部产生微裂缝，强度下降。所以材料的抗冻性与材料的孔隙率、孔隙构造、孔隙被水充满的程度和材料对水分结冰体积膨胀所产生压力的抵抗能力等因素有关。密实或具有封闭孔隙的材料抗冻性较好。

6. 材料的导热性

导热性是指材料传递热量的能力。材料的导热性可以用导热系数来表示，导热系数的物理意义是：厚度为1m的材料，当温度改变1K时，在1s时间内通过$1m^2$面积的热量。

材料的导热系数越小，表示材料的导热性能越差，绝热性能越好。几种典型材料的热工性质指标见表1-1-3。

几种典型材料的热工性质指标　　　　表1-1-3

材料	导热系数 [W/(m·K)]	比热 [J/(g·K)]	材料	导热系数 [W/(m·K)]	比热 [J/(g·K)]
铜	370	0.38	绝热用纤维板	0.05	1.46
钢	55	0.46	玻璃棉板	0.04	0.88
花岗石	2.9	0.80	泡沫塑料	0.03	1.30
普通混凝土	1.8	0.88	冰	2.20	2.05
普通黏土砖	0.55	0.84	水	0.58	4.19
松木（横纹）	0.15	1.63	密闭空气	0.023	1.00

影响建筑材料导热系数的主要因素有：

（1）材料的组成与结构。通常金属材料、无机材料、晶体材料的导热系数分别大于非金属材料、有机材料、非晶体材料。

（2）孔隙率。孔隙率大，含空气多，则材料表观密度小，其导热系数也就小。这是由于空气的导热系数小［为0.023W/(m·K)］的缘故。

（3）孔隙特征。在相同孔隙率的情况下，细小孔隙、闭口孔隙组成的材料比粗大孔隙、开口孔隙的材料导热系数小，因为前者避免了对流传热。

（4）含水情况。当材料含水或含冰时，材料的导热系数会急剧增大，因为水和冰的导热系数分别为0.58W/(m·K)和2.20W/(m·K)。

工程中通常将导热系数小于0.23W/(m·K)的材料称为绝热材料。

例 1-1-3 （2018）软化系数用来表示材料的哪种特性？（ ）
A 吸水性　　　　B 吸湿性　　　　C 耐水性　　　　D 抗渗性
解析：吸水性的指标为吸水率，吸湿性的指标为含水率，耐水性的指标为软化系数，抗渗性的指标为渗透系数或抗渗等级。
答案：C

（三）建筑材料的力学性质

建筑材料要达到稳定、安全、适用，材料的力学性质是首先要考虑的基本性质。材料的力学性质是指材料在外力作用下的变形性质和抵抗外力破坏的能力。

1. 材料的强度和强度等级

材料在外力（荷载）作用下抵抗破坏的能力，称为材料的强度。当材料承受外力作用时，内部就产生应力。外力逐渐增加，应力也相应加大，直到质点间作用力不再能够承受时，材料即破坏，此时的极限应力值就是材料的强度。

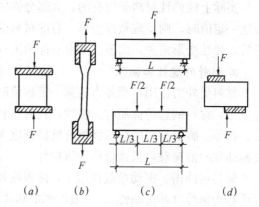

图 1-1-4　材料受力示意图
（a）压力；（b）拉力；（c）弯曲；（d）剪切

根据外力作用形式的不同，材料的强度有抗压强度、抗拉强度、抗弯强度及抗剪强度等，如图 1-1-4 所示。

各种建筑材料的强度特点差异很大，见表 1-1-4。

几种常用材料的强度（MPa）　　　　表 1-1-4

材料	抗压	抗拉	抗弯
花岗石	100～250	7～25	10～14
大理石	50～190	7～25	6～20
烧结普通砖	10～30	—	1.6～4.0
普通混凝土	10～60	1～9	—
松木（顺纹）	30～50	80～120	60～100
建筑钢材	240～1500	240～1500	—

为了使用方便，建筑材料常按其强度高低划分为若干个等级，例如钢材按拉伸试验测得的屈服强度确定钢材的牌号或等级，水泥按抗压强度和抗折强度确定强度等级，普通混凝土按其抗压强度确定强度等级。

为衡量材料轻质高强方面的属性，还需规定一个相关的性能指标，称为比强度。比强度是指材料强度对其表观密度的比值，该值越大，表明该材料具有越好的轻质高强属性。

2. 弹性与塑性

在外力作用下，材料产生变形，外力取消后变形消失，材料能完全恢复原来形状的性质称为弹性。这种外力去除后即可恢复的变形为弹性变形，属可逆变形。弹性变形值与外力成正比，这个比值称为弹性模量（E）。在弹性变形范围内，E 为常数，可表示为：

$$E = \frac{\sigma}{\varepsilon} \tag{1-1-8}$$

式中 σ——材料的应力（MPa）；

ε——材料的应变。

弹性模量是衡量材料在弹性范围内抵抗变形能力的指标，该值越大，材料抵抗变形的能力越强，材料受力变形越小。

在外力作用下材料产生变形，当外力取消后变形不能恢复，仍保持变形后的形状和尺寸，但不产生裂隙的性质称为塑性。这种不能恢复的变形称为塑性变形，属不可逆变形。

实际上纯弹性材料是没有的，大部分固体材料在受力不大时，表现出弹性变形；当外力达一定值时，则呈现塑性变形。有的材料受力后，弹性变形和塑性变形同时发生；当卸荷后，弹性变形消失，而塑性变形不能消失（如混凝土），这类材料称为弹塑性材料。

3. 材料的脆性和韧性

材料受外力作用，当外力达到一定数值时，材料发生突然破坏，且破坏时无明显的塑性变形，材料的这种性质称为脆性。具有这种性质的材料称脆性材料，如混凝土、玻璃、砖、石等。脆性材料的抗压强度比抗拉强度大很多，即拉压比很小，所以脆性材料不能承受振动和冲击荷载，只适合作承压构件。

材料在冲击、振动荷载作用下，能吸收较大的能量，同时产生较大的变形而不破坏的性质称为韧性（冲击韧性）。一般以测定其冲击破坏时试件所吸收的功作为指标，建筑钢材、木材、建筑塑料等均属于韧性材料。在结构设计中，对于承受动荷载（冲击、振动等）的结构物，所用材料应具有较高的韧性。

4. 硬度

材料的硬度是指材料抵抗较硬物压入其表面的能力，通过硬度可大致推知材料的强度。不同材料硬度的测试方法和表示方法不同，如石料可用刻痕法或磨耗来测定，金属、木材及混凝土等可用压痕法测定，矿物可用刻划法测定（矿物硬度分为10个等级，最硬的10级为金刚石，最软的1级为滑石及白垩石）。常用的布氏硬度HB可用来表示塑料、橡胶及金属等材料的硬度。

（四）材料的化学性质

材料的化学性质指材料与它所处外界环境的物质进行化学反应的能力或在所处环境的条件下保持其组成及结构稳定的能力，如胶凝材料与水作用，钢筋的锈蚀，沥青的老化，混凝土及天然石材在侵蚀性介质作用下受到腐蚀等。

（五）材料的耐久性

材料在使用过程中抵抗周围各种介质的侵蚀而不破坏的性能，称为耐久性。耐久性是材料的一种综合性质，诸如抗渗性、抗冻性、抗风化性、抗老化性、耐化学腐蚀性、耐热性、耐光性、耐磨性等均属耐久性的范围。

例1-1-4 （2019）通常用破坏性试验来测试材料的哪项力学性质？（　　）

A　硬度　　　　　　　　　　　B　强度

C　脆性、韧性　　　　　　　　D　弹性、塑性

解析：强度是指材料抵抗荷载破坏作用的能力，用破坏性试验测得。

答案：B

第二节　气硬性无机胶凝材料

能将散粒材料或块状材料粘结成为整体的材料为胶凝材料。胶凝材料按照化学成分分为有机胶凝材料和无机胶凝材料两大类，前者以天然或合成的有机高分子化合物为基本成分，如沥青、树脂等；后者以无机化合物为主要成分。无机胶凝材料按硬化条件分为气硬性胶凝材料和水硬性胶凝材料两类。气硬性胶凝材料只能在空气中硬化，也只能在空气中保持和发展强度，如建筑石膏、石灰、水玻璃、菱苦土等。水硬性胶凝材料不仅能在空气中，而且能更好地在水中硬化并保持和发展强度，如各种水泥。气硬性胶凝材料一般只适用于地上干燥环境，水硬性胶凝材料可在地上、地下或水中使用。

一、石灰

【相关真题：2021-005，2020-005】

石灰是人类最早使用的一种建筑材料，因为石灰的原料来源广泛，工艺简单，成本低廉，使用方便，所以至今仍被广泛应用于建筑工程中。

（一）石灰的原料与生产

石灰石原料在900～1100℃下煅烧，碳酸钙分解，释放出二氧化碳，得到生石灰，主要活性成分为活性氧化钙。石灰在生产过程中，应严格控制煅烧温度，否则容易生成"欠火石灰"和"过火石灰"两种不合格产品。欠火石灰外部为正常煅烧的石灰，内部尚有未分解的石灰石内核，不仅降低石灰的利用率，而且有效氧化钙和有效氧化镁含量低，粘结能力差。过火石灰是由于煅烧温度过高，煅烧时间过长所致，其颜色较深，密度较大，颗粒表面部分被玻璃状物质或釉状物所包裹，使过火石灰与水的作用减慢，在工程中使用会由于产生巨大的体积膨胀而影响工程质量。

块状生石灰质量轻，表观密度为800～1000kg/m³，密度约为3.2g/cm³，颜色白或略带灰色。

（二）石灰的特性

1. 保水性好，在水泥砂浆中掺入石灰膏，配制混合砂浆，可以提高砂浆的和易性。
2. 硬化速度慢，硬化过程中体积收缩，掺入砂、纸筋、麻刀等材料，以减少收缩，增加抗拉强度，并节省石灰。
3. 强度较低，受潮后更低。
4. 耐水性差。

（三）石灰的应用

1. 配制石灰砂浆、石灰乳

石灰砂浆可用于砌筑、抹面，石灰乳可用作涂料。

2. 配制石灰土、三合土

石灰土（石灰＋黏土）和三合土（石灰＋黏土＋砂石或炉渣、碎砖等填料），分层夯实，强度及耐水性均较高，可用作基础的垫层等。石灰宜用消石灰粉或磨细生石灰，灰土中的石灰用量一般为灰土总重的6%～10%。在三合土中添加少量水泥成为四合土。

3. 生产灰砂砖、碳化石灰板

将磨细生石灰或消石灰粉与天然砂配合拌匀，加水搅拌，再经陈伏、加压成型和压蒸处理，可制成灰砂砖。

碳化石灰板是将磨细生石灰、纤维状填料（如玻璃纤维）或轻质骨料（如矿渣）搅拌成型，然后以 CO_2 进行人工碳化 12～24h，制成的一种轻质板材。另外，石灰还可用来配制无熟料水泥及生产多种硅酸盐制品等。因为石灰耐水性差，所以石灰不宜用于潮湿环境，也不宜用于重要建筑物的基础。

例 1-2-1（2020）下列哪种物质的含量不是影响生石灰质量的主要原因？（ ）
A 活性氧化钙　　　　　　　　B 过火石灰
C 水　　　　　　　　　　　　D 欠火石灰

解析： 生石灰的主要活性成分为活性氧化钙。欠火石灰内部尚有未分解的石灰石内核，不仅降低石灰的利用率，而且有效氧化钙和有效氧化镁含量低，粘结能力差。过火石灰是由于煅烧温度过高，煅烧时间过长所致，颗粒表面部分被玻璃状物质或釉质物所包裹，使过火石灰与水的作用减慢，在工程中使用会由于产生巨大的体积膨胀而影响工程质量。

答案： C

二、建筑石膏

【相关真题：2022-019，2020-021】

(一) 建筑石膏的原料与生产

生产建筑石膏的主要原料是天然二水石膏（又称生石膏或软石膏，主要成分为 $CaSO_4 \cdot 2H_2O$）。二水石膏在 107～170℃煅烧，磨细可得 β 型半水石膏，即建筑石膏，主要成分为半水硫酸钙（$CaSO_4 \cdot 1/2H_2O$），密度为 2.5～2.8g/cm³。

脱硫石膏又称排烟脱硫石膏、硫石膏或 FGD 石膏，是对含硫燃料（煤、油等）燃烧后产生的烟气进行脱硫净化处理得到的工业副产石膏，属于固体废弃物。脱硫石膏板是以脱硫石膏为原料制备的建材，属于利废建材。

(二) 建筑石膏的水化、凝结与硬化

半水石膏粉末与水搅拌成浆体，初期具有可塑性，但很快就失去可塑性并产生强度，发展成为具有强度的固体，这个过程称为石膏的凝结和硬化。

半水石膏与水反应，生成二水石膏，其反应式如下：

$$2(CaSO_4 \cdot 1/2H_2O) + 3H_2O \longrightarrow 2(CaSO_4 \cdot 2H_2O)$$

(三) 建筑石膏的特性

1. 凝结硬化快

建筑石膏凝结快，一般初凝时间只有 3～5min，终凝时间在 30min 以内。

2. 硬化后体积微膨胀

石膏在凝结硬化时，不像其他胶凝材料（如石灰、水泥）那样出现收缩，反而略有膨

胀（膨胀率为1‰），使石膏硬化体表面光滑饱满、不开裂；可制作出纹理细致的浮雕花饰等装饰制品。

3. 硬化体的孔隙率大

建筑石膏硬化时有大量的水分蒸发，使硬化体的孔隙率高达50%～60%，所以硬化体的表观密度小，强度较低，导热系数小，吸声性强，吸湿性大，可调节室内的温、湿度。

4. 防火性好，耐热性差

石膏制品本身为不燃材料，同时在遇到火灾时，二水石膏将脱出结晶水，吸热蒸发，并在制品表面形成蒸汽幕和脱水物隔热膜，可有效地减少火焰对内部结构的危害，具有较好的防火性能。但是石膏制品的耐热性差，使用温度应低于65℃。

5. 耐水性和抗冻性能差

建筑石膏硬化体吸湿性强，吸收的水分会削弱晶体粒子的粘结力，使强度显著降低，因而耐水性差。吸水饱和的石膏制品受冻后，会因孔隙中的水结冰而开裂崩溃，因此抗冻性差。

（四）建筑石膏的应用

建筑石膏可用于室内抹灰、粉刷；生产各种石膏板与多孔石膏制品；制作模型或雕塑；制作吸声板、顶棚、墙面的装饰板；作装饰涂料的填料及人造大理石等。

> **例1-2-2** （2018）建筑石膏与石灰相比，下列哪项是不正确的？（   ）
> A 石膏密度大于石灰密度　　　　B 建筑石膏颜色白
> C 石膏的防潮耐水性差　　　　　D 石膏的价格更高
>
> **解析**：生石灰的密度约为$3.2g/cm^3$，建筑石膏的密度为$2.5～2.8g/cm^3$，即建筑石膏的密度小于生石灰的密度，故A错误；建筑石膏颜色洁白，适用于室内装饰用抹灰、粉刷，故B正确；建筑石膏制品的化学成分为二水硫酸钙，能溶于水，所以防潮、耐水性差，抗冻性差，故只能用于室内干燥环境中，故C正确；建筑石膏工艺复杂，价格比石灰高，故D正确。
>
> **答案**：A

三、水玻璃

【相关真题：2022-001，2022-009，2021-006，2019-022】

（一）水玻璃的定义

水玻璃是一种能溶于水中的碱金属硅酸盐，常用的有硅酸钠水玻璃和硅酸钾水玻璃。水玻璃主要原料为石英砂、纯碱或含硫酸钠的原料。原料磨细，按一定比例配比，在玻璃熔炉内加热至1300～1400℃，熔融而生成的硅酸钠，冷却后即为固态水玻璃。固态水玻璃在0.3～0.8MPa的蒸压锅内加热，溶解为无色、青绿色至棕色的黏稠液体，即成液态水玻璃。

（二）水玻璃的特性及应用

1. 抗风化性能好，用作涂料

水玻璃硬化析出的硅酸凝胶可以堵塞毛细孔而提高抗渗性，可涂刷在黏土砖及混凝土制品表面（石膏制品除外，因反应生产硫酸钠在制品表面孔隙中结晶而体积膨胀导致破坏），以提高其表层密实度与抗风化能力。

2. 耐酸性好

水玻璃硬化的主要成分为硅酸凝胶，具有良好的耐酸性（氢氟酸除外），可用于配制耐酸混凝土和砂浆。

3. 良好的耐热性

水玻璃硬化后在高温下不分解，在1200℃强度不降低，可用于配制耐热混凝土和砂浆。

4. 配制防水剂

水玻璃与水泥浆调和配制防水剂，用来堵漏。但因其凝结过速，不宜用于调配水泥防水砂浆或防水混凝土，作为防水层。

5. 用作灌浆材料加固土壤和地基

水玻璃和氢氧化钙溶液交替注入土壤中，反应析出的硅酸胶体，胶结土壤，填充孔隙，可阻止水分的渗透，提高土壤密实度和强度。

6. 配制水泥促凝剂

水玻璃可以使水泥凝结过速。

7. 耐碱性差、耐水性差

例 1-2-3 （2019）关于水玻璃性能的说法，正确的是（　　）。
A　不存在固态状　　　　　　　B　不能溶解于水
C　耐热性能较差　　　　　　　D　能加速水泥凝结

解析：水玻璃是一种能溶于水中的碱金属硅酸盐，故 B 错误；常用的有硅酸钠水玻璃和硅酸钾水玻璃。水玻璃的主要原料为石英砂、纯碱或含硫酸钠的物质。原料磨细，按一定比例配比，在玻璃熔炉内加热至 1300～1400℃，熔融后生成硅酸钠，冷却后即为固态水玻璃，故 A 错误。固态水玻璃在 0.3～0.8MPa 的蒸压锅内加热，溶解为无色、青绿色至棕色的黏稠液体，即成液态水玻璃。水玻璃具有良好的粘结性、耐热性、耐酸性，故 C 错误。水玻璃和水泥浆体混合，使其凝结过速，所以可用于配制水泥促凝剂，故 D 正确。

答案：D

四、菱苦土

菱苦土是一种白色或浅黄色的粉末，其主要成分为 MgO。制备菱苦土料浆时不用水拌和（因凝结慢，硬化后强度低），而用氯化镁、硫酸镁及氯化铁等盐的溶液拌和，其中以氯化镁（$MgCl_2 \cdot 6H_2O$）溶液最好，称为氯氧镁水泥。硬化后强度可达 40～60MPa，但吸湿性大，耐水性差。

氯氧镁水泥与植物纤维能很好地粘结，且碱性较弱，不会腐蚀植物纤维（但会腐蚀普通玻璃纤维），建筑工程中常用来制造木屑板、木丝板和氯氧镁水泥木屑地面等。制作氯氧镁水泥地面可掺适量磨细碎砖或粉煤灰等活性混合材料，以提高地面的耐水性；也可掺加耐碱矿物颜料，为地面着色。氯化镁（$MgCl_2 \cdot 6H_2O$）与氯氧镁水泥的适宜重量比为 0.55～0.60；施工时的气温宜为 10～30℃，气温过低将使氯氧镁水泥硬化速度降低；同时也不得浇水养护。氯氧镁水泥地面保温性好、无噪声、不起灰、弹性好、防火、耐磨，宜用于纺织车间及民用建筑中；但不适用于经常受潮、遇水和遭受酸类侵蚀的地方。

第三节 水 泥

水泥属于水硬性胶凝材料，品种很多，按其用途和性能可分为通用水泥、专用水泥与特种水泥三大类。一般建筑工程中常用的是通用水泥，包括硅酸盐水泥（代号P·Ⅰ、P·Ⅱ）、普通硅酸盐水泥（简称普通水泥，代号P·O）、矿渣硅酸盐水泥（简称矿渣水泥，代号P·S）、粉煤灰硅酸盐水泥（简称粉煤灰水泥，代号P·F）、火山灰质硅酸盐水泥（简称火山灰水泥，代号P·P）和复合硅酸盐水泥（简称复合水泥，代号P·C）六大种。适应专门用途的水泥称为专用水泥，如道路水泥、砌筑水泥、大坝水泥等；具有比较突出的某种性能的水泥称为特种水泥，如快硬硅酸盐水泥、膨胀水泥等。按主要水硬性物质名称，水泥又可分为硅酸盐水泥、铝酸盐水泥、硫铝酸盐水泥等。

一、硅酸盐水泥

【相关真题：2021-010，2019-001】

由硅酸盐水泥熟料，0～5%石灰石或粒化高炉矿渣、适量石膏磨细而成的水硬性胶凝材料，称为硅酸盐水泥。硅酸盐水泥分为两种类型，不掺加混合材料的称为Ⅰ型硅酸盐水泥，代号为P·Ⅰ；掺加不超过水泥质量5%的石灰石或粒化高炉矿渣的称为Ⅱ型硅酸盐水泥，代号P·Ⅱ。在生产水泥时，需加入适量石膏（$CaSO_4 \cdot 2H_2O$），其目的是延缓水泥的凝结，便于施工。

（一）硅酸盐水泥熟料的矿物组成

硅酸盐水泥熟料是以适当成分的生料（由石灰质原料与黏土质原料等配成）烧至部分熔融，所得以硅酸钙为主要成分的产物。熟料的主要矿物组成有硅酸三钙、硅酸二钙、铝酸三钙与铁铝酸四钙，其中硅酸钙占绝大部分。各矿物组成的性质见表1-3-1。若调整熟料中各矿物组成之间的比例，水泥的性质即发生相应的变化。如提高硅酸三钙和铝酸三钙含量，硅酸盐水泥凝结硬化快，早期强度高，可制得快硬水泥；降低硅酸三钙和铝酸三钙的含量，提高硅酸二钙的含量，可制得低热水泥。

硅酸盐水泥熟料矿物组成与主要特征 表1-3-1

矿物名称	化学式	代号	含量（%）	主要特征		
				硬化速度	28d水化放热量	强度
硅酸三钙	$3CaO \cdot SiO_2$	C_3S	37～60	快	多	高
硅酸二钙	$2CaO \cdot SiO_2$	C_2S	15～37	慢	少	早期低，后期高
铝酸三钙	$3CaO \cdot Al_2O_3$	C_3A	7～15	最快	最多	低
铁铝酸四钙	$4CaO \cdot Al_2O_3 \cdot Fe_2O_3$	C_4AF	10～18	快	中	低

由于铝酸三钙凝结硬化速度很快，会使水泥浆体出现瞬时凝结的现象，影响水泥的正常使用，掺入石膏可以达到延缓凝结的目的，即石膏起缓凝作用。

（二）硅酸盐水泥的水化及凝结硬化

水泥加水拌和后，成为具有可塑性的水泥浆，水泥颗粒开始水化，随着水化反应的进行，水泥浆逐渐变稠，失去可塑性，但尚未具有强度，这一过程称为"凝结"。凝结又分为初凝和终凝，初凝指水泥浆体开始失去可塑性的状态，终凝指水泥浆体完全失去可塑性。随后产生明显的强度并逐渐发展成为坚硬的水泥石，这一过程称为"硬化"。凝结和硬化是人为划分的，实际上是一个连续、复杂的物理化学变化过程。

1. 硅酸盐水泥的水化产物

硅酸盐水泥水化后生成的主要水化产物有凝胶与晶体两类。凝胶有水化硅酸钙（C-S-H）与水化铁酸钙（CFH），晶体有氢氧化钙［$Ca(OH)_2$］、水化铝酸钙（C_3AH_6）与水化硫铝酸钙等。在完全水化的水泥石中，水化硅酸钙凝胶约占70%，氢氧化钙约占20%，水化硫铝酸钙约占7%，其中水化硅酸钙凝胶对水泥石的强度和其他性质起决定性作用。

2. 硅酸盐水泥浆的硬化体

硅酸盐水泥浆硬化后的水泥石是由水化产物（包括凝胶和晶体）、未水化的水泥熟料颗粒、毛细孔（毛细孔水）等组成的不均质体。

（三）硅酸盐水泥石的侵蚀与防止

硅酸盐水泥加水硬化而成的水泥石，在通常使用条件下，具有较好的耐久性，但在某些侵蚀性介质（如流动的软水、酸、镁盐、硫酸盐等）的作用下，硅酸盐水泥石会逐渐被侵蚀，导致强度降低，甚至破坏，这种现象称为水泥石的侵蚀。

1. 引起水泥石侵蚀的原因

（1）水泥石中含有氢氧化钙和水化铝酸钙等易被侵蚀的成分，能溶解于水或与其他物质发生化学反应，生成或易溶于水，或体积膨胀，或松软无胶凝力的新物质，使水泥石遭受侵蚀。

（2）水泥石本身不密实，有很多毛细孔通道，易使侵蚀性介质侵入内部。

（3）腐蚀与通道的相互作用，即腐蚀使孔隙尺寸及数量增加，即增大腐蚀通道；而增大的通道又为腐蚀提供条件。

2. 防止侵蚀的措施

（1）根据工程所处的环境，选择适当品种的水泥。

（2）提高水泥石的密实度。

（3）当侵蚀作用较强时，可在构件表面加做耐侵蚀性高且不透水的保护层，如耐酸石料、塑料、沥青等。

（四）硅酸盐水泥的特性及应用

1. 凝结硬化快，强度高

硅酸盐水泥中含有较多的熟料，硅酸三钙多，水泥的早期强度和后期强度均较高。适用于早期强度要求高的工程及冬期施工的工程，地上、地下重要结构物及高强混凝土和预应力混凝土工程。

2. 抗冻性好

硅酸盐水泥采用较低的水灰比并经充分养护，可获得较低孔隙率的水泥石，具有较高的密实度；因此，适用于严寒地区遭受反复冻融的混凝土工程。

3. 耐侵蚀性差

硅酸盐水泥石中氢氧化钙及水化铝酸钙较多，耐软水及耐化学侵蚀能力差，故不适用于经常与流动的淡水及有水压作用的工程；也不适用于受海水、矿物水、硫酸盐等作用的工程。

4. 耐热性差

硅酸盐水泥石中的水化产物在 250～300℃时会产生脱水，强度开始下降；当温度达到 700～1000℃时，水化产物分解，水泥石的结构几乎完全破坏。所以，硅酸盐水泥不适用于有耐热、高温要求的混凝土工程。

5. 耐磨性好

硅酸盐水泥强度高、耐磨性好，适用于道路、地面等对耐磨性要求高的工程。

6. 水化放热量多

硅酸盐水泥熟料多，水化放热量大，因此不适用于厚大体积混凝土工程。

二、掺混合材料的硅酸盐水泥

【相关真题：2022-010】

掺混合材料的硅酸盐水泥包括普通硅酸盐水泥、矿渣硅酸盐水泥、火山灰质硅酸盐水泥、粉煤灰硅酸盐水泥和复合硅酸盐水泥。

在生产水泥时，掺入一定量的混合材料，目的是改善水泥的性能，调节水泥的强度等级，增加水泥品种，提高产量，节约水泥熟料，降低成本。

混合材料为天然的或人工的矿物材料，按其性能不同分为活性混合材料和非活性混合材料两大类。

活性混合材料的活性成分为活性二氧化硅和活性三氧化二铝，可以与熟料水化形成的氢氧化钙发生二次水化反应，形成水化硅酸钙和水化铝酸钙，因而使掺混合材料硅酸盐水泥的性能及应用与硅酸盐水泥有很大的差异。

（一）普通硅酸盐水泥

普通硅酸盐水泥简称普通水泥，其代号为 P·O，是由硅酸盐水泥熟料、6%～20%混合材料、适量石膏磨细制成的水硬性胶凝材料。

普通水泥中混合材料掺量少，因此，其性能与硅酸盐水泥相近。与硅酸盐水泥性能相比，硬化稍慢，早期强度稍低，水化热稍小，抗冻性与耐磨性也稍差。在应用范围方面，与硅酸盐水泥也相同，广泛适用于各种混凝土或钢筋混凝土工程。由于普通水泥与硅酸盐水泥水化放热量大，且大部分在早期（3～7d）放出，对于大型基础、水坝、桥墩等厚大体积混凝土构筑物，因水化热积聚在内部不易散发，内部温度可达 50～60℃以上，内外温度差所引起的应力，可使混凝土产生裂缝；因此，大体积混凝土工程不宜选用这两种水泥。

（二）四种掺加活性混合材料较多的硅酸盐水泥

1. 矿渣硅酸盐水泥

由硅酸盐水泥熟料和粒化高炉矿渣、适量石膏磨细制成的水硬性胶凝材料称为矿渣硅酸盐水泥，简称矿渣水泥，代号为 P·S。水泥中粒化高炉矿渣掺加量按质量百分比计为 20%～70%，并分为 A 型和 B 型。A 型矿渣掺量大于 20%且小于等于 50%，代号 P·S·A；B 型矿渣掺量大于 50%且小于等于 70%，代号 P·S·B。其中允许用 0～8%符合标准规定的粉煤灰、火山灰、石灰石、砂岩、窑灰中的一种材料代替。

2. 火山灰质硅酸盐水泥

由硅酸盐水泥熟料和火山灰质混合材料、适量石膏磨细制成的水硬性胶凝材料称为火山灰质硅酸盐水泥，简称火山灰水泥，代号为P·P。水泥中火山灰质混合材料掺加量按质量百分比计为20%～40%。

3. 粉煤灰硅酸盐水泥

由硅酸盐水泥熟料和粉煤灰、适量石膏磨细制成的水硬性胶凝材料称为粉煤灰硅酸盐水泥，简称粉煤灰水泥，代号为P·F。水泥中粉煤灰掺加量按质量百分比计为20%～40%。

4. 复合硅酸盐水泥

由硅酸盐水泥熟料、两种或两种以上混合材料、适量石膏磨细制成的水硬性胶凝材料称为复合硅酸盐水泥，简称复合水泥，代号为P·C。掺入的混合材料占水泥质量的20%～50%。混合材料由符合标准规定的粒化高炉矿渣、粉煤灰、火山灰质混合材料、石灰石和砂岩中的三种（含）以上材料组成，其主要混合材料不低于三种。

5. 上述四种硅酸盐水泥的共同特性

（1）早期强度较低，后期强度增长较快。
（2）环境温、湿度对水泥凝结硬化的影响较大，故适合采用蒸汽养护。
（3）水化热较低，放热速度慢。
（4）抗软水及硫酸盐侵蚀的能力较强。
（5）抗冻性、抗碳化性与耐磨性较差。

上述四种水泥与硅酸盐水泥、普通硅酸盐水泥性质上差异的原因，在于这四种水泥中活性混合材料的掺加量较大，熟料矿物的含量相对减少。另外，活性混合材料中的活性SiO_2和活性Al_2O_3会与熟料水化形成的$Ca(OH)_2$反应，生成水化硅酸钙和水化铝酸钙，所以这四种水泥中$Ca(OH)_2$的含量很少。

由于所掺入的主要混合材料的性能不同，这四种水泥又具有各自的特性，例如矿渣水泥的耐热性较强，保水性较差，需水量较大，故抗渗性较差；火山灰水泥保水性好，抗渗性好，硬化干缩更显著；粉煤灰水泥干缩性小，因而抗裂性好，且粉煤灰水泥流动性较好，因而配制的混凝土拌合物和易性好。

三、通用硅酸盐水泥的选用

【相关真题：2022-011，2021-013，2020-012，2019-013】

水泥的用途取决于其性能特点，六种通用硅酸盐水泥的性能与选用见表1-3-2和表1-3-3。

六种通用硅酸盐水泥的性能　　　　　　　表1-3-2

项目	硅酸盐水泥 P·Ⅰ，P·Ⅱ	普通水泥 P·O	矿渣水泥 P·S	火山灰水泥 P·P	粉煤灰水泥 P·F	复合水泥 P·C
主要成分	以硅酸盐水泥熟料为主，0～5%的混合材料	在硅酸盐水泥熟料中掺加6%～20%的混合材料	在硅酸盐水泥熟料中掺入占水泥质量20%～70%的粒化高炉矿渣	在硅酸盐水泥熟料中掺入占水泥质量20%～40%的火山灰质混合材料	在硅酸盐水泥熟料中掺入占水泥质量20%～40%的粉煤灰	掺入三种以上混合材料，但总量不超过水泥质量的20%～50%

续表

项目	硅酸盐水泥 P·Ⅰ，P·Ⅱ	普通水泥 P·O	矿渣水泥 P·S	火山灰水泥 P·P	粉煤灰水泥 P·F	复合水泥 P·C
特性	1. 凝结硬化快，早期强度高； 2. 水化热大； 3. 抗冻性好； 4. 耐腐蚀与耐软水性差； 5. 耐磨性好； 6. 抗碳化能力强	1. 早期强度较高； 2. 水化热较大； 3. 抗冻性较好； 4. 耐腐蚀与耐软水性较差； 5. 耐磨性较好； 6. 抗碳化能力较强	1. 早期强度低，后期强度增长快； 2. 水化热小； 3. 抗冻性差； 4. 耐硫酸盐侵蚀及耐软水性较好； 5. 抗碳化能力差； 矿渣水泥的独特性能是耐热性、耐磨性均较好	同矿渣水泥的第1~5条； 火山灰水泥的独特性能是内表面积大，因而干缩大、抗渗性较好	同矿渣水泥的第1~5条； 粉煤灰水泥的独特性能是流动性较好、干缩小、抗裂性较好	同矿渣水泥的第1~5条； 其他性能因掺入混合材料的不同而略有不同
密度 (g/cm³)	3.0~3.15	3.0~3.15	2.8~3.1	2.8~3.1	2.8~3.1	2.8~3.1

通用硅酸盐水泥的选用　　　　表1-3-3

混凝土类型		混凝土工程特点及所处环境条件	优先选用	可以选用	不宜选用
普通混凝土	1	在一般气候环境中的混凝土	普通水泥	矿渣水泥、火山灰水泥、粉煤灰水泥、复合水泥	
	2	在干燥环境中的混凝土	普通水泥		火山灰水泥、粉煤灰水泥、矿渣水泥
	3	在高湿度环境中或长期处于水中的混凝土	矿渣水泥、火山灰水泥、粉煤灰水泥、复合水泥	普通水泥	
	4	厚大体积的混凝土	矿渣水泥、火山灰水泥、粉煤灰水泥、复合水泥		硅酸盐水泥、普通水泥
有特殊要求的混凝土	1	要求快硬、高强（>C40）的混凝土	硅酸盐水泥	普通水泥	矿渣水泥、火山灰水泥、粉煤灰水泥、复合水泥
	2	严寒地区的露天混凝土、寒冷地区处于水位升降范围内的混凝土	硅酸盐水泥、普通水泥	矿渣水泥（强度等级>32.5）	火山灰水泥、粉煤灰水泥
	3	严寒地区处于水位升降范围内的混凝土	普通水泥（强度等级>42.5）		火山灰水泥、矿渣水泥、粉煤灰水泥、复合水泥
	4	有抗渗要求的混凝土	普通水泥、火山灰水泥、粉煤灰水泥		矿渣水泥
	5	有耐磨性要求的混凝土	硅酸盐水泥、普通水泥	矿渣水泥（强度等级>32.5）	火山灰水泥、粉煤灰水泥
	6	受侵蚀性介质作用的混凝土	矿渣水泥、火山灰水泥、粉煤灰水泥、复合水泥		硅酸盐水泥、普通水泥

注：当水泥中掺有黏土质混合材时，则不耐硫酸盐腐蚀。

> **例 1-3-1** （2019）配置耐磨性好、强度高于 C40 的高强混凝土时，不得使用（　　）。
> 　　A　硅酸盐水泥　　　B　矿渣水泥　　　C　火山灰水泥　　　D　普通水泥
> 　　**解析：** 因为火山灰和粉煤灰活性较低，所以火山灰水泥和粉煤灰水泥不得用于配制耐磨性好、强度高于 C40 的混凝土中。
> 　　**答案：** C

四、通用硅酸盐水泥的技术性质

【相关真题：2021-007】

通用硅酸盐水泥有碱含量、不溶物、烧失量、氧化镁、三氧化硫、氯离子含量，以及细度、凝结时间、安定性、强度等技术要求。

（一）细度

水泥的细度是指水泥的粗细程度。水泥颗粒越细，与水起反应的表面积越大，水化速度快，早期强度及后期强度均较高；但硬化收缩较大，成本也较高。若水泥颗粒过粗，则不利于水泥活性的发挥，强度较低。

（二）凝结时间

水泥的凝结时间分为初凝时间和终凝时间。初凝时间为水泥加水至水泥浆开始失去塑性所需时间，终凝时间是指从水泥加水至水泥浆完全失去塑性并开始产生强度所需时间。

（三）体积安定性

水泥的体积安定性是指水泥在凝结硬化过程中，体积变化的均匀性。体积安定性不良，是指水泥硬化后，产生不均匀的体积变化。使用体积安定性不良的水泥，会使构件产生膨胀性裂缝，影响建筑物的质量，甚至引起严重事故。

水泥体积安定性不良的主要原因是熟料中所含的游离氧化钙或游离氧化镁过多，或水泥粉磨时掺入的石膏过量。

（四）强度

水泥的强度是表征水泥质量的重要指标。国家标准规定，水泥的强度应采用胶砂法测定，即水泥与中国 ISO 标准砂的比例为 1∶3（质量比），水灰比为 0.5，按规定的方法制成 40mm×40mm×160mm 的试件，在标准温度（20℃±1℃）的水中养护，分别测定其 3d 与 28d 的抗压强度与抗折强度，以此划分水泥的强度等级。

国家标准规定，硅酸盐水泥强度等级分为 42.5、42.5R、52.5、52.5R、62.5 和 62.5R 六种，其中有代号 R 的为早强型水泥；普通水泥的强度等级分为 42.5、42.5R、52.5 和 52.5R 四种。矿渣硅酸盐水泥、粉煤灰硅酸盐水泥、火山灰硅酸盐水泥强度等级分为 32.5、32.5R、42.5、42.5R、52.5 和 52.5R 六种，复合硅酸盐水泥强度等级分为 42.5、42.5R、52.5 和 52.5R 四种。

> **例 1-3-2** （2021）硅酸盐水泥化学指标控制不包括（　　）。
> 　　A　三氧化硫　　　B　氯离子　　　C　氧化镁　　　D　水化热

解析：根据《通用硅酸盐水泥》GB 175—2007 第 7.1 条表 2，通用硅酸盐水泥的化学指标控制包括不溶物、烧失量、三氧化硫、氧化镁和氯离子 5 项指标。不包括水化热，故应选 D。

答案：D

五、水泥的贮存
【相关真题：2019-008】

水泥在运输与保管时，不得受潮和混入杂物。不同品种和强度等级的水泥应分别贮存。水泥的贮存期不宜过长，因为水泥会吸收空气中的水分和二氧化碳，使颗粒表面水化，甚至碳化，导致胶凝能力降低。通用硅酸盐水泥的贮存期为 3 个月，因为在一般贮存条件下，3 个月后水泥的强度约降低 10%～20%；快硬水泥更易吸收空气中的水分，贮存期一般不超过 1 个月。

六、通用水泥的质量等级
【相关真题：2019-006】

根据《通用水泥质量等级》JC/T 452—2009 的规定，判定水泥质量等级的依据是产品标准和实物质量。质量等级划分为优等品（水泥产品标准必须达到国际先进水平，且水泥实物质量水平与国外同类产品相比达到近 5 年内的先进水平）、一等品（水泥产品标准必须达到国际一般水平，且水泥实物质量水平达到国际同类产品的一般水平）和合格品（按我国现行水泥产品标准组织生产，水泥实物质量水平必须达到现行产品标准的要求）。

例 1-3-3 （2019）我国水泥产品有效存放期为自水泥出厂之日起，不超过（ ）。

A 六个月　　　　B 五个月　　　　C 四个月　　　　D 三个月

解析：水泥的存放期不宜过长，以免受潮，降低强度等级。储存期自出厂之日起，通用硅酸盐水泥为三个月，故应选 D。

答案：D

七、其他品种水泥
（一）铝酸盐水泥

铝酸盐水泥又称高铝水泥或矾土水泥，是以铝矾土和石灰石为主要原料，适当配合后经煅烧、磨细而成的水泥，主要熟料矿物为铝酸一钙（CA）。铝酸盐水泥水化放热量大，且放热速度快，不得用于大体积混凝土构件；适宜的硬化温度为 15℃，不得超过 30℃，不适用于高温季节施工，不得采用湿热养护方法。铝酸盐水泥早期强度增长快，具有较高的抗硫酸盐侵蚀能力，耐热性高，所以主要用于紧急抢修工程、需要早期强度高的特殊工程、冬季施工、处于海水中或其他侵蚀性介质作用的工程、耐热混凝土等。

（二）快硬硅酸盐水泥

凡以硅酸盐水泥熟料和适量石膏磨细制成的，以3天抗压强度表示强度等级的水硬性胶凝材料，称为快硬硅酸盐水泥，简称快硬水泥。其生产方法与硅酸盐水泥基本相同，提高水泥早期强度增进率的措施有：提高熟料中铝酸三钙与硅酸三钙的含量，适当增加石膏掺量（达8％）以及提高水泥的粉磨细度等。主要用于配制早强混凝土，适用于紧急抢修工程与低温施工工程。快硬硅酸盐水泥易吸收空气中的水蒸气，存放时应注意防潮，且存放期一般不超过一个月。

（三）膨胀水泥

膨胀水泥是一种在水化过程中体积微膨胀的水泥，按水泥熟料矿物组成特点分为硅酸盐膨胀水泥、铝酸盐膨胀水泥和硫铝酸盐膨胀水泥。膨胀水泥石结构致密、抗渗性高，适用于制作抗渗混凝土，用作填灌预留孔洞、预制构件的接缝及管道接头，用于结构的加固与修补，制作自应力混凝土构件及自应力压力水管和输气管等。

（四）道路硅酸盐水泥

由道路硅酸盐水泥熟料、适量石膏和混合材料磨细制成的水硬性胶凝材料，熟料中铝酸三钙含量不应大于5％，铁铝酸四钙的含量不应小于15％。道路水泥具有良好的耐磨性和抗干缩性能，主要用于配制道路混凝土。

（五）砌筑水泥

砌筑水泥是由硅酸盐水泥熟料加入规定的混合材料和适量石膏，磨细制成的保水性好的水硬性胶凝材料，主要用于配制砌筑砂浆、抹面砂浆等。

第四节　混　凝　土

混凝土是指由胶凝材料、粗细骨料和水按适当的比例配合、拌制成的混合物，再经一定时间后硬化而成的人造石材。

按表观密度的大小分，混凝土分为普通混凝土（表观密度为2000～2800kg/m³，建筑工程中应用最广泛、用量最大）、轻混凝土（表观密度小于1950kg/m³，可用作结构混凝土、保温用混凝土以及结构兼保温混凝土）和重混凝土（表观密度2800kg/m³以上，主要用作核能工程的屏蔽结构材料）三类。

混凝土抗压强度高、耐久性好，组成材料中砂、石占80％，成本低，与钢筋粘结力高（钢筋受拉、混凝土受压，两者膨胀系数相同）；主要缺点为抗拉强度低、受拉时变形能力差、易开裂，自重大。

一般对混凝土质量的基本要求是：具有符合设计要求的强度，与施工条件相适应的施工和易性，以及与工程环境相适应的耐久性。

一、普通混凝土组成材料的技术要求

【相关真题：2021-011，2021-012，2020-013，2020-014，2019-010，2019-011】

（一）普通混凝土组成材料的作用

普通混凝土主要是由水泥、水和天然的砂、石骨料所组成的复合材料，通常还掺入一定量的掺合料和外加剂。混凝土组成材料中，砂、石是骨料，对混凝土起骨架作用，同时

可起到抑制收缩的作用。水泥和水形成水泥浆体，包裹在粗、细骨料的表面并填充骨料之间的空隙。在混凝土凝结、硬化以前，水泥浆体起着润滑作用，赋予混凝土拌合物流动性，便于施工。在混凝土硬化以后，水泥浆体起着胶粘剂作用，将砂、石骨料粘结成为一个整体，使混凝土产生强度，成为坚硬的人造材料。

（二）水泥

选择水泥要考虑品种与强度等级两个方面。

1. 品种

应根据混凝土工程特点、工程所处环境条件及施工条件，进行合理选择（见表1-3-3）。

2. 强度等级

水泥的强度等级应与混凝土的设计强度相适应。若用高强度等级水泥配制低强度等级的混凝土，只需用少量水泥就可满足混凝土强度要求，但水泥用量偏少，会影响混凝土拌合物的工作性与密实度，可考虑掺入一定数量的掺合料（如粉煤灰）。若用低强度等级水泥配制高强度等级的混凝土，为满足强度要求，需较多的水泥用量，过多的水泥用量不仅不经济，还会影响混凝土其他技术性质（如硬化收缩增大，会引起混凝土开裂），可以掺加各种减水剂，通过降低水灰比（水胶比）来提高强度。

（三）细骨料

粒径小于4.75mm的骨粒为细骨料，包括天然砂和机制砂。天然砂包括河砂、湖砂、山砂、淡化海砂等机制砂俗称人工砂。

配制混凝土时所采用的细骨料的技术要求主要有以下几方面。

1. 有害杂质

凡存在于砂或石子中会降低混凝土性质的成分均称为有害杂质。砂中的有害杂质包括泥、泥块、云母、轻物质、硫化物与硫酸盐、有机物质及氯化物等。其中，泥是指天然砂中粒径小于$75\mu m$的颗粒；泥块是指砂中粒径大于1.18mm，经水浸洗、手捏后小于$600\mu m$的颗粒。泥、云母、轻物质等能降低骨料与水泥浆的粘结性，泥多还增加混凝土的用水量，从而加大混凝土的收缩，降低抗冻性与抗渗性；硫化物与硫酸盐、有机物质等对水泥有侵蚀作用；有机物还会影响水泥的正常凝结；泥块、轻物质强度较低，会形成混凝土中的薄弱部分，对混凝土的强度造成不利影响；氯盐能引起钢筋混凝土中钢筋的锈蚀，破坏钢筋与混凝土的粘结，使混凝土保护层开裂。

2. 颗粒级配与粗细程度

混凝土用砂的选用，主要应从砂对混凝土和易性与水泥用量（即混凝土的经济性）的影响这两个方面进行考虑。也就是说，主要考虑砂的颗粒级配和粗细程度。

砂的颗粒级配是指砂中不同粒径颗粒的搭配情况。级配良好的砂，具有较小的空隙率和总表面积，配制混凝土时，不仅水泥浆用量较少，而且还可提高混凝土的流动性、密实度和强度。

砂的粗细程度是指不同粒径的砂粒混合在一起后的平均粗细程度，通常有粗砂、中砂与细砂之分。在相同用砂量条件下，中砂的总表面积和空隙率较小，包裹砂粒表面所需的水泥浆少，因此节省水泥。

(四) 粗骨料

骨料中粒径大于 4.75mm 的称为粗骨料，混凝土用粗骨料有碎石和卵石两种。碎石表面粗糙，具有棱角，与水泥浆粘结较好；而卵石多为圆形，表面光滑，与水泥浆的粘结较差。在水泥用量和水用量相同的情况下，碎石拌制的混凝土强度较高，但流动性较小。

普通混凝土用石的技术要求有以下几方面。

1. 有害杂质

包括泥、泥块、硫化物与硫酸盐、有机质等。

2. 颗粒形状

颗粒形状最好为小立方体或球体，应控制针、片状等不规则颗粒。

3. 颗粒级配和最大粒径

石子颗粒级配是指大、小粒径石子的搭配情况，合理的级配可使石子的空隙率和总表面积均比较小。这样拌制的混凝土，水泥用量少、密实度较好，有利于改善混凝土的和易性并提高强度。

石子公称粒级的上限，称为石子的最大粒径。随着石子最大粒径增大，在质量相同时，其总表面积减小。因此，在条件许可的情况下，石子的最大粒径应尽可能选得大一些，以节约水泥。

4. 强度

碎石的强度用岩石的块体抗压强度或压碎指标表示，卵石的强度用压碎指标表示。

石子的压碎指标越大，其强度越低。

5. 坚固性

坚固性是指石子在自然风化和其他外界物理化学因素作用下抵抗破裂的能力。

(五) 水

拌制和养护混凝土用水，不得影响混凝土的和易性及凝结，不得有损于混凝土的强度发展，不得降低混凝土的耐久性，不得加快钢筋腐蚀并导致预应力钢筋脆断，不得污染混凝土表面。

饮用水、地下水、地表水及经过处理达到要求的工业废水均可用作混凝土拌和用水，宜优先采用符合国家标准的饮用水。若采用其他水源时，其水质应符合《混凝土用水标准》JGJ 63—2006 的规定，特别对水的 pH 值以及不溶物、可溶物、氯化钠、硫化物、硫酸盐等含量均有限制。

(六) 外加剂

根据《混凝土外加剂术语》GB/T 8075—2017，混凝土外加剂是混凝土中除凝胶材料、骨料、水和纤维组分以外，在混凝土拌制之前或拌制过程中加入的、用以改善新拌混凝土和（或）硬化混凝土性能，对人、生物及环境安全无有害影响的材料。

混凝土外加剂按其主要使用功能，可分为如下四类：

（1）改善混凝土拌合物流变性能的外加剂，如各种减水剂和泵送剂等；

（2）调节混凝土凝结时间、硬化过程的外加剂，如缓凝剂、早强剂、促凝剂和速凝剂等；

（3）改善混凝土耐久性的外加剂，如引气剂、防水剂和阻锈剂等；

(4) 改善混凝土其他性能的外加剂,如膨胀剂、防冻剂和着色剂等。

1. 减水剂

减水剂是指在混凝土坍落度基本相同的条件下,能减少拌和用水量的外加剂。减水剂的作用效果如下:

(1) 在不减少单位用水量的情况下,改善混凝土拌合物工作性,提高流动性;
(2) 在保持一定流动性的前提下,减少用水量,提高强度;
(3) 在保持强度和工作性不变的情况下,减少水泥用量;
(4) 改善混凝土拌合物的可泵性及其他物理力学性能。

常用减水剂有木质素磺酸盐、多环芳香族磺酸盐、聚羧酸减水剂等。

2. 早强剂

早强剂是指能加速混凝土早期强度发展的外加剂,主要用于冬期施工或紧急抢修施工工程中。常用早强剂有氯化物系、硫酸盐系、三乙醇胺。

3. 缓凝剂

缓凝剂是指能延长混凝土凝结时间的外加剂。主要用于高温季节混凝土、大体积混凝土、泵送和滑模混凝土施工以及远距离运输的商品混凝土。常用缓凝剂有糖类及其碳水化合物、羟基羧酸盐、多元醇及其衍生物等有机缓凝剂,磷酸盐、锌盐、硫酸铁、硫酸铜、氟硅酸盐等无机缓凝剂。

4. 引气剂

引气剂是指在混凝土搅拌过程中能引入大量均匀分布、稳定而封闭的微小气泡且能保留在硬化混凝土中的外加剂。常用引气剂有松香类引气剂、木质素磺酸盐类引气剂等。

引气剂可改善混凝土拌合物的和易性,提高混凝土的抗渗性、抗冻性等;但会导致混凝土强度降低。

5. 速凝剂

速凝剂是指能使混凝土迅速凝结硬化的外加剂,主要有铝氧熟料加碳酸盐系速凝剂、硫铝酸盐系速凝剂、水玻璃系速凝剂等;广泛用于喷射混凝土、注浆止水混凝土及抢修补强混凝土工程中,如矿山井巷、隧道涵洞、地下工程等。

6. 防水剂

防水剂是指能提高砂浆、混凝土抗渗性能的外加剂。按化学成分,防水剂分为无机防水剂和有机防水剂。

无机防水剂通过水泥凝结硬化过程中与水发生化学反应,生成物填充在砂浆、混凝土的孔隙内,提高密实度,从而实现防水抗渗作用,包括水玻璃、氯化铁、氯化铝等。有机防水剂有憎水性表面活性剂和天然或合成聚合物乳液水溶性树脂等。

(七) 矿物掺合料

矿物掺合料(简称掺合料)是为改善混凝土性能、节约水泥而在混凝土拌合物中掺入的矿物材料,也称矿物外加剂。工程中常采用的矿物掺合料有粉煤灰、磨细矿渣粉、沸石粉、煅烧煤矸石、硅灰等。

粉煤灰的活性较低,掺入混凝土中,可以显著降低水化热,还可以提高抗侵蚀性,是应用最为普遍的矿物掺合料。

硅灰的活性很高,可以大幅度提高混凝土的强度;但其价格较贵,只用于C80以上的高强混凝土中。

例1-4-1 (2019) 下列哪种天然砂与水泥的粘结力最强?( )
A 山砂 B 河砂 C 湖砂 D 海砂

解析:砂子表面粗糙,与水泥浆体粘结力强。光滑表面的砂子与水泥浆体粘结力小。上述四种天然砂中,河砂、湖砂和海砂受水的冲刷,表面光滑;而山砂表面粗糙,与水泥浆体粘结力最强。

答案:A

例1-4-2 (2021) 关于砂中含有机物对混凝土影响的说法,正确的是( )。
A 减缓水泥的凝结 B 影响混凝土的抗冻性
C 造成混凝土开裂 D 影响混凝土的抗渗性

解析:砂中会降低混凝土性质的成分均称为有害杂质。砂中的有害杂质包括泥、泥块、云母、轻物质、硫化物与硫酸盐、有机物质及氯化物等。其中,硫化物与硫酸盐、有机物质等对水泥有侵蚀作用,有机物还会减缓水泥的凝结;所以正确选项为A。

答案:A

例1-4-3 (2019) 下列哪种是混凝土拌制和养护的最佳水源?( )
A 江湖水源 B 海洋水源 C 饮用水源 D 雨雪水源

解析:拌制和养护混凝土用水,不得影响混凝土的和易性及凝结;不得有损于混凝土的强度发展;不得降低混凝土的耐久性;不得加快钢筋腐蚀并导致预应力钢筋脆断;不得污染混凝土表面。

饮用水、地下水、地表水及经过处理达到要求的工业废水均可作为混凝土的拌和用水,其中宜优先采用符合国家标准的饮用水。若采用其他水源时,水质应符合《混凝土用水标准》JGJ 63—2006的规定,特别对水的pH值以及不溶物、可溶物、氯化钠、硫化物、硫酸盐等含量均有限制。综上所述,最佳水源为饮用水源。

答案:C

二、普通混凝土的主要技术性质

【相关真题:2021-008,2020-009,2020-010,2019-009】

(一)混凝土拌合物的和易性

混凝土凝结硬化之前称为混凝土拌合物,或新拌混凝土,必须具有良好的和易性(也称工作性)。

1. 和易性概念

和易性是指混凝土拌合物易于施工操作(拌和、运输、浇筑、捣实),并能获得质量均匀、成型密实的混凝土的性能。和易性为一项综合的技术性质,包括流动性(能流动,均匀密实地填满模板的性能)、黏聚性(组成材料之间具有一定的粘结力,不分层、不离析的性能)和保水性(不泌水的性能)。

2. 影响和易性的因素

(1) 浆体的数量和稠度

浆体是由水泥、矿物掺合料和水拌和而成,具有流动性和可塑性,是影响混凝土拌合物和易性的主要因素。原材料一定时,坍落度主要取决于浆体的数量和稠度。增大稠度,即增加用水量,同时增大水胶比,坍落度增大;但混凝土拌合物稳定性降低(即易离析、泌水),同时也会降低硬化混凝土的密实度、强度和耐久性。所以,通常通过保持水胶比不变,调整浆体数量,来满足工作性的要求;也可以通过掺加外加剂来调整和易性。

(2) 砂率

砂率是指混凝土中砂的质量占砂、石总质量的百分比。砂率的变动会使骨料的空隙率与总表面积有显著改变,因而对混凝土拌合物的和易性产生显著影响。砂率过大(总表面积增大)或过小(空隙率过大),在浆体含量不变的情况下,均会使混凝土拌合物的流动性减小。因此,在配制混凝土时,砂率不能过大,也不能过小,应选择合理的砂率值。所谓合理砂率是指在用水量及胶凝材料用量一定的情况下,能使混凝土拌合物获得最大的流动性,且能保持黏聚性及保水性良好时的砂率值,如图 1-4-1(a) 所示。或者,从另一个角度考虑,当采用合理砂率时,能使混凝土拌合物获得所要求的流动性及良好的黏聚性与保水性,而水泥用量最少,如图 1-4-1(b) 所示。

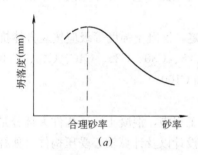
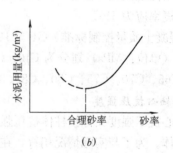

图 1-4-1 砂率与坍落度、水泥用量的关系

(a) 坍落度与砂率的关系(水和水泥用量一定);(b) 水泥用量与砂率的关系(达到相同坍落度)

(3) 骨料品种与品质

在骨料用量一定的情况下,采用卵石和河砂拌制的混凝土拌合物,其流动性比用碎石和山砂拌制的好。石子最大粒径较大时,需要包裹的浆体少,流动性好,但容易离析。级配好的骨料拌制的混凝土拌合物的流动性大。

(4) 水泥、矿物掺合料和外加剂

与普通水泥相比,采用矿渣水泥、火山灰水泥的混凝土拌合物流动性较小。但是矿渣水泥的保水性差,尤其在低温时泌水较大。

矿物掺合料不仅自身水化缓慢,优质矿物掺合料还有一定的减水效果;同时,还减慢了水泥的水化速度,使混凝土工作性更加流畅,并防止泌水、离析的发生。

在拌制混凝土拌合物时,加入适量外加剂,如减水剂、引气剂等,能使混凝土在较低水胶比、较小用水量的条件下,仍能获得较高的流动性。

(5) 时间和温度

混凝土拌合物随着时间的延长会变得越来越干稠。混凝土的工作性还受温度的影响，随着环境温度的升高，混凝土的工作性降低很快。

(二) 混凝土强度

1. 立方体抗压强度

根据《混凝土物理力学性能试验方法标准》GB/T 50081—2019 的规定，制作边长 150mm 的立方体标准试件，在标准条件下（温度 20±2℃，相对湿度 95%以上），养护到 28d 龄期，用标准试验方法测得的抗压强度值称为混凝土立方体抗压强度，用 f_{cu} 表示。

在实际施工中，允许采用非标准尺寸的试件，但试件尺寸越大，测得的抗压强度值越小（原因是大试件环箍效应的相对作用小；另外，存在缺陷的概率增大）。混凝土强度等级小于 C60 时，用非标准试件测得的强度值应乘以尺寸换算系数，对 200mm×200mm×200mm 试件可取为 1.05，对 100mm×100mm×100mm 试件可取为 0.95。

根据《混凝土强度检验评定标准》GB/T 50107—2010 的规定，混凝土的强度等级应按其立方体抗压强度标准值确定。混凝土强度等级采用"C"与立方体抗压强度标准值 $f_{cu,k}$ 表示。

混凝土立方体抗压强度标准值应为按标准方法制作和养护的边长为 150mm 的立方体试件，用标准试验方法在 28d 龄期测得的混凝土抗压强度总体分布中的一个值，强度低于该值的概率应为 5%。

《混凝土质量控制标准》GB 50164—2011 规定，混凝土强度等级应按立方体抗压强度标准值（单位：MPa）划分为 C10、C15、C20、C25、C30、C35、C40、C45、C50、C55、C60、C65、C70、C75、C80、C85、C90、C95 和 C100。

2. 轴心抗压强度

轴心抗压强度又称棱柱体抗压强度。在实际工程中，混凝土受压构件大部分是棱柱体或圆柱体。为了与实际情况相符，在混凝土结构设计以及计算轴心受压构件（如柱子、桁架的腹杆等）时，应采用轴心抗压强度作为设计依据。根据《混凝土物理力学性能试验方法标准》GB/T 50081—2019 的规定，轴心抗压强度应采用 150mm×150mm×300mm 的棱柱体作为标准试件。实验表明，轴心抗压强度为立方体抗压强度的 0.7～0.8。

3. 抗拉强度

混凝土的抗拉强度很低，只有其抗压强度的 1/20～1/10，且这个比值随着强度等级的提高而降低。混凝土抗拉强度对于混凝土的抗裂性具有重要作用，是结构设计中确定混凝土抗裂度的主要指标，有时也用来间接衡量混凝土与钢筋的粘结强度。一般采用劈裂法测定混凝土的劈裂抗拉强度，简称劈拉强度。

根据《混凝土物理力学性能试验方法标准》GB/T 50081—2019 规定，劈裂抗拉强度采用边长为 150mm 的立方体标准试件，按规定的劈裂抗拉装置检测劈拉强度，按下式计算劈裂抗拉强度：

$$f_{ts} = \frac{2F}{\pi A} = 0.637 \frac{F}{A} \tag{1-4-1}$$

式中　f_{ts}——劈裂抗拉强度（MPa）；

F——破坏荷载（N）；

A——试件劈裂面积（mm^2）。

4. 影响混凝土抗压强度的因素

(1) 胶凝材料的强度和水胶比

胶凝材料的强度和水胶比是影响混凝土强度最主要的因素。实验证明，胶凝材料的强度越高，则混凝土的强度越高；在胶凝材料的组成和强度相同时，混凝土强度随着水胶比的增大而有规律地降低。水胶比越大，多余的水分越多（水泥水化所需的结合水，一般只占水泥质量的23%左右）；当混凝土硬化后，多余的水分就残留在混凝土中形成水泡，或蒸发后形成气孔，大大减少了混凝土抵抗荷载的实际有效断面，而且可能在孔隙周围产生应力集中，使混凝土强度降低。反之，水胶比越小，水泥浆硬化后强度越高，与骨料表面的粘结力也越强，则混凝土的强度也越高。

(2) 温度和湿度

养护温度和湿度是保证水泥正常水化的必要条件，是决定水泥水化速度的重要条件。若温度升高，则水泥水化速度加快，混凝土强度发展也就加快；反之，温度降低时，水泥水化速度降低，混凝土强度发展相应迟缓。当温度降至冰点以下时，水泥水化反应停止，混凝土的强度也停止发展，而且还会因混凝土中的水结冰产生体积膨胀而导致开裂。所以混凝土冬期施工时，要特别注意保温养护，以免混凝土早期受冻破坏。

周围环境的湿度对混凝土强度也有显著影响。若湿度不够，混凝土会因失水干燥而影响水泥水化作用的正常进行，甚至停止水化。这将严重降低混凝土的强度，且因水化作用不充分，使混凝土结构疏松，或形成干缩裂缝，从而影响混凝土的耐久性。所以要求在混凝土凝结后（一般在12h以内），表面加以覆盖和浇水。一般硅酸盐水泥、普通水泥和矿渣水泥配制的混凝土，需浇水保温至少7d；使用火山灰水泥、粉煤灰水泥或掺有缓凝型外加剂，或有抗渗要求的混凝土，不少于14d。

总之，已浇筑完毕的混凝土，必须注意在一定时间内使其周围环境保持在一定的温、湿度范围内。而且混凝土施工时，夏季注意浇水，保持必要的湿度，冬季注意保持必要的温度。

(3) 龄期

混凝土在正常养护条件下，其强度随龄期的增加而增长，最初的7~14d，强度增长较快；28d以后强度增长变缓；但只要有一定的温、湿度，强度仍会有所增长。

(三) 混凝土的变形性能

1. 化学收缩

混凝土的化学收缩是由于水泥水化引起的。这种收缩是不能恢复的，收缩量随龄期的延长而增加；一般在混凝土成型后40多天内增长较快，以后就渐趋稳定。总收缩量一般不大。

2. 干湿变形

干湿变形是指混凝土随周围环境湿度变化而产生的湿胀干缩变形。混凝土的湿胀变形量很小，一般无明显破坏作用。但干缩变形对混凝土危害较大。在一般条件下，混凝土的极限收缩值达 $(500\sim900)\times10^{-6}$ 时，会使混凝土表面出现拉应力而导致开裂，严重影响混凝土的耐久性。在工程设计中，通常采用混凝土的线收缩值为 $150\times10^{-6}\sim200\times10^{-6}$，即每 1m 收缩 0.15～0.20mm。

影响混凝土干缩的因素主要有水泥的品种、细度与用量，水灰比，骨料的品种与质量，以及养护条件等。一般来说，水泥用量大，水灰比大；砂石用量小时，混凝土干缩值大。

3. 自身收缩

自身收缩是混凝土在初凝之后随着水化的进行，在恒温、恒重条件下体积的减缩，也称为自收缩。自收缩是随着水泥水化的进行，内部孔中的水分被水化反应所消耗，产生毛细孔应力，从而造成硬化水泥石受负压作用而导致收缩。

4. 温度变形

温度变形指混凝土随温度变化产生热胀冷缩的变形。混凝土的温度膨胀系数约为 $1×10^{-5}/℃$，即温度每升高 1℃，每 1m 膨胀约 0.01mm。

混凝土硬化期间，由于水化放热产生温升而膨胀，到达温度峰值后，降温期间产生收缩变形。升温期间由于混凝土弹性模量还很低，膨胀变形只产生较小的压应力，且因徐变作用而松弛；降温期间因弹性模量增长，徐变松弛作用减小，在受约束时收缩变形则产生较大的拉应力，当拉应力超过抗拉强度（断裂能）时，产生开裂。降温幅度越大，产生的拉应力越大。

混凝土是热的不良导体，散热较慢，因此大体积混凝土的内部温度较外部高，有时可达 50～70℃；这将使内部混凝土的体积产生较大的相对膨胀，而外部混凝土产生较大收缩。内部膨胀与外部收缩相互制约，在外层混凝土中将产生很大的拉应力，严重时使混凝土产生裂缝。

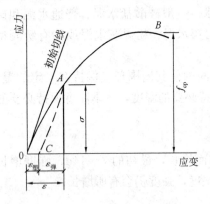

图 1-4-2 混凝土压应力作用下的应力—应变曲线

5. 在荷载作用下的变形

（1）在短期荷载作用下的变形

混凝土是一种弹塑性材料，即在外力作用下，既能产生可恢复的弹性变形，也能产生不可恢复的塑性变形；其应力—应变关系不是直线，而是曲线，如图 1-4-2 所示。

（2）徐变

混凝土在长期荷载作用下随时间而增加的变形称为徐变。

混凝土的徐变能消除钢筋混凝土内的应力集中，使应力较均匀地重新分布，也可消除一部分大体积混凝土因温度变形所产生的破坏应力。但会使预应力钢筋混凝土结构中钢筋的预加应力受到损失。

（四）混凝土的耐久性

耐久性是指混凝土在长期外界因素作用下，抵抗各种物理和化学作用破坏的能力。耐久性是一个综合概念，包括的内容很多：如抗渗性，抗冻性，抗侵蚀性，抗碳化性能和抗碱骨料反应等。这些性能决定着混凝土经久耐用的程度，但必须强调的是脱离具体环境谈混凝土结构的耐久性是不正确的。

1. 抗渗性

混凝土的抗渗性指混凝土抵抗压力水（或油等液体）渗透的性能，是决定混凝土耐久性最基本的因素。因为水能够渗透到混凝土内部是导致破坏的前提，也就是说水或者直接导致膨胀和开裂，或者作为侵蚀性介质扩散进入混凝土内部的载体，所以，抗渗性直接影响混凝土的抗冻性、抗侵蚀性、钢筋锈蚀。

混凝土的抗渗性主要取决于混凝土的密实度及内部孔隙的特征，混凝土孔隙率越低（即密实度越大），连通孔隙越少，微小封闭孔隙越多，抗渗性越好。

2. 抗冻性

指混凝土在水饱和状态下，能经受多次冻融循环作用而不破坏，同时也不严重降低强度的性能。

混凝土的抗冻性用抗冻等级和抗冻标号表示。

决定抗冻性的重要因素是混凝土的密实度、孔隙构造和数量、孔隙的充水程度等。通常以提高混凝土的密实度或掺加引气剂以减小混凝土内孔隙的连通程度等方法提高混凝土的抗冻性。

3. 抗侵蚀性

抗侵蚀性指混凝土抵抗各种化学介质侵蚀的能力，主要取决于混凝土中水泥石的抗侵蚀性。凡提高水泥抗化学侵蚀性的方法均可提高混凝土的抗化学侵蚀性，详见第三节"水泥"中的"硅酸盐水泥石的侵蚀与防止"内容。

4. 抗碳化性能

混凝土的抗碳化性能指混凝土抵抗内部的 $Ca(OH)_2$ 与空气中的 CO_2 在有水的条件下反应生成 $CaCO_3$，导致混凝土内部原来的碱性环境变为中性环境的能力，故又可称为抗中性化的能力。未碳化的混凝土 pH＝12～13，在这样的强碱环境中，钢筋表面生成一层厚度为 2～6nm 的致密钝化膜，使钢材难以进行化学电化学反应，即电化学腐蚀难以进行。碳化后混凝土内部的 pH＝8.5～10，接近中性，而中性环境易使钢筋表面的钝化膜遭到破坏；如果钢筋周围又有一定水分和氧时，钢筋就会生锈。

因此，抗碳化性能的高低主要意味着混凝土抗钢筋锈蚀能力的高低，因为混凝土内部的碱性环境是使钢筋得到保护而免遭锈蚀的环境。此外，碳化还会使混凝土碳化层产生拉应力，进而产生微细裂缝，而使混凝土抗拉、抗折强度降低。

通常以提高混凝土密实度或增大混凝土内 $Ca(OH)_2$ 数量等方法提高混凝土的抗碳化性。

5. 抗碱—骨料反应

混凝土中的碱性氧化物（Na_2O、K_2O）与骨料中的活性二氧化硅或活性碳酸盐发生化学反应生成碱硅酸凝胶或碱—碳酸盐凝胶，沉积在骨料与水泥石界面上，吸水后体积膨胀 3 倍以上，导致混凝土开裂破坏，这种碱性氧化物与骨料中活性成分之间的化学反应称为碱—骨料反应。

为防止碱-骨料反应对混凝土的破坏作用，应严格控制水泥中碱（Na_2O、K_2O）的含量；禁止使用含有活性氧化硅（如蛋白石）或活性碳酸盐的骨料，对骨料应进行碱—骨料反应检验；还可在混凝土配制中加入活性掺合料，以吸收 Na^+、K^+，使反应不集中于骨料表面。

例 1-4-4 （2020）混凝土耐久性评定，下列哪项不属于其中？（ ）
A 抗碳化性　　B 抗腐蚀性　　C 抗渗性　　D 抗压性

解析：耐久性是指混凝土在长期外界因素作用下，抵抗各种物理和化学作用破坏的能力。耐久性是一个综合概念，包括的内容很多，如抗渗性、抗冻性、抗腐蚀性、抗碳化性能和抗碱骨料反应等。所以抗压性不属于耐久性评价内容。

答案：D

三、普通混凝土的配合比设计

混凝土配合比，是指为配制有一定性能要求的混凝土，单位体积的混凝土中各组成材料的用量或其之间的比例关系。混凝土配合比设计的任务，就是在满足混凝土工作性、强度和耐久性等技术要求的条件下，比较经济合理地确定水泥、掺合料、外加剂、水、砂和石子等组成材料用量的比例关系。混凝土配合比应根据原材料性能及对混凝土的技术要求进行计算，并经实验室试配试验，再进行调整后确定。

四、其他品种混凝土

【相关真题：2022-007，2020-011，2019-014】

（一）轻混凝土

轻混凝土是指干表观密度小于 1950kg/m³ 的混凝土，包括轻骨料混凝土、多孔混凝土和大孔混凝土。

1. 轻骨料混凝土

根据标准《轻骨料混凝土应用技术标准》JGJ/T 12—2019，轻骨料混凝土是用轻粗骨料、轻砂或普通砂、胶凝材料、外加剂和水配制而成的干表观密度不大于 1950kg/m³ 的混凝土。轻骨料混凝土分为全轻混凝土（用轻砂作细骨料，配制而成的轻骨料混凝土）、砂轻混凝土（用普通砂或普通砂中掺加部分轻砂作细骨料，配制而成的轻骨料混凝土）和大孔轻骨料混凝土（用轻粗骨料、水泥、矿物掺合料、外加剂和水配制而成的无砂或少砂的混凝土）。

（1）轻骨料的种类及技术性质

轻骨料按原料来源分为三类：

1）天然轻骨料：如浮石、火山渣等；
2）工业废渣轻骨料：利用工业废料加工而成的，如粉煤灰陶粒、膨胀矿渣珠等；
3）人造轻骨料：利用天然原料加工而成的，如黏土陶粒、页岩陶粒、膨胀珍珠岩等。

轻骨料的性质直接影响轻骨料混凝土的性质，各项技术指标应符合有关规定。其主要技术指标有堆积密度、强度（筒压强度或强度等级）、级配以及吸水率等。

（2）轻骨料混凝土的技术性能

1）强度等级：轻骨料混凝土的强度等级应按立方体抗压强度标准值确定，划分为 CL5.0、CL7.5、CL10、CL15、CL20、CL25、CL30、CL35、CL40、CL45、CL50、

CL55、CL60。

2）密度等级：轻骨料混凝土的密度等级划分为 600、700、800、900、1000、1100、1200、1300、1400、1500、1600、1700、1800、1900。

（3）轻骨料混凝土的性能

与普通混凝土相比，轻骨料混凝土的刚度差、变形大、抗震性能好。

2. 多孔混凝土

（1）加气混凝土

由钙质材料（石灰、水泥）、硅质材料（砂、粉煤灰、矿渣等）和加气剂（铝粉等）拌制、浇筑、切割、养护而成。

加气剂铝粉与氢氧化钙反应生成氢气，在料浆中产生大量的气泡而形成多孔结构，其反应式如下式：

$$Al + 3Ca(OH)_2 + 6H_2O \longrightarrow 3CaO \cdot Al_2O_3 \cdot 6H_2O + 3H_2 \uparrow$$

加气混凝土的表观密度为 $400\sim700kg/m^3$，抗压强度为 $0.5\sim1.5MPa$。

（2）泡沫混凝土

由水泥浆与泡沫剂拌和后硬化而成，泡沫剂在机械搅拌作用下能产生大量稳定的气泡。常用泡沫剂有松香泡沫剂等。

3. 大孔混凝土

由水泥、水、粗集料配制而成，又称无砂混凝土。有时也加入少量砂子，以提高混凝土强度。大孔混凝土中水泥用量少，所以强度较低，但保温性能好；可制作小型空心砌块和板材，用于非承重的墙体。

（二）聚合物混凝土

聚合物混凝土分为聚合物水泥混凝土（PCC）、聚合物浸渍混凝土（PIC）及聚合物胶结混凝土（PC）。

1. 聚合物水泥混凝土（PCC）

是在水泥混凝土拌合物中再加入高分子聚合物，以聚合物和水泥共同作为胶凝材料制备的混凝土。

2. 聚合物浸渍混凝土（PIC）

是将已经硬化的混凝土干燥后浸入有机单体或聚合物中，使液态有机单体或聚合物渗到混凝土的孔隙或裂缝中，并在其中聚合成坚硬的聚合物，使混凝土和聚合物成为整体。这种混凝土致密度高，几乎不渗透，抗压强度高达 200MPa。

3. 聚合物胶结混凝土（PC）

是指以有机高分子聚合物为胶凝材料制作的混凝土，其耐腐蚀性较好。

（三）耐热混凝土

耐热混凝土又称耐火混凝土，是一种能长期经受 900℃以上（有的可达 1800℃）的高温作用，并在高温下保持所需要的物理力学性能的混凝土。同耐火砖相比，具有工艺简单、使用方便、成本低廉等优点，而且具有可塑性和整体性，便于复杂制品的成型，其使用寿命有的与耐火砖相近，有的比耐火砖长。

耐热混凝土是由胶凝材料、耐热粗细骨料（有时掺入矿粉）和水按比例配制而成，主要用于工业窑炉上。耐热混凝土可用矿渣硅酸盐水泥、铝酸盐水泥以及水玻璃等胶凝材料配制。

（四）耐酸混凝土

耐酸混凝土由水玻璃（加硅氟酸钠促硬剂）、耐酸骨料及耐酸粉料按比例配合而成。能抵抗各种酸（氢氟酸、300℃以上的热磷酸等除外）和大部分腐蚀性气体（如氯气、二氧化硫、三氧化硫等）的侵蚀，不耐高级脂肪酸或油酸的侵蚀。

水玻璃耐酸混凝土的施工环境温度应在10℃以上。施工及养护期间，严禁与水或水蒸气直接接触，并防止烈日暴晒；严禁直接铺设在水泥砂浆或普通混凝土的基层上。施工后必须经过养护，养护后还需进行酸化处理。

水玻璃耐酸混凝土抗压强度一般为10～20MPa。

（五）纤维混凝土

纤维混凝土以普通混凝土为基体，外掺各种纤维材料而成。掺入纤维可以提高混凝土的抗拉强度，降低脆性。常用纤维有钢纤维、聚丙烯纤维等。钢纤维混凝土可用于飞机跑道、高速公路路面、断面较薄的轻薄结构及压力管道等。

> **例1-4-5　（2019）** 制作泡沫混凝土常用泡沫剂的主要原料是(　　)。
> A　皂粉　　　　B　松香　　　　C　铝粉　　　　D　石膏
> **解析：** 松香，指以松树松脂为原料，通过不同的加工方式得到的非挥发性天然树脂。松香在机械搅拌作用下产生大量稳定的气泡，所以制作泡沫混凝土常用的泡沫剂为松香。
> **答案：** B

第五节　建筑砂浆

建筑砂浆由无机胶凝材料、细骨料、掺合料、水以及根据性能确定的各种组分，按适当比例配合、拌制并经硬化而成的工程材料。分为施工现场拌制的砂浆或由专业生产厂生产的商品砂浆，主要用于砌筑砖石结构或建筑物的内外表面的抹面等。

一、砂浆的技术性质

（一）新拌砂浆的工作性

新拌砂浆必须具备良好的工作性（和易性），即砂浆在搅拌、运输、铺摊过程中易于流动，且不泌水、不分层，并能在粗糙的砌筑材料表面铺抹成均匀的薄层，与砌筑材料良好粘结。砂浆的工作性包括流动性和保水性。

1. 流动性

砂浆的流动性又称稠度，指砂浆在自重或外力作用下流动的性能。流动性良好的砂浆能在砌筑材料表面铺成均匀密实的砂浆层，抹面时也能很好地抹成均匀的薄层。

2. 保水性

砂浆保水性指砂浆保存水分，不离析泌水的性质。保水性好的砂浆在运输、停放和施工过程中，水分不易从砂浆中离析，砂浆能保持一定的稠度，使砂浆在施工中能均匀地铺摊在砌体上，形成均匀密实的连接层。保水性不好的砂浆在运输、停放和施工过程中，水分容易泌出，砌筑时水分容易被基层吸收，使砂浆变得干涩，难以铺摊均匀，从而影响胶凝材料的正常水化和硬化，最终影响砌体的质量。

为改善砂浆的保水性，常掺入石灰膏、粉煤灰、塑化剂、微沫剂等。

（二）硬化砂浆的强度等级

按《建筑砂浆基本性能试验方法标准》JGJ/T 70—2009，以边长为 70.7mm 的 3 个立方体试块，按规定方法成型并养护至 28d 后测定的抗压强度平均值（MPa）划分强度等级。根据《砌体结构设计规范》GB 50003—2011 规定，砂浆的强度等级应按下列规定采用：

（1）烧结普通砖、烧结多孔砖、蒸压灰砂普通砖和蒸压粉煤灰普通砖砌体采用的普通砂浆强度等级：M15、M10、M7.5、M5 和 M2.5；蒸压灰砂普通砖和蒸压粉煤灰普通砖砌体采用的专用砌筑砂浆强度等级：Ms15、Ms10、Ms7.5、Ms5.0；

（2）混凝土普通砖、混凝土多孔砖、单排孔混凝土砌块和煤矸石混凝土砌块砌体采用的砂浆强度等级：Mb20、Mb15、Mb10、Mb7.5 和 Mb5；

（3）双排孔或多排孔轻集料混凝土砌块砌体采用的砂浆强度等级：Mb10、Mb7.5 和 Mb5；

（4）毛料石、毛石砌体采用的砂浆强度等级：M7.5、M5 和 M2.5。

（三）粘结力

由于砖石等砌体是靠砂浆粘结成坚固整体的，因此要求砂浆与基层之间有一定的粘结力。一般，砂浆的抗压强度越高，则其与基层之间的粘结力越强。此外，粘结力也与基层材料的表面状态、清洁程度、润湿状况及施工养护条件等有关。

二、抹面砂浆

【相关真题：2022-008，2020-032】

凡涂抹于建筑物或构筑物表面的砂浆，统称为抹面砂浆。抹面砂浆有保护基层、增加美观的功能。抹面砂浆的强度要求不高，但要求保水性好，与基层的粘结力好，容易抹成均匀平整的薄层，长期使用不会开裂或脱落。

抹面砂浆按其功能不同分为普通抹面砂浆、特种砂浆等。

1. 普通抹面砂浆

普通抹面砂浆对建筑物表面起保护作用，且经过砂浆抹面的结构表面平整、光洁和美观。

为了保证抹灰表面的平整，避免开裂和脱落，抹面砂浆一般分为两层或三层进行施工。各层要求（如组成材料、工作性、粘结力等）不同。

底层抹灰主要起与基层的粘结作用。用于砖墙的底层抹灰，多用石灰砂浆；有防水、防潮要求的用水泥砂浆、水泥粉煤灰砂浆；板条墙及顶棚的底层多用聚合物抹灰砂浆或石膏抹灰砂浆；混凝土墙、梁、柱、顶板等底层抹灰多用混合砂浆。

中层抹灰主要为了找平，多用混合砂浆，有时可以省略。

面层抹灰主要起装饰作用，多用细砂配制的混合砂浆和石膏抹灰砂浆等。

2. 特种砂浆

（1）绝热砂浆

绝热砂浆是采用水泥、石灰、石膏等胶凝材料与膨胀珍珠岩、膨胀蛭石、陶粒或聚苯乙烯泡沫颗粒等轻质骨料，按一定比例配制的砂浆，绝热砂浆导热系数为0.07～0.10W/(m·K)。主要用于屋面隔热层、隔热墙体、工业窑炉、供热管道隔热层等处。

(2) 膨胀砂浆

在水泥砂浆中加入膨胀剂或使用膨胀水泥配制砂浆。膨胀砂浆具有一定的膨胀特性，可补偿水泥砂浆的收缩，防止干缩开裂。膨胀砂浆可用于修补工程和装配式大板工程中，依赖其膨胀作用而填充缝隙，以达到粘结密封的目的。

(3) 耐酸砂浆

耐酸砂浆是用水玻璃和氟硅酸钠加入石英砂、花岗岩砂、铸石等耐酸粉料和细骨料配制而成的砂浆，可用于耐酸地面和耐酸容器的内壁防护层。在某些有酸雨腐蚀的地区，耐酸砂浆也可用于建筑物的外墙装饰，以提高建筑物的耐酸腐蚀能力。

(4) 防水砂浆

防水砂浆具有防水、抗渗的作用，砂浆防水层又叫刚性防水层。适用于不受振动和具有一定刚度的混凝土或砖石砌体工程。

防水砂浆可以用普通水泥砂浆制作，也可以在水泥砂浆中掺入防水剂提高砂浆的抗渗性。常用的防水剂有氯化物金属盐类防水剂、硅酸钠类防水剂（常用的有二矾、三矾、四矾、五矾和快燥精等品种）以及金属皂类防水剂等。

(5) 吸声砂浆

由轻质多孔骨料制成的隔热砂浆，具有良好的吸声性能。此外，还可以用水泥、石膏、砂、锯末等配制吸声砂浆。如果在吸声砂浆中掺入玻璃纤维棉、矿物棉等松软的材料能获得更好的吸声效果。

吸声砂浆常用于墙面和顶棚的抹灰。

(6) 防辐射砂浆

在水泥砂浆中加入重晶石粉和重晶石砂可配制具有防χ射线和γ射线的防辐射砂浆。此类砂浆主要用于射线防护工程。

(7) 聚合物砂浆

聚合物砂浆是在水泥砂浆中加入有机聚合物乳液配制而成，具有粘结力强、干缩小、脆性低、耐腐蚀等特性，用于修补和防护工程。常用聚合物乳液有氯丁橡胶乳液、丁苯橡胶乳液、丙烯酸树脂乳液等。

(8) 装饰砂浆

装饰砂浆是指涂抹在建筑物内外表面，具有美化装饰、改善功能、保护建筑物作用的抹面砂浆。装饰砂浆有如下工艺做法：

1) 拉毛

先用水泥砂浆做底层，再用水泥石灰砂浆做面层，在砂浆尚未凝结之前，用抹刀将表面拍拉成凹凸不平的形状。

2) 水刷石

用颗粒细小（约5mm）的石渣拌成的砂浆做面层，在水泥浆终凝前，喷水冲刷表面，冲洗掉石渣表面的水泥浆，使石渣表面外露。

3) 干粘石

在水泥砂浆面层的表面，粘结粒径5mm以下的白色或彩色石渣、小石子、彩色玻璃、陶瓷碎粒等。干粘石的装饰效果与水刷石相近，且石子表面更洁净艳丽，避免了喷水冲洗的湿作业，施工效率高，而且节省材料和水。

4）斩假石（又称剁斧石）

砂浆的配制与水刷石基本一致，待砂浆硬化后，用斩凿方法将表面剁毛并露出石渣。斩假石的装饰效果与粗面花岗石相近。

5）假面砖

将硬化的普通砂浆表面用刀斧锤凿刻出线条，或者在初凝后的普通砂浆表面用木条、钢片压划出线条，亦可用涂料画出线条，将墙面装饰成仿砖砌体、仿石材贴面、仿瓷砖贴面等艺术效果。

6）水磨石

用普通水泥、白水泥、彩色水泥或普通水泥加耐碱颜料拌合各种色彩的大理石石渣做面层，硬化后用机械反复磨平抛光表面而成。

装饰砂浆还可采用喷涂、弹涂、辊压等工艺方法，做成丰富多彩、形式多样的装饰面层。

第六节 墙 体 材 料

一、烧结类墙体材料

烧结砖有红砖和青砖，焙烧窑中为氧化气氛时，原料中含有的铁被充分氧化为氧化铁，因氧化铁为红色，所以烧制的为红砖；焙烧窑中为还原气氛时，原料中的铁为四氧化三铁，为黑色，所以烧制的砖为青砖。青砖较红砖耐碱、耐久。

现代焙烧窑为氧化气氛，所以烧结砖的颜色一般为红色；原料中含铁成分越多，红色越深。

（一）烧结普通砖

烧结普通砖为无孔或孔洞率小于15%的实心砖，按所用原料，烧结普通砂分为黏土砖（代号N）、页岩砖（代号Y）、煤矸石砖（代号M）、粉煤灰砖（代号F）、建筑渣土砖（代号Z）、淤泥砖（代号U）、污泥砖（代号W）、固体废弃物砖（代号G）。

烧结普通砖的表观密度为 $1600 \sim 1800 kg/m^3$，吸水率 $6\% \sim 18\%$，导热系数约为 $0.55W/(m \cdot K)$。

1. 烧结普通砖的尺寸

烧结普通砖的标准尺寸为 240mm×115mm×53mm，$1m^3$ 的砖砌体需砖数为512块。

2. 烧结普通砖的强度等级

根据《烧结普通砖》GB/T 5101—2017 的规定，按10块砖样的抗压强度平均值和抗压强度标准值确定强度等级，分为MU30、MU25、MU20、MU15和MU10共五个等级。

3. 抗风化性能

抗风化性能指砖抵抗干湿变化、温度变化、冻融变化等气候对砖作用的性能。国家标准规定，东北、内蒙古及新疆等严重风化区应作冻融试验，其他地区可用沸煮吸水率与饱和系数指标表示其抗风化性能。

4. 烧结普通砖的应用

烧结普通砖既具有一定的强度,又因其多孔而具有一定的保温隔热性能,因此大量用来作墙体材料、柱、拱、烟囱、沟道及基础。但其中的实心黏土砖属墙体材料革新中的淘汰产品,正在被其他烧结砖、灰砂砖、多孔砖、空心砖或空心砌块等新型墙体材料所取代。废砖破碎后可作混凝土骨料或碎砖三合土。

(二) 烧结多孔砖和多孔砌块

这种砖的大面有孔,孔多而小,孔洞率在15%以上,孔洞垂直于受压面。表观密度为$1400kg/m^3$左右。

烧结多孔砌块是经焙烧而成,孔洞率大于或等于33%,孔的尺寸小而数量多的砌块,主要用于承重部位。

根据标准《烧结多孔砖和多孔砌块》GB 13544—2011,烧结多孔砖和多孔砌块的技术要求包括:尺寸允许偏差,外观质量,密度等级,强度等级,孔型、孔结构及孔洞率,泛霜,石灰爆裂,抗风化性能,放射性核素限量等。

1. 规格

砖和砌块的外形一般为直角六面体,与砂浆的结合面上应设有增加结合力的粉刷槽和砌筑砂浆槽。

砖和砌块的长度、宽度、高度尺寸应符合下列要求:

砖规格尺寸(mm):290、240、190、180、140、115、90。

砌块规格尺寸(mm):490、440、390、340、290、240、190、180、140、115、90。

2. 强度等级

根据抗压强度分为MU30、MU25、MU20、MU15、MU10五个强度等级。

3. 密度等级

砖的密度等级分为1000、1100、1200、1300四个等级。

砌块的密度等级分为900、1000、1100、1200四个等级。

4. 应用

常用于砌筑六层以下的承重墙。

(三) 烧结空心砖和空心砌块

孔洞率在35%以上,孔大而少,孔洞平行于大面和条面。表观密度800~$1100kg/m^3$。

技术要求包括:尺寸允许偏差,外观质量,强度等级,密度等级,孔洞排列及其结构,泛霜,石灰爆裂,抗风化性能,欠火砖(砌块)、酥砖(砌块),以及放射性核素限量等。

1. 尺寸规格

根据《烧结空心砖和空心砌块》GB/T 13545—2014,烧结空心砖和空心砌块外形为直角六面体,长度、宽度、高度规格尺寸应符合下列要求:

长度规格尺寸(mm):390、290、240、190、180(175)、140;

宽度规格尺寸(mm):190、180(175)、140、115;

高度规格尺寸(mm):180(175)、140、115、90。

2. 强度等级

按抗压强度，分为 MU10.0、MU7.5、MU5.0、MU3.5 四个强度等级。

3. 密度等级

按体积密度，分为 800 级、900 级、1000 级、1100 级四个密度等级。

4. 应用

主要用于非承重部位。

二、非烧结类墙体材料

【相关真题：2021-019，2020-022，2019-015，2019-033】

（一）蒸养（压）砖

蒸养（压）砖以石灰和含硅材料（砂子、粉煤灰、煤矸石、炉渣、页岩等）加水拌和，经压制成型、蒸汽养护或蒸压养护而成，呈灰色。

蒸汽或蒸压养护条件下，石灰和含硅材料反应生成水化硅酸钙、水化铝酸钙，还有部分没有反应完全的氢氧化钙及氢氧化钙碳化生成的碳酸钙。所以蒸养砖不得用于长期经受200℃高温、急冷急热或有酸性介质侵蚀的建筑部位。

1. 蒸压灰砂实心砖和实心砌块

以石灰和石英砂为主要原料。蒸压灰砂实心砖规格与烧结普通砖一样。大型蒸压灰砂实心砌块指空心率小于15%，长度不小于500mm 或高度不小于300mm 的蒸压灰砂砌块。按颜色分为本色（N）、彩色（C）两类。

根据《蒸压灰砂实心砖和实心砌块》GB/T 11945—2019，按抗压强度分为 MU30、MU25、MU20、MU15、MU10 五个强度等级。其中强度等级 15 级以上可用于基础及其他部位，10 级只用于防潮层以上的建筑部位。蒸压灰砂实心砖和实心砌块不应用于长期受热200℃以上，受急冷急热和有酸性介质侵蚀的建筑部位。

2. 粉煤灰砖

主要原料为粉煤灰和石灰。强度等级有 MU30、MU25、MU20、MU15、MU10 五个。

粉煤灰砖可用于工业与民用建筑的墙体和基础，但用于基础或用于易受冻融和干湿交替作用的部位，必须使用 MU15 及以上的砖；不得用于长期受热200℃以上部位，受急冷急热和有酸性介质侵蚀的部位。

3. 炉渣砖

炉渣砖又称煤渣砖，以炉渣和石灰制成的，强度等级有 MU20、MU15、MU10 三个。可用于一般建筑物的内墙与非承重外墙，其使用要点同蒸压灰砂实心砖与粉煤灰砖。

（二）砌块

按照空心率，砌块有实心砌块和空心（空心率35%~50%）砌块；按照尺寸分为大型（高度>980mm）砌块、中型（高度380~800mm）砌块和小型（高度115~380mm）砌块等；按砌块材质分为硅酸盐砌块、混凝土砌块、加气混凝土砌块、轻骨料混凝土砌块等。

1. 普通混凝土小型砌块

根据《普通混凝土小型砌块》GB/T 8239—2014，普通混凝土小型砌块是由水泥、矿物掺合料、砂、石、水等为原材料，经搅拌、振动成型等工艺制成的小型砌块；包括空心砌块（空心率不小于25%，代号H）和实心砌块（空心率小于25%，代号S）。砌块按使用时砌筑墙体的结构和受力情况，分为承重结构用砌块（代号L，简称承重砌块）和非承重结构用砌块（代号N，简称非承重砌块）。

(1) 规格尺寸

砌块外形为直角六面体，长度尺寸为390mm，宽度尺寸（mm）为90、120、140、240、290，高度尺寸（mm）为90、140、190。

(2) 强度等级

按砌块的抗压强度分级，空心承重砌块有MU7.5、MU10.0、MU15.0、MU20.0、MU25.0；非承重空心砌块有MU5.0、MU7.5、MU10.0；实心承重砌块有MU15.0、MU20.0、MU25.0、MU30.0、MU35.0、MU40.0；非承重实心砌块有MU10.0、MU15.0、MU20.0。

2. 轻集料混凝土小型空心砌块

根据标准《轻集料混凝土小型空心砌块》GB/T 15229—2011，轻集料混凝土小型空心砌块指用轻集料混凝土制成的小型空心砌块。按砌块孔的排数分为：单排孔、双排孔、三排孔和四排孔等。

(1) 规格尺寸：主规格尺寸为390mm×190mm×190mm。

(2) 密度等级：按砌块密度分为700、800、900、1000、1100、1200、1300、1400八级。

(3) 强度等级：按抗压强度分为MU2.5、MU3.5、MU5.0、MU7.5、MU10.0五级。

3. 粉煤灰混凝土小型空心砌块

根据标准《粉煤灰混凝土小型空心砌块》JC/T 862—2008，粉煤灰混凝土小型空心砌块是以粉煤灰、水泥、集料、水为主要组分（也可加入外加剂），制成的混凝土小型空心砌块，代号为FHB。按砌块孔的排数分为单排孔（1）、双排孔（2）和多排孔（D）三类。

(1) 规格尺寸：主规格尺寸为390mm×190mm×190mm。

(2) 强度等级：按抗压强度分为MU3.5、MU5、MU7.5、MU10、MU15和MU20六个等级。

(3) 密度等级：按砌块块体的密度分为600、700、800、900、1000、1200和1400七个等级。

4. 粉煤灰砌块

粉煤灰砌块是以粉煤灰、石灰、石膏及骨料等为原料，加水搅拌、振动成型、蒸汽养护而制成的密实砌块，代号FB。

(1) 规格尺寸：主要规格外形尺寸有880mm×380mm×240mm和880mm×430mm×240mm两种。

(2) 强度等级：按砌块抗压强度分为10级和13级两个强度等级。

(3) 应用：粉煤灰砌块可用于一般建筑的墙体与基础，但常处于高温下的建筑部位与有酸性介质侵蚀的部位不宜使用。

5. 蒸压加气混凝土砌块

蒸压加气混凝土砌块（代号 ACB）由钙质原料（如水泥、石灰等）、硅质原料（如石英砂、粉煤灰、矿渣等）和加气剂（铝粉）按照一定比例混合、发泡、蒸汽养护而成。

根据《蒸压加气混凝土砌块》GB/T 11968—2020，蒸压加气混凝土砌块的规格尺寸为：长度（L）为 600mm，宽度（B）为 100mm、120mm、125mm、150mm、180mm、200mm、240mm、250mm、300mm，高度（H）为 200mm、240mm、250mm、300mm。

按抗压强度分为 A1.0、A2.0、A2.5、A3.5、A5.0、A7.5、A10 七个强度等级；按干密度分为 B03、B04、B05、B06、B07、B08 六个级别。

加气混凝土砌块质轻、绝热、隔声、耐火，除作墙体材料外，还可用于屋面保温。不能用于基础，处于浸水、高湿和有化学侵蚀介质的环境，建筑的承重部位，以及温度≥80℃的部位。

> **例 1-6-1**　（2020）加气混凝土砌块不能用于下列哪个场合？（　　）
> A　低层建筑承重墙　　　　B　高湿场所
> C　抗震建筑　　　　　　　D　框架填充墙
> **解析：** 蒸压加气混凝土由钙质原料（如水泥、石灰等）、硅质原料（如石英砂、粉煤灰、矿渣等）和加气剂（铝粉）按照一定比例混合、发泡、蒸养而成。蒸压养护条件下，钙质原料和硅质原料反应生成水化硅酸钙、水化铝酸钙，所以蒸压混凝土主要成分为水化硅酸钙、水化铝酸钙、氢氧化钙等。蒸压加气混凝土质量轻、绝热、隔声、耐火，除作墙体材料外，还可用于屋面保温。但不用于基础、处于浸水、高湿和有化学侵蚀介质的环境，也不能用于承重及温度＞80℃的建筑部位。所以蒸压加气混凝土不能用于高湿场所。
> **答案：** B

（三）墙板

1. 石膏板

有纸面石膏板、装饰石膏板和石膏空心条板等。石膏板的燃烧级别为 A 级（即不燃性装修材料），纸面石膏板和纤维石膏板的燃烧级别为 B_1 级（即难燃性装修材料）。可用于非承重内隔墙。

石膏空心条板以天然石膏或化学石膏为原料，加入适量水泥或石灰等辅助胶结料与少量增强纤维，加水成型、抽芯、干燥而成。条板质轻，比强度高，隔热、隔声、防火及加工性好。可用于非承重内隔墙。

2. 碳化石灰板

以磨细生石灰、纤维状填料或轻质骨料为主要原料，经人工碳化制成，多制成空心板，适用于非承重内隔墙、顶棚。

3. 玻璃纤维增强水泥（GRC）空心轻质墙板

以低碱水泥、耐碱玻璃纤维、膨胀珍珠岩为主要原料，加入起泡剂和防水剂等，经成型、养护而成。GRC 板质轻、强度高、隔热、隔声性能好，不燃，主要用于内隔墙。

4. 钢丝网水泥夹芯板

商用名称如泰柏板、GY板、舒乐合板、3D板、万力板等；是以钢丝制成不同的三维空间结构，内有发泡聚苯乙烯或岩棉等为保温芯材的轻质复合墙板。

其他轻质复合墙板还有由外层与芯材组成的板材。外层为各种高强度轻质薄板，如彩色镀锌钢板、铝合金板、不锈钢板、高压水泥板、木质装饰板及塑料装饰板等；用轻质绝热材料作为芯材，如阻燃型发泡聚苯乙烯、发泡聚氨酯、岩棉及玻璃棉等。

第七节 建 筑 钢 材

建筑钢材是指在建筑工程中使用的各种钢质板、管、型材，以及在钢筋混凝土中使用的钢筋、钢丝等。钢的主要元素是铁与碳，含碳量在2%以下。

含碳量大于2%的铁碳合金称为生铁。常用的是灰口生铁，其中碳全部或大部分呈石墨的形式存在，断口呈灰色，故称灰铸铁或简称铸铁。铸铁性脆，无塑性，抗压强度较高，但抗拉强度和抗弯强度低，故建筑中不宜用作结构材料，尤其是屋架结构件。在建筑中常使用铸铁水管，用作上下水管道及其连接件，也用于排水沟、地沟、窨井等盖板。在建筑设备中常用铸铁制作暖气片及各种零件。铸铁也是常用的建筑装修材料，用以制作门、窗、栏杆、栅栏及某些建筑小品。

例1-7-1 （2019） 抗压强度高的铸铁不宜用于（　　）。
A 管井地沟盖板　　　　　　B 上下水管道
C 屋架结构件　　　　　　　D 围墙栅栏杆

解析： 含碳量大于2%的铁碳合金为生铁，常用的是灰口生铁，其中碳全部或大部分以石墨的形式存在，断口为灰色，称为灰口铸铁，又称灰铸铁，简称铸铁。铸铁为脆性材料，无塑性，抗压强度高，抗拉强度和抗弯强度低，在建筑中不宜用作结构材料，尤其是屋架结构件。在建筑中使用铸铁水管，用于上下水管道及其连接件，也用于排水沟、地沟、窨井盖板等。在建筑设备中常用铸铁制作暖气片及各种零部件。在建筑装饰中常用于制作门、栏杆、栅栏及某些建筑小品。

答案： C

一、钢材的分类

【相关真题：2022-018，2020-006，2019-017】

按化学成分，钢材可分为碳素钢与合金钢两大类。

根据含碳量可将碳素钢分为低碳钢（含碳小于0.25%）、中碳钢（含碳量0.25%～0.60%）与高碳钢（含碳大于0.60%）。根据合金元素总量可将合金钢分为低合金钢（合金元素总量小于5%）、中合金钢（合金元素总量为5%～10%）与高合金钢（合金元素总量大于10%）。

按钢材在冶炼过程中的脱氧程度可将钢材分为沸腾钢（F）、半镇静钢（b）、镇静钢

（Z）及特殊镇静钢（TZ）。沸腾钢在冶炼过程中脱氧不完全，组织不够致密，气泡较多，化学偏析严重，故质量较差，但成本较低。

按钢材中有害杂质（主要为硫和磷）的含量，钢材可分为普通钢、优质钢和高级优质钢。

按用途，钢材可分为结构钢、工具钢和特殊性能钢。

二、建筑钢材的主要力学性能
【相关真题：2020-007，2020-018，2020-019】

（一）抗拉性能

以低碳钢为例，钢材试件在拉伸过程中的应力—应变曲线可分为四个阶段，即弹性阶段（OB 段）、屈服阶段（BC 段）、强化阶段（CD 段）和颈缩阶段（DE 段），详见图 1-7-1。

1. 屈服点

图 1-7-1 中，试件被拉伸进入塑性变形屈服段 BC，屈服下限 $C_下$ 所对应的应力 σ_s 称为屈服强度或屈服点。钢材受力达到屈服点后，由于变形迅速发展，尽管尚未破坏，但已不能满足使用要求。故设计中，一般采用 σ_s 作为强度取值的依据。

但对于屈服现象不明显的钢，如中碳钢或高碳钢（硬钢），其应力—应变曲线与低碳钢的明显不同（图 1-7-2），其抗拉强度高，塑性变形小，屈服现象不明显。对这类钢材难以测得屈服点，故规范规定以产生 0.2％残余变形时的应力值作为名义屈服点，以 $\sigma_{0.2}$ 表示。

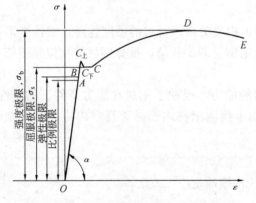 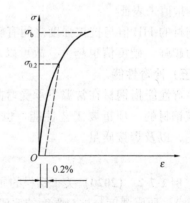

图 1-7-1　低碳钢受拉的应力—应变曲线　　图 1-7-2　中碳钢或高碳钢受拉的应力—应变曲线

2. 抗拉强度

应力—应变图（图 1-7-1）中，曲线最高点 D 对应的应力 σ_b 称为抗拉强度。在设计中，屈强比 σ_s/σ_b 有参考价值。通常钢材的屈强比为 0.6～0.75。在一定范围内，屈强比小则表明钢材在超过屈服点工作时，可靠性较高，较为安全。但屈强比太小，反映钢材不能有效地被利用。

3. 伸长率

伸长率为钢材试件拉断后的伸长值占钢材原标距长度的百分率，反映了钢材的塑性变形能力,伸长率越大,钢材塑性越好。

$$伸长率 \delta = \frac{L_1 - L_0}{L_0} \times 100\% \tag{1-7-1}$$

式中 L_1——试件拉断后标距长度,cm;
L_0——试件原标距长度,cm。

(二) 冲击韧性

冲击韧性指钢材抵抗冲击荷载的能力。冲击韧性随温度的下降而减小。当温度降低到某一范围时,冲击韧性急剧下降而呈现脆性断裂,这种现象称为冷脆性。发生冷脆时的温度称为脆性临界温度,其数值越低,说明钢材的低温冲击韧性越好。因此,对直接承受动荷载且可能在负温下工作的重要结构,必须进行冲击韧性检验。脆性临界温度应低于使用环境的最低温度。

(三) 耐疲劳性

材料在交变应力作用下,在远低于抗拉强度时突然发生断裂,这种现象称为疲劳破坏。钢材在交变应力作用下,在规定的周期基数内不发生脆断所承受的最大应力值为疲劳极限。

疲劳破坏经常是突然发生的,因而具有很大的危险性,往往会造成严重的工程质量事故。所以,在实际工程设计和施工中应该给予足够的重视。

(四) 硬度

硬度指钢材表面局部体积抵抗硬物压入而产生塑性变形的能力,通常用布氏硬度 HB(试件单位压痕面积上所承受的荷载)、洛氏硬度(压头压入钢材试件中的深度)和维氏硬度等的量值来表征。

钢材的 HB 值与抗拉强度之间有较好的正相关关系;材料的硬度越高,塑性变形抵抗能力越强,硬度值也越大。故可以通过测定钢材的 HB 值,推算钢材的抗拉强度值。

(五) 冷弯性能

冷弯性能指钢材在常温下承受弯曲变形的能力,反映了钢材在恶劣条件下的塑性,是建筑钢材的一项重要工艺性能,也可以用于检测钢材内部是否存在内应力、夹杂物等缺陷,以及焊接质量。

例 1-7-2 (2020) 关于钢材的屈强比说法错的是( )。

A 屈服强度与抗拉强度的比值
B 屈强比大小为 0.6~0.75
C 屈强比越大,结构安全性越高
D 屈强比越大,钢材的利用率越高

解析:屈强比是指屈服强度与抗拉强度比值,A 正确;屈强比大小为 0.6~0.75,B 正确;屈强比越大,表明钢材在超过屈服点工作时可靠性较低,即安全性越低,C 错误,但是钢材的利用率越高,D 正确。

答案:C

三、影响建筑钢材性能的主要因素

【相关真题：2022-014】

(一) 化学成分

建筑钢材中除铁元素外，还包含碳（C）、硅（Si）、锰（Mn）、磷（P）、硫（S）、氧（O）等元素，在许多情况下还要考虑各种合金元素。它们对钢材会产生有利或不利的影响，现分述如下。

1. 碳（C）

当含碳量小于等于 0.8% 时，随着含碳量的增加，钢材的强度和硬度提高，塑性和韧性降低，焊接性能、耐腐蚀性也随之下降（图 1-7-3）。当含碳量大于 1.0% 时，钢材的强度反而下降。含碳量超过 0.3% 时，钢的可焊性显著降低。建筑结构用的钢材多为含碳 0.25% 以下的低碳钢及含碳 0.52% 以下的低合金钢。

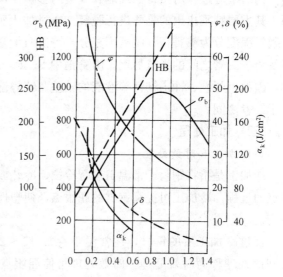

图 1-7-3 含碳量对碳素钢性能的影响
σ_b—抗拉强度；α_k—冲击韧性；
δ—伸长率；φ—断面收缩率；HB—硬度

2. 合金元素

（1）硅（Si）

当含硅量小于 1% 时，Si 含量的增加可以显著提高钢材的强度及硬度，且对塑性及韧性无显著影响。其原因在于，此时大部分 Si 溶于铁素体中，使铁素体得以强化。正是由于适量的 Si 可以多方面改善钢的力学性能，所以它是钢材的主加合金元素之一。

（2）锰（Mn）

锰可起脱氧去硫作用，故可有效消减因硫引起的热脆性，还可显著改善耐腐及耐磨性，增强钢材的强度及硬度。锰的这些作用的机理在于：锰原子溶于铁素体中使其强化，而且还将珠光体细化，从而提高了强度。

3. 有害元素

（1）硫（S）

硫引发热脆性，大大降低钢材的热加工性和可焊性，使其在热加工过程中易断裂，同时还会降低钢材的冲击韧性、疲劳强度和耐腐蚀性。故建筑钢材要求含硫量低于 0.045%。

（2）磷（P）

磷能引起冷脆性，使钢材在低温下的冲击韧性大为降低。磷还能使钢材的焊接性和冷弯性能变差。但是磷可以提高钢材的强度、硬度、耐磨性和耐腐蚀性。

其他如氧也是钢中的有害元素；氮对钢材性质的影响与碳、磷相似，在有铝、铌、钒等的配合下，氮可作为低合金钢的合金元素。合金元素还有钛、钒、铌等。

（二）冶炼过程

钢的冶炼过程对钢材的性能有直接的影响。钢在冶炼过程中，使化学成分得以严格控制，其中要特别指出的是要进行脱氧。通过加入脱氧剂（铝、锰、硅等）将氧化铁还原。按脱氧程度分为沸腾钢（脱氧不充分，铸锭时大量 CO 气体逸出）、镇静钢（脱氧充分），以及介于二者之间的半镇静钢。沸腾钢中 S、P、N 等有害夹杂偏析严重，氧化夹杂物较多，因而可焊性、冲击韧性等性能均较差。镇静钢与之相反，因而性能良好，半镇静钢则介于二者之间。

（三）加工处理

1. 冷加工和时效处理

冷加工是指将钢材于常温下进行冷拉、冷轧或冷拔，使其产生塑性变形，从而提高屈服点的过程。冷加工可提高钢材的屈服点，使塑性、韧性和弹性模量降低，但是抗拉强度不变。

经过冷加工后的钢材，在常温下存放 15～20 天或加热到 100～200℃ 并保持一定时间的处理称为时效处理。时效处理可使屈服点进一步提高，抗拉强度也进一步增大，塑性和韧性继续降低，还可使冷加工产生的内应力消除。钢材的弹性模量在时效处理后恢复。

2. 热处理

钢材的热处理工艺一般包括退火、正火、回火和淬火。

（1）退火

退火指将钢材加热到 723～910℃ 或更高温度，在退火炉中保温、缓慢冷却的热处理方法。退火能消除钢材中的内应力，改善钢材的显微结构，使晶粒成为均匀细致的组织，以达到降低硬度、提高塑性和韧性的目的。普通低碳钢在冷加工后，可用较低温度（650～700℃）进行再结晶退火，使钢材的塑性和韧性进一步提高。

（2）正火

正火也称为正常化处理，是指将钢材加热到 723～910℃ 或更高温度后，在空气中冷却的热处理方法。钢材经正火处理后，能获得均匀细致的显微结构，与退火处理相比，钢材的强度和硬度提高，但塑性和韧性减小。

（3）淬火

淬火是将钢材加热到 723～910℃ 或更高温度并保持一段时间，随即浸入淬冷介质（水或油）中快速冷却的热处理工艺。淬火后钢材的硬度大大提高，但塑性和韧性显著降低。

（4）回火

回火是将淬火后的钢材在低于 723℃ 以下的温度范围内重新加热，保温一定时间，然后冷却到室温的热处理工艺。根据加热温度，分为高温回火（500～650℃）、中温回火（300～500℃）和低温回火（150～300℃）。加热温度越高，回火后钢材的硬度降低越多，塑性和韧性恢复越好。在淬火后，随即采取高温回火，称为调质处理。经过调质处理的钢材，其强度、塑性和韧性等性能都有所改善。

例 1-7-3 （2018）钢材的热脆性由哪种元素引起（   ）。
A 硅　　　　　B 锰　　　　　C 镍　　　　　D 硫
解析：硫是钢材中的有害元素，硫含量高的钢材在高温下进行压力加工时，容易脆裂，这种现象称为热脆性，故应选 D。
答案：D

四、建筑钢材的标准与选用

【相关真题：2022-016，2021-015，2021-016，2020-017，2019-018，2019-019】

（一）建筑钢材的主要钢种

1. 碳素结构钢

按《碳素结构钢》GB/T 700—2006 的规定，碳素结构钢共有四个牌号，牌号由屈服点字母、屈服点数值、质量等级符号与脱氧方法符号组成。例如 Q235-A·F，表示屈服点为 235MPa 的 A 级沸腾钢。牌号增大，含碳量及强度增大，冷弯性和伸长率下降。

碳素结构钢冶炼方便，成本较低，具有良好的塑性及各种加工性能。在恶劣的条件下，如冲击、温度大幅度变化或超载时，具有良好的安全性。但与低合金钢相比，其强度较低，在一些特殊情况下，不能满足性能要求。在建筑工程中，Q235 是常用的钢材种类。

2. 低合金钢高强度结构钢

在碳素结构钢的基础上加入总量小于 5% 的合金元素（如硅、锰、钒等），即得低合金高强度结构钢。

根据国家标准《低合金高强度结构钢》GB/T 1591—2018 的规定，低合金高强度结构钢的状态可分为：热轧状态、正火状态（N）、正火轧制（+N）和热机械轧制（M）。

（1）热轧状态：钢材未经任何特殊轧制和（或）热处理的状态。

（2）正火状态（N）：钢材加热到高于相变点温度以上的一个合适的温度，然后在空气中冷却至低于某相变点温度的热处理工艺。

（3）正火轧制（+N）：最终变形是在一定温度范围内的轧制过程中进行，使钢材达到一种正火后的状态，以便即使正火后也可达到规定的力学性能数值的轧制工艺。

（4）热机械轧制（M）：钢材的最终变形在一定温度范围内进行的轧制工艺，从而保证钢材获得仅通过热处理无法获得的性能。

低合金高强度结构钢的牌号由代表屈服强度的"屈"字汉语拼音首字母 Q、规定的最小上屈服强度数值、交货状态代号、质量等级符号（B、C、D、E、F）四个部分组成。交货状态为热轧时，交货状态代号 AR 或 WAR 可省略；交货状态为正火或正火轧制状态时，交货状态代号均用 N 表示。如 Q355ND 表示屈服强度不小于 355MPa，交货状态为正火或正火轧制，质量等级为 D 级。

热轧钢的牌号包括：Q355、Q390、Q420、Q460；正火、正火轧制钢的牌号包括：Q355N、Q390N、Q420N、Q460N；热机械轧制钢的牌号包括：Q355M、Q390M、Q420M、Q460M、Q500M、Q550M、Q620M、Q690M。

低合金高强度结构钢强度较高，耐腐蚀、耐低温性、抗冲击韧性及使用寿命等综合性能良好，焊接性及冷加工性能好，易于加工和施工。

3. 优质碳素结构钢

优质碳素结构钢的特点是生产过程中对硫、磷等有害杂质控制较严（S<0.035%，P<0.035%），其性能主要取决于含碳量。

优质碳素钢的钢号用两位数字表示，它表示平均含碳量的万分数。根据其含锰量的不同，可分为普通含锰量（含 Mn0.25%～0.8%，共 20 个钢号）和较高含锰量（含 Mn0.7%～1.2%，共 11 个钢号）。例如 45Mn 即表示含碳量为 0.42%～0.52%，含锰量为 0.70%～1.00%的优质碳素结构钢。

优质碳素结构钢可用于重要结构的钢铸件、碳素钢丝及钢绞线等。

（二）常用建筑钢材

1. 钢筋

（1）热轧钢筋

热轧钢筋分为热轧光圆钢筋和热轧带肋钢筋，是一般钢筋混凝土结构中应用最多的一种钢材。

根据标准《钢筋混凝土用钢 第 1 部分：热轧光圆钢筋》GB/T 1499.1—2017，热轧光圆钢筋指经热轧成型，横截面通常为圆形，表面光滑的产品钢筋。

根据标准《钢筋混凝土用钢 第 2 部分：热轧带肋钢筋》GB/T 1499.2—2018，热轧带肋钢筋指横截面通常为圆形，且表面带肋的混凝土结构用钢材。热轧带肋钢筋分普通热轧带肋钢筋（按热轧状态交货的钢筋）和细晶粒热轧带肋钢筋（在热轧过程中，通过控轧和控冷工艺形成的细晶粒钢筋）两类。

（2）冷拉热轧钢筋与冷拔低碳钢丝

将热轧钢筋在常温下拉伸至超过屈服点（小于抗拉强度）的某一应力，然后卸荷即得冷拉钢筋，冷拉可使屈服点提高 17%～27%，但伸长率降低。冷拉后不得有裂纹、起层等现象。冷拉钢筋分为四个等级，冷拉Ⅰ级钢筋适用于钢筋混凝土结构中的受拉钢筋，冷拉Ⅱ、Ⅲ、Ⅳ级钢筋可用作预应力混凝土结构中的预应力筋，但在负温及冲击或重复荷载下易脆断。

将直径为 6.6～8mm 的 Q235（或 Q215）热轧盘条，在常温下通过截面小于钢筋截面的拔丝模，经一次或多次拔制，即得冷拔低碳钢丝。冷拔可提高屈服强度 40%～60%。材质硬脆，属硬钢类钢丝。其级别可分为甲级及乙级，甲级为预应力钢丝；乙级为非预应力钢丝，用于焊接或绑扎骨架、网片或箍筋。凡伸长率不合格者，不得用于预应力混凝土构件中。

（3）冷轧带肋钢筋

冷轧带肋钢筋由热轧圆盘条经冷轧而成，其表面带有沿长度均匀分布的三面或两面月牙横肋。

冷轧带肋钢筋是采用冷加工方式强化的产品，与传统的冷拔低碳钢丝相比，具有强度高、塑性好、握裹力强、节约钢材、质量稳定等优点。

（4）热处理钢筋

热处理钢筋是钢厂将热轧中碳低合金钢筋经淬火和回火调质热处理而成。强度显著提高，韧性提高，而塑性降低不大，综合性能较好；通常有直径为6mm、8.2mm、10mm三种规格；表面常轧有通长的纵筋与均布的横肋；使用时不能用电焊切割，也不能焊接；可用于预应力混凝土工程中。

(5) 预应力混凝土用钢丝及钢绞线

预应力混凝土用钢丝及钢绞线是用优质碳素结构钢经冷加工、再回火、冷轧或绞捻等加工而成，又称优质碳素钢丝及钢绞线。若将预应力钢丝辊压出规律性凹痕，即成刻痕钢丝。钢绞线以一根钢丝为芯，6根钢丝围绕其周围绞合而成七股的钢绞线。

钢丝与钢绞线适用于大荷载、大跨度及曲线配筋的预应力混凝土结构。

(6) 冷轧扭钢筋

采用直径为6.5~10mm的低碳热轧盘条钢筋，经冷轧扁和冷扭转而成的具有一定螺距的钢筋。冷轧扭钢筋屈服强度高，与混凝土的握裹力大，因此无需预应力和弯钩即可用于普通混凝土工程，可节约钢材30%；可用于预应力及承重荷载较大的建筑部位，如梁、柱等。

2. 型钢和钢板

(1) 热轧型钢

有角钢、工字钢、槽钢、T型钢、H型钢、Z型钢等，主要用于钢结构中。

(2) 冷弯薄壁型钢

用2~6mm的薄钢板冷弯或模压而成，有角钢、槽钢等开口薄壁型钢及方形、矩形等空心薄壁型钢。主要用于轻型钢结构。

(3) 钢板和压型钢板

用光面轧辊轧制而成的扁平钢材，以平板状态供货的称钢板；以卷状供货的称钢带。主要用碳素结构钢经热轧或冷轧而成。热轧钢板按厚度分为中厚板（厚度>4mm）和薄板（厚度为0.35~4mm）；冷轧钢板只有薄板（厚度为0.2~4mm）一种。

薄钢板经冷压或冷轧成波形、双曲形、V形等形状，称为压型钢板。压型钢板可用有机涂层薄钢板（即彩色钢板）、镀锌薄钢板（俗称白铁皮）等制成，主要用于围护结构、楼板、屋面等。

> 例1-7-4 (2019) 一般钢筋混凝土结构中大量使用的钢材是（　　）。
> A 冷拉钢筋　　　　　　　B 热轧钢筋
> C 冷拔钢丝　　　　　　　D 碳素钢丝
> 解析：一般钢筋混凝土结构中大量使用的钢材是热轧钢筋。
> 答案：B

五、建筑钢材的防锈与防火

【相关真题：2021-032，2021-034，2020-026】

(一) 建筑钢材的防锈

1. 钢材锈蚀

钢材的锈蚀分为化学锈蚀和电化学锈蚀。当钢材表面与环境介质发生各种形式的化学作用时，就有可能遭到腐蚀，例如，因受O_2、SO_2、H_2S等腐蚀性气体作用而被氧化；

当环境潮湿或与含有电解质的溶液接触时，也可能因形成微电池效应而遭电化学腐蚀。

2. 钢结构的防锈

防止钢结构锈蚀的常用方法是表面涂刷防锈漆，防锈漆包括底漆和面漆。防锈底漆要求具有较好的附着力和防锈蚀能力；涂刷面漆的目的是防止底漆老化，所以要求有良好的耐候性、耐湿性和耐热性等，且应具有良好的外观色彩。

常用的底漆有红丹、铁红环氧底漆、锌铬黄漆、沥青清漆和环氧富锌漆等。

（1）红丹漆

红丹漆是由红丹防锈颜料与干性油混合而成的油漆。红丹呈碱性，能与酸性侵蚀性介质起中和作用，红丹还具有较强的氧化性，能使钢材表面氧化成均匀的薄膜，与内层紧密结合，起到强烈的表面钝化作用，故其防锈效果好。该漆附着力好，防锈性能及耐水性强。

（2）铁红环氧底漆

铁红环氧底漆是以中分子环氧树脂、铁红防锈颜料、助剂和溶剂等组成漆料，配以胺固化剂的双组分自干涂料；其防锈功能突出，漆膜硬度高，高温附着力强，机械性能好。

（3）锌铬黄漆

锌铬黄漆是以环氧树脂、锌铬黄等防锈颜料、助剂配成漆基，以混合胺树脂为固化剂的油漆；锌铬黄呈碱性，能与金属结合，使表面钝化，具有优良的防锈功能，且能抵抗海水的侵蚀。

（4）沥青清漆

是以煤焦油沥青以及煤焦油为主要原料，加入稀释剂、改性剂、催干剂等有机溶剂组成；广泛用于水下钢结构和水泥构件的防腐、防渗漏，以及地下管道的内外壁防腐。

（5）环氧富锌漆

是以环氧树脂、锌粉为主要原料，加入增稠剂、填料、助剂、溶剂等组成的特种涂料产品；具有阴极保护作用，防锈能力强，适于用作储罐、集装箱、钢结构、钢管、海洋平台、船舶、海港设施以及恶劣防腐蚀环境的底涂层。

3. 钢筋防锈

埋于混凝土中的钢筋具有一层碱性保护膜，故在碱性介质中不致锈蚀。但氯等卤素的离子可加速钢筋的锈蚀反应，甚至破坏保护膜，造成锈蚀迅速发展。因此，混凝土配筋的防锈措施应考虑：限制水灰比和水泥用量；限制氯盐外加剂的使用；采取措施保证混凝土的密实性；还可以采用掺加防锈剂（如重铬酸盐等）的方法。

（二）建筑钢材的防火

钢结构具有良好的机械性能，尤其是很高的强度，但容易忽视的是在高温时，情况会发生很大的变化。裸露的未作处理的钢结构，耐火极限仅15min左右，在温升500℃的环境下，强度迅速降低，甚至会垮塌。因此，对于钢结构，尤其是有可能经历高温环境的钢结构，需要作必要的防火处理。钢结构防火的主要方法是涂敷防火隔热涂层。

按照防火机理，钢结构防火涂料分为：

（1）膨胀型钢结构防火涂料：涂层在高温时膨胀发泡，形成耐火隔热保护层的钢结构防火涂料。干燥时间（表干）≤12h。

（2）非膨胀型钢结构防火涂料：涂层在高温时不膨胀发泡，其自身成为耐火隔热保护层的钢结构防火涂料。干燥时间（表干）≤24h。

按照涂层厚度，钢结构防火涂料分为：

（1）超薄型钢结构防火涂料：指涂层厚度在3mm（含3mm）以内，装饰效果好，高温时膨胀发泡，耐火极限一般在2h以内的钢结构防火涂料，属于膨胀型钢结构防火涂料。一般应用在耐火极限要求在2h以内的钢结构上。

（2）薄涂型钢结构防火涂料：指涂层厚度大于3mm且小于等于7mm，有一定的装饰效果，高温时膨胀发泡，耐火极限在2h以内的钢结构防火涂料。薄涂型防火涂料属于膨胀型防火涂料，即遇火时膨胀发泡，形成致密均匀的泡沫层隔热防火。一般应用在耐火极限要求在2h以内的钢结构上。

（3）厚涂型钢结构防火涂料：指涂层厚度大于7mm且小于等于45mm，呈粒状面，密度小，热导率低，耐火极限在2h以上的钢结构防火涂料，属于非膨胀型钢结构防火涂料。这类防火涂料用合适的无机胶结料（如水玻璃、耐火水泥等），再配以无机轻质绝热骨料（如膨胀珍珠岩、膨胀蛭石、漂珠等）等制成。由于厚涂型防火涂料的成分为无机材料，因此其防火性能稳定，长期使用效果好，但其涂料组分的颗粒较大，涂层外观不平整，装饰效果较差，适用于耐火极限要求在2h以上的隐蔽钢结构工程、高层全钢结构及多层厂房钢结构。

例 1-7-5（2021） 关于薄涂型防火涂料的说法，错误的是（　　）。
A　属于膨胀型防火涂料
B　受火时形成泡沫层隔热阻火
C　涂刷24h风干后才能防火阻燃
D　涂刷遍数与耐燃阻燃性质无关
解析： 根据防火涂料的涂层厚度，将其分为超薄型防火涂料（涂层厚度≤3mm）、薄型防火涂料（涂层厚度大于3mm，小于等于7mm）和厚型防火涂料（涂层厚度大于7mm）。薄涂型防火涂料属于膨胀型防火涂料（A正确），即遇火时膨胀发泡，形成致密均匀的泡沫层隔热防火（B正确）。涂刷遍数与耐燃阻燃性质无关（D正确）。另据《钢结构防火涂料》GB 14907—2018第5.2.1条表2，膨胀型防火涂料干燥时间应≤12h，即涂刷12h后才能防火阻燃（C错误）。
答案： C

第八节　木　材

一、木材的分类与构造

（一）木材的分类

按照外观形状可将木材分为针叶树和阔叶树两大类。

1. 针叶树

针叶树树干通直高大，纹理平顺，材质均匀，表观密度和胀缩变形小，易加工，多数质地较软，故又称为软木树；为建筑工程中的主要用材，多用作承重构件。常用的有红松

（也叫东北松）、白松（也叫臭松或臭冷杉）、樟子松（海拉尔松）、鱼鳞松（也叫鱼鳞云杉）、马尾松（也叫本松或宁国松，纹理不匀，多松脂，干燥时有翘裂倾向，不耐腐，易受白蚁侵害。一般只可做小屋架及临时建筑等，不宜用作门窗）及杉木等。

2. 阔叶树

阔叶树质地一般较硬，故又称硬木树；一般强度较高。有些树种具有美丽的纹理，适用于室内装修、制作家具等。常用的有水曲柳、榆木、柞木（又叫麻栎或蒙古栎）、桦木、槭木、椴木（又叫紫椴或籽椴，质较软）、黄菠萝（又叫黄檗或黄柏）及柚木、樟木、榉木等；其中榆木、黄菠萝及柚木等多用作高级木装修等。

（二）木材的构造

木材由树皮、木质部和髓心等部分组成。木质部是木材的主要使用部分，在靠近髓心的部分颜色较深，称为心材；外面颜色较浅的部分称为边材，边材含水量较大，易翘曲变形，抗腐蚀性较差。从横切面上可看到深浅相间的同心圆，称为年轮；其中深色较密实部分是夏秋季生长的，称为夏材；浅色较疏松部分是春季生长的，称为春材。夏材部分越多，木材强度越高，质量越好。

从显微镜下可以看到木材的组织。木材是由无数管状细胞紧密结合而成的，每个细胞都有细胞壁与细胞腔两部分，细胞壁由若干微纤丝组成。其纵向联结较横向牢固，微纤丝间具有极小的空隙，能吸附与渗透水分。

二、木材的主要性质

【相关真题：2022-012，2020-016】

（一）吸湿性

木材中所含水可分为吸附水与自由水两类。吸附水存在于细胞壁内，被微纤丝吸附；自由水存在于细胞腔与细胞间隙中。

当木材的细胞壁内充满吸附水，细胞腔和细胞间隙中没有自由水时的含水率称为纤维饱和点，一般为20%～35%，平均为30%。纤维饱和点是木材物理力学性质发生改变的转折点，是含水率影响强度和体积变化的临界值。

当木材的含水率与周围空气相对湿度达到平衡时的含水率称为平衡含水率。我国各地木材的平衡含水率一般为10%～18%。木材使用前需干燥至环境的平衡含水率，以防制品变形、开裂。

（二）湿胀干缩

当木材由潮湿状态干燥至纤维饱和点时，其尺寸不变，而继续干燥到其细胞壁中的吸附水开始蒸发时，则木材开始发生体积收缩（干缩）。在逆过程中，即干燥木材吸湿时，随着吸附水的增加，木材将发生体积膨胀（湿胀），直到含水率到达纤维饱和点为止。此后，尽管木材含水量会继续增加，即自由水增加，但体积不再发生膨胀。总之，木材的湿胀干缩变形是由细胞壁内吸附水的变化引起的，而自由水含量的变化不会引起体积变化。即在纤维饱和点之下发生含水量的变化时，会引起湿胀干缩；在大于纤维饱和点时，含水量变化，木材的尺寸不变。

木材的胀缩性随树种的不同而有差异，一般体积密度大的、夏材含量多的，胀缩较大；另外变形也存在方向性，顺纹方向最小，径向较大，弦向最大。胀缩会使木材构件接头松弛或凸起。

（三）强度

木材在强度方面也表现为各向异性，木材强度有顺纹强度和横纹强度之分。从理论上讲，在不考虑木材的各种缺陷影响的前提下，同一木材，以顺纹抗拉强度为最大；抗弯强度、顺纹抗压、横纹抗剪强度依次递减；横纹抗拉强度、横纹抗压强度比顺纹小得多；见表 1-8-1。

木材理论上各强度大小关系　　　　　　表 1-8-1

抗压		抗拉		抗弯	抗剪	
顺纹	横纹	顺纹	横纹		顺纹	横纹切断
1	$\frac{1}{10}\sim\frac{1}{3}$	2～3	$\frac{1}{20}\sim\frac{1}{3}$	$1\frac{1}{2}\sim 2$	$\frac{1}{7}\sim\frac{1}{3}$	$\frac{1}{2}\sim 1$

影响木材强度的主要因素如下：

1. 含水率

当木材含水率在纤维饱和点以下时，其强度随含水率增加而降低，这是由于吸附水的增加使细胞壁逐渐软化所致。当木材含水率在纤维饱和点以上时，木材的强度等性能基本稳定，不随含水率的变化而变化。含水率对木材的顺纹抗压及抗弯强度影响较大，而对顺纹抗拉强度几乎无影响。

2. 负荷时间

木材的长期负荷强度一般为极限强度的 50%～60%。

3. 温度

木材使用时的环境温度长期超过 50℃时，强度会因木材的缓慢炭化而明显下降，所以在这种环境下不应使用木结构。

4. 缺陷

木材的缺陷有木节、斜纹、裂纹、腐朽及虫害等。缺陷越多，木材强度越低；其中缺陷使木材顺纹抗拉强度降低最为显著，而对顺纹抗压强度影响较小。所以实测木材强度时，顺纹抗拉强度低于理论值，且低于顺纹抗压强度，最终使木结构设计中的实际强度排序为：抗弯强度最大，其次是顺纹抗压强度、顺纹抗拉强度（参见《木结构设计标准》GB 50005—2017）。

例 1-8-1 （2020）木材强度与下列哪个条件无关？（　　）
A 含水率　　　　　　　B 木材的粗细
C 使用温度　　　　　　D 负荷时间

解析：当木材含水率在纤维饱和点以下时，强度随含水率增加而降低，A 正确；木材使用温度长期超过 50℃时，强度会因木材缓慢炭化而明显下降，C 正确；木材长期负荷强度一般为极限强度的 50%～60%，D 正确；木材强度与木材的粗细无关，B 错误。

答案：B

三、木材的干燥、防腐与防火

【相关真题：2022-034】

（一）木材的干燥

木材干燥的其目的是防止木材腐蚀、虫蛀、翘曲与开裂，保持尺寸及形状的稳定性，便于作进一步的防腐与防火处理。

（二）木材的防腐

木材的腐朽是由真菌中的腐朽菌寄生引起的。木腐菌在木材中生存与繁殖必须同时具备水分、空气与温度三个条件。当木材含水率在15%～50%，温度在25～30℃，又有足够的空气时，木腐菌最适宜繁殖。另外，木材还会受到白蚁、天牛等昆虫的蛀蚀。

木材防腐的常见方式有两种：一个是将木材置于通风干燥的环境中或表面涂油漆等；另一个是用化学防腐剂处理。具体处理方法有涂刷法、喷洒法、注入法等。

（1）涂刷法：指使用刷子将防腐剂涂刷在锯材、层压胶合板、胶合板等板材表面的方法。

（2）喷洒法：指使用专用喷雾器，将防腐剂喷洒在锯材、层压胶合板、胶合板等板材表面的方法。

以上两种方法不能使防腐剂渗透至木材内部，故防腐效果较差。

（3）注入法：主要包括加热—冷却法和加压处理法。

1）加热—冷却法指利用温差造成真空，迫使防腐蚀液体在常压情况下注入木材内部的处理方法；常用的加热—冷却法有热浸法和冷热槽法。前者加热后自然冷却至常温；后者将木材加热后迅速投入另一冷液容器，从而达到降温快的目的。加热—冷却法的优点是设备简单，经济有效；缺点则是加工时间较长，耗油量大，掺入的药量难以控制，多余溶剂无法回收。

2）加压处理法是利用动力压差迫使防腐蚀液体向低压区流动的方法。本法不但可以控制药量，节省油耗，透入度较深，加工迅速，适于集中加工大量干燥木材；而且也适于处理湿木材，甚至可以进行快速脱水，以提高产品质量。因此，用防腐剂处理锯材、层压胶合板、胶合板时，应采用加压处理法。

木材防腐剂主要分为两类，一类是水溶液防腐剂，如氯化锌、氟化钠、铜铬合剂、硫酸铜等，常用于室内木构件的防腐；另一类是油剂防腐剂，如杂酚油、煤焦油、蒽油、氟砷沥青等，这类防腐剂毒性大，又有臭味，多用于室外、地下或水中构件。

（三）木材的防火

木材防火的常用方法如下：

（1）表面涂刷防火涂料：常用的防火涂料有膨胀型丙烯酸乳胶防火涂料等；

（2）表面覆盖难燃或不燃材料：如金属等；

（3）注入防火剂：如将磷-氮系列及硼化物系列防火剂或磷酸铵和硫酸铵的混合物等浸注。

四、木材的应用

【相关真题：2022-013，2021-014，2020-015，2020-038，2019-016】

(一) 木材的种类与规格

按加工程度和用途的不同,木材可分为原条、原木、锯材三种,见表1-8-2。

木材的分类 表1-8-2

分类名称	说　明	主　要　用　途
原条	系指除去皮、根、树梢的木料,但尚未按一定尺寸加工成规定直径和长度的材料	建筑工程的脚手架、建筑用材、家具等
原木	系指已经除去皮、根、树梢的木料,并已按一定尺寸加工成规定直径和长度的材料	1. 直接使用的原木:用于建筑工程(如屋架、檩、椽等)、桩木、电杆、坑木等; 2. 加工原木:用于胶合板、造船、车辆、机械模型及一般加工用材等
锯材	系指已经加工锯解成材的木料。凡宽度为厚度三倍或三倍以上的,称为板材,不是三倍的称为枋材	建筑工程、桥梁、家具、造船、车辆、包装箱板等

(二) 人造板材

人造板材是以木材或其他含有一定量纤维的植物为原料加工而成。主要包括以下几种:

1. 胶合板

用数张(一般为3~13层,层数为奇数)由原木沿年轮方向旋切的薄片,使其纤维方向相互垂直叠放,经热压而成。胶合板克服了木材各向异性的缺点,材质均匀,强度高,幅面大,平整易于加工,干湿变形小,板面具有美丽的花纹,装饰性好。

胶合板主要用于室内的隔墙罩面、顶棚和内墙装饰、门面装修及各种家具的制作。

2. 纤维板

纤维板是将木材加工的部分剩余物——枝桠材、小径材,经破碎、研磨成木纤维,再加入一定的胶粘剂,经干燥处理、热压成型而成的人造板材。纤维板材质均匀,各向强度一致,不易翘曲开裂与胀缩,无木节、虫眼等缺陷;主要用作室内壁板、门板、地板、家具等。

3. 刨花板

刨花板是将木材加工的部分剩余物——枝桠材、小径材,经削片、刨片制备成刨花碎片,经过干燥加工,并加入胶粘剂拌和后,压制而成的人造板材。刨花板具有质量轻、强度低、隔声、保温、耐久等特点,适用于室内墙面、隔断、顶棚等处的装饰用基面板。

4. 薄木贴面板

薄木贴面板是一种高级的装饰材料,是将珍贵树种(如柚木、桦木、柳桉或树根瘤多的木段)的木材软化后,旋切或刨切成厚为0.1~1mm的薄木片,再用胶粘剂粘贴在基板上而制得。薄木贴面板可压贴在胶合板等的表面,作墙、门等的面板。

例1-8-2　(2019) 下列哪项不是木材在加工使用前必需的处理？(　　)
A　锯解、切材　　　　　　B　充分干燥
C　防腐、防虫　　　　　　D　阻燃、防火
解析： 木材使用前需做的处理有：干燥（目的是防止木材腐蚀、虫蛀、翘曲与开裂，保持尺寸及形状的稳定性，便于作进一步的防腐与防火处理）；防腐（木材的腐朽主要是由腐朽菌引起的，腐朽菌在木材中生存与繁殖必须具备水分、空气和温度三个条件；此外，木材还会受到白蚁、天牛等昆虫的蛀蚀）；防火（木材是易燃物质，使用前需做好阻燃、防火处理）。所以，锯解和切材不是必需的处理过程。
答案： A

第九节　建筑塑料与胶粘剂

建筑塑料和胶粘剂属于化学建材，其主要成分是高分子化合物。

一、高分子化合物基本知识

【相关真题：2019-024】

（一）定义

以石油、煤、天然气、水、空气及食盐等为原料制得的低分子化合物单体（如氯乙烯、乙烯、丁烯等），经合成反应得到合成高分子化合物，也称为聚合物。

（二）高分子聚合物分类

1. 按聚合物结构特点分类

按用途可将聚合物分为塑料、橡胶和纤维三大合成材料。它们在性质上最大的区别是弹性模量不同，橡胶为 $10^5 \sim 10^6$ MPa，塑料为 $10^7 \sim 10^9$ MPa，纤维为 $10^9 \sim 10^{10}$ MPa。在结构上，橡胶是处于高弹态的支链型或体型高分子，较小的作用力就能产生较大的变形，弹性变形大；纤维主要是高度定向的结晶化的线型高分子，不易变形；塑料是常温下处于玻璃态的各种高分子，变形能力介于橡胶和纤维之间，刚性大，难变形。

橡胶的主要品种有乙丙橡胶、丁苯橡胶、丁基橡胶、顺丁橡胶等；纤维主要品种有锦纶（尼龙）、涤纶、腈纶、丙纶等；塑料是主要品种有聚氯乙烯、聚乙烯、聚丙烯、聚苯乙烯、聚甲基丙烯酸甲酯等。

2. 按聚合物对热的性质分类

按对热的性质将聚合物分为热塑性聚合物和热固性聚合物。

热塑性聚合物是线型结构或带支链的高分子聚合物，加热时软化甚至熔化，冷却后硬化，而不起化学变化，这种变化是可逆的，可以重复多次。这类聚合物有聚氯乙烯、聚苯乙烯、聚丙烯及聚甲基丙烯酸甲酯等。热塑性塑料可以再生利用。

热固性聚合物是体型结构聚合物，在加工过程中受热后软化，同时产生化学反应，相邻的分子互相连接而逐渐硬化，最后成为不熔化、不溶解的物质。热固性聚合物只能塑制一次。这里聚合物有酚醛树脂、不饱和树脂、聚硅树脂等。

例 1-9-1 （2018） 当代三大合成高分子材料中并不含（　　）。
A　合成橡胶　　　　　　　B　合成涂料
C　合成纤维　　　　　　　D　合成塑料
解析：当代三大合成高分子材料为合成橡胶、塑料和合成纤维，并不包含合成涂料。
答案：B

二、塑料

【相关真题：2022-021，2022-022，2022-029，2021-023，2020-024，2020-025，2020-027，2019-026，2019-028】

（一）塑料的特性

塑料的密度低，一般为 0.9~2.2g/cm³，泡沫塑料的密度更低，为 0.1 g/cm³ 以下；比强度高，超过钢材和铝；耐酸、碱、盐的侵蚀；是电的不良导体，是一种良好的绝缘材料；导热系数一般为 0.02~0.8W/(m·K)，是一种良好的保温隔热材料；加工方便。

塑料的缺点是弹性模量低、刚度差；大多数塑料的耐热性差，热塑性塑料的耐热温度为 60~120℃，热固性塑料的耐热温度稍高，也仅为 150℃左右；热膨胀系数大，具有较大的蠕变性；塑料容易老化，即在各种物理化学因素作用下，高聚物发生降解（聚合度降低）或交联（发生支化、环化、交联等，形成网状结构），导致制品发黏变软，丧失机械强度或僵硬变脆、失去弹性；塑料耐燃性差，多数塑料可燃，并且燃烧时伴随大量有毒烟雾。

例 1-9-2 （2019） 下列哪项是塑料的优点？（　　）
A　耐老化　　　B　耐火　　　C　耐酸碱　　　D　弹性模量小
解析：塑料具有密度小、比强度大（玻璃钢的比强度超过钢材）、耐化学腐蚀、隔声、绝缘、绝热、抗震、装饰好等优点；同时建筑塑料耐老化性差、耐热性差、不耐火易燃、弹性模量小、刚度差等缺点。
答案：C

（二）塑料的组成

塑料是以合成树脂为主要原料，在一定温度和压力下塑制成型的一种合成高分子材料，所以塑料的主要成分是合成树脂；此外还有填充料和助剂等。

1. 合成树脂

合成树脂是用人工合成的高分子聚合物，在塑料中起胶粘剂作用。塑料的性质主要取决于合成树脂的种类、性质和数量。根据树脂用量占塑料的百分率，将塑料分为单组分和多组分塑料。如有机玻璃是由聚甲基丙烯酸甲酯生产的塑料，其树脂含量为 100%，是单组分塑料；但大多数塑料是多组分的，其树脂含量一般为 30%~60%。塑料常用的合成树脂有聚氯乙烯、聚乙烯、聚丙烯、酚醛树脂等。

2. 填充料

填充料又称填料，是向树脂中加入的基本上不参与树脂复杂化学反应的粉状或纤维状物质，以提高塑料的强度、韧性、耐热性、耐老化性、抗冲击性等，同时也降低了塑料的成本。常用的填充料有滑石粉、硅藻土、石灰石粉、云母、石墨、玻璃纤维等。

3. 增塑剂

增塑剂能增加树脂的可塑性，降低了大分子链间的作用力，降低软化温度和熔融温度，减少熔体的黏度，改善了塑料的加工性质。同时，增塑剂能降低塑料的硬度和脆性，使塑料具有较好的韧性、塑性和柔顺性。常用的增塑剂有邻苯二甲酸二丁酯，邻苯二甲酸二辛酯，磷酸酯类等。

4. 固化剂

固化剂又称硬化剂或交联剂，其主要作用是使线型高聚物交联成体型高聚物，从而使树脂具有热固性，制得坚硬的塑料制品。环氧树脂常用胺类、酸酐类化合物，如乙二胺、间苯二胺、邻苯二甲酸酐、顺丁烯二酸酐等作为固化剂。

5. 阻燃剂

阻燃剂又称防火剂，是向树脂等塑料原料中添加的可以减缓或阻止塑料燃烧的物质，能提高塑料的耐燃性和自熄性。常用的阻燃剂有三氧化锑、氢氧化铝、双反丁烯二酸酯等。

（三）常用建筑塑料

目前，已用于建筑工程的热塑性塑料有：聚氯乙烯、聚乙烯、聚丙烯、聚苯乙烯、聚醋酸乙烯（PVAC）、聚偏二氯乙烯（PVDC）、聚甲基丙烯酸甲酯（即有机玻璃，PMMA）、丙烯腈—丁二烯—苯乙烯共聚物（ABS）、聚碳酸酯（PC）等。已用于建筑工程的热固性塑料有：酚醛、脲醛（UF）、环氧、不饱和聚酯、聚酯（PET）、聚氨酯、有机硅（Si）、聚酰胺（即尼龙，PA）、三聚氰胺甲醛树脂（密胺树脂，MF）等。

几种常用建筑塑料的特性与用途见表1-9-1。

常用建筑塑料的特性及用途　　　　　表1-9-1

名　称	特　性	用　途
聚乙烯（PE）	柔韧性好，介电性能和耐化学腐蚀性能优良，成型工艺性好，但刚性差，燃烧时少烟，低压聚乙烯使用温度可达100℃	防水材料、给水排水管和绝缘材料等
聚丙烯（PP）	耐腐蚀性能优良，力学性能和刚性超过聚乙烯，耐疲劳和耐应力开裂性好，可在100～120℃使用，但收缩率较大，低温脆性大	管材、卫生洁具、模板等
聚氯乙烯（PVC）	耐化学腐蚀性和电绝缘性优良，力学性能较好，具有难燃性，具有自熄性，但耐热性差，升高温度时易发生降解，使用温度低（＜60℃）	有软质、硬质、轻质发泡制品，是应用最广泛的一种塑料，如塑料地板、吊顶板、装饰板、塑钢门窗等
聚苯乙烯（PS）	树脂透明，有一定的机械强度，电绝缘性能好，耐辐射，成型工艺性好，但脆性大，耐冲击性和耐热性差，抗溶剂性较差，使用温度65～95℃	主要以泡沫塑料形式作为隔热材料，也用来制造灯具平顶板等
聚碳酸酯（PC）	无色透明，透光性好，抗冲击性好，耐紫外线辐射，阻燃B1级	用作采光顶、门窗玻璃、银行和公共场所等的防护窗、防弹玻璃等

续表

名称	特性	用途
聚四氟乙烯 (Teflon 或 PTFE)	氟树脂,俗称"塑料王",耐高温达250℃,耐低温到-196℃,耐腐蚀,高润滑不粘性强,耐候性(塑料中最佳的老化寿命)好,不燃性	可制成管、棒、带、板、薄膜,用作耐高低温材料、耐腐蚀材料,还用作防水透气膜,也可制成水分散液,用于绝缘涂层、防粘涂层等
酚醛树脂 (PF)	电绝缘性能和力学性能良好,耐水性、耐酸性和耐烧蚀性能优良。酚醛塑料坚固耐用、尺寸稳定、不易变形,使用温度为120℃	生产各种层压板、玻璃钢制品、涂料和胶粘剂等
环氧树脂 (EP)	粘接性和力学性能优良,耐化学药品性(尤其是耐碱性)良好,电绝缘性能好,固化收缩率低,使用温度180~200℃	主要用于生产玻璃钢、胶粘剂和涂料等产品
不饱和聚酯树脂 (UP)	可在低压下固化成型,用玻璃纤维增强后具有优良的力学性能,良好的耐化学腐蚀性和电绝缘性能,但固化收缩率较大	主要用于玻璃钢、涂料和聚酯装饰板、人造石材等
聚氨酯 (PUR)	强度高,耐化学腐蚀性优良,耐热、耐油、耐溶剂性好,粘接性和弹性优良	主要以泡沫塑料形式作为隔热材料及优质涂料、胶粘剂、防水涂料和弹性嵌缝材料等
有机硅 (Si)	硅树脂具有-Si-O-Si-主键与有机基侧链的聚硅氧烷;是一种热固性塑料;它最突出的性能之一是优异的热氧化稳定性,250℃加热24小时后,硅树脂失重仅为2%~8%;硅树脂的另一突出性能是优异的电绝缘性,它在较宽的温度和频率范围内均能保持良好的绝缘性能	主要作为绝缘漆;还用作耐热、耐候的防腐涂料,金属保护涂料,建筑工程防水、防潮涂料,脱模剂,粘合剂;以及二次加工成有机硅塑料,用于电子、电器和国防工业中,作为半导体封装材料和电子、电器零部件的绝缘材料等

> **例 1-9-3 (2019)** 一般塑钢门窗中的塑料是:( )
> A 聚丙烯(PP)   B 聚乙烯(PE)
> C 聚氯乙烯(PVC)   D 聚苯乙烯(PS)
> 解析:以聚氯乙烯(PVC)树脂为原料,加入适量添加剂,按适当配比混合,经挤出机制成各种型材,型材经过加工组装成塑钢门窗。聚氯乙烯是应用最广泛的一种塑料,被广泛应用于塑钢门窗、塑料地板、吊顶板等。
> 答案:C

三、胶粘剂

【相关真题:2022-025,2022-033,2021-022】

能直接将两种材料牢固地粘结在一起的物质通称胶粘剂(又称粘合剂、粘接剂或粘结剂等)。胶粘剂用于防水工程、新旧混凝土接缝、室内外装饰工程粘结,以及结构补强加固等。

(一)胶粘剂的组成

1. 粘结料

粘结料又称粘料,是胶粘剂具有粘结特性的必要成分,决定了胶粘剂的性能和用途。

常用的粘结料有天然高分子化合物（如淀粉、动物的皮胶等）、合成高分子化合物（如环氧树脂等）、无机化合物（如水玻璃等）三类，现在主要采用合成高分子化合物。

2. 溶剂

溶剂主要用来溶解粘结料，调节胶粘剂的黏度，增加胶粘剂的涂敷浸润性，使之便于施工，常用的溶剂有二甲苯、丁醇和水等。

3. 固化剂与催化剂

固化剂又称氧化剂，它能使线型分子形成网状的体型结构，从而使胶粘剂固化。加入催化剂是为了加速高分子化合物的硬化过程。

4. 填料

填料可改善胶粘剂的机械性能、温度稳定性和黏度，减少收缩，并可降低胶粘剂的制作成本；但是加入填料会增加胶粘剂的脆性。常用的填料有石英粉、氧化铝粉、金属粉等。

（二）胶粘剂的分类

1. 按固化方式分类

胶粘剂可分为溶剂挥发型、化学反应型和热熔型三类。

2. 按主要成分分类

（1）无机类：硅酸盐及磷酸盐等。

（2）有机类：天然类与合成高分子类。

天然类有葡萄糖衍生物（如淀粉、糊精等）、氨基酸衍生物（如骨胶、鱼胶等）、天然树脂类（如松香、虫胶等）和沥青类。

合成高分子类包括合成树脂类（如热固性的环氧树脂、酚醛树脂和热塑性的聚醋酸乙烯、丙烯酸酯等）和合成橡胶类（如丁苯橡胶、氯丁橡胶、聚氨酯橡胶、硅橡胶、聚硫橡胶等）。

3. 按外观分类

按外观可分为液态、膏状和固态三类。

4. 按强度特性分类

（1）结构胶：结构胶对强度、耐热、耐油和耐水等有较高要求；适用于金属的结构胶，其室温剪切强度要求为 $10\sim30$MPa，10^6 次循环剪切疲劳后强度为 $4\sim8$MPa。

（2）非结构胶：不承受荷载，只起定位作用。

（3）次结构胶：其性能介于结构胶和非结构胶之间。

（三）常用胶粘剂

建筑常用胶粘剂的粘料类型有热固性树脂、热塑性树脂、合成橡胶及混合型粘料。
建筑上几种常用胶粘剂的性能与应用见表1-9-2。

建筑上常用胶粘剂性能与应用　　　　　表1-9-2

种类		特性	主要用途
热塑性树脂胶粘剂	聚乙烯醇缩甲醛胶粘剂（商品名108胶）	108胶粘结强度高，抗老化，成本低，施工方便；但会释放甲醛等有害气体	粘贴塑胶壁纸、瓷砖、墙布等；加入水泥砂浆中可改善砂浆性能，也可配成地面涂料

续表

种类		特性	主要用途
热塑性树脂胶粘剂	聚醋酸乙烯乳胶（俗称白胶水）	粘结力好，水中溶解度高，常温固化快，稳定性好，成本低；耐水性、耐热性差	粘结各种非金属材料、玻璃、陶瓷、塑料、纤维织物、木材等
	聚乙烯醇胶粘剂	水溶性聚合物，耐热性、耐水性差	适合粘结木材、纸张、织物等；可与热固性胶粘剂并用
热固性树脂胶粘剂	环氧树脂胶粘剂	万能胶，固化速度快，粘结强度高，耐热、耐水、耐冷热冲击性能好，使用方便	适用于混凝土、砖石、玻璃、木材、皮革、橡胶、金属等多种材料的自身粘结与相互粘结。适用于各种材料的快速粘结、固定和修补，不能粘结赛璐珞塑料
	酚醛树脂胶粘剂	粘结力强，柔韧性好，耐疲劳	粘结各种金属、塑料和其他非金属材料
	聚氨酯胶粘剂	粘结力较强，胶膜柔软，良好的耐低温性与耐冲击性，耐热性差，耐溶剂、耐油、耐水	适于粘结软质材料和热膨胀系数相差较大的两种材料
合成橡胶胶粘剂	丁腈橡胶胶粘剂	弹性及耐候性良好，耐疲劳、耐油、耐溶剂性好，耐热，有良好的混溶性；粘结力弱，成膜缓慢	适用于耐油部件中橡胶与橡胶，橡胶与金属，织物等的粘结，尤其适用于粘结软质聚氯乙烯材料
	氯丁橡胶胶粘剂	粘结力强、内聚强度高、耐热、耐油、耐溶液性好。贮存稳定性差	用于结构的粘结或不同材料的粘结，如橡胶、木材、陶瓷、金属、石棉等不同材料
	聚硫橡胶胶粘剂	很好的弹性、粘结力强，耐油、耐候性好，对气体和蒸汽不渗透，耐老化性好	作密封胶及用于路面、地坪、混凝土的修补、表面密封和防滑；常用于海港、码头及水下建筑物的密封
	硅橡胶胶粘剂	良好的耐紫外线、耐老化性、耐热、耐腐蚀性，粘结力强，防水、防振	用于金属、陶瓷、混凝土，以及部分塑料的粘结；尤其适用于门窗玻璃的安装以及隧道、地铁等地下建筑中瓷砖、岩石接缝间的密封

例 1-9-4（2017） 以下胶粘剂哪种属于非结构胶？（　　）

A 酚醛树脂　　B 环氧树脂　　C 聚醋酸乙烯乳液　　D 有机硅

解析：结构胶对强度、耐热、耐油和耐水等有较高要求，属于结构胶的有：环氧树脂、聚氨酯、有机硅等热固性胶粘剂，聚丙烯酸酯、聚甲基丙烯酸酯等热塑性胶粘剂，酚醛—环氧型、酚醛—丁腈橡胶型等多组分胶粘剂。非结构胶不承受较大荷载，只起定位作用，常用的有：动植物胶等天然胶粘剂、聚醋酸乙烯、聚乙烯醇缩醛等。

答案：C

第十节 防 水 材 料

防水材料是建筑工程上不可缺少的主要建筑材料之一。包括沥青基防水材料、高聚物改性沥青基防水材料，以及合成高分子防水材料。

一、沥青的分类

沥青属有机胶凝材料，是由很多高分子化合物组成的复杂的混合物，常温下呈固态、半固态或黏稠液态。

按产源，沥青分为地沥青，俗称松香柏油（包括天然沥青和石油沥青）与焦油沥青，俗称煤沥青、柏油、臭柏油（包括煤沥青和页岩沥青等）两大类。建筑工程中主要使用石油沥青，煤沥青也有少量应用。

地沥青来源于石油系统，或天然存在，或经人工提炼而成。地壳中的石油在各种自然因素作用下，经过轻质油分蒸发、氧化和缩聚作用，最后形成的天然产物，称"天然沥青"。石油经各种炼制工艺加工后得到的沥青产品，称"石油沥青"。

焦油沥青为用各种有机物（如煤、页岩、木材等）干馏加工得到的焦油，经再加工得到的产品。焦油沥青按其焦油获得的有机物名称而命名，如煤干馏所得的煤焦油，经再加工得到的沥青为煤沥青；其他还有木沥青、页岩沥青等。

二、石油沥青

【相关真题：2022-023，2019-023】

（一）石油沥青的组成

石油沥青为石油经提炼和加工后所得的副产品。由很多高分子碳氢化合物及其非金属（氧、氮、硫等）衍生物混合而成，成分复杂且差异较大，因此一般不作化学分析。通常，从使用的角度出发，将其中的化学成分及物理力学成分相近者划分为若干组，这些组称为"组丛"或"组分"。石油沥青的组丛及其主要特性如下：

1. 油分

油分常温下为淡黄色液体，赋予沥青以流动性。

2. 树脂

树脂常温下为黄色到黑褐色的半固体，赋予沥青以黏性与塑性。

3. 地沥青质

地沥青质也称地沥青，常温下为黑色固体，是决定沥青热稳定性与黏性的主要组分。

此外，石油沥青中还有少量沥青碳、似碳物和石蜡等有害组分。沥青碳和似碳物均为黑色粉末，会降低沥青的粘结力；石蜡会降低沥青的黏性和塑性，增大沥青的温度敏感性。

石油沥青的性质随着组分比例不同而变化。油分和树脂较多时，沥青的流动性、塑性较好，开裂后有一定的自行愈合能力，但温度稳定性较差。当油分和树脂含量较少，而地沥青质较多时，沥青的黏性和温度稳定性较高，但是流动性和塑性较差。

（二）石油沥青的技术性质

1. 粘结性（黏性）

石油沥青的黏性反映沥青内部阻碍相对流动的特性。当地沥青质含量较高，有适量树脂，油分含量较少时，则黏性较大。黏稠石油沥青的黏性用针入度表示，如图 1-10-1 所示。针入度越小，表明沥青的黏度越大，黏性越好。

2. 塑性

塑性指沥青在外力作用下产生变形而不破坏，除去外力后，仍能保持变形后的形状不变的性质，反映沥青开裂后的自愈能力。石油沥青的塑性用延度来表示，如图 1-10-2 所示。延度越大，塑性越好。

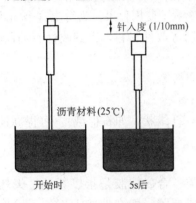

图 1-10-1 针入度测定示意图

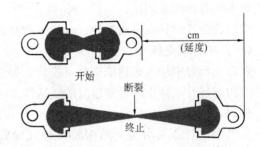

图 1-10-2 延度测定示意图

3. 温度敏感性

温度敏感性又称温度稳定性、耐热性，反映了沥青的黏性和塑性随温度升降的变化的性能。石油沥青的温度敏感性用软化点表征，一般采用环球法测定，如图 1-10-3 所示。软化点高表示沥青的耐热性或温度稳定性好，即温度敏感性小。

4. 大气稳定性

大气稳定性也称抗老化性或耐久性，是指石油沥青抵抗各种自然因素影响的能力。

沥青老化是由于其中的组分发生了递变，即油分—树脂—地沥青质，最终沥青中地沥青质含量增加，沥青变硬、变脆。

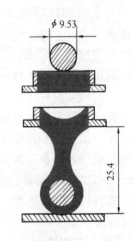

图 1-10-3 软化点测定示意图

（三）石油沥青的标准与选用

石油沥青根据针入度值划分牌号，牌号越小，沥青越硬，粘结性越好，耐热性越好（软化点越大），塑性越差（延度越小）。

对于受日晒或经常受热部位，如屋面防水，为防止受热软化，应选择软化点大，即牌号较小的石油沥青；对于一些不易受温度影响的部位，如地下，可选用牌号较大的沥青，即塑性较好。

三、煤沥青

煤沥青是煤焦厂或煤气厂的副产品，烟煤干馏时得到煤焦油，煤焦油有高温和低温两种，多用高温煤焦油，煤焦油分馏加工提取各种油类（其中重油为常用的木材防腐油）后所剩残渣即为煤沥青。根据蒸馏程度的不同，划分为低温、中温、高温煤沥青三类。建筑工程中多使用低温煤沥青。

与石油沥青相比，煤沥青塑性较差，受力时易开裂，温度稳定性及大气稳定性均较差。但与矿料的表面黏附性较好，防腐性较好。所以煤沥青更常用作防腐材料。

四、改性石油沥青

石油加工厂生产的沥青通常只控制耐热性指标（软化点），其他的性能，如塑性、大气稳定性、低温抗裂性等则很难全面达到要求，从而影响了使用效果。为解决这个问题而采用的方法之一是：在石油沥青中加入某些矿物填充料等改性材料，得到改性石油沥青，或进而生产各种防水制品。

常用的改性材料有合成橡胶、合成树脂及矿物填充料等。

（一）矿物填充料

在石油沥青中加入矿物填充料（粉状，如滑石粉；纤维状，如石棉绒），可提高沥青的黏性和耐热性，减少沥青对温度的敏感性。

（二）合成橡胶

按来源，橡胶可分为天然橡胶与合成橡胶两大类。合成橡胶是指以石油、天然气和煤作为主要原料，人工合成的高弹性聚合物。合成橡胶一般在性能上不如天然橡胶全面，但合成橡胶能在 $-50 \sim +150℃$ 温度范围内保持显著的高弹性能。此外，合成橡胶还具有良好的扯断强度、撕裂强度、耐疲劳强度、不透水性、不透气性、耐酸碱性及电绝缘性等。

橡胶按照制品形成过程分为热塑性橡胶（如可反复加工成型的三嵌段热塑性丁苯橡胶）和硫化型橡胶（需经过硫化才能得到制品，大多数合成橡胶属于此类）。

橡胶的硫化又称交联、熟化，是使线性高分子通过交联作用形成网状高分子的工艺过程；从物性上即是塑性橡胶转化为弹性橡胶或硬质橡胶的过程。硫化是橡胶加工中的最后一道工序，最终得到定型的、具有实用价值的橡胶制品。

橡胶是沥青的重要改性材料，常用氯丁橡胶、丁基橡胶。再生橡胶与耐热型丁苯橡胶（SBS）等作为石油沥青的改性材料，其中 SBS 是对沥青改性效果最好的高聚物。橡胶与沥青之间有较好的混溶性，并可使改性沥青具有橡胶的许多优点，如高温变形性小，低温柔韧性好等。

（三）合成树脂

树脂作为改性材料可提高沥青的耐寒性、耐热性、黏性及不透气性。但由于树脂与石油沥青的相溶性较差，故可用的树脂品种较少，常用的有：古马隆树脂、聚乙烯树脂、聚丙烯树脂、酚醛树脂及天然松香等。

由于树脂与橡胶之间有较好的相溶性，故也可同时加入树脂与橡胶来改善石油沥青的性质，使改性沥青兼具树脂与橡胶的优点与特性。

五、防水材料

【相关真题：2022-031，2022-033，2022-038，2021-030，2021-031，2020-036，2020-039，2019-027】

（一）防水卷材

防水卷材是建筑工程防水材料的重要品种之一，包括沥青防水卷材、高聚物改性沥青防水卷材和合成高分子防水卷材三大类。

1. 沥青防水卷材

沥青防水卷材必须具备良好的耐水性、温度稳定性、强度、延展性、抗断裂性、柔韧性及大气稳定性等性质。

(1) 油毡

石油沥青纸胎油毡,简称油毡,是防水卷材中出现最早的品种。油毡是用低软化点的沥青浸渍原纸,以高软化点沥青涂盖两面,再涂刷或撒布隔离材料(粉状或片状)而制成的纸胎防水卷材。油毡的防水性能较差,耐久年限低,一般只能用作多层防水。

(2) 其他胎体材料的油毡

为了克服纸胎的抗拉能力低、易腐烂、耐久性差的缺点,通过改进胎体材料,使沥青防水卷材的性能得到改善;如玻璃布沥青油毡、玻璃纤维沥青油毡、黄麻织物沥青油毡、铝箔胎沥青油毡。这些油毡的抗拉强度高,柔韧性、延展性、抗裂性和耐久性均较好。

(3) 沥青再生胶油毡

这是一种无胎防水卷材,由再生橡胶、10号石油沥青及碳酸钙填充料,经混炼、压延而成。沥青再生胶油毡具有较好的弹性、不透水性、低温柔韧性、热稳定性,以及较高的抗拉强度。这些优点使之适用于水工、桥梁、地下建筑物管道等重要防水工程,以及建筑物变形缝的防水处理。

2. 高聚物改性沥青防水卷材

聚合物改性沥青防水卷材是以合成高分子聚合物改性沥青为涂盖层,纤维织物或纤维毡为胎体,粉状、胶状、片状或薄膜材料为覆面材料,制成的防水卷材。高聚物改性沥青防水卷材具有高温不流淌、低温不脆裂、拉伸强度高和延伸率较大等优点。

(1) SBS 改性沥青防水卷材

SBS 改性沥青防水卷材属弹性体沥青防水卷材,以玻纤毡、聚酯毡等增强材料为胎体,以丁苯橡胶(SBS)改性沥青为浸渍涂盖层,表面带有砂粒或覆盖聚乙烯(PE)膜,是一种柔性防水卷材。SBS 改性沥青油毡的延伸率高,对结构变形有很好的适应性,具有较强的耐热性、低温柔韧性、弹性及耐疲劳性等,适用于寒冷地区和结构变形频繁的建筑。

(2) APP 改性沥青防水卷材

APP 改性沥青防水卷材属于塑性体改性沥青防水卷材,以玻纤毡或聚酯毡为胎体,以无规聚丙烯(APP)改性沥青为涂盖层,上面撒上隔离材料,下层覆盖聚乙烯薄膜或撒布细砂制成的防水卷材。该类卷材具有良好的弹塑性、耐热性、耐紫外线照射及耐老化性能,特别适合用作紫外线辐射强烈及炎热地区的屋面防水。

3. 合成高分子防水卷材

合成高分子防水卷材主要有以合成橡胶、合成树脂或这两者的共混体为基料的防水卷材。这类防水卷材具有强度高、延伸率大,弹性及耐高、低温特性好等特点。

(1) 三元乙丙橡胶防水卷材

三元乙丙橡胶是乙烯、丙烯和非共轭二烯烃的三元共聚物。三元乙丙的主要聚合物链是完全饱和的,本质上是无极性的,对极性溶液和化学物具有抗性。这个特性使得三元乙丙橡胶可以抵抗热、光、氧气,尤其是臭氧;是橡胶中耐老化性能最好的。

三元乙丙防水卷材是以三元乙丙橡胶为主体制成的无胎卷材,具有良好的耐候性、耐臭氧性、耐酸碱腐蚀性、耐热性和耐寒性;抗拉强度高达 7.0MPa 以上,延伸率超过

450%，可在-60~120℃的温度内使用；寿命可长达20年以上，是目前耐老化性最好的一种卷材。主要缺点是遇到机油时将产生溶胀。

三元乙丙橡胶防水卷材可用于各种工程的室内外防水和防水修缮，是屋面、地下室和水池防水工程的首选材料。

(2) 聚氯乙烯防水卷材

聚氯乙烯防水卷材是以聚氯乙烯树脂为主要成分的无胎卷材。

聚氯乙烯防水卷材的抗拉强度和伸长率高，对基层伸缩、开裂、变形的适应性强；低温柔韧性好，可在较低温度下施工和应用；具有良好的尺寸稳定性与耐腐蚀性；卷材的搭接除了可用胶粘剂外，还可以用热空气焊接的方法，接缝处较严密。

与三元乙丙橡胶防水卷材相比，除在一般工程中使用外，聚氯乙烯防水卷材更适用于刚性层下的防水层及旧建筑混凝土构件屋面的修缮工程，以及有一定耐腐蚀要求的室内地面工程的防水、防渗工程等。

(3) 氯丁橡胶防水卷材

氯丁橡胶防水卷材以氯丁橡胶为主要原料制成的，其性能与三元乙丙橡胶卷材相似，但多项指标稍差些，尤其是耐低温性能。广泛用于地下室、屋面、桥面、蓄水池等防水层。

(4) 氯化聚乙烯—橡胶共混防水卷材

这类防水卷材不但具有氯化聚乙烯特有的高强度和优异的耐臭氧、耐老化性能，而且具有橡胶所特有的高弹性、高延伸性和良好的低温柔韧性。

(5) 丁基橡胶防水卷材

丁基橡胶（IIR）是由异丁烯和少量异戊二烯合成，耐老化性能仅次于三元乙丙橡胶。丁基橡胶防水卷材是以丁基橡胶为主体制成的，具有抗老化、耐臭氧，以及气密性好等特点；此外，它还具有耐热、耐酸碱等性能。丁基橡胶防水卷材的最大特点是耐低温性能好，特别适用于严寒地区的防水工程及冷库的防水工程。

(二) 防水涂料

将防水涂料涂布在基体表面，经溶剂或水分挥发，或各组分间的化学反应，形成具有一定弹性的连续薄膜；使基体表面与水隔绝，并能抵抗一定的水压力，从而起到防水和防潮作用。防水涂料包括无机防水涂料和有机防水涂料。有机防水涂料分为沥青防水涂料、高聚物改性沥青防水涂料和合成高分子防水涂料三大类。

1. 沥青防水涂料

沥青防水涂料的成膜物质是石油沥青，一般分为溶剂型和水乳型。溶剂型防水涂料是将石油沥青直接溶解在汽油等有机溶剂后制得的溶液。沥青溶液施工后所形成的涂膜很薄，一般不单独作为防水涂料使用，只用作沥青类油毡施工时的基层处理剂。水乳型沥青防水涂料是将石油沥青分散在含有乳化剂的水中形成的水分散体。

(1) 冷底子油

冷底子油是一种沥青涂料，将建筑石油沥青（30%~40%）与汽油或其他有机溶剂（60%~70%）相溶合而成，属于常温下的沥青溶液。其黏度小，渗透性好。

在常温下将冷底子油刷涂或喷到混凝土、砂浆或木材等材料表面后，冷底子油即逐渐渗入毛细孔中；待溶剂挥发后，便形成一层牢固的沥青膜，使在其上做的防水层与基层得以牢固粘贴。

(2) 乳化沥青

乳化沥青是一种冷施工的防水涂料,是沥青微粒(粒径 1 μm)分散在有乳化剂的水中而成的乳胶体。乳化剂可分为阴离子乳化剂(如肥皂、洗衣粉等)、阳离子乳化剂(如双甲基十八烷溴胺等)、非离子乳化剂(如石灰膏、膨润土等)等。

2. 高聚物改性沥青防水涂料

沥青防水涂料通过适当的高聚物改性可以显著提高其柔韧性、弹性、流动性、气密性、耐化学腐蚀性和耐疲劳性。高聚物改性沥青防水涂料通常指用再生橡胶改性沥青或合成橡胶改性沥青制备的水乳型或溶剂型防水涂料。

(1) 水乳型再生橡胶改性沥青防水涂料

该涂料以水为分散剂,具有无毒、无味、不燃等优点。可在常温下冷施工,并可在稍潮湿、无积水的表面施工。涂膜具有一定的柔韧性和耐久性。

(2) SBS 改性沥青防水涂料

SBS 改性沥青防水涂料是一种水乳型弹性沥青防水涂料。该涂料具有低温柔韧性好、抗裂性好、粘结性能优良、耐老化性能好等优点,可冷施工。

SBS 改性沥青防水涂料适用于复杂基层的防水、防潮施工,如卫生间、地下室、厨房、水池等,特别适用于寒冷地区的防水施工。

3. 合成高分子防水涂料

合成高分子防水涂料是以合成橡胶或合成树脂为主要成膜物质,加入其他辅料而配制而成的单组分或多组分防水涂料。

(1) 聚氨酯涂膜防水涂料

聚氨酯涂膜防水涂料属双组分反应型涂膜防水涂料。该涂料涂膜固化时无体积收缩,可形成较厚的防水涂膜。具有弹性高,延伸率大,耐高低温性好,耐油,耐化学药品,耐老化等优点。为高档防水涂料,价格较高。施工时双组分需准确称量拌和,使用较麻烦,且有一定的毒性和可燃性。

聚氨酯涂膜防水涂料广泛应用于屋面、地下工程、卫生间、游泳池等的防水,也可用于室内隔水层及接缝密封,还可用作金属管道、防腐地坪、防腐池的防腐处理等。

(2) 硅橡胶防水涂料

硅橡胶是指主链由硅和氧原子交替而成,硅原子上通常连有两个有机基团的橡胶。具有良好的抗紫外线和耐老化、耐低温、耐热性能。

硅橡胶防水涂料是以硅橡胶乳液为主要基料,掺入无机填料及各种助剂配制而成的乳液型防水涂料。通常由 1 号和 2 号组成,1 号用于表层和底层,2 号用于中间,作为加强层。

这种涂料兼有涂膜防水材料和渗透防水材料两者的优良特性。具有良好的防水性、抗渗透性、成膜性、弹性、粘结性、耐水性和耐高低温性;适应基层变形能力强,可渗入基底,与基底牢固粘结,成膜速度快;可在潮湿基层上施工,无毒、无味、不燃,可配制成各种颜色。

硅橡胶防水涂料适用于地下工程、屋面等的防水、防渗及渗漏修补工程,也是冷藏库优良的隔汽材料;但价格较高。

(3) 聚氯乙烯防水涂料

聚氯乙烯防水涂料是以聚氯乙烯和煤焦油为基料配制而成的水乳型防水涂料,施工时一般要铺设玻纤布、聚酯无纺布等胎体进行增强处理。该类防水涂料弹塑性好、耐寒、耐化学腐蚀、耐老化，可在潮湿的基层上冷施工。聚氯乙烯防水涂料可用于各种一般工程的防水、防渗及金属管道的防腐工程。

4. 无机防水涂料

无机防水涂料属于刚性防水，宜用于结构主体的背水面，在背水面施工，解决大量地下室渗漏问题。无机防水涂料有掺外加剂的水泥基防水涂料、水泥基渗透结晶型防水涂料等。

水泥基渗透结晶型防水涂料是 1942 年德国化学家 Lauritz Jensen（劳伦斯·杰逊）在解决水泥船渗漏水的实践中，产生与发明的（欧美称为 Capillary Crystalline Waterproofing Materials，简称 CCWM）。水泥基渗透结晶型防水涂料是以特种水泥、石英砂等为基料，渗入多种活性化学物质制成的粉状刚性防水材料，与水作用后，材料中含有的活性化学物质通过载体水向混凝土内部渗透，在混凝土中形成不溶于水的结晶体，堵塞毛细孔道，从而使混凝土致密、防水，所以混凝土结构即便局部受损发生渗漏，在遇水后也会产生结晶作用自行修补愈合，同时表面磨损后不影响防水效果。

（三）密封材料

密封材料是指嵌填于建筑物的接缝、门窗框四周、玻璃镶嵌部位等处，起到水密、气密作用的材料。

密封材料按外观形状分为不定型密封材料（又称密封膏）与定型密封材料（有密封条、止水带、密封带、密封垫等）。

1. 不定型密封材料

（1）沥青嵌缝油膏

沥青嵌缝油膏是以石油沥青为基料，加入改性材料（如废橡胶粉或硫化鱼油）、稀释剂（如松节油等）及填充剂（石棉绒、滑石粉等），混合而成；主要用在屋面、墙面、沟槽等处，作防水层的嵌缝材料，是一种冷用膏状材料。

施工时，应注意基层表面的清洁与干燥；用冷底子油打底并干燥后，再用油膏嵌缝。油膏表面可加覆盖层（如油毡、塑料等）。

（2）沥青胶

沥青胶即玛琋脂，为沥青与矿质填充料的均匀混合物。填充料可为粉状的，如滑石粉、石灰石粉；也可为纤维状的，如石棉屑、木纤维等。

沥青胶分为热用与冷用两种，主要用于粘贴沥青基防水卷材，也可用作接缝材料等。

（3）聚氨酯密封膏

聚氨酯密封膏是性能最好的密封材料之一。一般用双组分配制，甲乙两组分按比例混合，经固化反应成弹性体。具有较高的弹性、粘结力与防水性，良好的耐油性、耐候性、耐久性及耐磨性。与混凝土的粘结好，且不需打底，故可用于屋面、墙面的水平与垂直接缝，公路及机场跑道的接缝；此外，还可用于玻璃与金属材料的嵌缝以及游泳池工程等。

（4）硅酮密封膏

硅酮密封膏具有优异的耐热、耐寒性和良好的耐候性，分为 F 类和 G 类两类。F 类为建筑接缝用，G 类为镶嵌玻璃用。大多用单组分（聚硅氧烷）配制，施工后与空气中的水分进行交联反应，形成橡胶弹性体。

（5）聚氯乙烯嵌缝接缝膏和塑料油膏

聚氯乙烯嵌缝接缝膏（即聚氯乙烯胶泥）以煤焦油和聚氯乙烯树脂粉为基料，配以增塑剂、稳定剂及填充材料在140℃下塑化而成的热施工防水材料。

塑料油膏则以废旧聚氯乙烯塑料代替聚氯乙烯树脂粉，其余不变。生产的聚氯乙烯嵌缝接缝膏成本低；宜热施工，也可冷施工。

这两种油膏具有良好的粘结性、防水性、弹塑性，还有良好的耐热、耐寒、耐腐蚀和耐老化性。适用于屋面嵌缝，也可用于输供水系统及大型墙板嵌缝。

（6）丙烯酸类密封膏

丙烯酸密封膏通常为水乳型，有良好的抗紫外线性能及延伸性能，但耐水性不算很好。

（7）硅橡胶密封材料

硅橡胶是指主链由硅和氧原子交替构成，硅原子上通常连有两个有机基团的橡胶。硅橡胶具有良好的抗紫外线、耐老化、耐腐蚀性。硅橡胶耐低温性能良好，一般在-55℃下仍能工作；引入苯基后，可达-73℃。硅橡胶的耐热性也非常突出，在180℃下可长期工作，在高于200℃的环境中也能承受数周或更长时间并保持弹性，瞬时可耐300℃以上的高温。

（8）聚硫橡胶密封材料

聚硫橡胶是由二卤代烷与碱金属或碱土金属的多硫化物缩聚合成的橡胶。当聚硫橡胶与环氧树脂混合后，末端的硫醇基与环氧树脂发生化学反应，从而进入固化后的环氧树脂结构中，形成环氧聚硫橡胶。聚硫橡胶具有较好的韧性，可用作耐受较大压力的容器的密封材料。

（9）硫化橡胶密封材料

硫化橡胶是指硫化过的橡胶。硫化后生胶内形成空间立体结构，具有较高的弹性、耐热性、拉伸强度以及在有机溶剂中的不溶解性等。

2. 定型密封材料

（1）止水带

止水带是处理建筑物或地下构筑物接缝用的定型防水材料，常用的有橡胶止水带、塑料止水带、钢带橡胶组合止水带。

1）橡胶止水带

橡胶止水带以橡胶为主要原料制成，具有良好的弹性、耐老化性和抗撕裂性，适应变形能力强，适用于地下构筑物、小型水坝、贮水池、游泳池、屋面及其他建筑物和构筑物的变形接缝防水。

2）塑料止水带

塑料止水带由聚氯乙烯树脂为主加工而成，耐久性好，用于地下防水工程，隧道、涵洞、坝体、溢洪道、沟渠等的变形接缝防水。

3）钢带橡胶组合止水带

钢带橡胶组合止水带是由可伸缩橡胶和两边配有镀锌钢带所组成的复合体，主要依靠中间的橡胶段在混凝土变形接缝之间被压缩或拉伸而起到密封止水作用，克服了橡胶止水带与混凝土的粘结力差的缺点，提高止水效果。

（2）遇水自膨胀止水材料

1）遇水自膨胀橡胶

遇水自膨胀橡胶既有一般橡胶制品特性，又有遇水自行膨胀止水的功能，分为制品型和腻子型。制品型产品适用于各种预制构件接缝防水；腻子型适用于现浇混凝土施工缝，还适用于混凝土裂缝漏水治理。

2）BW 型止水带

BW 型止水带是一种断面为四方形的条状自粘型遇水膨胀型止水带，依靠自身的黏性直接粘贴在混凝土施工接缝面，遇水逐渐膨胀，一方面堵塞毛细孔隙，另一方面与混凝土界面的接触更加紧密。

3）彩色自粘型橡胶密封带

彩色自粘型橡胶密封带适用于各种管道接缝的密封，如水槽、卫生洁具与墙面等接缝密封，金属门窗、铝合金瓦楞板、玻璃、塑料、陶瓷等材料的接缝或裂缝的密封。

例 1-10-1　（2018）冷底子油是以下何种材料？（　）

A　沥青涂料　　B　沥青胶　　C　防水涂料　　D　嵌缝材料

解析： 冷底子油是将沥青溶解于汽油、轻柴油或煤油中制成的沥青涂料，可在常温下用于防水工程的底层，故称为冷底子油；故应选 A。

答案： A

例 1-10-2　（2019）适用于低温（-60℃）或者高温（150℃）的优质嵌缝材料是（　）。

A　硅橡胶　　B　聚硫橡胶　　C　聚氯乙烯胶泥　　D　环氧聚硫橡胶

解析： 聚氯乙烯胶泥具有良好的粘结性、防水性，耐热度高，低温柔性好。硅橡胶是指主链由硅和氧原子交替构成，硅原子上通常连有两个有机基团的橡胶。硅橡胶耐低温性能良好，一般在-55℃下仍能工作，引入苯基后，最低工作温度可达-73℃。硅橡胶的耐热性能也很突出，在180℃下可长期工作，稍高于200℃也能承受数周或更长时间仍有弹性，瞬时可耐300℃以上的高温。聚硫橡胶具有优异的耐油和耐溶剂性，收缩较小，适用于细小的嵌缝。环氧聚硫橡胶具有粘结性好、强度高等特点，适用于变形小、密封要求高的工程。综上适用于低温（-60℃）或者高温（150℃）的优质嵌缝材料是硅橡胶。

答案： A

例 1-10-3　（2021）地下工程防水混凝土底板迎水面不宜采用下列哪种防水材料？（　）

A　膨润土防水毡　　　　　　B　三元乙丙橡胶防水卷材

C　水泥基渗透结晶型防水涂料　　D　自粘聚合物改性沥青防水卷材

解析： 根据《地下工程防水技术规范》GB 50108—2008 第 4.3.2 条：卷材防水层应铺设在混凝土结构的迎水面。另据第 4.4.2 条：无机防水涂料宜用于结构主体的背水面，有机防水涂料宜用于地下工程主体结构的迎水面。所以，地下工程防水混凝土底板迎水面可以选用膨润土防水毡、三元乙丙橡胶防水卷材和自粘聚合物改性沥青防水卷材（故不应选 A、B、D）。水泥基渗透结晶型防水涂料为无机防水涂料，不宜用于结构主体的迎水面，宜用于背水面；故应选 C。

答案： C

第十一节 绝热材料与吸声材料

一、绝热材料

【相关真题：2022-020，2022-032，2022-035，2021-018，2021-020，2021-033，2020-008，2020-037，2019-005，2019-021，2019-035】

(一) 绝热材料的指标

导热系数是评定材料导热性能的重要指标，导热系数越小，说明材料越不易导热；通常把导热系数＜0.23W/(m·K)的材料称为绝热材料。

(二) 影响导热系数的因素

(1) 材料的表观密度越小，孔隙率越大，导热系数越小。

(2) 孔隙率相同时，孔隙尺寸越大，导热系数越大；连通孔隙比封闭孔隙的导热系数大。

(3) 受潮后，导热系数增大。

(4) 热流平行于纤维延伸方向时，热流受到阻力小；热流垂直于纤维方向时，热流受到阻力大。

(三) 绝热材料的选用

选用时，应考虑其主要性能达到以下指标：

导热系数不宜大于0.23W/(m·K)，表观密度不宜大于600kg/m³，块状材料的抗压强度不低于0.3MPa，同时还应考虑材料的耐久性等。

大多数绝热材料都具有一定的吸湿、吸水能力；实际使用时，表面应做防水层或隔汽层。强度低的绝热材料常与承重材料复合使用。

(四) 常用的绝热材料

绝热材料按其化学成分可分为无机绝热材料与有机绝热材料两类：有机绝热材料绝热性能好，但耐火性、耐热性较差，易腐朽；无机绝热材料耐热性好，但是吸水性大。

按外形绝热材料可分为纤维材料、粒状材料及多孔材料三类。常用绝热材料的性质及应用见表1-11-1。

常用绝热材料的性能及应用 表1-11-1

化学成分	形状	名称	原料与生产	特性 最高使用温度 T_m	导热系数 [W/(m·K)]	体(堆)积密度(kg/m³)	强度(MPa)	应用
无机绝热材料	纤维材料	矿棉（岩棉/矿渣棉）	玄武岩、高炉矿渣熔融体以压缩空气或蒸汽喷成	不燃，吸声，耐火，价格低，T_m=600℃，吸水性大，弹性小	0.046~0.052	80~110		填充用料
		矿棉毡	将熔化沥青喷在纤维表面，经加压而成	T_m=250℃	0.048~0.052	135~160		墙、屋顶保温冷库隔热
		矿棉板	以酚醛树脂粘结而成		≤0.046	<150	$R_{折}$=0.2	冷库、建筑隔热
		玻璃棉	玻璃熔融物制成的纤维同矿棉一样也可制成制品	含碱 T_m=300℃ 无碱 T_m=600℃	0.035~0.041	80~200		围护结构

续表

化学成分	形状	名称	原料与生产	特性 最高使用温度 T_m	导热系数 [W/(m·K)]	体(堆)积密度(kg/m³)	强度(MPa)	应用
无机绝热材料	粒状材料	膨胀蛭石	天然蛭石在850~1000℃煅烧而成	$T_m=1000℃$，不蛀、不腐、吸水大、耐久性差	0.046~0.070	80~200		填充墙壁、楼板
		蛭石制品	以水泥、水玻璃、沥青胶结而成	$T_m=600~900℃$	0.079~0.1	300~400	$R_压=0.2~1$	砖、板、管、围护结构
		膨胀珍珠岩	天然珍珠岩煅烧而成	$T_m=800℃$（最低使用温度为-200℃）	0.025~0.048	140~300		绝热填充料
		珍珠岩制品	以水泥、水玻璃、沥青胶结而成	$T_m=600℃$	0.058~0.87	300~400	$R_压=0.5~0.1$	同蛭石制品
	多孔材料	泡沫混凝土	原料、生产参见第四节	$T_m=600℃$	0.082~0.186	300~500	$R_压<0.40$	围护结构
		加气混凝土			0.093~0.164	400~900		
		微孔硅酸钙	硅藻土、石灰等拌和、成型、压蒸、烘干而成	$T_m=650℃$	0.047	250	$R_压=0.5$	管道、围护结构
		泡沫玻璃	碎玻璃、发泡剂等在800℃烧成	不透水、气、防火、抗冻、易加工，$T_m=400℃$	0.06~0.13	150~600	$R_压=0.8~1.5$	冷库隔热
有机绝热材料	泡沫塑料	聚苯乙烯	以各种合成树脂，加入一定量的发泡剂、催化剂、稳定剂等辅助材料，经加热发泡而成	吸水小、耐低温、耐酸、碱、油等，$T_m=80℃$	0.031~0.047	21~51	$R_压=0.14~0.36$	屋面、墙面保温，冷库、隔热、复合板、夹层等
		硬质聚氯乙烯		不吸水、耐酸、碱、油等，$T_m=80℃$	≤0.043	≤45	$R_压≥0.18$	
		硬质聚氨酯		透气、吸尘，$T_m=120℃$	0.037~0.055	30~40	$R_压≥0.2$	
		脲醛		最轻，吸水强	0.028~0.041	≤15	$R_压=0.015~0.025$	
	多孔板	软木板	黄菠萝树皮经加工而成	抗渗、防腐，$T_m=120℃$	0.052~0.70	150~350	$R_折>0.25$	冷库隔热
		木丝板	木材下脚料、水玻璃、水泥经加工而成		0.11~0.26	300~600	$R_折=0.4~0.5$	顶棚护墙板
		蜂窝板	用牛皮纸、玻璃布、铝片经加工而成	强度比大、导热低、抗震好				结构、非结构保温、隔声

表 1-11-1 中膨胀蛭石为天然蛭石经高温煅烧而成，体积膨胀可达 20～30 倍。膨胀蛭石可直接用于填充材料，也可用胶凝材料胶结在一起使用。例如，采用 1∶12 左右的水泥（一般以用强度等级 42.5 的普通水泥或早期强度高的水泥为宜，夏季应选用粉煤灰水泥）：膨胀蛭石（体积比）配制成的现浇水泥蛭石绝热保温层，一般现浇用于屋面或夹壁之间。膨胀珍珠岩（珠光砂）的原材料为珍珠岩或松脂岩、黑曜岩，令其快速通过煅烧带，可使体积膨胀约 20 倍。使用温度为－200～800℃。也可配制水泥膨胀珍珠岩保温层（约 1∶12）等。

岩棉保温材料是常用的 A 级外墙外保温材料，包括岩棉板和岩棉条。岩棉板是原始白棉经过布棉机，分布均匀，再经过高温固化设备加温固化，生产成型的，由于岩棉纤维是横向走，所以岩棉板的纤维层平行于板面。岩棉条是由硬度较好的岩棉板，按一定的间距切割，翻转 90°使用的条状制品，所以岩棉条纤维层垂直于表面。岩棉板和岩棉条纤维层方向不同，因为岩棉条主要是竖丝，垂直于板面的抗拉强度取决于纤维强度；岩棉板没有竖丝板，垂直于板面的抗拉强度取决于纤维间的粘结力，所以岩棉条垂直于板面的抗拉强度高于岩棉板，通常为其 10 倍以上。

其他绝热材料还有：硅藻土（λ 约 0.060，最高使用温度约 900℃，作填充料或制作硅藻土砖等）、发泡黏土（λ 约 0.105，可用作填充料或混凝土轻骨料）、陶瓷纤维（λ 为 0.044～0.049，最高使用温度为 1100～1350℃，可制成毡、毯等，也可用作高温下的吸声材料）、吸热玻璃、热反射玻璃、中空玻璃、窗用绝热薄膜、碳化软化板（λ 为 0.044～0.079，最高使用温度为 130℃，在低温下长期使用时，其性质变化不显著，常用作保冷材料）等。

例 1-11-1 （2018）以下材料中，常温下导热系数最低的是：（　　）
A 玻璃棉板　　　　　　　　B 软木板
C 加气混凝土板　　　　　　D 挤塑聚苯乙烯泡沫塑料板

解析： 挤塑聚苯乙烯泡沫塑料板的导热系数为 0.03～0.04 W/(m·K)；玻璃棉板的导热系数为 0.035～0.041 W/(m·K)；软木板的导热系数为 0.052～0.70 W/(m·K)；加气混凝土板的导热系数为 0.093～0.164 W/(m·K)；所以，在上述 4 种保温材料中，导热系数最小的是挤塑聚苯乙烯泡沫塑料板。

答案： D

例 1-11-2 （2021）独立建造的托老所，其外墙外保温应采用下列哪种材料？（　　）
A 聚苯板　　　B 岩棉板　　　C 酚醛板　　　D 聚氨酯板

解析： 岩棉板为 A 级保温材料，特殊处理后的挤塑聚苯板（XPS）、特殊处理后的聚氨酯板（PU）、酚醛板为 B_1 级保温材料。

根据《建筑设计防火规范》GB 50116—2014（2018 年版）第 6.7.4A 条，独立建造或与其他建筑组合建造且老年人照料设施部分的总建筑面积大于 500m² 的老年人照料设施的内、外墙体和屋面保温材料应采用燃烧性能为 A 级的保温材料。所以独立建造的托老所，其外墙保温应采用岩棉板。

答案： B

二、吸声材料

【相关真题：2022-036，2022-037，2021-035，2020-034，2019-036】

（一）吸声材料的评价指标及影响因素

1. 吸声系数

评价材料吸声性能好坏的指标是吸声系数，即声波遇到材料表面时，被吸收声能（E）占入射到材料表面全部声能（E_0）之比。吸声系数用 α 表示，即

$$\alpha = \frac{E}{E_0} \tag{1-11-1}$$

吸声系数与声波的频率和入射方向有关，通常取 125、250、500、1000、2000、4000Hz 六个频率的平均吸声系数作为吸声性能的指标，凡六个频率的平均吸声系数 $\alpha>0.2$ 的材料称为吸声材料。当门窗开启时，吸声系数相当于 1。悬挂的空间吸声体，因有效吸声面积大于计算面积，故吸声系数大于 1。

2. 影响因素

吸声材料多数为疏松多孔材料，其吸声系数一般从低频到高频逐渐增大，故对高频和中频声音吸收效果好。若用多孔板罩面，则仍以吸收高频声音为主，穿孔板的孔隙率一般不宜小于 20%。

对于同一种多孔材料，其吸声系数还与以下因素有关：

（1）多孔材料的厚度

增加多孔材料的厚度，可提高低频声的吸声效果，但对高频声没有多大影响。吸声材料装修时，周边固定在龙骨上，安装在离墙面 5~15mm 处，材料背后空气层的作用相当于增加了材料的厚度。

（2）多孔材料的孔隙率及孔结构

材料的孔隙率降低时，对低频声的吸声效果有所提高，对高、中频声的吸声效果下降。

材料的孔隙越多，越细小，吸声效果越好。多孔吸声材料应为开口孔，材料内部开放连通的孔隙越多，吸声性能越好；若材料的孔隙为单独的封闭孔隙，则吸声效果降低。

（二）常用吸声材料的吸声系数

常用吸声材料的吸声系数见表 1-11-2。

常用吸声材料的吸声系数　　　　　　　表 1-11-2

序号	名称	厚度(cm)	表观密度(kg/m³)	125Hz	250Hz	500Hz	1000Hz	2000Hz	4000Hz	装置情况
1	石膏砂浆（掺有水泥、玻璃纤维）	2.2	—	0.24	0.12	0.09	0.03	0.32	0.83	粉刷在墙上
*2	石膏砂浆（掺有水泥、石棉纤维）	1.3	—	0.25	0.78	0.97	0.81	0.82	0.85	喷射在钢丝网板条上，表面滚平后有15cm空气层
3	水泥膨胀珍珠岩板	2	350	0.16	0.46	0.64	0.48	0.56	0.56	贴实
4	矿渣棉	3.13 8.0	210 240	0.10 0.35	0.21 0.65	0.60 0.65	0.95 0.75	0.85 0.88	0.72 0.92	贴实
5	沥青矿渣棉毡	6.0	200	0.19	0.51	0.67	0.70	0.85	0.86	贴实

续表

序号	名　称	厚度(cm)	表观密度(kg/m³)	各频率下的吸声系数						装　置　情　况
				125Hz	250Hz	500Hz	1000Hz	2000Hz	4000Hz	
6	玻璃棉 超细玻璃棉	5.0 5.0 5.0 15.0	80 130 20 20	0.06 0.10 0.10 0.50	0.08 0.12 0.35 0.80	0.18 0.31 0.85 0.85	0.44 0.76 0.85 0.85	0.72 0.85 0.86 0.86	0.82 0.99 0.86 0.80	贴实
7	酚醛玻璃纤维板（去除表面硬皮层）	8.0	100	0.25	0.55	0.80	0.92	0.98	0.95	贴实
8	泡沫玻璃	4.0	1260	0.11	0.32	0.52	0.44	0.52	0.33	贴实
9	脲醛泡沫塑料	5.0	20	0.22	0.29	0.40	0.68	0.95	0.94	贴实
10	软木板	2.5	260	0.05	0.11	0.25	0.63	0.70	0.70	贴实
*11	*木丝板	3.0	—	0.10	0.36	0.62	0.53	0.71	0.90	钉在木龙骨上，后留10cm空气层
*12	穿孔纤维板（穿孔率5%，孔径5mm）	1.6	—	0.13	0.38	0.72	0.89	0.82	0.66	钉在木龙骨上，后留5cm空气层
*13	*胶合板（三夹板）	0.3	—	0.21	0.73	0.21	0.19	0.08	0.12	钉在木龙骨上，后留5cm空气层
*14	*胶合板（三夹板）	0.3	—	0.60	0.38	0.18	0.05	0.05	0.08	钉在木龙骨上，后留10cm空气层
*15	*穿孔胶合板（五夹板）（孔径5mm，孔心距25mm）	0.5	—	0.01	0.25	0.55	0.30	0.16	0.19	钉在木龙骨上，后留5cm空气层
*16	*穿孔胶合板（五夹板）（孔径5mm，孔心距25mm）	0.5	—	0.23	0.69	0.86	0.47	0.26	0.27	钉在木龙骨上，后留5cm空气层，但在空气层内填充矿物棉
*17	*穿孔胶合板（五夹板）（孔径5mm，孔心距25mm）	0.5	—	0.20	0.95	0.61	0.32	0.23	0.55	钉在木龙骨上，后留10cm空气层，填充矿物棉
18	工业毛毡	3	370	0.10	0.28	0.55	0.60	0.60	0.59	张贴在墙上
19	地毯	厚		0.20		0.30		0.50		铺于木搁栅楼板上
20	帷幕	厚		0.10		0.50		0.60		有折叠、靠墙装置

续表

序号	名 称	厚度(cm)	表观密度(kg/m³)	各频率下的吸声系数						装置情况
				125Hz	250Hz	500Hz	1000Hz	2000Hz	4000Hz	
*21	木条子				0.25		0.65		0.65	4cm 木条,钉在木龙骨上,木条之间空开 0.5cm,后填 2.5cm 矿物棉

注：1. 表中名称前有 * 者表示系用混响室法测得的结果，无 * 者系驻波管法测得的结果，混响室法测得的数据比驻波管法约大 0.20；
2. 穿孔板吸声结构，以穿孔率为 0.5%～5%，板厚为 1.5～10mm，孔径为 2～15mm，后面留有孔腔深度为 100～250mm 时，可得较好效果；
3. 序号前有 * 者为吸声结构。

（三）吸声材料及吸声结构

吸声材料及吸声结构（主要有薄板共振吸声结构、单个共振器、穿孔板和特殊吸声结构）如表 1-11-3 所示。

吸声材料及吸声结构类型　　　　　表 1-11-3

类别	多孔吸声材料	薄板共振吸声结构	单个共振器	穿孔板	特殊吸声结构
结构图例					
吸声性能	材料内部具有大量互相贯通的微孔或间隙；当入射声波激发微孔内的空气产生振动，使声能转化为热能，从而导致声波衰减；增加材料厚度或在材料背后留有空腔，可改善材料的低、中频吸声性能；材料表面应尽量不用粉刷、油漆，以免降低吸声性能（但可用透声罩面板进行保护）	当声波入射到薄板（或膜）结构时，薄板在声波交变压力激发下振动，使板发生弯曲变形（其边缘被嵌固），出现板的内摩擦损耗，将机械能变为热能；在共振频率时，消耗声能最大，主要吸收低频声	单个共振器是一个密闭的、通过一个小的开口与外部大气相通的容器，具有中频吸声特性；在各种薄板上穿孔并在板后设置空气层，相当于许多单个共振器的并联组合，必要时在空腔中加衬多孔吸声材料，即组成穿孔板共振吸声结构，可获得较宽频带的吸声性能；当入射声波激发孔颈中空气分子振动，由于颈壁和空气分子间的摩擦消耗声能，而产生吸声效果		包括吸声尖劈、帘幕、空间吸声体等；空间吸声体可以根据使用场合的具体条件，把吸声特性的要求与外观艺术处理结合起来考虑，设计成各种形状（如平板形、锥形、球形或不规则形状），可收到良好的声学效果和建筑装饰效果
举例	矿棉吸声板木丝板	胶合板硬质纤维板	穿孔胶合板穿孔铝板		空间吸声体帘幕体

例 1-11-3 （2020） 中高频噪声的吸声降噪一般采用（　　）。
A 多孔吸声材料后留 50～100mm 厚的空腔
B 50～80mm 厚吸声玻璃棉加防护面层
C 20～50mm 厚成品吸声板
D 穿孔板共振吸声结构

解析：《全国民用建筑工程设计技术措施 规划·建筑·景观 2009 年》第 4.5.7 条规定，空调机房、通风机房、柴油发电机房、泵房及制冷机房应采取吸声降噪措施。

1 中高频噪声的降噪设计一般采用 20～50mm 厚的成品吸声板；
2 吸声要求较高的部位可采用 50～80mm 厚的吸声玻璃棉等多孔吸声材料并加适当的防护面层；
3 宽频带噪声的吸声设计可在多孔材料后留 50～100mm 厚的空腔或 80～100mm 厚的吸声层；
4 低频噪声的吸声降噪设计可采用穿孔板共振吸声结构，其板厚通常为 2～5mm，孔径为 3～6mm，穿孔率宜小于 5%。

答案：C

三、隔声材料

隔声材料是指能减弱或隔断声波传递的材料。隔绝的声音按传播途径可分为空气声和固体声。

1. 空气声

空气声是通过空气传递的声音。依据"质量定律"，厚重材料不易受声波作用，产生振动，隔绝空气声效果好；即材料质量越大，对空气声的隔声效果越好。通常墙体单位面积质量增加 1 倍，则墙体的隔声量增加 6dB。

2. 固体声

固体声是通过固体的撞击或振动传播的声音。为隔绝固体声，应采用不连续的结构形式。对一些有特殊隔声要求的房间，常使房间内所有的墙面、顶棚、地面与结构层分离；或者采用不完全连续的构造，在两者之间加设弹性垫层。即在产生和传递固体声波的结构层中加入橡皮、毛毡、软木等弹性垫层，以阻止或减弱固体声波的传递。

第十二节 装 饰 材 料

一、装饰材料的定义及选用

装饰材料是铺设或涂刷在建筑物表面，起装饰效果的材料。它对主体结构材料起保护作用，还可补充主体结构材料某些功能上的不足，如调节湿度、吸声等功能。

选用装饰材料在外观上应有下列一些基本要求：颜色、光泽、透明性、表面组织、形状尺寸及立体造型等，此外，还应考虑材料的物理、化学和力学方面的基本性能，如一定的强度、耐水性、抗火性、耐磨性等，以提高建筑物的耐火性，降低维修费用。

对于室外装饰材料，要选用耐大气侵蚀性好、不易褪色、不易沾污、不泛霜的材料；对室内装饰，应优先选用环保型材料和不燃烧或难燃烧的材料。在施工、使用过程中会挥发有毒成分和在火灾发生时会产生大量浓烟或有毒气体的材料，应尽量避免使用。

二、装饰材料的种类

（一）按材料的材质分

无机装饰材料，如石材、陶瓷、玻璃、不锈钢、铝合金型材、水泥等；

有机装饰材料，如木材、塑料、有机涂料、纤维织物等；

有机—无机复合材料，如人造大理石、彩色涂层钢板、铝塑板等。

（二）按材料在建筑物中的装饰部位

外墙装饰材料，如天然石材、建筑陶瓷、玻璃制品、装饰混凝土、铝塑板、外墙涂料、铝合金蜂窝板、铝合金装饰板等；

内墙装饰材料，如石材、内墙涂料、墙纸、墙布、玻璃制品、木制品等；

地面装饰材料，如地毯、塑料地板、陶瓷地砖、石材、木地板、地面涂料等；

顶棚装饰材料，如石膏板、纸面石膏板、矿棉吸音板、铝合金板、玻璃、塑料装饰板、涂料等；

屋面装饰材料，如聚氨酯防水涂料、玻璃、玻璃砖、陶瓷、彩色涂层钢板、阳光板、玻璃钢板等。

三、无机装饰材料

【相关真题：2022-003，2022-004，2022-015，2022-017，2022-026，2022-027，2022-028，2021-003，2021-004，2021-017，2021-025，2021-026，2021-027，2021-036，2020-003，2020-004，2020-020，2020-028，2020-029，2020-030，2019-012，2019-020，2019-029，2019-030，2019-034，2019-037】

（一）天然石材

天然石材是从天然岩体中开采出来，经加工成块状或板状材料的总称。作为一种古老的建筑材料，世界上许多著名的古建筑都是由天然石材建造而成，如古埃及的金字塔、太阳神庙，印度的泰姬陵、意大利的比萨斜塔等，还有我国的石桥（如赵州桥）、石窟、石塔等。

岩石按其化学组成分为耐酸岩石（二氧化硅含量不低于52%）和耐碱岩石（氧化钙、氧化镁含量越高越耐碱）等。

1. 天然石材的分类

天然岩石根据生成条件，可分为岩浆岩、沉积岩和变质岩。

岩浆岩又称火成岩，是地壳内部熔融的岩浆在地下或喷出地面后冷却结晶而成的岩石。在地壳深处生成的称为深成岩，如花岗岩；喷出地面后凝结而成的称为喷出岩，如玄武岩。

沉积岩又称水成岩，是露出地表的各种岩石，在外力、地质作用下，经风化、搬运、沉积、压实、胶结等再造作用在地表及地下不太深的地方形成的岩石，如石灰岩、砂岩、页岩、白云岩等。

变质岩是岩浆岩或沉积岩经过岩浆活动和构造运动，因高温高压而变质后生成的一类新岩石，如大理石、石英岩。

2. 天然石材加工产品类型

（1）毛石：是岩石经爆破后所得的形状不规则的石块。

（2）料石：按规定要求经凿琢加工而成的形状规则的石块，依其表面加工的平整程度分为毛料石、粗料石、半细料石和细料石四种。毛料石一般不加工或稍加修整，以便砌筑时相互合缝。粗料石表面凹凸深度要求不大于20mm，半细料石表面凹凸深度要求不大于10mm，细料石表面凹凸深度要求不大于2mm。料石用于建筑物基础、勒脚、墙体等部位。

（3）板材：是用致密的岩石凿平或锯成的一定厚度的岩石，一般厚度不超过20mm，主要用作饰面，如花岗石、大理石等。相关标准规定，板材按加工质量和外观质量分为优等品（A）、一等品（B）和合格品（C）三个等级，其中加工质量包括板材的表面平整度、长度、宽度、厚度偏差及角度公差等。

（4）颗粒状石料：碎石、砾石、石渣（即石米、米石、米粒石）等。

3. 花岗石

花岗石属于岩浆岩，主要矿物是长石、云母、石英及少量暗色矿物。花岗石构造细密、质地坚硬，属硬石材（硬度常用摩氏硬度表征），耐磨，抗压强度高，属于耐酸岩石（但不耐氢氟酸和氟硅酸），化学稳定性好，不易风化变质，耐久，使用寿命为75～200年，但是耐火性差，含有的大量石英，在573℃和870℃的高温下发生晶型转变，产生体积膨胀，火灾时易造成花岗石爆裂；有些花岗石含有微量放射性元素。常用于室内外墙面及地面装饰。

在工业建筑中，花岗石常用作耐酸材料。

4. 大理石

我国云南省大理市盛产大理石，故大理石以大理命名。此外，我国的山东、四川、安徽、江苏、浙江、北京、辽宁、广东、福建、湖北等地也出产大理石。

大理石属于变质碳酸盐类岩石，主要矿物成分为方解石和白云石，属于碱性岩石，若用于室外，在空气中遇到二氧化碳、二氧化硫、水汽以及酸性介质等，容易风化与溶蚀，使表面失去光泽，粗糙多孔，降低装饰效果。所以，除汉白玉、艾叶青等杂质少的品种外，大理石一般不宜用于室外。

大理石构造致密、强度较高，但硬度不大，属中硬石材，比花岗石易于加工和表面磨光。

5. 天然石材的放射性

放射性对人体的危害来自两方面：体外辐射（外照射）和体内放射性核素所导致的内照射。天然放射性核素主要有镭-226、钍-232、钾-40。

放射性核素在岩石中的含量有很大差异，一般在碳酸盐岩石中含量较低；在岩浆岩岩石中随氧化硅含量的增加，岩石的酸性增加，其放射性核素含量也有规律地增加。

《建筑材料放射性核素限量》GB 6566—2010，根据装饰装修材料放射性水平大小，将其划分为以下三类：

（1）A类装饰装修材料

装饰装修材料中天然放射性核素镭-226、钍-232、钾-40的放射性比活度同时满足

$I_{Ra} \leqslant 1.0$ 和 $I_r \leqslant 1.3$ 要求的为 A 类装饰装修材料。A 类装饰装修材料的产销和使用范围不受限制。

（2）B 类装饰装修材料

不满足 A 类装饰装修材料要求但同时满足 $I_{Ra} \leqslant 1.3$ 和 $I_r \leqslant 1.9$ 要求的为 B 类装饰装修材料。B 类装饰装修材料不可用于Ⅰ类民用建筑的内饰面，但可用于Ⅱ类民用建筑、工业建筑内饰面及其他一切建筑的外饰面。

（3）C 类装饰装修材料

不满足 A、B 类装饰装修材料要求但满足 $I_r \leqslant 2.8$ 要求的为 C 类装饰装修材料。C 类装饰装修材料只可用于建筑物的外饰面及室外其他用途。

I_{Ra} 为内照射指数，是指建筑材料中天然放射性核素镭-226 的放射性比活度与标准中规定的限量值之比值。I_r 为外照射指数，是指建筑材料中天然放射性核素镭-226、钍-232 和钾-40 的放射性比活度分别与其各单独存在时标准规定的限量值之比值的和。

例 1-12-1 （2019）关于大理石，说法正确的是（　　）。
A 并非以云南大理市而命名
B 由石灰岩、白云岩变质而成
C 我国新疆、西藏、陕西、甘肃、宁夏均盛产大理石
D 汉白玉并非大理石中的一种

解析：大理石是由石灰岩和白云岩变质而成（故 B 正确）。其主要造岩矿物为方解石，化学成分为碳酸钙，易被酸腐蚀，故不宜用于室外饰面材料；但是，其中的汉白玉为白色大理石，具有良好的耐风化性能，可以用于室外（故 D 错误）。我国云南的大理盛产大理石，故大理石以云南大理命名（故 A 错误）。此外，我国的大理石产地还有山东、四川、安徽、江苏、浙江、北京、辽宁、广东、福建、湖北等地（故 C 错误）。

答案：B

（二）装饰陶瓷

陶瓷制品是以黏土为主要原料，经配料、制坯、干燥和焙烧制得的成品。装饰陶瓷主要包括陶瓷墙、地砖，卫生陶瓷，琉璃制品等。下面主要介绍室内外装饰常用的装饰陶瓷产品。

1. 内墙面砖

内墙面砖一般都上釉，又称瓷砖、瓷片或釉面砖。内墙面砖按形状分为通用砖和异形配件砖；按釉面色彩分为单色、花色和图案砖。

釉面砖表面光滑、色泽柔和典雅、朴素大方、防火、防潮、耐酸碱腐蚀、易于清洁，主要用于厨房、浴室、卫生间、实验室、医院等场所的室内墙面或台面的装饰。

因釉面砖的坯体吸水率高、抗冻性差、强度低，所以只能用于室内墙面。

2. 墙地砖

指用于地面和室外墙面的陶瓷装饰制品。陶瓷墙地砖有无釉的、彩釉的、仿天然石材的瓷质地砖、劈离砖、麻面砖和广场麻石砖等。

（1）彩釉砖

彩釉墙地砖是一种表面施釉的陶瓷制品，坯体较为密实，强度较高，吸水率不大于

10%。在经常接触水的场所，使用釉面地砖要慎重，以防滑倒摔伤人。

(2) 彩胎砖

彩胎砖是一种本色无釉、瓷质饰面砖，俗称通体砖。采用仿天然花岗石或大理石的彩色颗粒土原料，混合配料，压制成多彩坯体后，经高温一次烧成。彩胎砖富有花岗石或大理石的纹理，图案细腻柔和，质地同花岗石一样坚硬、耐腐蚀。彩胎砖包括以下几种：

1) 麻面砖：压制成表面凹凸不平的麻面坯体，经烧制而成，酷似人工修凿过的天然岩石面。

2) 磨光彩胎砖：又称同质砖，表面晶莹润泽，高雅朴素，耐久性强。

3) 抛光砖：又称玻化砖，表面经抛光或高温瓷化处理，光泽如镜，富丽华美。

4) 劈离砖：陶瓷劈离砖是因焙烧双联砖后可得两块产品而得名，也属于瓷质砖；劈离砖与砂浆附着力强，耐酸碱性好，耐寒性好。

3. 陶瓷锦砖

陶瓷锦砖，又称陶瓷马赛克或纸皮砖、纸皮石等。以优质瓷土为原料，经压制烧成片状的小瓷砖，表面一般不上釉，属瓷质类产品。可用作内、外墙体及地面装饰。反贴在牛皮纸上贴好的锦砖称为一"联"，每联尺寸一般长、宽各约 305.5mm（面积为 1 平方英尺）。单块砖边长不大于 50mm。每 40 联为一箱，每箱可铺贴面积约为 $3.7m^2$。陶瓷锦砖要求吸水率不大于 0.2%，耐急冷急热性试验不开裂，与铺贴纸结合牢固、不脱落。脱纸时间不大于 40min。使用温度为 -20~100℃。

例 1-12-2　(2019) 关于玻化砖的说法，错误的是（　　）。

A　抗冻性差，不使用在室外
B　色彩典雅，质地坚硬
C　是一种无釉面砖
D　耐腐蚀、抗污性强

解析： 玻化砖是瓷质抛光砖的俗称，是通体砖坯体的表面经过研磨抛光而成的一种光亮的砖。色彩典雅，属于通体砖的一种，是无釉面砖。玻化砖吸水率很低、质地坚硬、耐腐蚀、抗污性强、抗冻性好。

答案： A

(三) 建筑玻璃

1. 玻璃的定义及特性

玻璃是以石英砂、纯碱、长石及石灰石为原料，在 1500~1600℃ 熔融形成的玻璃液在金属锡液表面急冷制成，也称为浮法玻璃。这种制作玻璃的方法是 20 世纪 50 年代由英国皮尔顿玻璃公司的阿士达·皮尔金顿爵士发明的。

玻璃具有透光、透视、隔声、绝热及装饰作用，化学稳定性好、耐酸（氢氟酸除外）性强。玻璃的缺点是性脆、耐急冷急热性差，碱液和金属碳酸盐、氢氟酸会溶蚀玻璃。

建筑玻璃按照用途与性能分为平板玻璃、安全玻璃、绝热玻璃和其他玻璃制品等几类。

2. 平板玻璃

普通平板玻璃以标准箱计，即厚度为 2mm 的平板玻璃，$10m^2$ 为一标准箱，重约 50kg。

装饰玻璃有磨砂玻璃（即毛玻璃）、压花玻璃（即花纹玻璃、滚花玻璃）、彩色玻璃和激光玻璃（又称光栅玻璃）等，详见表 1-12-1。

平板玻璃的特点及用途 表 1-12-1

品　　种		工艺过程	特　　点	用　　途
普通平板玻璃		未经研磨加工	透明度好、板面平整	用于建筑门窗装配
磨砂玻璃（即毛玻璃）		用机械喷砂和研磨方法进行处理	表面粗糙，使光产生漫射，有透光不透视的特点	用于卫生间、厕所、浴室的门窗，安装时毛面向室内
压花玻璃（即花纹玻璃、滚花玻璃）		在玻璃硬化前用刻纹的滚筒面压出花纹	折射光线不规则，透光不透视，有使用功能又有装饰功能	用于宾馆、办公楼、会议室的门窗，安装时花纹向室内
彩色玻璃	透明彩色玻璃	在玻璃原料中加入金属氧化物而带色	耐腐蚀，抗冲击，易清洗，装饰美观	用于建筑物内外墙面、门窗及对光波作特殊要求的采光部位
	不透明彩色玻璃	在一面喷以色釉，再经烘制而成		
激光玻璃（又称光栅玻璃）		经特殊处理，背面出现全息或其他光栅	光照时会出现绚丽色彩，且可随照射及观察角度的不同，显现不同的变化，典雅华贵，形成梦幻般的视觉氛围	宾馆、商业与娱乐建筑等的内外墙、屏风、装饰画、灯饰等

3. 安全玻璃

安全玻璃是指玻璃破坏时尽管破碎，但不掉落，或者破碎后掉下，但碎块无尖角，所以均不致伤人。《全国民用建筑工程设计技术措施 规划·建筑·景观》规定：安全玻璃是指符合现行国家标准的钢化玻璃、夹层玻璃及由钢化玻璃或夹层玻璃组合加工而成的其他玻璃制品，如安全中空玻璃等。单片半钢化玻璃、单片夹丝玻璃不属于安全玻璃。

（1）钢化玻璃

钢化玻璃分为物理钢化玻璃和化学钢化玻璃。

物理钢化玻璃又称为淬火钢化玻璃，是将普通平板玻璃加热到接近玻璃的软化温度，再将高压冷空气吹向玻璃两面，使其迅速冷却至室温，即可制得物理钢化玻璃。这种玻璃处于内部受拉，外部受压的应力状态。

化学钢化玻璃一般是运用粒子交换法进行钢化，即将含有碱金属离子的硅酸盐玻璃，浸入熔融状态的锂（Li^+）盐中，使玻璃表层的 Na^+ 离子或 K^+ 离子与 Li^+ 离子发生交换，表面形成 Li^+ 离子交换层。由于 Li^+ 离子的膨胀系数小于 Na^+、K^+ 离子，从而在冷却过程中造成外层收缩较小而内层收缩较大；当冷却到室温时，玻璃处于内层受拉，外层受压的状态。

钢化玻璃内部处于不均匀受力状态，一旦局部发生破碎，便会发生应力释放；玻璃破碎成无数小块，这些小的碎片没有尖锐棱角，不易伤人。另外，钢化玻璃强度比普通平板玻璃大3~5倍，抗冲击性能和抗弯性能好，所以钢化玻璃为安全玻璃。比较而言，化学钢化玻璃效果更好，不容易自爆（由于内部的硫化镍发生膨胀而导致），可以钢化薄玻璃；但是处理时间长，价格高。

钢化玻璃主要用于建筑的门窗、隔墙、幕墙、汽车窗玻璃、汽车挡风玻璃、暖房等。安装时不能切割磨削。

(2) 半钢化玻璃

半钢化玻璃是介于普通平板玻璃和钢化玻璃之间的一个品种。它兼有钢化玻璃强度高的优点，其强度高于普通玻璃；同时，又避免了钢化玻璃平整度差、易自爆、一旦破坏即整体粉碎等缺点。半钢化玻璃破裂时，整片玻璃的裂纹从受力点开始延伸到边缘，碎片呈放射状，且绝大部分玻璃仍保留在框架内。但尖锐碎片从建筑物上坠落下来，同样会对人造成严重伤害，所以半钢化玻璃不属于安全玻璃，不能用于天窗和有可能发生人体撞击的场合。

(3) 夹层玻璃

夹层玻璃是在两片或多片平板玻璃中嵌夹透明塑料薄片，经加热压粘而成的复合玻璃。夹层玻璃透明度好，抗冲击强度高，具有耐热、耐湿、耐火、耐寒等性能，夹层玻璃破碎后不散落。主要用于汽车、飞机的挡风玻璃、防弹玻璃和有特殊要求的门窗、厂房的天窗及一些水下工程等。

(4) 夹丝玻璃

夹丝玻璃又称防碎玻璃或钢丝玻璃，是将预先编好的钢丝网压入软化的玻璃中制成的，其优点是较普通玻璃强度高。夹丝玻璃遭受冲击或温度剧变时，丝网使其破而不缺，裂而不散，避免带棱角的小块碎片飞出伤人；如火灾蔓延，夹丝玻璃受热炸裂时，仍能保持固定形态，从而起到隔绝火势的作用，故又称防火玻璃。由于玻璃割破还有铁丝网阻挡，所以夹丝玻璃还具有防盗性能。

夹丝玻璃的线网表面是经过特殊处理的，一般不易生锈；但切口部分处于无处理状态，所以遇水会生锈；生锈严重时，体积膨胀，切口处可能产生裂化，降低边缘强度，从而造成热断裂现象。故建筑规范中认定夹丝玻璃不属于安全玻璃。

4. 绝热玻璃

绝热玻璃是指能控制热量传递，有效保持室内温度的玻璃。绝热包括保温和隔热两方面的要求。当室内外存在温差时，为保持室内温度适宜（即冬暖夏凉），需要保温，则应选用导热系数小的保温材料。隔热主要针对太阳辐射热而言。太阳光分为红外光、可见光和紫外光，其中太阳光的热量主要是红外辐射热。所以在夏季炎热气候条件下，为保持室内温度适宜，要控制太阳光，尤其是红外光。

(1) 热反射镀膜玻璃

热反射玻璃镀膜是在玻璃表面镀一层或多层诸如铬、钛或不锈钢等金属及其化合物组成的薄膜，使产品呈现丰富的色彩。对于可见光有适当的透过率，对红外线有较高的反射率，对紫外线有较高吸收率，因此也称阳光控制玻璃。镀膜后玻璃具有单向透视效果。

因为热反射镀膜玻璃具有较高的热反射性能，即将大量太阳光反射，从而控制入射阳光，实现隔热功能，体现冷房效应。主要用于气候炎热地区作为幕墙和门窗玻璃，还可用于制造中空玻璃或夹层玻璃。

(2) Low-E 玻璃

Low-E 即低辐射镀膜玻璃，是镀膜玻璃的一种，是在玻璃表面镀多层金属（如银、铜或锡等）及其化合物组成的膜。其镀膜层具有对可见光较高的透过率和对红外线较高的反射率，体现良好的隔热性能。

(3) 吸热玻璃

吸热玻璃是在玻璃中加入卤化银，或在玻璃夹层中加入钼和钨等感光材料的玻璃。吸热玻璃通过吸收大量红外线辐射热而实现隔热功能；同时，吸热玻璃又能保持良好的可见光透过率。适用于需要隔热又需要采光的部位。

(4) 中空玻璃

中空玻璃是用两层或两层以上的平板玻璃，四周封严，中间充入干燥气体制得。中空玻璃具有良好的保温、隔热、隔声、防结露性能。可用于需要采暖、空调、防止噪声及无直射光的建筑。用普通平板玻璃制成的中空玻璃不属于安全玻璃，采用钢化玻璃或夹层玻璃制成的安全中空玻璃则属于安全玻璃。

(5) 玻璃空心砖

玻璃空心砖是由两块压铸成凹形的玻璃经熔接或胶结而成的空心玻璃制品，具有较高的强度、绝热、隔声、透明度高、耐火等优点。主要用来砌筑透光的内外墙、分隔墙及装有灯光设备的音乐舞台等。

5. 其他玻璃制品

玻璃锦砖又称玻璃马赛克，是由乳浊状半透明玻璃质材料制成的小尺寸玻璃制品，拼贴于纸上成联。玻璃锦砖具有色彩丰富、美观大方、化学稳定性好、热稳定性好、耐风化、易洗涤等优点。主要适用于宾馆、医院、办公楼、住宅等建筑的外墙和内墙饰面。

其他品种还有喷砂玻璃（透光、不透视）、磨花玻璃及喷花玻璃（部分透光透视，部分不透视）、冰花玻璃与刻花玻璃（骨胶水溶液剥落造成冰花或雕刻酸蚀形成图案）等。

例 1-12-3 （2020）下列属于节能装饰玻璃的是（　）。

A 着色玻璃　　　B 乳化玻璃　　　C 夹层玻璃　　　D 钢化玻璃

解析：乳化玻璃又称酸化蒙砂玻璃，是借助丝网版、蒙砂膏等材料，直接在玻璃表面进行印刷形成的一种装饰玻璃，不具有节能效果。夹层玻璃和钢化玻璃为安全玻璃。着色玻璃是一种既能显著吸收阳光中的辐射热，又能保持良好透光率的节能装饰玻璃。着色玻璃通常都带有一定的颜色，所以又称为着色吸热玻璃。着色玻璃有蓝色、茶色、灰色、绿色等，适用于需要隔热又需要采光的部位。

答案：A

例 1-12-4 （2021）下列属于安全玻璃的是（　）。

A 半钢化玻璃　　B 夹丝玻璃　　　C 夹层玻璃　　　D 中空玻璃

解析:《全国民用建筑工程设计技术措施 规划·建筑·景观》指出：安全玻璃是指符合现行国家标准的钢化玻璃、夹层玻璃及由钢化玻璃或夹层玻璃组合加工而成的其他玻璃制品，如安全中空玻璃等（C属于）。半钢化玻璃、夹丝玻璃不属于安全玻璃（A、B不属于）。用普通平板玻璃制成中空玻璃不属于安全玻璃（D不属于），采用钢化玻璃或夹层玻璃制成的安全中空玻璃则属于安全玻璃。
答案：C

(四) 金属装饰制品

金属装饰制品坚固耐用，装饰表面具有独特的质感；同时还可制成各种颜色，表面光泽度高，庄重华贵，安装方便。

目前，装饰工程中常用的金属制品主要有不锈钢（钢板与钢管），彩色钢板（彩色不锈钢板、彩色涂层钢板和彩色压型钢板），铜合金制品，铝合金制品（铝合金板、铝合金门窗）等。

1. 不锈钢

不锈钢是指含铬12%以上、具有耐腐蚀性能的高合金钢；此外，还含有镍、钛等合金元素。不锈钢具有良好的耐腐蚀性，表面光泽度高，还可以采用化学氧化法着色。

2. 彩色钢板

彩色钢板是在冷轧板或镀锌板表面涂敷各种耐腐蚀涂层或烤漆而成，耐污染性、耐热性能、耐低温性能均较好，色彩鲜艳。

3. 铜及铜合金

纯铜为紫色，也称为紫铜或红铜，延展性极好，可压延成薄片（紫铜片）和线材，是良好的止水材料和电的传导材料。黄铜为铜锌合金，因为黄铜的颜色接近金色，所以黄铜粉俗称金粉，用于调制装饰涂料，代替"贴金"。青铜为铜锡合金。

铜合金主要用于各种装饰板、卫生洁具等。

4. 铝及铝合金

纯铝的密度小（$\rho=2.7g/cm^3$，约是铁的1/3），熔点低（660℃），塑性好。易于加工，抗腐蚀性能好。因为纯铝为白色，所以铝粉俗称为银粉，可以用于调制各种装饰材料和金属防锈涂料。纯铝的强度很低，可通过加入合金元素（如铜、镁、硅、锰、锌）等方法来强化铝，形成铝合金。铝合金在保持纯铝质轻等优点的同时，还有着较高的强度。

(1) 铝合金的表面处理

为了防止铝合金表面氧化，提高其使用寿命，一般需要采用以下几种方法对铝合金的表面进行处理。

1) 阳极氧化

阳极氧化是在铝及铝合金表面镀一层致密的氧化铝，以防止其进一步氧化。

2) 电泳喷涂

电泳喷涂俗称镀漆。电泳涂料所含的树脂带有碱性基团，经酸中和后形成盐而溶于水；通直流电后，酸根负离子向阳极移动，树脂离子及其包裹的颜料粒子带正电荷向阴极移动,并沉积在阴极上形成涂层。电泳漆膜丰满、均匀、平整、光滑,漆膜的硬度、附着力、耐腐蚀性、抗冲击性能以及渗透性能均较好;但是电泳喷涂设备复杂,投资高,耗电量大。

3) 粉末喷涂

粉末喷涂是用喷粉设备把粉末喷涂到工件的表面;在静电作用下,粉末会均匀地吸附于工件表面,形成粉状的涂层;粉状涂层再经过高温烘烤、流平固化,变成效果各异的最终涂层。

4) 氟碳漆喷涂

氟碳漆喷涂是以氟树脂为主要成膜物质,由于氟树脂引入的氟元素电负性大,碳氟键能强,具有特别优越的耐候性、耐热性、耐低温性、耐化学药品性,而且具有独特的不粘性和低摩擦性。

(2) 常用铝合金装饰制品

1) 铝塑板

铝塑板是由经过表面处理并用涂层烤漆合金板材作为表面,用 PE 塑料作为芯层,高分子粘结膜经过一系列工艺加工,复合而成的新型材料。它具有较好的装饰性以及较强的耐候、耐腐蚀、耐撞击、防火、防潮、隔声、隔热、抗震、质轻、易加工成型、易搬运安装等特性。除可作为幕墙、内外墙,应用于饭店、商场、会议室等的装饰外,还可用作柜台、家具的面层,以及车辆的内外壁等。

2) 铝蜂窝板

铝蜂窝板是表面采用环氧氟碳处理的铝合金板材,中间是铝蜂窝,通过胶粘剂或胶膜采用专用复合冷压工艺或热压技术制成。由于蜂窝材料具有抗高风压、减振、隔热、隔声、保温、耐腐蚀、阻燃和比强度高等优良性能。国外自 20 世纪 60 年代已开始运用于民用各领域,且发展迅速。铝蜂窝板幕墙以其质轻、强度高、刚度大等诸多优点,已被广泛应用于高层建筑的外墙装饰。具有相同刚度的铝蜂窝板重量仅为铝单板的 1/5,钢板的 1/10;相互连接的铝蜂窝芯如同无数个工字钢,芯层分布、固定在整个板面内,使板块更加稳定,其抗风压性能大大超过铝塑板和铝单板,并具有不易变形,表面平整度好的特点。即使铝蜂窝板的分格尺寸很大,也能达到极高的平整度,是建筑幕墙的首选轻质材料。此外,铝蜂窝板也可被用作隔墙、隔断、吊顶等室内装饰材料,车船装饰材料,以及航天材料。

3) 泡沫铝

泡沫铝是在纯铝或铝合金中加入添加剂后,经过发泡工艺制成,同时具有金属和气泡的特征。它密度小、吸收冲击能力强、耐高温、防火性能强、抗腐蚀、隔声降噪、导热系数低、电磁屏蔽性高、耐候性强,是一种新型可再生、回收的多孔轻质材料,孔隙率最大可达 98%。

4) 铝蜂窝穿孔吸音吊顶板

铝蜂窝穿孔吸音吊顶板的构造结构为穿孔铝合金面板与穿孔背板,依靠优质胶粘剂与铝蜂窝芯直接粘结成铝蜂窝夹层结构,铝蜂窝芯与面板及背板之间贴了一层吸音布。由于蜂窝铝板内的蜂窝芯被分隔成众多封闭小室,阻止了空气流动,使声波受到阻碍,故提高了吸声系数(可达 0.9 以上)。同时提高了板材的自身强度,使单块板材的尺寸可以做到更大，进一步加大了设计自由度。背板穿孔的要求与面板相同，吸音布采用优质的无纺布等吸声材料。

铝蜂窝穿孔吸音吊顶板适合用作地铁、影剧院、电台、电视台、纺织厂和噪声超标准的厂房，以及体育馆等大型公共建筑的吸声墙板和吊顶板等。

5. 铅

铅是一种柔软的低熔点（327℃）金属，密度 11.3g/cm³，抗拉强度很低（σ_b = 20MPa），延展加工性能好。由于铅的熔点低，便于熔铸，易于锤击成型，常用作钢铁管道接口的嵌缝密封材料。

铅能经受浓度 80％的热硫酸和浓度 92％的冷硫酸侵蚀，所以铅板和铅管是工业上常用的耐腐蚀材料。

铅板是射线的屏蔽材料，能防止 χ 射线和 γ 射线的穿透，常用于医院、实验室和工业建筑中的 χ 射线和 γ 射线操作室的屏蔽。

例 1-12-5 （2019）关于不锈钢的说法，正确的是（　　）。
A　不属于高合金钢　　　　　　B　含铁、碳元素
C　不含铬、镍元素　　　　　　D　表面不可抛光、着色

解析：合金元素含量大于 10％为高合金钢。不锈钢为含铬 12％以上的合金钢，还可以加入镍、钛等合金元素，所以不锈钢属于高合金钢。合金钢具有良好的耐腐蚀性、抛光性，以不锈钢为基板，可用化学氧化法制成彩色不锈钢。所以选项 A、C、D 错误，本题应选 B。

答案：B

（五）石膏装饰制品

石膏制品有各种石膏板、石膏条板、石膏砌块，以及棱角线清晰的石膏线条、花饰、石膏艺术雕像等。石膏制品具有质地轻、强度高、变形小、防火、防蛀、加工性好、易于装饰等特点。

纸面石膏板是将以建筑石膏为主要原料并掺入外加材料制成的石膏芯板，与特种护面纸结合起来制成的一种建筑板材。根据板材的用途不同，纸面石膏板有普通纸面石膏板、防火纸面石膏板和防水纸面石膏板三类。纸面石膏板可用作隔断、吊顶等部位的罩面材料。

装饰石膏板是以建筑石膏为主要原料，掺入适量纤维增强材料等制成的不带护面纸的石膏板材。主要用于室内隔断和吊顶的装饰。

石膏艺术制品以优质建筑石膏为原料制得，主要品种有石膏浮雕艺术线条、线板、花饰、壁炉、罗马柱等。

四、有机装饰材料

【相关真题：2022-024，2021-021，2021-024，2021-028，2020-023，2020-031，2019-025，2019-032】

（一）木质装饰材料

木材具有美丽的天然纹理，柔和温暖的视觉及触觉特性，给人以古朴、雅致、亲切的

质感。因此木材作为装饰材料，具有独特的魅力和价值。

木质装饰材料主要有胶合板、纤维板、刨花板、细木工板、木地板及各类饰面板等。人造板及其制品中甲醛释放限量要符合标准，《室内装饰装修材料 人造板及其制品中甲醛释放限量》GB 18580—2017 的要求，即室内装饰装修人造板及其制品中甲醛释放限量值为 0.124mg/m³，限量标识为 E_1。

（二）塑料装饰制品

塑料装饰制品主要有塑料壁纸、塑料地板、塑料地毯、塑料装饰板、塑料门窗等。

1. 塑料地板

塑料地板是以合成树脂（如聚氯乙烯）为原料，掺入各种填料和助剂混合后，加工而成的地面装饰材料。塑料地板的弹性好，脚感舒适，耐磨性和耐污性强，其表面可以做出仿木材、天然石材、陶瓷地砖等花纹图案。塑料地板施工及维修方便，广泛用于室内地面及交通工具的地面装饰。

2. 塑料装饰板

塑料装饰板是以树脂为浸渍材料或以树脂为基料，经加工制成的具有装饰功能的板材。主要品种有硬质 PVC 板材、塑料贴面板、有机玻璃板等。

3. 塑料壁纸

塑料壁纸是在基材表面涂塑后，再经印花、压花或发泡处理等工艺制成的一种墙面装饰材料。具有装饰效果好、性能优越、粘贴方便、易维修保养等特点。塑料壁纸除了用于室内的墙面装饰外，还可用于顶棚、梁柱的装饰，以及车辆、船舶、飞机等的内表面装饰。

4. 塑料门窗

塑料门窗保温性能好，耐腐蚀性优良，气密性和水密性好，隔声性能好，外观平整美观，色彩鲜艳，装饰效果好。塑料门窗主要采用聚氯乙烯（PVC）塑料。

5. 塑钢门窗

塑钢门窗是由塑料和金属材料复合而成，既具有钢门窗的刚度，又具有塑料门窗的保温性和密封性。常用的塑钢门窗是硬质聚氯乙烯（PVC）塑钢门窗。由于 PVC 导热系数为 0.163W/(m·K)，而且塑钢门窗型材结构中的内腔被隔成数个密闭的小空间，故保温效果很好。

（三）装饰涂料

涂料是指涂于物体表面，能形成具有保护、装饰或其他特殊功能的连续膜的材料。涂料是最简单的一种饰面方式，具有工期短、工效高、自重轻、维修方便的特点。

1. 涂料的组成

涂料的组成包括主要成膜物质、次要成膜物质和辅助成膜物质。

（1）主要成膜物质

树脂有天然树脂（虫胶、松香和天然沥青）、合成树脂（酚醛树脂、醇酸树脂、环氧树脂、硝酸纤维）。

（2）次要成膜物质

次要成膜物质包括着色颜料（各种无机或有机颜料，如钛白粉、铁黑、铁红等）和体质颜料（即填料，滑石粉、碳酸钙粉）。

(3) 辅助成膜物质

辅助成膜物质有溶剂和助剂。溶剂是挥发性有机溶剂（如松香水、香蕉水、汽油、苯、乙醇）和水；助剂包括催干剂、增塑剂、固化剂等。

2. 油漆

油漆特指用于木材和金属表面的涂料。

(1) 天然漆（又名国漆、大漆）

有生漆和熟漆之分，是由天然漆树汁液提炼而成，属于天然树脂漆。天然漆的漆膜坚韧，耐久性、耐酸性、耐水性和耐热性均较好，光泽度高。缺点是漆膜色深、脆、不耐阳光直射，施工时有使人皮肤过敏的毒性等。

(2) 清漆

清漆是一种不含颜料的透明油漆，多用于涂刷木器，可显示底色和花纹。清漆主要有油清漆和醇酸清漆等。

(3) 色漆

色漆是指加入颜料而呈现某种颜色、具有遮盖力的油漆总称，包括调和漆、磁漆、底漆、防锈漆等。

(4) 磁漆（瓷漆）

磁漆（瓷漆）是在清漆中加入无机颜料而成，因漆膜光亮、坚硬、酷似瓷（磁）器，故名。磁漆色泽丰富，附着力强，常用的有醇酸磁漆、酚醛磁漆等品种。

(5) 调和漆

调和漆是在熟干性油中加入颜料、溶剂、催干剂等调和而成。调和漆质地均匀，漆膜耐蚀、耐晒，经久不裂，遮盖力强，耐久性好。常用调和漆有油性调和漆、磁性调和漆等品种。

(6) 硝基漆

硝基漆的主要成分为硝化棉，即硝酸纤维素，是以精制短棉绒为原料，用硝酸、硫酸的混合酸进行酯化，使纤维素中的-OH 基酯化为-ONO_2 的产物，硝基漆不属于树脂类油漆。

(7) 喷漆

喷漆是清漆或磁漆的一个品种，因采用喷涂法施工，故名喷漆。喷漆漆膜坚硬，附着力强，富有光泽，耐酸、耐热性好。常用喷漆由硝化纤维、醇酸树脂、溶剂或掺加颜料等配制而成。

(8) 有机硅耐高温防腐漆

有机硅耐高温防腐漆由有机硅树脂、超细锌粉、特种耐高温抗腐蚀颜料、填料、助剂、固化剂、有机溶剂等组成，可常温自干，具有耐热、耐候性、耐腐蚀等优良性能，并具有电绝缘性，可长期耐 400℃ 高温，是一种用于高炉、热风炉外壁、高温输气、热排气管道、烟道、热交换器以及其他金属表面要求高温耐腐保护的耐高温防腐漆。

建筑工程中常用生漆、酯胶漆、环氧漆、沥青漆等作为耐酸、防腐漆，用于化工防腐工程。

3. 有机涂料

有机涂料分为溶剂型涂料、乳液型涂料和水溶性涂料。

(1) 溶剂型涂料

溶剂型涂料由合成树脂、有机溶剂、颜料、填料等制成。漆膜细腻而坚韧，有较好的耐水性、耐候性及气密性；但易燃，溶剂挥发后对人体有害。常用的有过氯乙烯外墙（地面）涂料、氯化橡胶外墙涂料、聚氨酯系外墙涂料、丙烯酸酯外墙涂料、苯乙烯焦油外墙涂料及聚乙烯醇缩丁醛外墙涂料。

(2) 水溶性涂料

水溶性涂料以水溶性树脂、水、颜料、填料制成。耐水性和耐候性差。一般只适用于室内装饰。

(3) 乳液型涂料

乳液型涂料又称乳胶漆，由极微细的合成树脂粒子分散在有乳化剂的水中形成乳液，加入颜料、填料制成。此种涂料无毒、不燃，具有一定的透气性，涂膜的耐水性和耐擦洗性好，室内外均可使用。常用的有聚醋酸乙烯乳液内墙涂料、苯丙乳液涂料及丙烯酸乳液涂料等。

4. 常用装饰涂料

(1) 苯丙乳液涂料

是以苯乙烯、甲基丙烯酸甲酯、丙烯酸丁酯共聚乳液配制而成。涂料的耐水性、耐污染性、大气稳定性及抗冻性均较好。

(2) 丙烯酸乳胶漆

丙烯酸乳胶漆是采用交联型丙烯酸弹性乳液为基料而制成的弹性涂料，其漆膜具有"即时复原"的弹性和优良的伸长率，可在不同温度范围内对已有和即将发生的开裂进行抑制。

(3) 有机硅树脂涂料

有机硅一般是指具有 Si-O-Si 主键与有机基侧链的聚硅氧烷。有机硅树脂涂料是以有机硅树脂或改性有机硅树脂为主要成膜物质，是一种元素有机涂料。

元素有机涂料是由元素有机聚合物为主要成膜物质的涂料总称，包括有机硅、有机钛、有机氟、有机铝、有机锆涂料等。元素有机涂料是介于有机高分子和无机化合物之间的一种化合物，具有特殊的热稳定性、绝缘性、耐高温性、耐候性等特点。总之，有机硅树脂涂料是一种价格较贵的耐热性、耐寒性、耐候性突出的绝缘涂料。

5. 有害物质限量

《民用建筑工程室内环境污染控制标准》GB 50325—2020 规定，民用建筑工程室内装修时，严禁使用苯、工业苯、石油苯、重质苯及混苯等含苯稀释剂和溶剂；民用建筑工程室内装修时，不应采用聚乙烯醇水玻璃内墙涂料、聚乙烯醇缩甲醛内墙涂料和树脂以硝化纤维素为主、溶剂以二甲苯为主的水包油型多彩内墙涂料。

例 1-12-6 （2021）民用建筑内墙装修宜采用下列哪种涂料？（　　）
A　聚乙烯醇水玻璃内墙涂料　　B　聚乙烯醇缩甲醛内墙涂料
C　环氧树脂涂料　　D　树脂水性涂料
解析：民用建筑室内装饰装修时，不应采用聚乙烯醇水玻璃内墙涂料，聚乙烯醇缩甲醛内墙涂料和树脂以硝化纤维素为主、溶剂以二甲苯为主的水包油型多彩内墙涂料，这3种涂料中含有可挥发有害物质多。环氧树脂涂料为地坪漆。水性内墙涂料，是以水溶性合成树脂为主要成膜物质，以水为稀释剂，加入适量的颜料、填料及辅助材料，经研磨而成的涂料。这类涂料的水溶性树脂可直接溶于水中，与水形成单相的溶液，透气性好，无毒、无味、不燃、不污染环境，是一类绿色建材。

答案：D

(四) 织物性装饰材料

1. 纤维

（1）羊毛：羊毛弹性好、不易变形、不易污染、易于染色，制品保温性好，属于高级纤维材料。主要用于生产高级地毯，但使用时应注意防蛀。

（2）聚丙烯腈纤维（腈纶）：腈纶有"合成羊毛""人造羊毛"之称，比羊毛轻，柔软保暖，弹性好，耐酸碱腐蚀，耐晒性最好；但耐磨性很差，易起静电。

（3）聚酰胺纤维（尼龙、锦纶）：聚酰胺纤维坚固柔韧，耐磨性最好，不怕虫蛀、不发霉、不易吸湿、易于清洁；但其弹性差，易吸尘，耐热、耐光性能不够好。是人造纤维中综合性能最好的。

（4）聚丙烯纤维（丙纶）：聚丙烯纤维质轻，弹性好，耐磨性好，耐酸碱性及耐湿性好，易于清洁，阻燃性好；但抗静电性差。

（5）聚酯纤维（涤纶）：聚酯纤维不易皱缩，耐晒，耐磨性较好，仅次于锦纶，尤其在湿润状态下同干燥时一样耐磨；但纤维染色较困难。

各种纤维的性能比较详见表1-12-2。

各种纤维性能比较 表1-12-2

特性	羊毛	丙纶	腈纶	涤纶	尼龙
弹性恢复率（%）	97	40	65	68	97
耐磨性	差	很差	很差	差	好
抗污染性	差	很好	差	差	好
易清洗性	差	差	差	差	好
抗起球性	好	很好	好	一般	极好
抗静电性	好	好	好	好	极好
抗化学试剂性能	很差	差	差	差	好
阻燃性	很好	很差	极差	极差	很好
防霉、防蛀	很差	很好	很好	很好	极好

2. 地毯

地毯具有隔热、保温、隔声、防滑和减轻碰撞等作用。地毯按照材质可分为纯毛地毯、混纺地毯、化纤地毯、塑料地毯、橡胶地毯等。此外，地毯的性能取决于所用纤维的特性。

例 1-12-7 (2021) 织物性锦纶装饰材料的成分是（   ）。
A 聚酯纤维　　　　　　　　　　B 聚酰胺纤维
C 聚丙烯纤维　　　　　　　　　D 聚丙烯腈纤维
解析：聚酯纤维是涤纶，聚丙烯纤维是丙纶，聚丙烯腈纤维是腈纶，聚酰胺纤维是锦纶。所以织物性锦纶装饰材料的主要成分为聚酰胺纤维。
答案：B

五、建筑内部装修材料的耐火等级

【相关真题：2021-029，2021-037，2020-033，2020-035】

1. 耐火极限

耐火极限是指在标准耐火试验条件下，建筑构件、配件或结构从受到火的作用起，到失掉稳定性、完整性或隔热性为止的时间，单位是小时（h）。

2. 耐火等级

（1）装修材料按其燃烧性能可划分为 4 级：A 级（不燃性装修材料）、B_1 级（难燃性装修材料）、B_2 级（可燃性装修材料）和 B_3 级（易燃性装修材料）。装修材料的燃烧性能等级应按现行国家标准《建筑材料及制品燃烧性能分级》GB 8624 的有关规定，经检测确定。

（2）安装在金属龙骨上燃烧性能等级达到 B_1 级的纸面石膏板、矿棉吸声板，可作为 A 级装修材料使用。

（3）单位面积质量小于 $300g/m^2$ 的纸质、布质壁纸，当直接粘贴在 A 级基材上时，可作为 B_1 级装修材料使用。

（4）常用建筑内部装修材料的燃烧性能等级划分举例见表 1-12-3。聚氨酯自流平、环氧树脂自流平楼（地）面材料的燃烧性能等级是 B_1 级。

常用建筑内部装修材料燃烧性能等级划分举例　　　　表 1-12-3

材料类别	级别	材料举例
各部位材料	A	花岗石、大理石、水泥制品、混凝土制品、石膏板、石灰制品、黏土制品、玻璃、瓷砖、马赛克、钢铁、铝及合金、铜及合金、金属复合板、纤维石膏板、玻镁板、硅酸钙板等
顶棚材料	B_1	纸面石膏板、纤维石膏板、水泥刨花板、矿棉装饰吸声板、玻璃棉装饰吸声板、珍珠岩装饰吸声板、难燃胶合板、难燃中密度纤维板、岩棉装饰板、难燃木材、铝箔复合板材、难燃酚醛胶合板、铝箔玻璃钢复合材料、复合铝箔玻璃棉板等
墙体材料	B_1	纸面石膏板、纤维石膏板、水泥刨花板、矿棉板、玻璃棉板、珍珠岩板、难燃胶合板、难燃中密度纤维板、防火塑料装饰板、多彩涂料、难燃墙纸、难燃墙布、难燃仿花岗石装饰板、难燃 PVC 塑料护墙板、阻燃模压木质复合板、彩色难燃人造板、难燃玻璃钢、复合铝箔玻璃棉板等
墙体材料	B_2	各种天然木材、木质人造板、竹材、纸制装饰板、装饰微薄木贴面板、印刷木纹人造板、塑料贴面装饰板、聚酯装饰板、复塑装饰板、胶合板、塑料壁纸、无纺贴墙布、复合壁纸、天然材料壁纸、人造革、实木饰面装饰板、胶合竹夹板等

续表

材料类别	级别	材料举例
地面材料	B₁	硬质PVC塑料地板、水泥刨花板、水泥木丝板、氯丁橡胶地板、难燃羊毛地毯等
	B₂	半硬质PVC塑料地板、PVC卷材地板等
装饰织物	B₁	经阻燃处理的各类难燃织物等
	B₂	纯毛装饰布、经阻燃处理的其他织物等
其他装饰材料	B₁	难燃聚氯乙烯塑料、难燃酚醛树脂、聚四氟乙烯塑料、难燃脲醛树脂、硅树脂塑料装饰型材、经难燃处理的各类织物等
	B₂	经阻燃处理的聚乙烯、聚丙烯、聚氨酯、聚苯乙烯、玻璃钢、化纤织物、木制品等

第十三节 绿色建材与绿色建筑设计对材料的要求

一、绿色建筑材料

【相关真题：2021-038，2021-040，2019-003，2019-038，2019-039，2019-040】

绿色建筑材料是指采用清洁生产技术，不用或少用天然资源和能源，大量使用工农业或城市固态废弃物生产的无毒害、无污染、无放射性，达到使用周期后可以回收利用，有利于环境保护和人体健康的建筑材料。绿色建材的定义围绕原料采用、产品制造、使用和废弃物处理4个环节，并实现对地球环境负荷最小和有利于人类健康两大目标，达到"健康、环保、安全及质量优良"4个目标。

绿色建筑材料应当满足以下四个条件：

（1）生产原料尽量使用废渣、垃圾、废液等废弃物，替代不可再生的天然资源。在原材料的采集过程中不会对环境或生态造成破坏。

（2）低能耗制造工艺和无污染生产技术，即生产过程中产生的废水、废渣、废气符合环境保护的要求。

（3）在使用过程中功能齐备，健康、卫生、安全、无有害气体、无有害放射性等。

（4）可循环或回收利用。

绿色建材的品种很多，举例如下：

（1）吸音混凝土：吸音混凝土因具有连续、多孔的内部结构，可与普通混凝土组成复合结构；吸音混凝土是为了减少交通噪声而开发的，可以改变室内的声环境。

（2）植被混凝土：植被混凝土是由高强度粘结剂，用较大粒径的骨料粘结而成。利用骨料间的空隙贮存能使植物生长的基质，通过播种或其他手段，使得多种植物在基质中生长，完成生态环境的植被恢复。

（3）透水性混凝土：也称无砂大孔混凝土；大的孔径有利于雨水渗透，特别适合用于铺设城市公园、居民小区、工业园区、学校、停车场等的地面和路面。

二、绿色乡土材料

绿色乡土材料是指使用各种天然材料，如竹、木、树皮等制造的材料，不仅合理利用其结构和构造，发挥其物理上的特性，而且充分展现了天然材料的质感和色泽的美。

麦秸是一种农作物加工的剩余物,目前大量地在田间地头焚烧,严重污染了环境。以麦秸为原料,配用少量无毒、无害的生态胶粘剂,经切割,锤碎,分级,拌胶,铺装成型,加压,砂光等工序制成的麦秸板,具有质轻,坚固耐用,防蛀,抗水,无毒等特点。可广泛用于制作家具,建筑装修,以及建筑物的隔墙、吊顶及复合地板等。麦秸板已经成为代替木材和轻质墙板的理想材料,一种新型的绿色建材。

石膏蔗渣板是以纯天然石膏和制糖废渣——甘蔗渣为主要原料,采用半干法成型工艺,经混料、铺装、施压、养护、干燥等工序制造而成的。它可广泛应用于室内隔墙、隔断、轻型复合墙体、吊顶、绝缘防静电地板、防火墙、隔声墙,以及制作固定家具等。由于其具有可钉、可刨、可磨的特点,施工甚为方便。还可在其上铺贴壁纸、墙布、木条等任何装饰材料,满足二次装修的要求。由于石膏多孔隙而产生的"呼吸功能",可起到调节室内生活和工作环境的作用。

稻壳是农业废弃物中的一种,以其为生产材料生产的稻壳板是一种新型建筑材料。

三、绿色建材生产
【相关真题:2022-040】

1. CO_2排放量

《民用建筑绿色设计规范》JGJ/T 229—2010 的条文说明第 7.3.4 条规定:为降低建筑材料生产过程中对环境的污染,最大限度地减少温室气体排放,保护生态环境,本条鼓励建筑设计阶段选择对环境影响小的建筑体系和建筑材料。在计算建筑材料生产过程排放 CO_2 量时,也必须考虑建筑材料的可再生性。与资源消耗不同的是,回收的建筑材料在循环再生过程同样要排放 CO_2。单位重量建筑材料生产过程中排放 CO_2 的指标 X_i(t/t)详见表 1-13-1,其中铝材生产过程中的 CO_2 排放量最多。

单位重量建筑材料生产过程中排放 CO_2 的指标 X_i(t/t)　　表 1-13-1

钢材	铝材	水泥	建筑玻璃	建筑卫生陶瓷	实心黏土砖	混凝土砌块	木材制品
2.0	9.5	0.8	1.4	1.4	0.2	0.12	0.2

2. 能耗

《民用建筑绿色设计规范》JGJ/T 229—2010 的条文说明第 7.3.3 条规定:建筑材料从获取原料、加工运输、成品制作、施工安装、维护、拆除、废弃物处理的全寿命周期中会消耗大量能源。在此过程中能耗少的材料更有利于实现建筑的绿色目标。单位重量建筑材料生产过程中消耗能耗的指标 X_i(GJ/t)详见表 1-13-2,其中单位重量的铝材生产过程中的能耗最高。

单位重量建筑材料生产过程中消耗能耗的指标 X_i(GJ/t)　　表 1-13-2

钢材	铝材	水泥	建筑玻璃	建筑卫生陶瓷	实心黏土砖	混凝土砌块	木材制品
29.0	180.0	5.5	16.0	15.4	2.0	1.2	1.8

四、绿色建筑设计对材料的要求
【相关真题:2022-039,2021-039,2020-040】

依据《民用建筑绿色设计规范》JGJ/T 229—2010 的规定，在满足功能要求的情况下，材料的选择宜符合下列要求：

（1）宜选用可再循环材料（如钢材、铜材、铝合金型材、玻璃、石膏制品、木材等）和可再利用材料（指在不改变所回收物质形态的前提下，进行材料的直接再利用，或经过再组合、再修复后再利用的材料，包括从旧建筑上拆除下来的材料以及从其他场所回收的旧建筑材料，如砌块、砖石、管材、板材、木地板、木制品、钢材、钢筋等）。

（2）宜使用以废弃物为原料生产的建筑材料（利用建筑废弃物再生骨料制作的混凝土砌块、水泥制品和配制再生混凝土；使用工业废弃物、农作物秸秆、建筑垃圾、淤泥为原料制作的水泥、混凝土、墙体材料、保温材料等）。

脱硫石膏又称排烟脱硫石膏、硫石膏或 FGD 石膏，是对含硫燃料（煤、油等）燃烧后产生的烟气进行脱硫净化处理后得到的工业副产品石膏。也可用于生产建筑石膏制品，如脱硫石膏板就是以脱硫石膏为原料制备的建材，属于利废建材。

（3）应充分利用建筑施工、既有建筑拆除和场地清理时产生的尚可继续利用的材料（如木地板、木板材、木制品、混凝土预制构件、金属、装饰灯具、砌块、砖石、保温材料、玻璃、石膏板、沥青等）。

（4）宜采用速生的材料及其制品（可快速再生的天然材料指持续更新的速度比传统的开采速度快，即从栽种到收获周期不到 10 年的材料，包括木、竹、藤、农作物茎秆等）；采用木结构时，宜采用速生木材制作的高强复合材料。

（5）宜采用本地的建筑材料（距离施工现场 500km 以内的本地建筑材料，减少材料运输过程的资源、能源消耗和环境污染）。

例 1-13-1　（2021） 下列属于利废建材的是（　　）。
A　脱硫石膏板　　　　　　　　B　旧钢结构型材
C　难以直接回用的玻璃　　　　D　标准尺寸钢结构型材

解析： 脱硫石膏又称排烟脱硫石膏、硫石膏或 FGD 石膏，是对含硫燃料（煤、油等）燃烧后产生的烟气进行脱硫净化处理后得到的工业副产品石膏。脱硫石膏板是以脱硫石膏为原料制备的建材，属于利废建材。

答案： A

习　题

1-1 (2022)下列属于气硬性胶凝材料的是（　　）。
　　A　水泥　　　　B　砂浆　　　　C　树脂　　　　D　水玻璃

1-2 (2022)关于下列抗渗性说法错误的是（　　）。
　　A　材料孔隙越大，抗渗性越差
　　B　材料连通孔隙越多，抗渗性越好
　　C　材料毛细管壁的亲水性对抗渗性有影响
　　D　材料毛细管壁的憎水性对抗渗性无影响

1-3 (2022)放射性水平为 B 类的无机非金属装饰材料不能用于（　　）。
　　A　学校教室　　B　图书馆　　　C　体育馆　　　D　办公室

1-4 (2022)相对花岗石，下列关于石灰石的说法，正确的是（　　）。
　　A 吸水率低　　　B 耐磨度高　　　C 体积密度高　　　D 抗压强度低

1-5 (2022)材料体积内固体物质的充实程度是指（　　）。
　　A 密度　　　　　B 密实度　　　　C 表观密度　　　　D 堆积密度

1-6 (2022)材料在外力作用消失时，变形消失，能够完全恢复原来形状的性质是（　　）。
　　A 弹性　　　　　B 塑性　　　　　C 韧性　　　　　　D 脆性

1-7 (2022)下列不属于加气混凝土制品主要原材料的是（　　）。
　　A 水泥　　　　　B 粗砂　　　　　C 石灰　　　　　　D 铝粉

1-8 (2022)斩假石属于（　　）。
　　A 混凝土　　　　B 合成石材　　　C 石灰砂浆　　　　D 装饰砂浆

1-9 (2022)耐酸混凝土的胶凝材料一般采用（　　）。
　　A 水泥　　　　　B 水玻璃　　　　C 石灰　　　　　　D 聚合物

1-10 (2022)普通硅酸盐水泥与同强度等级的硅酸盐水泥相比，下列说法正确的是（　　）。
　　A 早期硬化速度稍快　　　　　　B 抗冻性能稍强
　　C 3天抗压强度稍高　　　　　　D 耐磨性稍差

1-11 (2022)不能选用硅酸盐水泥的混凝土是（　　）。
　　A 高强混凝土　　　　　　　　　B 抗渗混凝土
　　C 严寒地区露天混凝土　　　　　D 大体积混凝土

1-12 (2022)下列关于木材力学性能的说法，正确的是（　　）。
　　A 顺纹抗压强度小于横纹抗压强度　　B 顺纹抗拉强度小于横纹抗拉强度
　　C 顺纹抗弯强度大于顺纹抗压强度　　D 顺纹剪切强度大于横纹剪切强度

1-13 (2022)环境温度长期超过50℃时，建筑物不应采用（　　）。
　　A 钢结构　　　　B 木结构　　　　C 砖砌体结构　　　D 混凝土结构

1-14 (2022)钢材进行下列哪种处理后，强度、塑性和韧性都有所改善？（　　）
　　A 淬火　　　　　B 回火　　　　　C 退火　　　　　　D 正火

1-15 (2022)关于铅性能的说法错误的是（　　）。
　　A 塑性好　　　　B 韧性差　　　　C 耐腐蚀　　　　　D 防辐射

1-16 (2022)关于碳素结构钢牌号Q235A·F的含义，错误的是（　　）。
　　A Q表示屈服点　　　　　　　　　B 235表示屈服点值
　　C A表示低碳钢　　　　　　　　　D F表示沸腾钢

1-17 (2022)常用于调制装饰涂料金粉的是（　　）。
　　A 纯金粉　　　　B 纯铜粉　　　　C 黄铜粉　　　　　D 青铜粉

1-18 (2022)铸铁除铁元素外，含量最高的是（　　）。
　　A 锰　　　　　　B 碳　　　　　　C 硫　　　　　　　D 硅

1-19 (2022)下列关于石膏制品的说法错误的是（　　）。
　　A 强度不高　　　B 抗火性差　　　C 吸水性强　　　　D 绝热性好

1-20 (2022)下列属于无机粒状材料的是（　　）。
　　A 玻璃棉　　　　　　　　　　　　B 膨胀蛭石
　　C 泡沫混凝土　　　　　　　　　　D 硬质聚氯乙烯

1-21 (2022)塑料的主要性质取决于（　　）。
　　A 填充剂　　　　B 合成剂　　　　C 增塑剂　　　　　D 合成树脂

1-22 (2022)下列属于热塑性塑料的是（　　）。
　　A 环氧树脂　　　B 聚氯乙烯　　　C 聚酰胺　　　　　D 聚氨酯

1-23 (2022)下列属于有机类胶粘剂的是（　　）。
　　A 沥青胶　　　B 硅溶胶　　　C 硫磺胶　　　D 硼酸胶
1-24 (2022)下列关于聚氨酯木器漆的特性的说法正确的是（　　）。
　　A 耐腐蚀性好　　B 附着力差　　C 保色性好　　D 耐磨性差
1-25 (2022)下列关于丁腈胶粘剂的说法正确的是（　　）。
　　A 混溶性差　　B 成膜缓慢　　C 耐候性差　　D 粘结性好
1-26 (2022)下列关于夹层玻璃的说法正确的是（　　）。
　　A 不能切割　　　　　　　　　B 透明度差
　　C 玻璃层数最多3层　　　　　 D 不可用于楼梯栏板
1-27 (2022)下列哪种陶瓷吸水率最高（　　）。
　　A 瓷质砖　　　B 炻质砖　　　C 炻瓷砖　　　D 细炻砖
1-28 (2022)下列关于单面阳光控制镀膜玻璃的说法正确的是（　　）。
　　A 可以增加暖房效应　　　　　B 可双面透视
　　C 不会形成光污染　　　　　　D 镀膜应朝向室内
1-29 (2022)下列关于膜结构说法错误的是（　　）。
　　A 根据功能、规模、使用年限、防火等因素具体选用
　　B G型采用玻璃纤维表层涂覆聚合物涂层
　　C E型采用四氟乙烯ETFE加聚合物涂层
　　D P型采用聚酯纤维表层涂覆聚合物涂层加表层材料
1-30 (2022)下列关于建筑石油沥青说法正确的是（　　）。
　　A 延伸率较大　　　　　　　　B 耐热性较好
　　C 用于地下防水工程，软化点要求高　　D 用于屋面防水工程，软化点要求低
1-31 (2022)下列关于水泥渗透结晶型防水涂料的说法正确的是（　　）。
　　A 属于柔性防水　　　　　　　B 不具备自动修复功能
　　C 可接触饮用水混凝土工程　　D 受磨损后会影响防水效果
1-32 (2022)下列关于挤塑聚苯乙烯保温板的说法错误的是（　　）。
　　A 连续性开孔发泡　　　　　　B 低线性膨胀率
　　C 防腐蚀性能优　　　　　　　D 可燃材料
1-33 (2022)下列不属于合成高分子防水胶粘剂的是（　　）。
　　A SBS改性沥青胶粘剂　　　　B 聚氨酯密封膏
　　C 硅酮密封膏　　　　　　　　D 聚硫橡胶密封膏
1-34 (2022)下列用于室外木材防腐的是（　　）。
　　A 煤焦油　　　B 氟化钠　　　C 氯化锌　　　D 硫酸铜
1-35 (2022)下列关于微孔硅酸钙说法正确的是（　　）。
　　A 不可锯刨　　B 耐水性差　　C 吸水性强　　D 耐火性弱
1-36 (2022)下列关于多孔吸声材料说法正确的是（　　）。
　　A 孔隙细小，对吸声不利　　　B 厚度增加，对低频吸声不利
　　C 封闭微孔，对吸声效果有利　D 细小开口孔，对吸声效果有利
1-37 (2022)下列关于泡沫石棉材料说法正确的是（　　）。
　　A 吸声效果好　　　　　　　　B 低温易脆硬
　　C 高温散发烟雾　　　　　　　D 表观密度大
1-38 (2022)下列关于工业建筑防腐蚀地面面层材料的选用，正确的是（　　）。
　　A 室内抗冲击磨损的地面，采用树脂细石混凝土

B 室内使用运输工具的地面，采用树脂自流平地面
C 室外地面，宜采用水玻璃混凝土
D 室外有明火作用的地面，宜采用树脂砂浆

1-39 (2022)绿色建筑评价中，结构采用下列哪种做法不节材？（　　）
A C30混凝土　　　　　　　　B 400MPa级钢筋
C Q345钢材　　　　　　　　D 钢混组合结构

1-40 (2022)绿色建材生产应减少使用的是（　　）。
A 清洁生产技术　　　　　　　B 天然的资源
C 废弃泡沫混凝土　　　　　　D 农业废弃物

1-41 (2021)下列属于有机材料的是（　　）。
A 混凝土　　B 合金钢　　C 塑料板　　D 铝塑板

1-42 (2021)下列关于孔隙率的说法，正确的是（　　）。
A 一般孔隙率越大，材料的密度越大
B 一般孔隙率越大，材料的强度越高
C 一般孔隙率越大，材料的保温性能越差
D 一般孔隙率越大，材料的吸声能力越高

1-43 (2021)下列关于天然花岗石板材的说法，正确的是（　　）。
A 属于酸性硬石材　　　　　　B 质地坚硬不耐磨
C 构造致密强度低　　　　　　D 密度大吸水率高

1-44 (2021)天然大理石板材通用厚度是（　　）。
A 10mm　　B 12mm　　C 15mm　　D 20mm

1-45 (2021)下列关于灰土的说法，正确的是（　　）。
A 由石灰、黏土、砂或石组成　　B 抗压强度与土的塑性指数有关
C 抗渗性能与土的塑性指数无关　　D 抗压强度与灰土的含灰率无关

1-46 (2021)下列关于水玻璃的说法，正确的是（　　）。
A 粘结力弱　　　　　　　　　B 耐酸性强
C 耐热性差　　　　　　　　　D 耐水性好

1-47 (2021)判断混凝土质量的最主要依据是（　　）。
A 抗剪强度　　B 抗拉强度　　C 抗压强度　　D 疲劳强度

1-48 (2021)下列关于加气混凝土的说法，正确的是（　　）。
A 表现密度越大，孔隙率越大　　B 表观密度越小，强度越大
C 表观密度越小，保温性能越好　　D 表观密度越大，抗渗性能越差

1-49 (2021)下列属于硅酸盐系列水泥的通用水泥是（　　）。
A 普通硅酸盐水泥　　　　　　B 油井水泥
C 硅酸盐膨胀水泥　　　　　　D 低碱水泥

1-50 (2021)下列关于混凝土拌和用水的说法，错误的是（　　）。
A 可用符合国家标准的生活用水　　B 可用海水拌装饰混凝土
C 可用海水拌素混凝土　　　　　　D 需控制氯离子含量

1-51 (2021)配制高强混凝土应选用的水泥是（　　）。
A 火山灰水泥　　　　　　　　B 硅酸盐水泥
C 矿渣水泥　　　　　　　　　D 粉煤灰水泥

1-52 (2021)下列关于胶合板的说法，正确的是（　　）。
A 易开裂　　B 幅面大　　C 易翘曲　　D 强度低

1-53 (2021)冷弯型钢不采用( )。
　　A 普通碳素结构钢　　　　　　　B 低合金结构钢
　　C 优质碳素结构钢　　　　　　　D 热轧钢板

1-54 (2021)下列关于压型钢板的说法,正确的是( )。
　　A 质量重　　　　　　　　　　　B 可用于楼板
　　C 强度低　　　　　　　　　　　D 抗震性能差

1-55 (2021)下列关于铝合金的说法,正确的是( )。
　　A 延性差　　　　　　　　　　　B 不可做屋面板
　　C 强度高　　　　　　　　　　　D 不能做扶手

1-56 (2021)下列关于膨胀蛭石的说法,正确的是( )。
　　A 耐冻融性好　　　　　　　　　B 防火性能好
　　C 吸声性能弱　　　　　　　　　D 导热系数大

1-57 (2021)蒸压加气混凝土可用作( )。
　　A 屋面板　　　　　　　　　　　B 建筑基础
　　C 泳池隔墙　　　　　　　　　　D 清水外墙

1-58 (2021)关于外墙岩棉保温材料的说法,正确的是( )。
　　A 岩棉板纤维垂直于板面　　　　B 岩棉板拉伸强度高于岩棉条
　　C 岩棉条拉伸强度取决于纤维强度　D 岩棉条纤维平行于条面

1-59 (2021)下列属于结构用胶粘剂的是( )。
　　A 聚乙烯醇　　B 酚醛树脂　　C 醋酸乙烯　　D 过氯乙烯

1-60 (2021)塑料门窗型材原料的主要成分是( )。
　　A 聚氯乙烯　　B 聚苯乙烯　　C 聚丙烯　　　D 聚乙烯

1-61 (2021)下列不属于树脂类油漆的是( )。
　　A 清漆　　　　B 磁漆　　　　C 硝基漆　　　D 调和漆

1-62 (2021)下列关于建筑幕墙玻璃的选用要求,错误的是( )。
　　A 中空玻璃单片玻璃厚度不宜小于5mm
　　B 夹层玻璃两片厚度差值不宜大于3mm
　　C 中空玻璃的气体层厚度不应小于9mm
　　D 夹层玻璃的胶片厚度不应小于0.76mm

1-63 (2021)用于外墙装饰的全瓷质面砖,吸水率不应大于( )。
　　A 3%　　　　　B 5%　　　　　C 8%　　　　　D 10%

1-64 (2021)剧院观众厅帷幕的燃烧性能等级不应低于( )。
　　A A1级　　　　B A2级　　　　C B1级　　　　D B2级

1-65 (2021)幕墙系统采用矿棉外保温材料时,外墙整体防水层宜选用下列哪种材料?( )
　　A 聚合物防水砂浆　　　　　　　B 聚氨酯防水涂料
　　C 防水隔气膜　　　　　　　　　D 防水透气膜

1-66 (2021)不适用于化工防腐蚀工程的油漆是( )。
　　A 环氧漆　　　B 沥青漆　　　C 酯胶漆　　　D 醇酸漆

1-67 (2021)关于多孔性吸声材料表观密度的变化对吸声效果的影响,下列说法正确的是( )。
　　A 表观密度增加,低频吸声性能提高　　B 表观密度增加,高频吸声性能不变
　　C 表观密度减少,低频吸声性能提高　　D 表观密度减少,高频吸声性能下降

1-68 (2021)下列防辐射材料中防X射线性能较差的是( )。
　　A 抗辐射玻璃　　　　　　　　　B 抗辐射铅板

  C 防辐射塑料板   D XFF复合铅胶合板

1-69 （2021）安装在轻钢龙骨上的吊顶板材，不能作为A级装饰材料的是（   ）。
  A 水泥蛭石板   B B1级纸面石膏板
  C 纤维石膏板   D B1级矿棉吸音板

1-70 （2021）绿色建筑功能性建筑材料不宜选用的是（   ）。
  A 减少建筑能耗的建筑材料   B 防潮、防霉变的建筑材料
  C 装饰效果较好的建筑材料   D 改善室内环境的材料

1-71 （2021）下列不属于可再循环建筑材料的是（   ）。
  A 钢筋   B 玻璃   C 铝型材   D 混凝土

参考答案及解析

1-1 解析：气硬性胶凝材料指只能在空气中凝结硬化，也只能在空气中保持和发展强度的无机胶凝材料，包括石灰、石膏、水玻璃等。水泥为无机胶凝材料中的水硬性胶凝材料，树脂为有机胶凝材料。
   答案：D

1-2 解析：抗渗性与材料的孔隙率和孔隙特征有关。连通孔隙是水分渗入的通道，所以连通孔隙越多，抗渗性越差。亲水性表明材料能够被水润湿，憎水性表示材料表面不能被水润湿。所以，毛细孔壁为亲水性，使水容易进入，对抗渗性不利；毛细孔壁为憎水性，不易被水润湿，对抗渗性无影响。
   答案：B

1-3 解析：B类放射性材料，不可用于Ⅰ类民用建筑的内饰面，但可用于Ⅱ类民用建筑、工业建筑内饰面及其他一切建筑的外饰面。Ⅰ类民用建筑包括住宅、医院、老年建筑、幼儿园、学校教室等民用建筑；Ⅱ类民用建筑包括如办公楼、商店、旅馆、文化娱乐场所、书店、图书馆、展览馆、体育馆、公共交通等候室、餐厅、理发店等民用建筑工程。学校教室为Ⅰ类民用建筑，所以不能使用B类放射性材料。
   答案：A

1-4 解析：花岗石属于岩浆岩，岩石致密，孔隙率很低，所以体积密度大、吸水性低、耐磨性好、抗压强度高。石灰石属于沉积岩，与花岗石相比，密实度低，孔隙率高，所以体积密度小、耐磨度低、体积密度小、抗压强度低。
   答案：D

1-5 解析：密度是指材料在绝对密实状态下单位体积的质量。密实度是指材料中固体物质体积占总体积的百分率，反映了材料体积内固体物质充实程度。表观密度是指材料在自然状态下单位体积的质量。堆积密度是指散粒材料在堆积状态下单位体积的质量。
   答案：B

1-6 解析：在外力作用下产生变形，外力取消后变形消失，完全恢复原来形状的性质称为弹性。在外力作用下产生变形，外力取消后仍保持变形后的形状和尺寸，但不产生裂缝的性质称为塑性。材料受外力作用，当外力达到一定数值时，发生突然破坏，且破坏时无明显的塑性变形，这种性质称为脆性。材料在冲击或振动荷载作用下，能吸收较大的能量，同时产生较大的变形而不破坏的性质称为韧性。
   答案：A

1-7 解析：加气混凝土由钙质原料（如石灰、水泥等）、硅质原料（如粉煤灰、矿渣、石英砂等）和加气剂（如铝粉）按照一定比例混合、发泡、蒸汽养护而成，所以粗砂不属于加气混凝土制品的主要原料。

答案：B

1-8 解析：斩假石又称剁斧石，将掺入石屑及石粉的水泥砂浆涂抹在建筑物表面，硬化后，用斩凿方法使其成为有纹路的石面样式，具有良好的装饰效果，所以，斩假石属于装饰砂浆。
答案：D

1-9 解析：耐酸混凝土需要选用耐酸性好的胶凝材料，如水玻璃。
答案：B

1-10 解析：与硅酸盐水泥相比，普通硅酸盐水泥中熟料含量略少，所以早期水化硬化速度稍慢，早期（3天）强度稍低，抗冻性稍差，耐磨性稍差。
答案：D

1-11 解析：硅酸盐水泥熟料含量高，水化速度快，水化放热量大，早期强度大，水化产物中氢氧化钙含量高，所以适用于快硬、高强混凝土，抗渗混凝土，严寒地区露天混凝土，寒冷地区处于水位升降范围内的混凝土，严寒地区处于水位升降范围内的混凝土，有耐磨要求的混凝土等。不适用于大体积混凝土、受侵蚀性介质作用的混凝土。
答案：D

1-12 解析：顺纹方向是指受力方向与木材纤维的生长方向平行，横纹方向是指受力方向与纤维生长方向垂直。在木材的各种强度中，顺纹抗拉强度最大，是顺纹抗压强度的3倍；其次是抗弯强度，是顺纹抗压强度的2倍；第三是顺纹抗压强度；而横纹抗拉强度最小，顺纹剪切强度小于横纹剪切强度。所以顺纹抗弯强度大于顺纹抗压强度的说法是正确的。
答案：C

1-13 解析：木材使用时的环境温度长期超过50 ℃时，强度会因木材的缓慢炭化而明显下降，所以环境温度长期超过50 ℃时，建筑物不应采用木结构。
答案：B

1-14 解析：将钢材加热到一定温度后，在空气中冷却的热处理方法为正火。退火是指将钢材加热到一定温度，保持一定时间，然后缓慢冷却的热处理方法。正火和退火可以改善加工性能，稳定工件的尺寸，防止变形与开裂。淬火是将钢材加热到某一温度并保持一段时间，随即浸入淬冷介质中快速冷却的热处理工艺，可以提高钢材的硬度和耐磨性，但是塑性和韧性显著降低。回火是将工件淬硬后加热到Ac1以下的某一温度，保温一定时间，然后冷却到室温的热处理工艺，使钢材的塑性和韧性提高。所以，回火处理可以改善钢材的强度、塑性和韧性。
答案：B

1-15 解析：铅是一种柔软的低熔点（327℃）金属，抗拉强度低，延展加工性能好。由于熔点低，所以便于熔铸，易于锤击成形，常用于钢铁管道接口处的嵌缝密封材料。铅板和铅管是工业上常用的耐腐蚀材料，能经受浓度80%的热硫酸和浓度92%的冷硫酸的侵蚀。铅板是射线的屏蔽材料，能防止X射线和γ射线的穿透。所以，铅塑性好、韧性好、耐腐蚀、防辐射。
答案：B

1-16 解析：碳素结构钢牌号Q235A·F中，Q表示屈服点，235表示屈服点值，A表示质量等级为A级，F表示脱氧程度为沸腾钢。
答案：C

1-17 解析：黄铜为铜锌合金，因为黄铜的颜色接近金色，所以黄铜粉俗称金粉，用于调制装饰涂料，代替"贴金"。
答案：C

1-18 解析：铸铁为铁碳合金，其中含碳量大于2%。
答案：B

1-19 解析：石膏制品孔隙率高，所以强度低，吸水性强，绝热性好。因为石膏制品主要成分为二水硫酸钙，遇火时二水硫酸钙将脱出结晶水，吸热蒸发，并在制品表面形成蒸汽幕和脱水物隔热膜，有效地减少火焰对内部结构的危害，具有较好的防火性能。

答案：B

1-20 解析：玻璃棉是以玻璃为原料生产的无机纤维材料。膨胀蛭石是由天然蛭石经高温煅烧而成，体积膨胀 20~30 倍形成的颗粒状材料。泡沫混凝土是由水泥浆和发泡剂制成的块状材料。硬质聚氯乙烯是以聚氯乙烯为原料制成的板材。所以四种材料中，膨胀蛭石为无机粒状材料。

答案：B

1-21 解析：塑料的组成成分包括合成树脂、填料、助剂（如增塑剂、固化剂等）。合成树脂为有机胶凝材料，塑料的性质主要取决于合成树脂。

答案：D

1-22 解析：热塑性树脂在受热时软化，冷却时凝固，不起化学变化，其密度、强度和耐热性较差。常用的热塑性塑料有聚乙烯、聚丙烯、聚氯乙烯、聚四氟乙烯、聚碳酸酯等。热固性树脂在加工过程中受热软化，发生固化反应，固化后再加热不能再使其软化，其强度和耐热性较好。常用的热固性塑料有环氧树脂、聚氨酯、聚酰胺、聚酯、有机硅树脂等。

答案：B

1-23 解析：有机胶凝材料包括沥青、合成树脂、合成橡胶等，所以沥青胶属于有机类胶粘剂。

答案：A

1-24 解析：聚氨酯漆即聚氨基甲酸酯漆，漆膜坚韧、光泽丰满、附着力强（B 错误）、耐水、耐磨（D 选项错误）、耐腐蚀性好（A 选项正确），广泛用于高级木器家具，但是存在变黄的问题，即保色性差（C 选项错误）。

答案：A

1-25 解析：丁腈胶粘剂以丁腈橡胶为主体，为提高强度可以加入改性树脂，也可以加入氯化橡胶等，所以混溶性好（A 选项错误）。丁腈胶粘剂胶液结晶速度慢，成膜缓慢（B 选项正确），具有良好的耐热、耐老化性能，即耐候性好（C 选项错误），但是初始粘结力不高（D 选项错误）。

答案：B

1-26 解析：夹层玻璃是在两片或多片平板玻璃（C 选项错误）中嵌夹透明塑料薄片（厚度不应小于 0.76mm），经加热压粘而成的复合玻璃，不能切割。夹层玻璃透明度好（B 选项错误），抗冲击强度高，夹层玻璃碎后不散。可用于楼梯栏板等安全性要求高的地方（D 选项错误）。

答案：A

1-27 解析：陶瓷根据胚体的密实度（吸水率）分为瓷、炻和陶，瓷的吸水率小于等于 0.5%，陶的吸水率大于 10%，介于瓷和陶之间的为炻。炻又分为炻瓷（也称为半瓷）、细炻、炻质等。炻瓷砖吸水率为 0.5%~3%，细炻砖吸水率为 3%~6%，炻质砖吸水率为 6%~10%。所以，吸水率最高的是炻质砖。

答案：B

1-28 解析：单面阳光控制镀膜玻璃是在玻璃表面镀一层或多层金属或金属氧化膜、有机物薄膜，对于可见光有适当的透过率，对红外线有较高的反射率，对紫外线有较高的吸收率，具有隔热功能，体现冷房效应（A 选项错误）；具有单面透视效果（B 选项错误），但是会造成光污染（C 选项错误）。安装时应使镀膜朝向室内。

答案：D

1-29 解析：膜结构材料是由基布和涂层两部分组成，基布主要采用聚酯纤维和玻璃纤维，涂层主要有聚氯乙烯和四氟乙烯。G 类为 PTFE 膜、P 类为 PVC/PVDF 膜、E 类为 ETFE 膜。所以，C 选项 E 型采用四氟乙烯 ETFE 加聚合物涂层的说法是错误的。

答案：C

1-30 解析：建筑石油沥青主要用于屋面、地面等防水工程中，牌号小，粘结力好、塑性较低（延伸率较小）（A选项错误）、耐热性较高（软化点较高）（B选项正确）；用于地下防水工程时，要求软化点较低（C选项错误）；用于屋面防水工程时，要求耐热性好，软化点较高（D选项错误）。
答案：B

1-31 解析：水泥渗透结晶型防水材料是以特种水泥、石英砂等为基料，掺入多种活性化学物质制成的粉状无机刚性防水材料（A选项错误）；与水作用后，材料中含有的活性化学物质通过载体水向混凝土内部渗透，在混凝土中形成不溶于水的结晶体，堵塞毛细孔道，从而使混凝土致密、防水，因此，混凝土结构即使局部受损发生渗漏，在遇到水后也会产生结晶作用自行修补愈合（B选项错误），表面磨损后不影响防水效果（D选项错误）。所以水泥渗透结晶型防水涂料可接触饮用水混凝土工程的说法是正确的（C选项正确）。
答案：C

1-32 解析：挤塑聚苯乙烯保温板是以聚苯乙烯树脂为主要原料，经加热挤塑形成的一种发泡硬质塑料板。板内形成许多具有封闭性的气泡结构，所以挤塑聚苯乙烯保温板是连续性开孔发泡的说法是错误的。
答案：A

1-33 解析：SBS改性沥青为橡胶改性沥青材料，不属于高分子材料，所以SBS改性沥青胶粘剂不属于高分子防水胶粘剂。
答案：A

1-34 解析：木材防腐剂一类是水溶液防腐剂，常用于室内木构件的防腐，如氯化锌、氟化钠、铜铬合剂、硫酸铜等；另一类是油剂防腐剂，这类防腐剂毒性大，又有臭味，多用于室外、地下或水中构件，如煤焦油、蒽油、氟砷沥青等。
答案：A

1-35 解析：微孔硅酸钙由硅藻土、石灰等拌和，成形，压蒸，烘干制成，强度较低，可以锯切（A选项错误），吸水性强（C选项正确），耐水性好（B选项错误），耐热性好，耐热温度为650℃（D选项错误）。
答案：C

1-36 解析：材料的孔隙越多、越细小，吸声效果越好（A选项错误）。多孔吸声材料应为开口孔，材料内部开放连通的孔隙越多，吸声性能越好（D选项正确）；若材料的孔隙为单独的封闭孔隙，则吸声效果降低（C选项错误）。增加多孔材料的厚度，可提高低频声的吸声效果，但对高频声没有多大影响（B选项错误）。
答案：D

1-37 解析：泡沫石棉材料是以天然矿物石棉纤维为原料，将其在阴离子表面活性剂作用下，使石棉纤维充分松懈制浆、发泡、成形、干燥制成的具有网状结构的多孔毡状材料，具有表观密度小（D选项错误）、保温性能好、吸声效果好（A选项正确）、抗腐蚀等特点，还具有良好的抗震性能，且有弹性、柔软，宜用于各种异形外壳的包裹，使用温度范围广，低温不脆硬（B选项错误），高温时不散发烟雾或毒气（C选项错误）。
答案：A

1-38 解析：根据《建筑地面设计规范》GB 50037—2013第3.6.2条规定，有大型设备且检修频繁和有撞击磨损作用的地面，应采用厚度不小于60mm的块材面层或水玻璃混凝土、树脂细石混凝土、密实混凝土等整体面层。设备较小和使用小型运输工具的地面，可采用厚度不小于20mm的块材面层或树脂砂浆、聚合物水泥砂浆、沥青砂浆等整体面层（A选项正确）。无运输工具的地面可采用树脂自流平涂料或防腐蚀耐磨涂料等整体面层（B选项错误）。水玻璃为气硬性胶凝材料，所以水玻璃混凝土不能用于室外地面（C选项错误）。树脂不属于不燃材料，所以树脂砂

103

浆不能用于明火部位地面（D选项错误）。

答案：A

1-39 解析：根据《绿色建筑评价标准》GB/T 50378—2019 第7.2.15 条规定，合理选用建筑结构材料与构件，评价总分值为10分，并按下列规则评分：

1 混凝土结构，按下列规则分别评分并累计：
1）400MPa 级及以上强度等级钢筋应用比例达到85%，得5分（B选项正确）；
2）混凝土竖向承重结构采用强度等级不小于C50混凝土用量占竖向承重结构中混凝土总量的比例达到50%，得5分。

2 钢结构，按下列规则分别评分并累计：
1）Q345及以上高强度钢材用量占钢材总量的比例达到50%，得3分；达到70%，得4分（C选项正确）；
2）螺栓连接等非现场焊接节点占现场全部连接、拼接节点的数量比例达到50%，得4分（D选项正确）；

所以，采用C30混凝土的做法不节材。

答案：A

1-40 解析：绿色建筑材料是指采用清洁生产技术，不用或少用天然资源和能源，大量使用工农业或城市固态废弃物生产的无毒害、无污染、无放射性、达到使用周期后可以回收利用，有利于环境保护和人体健康的建筑材料。所以绿色建材生产应减少使用天然资源。

答案：B

1-41 解析：建筑材料按照化学成分分为无机材料（包括金属材料和非金属材料）、有机材料（包括植物材料、沥青材料和高分子材料）和复合材料。金属材料又分为黑色金属，如钢铁，有色金属，如铝及合金、铜及合金等；非金属材料有天然石材、玻璃、陶瓷、水泥、混凝土、黏土、石灰等。复合材料是指由两种或两种以上不同种类材料复合而成，如金属材料与有机材料复合（如铝塑板）、金属材料与非金属材料复合（如钢纤维增强水泥混凝土）、无机材料和有机材料复合（如玻璃纤维增强塑料，即玻璃钢）。混凝土为无机非金属材料，合金钢为无机金属材料，塑料板为有机材料，铝塑板为金属材料与有机材料复合而成。

答案：C

1-42 解析：孔隙率是指孔隙体积占自然状态体积的百分率。密度是指材料在绝对密实状态下单位体积的质量，不包括材料内部孔隙，所以密度大小与孔隙率无关（A选项错误）。孔隙率越大，材料的强度越低（B选项错误），导热性越差，保温性能越高（C选项错误），吸声能力越好（D选项正确）。

答案：D

1-43 解析：花岗石主要矿物成分为石英、长石等，主要化学成分为二氧化硅和氧化铝，所以为酸性岩石（A选项正确）。花岗石构造致密，质地坚硬，耐磨性好（B选项错误），强度高（C选项错误），密度大，吸水率低（D选项错误）。

答案：A

1-44 解析：根据《天然大理石建筑板材》GB/T 19766—2016 规定，普型板的厚度尺寸主要有10mm、12mm、15mm、18mm、20mm、25mm、30mm、35mm、40mm、50mm，其中20mm为常用规格。

答案：D

1-45 解析：灰土由黏土、石灰组成；由石灰、黏土、砂或石组成是为三合土。灰土中石灰含量越高，强度越高。土的塑性指数是指液限与塑限的差值，塑性指数越大，表明土的颗粒越细，比表面积越大，土处在可塑状态的含水量变化范围就越大。也就是说，塑性指数能综合反映土的矿物成分和颗粒大小的影响，土的塑性指数越大，越难压实，所以塑性指数与土的抗压强度和抗渗性能有关。

答案：B

1-46 解析：水玻璃（俗称泡花碱）是一种能溶于水的碱金属硅酸盐，水玻璃粘结力强（A选项错误），强度高，耐酸性强（B选项正确），耐热性好（C选项错误），但是耐水性和耐碱性差（D选项错误）。

答案：B

1-47 解析：混凝土按抗压强度标准值划分强度等级，所以判断混凝土质量的主要依据是抗压强度。

答案：C

1-48 解析：加气混凝土表观密度越大，孔隙率越小（A选项错误），密实度越大，抗渗性越好（D选项错误）；表观密度越小，孔隙率越大，强度越小（B选项错误），保温性能越好（C选项正确）。

答案：C

1-49 解析：通用水泥包括硅酸盐水泥（P·Ⅰ、P·Ⅱ）、普通硅酸盐水泥（P·O）、矿渣硅酸盐水泥（P·S）、火山灰质硅酸盐水泥（P·P）、粉煤灰硅酸盐水泥（P·F）、复合硅酸盐水泥（P·C）。油井水泥为专用水泥，低碱水泥和硅酸盐膨胀水泥为特种水泥。所以普通硅酸盐水泥属于通用水泥。

答案：A

1-50 解析：混凝土拌和用水应符合《混凝土用水标准》JGJ 63—2006的规定。它包括饮用水、地表水、地下水、经过处理的海水及经过适当处理或处置的工业废水（A选项正确）。拌制和养护混凝土用水不得影响混凝土的和易性及凝结，不得有损于混凝土强度发展，不得降低混凝土的耐久性，不得加快钢筋腐蚀及导致预应力钢筋脆断（C选项正确），不得污染混凝土表面（B选项错误）。另外，对水的pH值以及不溶物、可溶物、氯化钠、硫化物、硫酸盐等含量均有限制（D选项正确）。因为海水会在混凝土表面返碱而污染装饰表面，所以不能用海水拌制装饰混凝土。

答案：B

1-51 解析：配制高强混凝土需要选择强度高的水泥，而硅酸盐水泥或普通硅酸盐水泥早期强度及后期强度都高，所以高强混凝土要选用硅酸盐水泥。

答案：B

1-52 解析：胶合板是用数张（一般为3~13层，层数为奇数）由原木沿年轮方向旋切的薄片，使其纤维方向相互垂直叠放，经热压而成。胶合板克服了木材各向异性的缺点，材质均匀，强度高（D选项错误），幅面大（B选项正确），平整而易于加工，干湿变形小，不易开裂、翘曲（A、C选项错误），板面有美丽的花纹，装饰性好。

答案：B

1-53 解析：冷弯型钢采用普通碳素结构钢、优质碳素结构钢、低合金结构钢板或钢带冷弯制成。

答案：D

1-54 解析：压型钢板是指薄钢板经冷压或冷轧成波形、双曲形、V形等形状，具有质量轻、强度高、波纹平直坚挺、色彩丰富、造型美观大方、耐久性好、抗震性高、加工简便、施工方便等特点，主要用于围护结构、楼板、屋面等。

答案：B

1-55 解析：铝合金延展性好，易于加工；铝合金中添加的合金元素使铝合金的强度提高。铝合金可用于扶手和屋面板。

答案：C

1-56 解析：膨胀蛭石为天然蛭石在850~1000℃下煅烧而成，体积膨胀可达20~30倍，所以孔隙率大，导热系数小（D选项错误），吸声性能好（C选项错误）；膨胀蛭石耐热温度可达1000℃，防火性能好（B选项正确），但是吸水性很大，抗冻性差（A选项错误）。

答案：B

1-57 解析：蒸压加气混凝土由钙质原料（如水泥、石灰等）、硅质原料（如石英砂、粉煤灰、矿渣等）和加气剂（铝粉）按照一定比例混合，发泡、蒸养而成。蒸压养护条件下，钙质原料和硅质原料反应生成水化硅酸钙、水化铝酸钙，所以蒸压混凝土主要成分为水化硅酸钙、水化铝酸钙、氢氧化钙等。蒸压加气混凝土质量轻、绝热、隔声、耐火，除作墙体材料外，还可用于屋面保温。但不用于基础及处于浸水、高湿和有化学侵蚀介质的环境，也不能承重及用于温度＞80℃的建筑部位。所以蒸压加气混凝土不能用于建筑基础、泳池隔墙。清水外墙指墙面不抹灰、不需要外墙装饰的外墙，包括清水混凝土墙和清水砖墙，蒸压加气混凝土不可用作清水外墙，也不可用作建筑基础、泳池隔墙。

答案：A

1-58 解析：岩棉板是原始白棉经过布棉机，分布均匀，再经过高温固化设备加温固化，生产成型的，由于岩棉纤维是横向走，所以岩棉板纤维平行于板面（A选项错误）。岩棉条是由硬度较好的岩棉板，经过切割设备裁切，形成各种规格的竖丝岩棉条，即岩棉条纤维垂直于条面（D选项错误），因为岩棉条主要就是用竖丝，所以垂直于条面的抗拉强度高于岩棉板（B选项错误），岩棉条的拉伸强度取决于纤维强度（C选项正确）。

答案：C

1-59 解析：非结构胶粘剂的有：动（植）物胶等天然胶粘剂，脲醛树脂类、聚酯树脂类、呋喃树脂类、间苯二酚甲醛等热固性胶粘剂，聚酰胺类、聚醋酸乙烯酯类、聚乙烯醇缩醛类、过氯乙烯树脂类等热塑性胶粘剂。属结构胶粘剂的有：环氧树脂类、酚醛树脂类、聚氨酯类、有机硅类、聚酰亚胺类等热固性胶粘剂，聚丙烯酸酯类、聚甲基丙烯酸酯类等热塑性胶粘剂，还有如酚醛—环氧型、酚醛—丁腈橡胶型等改性的多组分胶粘剂。

答案：B

1-60 解析：塑料门窗型材原料的主要成分为聚氯乙烯。

答案：A

1-61 解析：硝基漆的主要成分为硝化棉，即硝酸纤维素，是以精制短棉绒为原料，用硝酸、硫酸的混合酸进行酯化，使纤维素中的—OH基酯化为—ONO_2的产物，所以硝基漆不属于树脂类油漆。

答案：C

1-62 解析：《建筑玻璃应用技术规程》JGJ 113—2015第4.1.12条规定，中空玻璃的气体层厚度不应小于9mm，两侧玻璃厚度不应小于4mm。第9.1.4条规定，夹层玻璃胶片厚度不应小于0.76mm，夹层玻璃两片厚度相差不宜大于3mm。所以中空玻璃单片玻璃厚度不宜小于5mm的说法是错误的。

答案：A

1-63 解析：《外墙饰面砖工程施工及验收规程》JGJ 126—2015第3.1条规定，外墙饰面砖工程中采用陶瓷砖的吸水率：Ⅰ、Ⅵ、Ⅶ区吸水率不应大于3%，Ⅱ区吸水率不应大于6%，Ⅲ、Ⅳ、Ⅴ区和冰冻期一个月以上的地区吸水率不宜大于6%。因此，吸水率不应大于3%。

答案：A

1-64 解析：根据《建筑内部装修设计防火规范》GB 50222—2017表5.1.1规定，剧院观众厅帷幕的燃烧性能等级不应低于B1级。

答案：C

1-65 解析：《建筑外墙防水工程技术规程》JGJ/T 235—2011第5.2.2条规定，墙体有外保温外墙且采用幕墙饰面时，设在找平层上的防水层宜采用聚合物水泥防水砂浆、普通防水砂浆、聚合物水泥防水涂料、聚合物乳液涂料或聚氨酯防水涂料；当外墙保温选用矿物棉保温材料时，防水层宜采用防水透气膜。

答案：D

1-66 解析：环氧漆以环氧树脂、铁红或锌粉、助剂和溶剂等组成漆料，配以胺固化剂的双组份涂料，防锈防腐功能突出。沥青漆以煤焦油沥青以及煤焦油为主要原料，加入稀释剂、改性剂、催干剂等有机溶剂组成，防腐性能好。聚氨酯漆可用作防腐涂料。醇酸漆主要用于金属、木质防锈漆的面漆。

答案：D

1-67 解析：材料的表观密度增加，表明其孔隙率降低。材料的孔隙率降低时，对低频的吸声效果增加，对高频、中频声的吸声效果下降。所以，表观密度增加，低频吸声效果提高。

答案：A

1-68 解析：质量越重的材料其防辐射性能越好。四种材料中，塑料板质量最轻，所以其防X射线性能最差。

答案：C

1-69 解析：《建筑内部装修设计防火规范》GB 50222—2017 第3.0.4条规定，安装在金属龙骨上燃烧性能达到B1级的纸面石膏板、矿棉吸声板可作为A级装修材料使用。水泥蛭石板为A级装修材料。

答案：C

1-70 解析：《绿色建筑评价标准》GB/T 50378—2019 第7.1.9条规定，建筑造型要素应简约，且无大量装饰性构件，因此选项C更符合题意。

答案：C

1-71 解析：《民用建筑绿色设计规范》JGJ/T 229—2010 第7.3.1条条文说明规定，可再利用材料是指不改变物质形态可直接再利用的，或经过组合、修复后可直接再利用的回收材料。第2.0.13条规定，可再循环材料是指通过改变物质形态可实现循环利用的回收材料。宜选择可再循环材料，如钢材、铝合金型材、玻璃、石膏制品、木材等。所以混凝土不属于可再循环建筑材料。

答案：D

第二章 建筑构造

本章考试大纲：掌握建筑常用构造的原理与方法，能根据建筑使用功能、技术性能、维护维修及品质要求，正确选用材料和部品，合理采用构造与连接方式；了解建筑新技术、新材料在建筑构造中的应用及相关工艺的要求。

本章复习重点：本章系统性介绍了建筑物的构造组成和基本原理，总结提炼并及时更新了各级各项设计规范、标准、规程中的重要考点。重点内容最多的是建筑装饰装修构造、墙体构造和屋顶构造三部分，其次是地面和路面构造、幕墙构造、地下室构造、门窗构造和变形缝构造等部分。各节中详细的重要考点以波浪线标出，应加强学习并深入理解和掌握。

第一节 建筑构造综述

一、学科特点

建筑构造是研究建筑物的构成、各组成部分的组合原理和构造方法的学科，研究如何运用恰当的材料、构件和配件来设计合理的构造方案，以满足建筑物的使用功能、技术经济条件和艺术形象等方面的要求，是建筑设计的重要内容和建筑物建造的必要依据。

建筑构造具有综合性和实践性强的特点，它涉及建筑材料、工程力学、建筑结构、建筑施工、建筑图学、建筑设计、建筑物理等诸多领域，是一门综合学科。建筑构造知识需要全面学习，灵活运用，并通过实践熟练掌握。

二、建筑的本质

建筑在本质上是为人类的生活和生产而创造的人工空间与环境。建筑的本质包括建筑空间和建筑物实体两个要素，二者是建筑的一体两面，互相依存，缺一不可。

三、建筑构造的研究对象

建筑构造的研究对象不是建筑本质中的人工空间，而是由基础、墙体、楼板、地坪、屋顶、门窗、楼梯等各种部品按特定原理和方法组合并建造而成的建筑物实体系统。

四、建筑物的构造组成

建筑物实体是一个复杂的、动态的大系统，由结构子系统、围护和分隔子系统以及设备子系统组成：结构子系统是建筑物的承重骨架，由能承受和传递各种作用（荷载）并具有适当刚度的部分组成；围护和分隔子系统由不承重但作为界面围合和分隔空间的部分组成；设备子系统包括给水排水系统、照明系统、电信系统、采暖系统、空调系统、供气系统等。建筑物系统处在不断的运动和变化过程中，可能给建筑物带来诸如变形、开裂等破坏。建筑设计应能适应建筑施工、使用、维修等动态的变化，以提高建筑物的质量和耐久性。

建筑物实体的构造组成一般包括水平建筑构件（地坪、楼板、屋顶等）、竖向建筑构件（基础、墙和柱、门窗等），以及解决上下层交通联系用的楼梯等基本构件。此外，还有阳台、雨篷、台阶、散水等附属构件（见图2-1-1）。

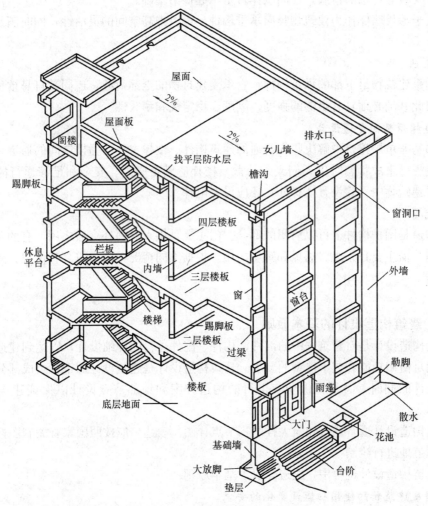

图2-1-1 建筑物的构造组成

1. 地坪、楼板

地坪是建筑物底层房间与土壤层的隔离构件，除承受作用于其上的荷载外，还具有防水、防潮、保温等功能。实铺地坪必须防潮，空铺地坪则类似于楼板而无顶棚。

楼板是建筑物分隔上下层空间的水平承重构件。楼板把建筑空间在垂直方面划分为若干层，它既是上层空间的地，又是下层空间的顶，两个方面都要做好处理。尤其是浴厕、厨房等用水房间的楼面处理更要满足防水、防火等方面的要求。

2. 屋顶

屋顶是建筑物最上部的水平承重构件，它承受屋顶的全部荷载，并将荷载传给承重墙或柱。同时屋顶作为围护构件,它抵御着自然界中的雨、雪、太阳辐射等对建筑物顶层空间的影响。

3. 墙和柱

墙是建筑物的竖向围护和分隔构件,外墙起着抵御各种自然界因素对室内侵袭的作用;内墙起着分隔室内空间的作用。在墙体承重结构中,墙体又是竖向承重构件,它承受着屋顶、楼板等传来的荷载,连同墙体自重一起传给基础。

用柱子替代墙体作为建筑物竖向承重构件,可以提高空间的灵活性,同时满足结构的需要。

4. 基础

基础是建筑物最下部的承重构件,它承受建筑物的全部荷载,连同其自身重量传递给地基。因此基础必须具有足够的强度、刚度、稳定性和耐久性。

5. 楼梯等竖向交通设施

楼梯是非单层建筑中解决竖向交通的建筑构件。楼梯主要作为楼层间的通道,在处于火灾、地震等事故状态时供人们紧急疏散。楼梯应满足坚固、安全和足够通行能力的要求。高层建筑物中,除设置楼梯外,还应设置电梯。

6. 门窗

门和窗是围护构件上可以启闭的部分。门主要是供人们内外交通之用,有的兼通风和采光作用。窗主要是采光、通风和观望之用。根据不同情况,门窗应具有保温、隔热、隔声等功能。

五、建筑构造设计的基本原则

建筑构造设计是对建筑物中的部件、构件、配件进行的详细设计,以达到建造的技术要求并满足使用功能和艺术造型的要求。建筑构造设计是建筑设计的重要组成部分,在进行建筑设计的同时,必须提供切实可行的构造方案和细部节点设计以保证建筑工程的实施。

建筑构造设计通常通过建筑大样图(节点详图)表达,应按照国家有关制图标准的各项要求规范地进行绘制。

在建筑构造设计过程中,应遵守以下基本原则:

1. 满足建筑物的使用功能及变化的要求

建筑构造设计必须最大限度地满足建筑物的使用功能,同时考虑对建筑使用过程中的灵活变化需求的适应,这也是整个设计的根本目的。

2. 确保结构安全可靠

房屋建筑设计不仅要对其进行必要的结构系统计算,在构造设计时,也要认真分析荷载的性质、大小,合理确定构件尺寸,确保其强度、刚度和稳定性,并确保构件间连接可靠。

3. 充分发挥所用材料的各种性能

按照不同的功能要求合理选择材料,根据材料的各项物理、力学和化学等性质进行材料的构造组合和构造连接设计。

4. 注意施工的可能性和现实性，适应建筑工业化的需要

建筑构造应尽量采用标准化设计，采用定型通用构配件，以提高构配件间的通用性和互换性，为构配件生产工业化、施工机械化提供条件。

5. 执行各项建筑法规和技术规范，考虑建筑经济、社会和环境的综合效益

执行建设指导方针，严格遵守各项政策、法规和强制性标准。从材料选择到施工方法都必须注意保护环境，降低资源消耗，节约投资，贯彻可持续发展原则。

6. 注重感官效果及对建筑空间构成的影响

建筑细部构造，直接影响着建筑物的整体艺术效果，因此建筑构造方案应满足人们的审美要求，并与建筑空间艺术协调统一。

综上所述，建筑构造设计的总原则应是坚固适用、先进合理、经济美观和可持续发展。

六、建筑物的分类

建筑物可以依据不同的标准进行分类，常见的分类方法有以下几种：

（一）按使用功能分类

建筑物按使用功能的不同，具体可划分为以下三种基本类型：

1. 民用建筑

民用建筑指的是供人们居住和进行公共活动的建筑的总称，可分为居住建筑和公共建筑两大类。

（1）居住建筑：供人们居住使用的建筑，可分为住宅建筑和宿舍建筑。

（2）公共建筑：供人们进行各种公共活动的建筑，可分为交通建筑、商业建筑、餐饮建筑、观演建筑、博物馆建筑、图书馆建筑、会展建筑、体育建筑、旅馆建筑、老年人照料设施建筑、托儿所幼儿园建筑、医疗建筑、教育建筑、纪念建筑、娱乐建筑、广播邮电建筑、市政建筑、宗教建筑、园林建筑等诸多类型。

2. 工业建筑

工业建筑指的是以工业性生产为主要使用功能的建筑。由生产厂房和生产辅助用房组成，其中生产辅助用房包括仓库及公用辅助用房等。

（1）单层工业厂房：这类厂房主要用于重工业类的生产企业。

（2）多层工业厂房：这类厂房主要用于轻工业类的生产企业。

（3）层次混合的工业厂房：这类厂房主要用于化工类的生产企业。

3. 农业建筑

农业建筑指的是以农业性生产为主要使用功能的建筑，如粮库、农机站、饲养场等。

（二）按结构类型分类

结构类型是以承重构件的选用材料与制作方式、传力方法的不同而划分，一般分为以下几种：

1. 砌体结构

这种结构的竖向承重构件是以烧结砖（普通砖、多孔砖）、蒸压砖（灰砂砖、粉煤灰砖）、混凝土砖或混凝土小型空心砌块砌筑的墙体，水平承重构件是钢筋混凝土楼板及屋面板，主要用于多层建筑中。

《砌体结构通用规范》GB 55007—2021 中规定：本规范为强制性工程建设规范，全部条文必须严格执行。现行工程建设标准中有关规定与本规范不一致的，以本规范的规定为准。

（1）砌体结构工程必须执行本规范。

（2）砌体结构应布置合理、受力明确、传力途径合理，并应保证砌体结构的整体性和稳定性。

（3）砌体结构所处的环境类别应依据气候条件及结构的使用环境条件按表 2-1-1 分类。

砌体结构使用环境分类   表 2-1-1

环境类别	环境名称	环境条件
1	干燥环境	干燥的室内、室外环境；室外有防水防护环境
2	潮湿环境	潮湿室内或室外环境，包括与无侵蚀性土和水接触的环境
3	冻融环境	寒冷地区潮湿环境
4	氯侵蚀环境	与海水直接接触的环境，或处于滨海地区的盐饱和的气体环境
5	化学侵蚀环境	有化学侵蚀的气体、液体或固态形式的环境，包括有侵蚀性土壤的环境

（4）砌体结构施工质量控制等级应根据现场质量管理水平、砂浆与混凝土质量控制、砂浆拌和工艺、砌筑工人技术等级四个要素从高到低分为 A、B、C 三级，设计工作年限为 50 年及以上的砌体结构工程，应为 A 级或 B 级。

（5）砌体结构材料应依据其承载性能、节能环保性能、使用环境条件合理选用。

（6）砌体结构应根据块材类别和性能，选用与其匹配的砌筑砂浆。

（7）砌体结构不应采用非蒸压硅酸盐砖、非蒸压硅酸盐砌块及非蒸压加气混凝土制品。

（8）长期处于 200℃ 以上或急热急冷的部位，以及有酸性介质的部位，不得采用非烧结墙体材料。

（9）砌体结构中的钢筋应采用热轧钢筋或余热处理钢筋。

（10）砌体结构中应推广应用以废弃砖瓦、混凝土块、渣土等废弃物为主要材料制作的块体。

（11）对处于环境类别 1 类和 2 类的承重砌体，所用块体材料的最低强度等级应符合表 2-1-2 的规定；对配筋砌块砌体抗震墙，表 2-1-2 中 1 类和 2 类环境的普通、轻骨料混凝土砌块强度等级为 MU10；安全等级为一级或设计工作年限大于 50 年的结构，表 2-1-2 中材料强度等级应至少提高一个等级。

1 类、2 类环境下块体材料最低强度等级   表 2-1-2

环境类别	烧结砖	混凝土砖	普通、轻骨料混凝土砌块	蒸压普通砖	蒸压加气混凝土砌块	石材
1	MU10	MU15	MU7.5	MU15	A5.0	MU20
2	MU15	MU20	MU7.5	MU20	—	MU30

(12) 夹芯墙的外叶墙的砖及混凝土砌块的强度等级不应低于 MU10。

(13) 填充墙的块材最低强度等级，应符合下列规定：

1) 内墙空心砖、轻骨料混凝土砌块、混凝土空心砌块应为 MU3.5，外墙应为 MU5；

2) 内墙蒸压加气混凝土砌块应为 A2.5，外墙应为 A3.5。

(14) 下列部位或环境中的填充墙不应使用轻骨料混凝土小型空心砌块或蒸压加气混凝土砌块砌体：

1) 建（构）筑物防潮层以下墙体；

2) 长期浸水或化学侵蚀环境；

3) 砌体表面温度高于 80℃ 的部位；

4) 长期处于有振动源环境的墙体。

(15) 砌筑砂浆的最低强度等级应符合下列规定：

1) 设计工作年限大于和等于 25 年的烧结普通砖和烧结多孔砖砌体应为 M5，设计工作年限小于 25 年的烧结普通砖和烧结多孔砖砌体应为 M2.5；

2) 蒸压加气混凝土砌块砌体应为 Ma5，蒸压灰砂普通砖和蒸压粉煤灰普通砖砌体应为 Ms5；

3) 混凝土普通砖、混凝土多孔砖砌体应为 Mb5；

4) 混凝土砌块、煤矸石混凝土砌块砌体应为 Mb7.5；

5) 配筋砌块砌体应为 Mb10；

6) 毛料石、毛石砌体应为 M5。

(16) 混凝土砌块砌体的灌孔混凝土强度等级不应低于 Cb20，且不应低于 1.5 倍的块体强度等级。

(17) 设计有抗冻要求的砌体时，砂浆应进行冻融试验，其抗冻性能不应低于墙体块材。

(18) 墙体转角处和纵横墙交接处应设置水平拉结钢筋或钢筋焊接网。

(19) 钢筋混凝土楼、屋面板应符合下列规定：

1) 现浇钢筋混凝土楼板或屋面板伸进纵、横墙内的长度，均不应小于 120mm；

2) 预制钢筋混凝土板在混凝土梁或圈梁上的支承长度不应小于 80mm；当板未直接搁置在圈梁上时，在内墙上的支承长度不应小于 100mm，在外墙上的支承长度不应小于 120mm；

3) 预制钢筋混凝土板端钢筋应与支座处沿墙或圈梁配置的纵筋绑扎，应采用强度等级不低于 C25 的混凝土浇筑成板带；

4) 预制钢筋混凝土板与现浇板对接时，预制板端钢筋应与现浇板可靠连接；

5) 当预制钢筋混凝土板的跨度大于 4.8m 并与外墙平行时，靠外墙的预制板侧边应与墙或圈梁拉结；

6) 钢筋混凝土预制板应相互拉结，并应与梁、墙或圈梁拉结。

(20) 砖烟囱块体材料应选用烧结普通砖，且高度不应大于 60m。抗震设防烈度 8 度 Ⅲ 类场地和 Ⅳ 类场地及抗震设防烈度 9 度时不应用砖烟囱。

(21) 多层砌体结构房屋中的承重墙梁不应采用无筋砌体构件支承。墙梁设计应包括墙体总高度、跨度、墙体及托梁的高跨比、洞口尺寸及洞口位置的构造要求。

(22) 对于多层砌体结构民用房屋，当层数为 3 层、4 层时，应在底层和檐口标高处各设置一道圈梁。当层数超过 4 层时，除应在底层和檐口标高处各设置一道圈梁外，至少应在所有纵、横墙上隔层设置。多层砌体工业房屋，应每层设置圈梁。设置墙梁的多层砌体结构房屋，应在托梁、墙梁顶面和檐口标高处设置圈梁。

(23) 圈梁宽度不应小于 190mm，高度不应小于 120mm，配筋不应少于 4Φ12，箍筋间距不应大于 200mm。

(24) 挑梁埋入砌体长度 l_1 与挑出长度 l 之比应大于 1.2；当挑梁埋入段上无砌体时，l_1 与 l 之比应大于 2。

(25) 当填充墙非均匀布置时，应考虑质量及刚度的差异对主体结构抗震不利的影响。

(26) 填充墙上的作用应包括墙体自重、墙体上附着物的重量、风荷载及地震作用。

(27) 填充墙应满足风荷载及地震作用影响下的稳定性要求。

(28) 填充墙与周边主体结构构件的连接构造和嵌缝材料应能满足传力、变形、耐久、防护和防止平面外倒塌要求。

(29) 砌筑前需要湿润的块材应对其进行适当浇（喷）水，不得采用干砖或吸水饱和状态的砖砌筑。

(30) 砌体砌筑时，墙体转角处和纵横交接处应同时咬槎砌筑；砖柱不得采用包心砌法；带壁柱墙的壁柱应与墙身同时咬槎砌筑；临时间断处应留槎砌筑；块材应内外搭砌、上下错缝砌筑。

(31) 砌体中的洞口、沟槽和管道等应按照设计要求留出和预埋。

(32) 砌体与构造柱的连接处以及砌体抗震墙与框架柱的连接处均应采用先砌墙后浇柱的施工顺序，并应按要求设置拉结钢筋；砖砌体与构造柱的连接处应砌成马牙槎。

(33) 承重墙体使用的小砌块应完整、无破损、无裂缝。

(34) 采用小砌块砌筑时，应将小砌块生产时的底面朝上反砌于墙上。施工洞口预留直槎时，应对直槎上下搭砌的小砌块孔洞采用混凝土灌实。

(35) 砌体结构的芯柱混凝土应分段浇筑并振捣密实。并应对芯柱混凝土浇灌的密实程度进行检测，检测结果应满足设计要求。

2. 框架结构

这种结构的承重部分是由钢筋混凝土或钢材制作的梁、板、柱形成的骨架承担，外部墙体起围护作用，内部墙体起分隔作用。这种结构可以用于多层建筑和高层建筑中。

3. 钢筋混凝土板墙结构

这种结构的竖向承重构件和水平承重构件均采用钢筋混凝土制作，施工时可以在现场浇筑或在加工厂预制，现场进行吊装。这种结构可以用于多层建筑和高层建筑中。

4. 特种结构

这种结构又称为空间结构。它包括悬索、网架、拱、壳体等结构形式。这种结构多用于大跨度的公共建筑中。大跨度空间结构为 30m 以上跨度的大型空间结构。

(三) 按建筑层数或总高度分

1.《民用建筑设计统一标准》GB 50352—2019 的规定

民用建筑按地上建筑高度或层数进行分类：

(1) 建筑高度不大于 27.0m 的住宅建筑、建筑高度不大于 24.0m 的公共建筑及建筑高度大于 24.0m 的单层公共建筑为低层或多层民用建筑；

（2）建筑高度大于 27.0m 的住宅建筑和建筑高度大于 24.0m 的非单层公共建筑，且高度不大于 100.0m 的，为高层民用建筑；

（3）建筑高度大于 100.0m 为超高层建筑。

注：建筑防火设计应符合现行国家标准《建筑设计防火规范》GB 50016 有关建筑高度和层数计算的规定。

2.《智能建筑设计标准》 GB 50314—2015 的规定

建筑高度为 100m 或 35 层及以上的住宅建筑为超高层住宅建筑。

3.《建筑设计防火规范》 GB 50016—2014（2018 年版）的规定

（1）建筑高度大于 27m 的住宅建筑和建筑高度大于 24m 的非单层厂房、仓库和其他民用建筑称为高层建筑。

（2）民用建筑根据其建筑高度和层数可分为单层民用建筑、多层民用建筑和高层民用建筑；高层民用建筑根据其建筑高度、使用功能和楼层建筑面积，可分为一类高层建筑和二类高层建筑；具体划分见表 2-1-3。

民用建筑的分类　　　　　　　　　　表 2-1-3

名称	高层民用建筑		单、多层民用建筑
	一类	二类	
住宅建筑	建筑高度大于 54m 的住宅建筑（包括设置商业服务网点的住宅建筑）	建筑高度大于 27m，但不大于 54m 的住宅建筑（包括设置商业服务网点的住宅建筑）	建筑高度不大于 27m 的住宅建筑（包括设置商业服务网点的住宅建筑）
公共建筑	1. 建筑高度大于 50m 的公共建筑； 2. 建筑高度 24m 以上部分任一楼层建筑面积大于 1000m^2 的商店、展览、电信、邮政、财贸金融建筑和其他多种功能组合的建筑； 3. 医疗建筑、重要公共建筑、独立建造的老年人照料设施； 4. 省级及以上的广播电视和防灾指挥调度建筑、网局级和省级电力调度建筑； 5. 藏书超过 100 万册的图书馆、书库	除一类高层公共建筑外的其他高层公共建筑	1. 建筑高度大于 24m 的单层公共建筑； 2. 建筑高度不大于 24m 的其他公共建筑

注：1. 宿舍、公寓等非住宅类居住建筑的防火要求，应符合相关公共建筑的规定；
2. 在高层建筑主体投影范围外，与建筑主体相连且建筑高度不大于 24m 的附属建筑称为裙房。裙房的防火要求应符合高层民用建筑的规定；
3. 商业服务网点指的是设置在住宅建筑的首层或首层及二层，每个分隔单元建筑面积不大于 300m^2 的商店、邮政所、储蓄所、理发店等小型营业性用房；
4. 重要公共建筑指的是发生火灾可能造成重大人员伤亡、财产损失和严重社会影响的公共建筑。

4.《高层建筑混凝土结构技术规程》 JGJ 3—2010 的规定

10 层及 10 层以上或房屋高度大于 28m 的住宅建筑以及房屋高度大于 24m 的其他民

用建筑属于高层建筑。

（四）按施工方法分

施工方法是指建造房屋时所采用的方法，它分为以下几类：

1. 现浇、现砌式

这种施工方法是指主要构件均在施工现场砌筑（如砖墙等）或浇筑（如钢筋混凝土构件等）。

2. 预制、装配式

这种施工方法是指主要构件在加工厂预制，施工现场进行装配。

3. 部分现浇现砌、部分装配式

这种施工方法是一部分构件在现场浇筑或砌筑（大多为竖向构件），一部分构件为预制吊装（大多为水平构件）。

七、建筑物的等级

【相关真题：2021-064，2021-084，2020-064，2020-065，2020-066，2020-092，2019-066，2019-067】

建筑物的等级包括耐久等级和耐火等级两大部分。

（一）耐久等级

建筑物耐久等级的指标是设计使用年限。设计使用年限的长短是依据建筑物的性质决定的。影响建筑设计使用年限的因素主要是结构构件的选材和结构体系。

《民用建筑设计统一标准》GB 50352—2019 中要求民用建筑的设计使用年限应符合表 2-1-4 的规定。

民用建筑设计使用年限分类　　　　　　　表 2-1-4

类别	设计使用年限（年）	示例
1	5	临时性建筑
2	25	易于替换结构构件的建筑
3	50	普通建筑和构筑物
4	100	纪念性建筑和特别重要的建筑

注：此表依据《建筑结构可靠性设计统一标准》GB 50068，并与其协调一致。

（二）耐火等级

1. 基本规定

（1）建筑结构材料的防火分类

1）不燃材料：指在空气中受到火烧或高温作用时，不起火、不燃烧、不碳化的材料，如砖、石、金属材料和其他无机材料。用不燃烧性材料制作的建筑构件通常称为"不燃性构件"。

2）难燃材料：指在空气中受到火烧或高温作用时，难起火、难燃烧、难碳化的材料，当火源移走后，燃烧或微燃立即停止的材料。如刨花板和经过防火处理的有机材料。用难燃性材料制作的建筑构件通常称为"难燃性构件"。

3）可燃材料：指在空气中受到火烧或高温作用时，立即起火燃烧且火源移走后仍能继续燃烧或微燃的材料,如木材、纸张等材料。用可燃性材料制作的建筑构件通常称为"可燃性构件"。

(2)耐火极限:耐火极限指的是在标准耐火试验条件下,建筑构件、配件或结构从受到火的作用时起,至失去承载能力、完整性或隔热性时为止所用时间,用小时表示。

2. 民用建筑构件(非木结构)的燃烧性能和耐火极限

民用建筑构件(非木结构)不同耐火等级建筑相应构件的燃烧性能和耐火极限不应低于表2-1-5的规定。

民用建筑构件(非木结构)不同耐火等级构件的燃烧性能和耐火极限　　表2-1-5

构件名称		耐火等级			
		一级	二级	三级	四级
墙	防火墙	不燃性 3.00	不燃性 3.00	不燃性 3.00	不燃性 3.00
	承重墙	不燃性 3.00	不燃性 2.50	不燃性 2.00	难燃性 0.50
墙	非承重外墙	不燃性 1.00	不燃性 1.00	不燃性 0.50	可燃性
	楼梯间和前室的墙、电梯井的墙、住宅建筑单元之间的墙和分户墙	不燃性 2.00	不燃性 2.00	不燃性 1.50	难燃性 0.50
	疏散走道两侧的隔墙	不燃性 1.00	不燃性 1.00	不燃性 0.50	难燃性 0.25
	房间隔墙	不燃性 0.75	不燃性 0.50	难燃性 0.50	难燃性 0.25
柱		不燃性 3.00	不燃性 2.50	不燃性 2.00	难燃性 0.50
梁		不燃性 2.00	不燃性 1.50	不燃性 1.00	难燃性 0.50
楼板		不燃性 1.50	不燃性 1.00	不燃性 0.50	可燃性
屋顶承重构件		不燃性 1.50	不燃性 1.00	可燃性 0.50	可燃性
疏散楼梯		不燃性 1.50	不燃性 1.00	不燃性 0.50	可燃性
吊顶(包括吊顶格栅)		不燃性 0.25	难燃性 0.25	难燃性 0.15	可燃性

注:1. 以木柱承重且墙体采用不燃材料的建筑,其耐火等级应按四级确定;
　　2. 住宅建筑构件的耐火极限和燃烧性能可按国家标准《住宅建筑规范》GB 50368—2005的规定执行。

3. 特定的民用建筑构件的耐火极限

（1）楼板

二级耐火等级多层住宅建筑内采用预应力混凝土的楼板，其耐火极限不应低于0.75h。

（2）屋面板

一、二级耐火等级建筑的屋面板应采用不燃材料。

（3）房间隔墙

二级耐火等级建筑内采用难燃性墙体的房间隔墙，其耐火极限不应低于0.75h；当房间的建筑面积不大于100m²时，房间隔墙可采用耐火极限不低于0.50h的难燃性墙体或耐火极限不低于0.30h的不燃性墙体。

（4）夹芯板

建筑中的非承重外墙、房间隔墙和屋面板采用的金属夹芯板材，其芯材应为不燃材料。

（5）吊顶

1）二级耐火等级建筑内采用不燃材料的吊顶，其耐火极限不限；

2）三级耐火等级的医疗建筑、中小学校的教学建筑、老年人建筑及托儿所、幼儿园的儿童用房和儿童游乐厅等儿童活动场所的吊顶，其耐火极限不应低于0.25h；

3）二、三级耐火等级建筑内门厅、走道的吊顶应采用不燃材料。

4. 各类非木结构构件的燃烧性能和耐火极限

《建筑设计防火规范》GB 50016—2014（2018年版）规定的各类非木结构构件的燃烧性能和耐火极限（摘编）见表2-1-6。

各类非木结构构件的燃烧性能和耐火极限　　　　表 2-1-6

序号	构件名称	构件厚度或截面最小尺寸（mm）	耐火极限（h）	燃烧性能
一　承重墙				
1	普通黏土砖、硅酸盐砖、混凝土、钢筋混凝土实体墙	120	2.50	不燃性
		180	3.50	不燃性
		240	5.50	不燃性
		370	10.50	不燃性
2	加气混凝土砌块墙	100	2.00	不燃性
3	轻质混凝土砌块、天然石料的墙	120	1.50	不燃性
		240	3.50	不燃性
		370	5.50	不燃性

续表

序号	构件名称		构件厚度或截面最小尺寸（mm）	耐火极限（h）	燃烧性能
二　非承重墙					
1. 普通黏土砖墙	不包括双面抹灰		60	1.50	不燃性
			120	3.00	不燃性
	包括双面抹灰（15mm厚）		150	4.50	不燃性
			180	5.00	不燃性
			240	8.00	不燃性
2. 轻质混凝土墙	加气混凝土砌块墙		75	2.50	不燃性
			100	6.00	不燃性
			200	8.00	不燃性
	钢筋加气混凝土垂直墙板墙		150	3.00	不燃性
	粉煤灰加气混凝土砌块墙		100	3.40	不燃性
	充气混凝土砌块墙		150	7.50	不燃性
3. 钢筋混凝土墙	大板墙（C20）		60	1.00	不燃性
			120	2.60	不燃性
4. 钢龙骨两面钉纸面石膏板隔墙，单位（mm）	20＋46(空)＋12		78	0.33	不燃性
	2×12＋70(空)＋2×12		118	1.20	不燃性
	2×12＋70(空)＋3×12		130	1.25	不燃性
	2×12＋75(填岩棉，容重为100 kg/m³)＋2×12		123	1.50	不燃性
	12＋75(填50玻璃棉)＋12		99	0.50	不燃性
	2×12＋75(填50玻璃棉)＋2×12		123	1.00	不燃性
	3×12＋75(填50玻璃棉)＋3×12		147	1.50	不燃性
	12＋75(空)＋12		99	0.52	不燃性
	12＋75(其中5.0%厚岩棉)＋12		99	0.90	不燃性
	15＋9.5＋75＋15		123	1.50	不燃性
5. 钢龙骨两面钉双层石膏板隔墙，单位(mm)	板内掺纸纤维，2×12＋75(空)＋2×12		123	1.10	不燃性
	18＋70(空)＋18		106	1.35	不燃性
	2×12＋75(空)＋2×12		123	1.35	不燃性
	2×12＋75(填岩棉，容重为100kg/m³)＋2×12		123	2.10	不燃性
6. 轻钢龙骨两面钉耐火纸面石膏板隔墙，单位(mm)	3×12＋100(岩棉)＋2×12		160	2.00	不燃性
	3×15＋100(50厚岩棉)＋2×12		169	2.95	不燃性
	3×15＋100(80厚岩棉)＋2×15		175	2.82	不燃性
	3×15＋150(100厚岩棉)＋3×15		240	4.00	不燃性
	9.5＋3×12＋100(空)＋100(80厚岩棉)＋2×12＋9.5＋12		291	3.00	不燃性

续表

序号	构件名称		构件厚度或截面最小尺寸（mm）	耐火极限（h）	燃烧性能
7. 混凝土砌块墙	（1）轻集料小型空心砌块		规格尺寸为 330mm×140mm	1.98	不燃性
			规格尺寸为 330mm×190mm	1.25	不燃性
	（2）轻集料（陶粒）混凝土砌块		规格尺寸为 330mm×240mm	2.92	不燃性
			规格尺寸为 330mm×290mm	4.00	不燃性
	（3）轻集料小型空心砌块（实体墙体）		规格尺寸为 330mm×190mm	4.00	不燃性
	（4）普通混凝土承重空心砌块		规格尺寸为 330mm×140mm	1.65	不燃性
			规格尺寸为 330mm×190mm	1.93	不燃性
			规格尺寸为 330mm×290mm	4.00	不燃性
8	（1）增强石膏板轻质板墙		60	1.28	不燃性
	（2）增强石膏轻质内墙板（带孔）		90	2.50	不燃性
9	（1）水泥聚苯乙烯粒子复合板（纤维复合）墙		60	1.20	不燃性
	（2）水泥纤维加压板墙		100	2.00	不燃性
10. 轻集料混凝土条板隔墙	板厚（mm）		90	1.50	不燃性
			120	2.00	不燃性
三　柱					
1. 钢筋混凝土矩形柱	截面尺寸（mm²）		180×240	1.20	不燃性
			200×200	1.40	不燃性
			200×300	2.50	不燃性
			240×240	2.00	不燃性
			300×300	3.00	不燃性
			200×400	2.70	不燃性
			200×500	3.00	不燃性
			300×500	3.50	不燃性
			370×370	5.00	不燃性
2. 普通黏土砖柱	截面尺寸（mm²）		370×370	5.00	不燃性
3. 钢筋混凝土圆柱	直径（mm）		300	3.00	不燃性
			450	4.00	不燃性
4. 有保护层的钢柱	保护层为金属网抹 M5 砂浆，厚度（mm）		25	0.80	不燃性
			50	1.30	不燃性
	保护层为加气混凝土，厚度（mm）		40	1.00	不燃性
			50	1.40	不燃性
			70	2.00	不燃性
			80	2.33	不燃性

续表

序号	构件名称	构件厚度或截面最小尺寸（mm）	耐火极限（h）	燃烧性能
4. 有保护层的钢柱	保护层为C20混凝土，厚度（mm）	25	0.80	不燃性
		50	2.00	不燃性
		100	2.85	不燃性
	保护层为普通黏土砖，厚度（mm）	120	2.85	不燃性
	保护层为陶粒混凝土，厚度（mm）	80	3.00	不燃性
	保护层为薄涂型钢结构防火涂料，厚度（mm）	5.5	1.00	不燃性
		7.0	1.50	不燃性
	保护层为厚涂型钢结构防火涂料，厚度（mm）	15	1.00	不燃性
		20	1.50	不燃性
		30	2.00	不燃性
		40	2.50	不燃性
		50	3.00	不燃性
四　梁				
简支的钢筋混凝土梁	非预应力钢筋，保护层厚度（mm）	10	1.20	不燃性
		20	1.75	不燃性
		25	2.00	不燃性
		30	2.30	不燃性
		40	2.90~	不燃性
		50	3.50	不燃性
	预应力钢筋或高强度钢丝，保护层厚度（mm）	25	1.00	不燃性
		30	1.20	不燃性
		40	1.50	不燃性
		50	2.00	不燃性
	有保护层的钢梁	15mm厚LG防火隔热涂料保护层	1.50	不燃性
		20mm厚LY防火隔热涂料保护层	2.30	不燃性
五　楼板和屋顶承重构件				
1. 非预应力简支钢筋混凝土圆孔空心楼板	保护层厚度（mm）	10	0.90	不燃性
		20	1.25	不燃性
		30	1.50	不燃性
2. 预应力简支钢筋混凝土圆孔空心楼板	保护层厚度（mm）	10	0.40	不燃性
		20	0.70	不燃性
		30	0.85	不燃性

续表

序号	构件名称	构件厚度或截面最小尺寸（mm）	耐火极限（h）	燃烧性能
3. 四边简支的钢筋混凝土楼板	保护层厚度、板厚（mm）	10、70	1.40	不燃性
		15、80	1.45	不燃性
		20、80	1.50	不燃性
		30、90	1.85	不燃性
4. 现浇的整体式梁板	保护层厚度、板厚（mm）	10、100	2.00	不燃性
		15、100	2.00	不燃性
		20、100	2.10	不燃性
		30、100	2.15	不燃性
5. 屋面板	钢筋加气混凝土屋面板，保护层厚度10mm	—	1.25	不燃性
	钢筋充气混凝土屋面板，保护层厚度10mm	—	1.60	不燃性
	钢筋混凝土方孔屋面板，保护层厚度10mm	—	1.20	不燃性
	预应力混凝土槽形屋面板，保护层厚度10mm	—	0.50	不燃性
	预应力混凝土槽瓦，保护层厚度10mm	—	0.50	不燃性
	轻型纤维石膏板屋面板	—	0.60	不燃性
六 吊顶				
1. 钢吊顶格栅	钢丝网（板）抹灰	15	0.25	不燃性
	钉石棉板	10	0.85	不燃性
	钉双层石膏板	10	0.30	不燃性
	挂石棉型硅酸钙板	10	0.30	不燃性
	两侧挂0.5mm厚薄钢板，内填容重为100 kg/m³的陶瓷棉复合板	40	0.40	不燃性
2. 夹芯板吊顶	双面单层彩钢面岩棉夹芯板吊顶，中间填容重为120kg/m³的岩棉	50	0.30	不燃性
		100	0.50	不燃性
3. 钢龙骨，单面钉防火板，填密度100kg/m³的岩棉（mm）	9+75（岩棉）	84	0.50	不燃性
	12+100（岩棉）	112	0.75	不燃性
	2×9+100（岩棉）	118	0.90	不燃性
4. 钢龙骨单面钉纸面石膏板(mm)	12+2填缝料+60（空）	74	0.10	不燃性
	12+1填缝料+12+1填缝料+60（空）	86	0.40	不燃性

续表

序号	构件名称	构件厚度或截面最小尺寸（mm）	耐火极限（h）	燃烧性能
5. 钢龙骨单面钉防火纸面石膏板（mm）	12＋50（填60kg/m³的岩棉）	62	0.20	不燃性
	15＋1填缝料＋15＋1填缝料＋60（空）	92	0.50	不燃性
七 防火门				
1. 木质防火门	木质面板或木质面板内设防火板 (1) 门扇内填充珍珠岩 (2) 门扇内填充氯化镁、氧化镁	（丙级）40～50厚	0.50	难燃性
		（乙级）45～50厚	1.00	难燃性
		（甲级）50～90厚	1.50	难燃性
2. 钢木质防火门	(1) 木质面板 1) 钢质或钢木质复合门框、木质骨架，迎（背）火面一面或两面设防火板或不设防火板；门扇内填充珍珠岩，或氯化镁、氧化镁 2) 木质门框、木质骨架，迎（背）火面一面或两面设防火板或钢板；门扇内填充珍珠岩，或氯化镁、氧化镁 (2) 钢质面板 钢质或钢木质复合门框、钢质或木质骨架，迎（背）火面一面或两面设防火板，或不设防火板；门扇内填充珍珠岩，或氯化镁、氧化镁	（丙级）40～50厚	0.50	难燃性
		（乙级）45～50	1.00	难燃性
		（甲级）50～90	1.50	难燃性
3. 钢质防火门	钢质门框、钢质面板、钢质骨架；迎（背）火面一面或两面设防火板，或不设防火板；门扇内填充珍珠岩或氯化镁、氧化镁	（丙级）40～50	0.50	不燃性
		（乙级）45～70	1.00	不燃性
		（甲级）50～90	1.50	不燃性
八 防火窗				
1. 钢质防火窗	窗框钢质，窗扇钢质，窗框填充水泥砂浆，窗扇内填充珍珠岩，或氧化镁、氯化镁，或防火板；复合防火玻璃	25～30	1.00	不燃性
		30～38	1.50	不燃性
2. 木质防火窗	窗框、窗扇均为木质，或均为防火板和木质复合；窗框无填充材料，窗扇迎（背）火面外设防火板和木质面板，或为阻燃实木；复合防火玻璃	25～30	1.00	难燃性
		30～38	1.50	难燃性
3. 钢木复合防火窗	窗框钢质，窗扇木质，窗框填充采用水泥砂浆，窗扇迎（背）火面外设防火板和木质面板，或为阻燃实木；复合防火玻璃	25～30	1.00	难燃性
		30～38	1.50	难燃性

续表

序号	构件名称	构件厚度或截面最小尺寸（mm）	耐火极限（h）	燃烧性能
九　防火卷帘				
1	钢质普通型防火卷帘（帘板为单层）	—	1.50～3.00	不燃性
2	钢制复合型防火卷帘（帘板为双层）	—	2.00～4.00	不燃性
3	无机复合防火卷帘（采用多种无机材料复合而成）	—	3.00～4.00	不燃性
4	无机复合轻质防火卷帘（双层、不需水幕保护）	—	4.00	不燃性

注：(略去结构计算部分)
1. 确定墙体的耐火极限不考虑墙上有无洞孔；
2. 墙的总厚度包括抹灰粉刷层；
3. 中间尺寸的构件，其耐火极限建议经试验确定，亦可按插入法计算；
4. 计算保护层时，应包括抹灰粉刷层在内；
5. 现浇的无梁楼板按简支板数据采用；
6. 无防火保护层的钢梁、钢柱、钢楼板和钢屋架，其耐火极限可按 0.25h 确定；
7. 人孔盖板的耐火极限可参照防火门确定；
8. 防火门和防火窗中的"木质"均为经阻燃处理。

阅读上表时应注意以下的一些规律：
(1) 总体规律
竖向构件强于水平构件，水平构件强于平面构件（如一级耐火，柱、墙为 3.00h，梁为 2.00h，楼板为 1.50h），与结构设计"强柱弱梁"、"强剪弱弯"的要求基本相同。
(2) 选用结构材料的规律
1) 能满足结构要求的，防火基本没有问题（如一级耐火等级承重墙的要求是 3.00h，而 240mm 普通黏土砖墙的耐火极限为 5.50h）；
2) 重型材料优于轻型材料（如 120mm 砖墙的耐火极限为 2.50h，120mm 轻骨料混凝土条板隔墙的耐火极限为 2.00h）；
3) 非预应力构件优于预应力构件（如非预应力圆孔板的耐火极限是 0.90～1.50h，而预应力圆孔板的耐火极限是 0.40～0.85h）；
4) 同一种材料、同一种厚度在承重构件时与非承重构件时的区别，如 100mm 厚的加气混凝土砌块墙，在承重构件时耐火极限是 2.00h，在非承重构件时是 6.00h。
(3) 常用构件的耐火极限
1) 轻钢龙骨纸面石膏板隔墙：20mm+46（空）mm+12mm 的构造，其耐火极限只有 0.33h；提高耐火极限的途径可以选用双层石膏板或在中空层中填矿棉等防火材料；
2) 钢筋混凝土结构：钢筋混凝土结构的耐火极限与保护层的厚度有关，如：100mm 现浇的整体式梁板，保护层为 10mm 和 15mm 时，耐火极限为 2.00h；20mm 时为 2.10h；30mm 时为 2.15h；
3) 钢结构：无保护层的钢结构耐火极限只有 0.25h，要提高耐火极限必须加设保护层（如：选用防火涂料、M5 砂浆、C20 混凝土、加气混凝土、普通砖等）；

4) 防火门：防火门分为甲级（A1.50）、乙级（A1.00）、丙级（A0.50）三种。材质有木质防火门、钢木质防火门、钢质防火门等类型；

5) 防火窗：防火窗分为甲级（A1.50）、乙级（A1.00）和丙级（A0.50）三种。材质有钢质防火窗、木质防火窗、钢木复合防火窗等类型。

> **例 2-1-1 （2020）** 以下墙体中耐火极限值最大的是（ ）。
> A 60mm 厚普通黏土砖墙（不含粉刷）
> B 100mm 厚水泥纤维加压板墙
> C 120mm 厚轻集料混凝土条板墙
> D 90mm 厚增强石膏板隔墙
> **解析：** 查阅《建筑设计防火规范》GB 50016—2014（2018 年版）条文说明附录的附表 1 "各类非木结构构件的燃烧性能和耐火极限"（见本教材表 2-1-6）可知：A、B、C、D 各选项墙体的耐火极限值分别为 1.50h、2.00h、2.00h、2.50h，其中极限值最大的是 D。
> **答案：** D

5. 建筑防火构造

《建筑设计防火规范》GB 50016—2014（2018 年版）规定：

(1) 防火墙

1) 建筑外墙为难燃性或可燃性墙体时，防火墙应凸出墙的外表面 0.40m 以上，且防火墙两侧的外墙均应为宽度均不小于 2.00m 的不燃性墙体，其耐火极限不应低于外墙的耐火极限。

2) 建筑外墙为不燃性墙体时，防火墙可不凸出墙的外表面。紧靠防火墙两侧的门、窗、洞口之间最近边缘的水平距离不应小于 2.00m；采取设置乙级防火窗等防止火灾水平蔓延的措施时，该距离不限。

3) 建筑内的防火墙不宜设置在转角处，确需设置在转角处时，内转角两侧墙上的门、窗、洞口之间最近边缘的水平距离不应小于 4.00m；采取设置乙级防火窗等防止火灾水平蔓延的措施时，该距离不限。

(2) 建筑构件和竖井

1) 防火隔墙与楼板

① 剧场等建筑的舞台与观众厅之间的隔墙应采用耐火极限不低于 3.00h 的防火隔墙。

② 民用建筑内的附属库房，剧场后台的辅助用房，宿舍、公寓建筑的公共厨房和其他建筑内的厨房（居住建筑中套内的厨房除外），附设在住宅建筑内的机动车库，应采用耐火极限不低于 2.00h 的防火隔墙与其他部位分隔，墙上的门、窗应采用乙级防火门、窗，确有困难时，可采用防火卷帘。

2) 建筑内的电梯井等竖井

建筑内的垃圾道宜靠外墙设置，垃圾道的排气口应直接开向室外，垃圾斗应采用不燃材料制作，并应能自行关闭。

(3) 屋顶、闷顶和建筑缝隙

1) 屋顶

①在三、四级耐火等级建筑的闷顶内采用可燃材料（锯末、稻壳等）作绝热层时，屋顶不应采用冷摊瓦（无屋面基层的做法）。

闷顶内的非金属烟囱周围 0.50m、金属烟囱 0.70m 范围内，应采用不燃材料作绝热层。

②建筑屋顶上的开口部位与邻近建筑和设施之间，应采取防止火灾蔓延的措施。

2）闷顶

①层数超过 2 层的三级耐火等级建筑内的闷顶，应在每个防火隔断范围内设置老虎窗，且老虎窗的间距不宜大于 50m。

②内有可燃物的闷顶，应在每个防火隔断范围内设置净宽度和净高度不小于 0.70m 的闷顶入口，每个防火隔断范围内的闷顶入口不宜少于 2 个。闷顶入口宜布置在走廊中靠近楼梯间的部位。

③民用建筑闷顶应设通风口和通向闷顶的检修人孔，闷顶内应设防火分隔。

(4) 疏散楼梯间等

1）疏散楼梯间的设置要求

疏散楼梯间应符合下列规定：

楼梯间应能自然采光和自然通风，并宜靠外墙设置。靠外墙设置时，楼梯间、前室及合用前室外墙上的窗口与两侧门、窗、洞口最近边缘的水平距离不应小于 1.00m。

2）避难走道

①避难走道防火隔墙的耐火极限不应低于 3.00h，楼板的耐火极限不应低于 1.50h。

②避难走道直通地面的出口不应少于 2 个，并应设置在不同方向；当避难走道仅与一个防火分区相通且该防火分区至少有 1 个直通室外的安全出口时，可设置 1 个直通地面的出口。任一防火分区通向避难走道的门至该避难走道最近直通地面的出口的距离不应大于 60m。

③避难走道的净宽度不应小于任一防火分区通向该避难走道的设计疏散总净宽度。

④避难走道内部装修材料的燃烧性能应为 A 级。

⑤防火分区至避难走道入口处应设置防烟前室，前室的使用面积不应小于 $6.0m^2$，开向前室的门应采用甲级防火门，前室开向避难走道的门应采用乙级防火门。

⑥避难走道内应设置消火栓、消防应急照明、应急广播和消防专线电话。

(5) 防火卷帘

1）除中庭外，当防火分隔部位的宽度不大于 30m 时，防火卷帘的宽度不应大于 10m；当防火分隔部位的宽度大于 30m 时，防火卷帘的宽度不应大于该部位宽度的 1/3，且不应大于 20m。

2）防火卷帘应具有火灾时靠自重自动关闭的功能。

3）防火卷帘的耐火极限不应低于所设置部位墙体的耐火极限的要求。

4）防火卷帘应具有防烟功能，与楼板、梁、墙、柱之间的空隙应采用防火封堵材料封堵。

5）需在火灾时自动降落的防火卷帘，应具有信号反馈功能。

6）其他要求应符合国家标准《防火卷帘》GB 14102—2005 的规定。

(6) 天桥

1）天桥应采用不燃材料制作。

2）封闭天桥与建筑物连接处的门洞宜采取防止火灾蔓延的措施。

3）连接两座建筑物的天桥、连廊，应采取防止火灾在两座建筑间蔓延的措施。当仅供通行的天桥、连廊采用不燃材料，且建筑物通行的天桥、连廊的出口符合安全出口要求时，该出口可作为安全出口。

（7）木结构建筑防火

1）木结构建筑构件的燃烧性能和耐火极限应符合表2-1-7的规定。

木结构建筑构件的燃烧性能和耐火极限　　　　表2-1-7

构件名称	燃烧性能和耐火极限（h）
防火墙	不燃性　3.00
承重墙、住宅建筑单元之间的墙和分户墙、楼梯间的墙	难燃性　1.00
电梯井的墙	不燃性　1.00
非承重外墙，疏散走道两侧的隔墙	难燃性　0.75
房间隔墙	难燃性　0.50
承重柱	可燃性　1.00
梁	可燃性　1.00
楼板	难燃性　0.75
屋顶承重构件	可燃性　0.50
疏散楼梯	难燃性　0.50
吊顶	难燃性　0.15

注：1. 除《建筑设计防火规范》GB 50016另有规定外，当同一座木结构建筑存在不同高度的屋顶时，较低部分的屋顶承重构件和屋面不应采用可燃性构件；采用难燃性屋顶承重构件时，其耐火极限不应低于0.75h。

2. 轻型木结构建筑的屋顶，除防水层、保温层及屋面板外，其他部分均应视为屋顶承重构件，且不应采用可燃性构件，耐火极限不应低于0.50h。

3. 当建筑的层数不超过2层、防火墙间的建筑面积小于600m²且防火墙间的建筑长度小于60m时，建筑构件的燃烧性能和耐火极限可按《建筑设计防火规范》GB 50016有关四级耐火等级建筑的要求确定。

2）建筑采用木骨架组合墙体时，应符合下列规定：

① 建筑高度不大于18m的住宅建筑、建筑高度不大于24m的办公建筑和丁、戊类厂房（库房）的房间隔墙和非承重外墙可采用木骨架组合墙体，其他建筑的非承重外墙不得采用木骨架组合墙体；

② 墙体填充材料的燃烧性能应为A级；

③ 木骨架组合墙体的燃烧性能和耐火极限应符合表2-1-8的规定，其他要求应符合现行国家标准《木骨架组合墙体技术标准》GB/T 50361—2018的规定。

木骨架组合墙体的燃烧性能和耐火极限（h）　　　　表2-1-8

构件名称	建筑物的耐火等级或类型				
	一级	二级	三级	木结构建筑	四级
非承重外墙	不允许	难燃性1.25	难燃性0.75	难燃性0.75	无要求
房间隔墙	难燃性1.00	难燃性0.75	难燃性0.50	难燃性0.50	难燃性0.25

3) 设置在木结构住宅建筑内的机动车库、发电机间、配电间、锅炉间,应采用耐火极限不低于2.00h的防火隔墙和1.00h的不燃性楼板与其他部位分隔,不宜开设与室内相通的门、窗、洞口,确需开设时,可开设一樘不直通卧室的单扇乙级防火门。机动车库的建筑面积不宜大于60m²。

4) 木结构墙体、楼板及封闭吊顶或屋顶下的密闭空间内应采取防火分隔措施,且水平分隔长度或宽度均不应大于20m,建筑面积不应大于300m²,墙体的竖向分隔高度不应大于3m。轻型木结构建筑的每层楼梯梁处应采取防火分隔措施。

6. 挡烟垂壁

《挡烟垂壁》XF 533—2012 中规定:

(1) 挡烟垂壁是用不燃材料制成,垂直安装在建筑顶棚、横梁或吊顶下,能在火灾时形成一定的蓄烟空间的挡烟分隔设施。

(2) 挡烟垂壁按安装方式分为固定式和活动式两种,按挡烟部件材料的刚度性能分为柔性和刚性挡烟垂壁两种。

(3) 挡烟垂壁应设置永久性标牌,标牌应牢固,标识内容清楚。

(4) 挡烟垂壁的挡烟部件表面不应有裂纹、压坑、缺角、孔洞及明显的凹凸、毛刺等缺陷;金属材料的防锈涂层或镀层应均匀,不应有斑驳、流淌现象。

(5) 挡烟垂壁的组装、拼接或连接等应牢固,符合设计要求,不应有错位和松动现象。

(6) 挡烟垂壁应采用不燃材料制作。

(7) 制作挡烟垂壁的金属板材的厚度不应小于0.8mm,其熔点不应低于750℃。

(8) 制作挡烟垂壁的不燃无机复合板的厚度不应小于10.0mm,其性能应符合《不燃无机复合板》GB 25970 的规定。

(9) 制作挡烟垂壁的无机纤维织物的拉伸断裂强力经向不应低于600N,纬向不应低于300N,其燃烧性能不应低于《建筑材料及制品燃烧性能分级》GB 8624 A级。

(10) 制作挡烟垂壁的玻璃材料应为防火玻璃,其性能应符合《建筑用安全玻璃 第1部分:防火玻璃》GB 15763.1 的规定。

(11) 挡烟垂壁的挡烟高度应符合设计要求,其最小值不应低于500mm,最大值不应大于企业申请检测产品型号的公示值。挡烟垂壁挡烟高度的极限偏差不应大于±5mm。

(12) 采用不燃无机复合板、金属板材、防火玻璃等材料制作刚性挡烟垂壁的单节宽度不应大于2000mm;采用金属板材、无机纤维织物等制作柔性挡烟垂壁的单节宽度不应大于4000mm。挡烟垂壁的单节宽度的极限偏差不应大于±10mm。

7. 汽车库防火

《汽车库、修车库、停车场设计防火规范》GB 50067—2014 中规定:

汽车库、修车库、停车场的分类应根据停车(车位)数量和总建筑面积确定,并应符合表 2-1-9 的规定。

汽车库、修车库、停车场的分类　　　　　　　表 2-1-9

名称		Ⅰ	Ⅱ	Ⅲ	Ⅳ
汽车库	停车数量(辆)	>300	151～300	51～150	≤50
	总建筑面积 S (m²)	S>10000	5000<S≤10000	2000<S≤5000	S≤2000

续表

名 称		Ⅰ	Ⅱ	Ⅲ	Ⅳ
修车库	车位数（个）	>15	6～15	3～5	≤2
	总建筑面积 S（m²）	S>3000	1000<S≤3000	500<S≤1000	S≤500
停车场	停车数量（辆）	>400	251～400	101～250	≤100

注：1. 当屋面露天停车场与下部汽车库共用汽车坡道时，其停车数量应计算在汽车库的车辆总数内；
2. 室外坡道、屋面露天停车场的建筑面积可不计入汽车库的建筑面积之内；
3. 公交汽车库的建筑面积可按本表的规定值增加 2.0 倍。

8. 钢结构防火

《建筑钢结构防火技术规范》GB 51249—2017 中规定：

(1) 钢结构的防火保护可采用下列措施之一或其中几种的复（组）合：
1) 喷涂（抹涂）防火涂料；
2) 包覆防火板；
3) 包覆柔性毡状隔热材料；
4) 外包混凝土、金属网抹砂浆或砌筑砌体。

(2) 钢结构采用喷涂防火涂料保护时，应符合下列规定：
1) 室内隐蔽构件，宜选用非膨胀型防火涂料；
2) 设计耐火极限大于 1.50h 的构件，不宜选用膨胀型防火涂料；
3) 室外、半室外钢结构采用膨胀型防火涂料时，应选用符合环境对其性能要求的产品；
4) 非膨胀型防火涂料涂层的厚度不应小于 10mm；
5) 防火涂料与防腐涂料应相容、匹配。

(3) 钢结构采用包覆防火板保护时，应符合下列规定：
1) 防火板应为不燃材料，且受火时不应出现炸裂和穿透裂缝等现象；
2) 防火板的包覆应根据构件形状和所处部位进行构造设计，并应采取确保安装牢固稳定的措施；
3) 固定防火板的龙骨及粘结剂应为不燃材料。龙骨应便于与构件及防火板连接，粘结剂在高温下应能保持一定的强度，并应能保证防火板的包敷完整。

(4) 钢结构采用包覆柔性毡状隔热材料保护时，应符合下列规定：
1) 不应用于易受潮或受水的钢结构；
2) 在自重作用下，毡状材料不应发生压缩不均的现象。

(5) 钢结构采用外包混凝土、金属网抹砂浆或砌筑砌体保护时，应符合下列规定：
1) 当采用外包混凝土时，混凝土的强度等级不宜低于 C20；
2) 当采用外包金属网抹砂浆时，砂浆的强度等级不宜低于 M5；金属丝网的网格不宜大于 20mm，丝径不宜小于 0.6mm；砂浆最小厚度不宜小于 25mm；
3) 当采用砌筑砌体时，砌块的强度等级不宜低于 MU10。

八、《建筑防火通用规范》GB 55037—2022

本规范为强制性工程建设规范，全部条文必须严格执行。现行工程建设标准中有关规定与本规范不一致的，以本规范的规定为准。

(一) 基本规定

消防救援设施

(1) 除仓库连廊、冷库穿堂和筒仓工作塔内的消防电梯可不设置前室外，其他建筑内的消防电梯均应设置前室。消防电梯的前室应符合下列规定：前室或合用前室应采用防火门和耐火极限不低于 2.00h 的防火隔墙与其他部位分隔。除兼作消防电梯的货梯前室无法设置防火门的开口可采用防火卷帘分隔外，不应采用防火卷帘或防火玻璃墙等方式替代防火隔墙。

(2) 消防电梯井和机房应采用耐火极限不低于 2.00h 且无开口的防火隔墙与相邻井道、机房及其他房间分隔。消防电梯的井底应设置排水设施，排水井的容量不应小于 $2m^3$，排水泵的排水量不应小于 10L/s。

(3) 消防电梯应符合下列规定：

1) 应能在所服务区域每层停靠；
2) 电梯的载重量不应小于 800kg；
3) 电梯的动力和控制线缆与控制面板的连接处、控制面板的外壳防水性能等级不应低于 IPX5；
4) 在消防电梯的首层入口处，应设置明显的标识和供消防救援人员专用的操作按钮；
5) 电梯轿厢内部装修材料的燃烧性能应为 A 级；
6) 电梯轿厢内部应设置专用消防对讲电话和视频监控系统的终端设备。

(二) 建筑总平面布局

消防车道与消防车登高操作场地

(1) 消防车道或兼作消防车道的道路应符合下列规定：

1) 道路的净宽度和净空高度应满足消防车安全、快速通行的要求；
2) 坡度应满足消防车满载时正常通行的要求，且不应大于 10%，兼作消防救援场地的消防车道，坡度尚应满足消防车停靠和消防救援作业的要求；
3) 长度大于 40m 的尽头式消防车道应设置满足消防车回转要求的场地或道路；
4) 消防车道与建筑消防扑救面之间不应有妨碍消防车操作的障碍物，不应有影响消防车安全作业的架空高压电线。

(2) 消防车登高操作场地应符合下列规定：

1) 场地与建筑之间不应有进深大于 4m 的裙房及其他妨碍消防车操作的障碍物或影响消防车作业的架空高压电线；
2) 场地及其下面的建筑结构、管道、管沟等应满足承受消防车满载时压力的要求；
3) 场地的坡度应满足消防车安全停靠和消防救援作业的要求。

(三) 建筑平面布置与防火分隔

1. 一般规定

(1) 下列场所应采用防火门、防火窗、耐火极限不低于 2.00h 的防火隔墙和耐火极限不低于 1.00h 的楼板与其他区域分隔：

1) 住宅建筑中的汽车库和锅炉房；
2) 除居住建筑中的套内自用厨房可不分隔外，建筑内的厨房；
3) 医疗建筑中的手术室或手术部、产房、重症监护室、贵重精密医疗装备用房、储

藏间、实验室、胶片室等;

4)建筑中的儿童活动场所、老年人照料设施;

5)除消防水泵房的防火分隔应符合本规范第4.1.7条的规定,消防控制室的防火分隔应符合本规范第4.1.8条的规定外,其他消防设备或器材用房。

(2)燃油或燃气锅炉、可燃油浸变压器、充有可燃油的高压电容器和多油开关、柴油发电机房等独立建造的设备用房与民用建筑贴邻时,应采用防火墙分隔,且不应贴邻建筑中人员密集的场所。上述设备用房附设在建筑内时,设备用房应采用耐火极限不低于2.00h的防火隔墙和耐火极限不低于1.50h的不燃性楼板与其他部位分隔,防火隔墙上的门、窗应为甲级防火门、窗。

(3)附设在建筑内的燃油或燃气锅炉房、柴油发电机房,建筑内单间储油间的燃油储存量不应大于$1m^3$。油箱的通气管设置应满足防火要求,油箱的下部应设置防止油品流散的设施。储油间应采用耐火极限不低于3.00h的防火隔墙与发电机间、锅炉间分隔。

(4)附设在建筑内的消防水泵房和消防控制室应采用防火门、防火窗、耐火极限不低于2.00h的防火隔墙和耐火极限不低于1.50h的楼板与其他部位分隔。

2. 民用建筑

(1)民用建筑内不应设置经营、存放或使用甲、乙类火灾危险性物品的商店、作坊或储藏间等。民用建筑内除可设置为满足建筑使用功能的附属库房外,不应设置生产场所或其他库房,不应与工业建筑组合建造。

(2)住宅与非住宅功能合建的建筑应符合下列规定:

1)除汽车库的疏散出口外,住宅部分与非住宅部分之间应采用耐火极限不低于2.00h,且无开口的防火隔墙和耐火极限不低于2.00h的不燃性楼板完全分隔;

2)住宅部分与非住宅部分的安全出口和疏散楼梯应分别独立设置;

3)为住宅服务的地上车库应设置独立的安全出口或疏散楼梯,地下车库的疏散楼梯间应按本规范第7.1.10条的规定分隔。

(3)医疗建筑中住院病房的布置和分隔应符合下列规定:建筑内相邻护理单元之间应采用耐火极限不低于2.00h的防火隔墙和甲级防火门分隔。

(4)歌舞娱乐放映游艺场所的布置和分隔应符合下列规定:

1)房间之间应采用耐火极限不低于2.00h的防火隔墙分隔;

2)与建筑的其他部位之间应采用防火门、耐火极限不低于2.00h的防火隔墙和耐火极限不低于1.00h的不燃性楼板分隔。

(四)建筑结构耐火

一般规定

(1)建筑的耐火等级或工程结构的耐火性能,应与其火灾危险性,建筑高度、使用功能和重要性,火灾扑救难度等相适应。

(2)地下、半地下建筑(室)的耐火等级应为一级。

(3)建筑高度大于100m的工业与民用建筑楼板的耐火极限不应低于2.00h。一级耐火等级工业与民用建筑的上人平屋顶,屋面板的耐火极限不应低于1.50h;二级耐火等级工业与民用建筑的上人平屋顶,屋面板的耐火极限不应低于1.00h。

(4)下列汽车库的耐火等级应为一级:

1) Ⅰ类汽车库、Ⅰ类修车库；
2) 甲、乙类物品运输车的汽车库或修车库；
3) 其他高层汽车库。
(5) 电动汽车充电站建筑、Ⅱ类汽车库、Ⅱ类修车库、变电站的耐火等级不应低于二级。
(6) 裙房的耐火等级不应低于高层建筑主体的耐火等级。

(五) 建筑构造与装修

1. 防火墙

(1) 防火墙应直接设置在建筑的基础或具有相应耐火性能的框架、梁等承重结构上，并应从楼地面基层隔断至结构梁、楼板或屋面板的底面。防火墙与建筑外墙、屋顶相交处，防火墙上的门、窗等开口，应采取防止火灾蔓延至防火墙另一侧的措施。

(2) 防火墙任一侧的建筑结构或构件以及物体受火作用发生破坏或倒塌并作用到防火墙时，防火墙应仍能阻止火灾蔓延至防火墙的另一侧。

(3) 防火墙的耐火极限不应低于 3.00h。甲、乙类厂房和甲、乙、丙类仓库内的防火墙，耐火极限不应低于 4.00h。

2. 防火隔墙与幕墙

(1) 防火隔墙应从楼地面基层隔断至梁、楼板或屋面板的底面基层，防火隔墙上的门、窗等开口应采取防止火灾蔓延至防火隔墙另一侧的措施。

(2) 住宅分户墙、住宅单元之间的墙体、防火隔墙与建筑外墙、楼板、屋顶相交处，应采取防止火灾蔓延至另一侧的防火封堵措施。

(3) 建筑外墙上、下层开口之间应采取防止火灾沿外墙开口蔓延至建筑其他楼层内的措施。在建筑外墙上水平或竖向相邻开口之间用于防止火灾蔓延的墙体、隔板或防火挑檐等实体分隔结构，其耐火性能均不应低于该建筑外墙的耐火性能要求。住宅建筑外墙上相邻套房开口之间的水平距离或防火措施应满足防止火灾通过相邻开口蔓延的要求。

(4) 建筑幕墙应在每层楼板外沿处采取防止火灾通过幕墙空腔等构造竖向蔓延的措施。

3. 竖井、管线防火和防火封堵

(1) 电梯井应独立设置，电梯井内不应敷设或穿过可燃气体或甲、乙、丙类液体管道及与电梯运行无关的电线或电缆等。电梯层门的耐火完整性不应低于 2.00h。

(2) 电气竖井、管道井、排烟或通风道、垃圾井等竖井应分别独立设置，井壁的耐火极限均不应低于 1.00h。

(3) 除通风管道井、送风管道井、排烟管道井、必须通风的燃气管道竖井及其他有特殊要求的竖井可不在层间的楼板处分隔外，其他竖井应在每层楼板处采取防火分隔措施，且防火分隔组件的耐火性能不应低于楼板的耐火性能。

(4) 电气线路和各类管道穿过防火墙、防火隔墙、竖井井壁、建筑变形缝处和楼板处的孔隙应采取防火封堵措施。防火封堵组件的耐火性能不应低于防火分隔部位的耐火性能要求。

4. 防火门、防火窗、防火卷帘和防火玻璃墙

(1) 防火门、防火窗应具有自动关闭的功能，在关闭后应具有烟密闭的性能。宿舍的居室、老年人照料设施的老年人居室、旅馆建筑的客房开向公共内走廊或封闭式外走廊的疏散门，应在关闭后具有烟密闭的性能。宿舍的居室、旅馆建筑的客房的疏散门，应具有自动关闭的功能。

（2）下列部位的门应为甲级防火门：
1）设置在防火墙上的门、疏散走道在防火分区处设置的门；
2）设置在耐火极限要求不低于3.00h的防火隔墙上的门；
3）电梯间、疏散楼梯间与汽车库连通的门；
4）室内开向避难走道前室的门、避难间的疏散门；
5）多层乙类仓库和地下、半地下及多、高层丙类仓库中从库房通向疏散走道或疏散楼梯间的门。

（3）除建筑直通室外和屋面的门可采用普通门外，下列部位的门的耐火性能不应低于乙级防火门的要求，且其中建筑高度大于100m的建筑相应部位的门应为甲级防火门：
1）甲、乙类厂房，多层丙类厂房，人员密集的公共建筑和其他高层工业与民用建筑中封闭楼梯间的门；
2）防烟楼梯间及其前室的门；
3）消防电梯前室或合用前室的门；
4）前室开向避难走道的门；
5）地下、半地下及多、高层丁类仓库中从库房通向疏散走道或疏散楼梯的门；
6）歌舞娱乐放映游艺场所中的房间疏散门；
7）从室内通向室外疏散楼梯的疏散门；
8）设置在耐火极限要求不低于2.00h的防火隔墙上的门。

（4）电气竖井、管道井、排烟道、排气道、垃圾道等竖井井壁上的检查门，应符合下列规定：
1）对于埋深大于10m的地下建筑或地下工程，应为甲级防火门；
2）对于建筑高度大于100m的建筑，应为甲级防火门；
3）对于层间无防火分隔的竖井和住宅建筑的合用前室，门的耐火性能不应低于乙级防火门的要求；
4）对于其他建筑，门的耐火性能不应低于丙级防火门的要求，当竖井在楼层处无水平防火分隔时，门的耐火性能不应低于乙级防火门的要求。

（5）平时使用的人民防空工程中代替甲级防火门的防护门、防护密闭门、密闭门，耐火性能不应低于甲级防火门的要求，且不应用于平时使用的公共场所的疏散出口处。

（6）设置在防火墙和要求耐火极限不低于3.00h的防火隔墙上的窗应为甲级防火窗。

（7）下列部位的窗的耐火性能不应低于乙级防火窗的要求：
1）歌舞娱乐放映游艺场所中房间开向走道的窗；
2）设置在避难间或避难层中避难区对应外墙上的窗；
3）其他要求耐火极限不低于2.00h的防火隔墙上的窗。

（8）用于防火分隔的防火玻璃墙，耐火性能不应低于所在防火分隔部位的耐火性能要求。

5. 建筑的内部和外部装修

（1）下列部位不应使用影响人员安全疏散和消防救援的镜面反光材料：

1）疏散出口的门；

2）疏散走道及其尽端、疏散楼梯间及其前室的顶棚、墙面和地面；

3）供消防救援人员进出建筑的出入口的门、窗；

4）消防专用通道、消防电梯前室或合用前室的顶棚、墙面和地面。

（2）下列部位的顶棚、墙面和地面内部装修材料的燃烧性能均应为 A 级：

1）避难走道、避难层、避难间；

2）疏散楼梯间及其前室；

3）消防电梯前室或合用前室。

（3）消防控制室地面装修材料的燃烧性能不应低于 B_1 级，顶棚和墙面内部装修材料的燃烧性能均应为 A 级。下列设备用房的顶棚、墙面和地面内部装修材料的燃烧性能均应为 A 级：

1）消防水泵房、机械加压送风机房、排烟机房、固定灭火系统钢瓶间等消防设备间；

2）配电室、油浸变压器室、发电机房、储油间；

3）通风和空气调节机房；

4）锅炉房。

（4）歌舞娱乐放映游艺场所内部装修材料的燃烧性能应符合下列规定：

1）顶棚装修材料的燃烧性能应为 A 级；

2）其他部位装修材料的燃烧性能均不应低于 B_1 级；

3）设置在地下或半地下的歌舞娱乐放映游艺场所，墙面装修材料的燃烧性能应为 A 级。

（5）下列场所设置在地下或半地下时，室内装修材料不应使用易燃材料、石棉制品、玻璃纤维、塑料类制品，顶棚、墙面、地面的内部装修材料的燃烧性能均应为 A 级：

1）汽车客运站、港口客运站、铁路车站的进出站通道、进出站厅、候乘厅；

2）地铁车站、民用机场航站楼、城市民航值机厅的公共区；

3）交通换乘厅、换乘通道。

6. 建筑保温

（1）建筑的外保温系统不应采用燃烧性能低于 B_2 级的保温材料或制品。当采用 B_1 级或 B_2 级燃烧性能的保温材料或制品时，应采取防止火灾通过保温系统在建筑的立面或屋面蔓延的措施或构造。

（2）建筑的外围护结构采用保温材料与两侧不燃性结构构成无空腔复合保温结构体时，该复合保温结构体的耐火极限不应低于所在外围护结构的耐火性能要求。当保温材料的燃烧性能为 B_1 级或 B_2 级时，保温材料两侧不燃性结构的厚度均不应小于 50mm。

（3）飞机库的外围护结构、内部隔墙和屋面保温隔热层，均应采用燃烧性能为 A 级的材料，飞机库大门及采光材料的燃烧性能均不应低于 B_1 级。

（4）除上述第（2）条规定的情况外，下列老年人照料设施的内、外保温系统和屋面保温系统均应采用燃烧性能为 A 级的保温材料或制品：

1）独立建造的老年人照料设施；

2) 与其他功能的建筑组合建造且老年人照料设施部分的总建筑面积大于 500 ㎡ 的老年人照料设施。

(5) 除上述第 (2) 条规定的情况外,下列建筑或场所的外墙外保温材料的燃烧性能应为 A 级:
1) 人员密集场所;
2) 设置人员密集场所的建筑。

(6) 除上述第 (2) 条规定的情况外,住宅建筑采用与基层墙体、装饰层之间无空腔的外墙外保温系统时,保温材料或制品的燃烧性能应符合下列规定:
1) 建筑高度大于 100m 时,应为 A 级;
2) 建筑高度大于 27m、不大于 100m 时,不应低于 B_1 级。

(7) 除上述第 (3) 条~第 (6) 条规定的建筑外,其他建筑采用与基层墙体、装饰层之间无空腔的外墙外保温系统时,保温材料或制品的燃烧性能应符合下列规定:
1) 建筑高度大于 50m 时,应为 A 级;
2) 建筑高度大于 24m、不大于 50m 时,不应低于 B_1 级。

(8) 除上述第 (3) 条~第 (5) 条规定的建筑外,其他建筑采用与基层墙体、装饰层之间有空腔的外墙外保温系统时,保温系统应符合下列规定:
1) 建筑高度大于 24m 时,保温材料或制品的燃烧性能应为 A 级;
2) 建筑高度不大于 24m 时,保温材料或制品的燃烧性能不应低于 B_1 级;
3) 外墙外保温系统与基层墙体、装饰层之间的空腔,应在每层楼板处采取防火分隔与封堵措施。

(9) 下列场所或部位内保温系统中保温材料或制品的燃烧性能应为 A 级:
1) 人员密集场所;
2) 使用明火、燃油、燃气等有火灾危险的场所;
3) 疏散楼梯间及其前室;
4) 避难走道、避难层、避难间;
5) 消防电梯前室或合用前室。

(10) 除上述第 (3) 条和第 (9) 条规定的场所或部位外,其他场所或部位内保温系统中保温材料或制品的燃烧性能均不应低于 B_1 级。当采用 B_1 级燃烧性能的保温材料时,保温系统的外表面应采取使用不燃材料设置防护层等防火措施。

(六) 安全疏散与避难设施

1. 一般规定

(1) 建筑的疏散出口数量、位置和宽度,疏散楼梯(间)的形式和宽度,避难设施的位置和面积等,应与建筑的使用功能、火灾危险性、耐火等级、建筑高度或层数、埋深、建筑面积、人员密度、人员特性等相适应。

(2) 疏散出口门、疏散走道、疏散楼梯等的净宽度应符合下列规定:
1) 疏散出口门、室外疏散楼梯的净宽度均不应小于 0.80m;
2) 住宅建筑中直通室外地面的住宅户门的净宽度不应小于 0.80m,当住宅建筑高度不大于 18m 且一边设置栏杆时,室内疏散楼梯的净宽度不应小于 1.0m,其他住宅建筑室内疏散楼梯的净宽度不应小于 1.1m;

3）疏散走道、首层疏散外门、公共建筑中的室内疏散楼梯的净宽度均不应小于1.1m；

　　4）净宽度大于4.0m的疏散楼梯、室内疏散台阶或坡道，应设置扶手栏杆分隔为宽度均不大于2.0m的区段。

　（3）在疏散通道、疏散走道、疏散出口处，不应有任何影响人员疏散的物体，并应在疏散通道、疏散走道、疏散出口的明显位置设置明显的指示标志。疏散通道、疏散走道、疏散出口的净高度均不应小于2.1m。疏散走道在防火分区分隔处应设置疏散门。

　（4）除设置在丙、丁、戊类仓库首层靠墙外侧的推拉门或卷帘门可用于疏散门外，疏散出口门应为平开门或在火灾时具有平开功能的门，且下列场所或部位的疏散出口门应向疏散方向开启：

　　1）甲、乙类生产场所；

　　2）甲、乙类物质的储存场所；

　　3）平时使用的人民防空工程中的公共场所；

　　4）其他建筑中使用人数大于60人的房间或每樘门的平均疏散人数大于30人的房间；

　　5）疏散楼梯间及其前室的门；

　　6）室内通向室外疏散楼梯的门。

　（5）室内疏散楼梯间应符合下列规定：

　　1）疏散楼梯间内不应设置烧水间、可燃材料储藏室、垃圾道及其他影响人员疏散的凸出物或障碍物。

　　2）疏散楼梯间内不应设置或穿过甲、乙、丙类液体管道。

　　3）在住宅建筑的疏散楼梯间内设置可燃气体管道和可燃气体计量表时，应采用敞开楼梯间，并应采取防止燃气泄漏的防护措施；其他建筑的疏散楼梯间及其前室内不应设置可燃或助燃气体管道。

　　4）疏散楼梯间及其前室与其他部位的防火分隔不应使用卷帘。

　　5）除疏散楼梯间及其前室的出入口、外窗和送风口，住宅建筑疏散楼梯间前室或合用前室内的管道井检查门外，疏散楼梯间及其前室或合用前室内的墙上不应设置其他门、窗等开口。

　　6）自然通风条件不符合防烟要求的封闭楼梯间，应采取机械加压防烟措施或采用防烟楼梯间。

　　7）防烟楼梯间前室的使用面积，公共建筑、高层厂房、高层仓库、平时使用的人民防空工程及其他地下工程，不应小于6.0m²；住宅建筑，不应小于4.5m²。与消防电梯前室合用的前室的使用面积，公共建筑、高层厂房、高层仓库、平时使用的人民防空工程及其他地下工程，不应小于10.0m²；住宅建筑，不应小于6.0m²。

　　8）疏散楼梯间及其前室上的开口与建筑外墙上的其他相邻开口最近边缘之间的水平距离不应小于1.0m。当距离不符合要求时，应采取防止火势通过相邻开口蔓延的措施。

　（6）除住宅建筑套内的自用楼梯外，建筑的地下或半地下室、平时使用的人民防空工程、其他地下工程的疏散楼梯间应符合下列规定：

　　1）当埋深不大于10m或层数不大于2层时，应为封闭楼梯间；

　　2）当埋深大于10m或层数不小于3层时，应为防烟楼梯间；

3) 地下楼层的疏散楼梯间与地上楼层的疏散楼梯间，应在直通室外地面的楼层采用耐火极限不低于 2.00h 且无开口的防火隔墙分隔；

4) 在楼梯的各楼层入口处均应设置明显的标识。

(7) 室外疏散楼梯应符合下列规定：

1) 室外疏散楼梯的栏杆扶手高度不应小于 1.10m，倾斜角度不应大于 45°；

2) 除 3 层及 3 层以下建筑的室外疏散楼梯可采用难燃性材料或木结构外，室外疏散楼梯的梯段和平台均应采用不燃材料；

3) 除疏散门外，楼梯周围 2.0m 内的墙面上不应设置其他开口，疏散门不应正对梯段。

九、《民用建筑通用规范》GB 55031—2022

本规范为强制性工程建设规范，全部条文必须严格执行。现行工程建设标准中有关规定与本规范不一致的，以本规范的规定为准。

1. 总则

民用建筑必须执行本规范。

2. 基本规定

(1) 民用建筑建设应遵循安全、卫生、健康、舒适的原则，为人们的生活、工作、交流等社会活动提供合理的使用空间，使用空间应满足人体工学的基本尺度要求。

(2) 民用建筑应综合采取防火、抗震、防洪、防空、抗风雪及防雷击等防灾安全措施。

(3) 民用建筑应满足无障碍要求，且具有无障碍性能的设施设置应系统连贯。

(4) 装配式建筑应采用集成化、模块化、标准化及通用化的预制部品、部件。

3. 建筑面积与高度

建筑的室内净高应满足各类型功能场所空间净高的最低要求，地下室、局部夹层、公共走道、建筑避难区、架空层等有人员正常活动的场所最低处室内净高不应小于 2.00m。

4. 建筑室外场地

建筑基地内机动车道路应符合下列规定：

1) 单车道宽度不应小于 3.0m，兼作消防车道时不应小于 4.0m；

2) 双车道宽度不应小于 6.0m；

3) 尽端式道路长度大于 120m 时，应设置回车场地。

5. 建筑通用空间

(1) 入口、门厅等人员通达部位采用落地玻璃时，应使用安全玻璃，并应设置防撞提示标识。

(2) 当台阶、人行坡道总高度达到或超过 0.70m 时，应在临空面采取防护措施。

(3) 建筑物主入口的室外台阶踏步宽度不应小于 0.30m，踏步高度不应大于 0.15m。

(4) 台阶踏步数不应少于 2 级，当踏步数不足 2 级时，应按人行坡道设置。

(5) 台阶、人行坡道的铺装面层应采取防滑措施。

(6) 供日常交通用的公共楼梯的梯段最小净宽应根据建筑物使用特征，按人流股数和每股人流宽度 0.55m 确定，并不应少于 2 股人流的宽度。

(7) 当公共楼梯单侧有扶手时，梯段净宽应按墙体装饰面至扶手中心线的水平距离计算。当公共楼梯两侧有扶手时，梯段净宽应按两侧扶手中心线之间的水平距离计算。当有凸出物时，梯段净宽应从凸出物表面算起。靠墙扶手边缘距墙面完成面净距不应小于40mm。

(8) 公共楼梯应至少于单侧设置扶手，梯段净宽达3股人流的宽度时应两侧设扶手。

(9) 当梯段改变方向时，楼梯休息平台的最小宽度不应小于梯段净宽，并不应小于1.20m；当中间有实体墙时，扶手转向端处的平台净宽不应小于1.30m。直跑楼梯的中间平台宽度不应小于0.90m。

(10) 公共楼梯正对（向上、向下）梯段设置的楼梯间门距踏步边缘的距离不应小于0.60m。

(11) 公共楼梯休息平台上部及下部过道处的净高不应小于2.00m，梯段净高不应小于2.20m。条文说明：梯段净高为自踏步装饰面前缘（包括最低和最高一级踏步前缘线以外0.30m范围内）量至上方突出物装饰面下缘间的垂直高度。

(12) 公共楼梯每个梯段的踏步级数不应少于2级，且不应超过18级。

(13) 公共楼梯踏步的最小宽度和最大高度应符合表2-1-10的规定。螺旋楼梯和扇形踏步离内侧扶手中心0.25m处的踏步宽度不应小于0.22m。

楼梯踏步的最小宽度和最大高度（m）　　　　表2-1-10

楼梯类别	最小宽度	最大高度
以楼梯作为主要垂直交通的公共建筑、非住宅类居住建筑的楼梯	0.26	0.165
住宅建筑公共楼梯、以电梯作为主要垂直交通的多层公共建筑和高层建筑裙房的楼梯	0.26	0.175
以电梯作为主要垂直交通的高层和超高层建筑楼梯	0.25	0.180

注：表中公共建筑及非住宅类居住建筑不包括托儿所、幼儿园、中小学及老年人照料设施。

(14) 每个梯段的踏步高度、宽度应一致，相邻梯段踏步高度差不应大于0.01m，且踏步面应采取防滑措施。

(15) 当少年儿童专用活动场所的公共楼梯井净宽大于0.20m时，应采取防止少年儿童坠落的措施。

(16) 电梯设置应符合下列规定：
1) 高层公共建筑和高层非住宅类居住建筑的电梯台数不应少于2台；
2) 建筑内设有电梯时，至少应设置1台无障碍电梯；
3) 电梯井道和机房与有安静要求的用房贴邻布置时，应采取隔振、隔声措施；
4) 电梯机房应采取隔热、通风、防尘等措施，不应直接将机房顶板作为水箱底板，不应在机房内直接穿越水管或蒸汽管。

(17) 自动扶梯、自动人行道设置应符合下列规定：
1) 出入口畅通区的宽度从扶手带端部算起不应小于2.50m；
2) 位于中庭中的自动扶梯或自动人行道临空部位应采取防止人员坠落的措施；

3）两梯（道）相邻平行或交叉设置，当扶手带中心线与平行墙面或楼板（梁）开口边缘完成面之间的水平投影距离、两梯（道）之间扶手带中心线的水平距离小于0.50m时，应在产生的锐角口前部1.00m处范围内，设置具有防夹、防剪的保护设施或采取其他防止建筑障碍物伤害人员的措施；

4）自动扶梯的梯级、自动人行道的踏板或传送带上空，垂直净高不应小于2.30m。

6. 建筑部件与构造

（1）屋面应符合下列规定：

1）屋面应设置坡度，且坡度不应小于2%；

2）坡度大于45°瓦屋面，以及强风多发或抗震设防烈度为7度及以上地区的瓦屋面，应采取防止瓦材滑落、风揭的措施。

（2）建筑采光顶采用玻璃时，面向室内一侧应采用夹层玻璃；建筑雨篷采用玻璃时，应采用夹层玻璃（条文说明：当采光顶玻璃最高点到地面或楼面距离大于3m时，夹层中空玻璃的夹层胶位于下侧）。

（3）外墙应根据气候条件和建筑使用要求，采取保温隔热、隔声、防火、防水、防潮和防结露等措施。

（4）墙体防潮、防水应符合下列规定：

1）砌筑墙体应在室外地面以上、室内地面垫层处设置连续的水平防潮层，室内相邻地面有高差时，应在高差处贴邻土壤一侧加设防潮层；

2）有防潮要求的室内墙面迎水面应设防潮层，有防水要求的室内墙面迎水面应采取防水措施；

3）有配水点的墙面应采取防水措施。

（5）建筑幕墙应综合考虑建筑类别、使用功能、高度、所在地域的地理气候、环境等因素，合理选择幕墙形式和面板材料，并应符合下列规定：

1）幕墙与主体结构的连接应牢固可靠，与主体结构的连接锚固件不应直接设置在填充砌体中；

2）幕墙外开窗的开启扇应采取防脱落措施；

3）玻璃幕墙的玻璃面板应采用安全玻璃，斜幕墙的玻璃面板应采用夹层玻璃；

4）外倾斜、水平倒挂的石材或脆性材质面板应采取防坠落措施。

（6）楼面、地面应根据建筑使用功能，满足隔声、保温、防水、防火等要求，其铺装面层应平整、防滑、耐磨、易清洁。

（7）地面应根据需要采取防潮、防止地基土冻胀或膨胀、防止不均匀沉陷等措施。

（8）建筑内的厕所（卫生间）、浴室、公共厨房、垃圾间等场所的楼面、地面，开敞式外廊、阳台的楼面应设防水层。

（9）有易燃易爆物质的场所，有对静电敏感的电气或电子元件、组件、设备的场所，以及可能因人体静电放电对产品质量或人身安全带来危害的场所，应采用导（防）静电面层。

（10）机动车库的楼面、地面应采用高强度且具有耐磨、防滑性能的材料。

（11）存放食品、食料或药物的房间，楼面、地面面层应采用无污染、无异味、符合卫生防疫条件的环保材料。

（12）地板玻璃应采用夹层玻璃，点支承地板玻璃应采用钢化夹层玻璃。钢化玻璃应进行均质处理。

（13）建筑顶棚应满足防坠落、防火、抗震等安全要求，并应采取保障其安全使用的可靠技术措施。

（14）吊顶与主体结构的吊挂应采取安全构造措施。重量大于3kg的物体（条文说明：指灯具、吊扇以及大型装饰物等），以及有振动的设备应直接吊挂在建筑承重结构上。

（15）吊杆长度大于1.50m时，应设置反支撑。

（16）管线较多的吊顶内应留有检修空间。当空间受限不能进入检修时，应采用便于拆卸的装配式吊顶或设置检修孔。

（17）面板为脆性材料的吊顶，应采取防坠落措施。玻璃吊顶应采用安全玻璃。

（18）设置永久马道的，马道应单独吊挂在建筑承重结构上。

（19）吊顶系统不应吊挂在吊顶内的设备管线或设施上（条文说明：应直接吊挂于主体结构上）。

（20）吊顶内敷设水管应采取防止产生冷凝水的措施。

（21）潮湿房间的吊顶，应采用防水或防潮材料，并应采取防结露、防滴水及排放冷凝水的措施。

（22）室外吊顶应采取抗风揭措施；面板及支承结构表面应采取防腐措施。

（23）门的设置应符合下列规定：

1）手动开启的大门扇应有制动装置，推拉门应采取防脱轨的措施；

2）非透明双向弹簧门应在可视高度部位安装透明玻璃。

（24）窗的设置应符合下列规定：

1）开向公共走道的窗扇开启不应影响人员通行，其底面距走道地面的高度不应小于2.00m；

2）外开窗扇应采取防脱落措施。

（25）全玻璃的门和落地窗应选用安全玻璃，并应设防撞提示标识。

（26）民用建筑（除住宅外）临空窗的窗台距楼地面的净高低于0.80m时应设置防护设施，防护高度由楼地面（或可踏面）起计算不应小于0.80m。

（27）天窗的设置应符合下列规定：

1）采光天窗应采用防破碎坠落的透光材料，当采用玻璃时，应使用夹层玻璃或夹层中空玻璃；

2）天窗应设置冷凝水导泄装置，采取防冷凝水产生的措施，多雪地区应考虑积雪对天窗的影响；

（28）阳台、外廊、室内回廊、中庭、内天井、上人屋面及楼梯等处的临空部位应设置防护栏杆（栏板），并应符合下列规定：

1）栏杆（栏板）应以坚固、耐久的材料制作，应安装牢固，并应能承受相应的水平荷载；

2）栏杆（栏板）垂直高度不应小于1.10m。栏杆（栏板）高度应按所在楼地面或屋面至扶手顶面的垂直高度计算，如底面有宽度大于或等于0.22m，且高度不大于0.45m的可踏部位，应按可踏部位顶面至扶手顶面的垂直高度计算。

（29）楼梯、阳台、平台、走道和中庭等临空部位的玻璃栏板应采用夹层玻璃。

（30）少年儿童专用活动场所的栏杆应采取防止攀滑措施，当采用垂直杆件做栏杆时，其杆件净间距不应大于0.11m。

（31）公共场所的临空且下部有人员活动部位的栏杆（栏板），在地面以上0.10m高度范围内不应留空。

（32）管道井的设置应符合下列规定：

1）安全、防火或卫生等方面互有影响的管线不应敷设在同一管道井内；

2）管道井与楼板的缝隙应采取封堵措施。（条文说明：管道井与层间楼板缝隙的封堵需满足防火、防水、防烟、防盗、防鼠等要求。）

（33）管道井、烟道和通风道应独立设置。

（34）变形缝应根据建筑使用要求合理设置，并应采取防水、防火、保温、隔声等构造措施，各种措施应具有防老化、防腐蚀和防脱落等性能。

（35）变形缝设置应能保障建筑物在产生位移或变形时不受阻，且不产生破坏。

（36）厕所、卫生间、盥洗室和浴室等防水设防区域不应跨越变形缝。

（37）配电间及其他严禁有漏水的房间不应跨越变形缝。

（38）门不应跨越变形缝设置。

第二节　地基、基础和地下室构造

一、《建筑与市政地基基础通用规范》GB 55003—2021

本规范为强制性工程建设规范，全部条文必须严格执行。现行工程建设标准中有关规定与本规范不一致的，以本规范的规定为准。

1. 总则

地基基础工程必须执行本规范。

2. 基本规定

（1）地基基础应满足下列功能要求：

1）基础应具备将上部结构荷载传递给地基的承载力和刚度；

2）在上部结构的各种作用和作用组合下，地基不得出现失稳；

3）地基基础沉降变形不得影响上部结构功能和正常使用；

4）具有足够的耐久性能；

5）基坑工程应保证支护结构、周边建（构）筑物、地下管线、道路、城市轨道交通等市政设施的安全和正常使用，并应保证主体地下结构的施工空间和安全；

6）边坡工程应保证支挡结构、周边建（构）筑物、道路、桥梁、市政管线等市政设施的安全和正常使用。

（2）在地基基础设计工作年限内，地基基础工程材料、构件和岩土性能应满足安全性、适用性和耐久性要求。

3. 天然地基与处理地基

（1）地基设计应符合下列规定：

1）地基计算均应满足承载力计算的要求；

2) 对地基变形有控制要求的工程结构，均应按地基变形设计；

3) 对受水平荷载作用的工程结构或位于斜坡上的工程结构，应进行地基稳定性验算。

(2) 膨胀土地区建（构）筑物的基础埋置深度不应小于 1m。

4. 基础

(1) 基础的埋置深度应满足地基承载力、变形和稳定性要求。位于岩石地基上的工程结构，其基础埋深应满足抗滑稳定性要求。

(2) 扩展基础的混凝土强度等级不应低于 C25，受力钢筋最小配筋率不应小于 0.15%。钢筋混凝土基础设置混凝土垫层时，其纵向受力钢筋的混凝土保护层厚度应从基础底面算起，且不应小于 40mm；当未设置混凝土垫层时，其纵向受力钢筋的混凝土保护层厚度不应小于 70mm。

(3) 筏形基础、桩筏基础的混凝土强度等级不应低于 C30；筏形基础、桩筏基础底板上下贯通钢筋的配筋率不应小于 0.15%；筏形基础、桩筏基础设置混凝土垫层时，其纵向受力钢筋的混凝土保护层厚度应从筏板底面算起，且不应小于 40mm；当未设置混凝土垫层时，其纵向受力钢筋的混凝土保护层厚度不应小于 70mm。筏形基础、桩筏基础防水混凝土应满足抗渗要求。

二、地基

(一) 建筑地基土层分类

《建筑地基基础设计规范》GB 50007—2011 中规定，作为建筑地基的土层分为岩石、碎石土、砂土、粉土、黏性土和人工填土。

(二) 天然地基与人工地基

1. 天然地基

凡天然土层具有足够的承载能力，不需经过人工加固，可直接在其上部建造房屋的土层。天然地基的土层分布及承载力大小由勘测部门实测提供。

2. 人工地基

当土层的承载力较差或虽然土层质地较好，但上部荷载过大时，为使地基具有足够的承载能力，应对土层进行加固。这种经过人工处理的土层叫人工地基。

人工地基的加固处理方法有以下几种：

(1) 压实法。利用重锤（夯）、碾压（压路机）和振动法将土层压实。这种方法简单易行，对提高地基承载力收效较大。

(2) 换土法。当地基土为淤泥、冲填土、杂填土及其他高压缩性土时，应采用换土法。换土所用材料宜选用中砂、粗砂、碎石或级配石等空隙大、压缩性低、无侵蚀性的材料。换土范围由计算确定。

(3) 桩基。在建筑物荷载大、层数多、高度高、地基土又较松软时，一般应采用桩基。常见的桩基有以下几种：预制桩（柱桩）、灌注桩、爆扩桩和其他类型桩（砂桩、碎石桩、灰土桩、扩孔墩等）。

采用桩基时，应在桩顶加做承台梁或承台板，以承托墙柱。

(三) 地基特殊问题的处理

1. 地基中遇有坟坑如何处理

在基础施工中，若遇有坟坑，应全部挖出，并沿坟坑四周多挖 300mm。然后夯实并回填 3∶7 灰土，遇潮湿土壤应回填级配砂石。最后按正规基础做法施工。

2. 基槽中遇有枯井怎么处理

在基槽转角部位遇有枯井，可以采用挑梁法，即两个方向的横梁越过井口，上部可继续做基础墙，井内可以回填级配砂石。

3. 基槽中遇有沉降缝应怎样过渡

新旧基础连接并遇有沉降缝时，应在新基础上加做挑梁，使墙体靠近旧基础，通过挑梁解决不均匀下沉问题。

4. 基槽中遇有橡皮土应如何处理

基槽中的土层含水量过多，饱和度达到 0.8 以上时，土壤中的孔隙几乎全充满水，出现软弹现象，这种土层叫橡皮土。遇有这种土层，要避免直接在土层上夯打。应先晾槽，也可掺入干石灰粉末来降低含水量；或将碎石、卵石压入土中，将土层挤实。

5. 不同基础埋深不一

标高相差很小的情况下，基础可作斜坡处理。如倾斜度较大时，应设踏步形基础，踏步高 H 应不大于 500mm，踏步长度应大于或等于 $2H$。

6. 如何防止不均匀的下沉

当建筑物中部下沉较大，两端下沉较小时，建筑物墙体出现八字裂缝。若两端下沉较大，中部下沉较小时，建筑物墙体则出现倒八字裂缝。上述两种下沉均属不均匀下沉。

解决不均匀下沉的方法有以下几种：

(1) 做刚性墙基础。即采用一定高度和厚度的钢筋混凝土墙与基础共同作用，能均匀地传递荷载，调整不均匀沉降。

(2) 加高基础圈梁。在条形基础的上部做连续的、封闭的圈梁，可以保证建筑物的整体性，防止不均匀下沉。基础圈梁的高度不应小于 180mm，内放 4ϕ12 主筋，箍筋 ϕ8，间距 200mm。

(3) 设置沉降缝。

三、基础埋深的确定原则

《建筑地基基础设计规范》GB 50007—2011 中规定：

(1) 基础埋深由以下原则决定

1) 建筑物的用途，有无地下室、设备基础和地下设施，基础的形式和构造；
2) 作用在地基上的荷载大小和性质；
3) 工程地质和水文地质条件；
4) 相邻建筑物的基础埋深；
5) 地基土冻胀和融陷的影响。

(2) 在满足地基稳定和变形要求的前提下，基础宜浅埋，当上层地基的承载力大于下层土时，宜利用上层土作持力层。除岩石地基外，基础埋深不宜小于 0.5m。

(3) 在抗震设防区，除岩石地基外，天然地基上的箱形和筏形基础其埋置深度不宜小于建筑物高度的 1/15；桩箱或桩筏基础的埋置深度（不计桩长）不宜小于建筑物高度的 1/20～1/18。多层建筑的埋深一般不小于建筑物高度的 1/10。

（4）基础宜埋置在地下水位以上，当必须埋在地下水位以下时，应采取地基土在施工时不受扰动的措施。当基础埋置在易风化的岩层上，施工时应在基坑开挖后立即铺筑垫层。

（5）当存在相邻建筑物时，新建建筑物的基础埋深不宜大于原有建筑基础。当埋深大于原有建筑基础时，两基础间应保持一定净距，其数值应根据原有建筑荷载大小、基础形式和土质情况确定。当上述要求不能满足时，应采取分段施工，设临时加固支撑、打板桩、地下连续墙等施工措施或加固原有建筑物地基。

（6）季节性冻土地区基础埋置深度宜大于场地冻结深度，对于深厚季节冻土地区，当建筑基础底面土层为不冻胀、弱冻胀、冻胀土时，基础埋置深度可以小于场地冻结深度。基底允许冻土层最大厚度应根据当地经验确定。

《建筑地基基础术语标准》GB/T 50941—2014 中规定：<u>浅基础是指埋置深度不超过 5m，或不超过基底最小宽度，在其承载力中不计入基础侧壁岩土摩阻力的基础。深基础是指埋置深度超过 5m，或超过基底最小宽度，在其承载力中计入基础侧壁岩土摩阻力的基础。</u>

四、基础的种类

基础的类型很多，划分方法也不尽相同。从基础的材料及受力来划分，可分为<u>刚性基础（指用砖、灰土、混凝土、三合土等受压强度大、而受拉强度小的刚性材料做成的基础）、柔性基础（指用钢筋混凝土制成的受压和受拉均较强的基础）</u>。从基础的构造形式可分为条形基础、独立基础、筏形基础、箱形基础、桩基础等。下面介绍几种常用基础的构造特点。

（一）刚性基础（无筋扩展基础）

由于刚性材料的特点，这种基础只适合于受压而不适合受弯、拉、剪力，因此基础剖面尺寸必须满足刚性条件的要求。一般砌体结构房屋的基础常采用刚性基础。图 2-2-1 为刚性（无筋扩展）基础的构造，其台阶宽高比的允许值见表 2-2-1。

1. 灰土基础

灰土是经过消解后的生石灰和黏性土按一定的比例拌和而成，其配合比常用石灰：黏性土＝3∶7，俗称"三七"灰土。

灰土基础适合于 6 层和 6 层以下、地下水位较低的砌体结构房屋和墙体承重的工业厂房。灰土基础的厚度与建筑层数有关。4 层及 4 层以上的建筑物，一般采用 450mm；3 层及 3 层以下的建筑物，一般采用 300mm，夯实

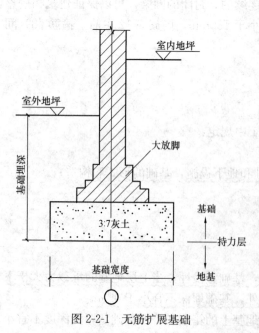

图 2-2-1 无筋扩展基础

后的灰土厚度每 150mm 称"一步",300mm 厚的灰土可称为"两步"灰土。

灰土基础的优点是施工简便,造价较低,就地取材,可以节省水泥、砖石等材料。缺点是它的抗冻、耐水性能差,在地下水位线以下或很潮湿的地基上不宜采用。

刚性(无筋扩展)基础台阶宽高比的允许值　　　　表 2-2-1

基础种类	质量要求	台阶宽高比的允许值		
		$P_k \leqslant 100$	$100 < P_k \leqslant 200$	$200 < P_k \leqslant 300$
混凝土基础	C15 混凝土	1∶1.00	1∶1.00	1∶1.25
毛石混凝土基础	C15 混凝土	1∶1.00	1∶1.25	1∶1.50
砖基础	砖不低于 MU10,砂浆不低于 M5	1∶1.50	1∶1.50	1∶1.50
毛石基础	砂浆不低于 M5	1∶1.25	1∶1.50	—
灰土基础	体积比为 3∶7 或 2∶8 的灰土,其最小干密度:粉土 $1.55t/m^3$,粉质黏土 $1.50t/m^3$,黏土 $1.45t/m^3$	1∶1.25	1∶1.50	—
三合土基础	体积比 1∶2∶4～1∶3∶6(石灰∶砂∶骨料),每层约虚铺 220mm,夯至 150mm	1∶1.50	1∶2.00	—

注:1. P_k 为荷载效应标准组合时基础底面处的平均压力值(kPa);
　　2. 阶梯形毛石基础的每个阶梯伸出宽度,不宜大于 200mm;
　　3. 当基础由不同材料叠合组成时,应对接触部分作抗压验算;
　　4. 基础底面处的平均压力值超过 300kPa 的混凝土基础,尚应进行抗剪验算。对基底反力集中于立柱附近的岩石地基,应进行局部受压承载力验算。

2. 实心砖基础

用作基础的实心砖,其强度等级必须在 MU10 及以上,砂浆强度等级一般不低于 M5。基础的下部要做成阶梯形(大放脚),逐级放大,以使上部的荷载传递到地基上时应力减小,从而满足地基容许承载力的要求。砖基础大放脚常用"两皮一收"和"二一间隔收"两种做法。

砖基础施工简便,适应面广。

为了节省"大放脚"的材料,可在砖基础下部做灰土垫层,形成灰土砖基础(又叫灰土基础)。

3. 毛石基础

毛石是指开采下来未经雕琢成形的石块,采用强度等级不小于 M5 砂浆砌筑的基础。毛石形状不规则,基础质量与码石块的技术和砌筑方法关系很大,一般应搭板满槽砌筑。毛石基础厚度和台阶高度均不小于 100mm,当台阶多于两阶时,每个台阶伸出宽度不宜大于 200mm。为便于砌筑上部砖墙,可在毛石基础的顶面浇铺一层 60mm 厚,强度等级为 C10 的凝土找平层。毛石基础的优点是可以就地取材,但整体性欠佳,固有振动的房屋很少采用。

4. 三合土基础

这种基础是石灰、砂、骨料等三种材料，按1∶2∶4～1∶3∶6的体积比进行配合，然后在基槽内分层夯实，每层夯实前虚铺220mm，夯实后净剩150mm。三合土铺筑至设计标高后，在最后一遍夯打时，宜浇筑石灰浆，待表面灰浆略为风干后，再铺上一层砂子，最后整平夯实。这种基础在我国南方地区应用很广。它的造价低廉，施工简单，但强度较低，所以只能用于4层以下房屋的基础。

5. 混凝土基础

这是指用混凝土制作的基础。混凝土基础的优点是强度高，整体性好，不怕水。它适用于潮湿的地基或有水的基槽中。有阶梯形和锥形两种。

混凝土基础的厚度一般为300～500mm，混凝土强度等级为C20。混凝土基础的宽高比为1∶1。

6. 毛石混凝土基础

为了节约水泥用量，对于体积较大的混凝土基础，可以在浇筑混凝土时加入20%～30%的毛石，这种基础叫毛石混凝土基础。毛石的尺寸不宜超过300mm。当基础埋深较大时，也可用毛石混凝土做成台阶形，每阶宽度不应小于400mm。如果地下水对普通水泥有侵蚀作用时，应采用矿渣水泥或火山灰水泥拌制混凝土。

（二）扩展基础（柔性基础）

扩展基础采用钢筋混凝土制作，图2-2-2为阶梯形扩展基础的构造。《建筑地基基础设计规范》GB 50007—2011中规定：

（1）扩展基础包括柱下独立基础和墙下条形基础两种类型。

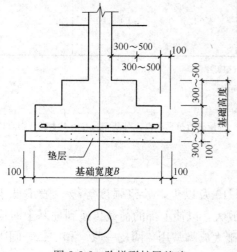

图2-2-2 阶梯形扩展基础

（2）扩展基础的截面有阶梯形和锥形两种形式。

（3）锥形扩展基础的边缘高度不宜小于200mm，且两个方向的坡度不宜大于1∶3；阶梯形扩展基础的每阶高度宜为300～500mm。

（4）扩展基础混凝土垫层的厚度不宜小于70mm，垫层混凝土强度等级不宜小于C10。

（5）柱下扩展基础受力钢筋的最小直径不应小于10mm，间距应为100～200mm。墙下扩展基础纵向分布钢筋的直径不应小于8mm，间距不应大于300mm。

（三）其他类型的基础

1. 筏形基础

筏形基础有梁板式和平板式两种类型。这是连片的钢筋混凝土基础，一般用于荷载集中、地基承载力差的情况下（图2-2-3）。

2. 箱形基础

当筏形基础埋深较深，并有地下室时，一般采用箱形基础。箱形基础由底板、顶板和侧墙组成。这种基础的整体性强，能承受很大的弯矩（图2-2-4）。

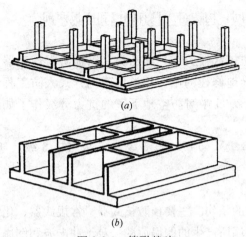

图 2-2-3　筏形基础
(a) 柱下基础；(b) 墙下基础

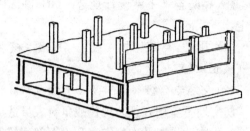

图 2-2-4　箱形基础

（四）基础的应用

1. 条形基础

这种基础多用于承重墙和自承重墙下部设置的基础，做法采用刚性基础。

2. 独立基础

这种基础多用于柱下基础，其构造做法多为柔性基础。

3. 筏形基础和箱形基础

这些基础多用于高层建筑。

五、地下室的有关问题

【相关真题：2022-043，2021-044，2022-045，2021-043，2021-045，2021-046，2021-055，2020-047，2020-048，2020-049，2020-050，2020-051，2020-052，202-071，2019-044，2019-045，2019-046，2019-047，2019-048，2019-049】

建筑物下部的空间叫地下室。

（一）地下室的分类

1. 按使用性质分

(1) 普通地下室。普通的地下空间。一般按地下楼层进行设计。

(2) 防空地下室。有防空要求的地下空间。防空地下室应妥善解决紧急状态下的人员隐蔽与疏散，应有保证人身安全的技术措施。

2. 按埋入地下深度分

(1) 地下室。地下室是指地下室地平面低于室外地坪的高度超过该房间净高1/2者。

(2) 半地下室。半地下室是指地下室地面低于室外地坪面高度超过该房间净高 1/3，且不超过 1/2 者。

3. 按建造方式分

(1) 单建式：单独建造的地下空间，构造组成包括顶板、侧墙和底板三部分。如地下车库等。

(2) 附建式：附建在建筑物下部的地下空间，构造组成只有侧墙和底板两部分。

（二）防空地下室

防空地下室按其重要性分为甲类（以预防核武器为主）和乙类（以预防常规武器为主）。防空地下室及居住小区内结合民用建筑异地修建的甲、乙类单建掘开式人防工程设计。《人民防空地下室设计规范》GB 50038—2005 中对防空地下室的抗力分级作了如下规定：

（1）甲类：4级（核4级）、4B级（核4B级）、5级（核5级）、6级（核6级）、6B级（核6B级）。

（2）乙类：5级（常5级）、6级（常6级）。

防空地下室用以预防现代战争对人员造成的杀伤。主要预防核武器、常规武器、化学武器、生物武器以及次生灾害和由上部建筑倒塌所产生的倒塌荷载。对于冲击波和倒塌荷载主要通过结构厚度来解决。对于早期核辐射应通过结构厚度及相应的密闭措施来解决。对于化学毒气应通过密闭措施及通风、滤毒来解决。

为解决上述问题，防空地下室的平面中应有防护室、防毒通道（前室）、通风滤毒室、洗消间及厕所等。为保证疏散，地下室的房间出口应不设门，而以空门洞为主。与外界联系的出入口应设置密闭门或防护密闭门。地下室的出入口至少应有两个。其具体做法是一个与地上楼梯连通，另一个与防空通道或专用出口连接。为兼顾平时利用，做到平战结合，可以在外墙上开采光窗并设置采光井。

《人民防空地下室设计规范》GB 50038—2005 和《建筑内部装修设计防火规范》GB 50222—2017 中规定：

1. 密闭隔墙

在染毒区与清洁区之间应设置整体浇筑的钢筋混凝土密闭隔墙，其厚度不应小于200mm，并应在染毒区一侧墙面用水泥砂浆抹光。当密闭隔墙上有管道穿过时，应采取密闭措施。在密闭隔墙上开设门洞时，应设置密闭门。

2. 内部装修

(1) 室内装修应选用防火、防潮的材料，并满足防腐、抗震、环保及其他特殊功能的要求。平战结合的防空地下室，其内部装修应符合国家有关建筑内部装修设计防火规范的规定。

(2) 防空地下室的顶板不应抹灰。平时设置吊顶时，应采用轻质、坚固的龙骨，吊顶饰面材料应方便拆卸。密闭通道、防毒通道、洗消间、简易洗消间、滤毒室、扩散室等战时易染毒的房间、通道，其墙面、顶面、地面均应平整光洁，易于清洗。

(3) 设置地漏的房间和通道，其地面坡度不应小于0.5%，坡向地漏，且其地面应比相连的无地漏房间（或通道）的地面低 20mm。

(4) 地下民用建筑（包括平战结合的地下人防工程）的顶棚装修材料的燃烧性能不应低于A级（即不燃性）。

（三）地下室的组成及有关要求

1. 地下室的组成

地下室属于箱形基础的范围。其组成部分有顶板、底板、侧墙、门窗及楼梯等。

2. 地下室的空间高度

用作人员掩蔽的防空地下室的掩蔽面积标准应按每人 $1.0m^2$ 计算。室内地面至顶板底面高度不应低于 2.4m，梁下净高不应低于 2.0m。《住宅建筑规范》GB 50368—2005 规定，地下机动车库走道净高不应低于 2.20m，车位净高不应低于 2.00m。住宅地下自行车库净高不应低于 2.00m。

3. 人防地下室的材料选择和厚度决定

人防地下室各组成部分所用材料、强度等级及厚度详见表 2-2-2、表 2-2-3。

材料强度等级 表 2-2-2

构件类别	混凝土		砌体			
	现浇	预制	砖	料石	混凝土砌块	砂浆
基础	C25	—	—	—	—	—
梁、楼板	C25	C25	—	—	—	—
柱	C30	C30	—	—	—	—
内墙	C25	C25	MU10	MU30	MU15	M5
外墙	C25	C25	MU15	MU30	MU15	M7.5

注：1. 防空地下室结构不得采用硅酸盐砖和硅酸盐砌块；
2. 严寒地区，饱和土中砖的强度等级不得低于 MU20；
3. 装配填缝砂浆的强度等级不应低于 M10；
4. 防水混凝土基础底板的混凝土垫层，其强度等级不应低于 C25。

结构构件最小厚度（mm） 表 2-2-3

构件类别	材料种类			
	钢筋混凝土	砖砌体	料石砌体	混凝土砌块
顶板、中间楼板	200	—	—	—
承重外墙	250	490(370)	300	250
承重内墙	200	370(240)	300	250
临空墙	250	—	—	—
防护密闭门门框墙	300	—	—	—
密闭门门框墙	250	—	—	—

注：1. 表中最小厚度不包括甲类防空地下室防早期核辐射对结构厚度的要求；
2. 表中顶板、中间楼板最小厚度系指实心楼面，如为密肋板，其实心截面不宜小于 100mm；如为现浇空心板，其板顶厚度不宜小于 100mm，且其折合厚度均不应小于 200mm；
3. 砖砌体项号内最小厚度适用于乙类防空地下室和核 6 级、核 6B 级甲类防空地下室；
4. 砖砌体包括烧结普通砖、烧结多孔砖以及非黏土砖砌体。

（四）地下室的防潮与防水做法

地下室的防潮、防水做法取决于地下室地坪与地下水位的关系。

当设计最高地下水位低于地下室底板 500mm，且基地范围内的土壤及回填土无形成上层滞水的可能时，采用防潮做法。

当设计最高地下水位高于地下室底板标高且地面水可能下渗时，应采用防水做法。

防潮的具体做法是：砌体必须用水泥砂浆砌筑，墙外侧在做好水泥砂浆抹面后，涂冷底子油及热沥青两道，然后回填低渗透性的土，如黏土、灰土等。此外，在墙身与地下室地坪及室内外地坪之间设墙身水平防潮层，以防止土中潮气和地面雨水因毛细管作用沿墙体上升而影响结构。

地下室防水做法应遵守《地下工程防水技术规范》GB 50108—2008 中的有关规定：

1. 地下工程防水设计

地下工程防水的设计和施工应遵循"防、排、截、堵相结合,刚柔相济,因地制宜,综合治理"的原则。

(1) 一般规定

1) 地下工程的防水设计,应根据地表水、地下水、毛细管水等的作用,以及由于人为因素引起的附近水文地质改变的影响确定。单建式的地下工程,宜采用全封闭、部分封闭的防排水设计;附建式的全地下或半地下工程的防水设防高度,应高出室外地坪高程500mm以上。

2) 地下工程迎水面主体结构应采用防水混凝土,并应根据防水等级的要求采取其他防水措施。

3) 地下工程的变形缝(诱导缝)、施工缝、后浇带、穿墙管(盒)、预埋件、预留通道接头、桩头等细部构造,应加强防水措施。

4) 地下工程的排水管沟、地漏、出入口、窗井、风井等,应采取防倒灌措施;严寒、寒冷地区的排水沟应采取防冻措施。

(2) 防水等级

1) 地下工程的防水等级应分为四级,各等级防水标准应符合表2-2-4的规定。

地下工程防水标准　　　　　　表2-2-4

防水等级	防 水 标 准
一级	不允许渗水,结构表面无湿渍
二级	不允许漏水,结构表面可有少量湿渍; 工业与民用建筑:总湿渍面积不应大于总防水面积(包括顶板、墙面、地面)的1/1000;任意100m² 防水面积上的湿渍不超过2处,单个湿渍的最大面积不大于0.1m²; 其他地下工程:总湿渍面积不应大于总防水面积的2/1000;任意100m² 防水面积上的湿渍不超过3处,单个湿渍的最大面积不大于0.2m²;其中,隧道工程还要求平均渗水量不大于0.05L/(m²·d),任意100m² 防水面积上的渗水量不大于0.15L/(m²·d)
三级	有少量漏水点,不得有线流和漏泥沙; 任意100m² 防水面积上的漏水或湿渍点数不超过7处,单个漏水点的最大漏水量不大于2.5L/d,单个湿渍的最大面积不大于0.3m²
四级	有漏水点,不得有线流和漏泥沙; 整个工程平均漏水量不大于2L/(m²·d);任意100m² 防水面积上的平均漏水量不大于4L/(m²·d)

2) 地下工程不同防水等级的适用范围,应根据工程的重要性和使用中对防水的要求按表2-2-5选定。

不同防水等级的适用范围　　　　　　表2-2-5

防水等级	适 用 范 围
一级	人员长期停留的场所;因有少量湿渍会使物品变质、失效的贮物场所及严重影响设备正常运转和危及工程安全运营的部位;极重要的战备工程、地铁车站
二级	人员经常活动的场所;在有少量湿渍的情况下不会使物品变质、失效的贮物场所及基本不影响设备正常运转和工程安全运营的部位;重要的战备工程

续表

防水等级	适 用 范 围
三级	人员临时活动的场所；一般战备工程
四级	对渗漏水无严格要求的工程

(3) 防水设防要求

1) 地下工程的防水设防要求，应根据使用功能、使用年限、水文地质、结构形式、环境条件、施工方法及材料性能等因素确定。

明挖法地下工程的防水设防要求应按表 2-2-6 选用，暗挖法地下工程的防水设防要求应按表 2-2-7 选用。

明挖法地下工程防水设防要求　　　　　　　表 2-2-6

工程部位		主体结构					施工缝						后浇带				变形缝（诱导缝）					
防水措施		防水混凝土	防水卷材	防水涂料	塑料防水板	膨润土防水材料	防水砂浆	金属防水板	遇水膨胀止水条（胶）	外贴式止水带	中埋式止水带	外抹防水砂浆	外涂防水涂料	水泥基渗透结晶型防水涂料	预埋注浆管	补偿收缩混凝土	外贴式止水带	预埋注浆管	遇水膨胀止水条（胶）	防水密封材料	中埋式止水带	外贴式止水带	可卸式止水带	防水密封材料	外贴防水卷材	外涂防水涂料
防水等级	一级	应选	应选一至二种					应选二种						应选	应选二种			应选	应选一至二种				
	二级	应选	应选一种					应选一至二种						应选	应选一至二种			应选	应选一至二种				
	三级	应选	宜选一种					宜选一至二种						应选	宜选一至二种			应选	宜选一至二种				
	四级	宜选	—					宜选一种						应选	宜选一种			应选	宜选一种				

暗挖法地下工程防水设防要求　　　　　　　表 2-2-7

工程部位		衬砌结构						内衬砌施工缝					内衬砌变形缝（诱导缝）				
防水措施		防水混凝土	塑料防水板	防水砂浆	防水涂料	防水卷材	金属防水层	外贴式止水带	预埋注浆管	遇水膨胀止水条（胶）	防水密封材料	中埋式止水带	水泥基渗透结晶型防水涂料	中埋式止水带	外贴式止水带	可卸式止水带	防水密封材料	遇水膨胀止水条（胶）
防水等级	一级	必选	应选一至二种					应选一至二种					应选	应选一至二种			
	二级	应选	应选一种					应选一种					应选	应选一种			
	三级	宜选	宜选一种					宜选一种					应选	宜选一种			
	四级	宜选	宜选一种					宜选一种					应选	宜选一种			

2) 处于侵蚀性介质中的工程，应采用耐侵蚀的防水混凝土、防水砂浆、防水卷材或防水涂料等防水材料。

3) 处于冻融侵蚀环境中的地下工程，其混凝土抗冻融循环不得少于300次。

4) 结构刚度较差或受振动作用的工程，宜采用延伸率较大的卷材、涂料等柔性防水材料。

2. 防水做法

（1）防水混凝土

1) 防水混凝土可通过调整配合比，或掺加外加剂、掺合料等措施配制而成，其抗渗等级不得小于P6。

2) 防水混凝土的施工配合比应通过试验确定，试配混凝土的抗渗等级应比设计要求高0.2MPa。

3) 防水混凝土应满足抗渗等级要求，并应根据地下工程所处的环境和工作条件，满足抗压、抗冻和抗侵蚀性等耐久性要求。

4) 防水混凝土的设计抗渗等级，应符合表2-2-8的规定。

防水混凝土设计抗渗等级　　　　　　　　　表2-2-8

工程埋置深度 H (m)	设计抗渗等级	工程埋置深度 H (m)	设计抗渗等级
$H<10$	P6	$20 \leqslant H<30$	P10
$10 \leqslant H<20$	P8	$H \geqslant 30$	P12

注：1. 本表适用于Ⅰ、Ⅱ、Ⅲ类围岩（土层及软弱围岩）；
2. 山岭隧道防水混凝土的抗渗等级可按国家现行有关标准执行。

5) 防水混凝土的环境温度不得高于80℃，处于侵蚀性介质中防水混凝土的耐侵蚀要求应根据介质的性质按有关标准执行。

6) 防水混凝土结构底板的混凝土垫层，强度等级不应小于C15，厚度不应小于100mm，在软弱土层中不应小于150mm。

7) 防水混凝土结构，应符合下列规定：

① 结构厚度不应小于250mm（附建式地下室为侧墙和底板；单建式地下室为侧墙、底板和顶板）；

② 裂缝宽度不得大于0.2mm，并不得贯通；

③ 钢筋保护层厚度应根据结构的耐久性和工程环境选用，迎水面钢筋保护层厚度不应小于50mm。

8) 防水混凝土应连续浇筑，宜少留施工缝。当留设施工缝时，应符合下列规定：

① 墙体水平施工缝不应留在剪力最大处或底板与侧墙的交接处，应留在高出底板表面不小于300mm的墙体上；拱（板）墙结合的水平施工缝，宜留在拱（板）墙接缝线以下150~300mm处；墙体有预留孔洞时，施工缝距孔洞边缘不应小于300mm；

② 垂直施工缝应避开地下水和裂隙水较多的地段，并宜与变形缝相结合。

9) 施工缝防水构造形式宜按图2-2-5~图2-2-8选用，当采用两种以上构造措施时可进行有效组合。

10) 防水混凝土结构内部设置的各种钢筋或绑扎铁丝，不得接触模板。用于固定模板的螺栓必须穿过混凝土结构时，可采用工具式螺栓或螺栓加堵头，螺栓上应加焊方形止水环。拆模后应将留下的凹槽用密封材料封堵密实，并应用聚合物水泥砂浆抹平，见图2-2-9。

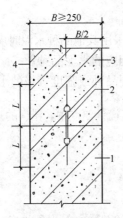
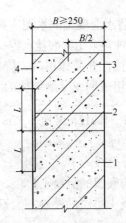

图 2-2-5 施工缝防水构造（一）
钢板止水带 $L \geqslant 150$，橡胶止水带
$L \geqslant 200$，钢边橡胶止水带 $L \geqslant 120$
1—先浇混凝土；2—中埋止水带；
3—后浇混凝土；4—结构迎水面

图 2-2-6 施工缝防水构造（二）
外贴止水带 $L \geqslant 150$，外涂防水
涂料 $L=200$，外抹防水砂浆 $L=200$
1—先浇混凝土；2—外贴止水带；
3—后浇混凝土；4—结构迎水面

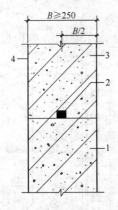
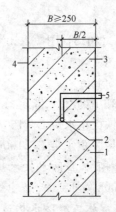

图 2-2-7 施工缝防水构造（三）
1—先浇混凝土；2—遇水膨胀止水条（胶）；
3—后浇混凝土；4—结构迎水面

图 2-2-8 施工缝防水构造（四）
1—先浇混凝土；2—预埋注浆管；3—后浇混凝土；4—结构迎水面；5—注浆导管

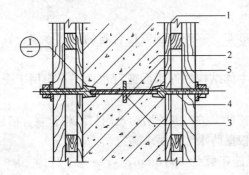
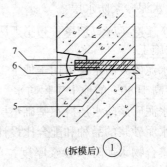

图 2-2-9 固定模板用螺栓的防水构造
（引自《地下工程防水技术规范》GB 50108—2008）
1—模板；2—结构混凝土；3—止水环；4—工具式螺栓；5—固定模板用螺栓；
6—密封材料；7—聚合物水泥砂浆

11) 用于防水混凝土的水泥应符合下列规定：
① 水泥品种宜采用硅酸盐水泥、普通硅酸盐水泥，采用其他品种水泥时应经试验确定；
② 在受侵蚀性介质作用时，应按介质的性质选用相应的水泥品种；
③ 不得使用过期或受潮结块的水泥，并不得将不同品种或强度等级的水泥混合使用。

例 2-2-1 （2012）某地下 12m 处工程的防水混凝土设计要点中，错误的是（　　）。
A 结构厚度应计算确定
B 抗渗等级为 P8
C 结构底板的混凝土垫层，其强度等级不小于 C15
D 混凝土垫层的厚度一般不应小于 150mm

解析：《地下工程防水技术规范》GB 50108—2008 第 4.1.4 条规定：地下 12m 处工程的防水混凝土的设计抗渗等级应为 P8（B 项正确）。第 4.1.6 条规定：防水混凝土结构底板的混凝土垫层，强度等级不应小于 C15（C 项正确），厚度不应小于 100mm（D 项错误），在软弱土层中不应小于 150mm。

答案：D

例 2-2-2 （2013）图 2-2-10 所示防水混凝土墙身施工缝的防水构造，下列说法错误的是哪一项？（　　）
A $B \geqslant 250$mm
B 采用钢边橡胶止水带 $L \geqslant 120$mm
C 采用铁板止水带 $L \geqslant 150$mm
D 采用橡胶止水带 $L \geqslant 160$mm

解析：《地下工程防水技术规范》GB 50108—2008 第 4.1.25 条中规定：防水混凝土墙身施工缝防水构造采用橡胶止水带做法时，$L \geqslant 200$mm。

答案：D

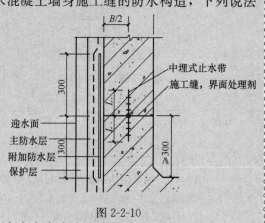

图 2-2-10

(2) 水泥砂浆防水层
1) 水泥砂浆应包括聚合物水泥防水砂浆、掺外加剂或掺料的防水砂浆，宜采用多层抹压法施工。
2) 水泥砂浆防水层可用于地下工程主体结构的迎水面或背水面，不应用于受持续振动或温度高于 80℃ 的地下工程防水。
3) 水泥砂浆防水层应在基础垫层、初期支护、围护结构及内衬结构验收合格后施工。
4) 水泥砂浆的品种和配合比设计应根据防水工程要求确定。
5) 聚合物水泥防水砂浆厚度：单层施工宜为 6～8mm，双层施工宜为 10～12mm；掺外加剂或掺料的水泥防水砂浆厚度宜为 18～20mm。
6) 水泥砂浆防水层的基层混凝土强度或砌体用的砂浆强度均不应低于设计值的 80%。
7) 水泥砂浆防水层各层应紧密粘合，每层宜连续施工；必须留设施工缝时，应采用阶梯坡形槎，但离阴阳角处的距离不得小于200mm。

8）水泥砂浆防水层不得在雨天、五级及以上大风中施工。冬期施工时，气温不应低于5℃。夏季不宜在30℃以上或烈日照射下施工。

9）水泥砂浆防水层终凝后，应及时进行养护，养护温度不宜低于5℃，并应保持砂浆表面湿润，养护时间不得少于14d。

（3）卷材防水层

1）卷材防水层宜用于经常处在地下水环境，且受侵蚀性介质作用或受振动作用的地下工程。

2）卷材防水层应铺设在混凝土结构的迎水面。

3）卷材防水层用于建筑物地下室时，应铺设在结构底板垫层至墙体防水设防高度的结构基面上；用于单建式的地下工程时，应从结构底板垫层铺设至顶板基面，并应在外围形成封闭的防水层。

4）防水卷材的品种规格和层数，应根据地下工程防水等级、地下水位高低及水压力作用状况、结构构造形式和施工工艺等因素确定。

5）卷材防水层的卷材品种可按表2-2-9选用，并应符合下列规定：

① 卷材外观质量、品种规格应符合国家现行有关标准的规定；

② 卷材及其胶粘剂应具有良好的耐水性、耐久性、耐刺穿性、耐腐蚀性和耐菌性。

卷材防水层的卷材品种　　　　　　表2-2-9

类　别	品种名称
高聚物改性沥青类防水卷材	弹性体改性沥青防水卷材
	改性沥青聚乙烯胎防水卷材
	自粘聚合物改性沥青防水卷材
合成高分子类防水卷材	三元乙丙橡胶防水卷材
	聚氯乙烯防水卷材
	聚乙烯丙纶复合防水卷材
	高分子自粘胶膜防水卷材

6）卷材防水层的卷材厚度应符合表2-2-10的规定。

不同品种卷材的厚度　　　　　　表2-2-10

卷材品种	高聚物改性沥青类防水卷材			合成高分子类防水卷材			
	弹性体改性沥青防水卷材、改性沥青聚乙烯胎防水卷材	自粘聚合物改性沥青防水卷材		三元乙丙橡胶防水卷材	聚氯乙烯防水卷材	聚乙烯丙纶复合防水卷材	高分子自粘胶膜防水卷材
		聚酯毡胎体	无胎体				
单层厚度(mm)	≥4	≥3	≥1.5	≥1.5	≥1.5	卷材≥0.9 粘结料≥1.3 芯材厚度≥0.6	≥1.2

续表

卷材品种	高聚物改性沥青类防水卷材			合成高分子类防水卷材			
	弹性体改性沥青防水卷材、改性沥青聚乙烯胎防水卷材	自粘聚合物改性沥青防水卷材		三元乙丙橡胶防水卷材	聚氯乙烯防水卷材	聚乙烯丙纶复合防水卷材	高分子自粘胶膜防水卷材
		聚酯毡胎体	无胎体				
双层总厚度（mm）	≥(4+3)	≥(3+3)	≥(1.5+1.5)	≥(1.2+1.2)	≥(1.2+1.2)	卷材≥(0.7+0.7) 粘结料≥(1.3+1.3) 芯材厚度≥0.5	—

注：自粘聚合物改性沥青防水卷材应执行国家现行标准《自粘聚合物改性沥青防水卷材》GB 23441—2009。

7) 阴阳角处应做成圆弧或45°坡角，其尺寸应根据卷材品种确定。在阴阳角等特殊部位，应增做卷材加强层，加强层宽度宜为300~500mm。

8) 铺贴卷材严禁在雨天、雪天、五级及以上大风中施工；冷粘法、自粘法施工的环境气温不宜低于5℃。施工过程中下雨或下雪时，应做好已铺卷材的防护工作。

9) 不同品种防水卷材的搭接宽度，应符合表2-2-11的要求。

防水卷材搭接宽度　　　　表2-2-11

卷材品种	搭接宽度（mm）
弹性体改性沥青防水卷材	100
改性沥青聚乙烯胎防水卷材	100
自粘聚合物改性沥青防水卷材	80
三元乙丙橡胶防水卷材	100/60（胶粘剂/胶粘带）
聚氯乙烯防水卷材	60/80（单焊缝/双焊缝）
	100（胶粘剂）
聚乙烯丙纶复合防水卷材	100（粘结料）
高分子自粘胶膜防水卷材	70/80（自粘胶/胶粘带）

10) 防水卷材施工前，基面应干净、干燥，并应涂刷基层处理剂；当基面潮湿时，应涂刷湿固化型胶粘剂或潮湿界面隔离剂。基层处理剂的配制与施工应符合下列要求：

① 基层处理剂应与卷材及其粘结材料的材性相容；

② 基层处理剂喷涂或刷涂应均匀一致，不应露底，表面干燥后方可铺贴卷材。

11) 铺贴各类防水卷材应符合下列规定：

① 应铺设卷材加强层；

② 结构底板垫层混凝土部位的卷材可采用空铺法或点粘法施工，其粘结位置、点粘面积应按设计要求确定；侧墙采用外防外贴法的卷材及顶板部位的卷材应采用满粘法施工；

③ 卷材与基面、卷材与卷材间的粘结应紧密、牢固；铺贴完成的卷材应平整顺直，搭接尺寸应准确，不得产生扭曲和皱褶；

④ 卷材搭接处和接头部位应粘贴牢固，接缝口应封严或采用材性相容的密封材料封缝；

⑤ 铺贴立面卷材防水层时，应采取防止卷材下滑的措施；

⑥ 铺贴双层卷材时，上下两层和相邻两幅卷材的接缝应错开1/3～1/2幅宽，且两层卷材不得相互垂直铺贴。

12) 卷材防水层经检查合格后，应及时做保护层，保护层应符合下列规定：

① 顶板卷材防水层上的细石混凝土保护层，应符合下列规定：

a. 采用机械碾压回填土时，保护层厚度不宜小于70mm；

b. 采用人工回填土时，保护层厚度不宜小于50mm；

c. 防水层与保护层之间宜设置隔离层。

② 底板卷材防水层上的细石混凝土保护层厚度不应小于50mm。

③ 侧墙卷材防水层宜采用软质保护材料或铺抹20mm厚1∶2.5水泥砂浆层。

13) 明挖法地下工程的混凝土和防水层的保护层验收合格后，应及时回填，并应符合下列规定：

① 基坑内杂物应清理干净、无积水；

② 工程周围800mm以内宜采用灰土、黏土或亚黏土回填，其中不得含有石块、碎砖、灰渣、有机杂物以及冻土；

③ 回填施工应均匀对称进行，并应分层夯实。

(4) 涂料防水层

1) 涂料防水层应包括无机防水涂料和有机防水涂料。无机防水涂料可选用掺外加剂、掺合料的水泥基防水涂料、水泥基渗透结晶型防水涂料。有机防水涂料可选用反应型、水乳型、聚合物水泥等涂料。

2) 无机防水涂料宜用于结构主体的背水面，有机防水涂料宜用于地下工程主体结构的迎水面，用于背水面的有机防水涂料应具有较高的抗渗性，且与基层有较好的粘结性。

3) 防水涂料品种的选择应符合下列规定：

① 潮湿基层宜选用与潮湿基面粘结力大的无机防水涂料或有机防水涂料，也可采用先涂无机防水涂料而后再涂有机防水涂料构成复合防水涂层；

② 冬期施工宜选用反应型涂料；

③ 埋置深度较深的重要工程，有振动或有较大变形的工程，宜选用高弹性防水涂料；

④ 有腐蚀性的地下环境宜选用耐腐蚀性较好的有机防水涂料，并应做刚性保护层；

⑤ 聚合物水泥防水涂料应选用Ⅱ型产品。

4) 采用有机防水涂料时，基层阴阳角应做成圆弧形，阴角直径宜大于50mm，阳角直径宜大于10mm，在底板转角部位应增加胎体增强材料，并应增涂防水涂料。

5) 防水涂料宜采用外防外涂或外防内涂（图2-2-11、图2-2-12）。

6) 掺外加剂、掺合料的水泥基防水涂料厚度不得小于3.0mm；水泥基渗透结晶型防水涂料的用量不应小于$1.5kg/m^2$，且厚度不应小于1.0mm；有机防水涂料的厚度不得小于1.2mm。

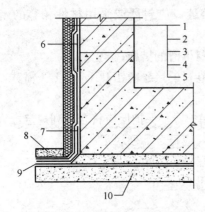 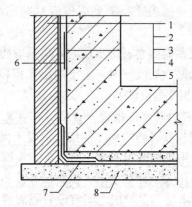

图 2-2-11 防水涂料外防外涂构造
1—保护墙;2—砂浆保护层;3—涂料防水层;4—砂浆找平层;5—结构墙体;6—涂料防水层加强层;7—涂料防水加强层;8—涂料防水层搭接部位保护层;9—涂料防水层搭接部位;10—混凝土垫层

图 2-2-12 防水涂料外防内涂构造
1—保护墙;2—涂料保护层;3—涂料防水层;4—找平层;5—结构墙体;6—涂料防水层加强层;7—涂料防水加强层;8—混凝土垫层

7) 无机防水涂料基层表面应干净、平整、无浮浆和明显积水。

8) 有机防水涂料基层表面应基本干燥,不应有气孔、凹凸不平、蜂窝麻面等缺陷。涂料施工前,基层阴阳角应做成圆弧形。

9) 涂料防水层严禁在雨天、雾天、五级及以上大风时施工,不得在施工环境温度低于5℃及高于35℃或烈日暴晒时施工。涂膜固化前如有降雨可能时,应及时做好已完涂层的保护工作。

10) 防水涂料的配制应按涂料的技术要求进行。

11) 防水涂料应分层刷涂或喷涂,涂层应均匀,不得漏刷漏涂;接槎宽度不应小于100mm。

12) 铺贴胎体增强材料时,应使胎体层充分浸透防水涂料,不得有露槎及褶皱。

13) 有机防水涂料施工完后应及时做保护层,保护层应符合下列规定:

① 底板、顶板应采用20mm厚1:2.5水泥砂浆层和40~50mm厚的细石混凝土保护层,防水层与保护层之间宜设置隔离层;

② 侧墙背水面保护层应采用20mm厚1:2.5水泥砂浆;

③ 侧墙迎水面保护层宜选用软质保护材料或20mm厚1:2.5水泥砂浆。

例 2-2-3 (2021) 关于地下工程的水泥基渗透结晶防水涂料,正确用法是( )。

A 用量≥1.0kg/m²
B 用量≥1.5kg/m²,且厚度≥1.0mm
C 厚度≥1.5mm
D 用量≥1.0kg/m²,且厚度≥1.5mm

解析：《地下工程防水技术规范》GB 50108—2008 第4.4.6条规定：掺外加剂、掺合料的水泥基防水涂料厚度不得小于3.0mm；水泥基渗透结晶型防水涂料的用量不应小于1.5kg/m²，且厚度不应小于1.0mm（故B项正确）；有机防水涂料的厚度不得小于1.2mm。

答案：B

(5) 塑料防水板防水层

1) 塑料防水板防水层宜用于经常受水压、侵蚀性介质或受振动作用的地下工程防水。
2) 塑料防水板防水层宜铺设在复合式衬砌的初期支护和二次衬砌之间。
3) 塑料防水板防水层宜在初期支护结构趋于基本稳定后铺设。
4) 塑料防水板防水层应由塑料防水板与缓冲层组成。
5) 塑料防水板防水层可根据工程地质、水文地质条件和工程防水要求，采用全封闭、半封闭或局部封闭铺设。
6) 塑料防水板防水层应牢固地固定在基面上，固定点的间距应根据基面平整情况确定，拱部宜为0.5～0.8m，边墙宜为1.0～1.5m，底部宜为1.5～2.0m。局部凹凸较大时，应在凹处加密固定点。
7) 塑料防水板可选用乙烯—醋酸乙烯共聚物、乙烯—沥青共混聚合物、聚氯乙烯、高密度聚乙烯类或其他性能相近的材料。
8) 塑料防水板应符合下列规定：
① 幅宽宜为2～4m；
② 厚度不得小于1.2mm；
③ 应具有良好的耐刺穿性、耐久性、耐水性、耐腐蚀性、耐菌性；
④ 塑料防水板主要性能指标应符合表2-2-12的规定。
9) 缓冲层宜采用无纺布或聚乙烯泡沫塑料，缓冲层材料的性能指标应符合表2-2-13的规定。

塑料防水板主要性能指标 表2-2-12

项目	乙烯—醋酸乙烯共聚物	乙烯—沥青共混聚合物	聚氯乙烯	高密度聚乙烯
拉伸强度（MPa）	≥16	≥14	≥10	≥16
断裂延伸率（%）	≥550	≥500	≥200	≥550
不透水性，120min（MPa）	≥0.3	≥0.3	≥0.3	≥0.3
低温弯折性	−35℃无裂纹	−35℃无裂纹	−20℃无裂纹	−35℃无裂纹
热处理尺寸变化率（%）	≤2.0	≤2.5	≤2.0	≤2.0

缓冲层材料性能指标 表2-2-13

材料名称	抗拉强度（N/50mm）	伸长率（%）	质量（g/m²）	顶破强度（kN）	厚度（mm）
聚乙烯泡沫塑料	≥0.4	≥100	—	≥5	≥5
无纺布	纵横向≥700	纵横向≥50	≥300	—	—

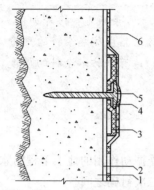

图 2-2-13 暗钉圈固定缓冲层
1—初期支护；2—缓冲层；3—热塑性暗钉圈；4—金属垫圈；5—射钉；6—塑料防水板

10）暗钉圈应采用与塑料防水板相容的材料制作，直径不应小于 80mm。

11）塑料防水板防水层的基面应平整、无尖锐突出物；基面平整度 D/L 不应大于 1/6（D 为初期支护基面相邻两凸面间凹进去的深度，L 为初期支护基面相邻两凸面间的距离）。

12）铺设塑料防水板前应先铺缓冲层，缓冲层应采用暗钉圈固定在基面上（图 2-2-13）。钉距应符合规范的规定。

13）塑料防水板的铺设应符合下列规定：

① 铺设塑料防水板时，宜由拱顶向两侧展铺，并应边铺边用压焊机将塑料板与暗钉圈焊接牢靠，不得有漏焊、假焊和焊穿现象。两幅塑料防水板的搭接宽度不应小于 100mm。搭接缝应为热熔双焊缝，每条焊缝的有效宽度不应小于 10mm。

② 环向铺设时，应先拱后墙，下部防水板应压住上部防水板。

③ 塑料防水板铺设时宜设置分区预埋注浆系统。

④ 分段设置塑料防水板防水层时，两端应采取封闭措施。

14）接缝焊接时，塑料板的搭接层数不得超过 3 层。

15）塑料防水板铺设时应少留或不留接头，当留设接头时，应对接头进行保护。再次焊接时应将接头处的塑料防水板擦拭干净。

16）铺设塑料防水板时，不应绷得太紧，宜根据基面的平整度留有充分的余地。

17）防水板的铺设应超前混凝土施工，超前距离宜为 5~20m，并应设临时挡板防止机械损伤和电火花灼伤防水板。

18）二次衬砌混凝土施工时应符合下列规定：

① 绑扎、焊接钢筋时应采取防刺穿、灼伤防水板的措施；

② 混凝土出料口和振捣棒不得直接接触塑料防水板。

19）塑料防水板防水层铺设完毕后，应进行质量检查，并应在验收合格后进行下道工序的施工。

（6）金属板防水层

1）金属板防水层可用于长期浸水、水压较大的水工及过水隧道，所用的金属板和焊条的规格及材料性能，应符合设计要求。

2）金属板的拼接应采用焊接，拼接焊缝应严密。竖向金属板的垂直接缝，应相互错开。

3）主体结构内侧设置金属板防水层时，金属板应与结构内的钢筋焊牢，也可在金属板防水层上焊接一定数量的锚固件（图 2-2-14）。

4）主体结构外侧设置金属板防水层时，金属板应焊在混凝土结构的预埋件上。金属板经焊缝检查合格后，应将其与结构间的空隙用水泥砂浆灌实（图 2-2-15）。

5）金属板防水层应用临时支撑加固。金属板防水层底板上应预留浇捣孔，并应保证混凝土浇筑密实，待底板混凝土浇筑完后应补焊严密。

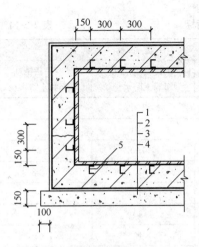

图 2-2-14 主体结构内侧设置
金属板防水层
1—金属板；2—主体结构；
3—防水砂浆；4—垫层；5—锚固筋

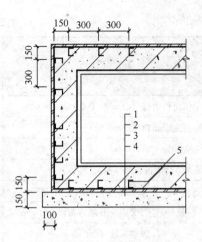

图 2-2-15 主体结构外侧设置
金属板防水层
1—防水砂浆；2—主体结构；
3—金属板；4—垫层；5—锚固筋

6）金属板防水层如先焊成箱体，再整体吊装就位时，应在其内部加设临时支撑。

7）金属板防水层应采取防锈措施。

(7) 膨润土防水材料防水层

1) 膨润土防水材料包括膨润土防水毯和膨润土防水板及其配套材料，采用机械固定法铺设。

2) 膨润土防水材料防水层应用于 pH 值为 4～10 的地下环境，含盐量较高的地下环境应采用经过改性处理的膨润土，并应经检测合格后使用。

3) 膨润土防水材料防水层应用于地下工程主体结构的迎水面，防水层两侧应具有一定的夹持力。

4) 铺设膨润土防水材料防水层的基层混凝土强度等级不得小于 C15，水泥砂浆强度等级不得低于 M7.5。

5) 阴、阳角部位应做成直径不小于 30mm 的圆弧或 30mm×30mm 的坡角。

6) 穿墙管件部位宜采用膨润土橡胶止水条、膨润土密封膏或膨润土粉进行加强处理。

7) 膨润土防水材料应符合下列规定：

① 膨润土防水材料中的膨润土颗粒应采用钠基膨润土，不应采用钙基膨润土；

② 膨润土防水材料应具有良好的不透水性、耐久性、耐腐蚀性和耐菌性；

③ 膨润土防水毯非织布外表面宜附加一层高密度聚乙烯膜；

④ 膨润土防水毯的织布层和非织布层之间应联结紧密、牢固，膨润土颗粒应分布均匀；

⑤ 膨润土防水板的膨润土颗粒应分布均匀、粘贴牢固，基材应采用厚度为 0.6～1.0mm 的高密度聚乙烯片材。

8) 膨润土防水材料的性能指标应符合表 2-2-14 的要求。

膨润土防水材料性能指标　　　　　　　　　　　　　　　　表 2-2-14

项　目		性 能 指 标		
		针刺法钠基膨润土防水毯	刺覆膜法钠基膨润土防水毯	胶粘法钠基膨润土防水毯
单位面积质量（g/m², 干重）		≥4000		
膨润土膨胀指数（ml/2g）		≥24		
拉伸强度（N/100mm）		≥600	≥700	≥600
最大负荷下伸长率（%）		≥10	≥10	≥8
剥离强度	非制造布—编织布（N/10cm）	≥40	≥40	—
	PE膜—非制造布（N/10cm）	—	≥30	—
渗透系数（cm/s）		≤5×10⁻¹¹	≤5×10⁻¹²	≤1×10⁻¹³
滤失量（mL）		≤18		
膨润土耐久性/（mL/2g）		≥20		

9）基层应坚实、清洁，不得有明水和积水。平整度应符合塑料防水板基层的规定。

10）膨润土防水材料应采用水泥钉和垫片固定。立面和斜面上的固定间距宜为400～500mm，平面上应在搭接缝处固定。

11）膨润土防水毯的织布面应与结构外表面或底板垫层混凝土密贴，膨润土防水板的膨润土面应与结构外表面或底板垫层密贴。

12）膨润土防水材料应采用搭接法连接，搭接宽度应大于100mm。搭接部位的固定位置距搭接边缘的距离宜为25～30mm，搭接处应涂膨润土密封膏。平面搭接缝可干撒膨润土颗粒，用量宜为0.3～0.5kg/m。

13）立面和斜面铺设膨润土防水材料时，应上层压着下层，卷材与基层、卷材与卷材之间应密贴，并应平整无褶皱。

14）膨润土防水材料分段铺设时，应采取临时防护措施。

15）甩槎与下幅防水材料连接时，应将收口压板、临时保护膜等去掉，并应将搭接部位清理干净，涂抹膨润土密封膏，然后搭接固定。

16）膨润土防水材料的永久收口部位应用收口压条和水泥钉固定，并应用膨润土密封膏覆盖。

17）膨润土防水材料与其他防水材料过渡时，过渡搭接宽度应大于400mm，搭接范围内应涂抹膨润土密封膏或铺撒膨润土粉。

18）破损部位应采用与防水层相同的材料进行修补，补丁边缘与破损部位边缘的距离不应小于100mm；膨润土防水板表面膨润土颗粒损失严重时应涂抹膨润土密封膏。

(8) 地下工程种植顶板防水

1）地下工程种植顶板的防水等级应为一级。

2）种植土与周边自然土体不相连，且高于周边地坪时，应按种植屋面要求设计。

3）地下工程种植顶板结构应符合下列规定：

① 种植顶板应为现浇防水混凝土，结构找坡，坡度宜为1%～2%；

② 种植顶板厚度不应小于250mm，最大裂缝宽度不应大于0.2mm，并不得贯通；

  ③ 种植顶板的结构荷载设计应按国家现行标准《种植屋面工程技术规程》JGJ 155—2013 的有关规定执行。

  4）地下室顶板面积较大时，应设计蓄水装置；寒冷地区的设计，冬秋季时宜将种植土中的积水排出。

  5）种植顶板防水设计应包括主体结构防水、管线、花池、排水沟、通风井和亭、台、架、柱等构配件的防排水、泛水设计。

  6）地下室顶板为车道或硬铺地面时，应根据工程所在地区现行建筑节能标准进行绝热（保温）层的设计。

  7）少雨地区的地下工程顶板种植土宜与大于1/2周边的自然土体相连，若低于周边土体时，宜设置蓄排水层。

  8）种植土中的积水宜通过盲沟排至周边土体或建筑排水系统。

  9）地下工程种植顶板的防排水构造应符合下列要求：

① 耐根穿刺防水层应铺设在普通防水层上面；

② 耐根穿刺防水层表面应设置保护层，保护层与防水层之间应设置隔离层；地下建筑顶板种植应采用厚度不小于70mm 的细石混凝土做保护层；

③ 排（蓄）水层应根据渗水性、储水量、稳定性、抗生物性和碳酸盐含量等因素进行设计；排（蓄）水层应设置在保护层上面，并应结合排水沟分区设置；

④ 排（蓄）水层上应设置过滤层，过滤层材料的搭接宽度不应小于200mm；

⑤ 种植土层与植被层应符合国家现行标准《种植屋面工程技术规程》JGJ 155—2013 的有关规定。

  10）地下工程种植顶板防水材料应符合下列要求：

① 绝热（保温）层应选用密度小、压缩强度大、吸水率低的绝热材料，不得选用散状绝热材料；

② 耐根穿刺层防水材料的选用应符合国家相关标准的规定或具有相关权威检测机构出具的材料性能检测报告；

③ 排（蓄）水层应选用抗压强度大且耐久性好的塑料排水板、网状交织排水板或陶粒等轻质材料。

  11）已建地下工程顶板的绿化改造应经结构验算，在安全允许的范围内进行。

  12）种植顶板应根据原有结构体系合理布置绿化。

  13）原有建筑不能满足绿化防水要求时，应进行防水改造。加设的绿化工程不得破坏原有防水层及其保护层。

  14）防水层下不得埋设水平管线。垂直穿越的管线应预埋套管，套管超过种植土的高度应大于150mm。

  15）种植顶板的泛水部位应采用现浇钢筋混凝土，泛水处防水层高出种植土应大于250mm。

  16）泛水部位、水落口及穿顶板管道四周宜设置200～300mm 宽的卵石隔离带。

3. 防水层的位置

防水做法应用于外侧（迎水面）时，俗称"外包防水"（图 2-2-16）；只有在修缮工程中才用于内侧（背水面），俗称"内包防水"。

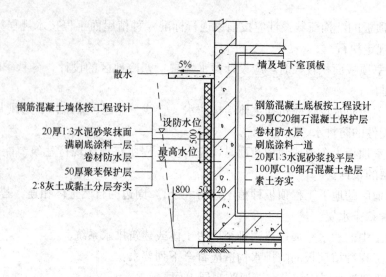

图 2-2-16 外包防水和软保护的做法

4. 地下工程混凝土结构细部构造防水

(1) 穿墙管

1) 穿墙管（盒）应在浇筑混凝土前预埋。

2) 穿墙管与内墙角、凹凸部位的距离应大于 250mm。

3) 结构变形或管道伸缩量较小时，穿墙管可采用主管直接埋入混凝土内的固定式防水法，主管应加焊止水环或环绕遇水膨胀止水圈，并应在迎水面预留凹槽，槽内应采用密封材料嵌填密实。其防水构造形式宜采用图 2-2-17 和图 2-2-18。

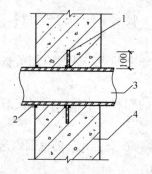

图 2-2-17 固定式穿墙管防水构造（一）
1—止水环；2—密封材料；3—主管；
4—混凝土结构

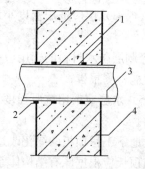

图 2-2-18 固定式穿墙管防水构造（二）
1—遇水膨胀止水圈；2—密封材料；3—主管；
4—混凝土结构

4) 结构变形或管道伸缩量较大或有更换要求时，应采用套管式防水法，套管应加焊止水环（图 2-2-19）。

5) 穿墙管防水施工时应符合下列要求：

① 金属止水环应与主管或套管满焊密实，采用套管式穿墙防水构造时，翼环与套管应满焊密实，并应在施工前将套管内表面清理干净；

② 相邻穿墙管间的间距应大于 300mm；

③ 采用遇水膨胀止水圈的穿墙管，管径宜小于 50mm，止水圈应采用胶粘剂满粘固

定于管上，并应涂缓胀剂或采用缓胀型遇水膨胀止水圈。

6) 穿墙管线较多时，宜相对集中，并应采用穿墙盒方法。穿墙盒的封口钢板应与墙上的预埋角钢焊严，并应从钢板上的预留浇筑孔注入柔性密封材料或细石混凝土（图 2-2-20）。

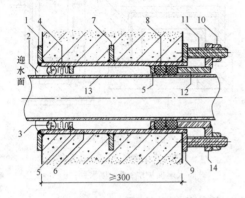
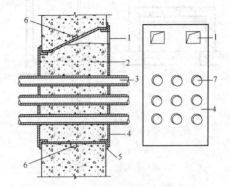

图 2-2-19 套管式穿墙管防水构造
1—翼环；2—密封材料；3—背衬材料；4—充填材料；
5—挡圈；6—套管；7—止水环；8—橡胶圈；
9—翼盘；10—螺母；11—双头螺栓；12—短管；
13—主管；14—法兰盘

图 2-2-20 穿墙群管防水构造
1—浇筑孔；2—柔性材料或细石混凝土；
3—穿墙管；4—封口钢板；5—固定角钢；
6—遇水膨胀止水条；
7—预留孔

7) 当工程有防护要求时，穿墙管除应采取防水措施外，尚应采取满足防护要求的措施。

8) 穿墙管伸出外墙的部位，应采取防止回填时将管体损坏的措施。

(2) 孔口

1) 地下工程通向地面的各种孔口应采取防地面水倒灌的措施。人员出入口高出地面的高度宜为 500mm，汽车出入口设置明沟排水时，其高度宜为 150mm，并应采取防雨措施。

对于有防雨要求的机动车库出入口和坡道处，应设置不小于出入口和坡道宽度的截水沟和耐轮压沟盖板以及闭合的挡水槛。出入口地面的坡道外端应设置防水反坡。通往地下的坡道低端宜设置截水沟；当地下坡道的敞开段无遮雨设施时，在坡道敞开段的较低处应增设截水沟。

2) 窗井

窗井又称为采光井。它是考虑地下室的平时利用，在外墙的外侧设置的采光竖井。窗井可以在每个窗户的外侧单独设置，也可以将若干个窗井连在一起，中间用墙体分开。

窗井的宽度应不小于 1000mm，它由底板和侧墙构成，侧墙可以用砖墙或钢筋混凝土板墙制作，底板一般为钢筋混凝土浇筑，并应有 1%～3% 的坡度坡向外侧。

窗井的上部应有铸铁箅子或用聚碳酸酯板（阳光板）覆盖，以防物体掉入或人员坠入。

《地下工程防水技术规范》GB 50108—2008 中规定窗井应满足以下要求：

① 窗井的底部在最高地下水位以上时，窗井的底板和墙应作防水处理，并宜与主体结构断开（图 2-2-21）；

② 窗井或窗井的一部分在最高地下水位以下时，窗井应与主体结构连成整体，其防水层也应连成整体，并应在窗井内侧设置集水井（图2-2-22）；

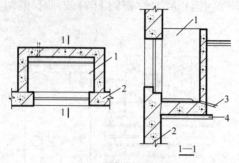

图 2-2-21 窗井防水构造（一）
1—窗井；2—主体结构；
3—排水管；4—垫层

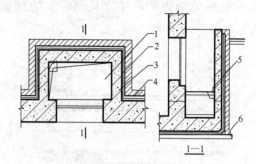

图 2-2-22 窗井防水构造（二）
1—窗井；2—防水层；3—主体结构；
4—防水层保护层；5—集水井；6—垫层

③ 无论地下水位高低，窗台下部的墙体和底板均应做防水层；
④ 窗井内的底板，应低于窗下缘300mm，窗井墙应高出地面不得小于500mm。窗井外地面应做散水，散水与墙面间应采用密封材料嵌填。
3）通风口应与窗井同样处理，竖井窗下缘离室外地面高度不得小于500mm。

（3）坑、池

1）坑、池、储水库宜采用防水混凝土整体浇筑，内部应设防水层。受振动作用时应设柔性防水层。

2）底板以下的坑、池，其局部底板应相应降低，并应使防水层保持连续（图2-2-23）。

（4）地下室防水层设防高度

1）附建式地下室、半地下室工程的防水设防高度应高出室外地坪500mm以上。单建式地下室的卷材防水层应铺设至顶板的表面，在外围形成封闭的防水层。

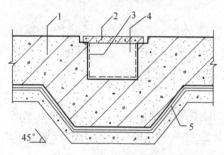

图 2-2-23 底板下坑、池的防水构造
1—底板；2—盖板；3—坑、池防水层；
4—坑、池；5—主体结构防水层

2）种植顶板的泛水部位应采用现浇钢筋混凝土，泛水处防水层高出种植土应大于250mm。

第三节 墙 体 构 造

一、墙体的分类

【相关真题：2021-049，2020-054，2019-070】

墙体的分类方法很多，大体有按材料分类，按所在位置分类和按受力特点分类等，下边分别进行介绍。

（一）按材料和构造分类

1. **砌体墙**

《砌体结构设计规范》GB 50003—2011 中规定的墙体材料有：

(1) 烧结普通砖、烧结多孔砖

1) 烧结普通砖：由煤矸石、页岩、粉煤灰或黏土为主要原料，经过焙烧而成的无孔洞的实心砖。分为烧结煤矸石砖、烧结页岩砖、烧结粉煤灰砖或烧结黏土砖等。基本尺寸为 240mm×115mm×53mm。强度等级有 MU30、MU25、MU20、MU15 和 MU10 等几种。

2) 烧结多孔砖：由煤矸石、页岩、粉煤灰或黏土为主要原料，经过焙烧而成的。孔洞率不大于 35%，孔的尺寸小而数量多，主要用于承重部位的砖。强度等级有 MU30、MU25、MU20、MU15 和 MU10 等几种。

(2) 蒸压灰砂普通砖、蒸压粉煤灰普通砖

1) 蒸压灰砂普通砖：以石灰等钙质材料和砂等硅质材料为主要原料，经坯料制备、压制排汽成型、高压蒸汽养护而成的无孔洞的实心砖。基本尺寸为 240mm×115mm×53mm。强度等级有 MU25、MU20、MU15。

2) 蒸压粉煤灰普通砖：以石灰、消石灰（如电石渣）和水泥等钙质材料与粉煤灰等硅质材料及集料（砂等）为主要原料，掺加适量石膏，经坯料制备、压制排汽成型、高压蒸汽养护而成的无孔洞的实心砖。基本尺寸为 240mm×115mm×53mm。强度等级有 MU25、MU20、MU15。

(3) 混凝土普通砖、混凝土多孔砖

1) 混凝土普通砖：以水泥为胶凝材料，以砂、石等为主要集料，加水搅拌、养护制成的实心砖。强度等级有 MU30、MU25、MU20、MU15。主规格尺寸为 240mm×115mm×53mm 或 240mm×115mm×90mm。

2) 混凝土多孔砖：以水泥为胶凝材料，以砂、石等为主要集料，加水搅拌、养护制成的一种多孔的混凝土半盲孔砖。主规格尺寸为 240mm×115mm×90mm、240mm×190mm×90mm 或 190mm×190mm×90mm。强度等级有 MU30、MU25、MU20、MU15。

(4) 混凝土小型空心砌块

混凝土小型空心砌块是普通混凝土小型空心砌块和轻骨料混凝土小型空心砌块的总称，简称小砌块（或砌块）。普通混凝土小型空心砌块是以碎石或碎卵石为粗骨料制作的混凝土小型空心砌块，主规格尺寸为 390mm×190mm×190mm，简称普通小砌块。轻骨料混凝土小型空心砌块是以浮石、火山渣、煤渣、自然煤矸石、陶粒等粗骨料制作的混凝土小型空心砌块，主规格尺寸为 390mm×190mm×190mm，简称为轻骨料小砌块。

(5) 石材

石材的强度等级有 MU100、MU80、MU60、MU50、MU40、MU30 和 MU20 等。

(6) 自承重墙体材料

1) 空心砖：空心砖的强度等级：MU10、MU7.5、MU5 和 MU3.5。

2) 轻集料混凝土砌块：轻集料混凝土砌块的强度等级为 MU10、MU7.5、MU5 和 MU3.5。

3) 砌筑砂浆：砌筑砂浆用于地上部位时，应采用混合砂浆；用于地下部位时，应采用水泥砂浆。上述砂浆的代号为 M。砌筑空心砖的砂浆强度等级有 M15、M10、M7.5 和 M5 等几种。用于轻集料混凝土砌块的砂浆的代号为 Mb，有 Mb15、Mb10、Mb7.5、Mb5 等几种。

2. 加气混凝土墙

《蒸压加气混凝土制品应用技术标准》JGJ/T 17—2020 中规定：

(1) 蒸压加气混凝土制品是蒸压加气混凝土制成的砌块和配筋板材的总称。

(2) 蒸压加气混凝土砌块可用作承重、自承重或保温隔热材料。

(3) 蒸压加气混凝土板材可分为屋面板、外墙板、隔墙板和楼板，根据结构要求在蒸压加气混凝土内配置经防锈处理的不同规格、不同数量的钢筋网片。

(4) 蒸压加气混凝土承重砌块抗压强度等级不应小于 A5.0。蒸压加气混凝土砌块用砌筑砂浆的抗压强度等级有 Ma2.5、Ma5.0 和 Ma7.5，强度等级 Ma2.5 的砌筑砂浆适用于室内自承重墙，Ma5.0、Ma7.5 适用于承重砌块砌体的内外墙。

(5) 蒸压加气混凝土砌块上下皮应错缝砌筑，搭接长度不得小于块长的 1/3；当砌块长度小于 300mm 时，其搭接长度不得小于块长的 1/2；

(6) 在下列情况下不得采用蒸压加气混凝土制品：

1) 建筑物防潮层以下的外墙；

2) 长期处于浸水或化学侵蚀的外墙；

3) 表面温度经常处于 80℃ 以上的部位。

(7) 地震区以横墙或纵横墙承重为主的蒸压加气混凝土砌块砌体结构房屋，房屋总层数和总高度应符合表 2-3-1 的规定。

蒸压加气混凝土砌块砌体结构房屋总层数和总高度限值（m） 表 2-3-1

砌块强度等级（干密度等级）	设防烈度和设计基本地震加速度											
	6		7				8				9	
	0.05g		0.10g		0.15g		0.20g		0.30g		0.40g	
	高度	层数	高度	层数	高度	层数	高度	层数	高度	层数	高度	层数
A5.0（B06、B07）	16	5	16	5	13	4	13	4	10	3	7	2
A7.5（B07）	19	6	19	6	16	5	16	5	13	4	9	3

(8) 蒸压加气混凝土砌块承重多层房屋，每层、每开间应设置现浇混凝土圈梁并应符合下列规定：

1) 当内横墙为板底圈梁时，截面尺寸不应小于 240mm×120mm。

2) 当采用预制钢筋混凝土或蒸压加气混凝土楼（屋）盖时，外墙应为高位圈梁，圈梁高度应为板底圈梁高度、坐浆厚度与楼板高度之和。

3) 圈梁应配置 4 根直径为 10mm 的纵向钢筋，当设防烈度为 6 度或 7 度时，箍筋间距不应大于 250mm；当设防烈度为 8 度或 9 度时，箍筋间距不应大于 200mm，混凝土强度等级不应低于 C20。

(9) 现浇混凝土构造柱的设置应符合表 2-3-2 的规定。

蒸压加气混凝土砌块砌体结构构造柱设置要求　　　表 2-3-2

房屋层数				设置部位	
6度	7度	8度	9度		
一～五	一～四	一～三	一	7度、8度、9度，楼、电梯间的四角，楼梯斜梯段上下端对应的墙体处；外墙四角，横墙与外纵墙交接处，开间不小于4.5m内外墙交接处	每隔15m左右的横墙与外墙交接处
六	五	四	二		隔开间横墙（轴线）与外墙交接处，山墙与内墙交接处
—	六	五	三		内墙（轴线）与外墙交接处，8度、9度，各纵墙与横墙（轴线）交接处

（10）构造柱的截面尺寸不应小于 240mm×240mm，纵向应配置 4 根直径不小于 12mm 的钢筋，箍筋间距不应大于 200mm，混凝土强度等级不应低于 C20；应先砌墙后浇柱，且墙柱连接面砌体应预留马牙槎。

（11）蒸压加气混凝土墙体的防水设计应符合下列规定：

1）有防水要求的房间，墙面应作防水处理；内墙根部应做配筋混凝土坎梁，坎梁高度不应小于 200mm，坎梁混凝土强度等级不应小于 C20；

2）外门、窗框与墙体之间以及伸出墙外的雨篷、开敞式阳台、室外空调机搁板、遮阳板、外楼梯根部及水平装饰线脚等处，均应采取防水措施；

3）防潮层宜设置在室外散水坡与室内地坪间的砌体内；

4）密封胶的厚度宜为板拼缝宽度的 1/2，且不应小于 8mm。

（12）门窗洞口宜采用蒸压加气混凝土配筋过梁。承重墙体门、窗洞口的过梁宜采用蒸压加气混凝土预制过梁，过梁每侧支承长度不应小于 240mm。当采用预制窗台板时，预制窗台板不得嵌入墙内。

（13）当蒸压加气混凝土制品用于卫生间、淋浴间墙体时，整片墙体应做防水处理。

《全国民用建筑工程设计技术措施　规划·建筑·景观》（2009 年版）中指出：

1）蒸压加气混凝土砌块墙，主要用于建筑物的框架填充和非承重内隔墙以及多层横墙承重的建筑。用于外墙时，厚度不应小于 200mm；用于内隔墙时，厚度不应小于 75mm。

2）加气混凝土砌块用作外墙时应作饰面防护层。

3）强度低于 A3.5 的加气混凝土砌块非承重墙与楼地面交接处应在墙底部做导墙。导墙可采用烧结砖或多孔砖砌筑，高度应不小于 200mm。

3. 其他材料墙体

用于墙体的材料还有轻集料混凝土小型空心砌块、钢筋混凝土板材等。

《全国民用建筑工程设计技术措施　规划·建筑·景观》（2009 年版）中指出轻集料混凝土空心砌块墙的设计要点有：

（1）主要用于建筑物的框架填充外墙和内隔墙。

（2）用于外墙或较潮湿房间隔墙时，强度等级不应小于 MU5.0，用于一般内墙时强度等级不应小于 MU3.5。

（3）抹面材料应与砌块基材特性相适应，以减少抹面层龟裂的可能。宜根据砌块强度等级选用与之相对应的专用抹面砂浆或聚丙烯纤维抗裂砂浆，忌用水泥砂浆抹面。

(4) 砌块墙体上不应直接挂贴石材、金属幕墙。

4. 墙体材料的选用

墙体材料的选用必须遵照国家和地方有关禁止或限制使用黏土砖的规定。

5. 砌体强度的影响因素

根据《砌体结构设计规范》GB 50003—2011 中的有关规定可知：

(1) 砌体强度与块材和砂浆的强度等级都有关，并随块材或砂浆的强度提高而提高。

(2) 砌体结构中承重墙的砂浆强度等级不应大于块材的强度等级。

(3) 砌体结构中墙、柱的允许高厚比与砂浆的强度等级有关。

(二) 按所在位置分类

墙体按所在位置一般分为外墙及内墙两大部分，每部分又各有纵、横两个方向，这样共形成四种墙体，即纵向外墙（又称檐墙）、横向外墙（又称山墙）、纵向内墙、横向内墙。

当楼板支承在横向墙上时，叫横墙承重，这种做法多用于横墙较多的建筑中，如住宅、宿舍、办公楼等。当楼板支承在纵向墙上时，叫纵墙承重。这种做法多用于纵墙较多的建筑中，如中小学等。当一部分楼板支承在纵向墙上，另一部分楼板支承在横向墙上时，叫混合承重。这种做法多用于中间有走廊或一侧有走廊的办公楼中。

(三) 按受力特点分类

1. 承重墙

承重墙承受屋顶和楼板等构件传下来的垂直荷载和风力、地震力等水平荷载；因此，墙下应有基础，一般为条形基础。由于所处的位置不同，可分为承重内墙和承重外墙。常用于承重墙的材料有：

实心砖类——孔洞率不大于 25%；主要有黏土、页岩、粉煤灰及煤矸石等品种。

蒸压类——蒸压加气混凝土砌块、蒸压灰砂砖、蒸压粉煤灰砖。

多孔砖类——烧结多孔砖，孔洞率应不小于 25%；有黏土、页岩、粉煤灰及煤矸石等品种。混凝土多孔砖，孔洞率应不小于 30%。

以及混凝土空心砌块类和钢筋混凝土等。

2. 非承重墙

非承重墙又可分为承自重墙、隔墙、框架填充墙和幕墙这 4 种常见形式。

(1) 承自重墙：除承受自身重量，还同时承受风力、地震力等荷载。承自重墙一般都直接落地并有基础。

(2) 隔墙：不承托楼板、屋顶等，仅起分隔空间的作用；隔墙一般支承在楼板或梁上。

(3) 框架填充墙：框架结构建筑物内填充在柱子之间、只起分隔和围护空间的墙体。

(4) 幕墙：悬挂在建筑主体结构上、不承担结构荷载与作用的建筑物外围护墙体。

(四) 墙体按构造做法分类

1. 实心墙

单一材料（多孔砖、普通砖、石块、混凝土和钢筋混凝土等）和复合材料（钢筋混凝土与加气混凝土分层复合、实心砖与焦渣分层复合等）砌筑的不留空隙的墙体。

2. 多孔砖、空心砖墙

这种墙体使用的多孔砖，其竖向孔洞虽然减少了砖的承压面积，但是砖的厚度增加，砖的承重能力与普通砖相比还略有增加。表观密度为1350kg/m³（普通砖的表观密度为1800kg/m³）。由于有竖向孔隙，所以保温能力有提高。这是由于空隙是静止的空气层所致。试验证明，190mm的多孔砖墙，相当于240mm的普通砖墙的保温能力。空心砖主要用于框架结构的外围护墙和内分隔墙。目前在工程中广泛采用的陶粒空心砖，就是一种较好的围护墙和内隔墙材料。

3. 空斗墙

空斗墙在我国民间流传很久。这种墙体的材料是普通砖。它的砌筑方法分斗砖与眠砖，砖竖放叫斗砖，平放叫眠砖。

空斗墙不应在抗震设防地区中使用。

4. 复合墙

这种墙体多用于居住建筑，也可用于托儿所、幼儿园、医疗等小型公共建筑。这种墙体的主体结构为普通砖（多孔砖）或钢筋混凝土板材。在其内侧（称为内保温）或外侧（称为外保温）复合轻质保温材料。常用的保温材料有膨胀型聚苯乙烯板（EPS板）、挤塑型聚苯乙烯板（XPS板）、胶粉聚苯颗粒、硬泡聚氨酯（PU）等。

主体结构采用普通砖或多孔砖墙时，其厚度为200～240mm；采用钢筋混凝土板墙时，其厚度应不小于180mm。保温材料的厚度随地区而改变，北京地区为50～110mm，若作空气间层时，其厚度为20mm。

5. 集热蓄热墙

《被动式太阳能建筑技术规范》JGJ/T 267—2012及条文说明中规定：

（1）集热蓄热墙又称特朗勃墙，在南向外墙除窗户以外的墙面上覆盖玻璃，墙表面涂成黑色，在墙的上下部位留有通风口，使热风自然对流循环，把热量交换到室内。一部分热量通过热传导传送到墙的内表面，然后以辐射和对流的形式向室内供热；另一部分热量加热玻璃与墙体间夹层内的空气，热空气由墙体上部的风口向室内供热。室内冷空气由墙体下部风口进入墙外的夹层，再由太阳加热进入室内，如此反复循环，向室内供热。

（2）采用集热蓄热墙时，空气间层宽度宜取其垂直高度的1/30～1/20。集热蓄热墙空气间层宽度宜为80～100mm。对流风口面积一般取集热蓄热墙面积的1%～3%。上下风口垂直间距应尽量拉大。

夏天为避免热风从集热蓄热墙上风口进入室内应关闭上风口，打开空气夹层通向室外的风口，使间层中的热空气排入大气；并可辅之以遮阳板，遮挡阳光的直射；但必须合理地设计，以避免其冬天对集热蓄热墙的遮挡。

（3）集热蓄热墙设计应符合下列规定：

1）集热蓄热墙的组成材料应有较大的热容量和导热系数，并应确定其合理厚度。

2）集热蓄热墙向阳面外侧应安装玻璃或透明材料，并应与集热蓄热墙向阳面保持100mm以上的距离。

3）集热蓄热墙向阳面应选择太阳辐射吸收系数大、耐久性能强的表面涂层进行涂覆。

4）集热蓄热墙应设置对流风口，对流风口上应设置可自动或便于关闭的保温风门，并宜设置风门逆止阀。

5）应设置防止夏季室内过热的排气口。

（4）集热蓄热墙是在玻璃与它所供暖的房间之间设置蓄热体。与直接受益窗比较，由于其良好的蓄热能力，室内的温度波动较小，热舒适性较好。但是集热蓄热墙系统构造较复杂，系统效率取决于集热蓄热墙的蓄热能力、是否设置通风口以及外表面的玻璃性能。集热蓄热墙表面的玻璃应具有良好的透光性和保温性。

二、墙体的保温与节能构造

【相关真题：2022-046，2022-047，2022-048，2022-049，2022-050，2021-048，2021-052，2021-054，2020-060，2020-062，2020-063，2020-096，2019-050，2019-051，2019-055，2019-058，2019-084】

墙体的保温因素，主要表现在墙体阻止热量传出的能力和防止在墙体表面和内部产生凝结水的能力两大方面。在建筑物理学上属于建筑热工设计部分，一般应以《建筑环境通用规范》GB 55016—2021、《建筑节能与可再生能源利用通用规范》GB 55015—2021、《民用建筑设计统一标准》GB 50352—2019 和《民用建筑热工设计规范》GB 50176—2016 为依据，这里介绍一些基本知识。

（一）建筑热工设计的基本要求

《建筑环境通用规范》GB 55016—2021 中规定：

（1）本规范为强制性工程建设规范，全部条文必须严格执行。现行工程建设标准中有关规定与本规范不一致的，以本规范的规定为准。

（2）建筑热工设计应与地区气候相适应。建筑气候区划应符合本规范附录 C 的规定。

（3）建筑设计时，应按建筑所在地的建筑热工设计区划进行保温、防热、防潮设计。建筑热工设计区划应符合本规范附录 D 的规定。

（4）严寒、寒冷、夏热冬冷及温和 A 区的建筑应进行保温设计。

（5）夏热冬暖、夏热冬冷地区及寒冷 B 区的建筑应进行防热设计。

（6）供暖建筑非透光围护结构中的热桥部位应进行表面结露验算，并应采取保温措施确保热桥内表面温度高于房间空气露点温度。

（7）屋面、地面、外墙、外窗应能防止雨水和冰雪融化水浸入室内。

（8）竣工验收时，应按照竣工验收资料对围护结构的保温、防热、防潮性能进行复核。

《建筑节能与可再生能源利用通用规范》GB 55015—2021 中规定：

本规范为强制性工程建设规范，全部条文必须严格执行。现行工程建设标准中有关规定与本规范不一致的，以本规范的规定为准。

1. 总则

（1）新建、扩建和改建建筑以及既有建筑节能改造工程的建筑节能与可再生能源建筑应用系统的设计、施工、验收及运行管理必须执行本规范。

（2）建筑节能应以保证生活和生产所必需的室内环境参数和使用功能为前提，遵循被动节能措施优先的原则。应充分利用天然采光、自然通风，改善围护结构保温隔热性能，提高建筑设备及系统的能源利用效率，降低建筑的用能需求。应充分利用可再生能源，降低建筑化石能源消耗量。

2. 新建建筑节能设计

(1) 居住建筑体形系数应符合表 2-3-3 的规定。

居住建筑体形系数限值　　　　　　　　　　　　　表 2-3-3

热工区划	建筑层数	
	≤3 层	>3 层
严寒地区	≤0.55	≤0.30
寒冷地区	≤0.57	≤0.33
夏热冬冷 A 区	≤0.60	≤0.40
温和 A 区	≤0.60	≤0.45

(2) 严寒和寒冷地区公共建筑体形系数应符合表 2-3-4 的规定。

严寒和寒冷地区公共建筑体形系数限值　　　　　　表 2-3-4

单栋建筑面积 $A(m^2)$	建筑体形系数
300<A≤800	≤0.50
A>800	≤0.40

(3) 居住建筑的窗墙面积比应符合表 2-3-5 的规定；其中，每套住宅应允许一个房间在一个朝向上的窗墙面积比不大于 0.6。

居住建筑窗墙面积比限值　　　　　　　　　　　　表 2-3-5

朝向	窗墙面积比				
	严寒地区	寒冷地区	夏热冬冷地区	夏热冬暖地区	温和 A 区
北	≤0.25	≤0.30	≤0.40	≤0.40	≤0.40
东、西	≤0.30	≤0.35	≤0.35	≤0.30	≤0.35
南	≤0.45	≤0.50	≤0.45	≤0.40	≤0.50

(4) 居住建筑的屋面天窗与所在房间屋面面积的比值应符合表 2-3-6 的规定。

居住建筑屋面天窗面积的限值　　　　　　　　　　表 2-3-6

屋面天窗面积与所在房间屋面面积的比值				
严寒地区	寒冷地区	夏热冬冷地区	夏热冬暖地区	温和 A 区
≤10%	≤15%	≤6%	≤4%	≤10%

(5) 甲类公共建筑的屋面透光部分面积不应大于屋面总面积的 20%。

(6) 当公共建筑入口大堂采用全玻幕墙时，全玻幕墙中非中空玻璃的面积不应超过该建筑同一立面透光面积（门窗和玻璃幕墙）的 15%，且应按同一立面透光面积（含全玻幕墙面积）加权计算平均传热系数。

(7) 外窗的通风开口面积应符合下列规定：

1) 夏热冬暖、温和 B 区居住建筑外窗的通风开口面积不应小于房间地面面积的 10%

或外窗面积的45%，夏热冬冷、温和A区居住建筑外窗的通风开口面积不应小于房间地面面积的5%；

2) 公共建筑中主要功能房间的外窗（包括透光幕墙）应设置可开启窗扇或通风换气装置。

(8) 建筑遮阳措施应符合下列规定：

1) 夏热冬暖、夏热冬冷地区，甲类公共建筑南、东、西向外窗和透光幕墙应采取遮阳措施；

2) 夏热冬暖地区，居住建筑的东、西向外窗的建筑遮阳系数不应大于0.8。

(9) 居住建筑幕墙、外窗及敞开阳台的门在10Pa压差下，每小时每米缝隙的空气渗透量q_1不应大于$1.5m^3$，每小时每平方米面积的空气渗透量不应大于$4.5m^3$。

(10) 居住建筑外窗玻璃的可见光透射比不应小于0.40。

(11) 居住建筑的主要使用房间（卧室、书房、起居室等）的房间窗地面积比不应小于1/7。

3. 可再生能源建筑应用系统设计

(1) 新建建筑应安装太阳能系统。

(2) 在既有建筑上增设或改造太阳能系统，必须经建筑结构安全复核，满足建筑结构的安全性要求。

(3) 太阳能系统应做到全年综合利用，根据使用地的气候特征、实际需求和适用条件，为建筑物供电、供生活热水、供暖或（及）供冷。

(4) 太阳能建筑一体化应用系统的设计应与建筑设计同步完成。建筑物上安装太阳能系统不得降低相邻建筑的日照标准。

(5) 太阳能系统与构件及其安装安全，应符合下列规定：

1) 应满足结构、电气及防火安全的要求；

2) 由太阳能集热器或光伏电池板构成的围护结构构件，应满足相应围护结构构件的安全性及功能性要求；

3) 安装太阳能系统的建筑，应设置安装和运行维护的安全防护措施，以及防止太阳能集热器或光伏电池板损坏后部件坠落伤人的安全防护设施。

4. 施工、调试及验收

(1) 墙体、屋面和地面节能工程的施工质量，应符合下列规定：

1) 保温隔热材料的厚度不得低于设计要求；

2) 墙体保温板材与基层之间及各构造层之间的粘结或连接必须牢固；保温板材与基层的连接方式、拉伸粘结强度和粘结面积比应符合设计要求；保温板材与基层之间的拉伸粘结强度应进行现场拉拔试验，且不得在界面破坏；粘结面积比应进行剥离检验；

3) 当墙体采用保温浆料做外保温时，厚度大于20mm的保温浆料应分层施工；保温浆料与基层之间及各层之间的粘结必须牢固，不应脱层、空鼓和开裂；

4) 当保温层采用锚固件固定时，锚固件数量、位置、锚固深度、胶结材料性能和锚固力应符合设计和施工方案的要求；

5) 保温装饰板的装饰面板应使用锚固件可靠固定，锚固力应做现场拉拔试验；保温装饰板板缝不得渗漏。

（2）外墙外保温系统经耐候性试验后，不得出现空鼓、剥落或脱落、开裂等破坏，不得产生裂缝出现渗水；外墙外保温系统拉伸粘结强度应符合本规范的规定，并且破坏部位应位于保温层内。

（3）胶粘剂拉伸粘结强度应符合本规范的规定，胶粘剂与保温板的粘结在原强度、浸水48h后干燥7d的耐水强度条件下发生破坏时，破坏部位应位于保温板内。

（4）抹面胶浆拉伸粘结强度应符合本规范的规定，抹面胶浆与保温材料的粘结在原强度、浸水48h后干燥7d的耐水强度条件下发生破坏时，破坏部位应位于保温材料内。

（5）外墙采用预制保温板现场浇筑混凝土墙体时，保温板的安装位置应正确、接缝严密；保温板应固定牢固，在浇筑混凝土过程中不应移位、变形；保温板表面应采取界面处理措施，与混凝土粘结应牢固。采用预制保温墙板现场安装的墙体，保温墙板的结构性能、热工性能必须合格，与主体结构连接必须牢固；保温墙板板缝不得渗漏。

（6）外墙外保温采用保温装饰板时，保温装饰板的安装构造、与基层墙体的连接方法应对照图纸进行核查，连接必须牢固；保温装饰板的板缝处理、构造节点不得渗漏；保温装饰板的锚固件应将保温装饰板的装饰面板固定牢固。

（7）外墙外保温工程中防火隔离带，应符合下列规定：

1）防火隔离带保温材料应与外墙外保温组成材料相配套；

2）防火隔离带应采用工厂预制的制品现场安装，并应与基层墙体可靠连接，且应能适应外保温系统的正常变形而不产生渗透、裂缝和空鼓；防火隔离带面层材料应与外墙外保温一致；

3）外墙外保温系统的耐候性能试验应包含防火隔离带。

（8）外墙和毗邻不供暖空间墙体上的门窗洞口四周墙的侧面，以及墙体上凸窗四周的侧面，应按设计要求采取节能保温措施。严寒和寒冷地区外墙热桥部位，应采取隔断热桥措施，并对照图纸核查。

（9）建筑门窗、幕墙节能工程应符合下列规定：

1）外门窗框或附框与洞口之间、窗框与附框之间的缝隙应有效密封；

2）门窗关闭时，密封条应接触严密；

3）建筑幕墙与周边墙体、屋面间的接缝处应采用保温措施，并应采用耐候密封胶等密封。

（10）建筑围护结构节能工程施工完成后，应进行现场实体检验，并符合下列规定：

1）应对建筑外墙节能构造包括墙体保温材料的种类、保温层厚度和保温构造做法进行现场实体检验。

2）下列建筑的外窗应进行气密性能实体检验：

①严寒、寒冷地区建筑；

②夏热冬冷地区高度大于或等于24m的建筑和有集中供暖或供冷的建筑；

③其他地区有集中供冷或供暖的建筑。

5. 附录B 建筑分类及参数计算

（1）公共建筑的分类应符合下列规定：

1）单栋建筑面积大于300m^2的建筑或单栋面积小于或等于300m^2但总建筑面积大于1000m^2的公共建筑群，应为甲类公共建筑；

2) 除甲类公共建筑外的公共建筑，为乙类公共建筑。

(2) 建筑窗墙面积比的计算应符合下列规定：

1) 居住建筑的窗墙面积比按照开间计算；公共建筑的窗墙面积比按照单一立面朝向计算；工业建筑的窗墙面积比按照所有立面计算；

2) 凸凹立面朝向应按其所在立面的朝向计算；

3) 楼梯间和电梯间的外墙和外窗均应参与计算；

4) 外凸窗的顶部、底部和侧墙的面积不应计入外墙面积；

5) 凸窗面积应按窗洞口面积计算。

(3) 建筑外窗（包括透光幕墙）的有效通风换气面积应为开启扇面积和窗开启后的空气流通界面面积的较小值。

(4) 朝向应按下列规定选取：

1) 严寒、寒冷地区建筑朝向中的"北"应为从北偏东小于60°至北偏西小于60°的范围；"东、西"应为从东或西偏北小于或等于30°至偏南小于60°的范围；"南"应为从南偏东小于等于30°至偏西小于或等于30°的范围；

2) 其他气候区建筑朝向中的"北"应为从北偏东小于30°至北偏西小于30°的范围；"东、西"应为从东或西偏北小于或等于60°至偏南小于60°的范围；"南"应为从南偏东小于或等于30°至偏西小于或等于30°的范围。

《民用建筑设计统一标准》GB 50352—2019 中规定：建筑气候分区对建筑的基本要求应符合表2-3-7的规定。

不同区划对建筑的基本要求 表2-3-7

建筑气候区划名称	热工区划名称	建筑气候区划主要指标	建筑基本要求
Ⅰ	ⅠA ⅠB ⅠC ⅠD	严寒地区	1月平均气温≤−10℃ 7月平均气温≤25℃ 7月平均相对湿度≥50%	1. 建筑物必须充分满足冬季保温、防寒、防冻等要求； 2. ⅠA、ⅠB区应防止冻土、积雪对建筑物的危害； 3. ⅠB、ⅠC、ⅠD区的西部，建筑物应防冰雹、防风沙
Ⅱ	ⅡA ⅡB	寒冷地区	1月平均气温−10～0℃ 7月平均气温18～28℃	1. 建筑物应满足冬季保温、防寒、防冻等要求，夏季部分地区应兼顾防热； 2. ⅡA区建筑物应防热、防潮、防暴风雨，沿海地带应防盐雾侵蚀
Ⅲ	ⅢA ⅢB ⅢC	夏热冬冷地区	1月平均气温 0～10℃ 7月平均气温 25～30℃	1. 建筑物应满足夏季防热、遮阳、通风降温要求，并应兼顾冬季防寒； 2. 建筑物应满足防雨、防潮、防洪、防雷电等要求； 3. ⅢA区应防台风、暴雨袭击及盐雾侵蚀； 4. ⅢB、ⅢC区北部冬季积雪地区建筑物的屋面应有防积雪危害的措施
Ⅳ	ⅣA ⅣB	夏热冬暖地区	1月平均气温＞10℃ 7月平均气温 25～29℃	1. 建筑物必须满足夏季遮阳、通风、防热的要求； 2. 建筑物应防暴雨、防潮、防洪、防雷电； 3. ⅣA区应防台风、暴雨袭击及盐雾侵蚀

续表

建筑气候区划名称	热工区划名称	建筑气候区划主要指标	建筑基本要求
V	VA VB	温和地区	1月平均气温 0～13℃ 7月平均气温 18～25℃	1. 建筑物应满足防雨和通风要求； 2. VA区建筑物应注意防寒，VB区应特别注意防雷电
VI	VIA VIB	严寒地区	1月平均气温 0～-22℃ 7月平均气温＜18℃	1. 建筑物应充分满足保温、防寒、防冻的要求； 2. VIA、VIB应防冻土对建筑物地基及地下管道的影响，并应特别注意防风沙； 3. VIC区的东部，建筑物应防雷电
	VIC	寒冷地区		
VII	VIIA VIIB VIIC	严寒地区	1月平均气温 -5～-20℃ 7月平均气温≥18℃ 7月平均相对湿度＜50%	1. 建筑物必须充分满足保温、防寒、防冻的要求； 2. 除VIID区外，应防冻土对建筑物地基及地下管道的危害； 3. VIIB区建筑物应特别注意积雪的危害； 4. VIIC区建筑物应特别注意防风沙，夏季兼顾防热； 5. VIID区建筑物应注意夏季防热，吐鲁番盆地应特别注意隔热、降温
	VIID	寒冷地区		

(二) 冬季保温设计要求

《民用建筑热工设计规范》GB 50176—2016 中指出：

(1) 严寒、寒冷地区建筑设计必须满足冬季保温要求，夏热冬冷地区、温和 A 区建筑设计应满足冬季保温要求，夏热冬暖 A 区、温和 B 区宜满足冬季保温要求。

(2) 建筑物的总平面布置、平面和立面设计、门窗洞口设置应考虑冬季利用日照并避开冬季主导风向。

(3) 建筑物宜朝向南北或接近朝向南北；体形设计应减少外表面积，平、立面的凹凸不宜过多。建筑物宜布置在向阳、日照遮挡少、避风的地段；严寒及寒冷地区的建筑物应降低体形系数，减小外表面积。

(4) 严寒地区和寒冷地区的建筑不应设开敞式楼梯间和开敞式外廊，夏热冬冷 A 区不宜设开敞式楼梯间和开敞式外廊。

(5) 严寒地区建筑出入口应设门斗或热风幕等避风设施，寒冷地区建筑出入口宜设门斗或热风幕等避风设施。

(6) 外墙、屋面、直接接触室外空气的楼板、分隔采暖房间与非采暖房间的内围护结构等非透光围护结构应进行保温设计。

(7) 外窗、透光幕墙、采光顶等透光外围护结构的面积不宜过大，应降低透光围护结构的传热系数值、提高透光部分的遮阳系数值，减少周边缝隙的长度，且应进行保温设计。

(8) 围护结构的保温形式应根据建筑所在地的气候条件、结构形式、采暖运行方式、外饰面层等因素选择，并应进行防潮设计。

(9) 建筑及建筑构件应采取密闭措施，保证建筑气密性要求。

(10) 冬季日照时数多的地区，建筑宜设置被动式太阳能利用措施。日照充足地区宜在建筑南向设置阳光间，阳光间与房间之间的围护结构应具有一定的保温能力。

(三) 夏季防热设计要求

《民用建筑热工设计规范》GB 50176—2016 中指出：

(1) 夏热冬暖和夏热冬冷地区建筑设计必须满足夏季防热要求，寒冷 B 区建筑设计宜考虑夏季防热要求。

(2) 建筑物防热应综合采取有利于防热的建筑总平面布置与形体设计、自然通风、建筑遮阳、围护结构隔热和散热、环境绿化、被动蒸发、淋水降温等措施。

(3) 建筑朝向宜采用南北向或接近南北向，建筑平面、立面设计和门窗设置应有利于自然通风，避免主要房间受东、西向的日晒。

(4) 建筑围护结构外表面宜采用浅色饰面材料，屋面宜采用绿化、涂刷隔热涂料、遮阳等隔热措施。

(5) 建筑设计应综合考虑外廊、阳台、挑檐等的遮阳作用。建筑物的向阳面，东、西向外窗（透光幕墙），应采取有效的遮阳措施。

(6) 房间天窗和采光顶应设置建筑遮阳，并宜采取通风和淋水降温措施。

(7) 夏热冬冷、夏热冬暖和其他夏季炎热的地区，一般房间宜设置电扇调风来改善热环境。

(8) 夏热冬冷地区的长江中、下游地区和夏热冬暖地区建筑的室内地面应采取防泛潮措施。

(四) 严寒和寒冷地区的设计要求

《严寒和寒冷地区居住建筑节能设计标准》JGJ 26—2018 中规定了严寒和寒冷地区居住建筑的节能设计标准，在建筑构造方面主要有如下规定：

(1) 严寒和寒冷地区城镇的气候区属应符合现行国家标准《民用建筑热工设计规范》GB 50176 的规定，严寒地区分为 3 个二级区（1A、1B、1C 区），寒冷地区分为 2 个二级区（2A、2B 区），见表 2-3-8。

严寒和寒冷地区建筑热工设计二级区划指标　　　　表 2-3-8

二级区划名称	区划指标	
严寒 A 区（1A）	6000≤$HDD18$	
严寒 B 区（1B）	5000≤$HDD18$<6000	
严寒 C 区（1C）	3800≤$HDD18$<5000	
寒冷 A 区（2A）	2000≤$HDD18$<3800	$CDD26$≤90
寒冷 B 区（2B）		$CDD26$>90

注：$CDD26$ 为空调度日数。

(2) 建筑群的总体布置，单体建筑的平面、立面设计，应考虑冬季利用日照并避开冬季主导风向，严寒和寒冷 A 区建筑的出入口应考虑防风设计，寒冷 B 区应考虑夏季通风。

（3）建筑物宜朝向南北或接近朝向南北。建筑物不宜设有三面外墙的房间，一个房间不宜在不同方向的墙面上设置两个或更多的窗。

（4）楼梯间及外走廊与室外连接的开口处应设置窗或门，且该窗和门应能密闭，门宜采用自动密闭措施。

（5）严寒A、B区的楼梯间宜供暖，设置供暖的楼梯间的外墙和外窗的热工性能应满足本标准要求。非供暖楼梯间的外墙和外窗宜采取保温措施。

（6）寒冷B区建筑的南向外窗（包括阳台的透光部分）宜设置水平遮阳。东、西向的外窗宜设置活动遮阳。当设置了展开或关闭后可以全部遮蔽窗户的活动式外遮阳时，应认定满足本标准对外窗太阳得热系数的要求。

（7）严寒地区除南向外不应设置凸窗，其他朝向不宜设置凸窗；寒冷地区北向的卧室、起居室不应设置凸窗，北向其他房间和其他朝向不宜设置凸窗。当设置凸窗时，凸窗凸出（从外墙面至凸窗外表面）不应大于400mm；凸窗的传热系数限值应比普通窗降低15%，且其不透光的顶部、底部、侧面的传热系数应小于或等于外墙的传热系数。当计算窗墙面积比时，凸窗的窗面积应按窗洞口面积计算。

（8）封闭式阳台的保温应符合下列规定：

1）阳台和直接连通的房间之间应设置隔墙和门、窗。

2）当阳台和直接连通的房间之间不设置隔墙和门、窗时，应将阳台作为所连通房间的一部分。阳台与室外空气接触的外围护结构的热工性能和阳台的窗墙面积比均应符合本标准的有关规定。

3）当阳台和直接连通的房间之间设置隔墙和门、窗，且所设隔墙、门、窗的热工性能和窗墙面积比都符合本标准的有关规定时，可不对阳台外表面作特殊热工要求。

4）当阳台和直接连通的房间之间设置隔墙和门、窗，且所设隔墙、门、窗的热工性能不符合本标准的有关规定时，阳台与室外空气接触的墙板、顶板、地板的传热系数不应大于本标准所列限值的120%，严寒地区阳台窗的传热系数不应大于$2.0W/(m^2 \cdot K)$，寒冷地区阳台窗的传热系数不应大于$2.2W/(m^2 \cdot K)$，阳台外表面的窗墙面积比不应大于0.60，阳台和直接连通房间隔墙的窗墙面积比不应超过本标准的限值。当阳台的面宽小于直接连通房间的开间宽度时，可按房间的开间计算隔墙的窗墙面积比。

（9）外窗（门）框（或附框）与墙体之间的缝隙，应采用高效保温材料填堵密实，不得采用普通水泥砂浆补缝。

（10）外窗（门）洞口的侧墙面应做保温处理，并应保证窗（门）洞口室内部分的侧墙面的内表面温度不低于室内空气设计温、湿度条件下的露点温度，减小附加热损失。

（11）当外窗（门）的安装采用金属附框时，应对附框进行保温处理。

（12）外墙与屋面的热桥部位均应进行保温处理，并应保证热桥部位的内表面温度不低于室内空气设计温、湿度条件下的露点温度，减小附加热损失。

（13）变形缝应采取保温措施，并应保证变形缝两侧墙的内表面温度在室内空气设计温、湿度条件下不低于露点温度。

(14) 地下室外墙应根据地下室不同用途，采取合理的保温措施。

(15) 应对外窗（门）框周边、穿墙管线和洞口进行有效封堵。应对装配式建筑的构件连接处进行密封处理。

(五) 夏热冬冷地区的设计要求

夏热冬冷地区指的是我国长江流域及其周围地区。涉及 16 个省、自治区、直辖市。代表城市有上海、南京、杭州、长沙、重庆、南昌、成都、贵阳等。

《夏热冬冷地区居住建筑节能设计标准》JGJ 134—2010 中指出：

(1) 建筑群的总体布置、单体建筑的平面布置与立面设计应有利于自然通风。

(2) 建筑物宜朝向南北或接近朝向南北。

(3) 东偏北 30°至东偏南 60°，西偏北 30°至西偏南 60°范围的外窗应设置挡板式遮阳或可以遮住窗户正面的活动外遮阳，南向的外窗宜设置水平遮阳或可以遮住窗户正面的活动外遮阳。

(4) 外窗可开启面积（含阳台门面积）不应小于外窗所在房间地面面积的 5%，多层住宅外窗宜采用平开窗。

(5) 当外窗采用凸窗时，应符合下列规定：

1) 计算窗墙面积比时，凸窗的面积按窗洞口面积计算；

2) 对凸窗不透明的上顶板、下底板和侧板，应进行保温处理，且板的传热系数不应低于外墙的传热系数的限值要求。

(6) 围护结构的外表面宜采用浅色饰面材料。平屋顶宜采取绿化、涂刷隔热涂料等隔热措施。

(六) 夏热冬暖地区的设计要求

夏热冬暖地区指的是我国广东、广西、福建、海南等省、自治区。这个地区的特点是夏季炎热干燥、冬季温和多雨。代表性城市有广州、南宁、福州、海口等。

《夏热冬暖地区居住建筑节能设计标准》JGJ 75—2012 中指出：

1. 夏热冬暖地区的子气候区

(1) 北区：建筑节能设计应主要考虑夏季空调，兼顾冬季采暖。代表城市有柳州、英德、龙岩等。

(2) 南区：建筑节能设计应考虑夏季空调，可不考虑冬季采暖。代表城市有南宁、百色、凭祥、漳州、厦门、广州、汕头、香港、澳门等。

2. 设计指标

(1) 夏季空调室内设计计算温度为 26℃，计算换气次数 1.0 次/h。

(2) 北区冬季采暖室内设计计算温度为 16℃，计算换气次数 1.0 次/h。

3. 建筑热工和节能设计

(1) 建筑群的总体规划应有利于自然通风和减轻热岛效应。建筑的平面和立面设计应有利于自然通风。

(2) 居住建筑的朝向宜采用南北向或接近南北向。

(3) 北区内，单元式、通廊式住宅的体形系数不宜大于 0.35，塔式住宅的体形系数不宜大于 0.40。

(4) 居住建筑南、北向外窗应采取建筑外遮阳措施，建筑外遮阳系数 SD 不应大于 0.9。当采用水平、垂直或综合建筑外遮阳构造时，外遮阳构造的挑出长度不应小于表 2-3-9 的规定。

建筑外遮阳构造的挑出长度限值（m）　　　表 2-3-9

朝向	南			北		
遮阳形式	水平	垂直	综合	水平	垂直	综合
北区	0.25	0.20	0.15	0.40	0.25	0.15
南区	0.30	0.25	0.15	0.45	0.30	0.25

(5) 窗口的建筑外遮阳系数 SD 北区建筑应取冬季和夏季建筑外遮阳系数的平均值，南区应取夏季的建筑外遮阳系数。窗口上方的上一楼层阳台和外廊应作为水平遮阳计算；同一立面对相邻立面上的多个窗口形成自遮挡时应逐一进行窗口计算。典型形式的建筑外遮阳系数可按表 2-3-10 取值。

典型形式的建筑外遮阳系数 SD　　　表 2-3-10

遮阳形式	建筑外遮阳系数 SD
可完全遮挡直射阳光的固定百叶、固定挡板、遮阳板等	0.5
可基本遮挡直射阳光的固定百叶、固定挡板、遮阳板等	0.7
较密的花格	0.7
可完全覆盖窗的不透明活动百叶、金属卷帘	0.5
可完全覆盖窗的织物卷帘	0.7

注：位于窗口上方的上一楼层的阳台也作为遮阳板考虑。

(6) 居住建筑应能自然通风，每户至少应有 1 个居住房间通风开口和通风路径的设计满足自然通风要求。

(7) 居住建筑 1~9 层外窗的气密性能不应低于国家标准《建筑幕墙、门窗通用技术条件》GB/T 31433—2015 中规定的 4 级水平；10 层及 10 层以上外窗的气密性能应满足该规范规定的 6 级水平。

(8) 居住建筑的屋顶和外墙宜采用下列隔热措施：
1) 反射隔热外饰面；
2) 屋顶内设置贴铝箔的封闭空气间层；
3) 用含水多孔材料做屋面或外墙面的面层；
4) 屋面蓄水；
5) 屋面遮阳；
6) 屋面种植；
7) 东、西外墙采用花格构件或植物遮阳。

（七）传热系数与热阻

众所周知，热量通常由围护结构的高温一侧向低温一侧传递，散热量的多少与围护结构的传热面积、传热时间、内表面与外表面的温度差有关。

1. 传热系数

传热系数 K，表示围护结构的不同厚度、不同材料的传热性能。总传热系数 K_0 由吸热、传热和放热三个系数组成，其数值为三个系数之和。这三个系数中的吸热系数和放热系数为常数，传热系数与材料的导热系数 λ 成正比，与材料的厚度 d 成反比，即 $K=\lambda/d$。传热系数越小，则围护结构的保温绝热能力越强。

2. 热阻

传热阻 R，表示围护结构阻止热流传播的能力。总传热阻 R_0 由吸热阻（内表面换热阻）R_i、传热阻 R 和放热阻（外表面换热阻）R_e 三部分组成。其中 R_i 和 R_e 为常数，R 与材料的导热系数 λ 成反比，与围护结构的厚度 d 成正比，即 $R=1/K=d/\lambda$。热阻值越大，则围护结构保温绝热能力越强。

（八）开窗面积的确定

1. 依据窗墙面积比决定窗洞口大小

窗墙面积比又称为开窗率。指的是窗户洞口面积与房间立面单元面积的比值。

建筑外窗面积一般占外墙总面积的30%左右，开窗过大，对节能明显不利。

居住建筑的外窗（包括阳台门玻璃）的传热系数 K 为 2.80W/（m²·K），相当于热阻 R 为 0.357（m²·K）/W。窗的传热系数是墙体的4.6~6.2倍，可见限制窗墙面积比是十分必要的。

地区不同、建筑朝向不同，窗墙面积比的数值也不同。严寒、寒冷地区一般南向窗的窗墙面积比要比东、西向窗，特别是北向窗的窗墙面积比大，目的是在冬季争取更多的阳光；夏热冬冷、夏热冬暖地区的东、西向窗的窗墙面积比要小于南、北向窗，这样做可以避免更多的日晒。

2. 合理选择窗型、窗框和窗玻璃材料

目前，窗的类型很多，要达到不同气候区热工标准的要求，必须合理选择窗型以及窗框和窗玻璃的材料。《民用建筑热工设计规范》GB 50176—2016 附录C中列出了采用典型玻璃、配合不同窗框、在典型窗框面积比的情况下，整窗的传热系数，可供设计时选用，如表 2-3-11 所示。

典型玻璃配合不同窗框的整窗传热系数表　　　　表 2-3-11

玻璃品种		玻璃中部传热系数 K_{gc} [W/(m²·K)]	整窗传热系数 K [W/(m²·K)]		
			不隔热金属型材 $K_f=10.8$ [W/(m²·K)] 框面积：15%	隔热金属型材 $K_f=5.8$ [W/(m²·K)] 框面积：20%	塑料型材 $K_f=2.7$ [W/(m²·K)] 框面积：25%
透明	3mm透明玻璃	5.8	6.6	5.8	5.0
	6mm透明玻璃	5.7	6.5	5.7	4.9
	12mm透明玻璃	5.5	6.3	5.6	4.8

续表

玻璃品种		玻璃中部传热系数 K_{gc} [W/(m²·K)]	整窗传热系数 K[W/(m²·K)]		
			不隔热金属型材 $K_f=10.8$ [W/(m²·K)] 框面积：15%	隔热金属型材 $K_f=5.8$ [W/(m²·K)] 框面积：20%	塑料型材 $K_f=2.7$ [W/(m²·K)] 框面积：25%
吸热	5mm 绿色吸热玻璃	5.7	6.5	5.7	4.9
	6mm 蓝色吸热玻璃	5.7	6.5	5.7	4.9
	5mm 茶色吸热玻璃	5.7	6.5	5.7	4.9
	5mm 灰色吸热玻璃	5.7	6.5	5.7	4.9
热反射玻璃	6mm 高透光热反射玻璃	5.7	6.5	5.7	4.9
	6mm 中等透光热反射玻璃	5.4	6.2	5.5	4.7
	6mm 低透光热反射玻璃	4.6	5.5	4.8	4.1
	6mm 特低透光热反射玻璃	4.6	5.5	4.8	4.1
单片 Low-E	6mm 高透光 Low-E 玻璃	3.6	4.7	4.0	3.4
	6mm 中等透光型 Low-E 玻璃	3.5	4.6	4.0	3.3
中空玻璃	6 透明+12 空气+6 透明	2.8	4.0	3.4	2.8
	6 绿色吸热+12 空气+6 透明	2.8	4.0	3.4	2.8
	6 灰色吸热+12 空气+6 透明	2.8	4.0	3.4	2.8
	6 中等透光热反射+12 空气+6 透明	2.4	3.7	3.1	2.5
	6 低透光热反射+12 空气+6 透明	2.3	3.6	3.1	2.4
	6 高透光 Low-E+12 空气+6 透明	1.9	3.2	2.7	2.1
	6 中透光 Low-E+12 空气+6 透明	1.8	3.2	2.6	2.0
	6 较低透光 Low-E+12 空气+6 透明	1.8	3.2	2.6	2.0
	6 低透光 Low-E+12 空气+6 透明	1.8	3.2	2.6	2.0
	6 高透光 Low-E+12 氩气+6 透明	1.5	2.9	2.4	1.8
	6 中透光 Low-E+12 氩气+6 透明	1.4	2.8	2.3	1.7

（九）围护结构的蒸汽渗透

围护结构在内表面或外表面产生凝结水现象是由于水蒸气渗透遇冷后而产生的。

由于冬季室内空气温度和绝对湿度都比室外高，因此，在围护结构的两侧存在着水蒸气分压力差。水蒸气分子由压力高的一侧向压力低的一侧扩散，这种现象叫蒸汽渗透。

材料遇水后，导热系数增大，保温能力会大大降低。为避免凝结水的产生，一般采取控制室内相对湿度、提高围护结构热阻和设置隔气层的做法。

室内相对湿度 Φ 是空气的水蒸气分压力与最大水蒸气分压力的比值。一般以 30%～40% 为极限，住宅建筑的相对湿度以 40%～50% 为佳。

隔汽层应设置于水蒸气渗透路径的来路方向一侧，即保温层的高温一侧。如冬季保温的屋面及外墙的隔汽层应设置在保温层内侧，而冷库或冷藏室的屋面和外墙隔汽层则应设置于保温层的外侧。

（十）围护结构的绝热构造

1. 围护结构的保温构造

为了满足围护结构的保温要求，在严寒和寒冷地区，外墙、屋面和外门窗的材料、厚度与做法应由热工计算确定。

墙体保温可以采用"低导热系数的新型材料墙体""带有封闭空气间层的复合墙体"及"复合保温材料的墙体（外保温、内保温、夹心保温）"的做法。

值得注意的是，外贴保温材料，以布置在围护结构靠低温的一侧为好，而将密度大，其蓄热系数也大的材料布置在靠高温的一侧为佳。这是因为保温材料密度小，孔隙多，其导热系数小，则每小时所能吸收或散出的热量也越少。而蓄热系数大的材料布置在内侧，就会使外表面材料热量的少量变化对内表面温度的影响甚微，因而保温能力较好。

当前，我国重点推广的是外保温做法。外保温墙体具有以下优点：

（1）外保温材料对主体结构有保护作用。

（2）有利于消除或减弱热桥的影响，若采用内保温，则热桥现象十分严重。

（3）主体结构在室内一侧，由于蓄热能力较强，对房间的热稳定性有利，可避免室温出现较大波动。

（4）我们国家的房屋，尤其是住宅大多进行二次装修；采用内保温时，保温层会遭到破坏，外保温则可以避免。

（5）外保温可以取得较好的经济效益，尤其是可增加使用面积。

《民用建筑热工设计规范》GB 50176—2016 中指出，提高围护结构热阻值可以采取以下措施：

（1）提高墙体热阻值可采取下列措施：

1）采用轻质高效保温材料与砖、混凝土、钢筋混凝土、砌块等主墙体材料组成复合保温墙体构造；

2）采用低导热系数的新型墙体材料；

3）采用带有封闭空气间层的复合墙体构造设计。

（2）外墙宜采用热惰性大的材料和构造，提高墙体热稳定性可采取下列措施：

1）采用内侧为重质材料的复合保温墙体；

2）采用蓄热性能好的墙体材料或相变材料复合在墙体内侧。

2. 围护结构的隔热构造

《民用建筑热工设计规范》GB 50176—2016 中指出：

（1）外墙隔热

1）宜采用浅色外饰面；

2）可采用通风墙、干挂通风幕墙等；

3）设置封闭空气间层时，可在空气间层平行墙面的两个表面涂刷热反射涂料，贴热反射膜或铝箔；当采用单面热反射隔热措施时，热反射隔热层应设置在空气温度较高一侧；

4）采用复合墙体构造时，墙体外侧宜采用轻质材料，内侧宜采用重质材料；

5）可采用墙面垂直绿化及淋水被动蒸发墙面等；

6）宜提高围护结构的热惰性指标 D 值；

7）西向墙体可采用高蓄热材料与低热传导材料组合的复合墙体构造。

（2）屋面隔热

1）宜采用浅色外饰面。

2）宜采用通风隔热屋面。通风屋面的风道长度不宜大于 10m，通风间层高度应大于 0.3m，屋面基层应做保温隔热层，檐口处宜采用导风构造，通风平屋面风道口与女儿墙的距离不应小于 0.6m（注意《屋面工程技术规范》GB 50345—2012 中规定：架空隔热层的高度宜为 180~300mm，架空板与女儿墙的距离不应小于 250mm）。

3）可采用有热反射材料层（热反射涂料、热反射膜、铝箔等）的空气间层隔热屋面。单面设置热反射材料的空气间层，热反射材料应设在温度较高的一侧。

4）可采用蓄水屋面。水面宜有水浮莲等浮生植物或白色漂浮物。水深宜为 0.15~0.2m。

5）宜采用种植屋面。种植屋面的保温隔热层应选用密度小、压缩强度大、导热系数小、吸水率低的保温隔热材料。

6）可采用淋水被动蒸发屋面。

7）宜采用带老虎窗的通气阁楼坡屋面。

8）采用带通风空气层的金属夹芯隔热屋面时，空气层厚度不宜小于 0.1m。

（3）门窗、幕墙、采光顶

1）对遮阳要求高的门窗、玻璃幕墙、采光顶隔热宜采用着色玻璃、遮阳型单片 Low-E 玻璃、着色中空玻璃、热反射中空玻璃、遮阳型 Low-E 中空玻璃等遮阳型的玻璃系统。

2）向阳面的窗、玻璃门、玻璃幕墙、采光顶应设置固定遮阳或活动遮阳。固定遮阳可考虑阳台、走廊、雨篷等建筑构件的遮阳作用；设计时应进行夏季太阳直射轨迹分析，根据分析结果确定固定遮阳的形状和安装位置。活动遮阳宜设置在室外侧。

3）对于非透光的建筑幕墙，应在幕墙面板的背后设置保温材料；保温材料层的热阻应满足墙体的保温要求且不应小于 $1.0[(m^2 \cdot K)/W]$。

（十一）公共建筑的节能要求

《公共建筑节能设计标准》GB 50189—2015 中规定：

1. 一般规定

（1）代表城市的建筑热工设计分区（表 2-3-12）

代表城市的建筑热工设计分区　　　　　表 2-3-12

气候分区及气候子区		代表城市
严寒地区	严寒A区	伊春、海拉尔、满洲里、黑河、嫩江、齐齐哈尔、哈尔滨、牡丹江、大庆、安达、佳木斯、二连浩特
	严寒B区	
	严寒C区	长春、通化、延吉、通辽、四平、抚顺、阜新、沈阳、本溪、鞍山、呼和浩特、包头、赤峰、大同、乌鲁木齐、克拉玛依、酒泉、西宁
寒冷地区	寒冷A区	丹东、大连、张家口、承德、唐山、青岛、洛阳、太原、延安、宝鸡、银川、兰州、拉萨、北京、天津、石家庄、保定、济南、德州、郑州、安阳、徐州、运城、西安、咸阳、吐鲁番
	寒冷B区	
夏热冬冷地区	夏热冬冷A区	南京、蚌埠、南通、合肥、安庆、九江、武汉、岳阳、上海、杭州、宁波、温州、长沙、南昌、株洲、桂林、重庆、南充、宜宾、成都、遵义
	夏热冬冷B区	
夏热冬暖地区	夏热冬暖A区	福州、龙岩、梅州、柳州、泉州、厦门、广州、深圳、湛江、汕头、南宁、北海、梧州、海口、三亚
	夏热冬暖B区	
温和地区	温和A区	昆明、贵阳、丽江、大理、楚雄、曲靖
	温和B区	瑞丽、临沧、澜沧、思茅、江城

（2）建筑群的总体规划应考虑减轻热岛效应。建筑的总体规划和总平面设计应有利于自然通风和冬季日照。建筑的主朝向宜选择本地区最佳朝向或适宜朝向，且宜避开冬季主导风向。

（3）建筑设计应遵循被动节能措施优先的原则，充分利用天然采光、自然通风，结合围护结构保温隔热和遮阳措施，降低建筑的用能要求。

（4）建筑体形宜规整紧凑，避免过多的凹凸变化。

（5）建筑总平面设计及平面布置应合理确定能源设备机房的位置，缩短能源供应输送距离。同一公共建筑的冷热源机房宜位于或靠近冷热负荷中心位置集中设置。

2. 建筑设计

（1）严寒地区的甲类公共建筑各单一立面窗墙面积比（包括透光幕墙）均不宜大于 0.60。其他地区甲类公共建筑各单一立面窗墙面积比（包括透光幕墙）均不宜大于 0.70。

（2）甲类公共建筑单一立面窗墙面积比小于 0.40 时，透光材料的可见光透射比不应小于 0.60；甲类公共建筑单一立面窗墙面积比大于等于 0.40 时，透光材料的可见光透射比不应小于 0.40。

（3）夏热冬暖、夏热冬冷、温和地区的建筑各朝向外窗（包括透光幕墙）均应采用遮阳措施；寒冷地区的建筑宜采用遮阳措施。当设置外遮阳时应符合下列规定：

1）东西向宜设置活动外遮阳，南向宜设置水平外遮阳；

2）建筑外遮阳装置应兼顾通风及冬季日照。

（4）单一立面外窗（包括透光幕墙）的有效通风换气面积应符合下列规定：

1）甲类公共建筑的外窗（包括透光幕墙）应设可开启窗扇，其有效通风换气面积不宜小于所在房间外墙面积的 10%；当透光幕墙受条件限制无法设置可开启窗扇时，应设置通风换气装置；

2）乙类公共建筑外窗有效通风换气面积不宜小于窗面积的 30%。

(5) 外窗（包括透光幕墙）的有效通风换气面积应为开启扇面积和窗开启后的空气流通界面面积的较小值。

(6) 严寒地区建筑的外门应设置门斗；寒冷地区建筑面向冬季主导风向的外门应设置门斗或双层外门，其他外门宜设置门斗或采取其他减少冷风渗透的措施；夏热冬冷、夏热冬暖和温和地区建筑的外门应采取保温隔热措施。

(7) 建筑中庭应充分利用自然通风降温，并可设置机械排风装置加强自然补风。

(8) 建筑设计应充分利用天然采光。天然采光不能满足照明要求的场所，宜采用导光、反光等装置将自然光引入室内。

(9) 人员长期停留房间的内表面可见光反射比宜符合表 2-3-13 的规定：

人员长期停留房间的内表面可见光反射比　　　　表 2-3-13

房间内表面位置	可见光反射比
顶棚	0.7～0.9
墙面	0.5～0.8
地面	0.3～0.5

(10) 电梯应具备节能运行功能。两台及以上电梯集中排列时，应设置群控措施。电梯应具备无外部召唤且轿厢内一段时间无预置指令时，自动转为节能运行模式的功能。

(11) 自动扶梯、自动人行步道应具备空载时暂停或低速运转的功能。

(12) 建筑外门、外窗的气密性分级应符合国家标准《建筑外门窗气密、水密、抗风压性能分级及检测方法》GB/T 7106—2008[①] 中第 4.1.2 条的规定，并应满足下列要求：

1) 10 层及以上建筑外窗的气密性不应低于 7 级；

2) 10 层以下建筑外窗的气密性不应低于 6 级；

3) 严寒和寒冷地区外门的气密性不应低于 4 级。

（十二）防火规范对保温材料应用的规定

《建筑设计防火规范》GB 50016—2014（2018 年版）中指出：

(1) 建筑的内、外保温系统，宜采用燃烧性能为 A 级的保温材料，不宜采用 B_2 级保温材料，严禁采用 B_3 级保温材料；设置保温系统的基层墙体或屋面板的耐火极限应符合本规范的有关规定。

(2) 建筑外墙采用保温材料与两侧墙体构成无空腔复合保温结构体系时，该结构体的耐火极限应符合本规范的有关规定。当保温材料的燃烧性能为 B_1、B_2 级时，保温材料两侧的墙体应采用不燃材料且厚度均不应小于 50mm。

(3) 除上述第（2）条规定的情况外，当建筑的外墙外保温系统按本节规定采用燃烧性能为 B_1、B_2 级的保温材料时，应符合下列规定：

1) 除采用 B_1 级保温材料且建筑高度不大于 24m 的公共建筑或采用 B_1 级保温材料且建筑高度不大于 27m 的住宅建筑外，建筑外墙上的门、窗的耐火完整性不应低于 0.50h；

2) 应在保温系统中每层设置水平防火隔离带。防火隔离带应采用 A 级的材料，防火隔离带的高度不应小于 300mm。

---

① 此标准已废止，现行标准为《建筑门窗气密、水密、抗风压性能检测方法》GB/T 7016—2019。

(4) 建筑的外墙外保温系统应采用不燃材料在其表面设置防护层，防护层应将保温材料完全包覆。除上述第（3）条规定的情况外，当按本节规定采用 B_1、B_2 级的保温材料时，防护层厚度首层不应小于 15mm，其他层不应小于 5mm。

(5) 建筑外墙外保温系统与基层墙体、装饰层之间的空腔，应在每层楼板处采用防火封堵材料封堵。

(6) 建筑的屋面外保温系统，当屋面板的耐火极限不低于 1.00h 时，保温材料的燃烧性能不应低于 B_2 级。采用 B_1、B_2 级保温材料的外保温系统应采用不燃材料做保护层，保护层的厚度不应小于 10mm。

当建筑的屋面和外墙系统均采用 B_1、B_2 级保温材料时，屋面与外墙之间应采用宽度不小于 500mm 的不燃材料设置防火隔离带进行分隔。

(7) 电气线路不应穿越或敷设在燃烧性能为 B_1 或 B_2 级的保温材料中；确需穿越或敷设时，应采取穿金属管并在金属管周围采用不燃隔热材料进行防火隔离等防火保护措施。设置开关、插座等电器配件的部位周围应采取不燃隔热材料进行防火隔离等防火保护措施。

(8) 建筑外墙的装饰层应采用燃烧性能为 A 级的材料，但建筑高度不大于 50m 时，可采用 B_1 级材料。

（十三）外墙外保温做法

《外墙外保温工程技术标准》JGJ 144—2019 中指出：外墙外保温系统的基层墙体可以是混凝土墙体或各种砌体墙体。保温层有模塑聚苯板（简称 EPS 板）、挤塑聚苯板（简称 XPS 板）、胶粉聚苯颗粒保温浆料、胶粉聚苯颗粒贴砌浆料、EPS 钢丝网架板和硬泡聚氨酯板等。在正确使用和正常维护的条件下，外保温工程的使用年限不应少于 25 年。外保温工程应进行系统的起端、终端以及檐口、勒脚处的翻包或包边处理。装饰缝、门窗四角和阴阳角等部位应设置增强玻纤网。外保温工程的饰面层宜采用浅色涂料、饰面砂浆等轻质材料。当薄抹灰外保温系统采用燃烧性能等级为 B_1、B_2 级的保温材料时，首层防护层厚度不应小于 15mm，其他层防护层厚度不应小于 5mm 且不宜大于 6mm；并应在外保温系统中每层设置水平防火隔离带。外墙外保温工程的 6 种做法详述如下：

1. 粘贴保温板薄抹灰外保温系统

粘贴保温板薄抹灰外保温系统应由粘结层、保温层、抹面层和饰面层构成（图 2-3-1）。粘结层材料应为胶粘剂；保温层材料可为 EPS 板、XPS 板和 PUR 板或 PIR 板；抹面层材料应为抹面胶浆，抹面胶浆中满铺玻纤网；饰面层可为涂料或饰面砂浆。保温板应采用点框粘法或条粘法固定在基层墙体上。受负风压作用较大的部位宜增加锚栓辅助固定。保温板宽度不宜大于 1200mm，高度不宜大于 600mm。保温板应按顺砌方式粘贴，竖缝应逐行错缝。墙角处保温板应交错互锁。门窗洞口四角处保温板不得拼接，应采用整块保温板切割成形。粘贴保温板薄抹灰外保温系统现场检验保温板与基层墙体拉伸粘结强度不应小于 0.10MPa，且应为保温板。

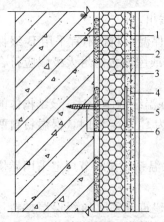

图 2-3-1　粘贴保温板薄抹灰外保温系统
1—基层墙体；2—胶粘剂；
3—保温板；4—抹面胶浆复合玻纤网；5—饰面层；
6—锚栓

国标图集《外墙外保温建筑构造》10J 121 中指出：EPS 板（模塑聚苯板）厚度的最小限定值为 30mm；XPS 板（挤塑聚苯板）、PUR 板（硬泡聚氨酯板）厚度的最小限定值为 20mm。门窗四角和阴阳角应设局部加强网。门窗洞口四角处保温板不得拼接，应采用整块保温板切割成形；保温板接缝应离开角部至少 200mm。

> **例 2-3-1** （2014）关于 EPS 板薄抹灰外墙外保温系统的做法，错误的是哪一项？（ ）
> A EPS 板宽度不宜大于 1200mm，高度不宜大于 600mm
> B 粘贴时粘胶剂面不得小于 EPS 板面积的 40%
> C 门窗洞口四角处用 EPS 板交错拼接
> D 门窗四角和阴阳角应设局部加强网
> 解析：《外墙外保温工程技术标准》JGJ 144—2019 第 6.1.8 条规定门窗洞口四角处保温板不得拼接，应采用整块保温板切割成形。
> 答案：C

2. 胶粉聚苯颗粒保温浆料外保温系统

胶粉聚苯颗粒保温浆料外保温系统应由界面层、保温层、抹面层和饰面层构成（图 2-3-2）。保温层材料应为胶粉聚苯颗粒保温浆料，经现场拌和均匀后抹在基层墙体上；抹面层材料应为抹面胶浆，抹面胶浆中满铺玻纤网。胶粉聚苯颗粒保温浆料保温层厚度不宜超过 100mm；宜分遍抹灰，每遍间隔应在前一遍保温浆料终凝后进行，每遍抹灰厚度不宜超过 20mm。

3. EPS 板现浇混凝土外保温系统

EPS 板现浇混凝土外保温系统应以现浇混凝土外墙作为基层墙体，EPS 板为保温层，EPS 板内表面（与现浇混凝土接触的表面）开有凹槽，内外表面均应满涂界面砂浆（图 2-3-3）。施工时应将 EPS 板置于外模板内侧，并安装辅助固定件。EPS 板表面应做抹面胶浆抹面层，抹面层中满铺玻纤网。EPS 板宽度宜为 1200mm，高度宜为建筑物层高。辅助固定件每平方米宜设 2~3 个。水平分隔缝宜按楼层设置。垂直分隔缝宜按墙面面积设置，在板式建筑中不宜大于 30m²，在塔式建筑中宜留在阴角部位。混凝土一次浇注高度不宜大于 1m。EPS 板现浇混凝土外保温系统现场检验 EPS 板与基层墙体的拉伸粘结强度不应小于 0.10MPa，且应为 EPS 板。

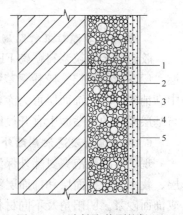

图 2-3-2 胶粉聚苯颗粒保温浆料外保温系统
1—基层墙体；2—界面砂浆；
3—保温浆料；4—抹面胶浆复合玻纤网；5—饰面层

4. EPS 钢丝网架板现浇混凝土外保温系统

EPS 钢丝网架板现浇混凝土外保温系统应以现浇混凝土外墙作为基层墙体，EPS 钢丝网架板为保温层，钢丝网架板中的 EPS 板外侧开有凹槽（图 2-3-4）。施工时应将钢丝网架板置于外墙外模板内侧，并在 EPS 板上安装辅助固定件。钢丝网架板表面应涂抹掺外加剂的水泥砂浆抹面层，外表可做饰面层。辅助固定件每平方米不应少于 4 个，锚固深度不得小于 50mm。在每层层间宜留水平分隔缝，分隔缝宽度为 15~20mm。分隔缝处的钢丝网和 EPS 板应断开。垂直分隔缝宜按墙面面积设置，在板式建筑中不宜大于 30m²，在塔式建筑中宜留在阴角部位。混凝土一次浇注高度不宜大于 1m。

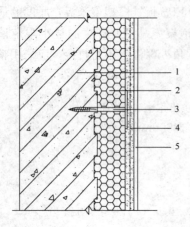
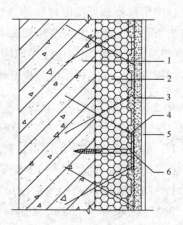

图2-3-3 EPS板现浇混凝土外保温系统
1—现浇混凝土外墙；2—EPS板；3—辅助固定件；
4—抹面胶浆复合玻纤网；5—饰面层

图2-3-4 EPS钢丝网架板现浇混凝土外保温系统
1—现浇混凝土外墙；2—EPS钢丝网架板；3—掺外加剂
的水泥砂浆抹面层；4—钢丝网架；5—饰面层；
6—辅助固定件

5. 胶粉聚苯颗粒浆料贴砌 EPS 板外保温系统

胶粉聚苯颗粒浆料贴砌 EPS 板外保温系统应由界面砂浆层、胶粉聚苯颗粒贴砌浆料层、EPS 板保温层、胶粉聚苯颗粒贴砌浆料层、抹面层和饰面层构成（图2-3-5）。抹面层中满铺玻纤网，饰面层可为涂料或饰面砂浆。单块 EPS 板面积不宜大于 $0.3m^2$；EPS 板与基层墙体的粘贴面上宜开设凹槽。

6. 现场喷涂硬泡聚氨酯外保温系统

现场喷涂硬泡聚氨酯外保温系统应由界面层、现场喷涂硬泡聚氨酯保温层、界面砂浆层、找平层、抹面层和饰面层组成（图2-3-6）。抹面层中应满铺玻纤网，饰面层可为涂料或饰面砂浆。阴阳角及不同材料的基层墙体交接处应采取适当方式喷涂硬泡聚氨酯，保温层应连续不留缝。硬泡聚氨酯的喷涂厚度每遍不宜大于15mm。

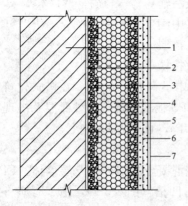
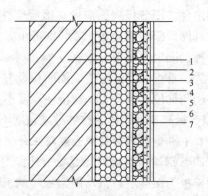

图2-3-5 胶粉聚苯颗粒浆料
贴砌 EPS 板外保温系统
1—基层墙体；2—界面砂浆；3—胶粉聚苯颗粒贴
砌浆料；4—EPS板；5—胶粉聚苯颗粒贴砌浆料；
6—抹面胶浆复合玻纤网；7—饰面层

图2-3-6 现场喷涂硬泡聚氨酯外保温系统
1—基层墙体；2—界面层；3—喷涂PUR；
4—界面砂浆；5—找平层；6—抹面胶浆
复合玻纤网；7—饰面层

7. 外墙外保温各系统构造特点和适用范围

《全国民用建筑工程设计技术措施 规划·建筑·景观》（2009年版）第二部分中指出：外墙外保温各系统的构造特点和适用范围如表2-3-14所示。

外墙外保温系统的构造特点和适用范围　　　　表 2-3-14

系统名称	构造特点	适用范围		
		地区	外墙类型	外饰面
EPS板薄抹灰系统	用胶粘剂将EPS保温板粘结在外墙上，表面做玻纤网增强薄抹面层和饰面层	各类气候地区	混凝土和砌体结构外墙	涂料饰面，贴面砖需采取可靠的安全措施
现浇混凝土模板内置EPS保温板系统	EPS保温板内侧开齿槽，表面喷界面砂浆，置于外模板内侧并安装锚栓，浇筑混凝土后墙体与保温板结合一体，之后做玻纤网增强抗裂砂浆薄抹面层和饰面层	主要用于严寒和寒冷地区	现浇钢筋混凝土外墙	涂料饰面
胶粉EPS颗粒保温浆料外保温系统	胶粉EPS颗粒保温浆料经现场拌和后抹在外墙上，表面做玻纤网增强抗裂砂浆面层和饰面层	夏热冬冷和夏热冬暖地区	混凝土和砌体结构外墙	涂料饰面，贴面砖需采取可靠的安全措施
现浇混凝土模板内置钢丝网架EPS保温板系统	单面钢丝网架EPS保温板置于外墙外模板内侧，φ6钢筋作为辅助固定件，浇灌混凝土后钢丝网架板挑头钢丝和φ6钢筋与混凝土结合一体，外抹水泥砂浆厚抹面层	主要用于严寒和寒冷地区	现浇钢筋混凝土外墙	面砖饰面

8. 岩棉薄抹灰外墙外保温工程

《岩棉薄抹灰外墙外保温工程技术标准》JGJ/T 480—2019 中规定：

（1）岩棉薄抹灰外墙外保温系统是由岩棉条或岩棉板保温材料、锚栓、胶粘剂、防护层和辅件构成，固定在外墙外表面的非承重保温构造的总称；简称为岩棉外保温系统。可分为岩棉条外保温系统和岩棉板外保温系统两种。

（2）岩棉板是以熔融火成岩为主要原料喷吹成纤维，加入适量热固性树脂胶粘剂及憎水剂，经压制、固化、切割制成的板状制品，其纤维层平行于板的表面。岩棉条是岩棉板按一定的间距切割，翻转90°使用的条状制品，其主要纤维层方向与表面垂直。

岩棉条和岩棉板纤维层方向不同，岩棉条内纤维层的方向垂直于岩棉条的表面，其拉伸强度主要是纤维自身的强度；因此岩棉条的（垂直于板面的抗拉）强度远高于岩棉板，通常是其10倍以上。

（3）防护层是抹面层和饰面层的总称。抹面层是抹在保温层上，中间夹有玻纤网，保护保温层并具有防裂、防水、抗冲击作用的构造层。饰面层是对岩棉外保温系统起装饰和保护作用的外装饰构造层。

（4）在岩棉板与岩棉条的各项性能指标要求中，燃烧性能均应为 A（A_1）级；导热系数（平均温度25℃）：岩棉条应≤0.046W/（m·K），岩棉板应≤0.040W/（m·K）。

(5) 岩棉板外保温工程的基层墙体宜为混凝土墙体、实心砌体墙体和强度等级不小于A5.0 的蒸压加气混凝土砌块墙体。岩棉外保温工程施工前，应进行基层墙体检查或处理。基层墙体表面应洁净、坚实、平整，无油污和脱模剂等妨碍粘结的附着物，凸起、空鼓和疏松部位应剔除。既有建筑岩棉外保温工程施工前的基层墙面，油渍及污染部分应清洗，起鼓、开裂的面层应剔除，由于拆除、冻害、析盐、侵蚀等所产生的损坏、孔洞应用聚合物砂浆修复。

(6) 岩棉条或岩棉板的设计厚度不应小于 30mm。

(7) 岩棉外保温工程单位面积锚栓数量应符合下列规定：

1) 岩棉条外保温工程不应小于 5 个/m²；

2) 岩棉板外保温工程不应小于 5 个/m²，且不宜大于 14 个/m²，锚栓中心间距不应小于 260mm。

(8) 岩棉外保温工程防水防裂设计应符合下列规定：

1) 外保温与其他构件接缝处应有柔性防水密封及防裂措施；

2) 女儿墙顶、窗台等水平部位宜采用金属板、混凝土板或石材板等压顶处理，并应设置排水构造，排水坡度不应小于 5%；

3) 窗檐、阳台等檐口部位应设置滴水构造。

(9) 岩棉外保温工程中首层墙面、阳台和门窗角部等易受碰撞的部位，应采取附加防撞保护措施，且应满足抗冲击强度 10J 的要求。

(10) 岩棉外保温工程饰面层不宜采用面砖，岩棉外保温系统不应覆盖墙体变形缝。

(11) 岩棉外保温工程施工环境应符合下列规定：

1) 施工期间以及完工后 24h 内，环境温度不应低于 5℃；

2) 夏季应采取遮阳措施，避免阳光直晒工作面；

3) 施工时风力不应大于 5 级；

4) 雨天不应施工。

9. 外墙外保温窗（门）洞口节点构造

《严寒和寒冷地区居住建筑节能设计标准》JGJ 26—2018 中规定：外窗（门）洞口的侧墙面应做保温处理，并应保证窗（门）洞口室内部分的侧墙面的内表面温度不低于室内空气设计温、湿度条件下的露点温度，减小附加热损失。此条的条文说明：通常窗（门）的厚度小于墙厚，这样墙上洞口的侧面就被窗（门）分成了室内和室外两部分，必须对洞口的侧墙面进行保温处理，否则洞口侧面很容易形成热桥，不仅大大抵消门窗和外墙的良好保温性能，而且容易引起周边结露，在严寒地区尤其要注意。

（十四）保温防火复合板

《保温防火复合板应用技术规程》JGJ/T 350—2015 中规定：

保温防火复合板是通过在不燃保温材料表面复合不燃保护面层或在难燃保温材料表面包覆不燃防护面层而制成的具有保温隔热及阻燃功能的预制板材，简称复合板。

1. 复合板的类型

(1) 按所采用的保温材料分

1) 无机复合板：以岩棉板、发泡陶瓷保温板、泡沫玻璃保温板、泡沫混凝土保温板等不燃无机板材为保温材料的复合板；

2）有机复合板：以聚苯乙烯泡沫板、聚氨酯硬泡板、酚醛泡沫板等难燃有机高分子板材为保温材料的复合板。

(2) 按是否具有装饰层分

1）无饰面复合板；

2）有饰面复合板。

(3) 按单位面积的质量大小分

1）Ⅰ型复合板：单位面积质量小于 $20kg/m^2$；

2）Ⅱ型复合板：单位面积质量为 $20\sim30kg/m^2$。

2. 材料要求

(1) 燃烧性能

1）无机复合板所采用的保温材料的燃烧性能等级应为 A 级；

2）有机复合板所采用的保温材料的燃烧性能等级不应低于 B_1 级，且垂直于板面方向的抗拉强度不应小于 0.10MPa。

(2) 规格尺寸

复合板的规格尺寸见表 2-3-15。

复合板的规格尺寸（mm）　　　　表 2-3-15

长度	宽度	厚度
600～1200	300～800	20～120

3. 构造做法

(1) 基本要求

1）复合板外墙外保温工程的热工和节能设计应符合下列规定：

① 保温层内表面温度应高于 0℃，并且不应低于室内空气在设计温度、湿度条件下的露点温度；

② 门窗框外侧洞口四周、女儿墙、封闭阳台以及出挑构件等热桥部位应采取保温措施；

③ 保温系统应计算金属锚固件、承托件热桥的影响。

2）复合板外墙外保温系统应做好密封和防水构造设计。水平或倾斜的出挑部位以及延伸至地面以下的部位应作防水处理。在外保温系统上安装的设备或管道应固定于基层上，并应采取密封和防水措施。

3）复合板外墙外保温系统应做好檐口、勒脚处的包边处理。装饰缝、门窗四角和阴阳角等处应设置局部增强网。基层墙体变形缝处应做好防水和保温构造处理。

4）外墙外保温系统采用有机复合板时，应在保温系统中每层设置水平防火隔离带。防火隔离带应采用燃烧性能为 A 级的材料，防火隔离带的高度不应小于 300mm。

(2) 构造做法

1）无饰面复合板外墙外保温工程

① 复合板薄抹灰保温系统（图 2-3-7）。

② 非透明幕墙的保温层（图 2-3-8）。

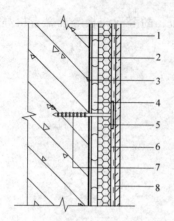

图 2-3-7 复合板薄抹灰保温系统基本构造
1—基层墙体；2—界面层；3—找平层；
4—粘结层；5—无饰面复合板；6—抹
面层；7—锚栓；8—饰面层

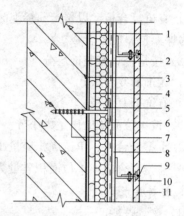

图 2-3-8 无饰面复合板用于非透明幕墙
保温层时的构造
1—基层墙体；2—界面层；3—找平层；4—粘结层；
5—无饰面复合板；6—抹面层；7—锚栓；8—龙骨；
9—嵌缝胶；10—机械固定件；11—幕墙装饰板

③ 构造要求：

a. 复合板薄抹灰保温系统的使用高度不宜超过 100m。

b. 复合板与基层墙体的连接应采用粘锚结合的固定方式，并应以粘贴为主。

c. 采用无机复合板时，楼板或门窗洞口上表面应设置支撑。高度小于 54m 时，应每两层设置；高度大于 54m 时，应每层设置。支托件可为构造挑板或后锚支撑托架。

d. 固定复合板的锚栓应符合下列规定：

（a）用于非透明幕墙的保温构造时，固定复合板的锚栓数量不宜少于 4 个/m²；用于薄抹灰系统时，固定复合板的锚栓数量且不应少于 6 个/m²；任何面积大于 0.1m² 的单块板锚栓数量不应少于 1 个；

（b）锚栓进入混凝土基层的有效锚固深度不应小于 30mm，进入其他实心砌体基层的有效锚固深度不应小于 50mm。对于空心砌块、多孔砖等砌体宜采用回拧打结型锚栓。

e. 薄抹灰保温系统中，位于外墙阳角、门窗洞口周围及檐口下的复合板，应加密设置锚栓，间距不宜大于 300mm，锚栓距基层墙体边缘不宜小于 60mm。

f. 外墙阳角和门窗外侧洞口周边及四角部位，抹灰层应采用玻纤网加强。

g. 勒脚部位的复合板与室外地面散水间应留缝隙，缝隙不应小于 20mm，缝隙内宜填充泡沫塑料，并用建筑密封膏封堵。

h. 复合板在檐口、女儿墙部位的外保温构造，应采用复合板对檐口的上下侧面、女儿墙部位的内外侧面整体包覆。

i. 复合板用于非透明幕墙保温层时，应将复合板粘锚在基层墙体的外表面上。

2) 有饰面复合板外墙外保温工程

① 构造层次（图 2-3-9）

② 构造要求：

a. 有饰面复合板保温系统可应用于高度不超过 100m 的建筑；Ⅰ型复合板的使用高度不宜高于 54m，Ⅱ型复合板的使用高度不宜高于 27m。

b. 复合板与基层墙体的连接应采用粘锚结合的固定方式，并应以粘贴为主。

c. 有机复合板的锚固件应固定在复合板的装饰面板或者装饰面板的副框上。

d. 复合板的单板面积不宜大于 $1m^2$，有机复合板的装饰面板厚度不宜小于 5mm，石材面板厚度不宜大于 10mm。

e. 复合板的板缝不宜超过 15mm，且板缝应采用弹性背衬材料进行填充，并宜采用硅酮密封胶或柔性勾缝腻子嵌缝。

f. 固定有饰面复合板的锚固件，Ⅰ型复合板不应少于 6 个$/m^2$，Ⅱ型复合板不应少于 8 个$/m^2$。锚固件锚入钢筋混凝土墙体的有效深度不应小于 30mm，进入其他实心墙体基层的有效锚固深度不应小于 50mm。对于空心砌块、多孔砖等砌体宜采用回拧打结型锚固件。

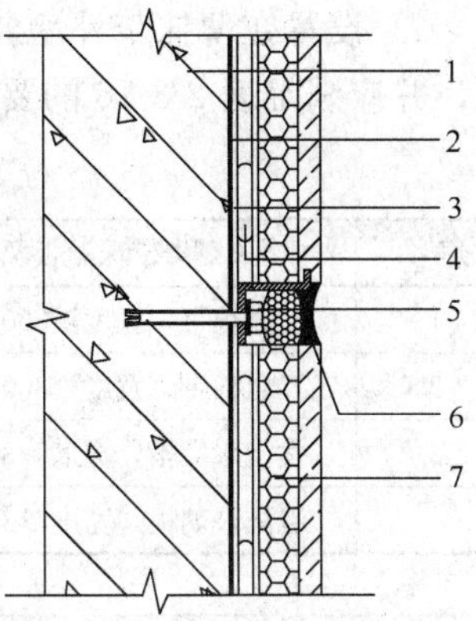

g. 门窗洞口部位的外保温构造：

(a) 门窗外侧洞口四周墙体，复合板的保温层厚度不应小于 20mm；

(b) 复合板与门窗框之间宜留 6~10mm 的缝隙，并应使用弹性背衬材料进行填充和采用硅酮密封胶或柔性勾缝腻子嵌缝。

h. 复合板用于外墙外保温系统，当需设置防火隔离带时，应符合下列规定：

(a) 防火隔离带应采用燃烧性能等级为 A 级的有饰面复合板，防火隔离带厚度应与复合板保温系统的厚度相同；

(b) 防火隔离带采用的有饰面复合板应与基层墙体全面积粘贴，并辅以锚固件连接；

(c) 防火隔离带采用的有饰面复合板的竖向板缝宜采用燃烧性能等级为 A 级的材料填缝。

图 2-3-9 有饰面复合板外墙外保温系统基本构造
1—基层墙体；2—界面层；3—找平层；4—粘结层；5—锚固件；6—嵌缝材料；7—有饰面复合板

(十五) 防火隔离带的应用

1. 常用的外墙保温材料

(1) A 级保温材料：具有密度小、导热能力差、承载能力高、施工方便、经济耐用等特点。如：岩棉、玻璃棉、泡沫玻璃、泡沫陶瓷、发泡水泥等。

(2) B_1 级保温材料：大多在有机保温材料中添加大量的阻燃剂，如：特殊处理后的挤塑聚苯板（XPS）、特殊处理后的聚氨酯（PU）、酚醛、胶粉聚苯颗粒等。

(3) B_2 级保温材料：一般在有机保温材料中添加适量的阻燃剂。如：模塑聚苯板（EPS）、挤塑聚苯板（XPS）、聚氨酯（PU）、聚乙烯（PE）等。

以上列举的是部分材料在通常情况下的燃烧性能（并非绝对、一成不变的）。在具体工程选用时，应遵照相关规范、标准，按其材性的要求选用。其燃烧性能应以国家认可的检测机构的检测报告结果为准。

2.《建筑外墙外保温防火隔离带技术规程》JGJ 289—2012 的规定

(1) 防火隔离带是设置在可燃、难燃保温材料外墙外保温工程中，按水平方向分布，采用不燃材料制成，以阻止火灾沿外墙面或在外墙外保温系统内蔓延的防火构造。

(2) 防火隔离带的基本规定

1) 建筑外墙外保温防火隔离带保温材料的燃烧性能等级应为 A 级；

2) 设置在薄抹灰外墙外保温系统中粘贴保温板防火隔离带，宜选用岩棉带防火隔离带，并应满足表 2-3-16 的要求。

粘贴保温板防火隔离带做法　　　　表 2-3-16

序号	防火隔离带保温板及宽度	外墙外保温系统保温材料及厚度	系统抹灰层平均厚度
1	岩棉带，宽度≥300mm	EPS 板，厚度≤120mm	≥4.0mm
2	岩棉带，宽度≥300mm	XPS 板，厚度≤90mm	≥4.0mm
3	发泡水泥板，宽度≥300mm	EPS 板，厚度≤120mm	≥4.0mm
4	泡沫玻璃板，宽度≥300mm	EPS 板，厚度≤120mm	≥4.0mm

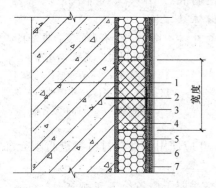

图 2-3-10　防火隔离带的基本构造
1—基层墙体；2—锚栓；3—胶粘剂；
4—防火隔离带保温板；5—外保温系统的保温材料；6—抹面胶浆+玻璃纤维网布；7—饰面材料

(3) 设计与构造

1) 防火隔离带的基本构造应与外墙外保温系统相同，并宜包括胶粘剂、防火隔离带保温板、锚栓、抹面胶浆、玻璃纤维网、饰面层等（图 2-3-10）。

2) 防火隔离带的宽度不应小于 300mm。

3) 防火隔离带的厚度宜与外墙外保温系统厚度相同。

4) 防火隔离带保温板应与基层墙体全面积粘贴。

5) 防火隔离带应使用锚栓辅助连接，锚栓应压住底层玻璃纤维网布。锚栓间距不应大于 600mm，锚栓距离保温板端部不应小于 100mm，每块保温板上锚栓数量不应少于 1 个。当采用岩棉带时，锚栓的扩压盘直径不应小于 100mm。

6) 防火隔离带和外墙外保温系统应使用相同的抹面胶浆，且抹面胶浆应将保温材料和锚栓完全覆盖。

7) 防火隔离带部位的抹面层应加底层玻璃纤维网布，底层玻璃纤维网布垂直方向超出防火隔离带边缘不应小于 100mm（图 2-3-11）。水平方向可对接，对接位置离防火隔离带保温板端部接缝位置不应小于 100mm（图 2-3-12）。当面层玻璃纤维布上下有搭接时，搭接位置距离隔离带边缘不应小于 200mm。

8) 防火隔离带应设置在门窗洞口上部，且防火隔离带下边距洞口上沿不应超过 500mm。

9) 当防火隔离带在门窗洞口上沿时，门窗洞口上部防火隔离带在粘贴时应做玻璃纤维网布翻包处理，翻包的玻璃纤维网布应超出防火隔离带保温板上沿 100mm（图 2-3-13）。翻包、底层及面层的玻璃纤维网布不得在门窗洞口顶部搭接或对接，抹面层平均厚度不宜小于 6mm。

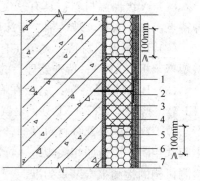

图 2-3-11　防火隔离带网格布垂直方向搭接
1—基层墙体；2—锚栓；3—胶粘剂；
4—防火隔离带保温板；5—外保温系统的保温材料；6—抹面胶浆+玻璃纤维网布；7—饰面材料

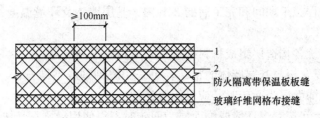

图 2-3-12　防火隔离带网格布水平方向对接
1—底层玻璃纤维网格布；2—防火隔离带保温板

10) 当防火隔离带在门窗洞口上沿，且门窗框外表面缩进基层墙体外表面时，门窗洞口顶部外露部分应设置防火隔离带，且防火隔离带保温板宽度不应小于300mm（图2-3-14）。

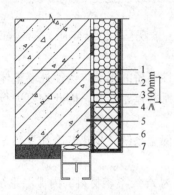 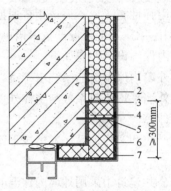

图 2-3-13　门窗洞口上部防火隔离带做法（一）　　图 2-3-14　门窗洞口上部防火隔离带做法（二）
1—基层墙体；2—外保温系统的保温材料；　　　　1—基层墙体；2—外保温系统的保温材料；
3—胶粘剂；4—防火隔离带保温板；　　　　　　　3—胶粘剂；4—防火隔离带保温板；
5—锚栓；6—抹面胶浆＋玻璃纤维网布；　　　　　5—锚栓；6—抹面胶浆＋玻璃纤维网布；
7—饰面材料　　　　　　　　　　　　　　　　　7—饰面材料

11) 严寒、寒冷地区的建筑外保温采用防火隔离带时，防火隔离带热阻不得小于外墙外保温系统热阻的50%；夏热冬冷地区的建筑外保温采用防火隔离带时，防火隔离带热阻不得小于外墙外保温系统热阻的40%。

12) 防火隔离带部位的墙体内表面温度不得低于室内空气设计温湿度条件下的露点温度。

（十六）外墙内保温的六种做法

《外墙内保温工程技术规程》JGJ/T 261—2011 中指出：

(1) 外墙内保温的基层为混凝土墙体或砌体墙体。保温层可以采用膨胀型聚苯乙烯（EPS）板、挤塑型聚苯乙烯（XPS）板、硬泡聚氨酯（PU）板、纸蜂窝填充憎水性膨胀珍珠岩保温板、离心法玻璃棉板（毡）、摆锤法岩棉板（毡）。

(2) EPS板、XPS板、PU板（裸板）的单位面积质量不宜超过15kg/m²；采用纸蜂窝填充憎水型膨胀珍珠岩时，应采用锚栓固定，间距不应大于400mm，数量不应少于2个。

(3) 内保温工程施工期间和完工后的 24h 内，基层墙体及环境温度不应低于 0℃，平均温度不应低于 5℃。

(4) 内保温系统各构造层组成材料的选择，应符合下列规定：

1) 保温板及复合板与基层墙体的粘结，可采用胶粘剂或粘结石膏。当用于厨房、卫生间等潮湿环境或饰面层为面砖时，应采用胶粘剂。

2) 厨房、卫生间等潮湿环境或饰面层为面砖时不得使用粉刷石膏抹面。

3) 无机保温板或保温砂浆的抹面层的增强材料宜采用耐碱玻璃纤维网布。有机保温材料的抹面层为抹面胶浆时，其增强材料可选用涂塑中碱玻璃纤维网布；当抹面层为粉刷石膏时，其增强材料可选用中碱玻璃纤维网布。

4) 当内保温工程用于厨房、卫生间等潮湿环境采用腻子时，应选用耐水型腻子；在低收缩性面板上刮涂腻子时，可选普通型腻子；保温层尺寸稳定性差或面层材料收缩值大时，宜选用弹性腻子，不得选用普通型腻子。

《全国民用建筑工程设计技术措施 规划·建筑·景观》（2009 年版）第二部分中指出，外墙内保温设计要点如下：

(1) 外墙内保温节能系统由于难以消除外墙结构性热桥的影响，会使外墙整体保温性能减弱，外墙平均传热系数与主体外墙典型断面传热系数差距较大，因此需要进行平均传热系数的计算。

(2) 严寒和寒冷地区一般情况下不应采用外墙内保温系统。夏热冬冷和夏热冬暖地区可选用。

(3) 公共建筑中采用外墙内保温时宜选用保温层为 A 级不燃材料的内保温系统。

外墙内保温共有六种做法，分述如下。

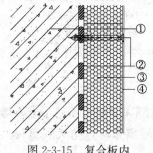

图 2-3-15 复合板内保温系统

1. 复合板内保温系统

(1) 保温层是复合板。复合板是保温层——膨胀型聚苯乙烯（EPS）板、挤塑型聚苯乙烯（XPS）板、硬泡聚氨酯（PU）板或纸蜂窝填充憎水型膨胀珍珠岩保温板与面板——纸面石膏板、无石棉纤维水泥平板或无石棉硅酸钙板的复合。

(2) 构造层次：（由外而内）① 基层墙体（混凝土墙体、砖砌墙体）—② 粘结层（胶粘剂或粘结石膏＋锚栓）—③ 复合板保温层—④ 饰面层（腻子层＋涂料、墙纸或墙布、面砖）（图 2-3-15）。

2. 有机保温板内保温系统

(1) 保温层是膨胀型聚苯乙烯（EPS）板、挤塑型聚苯乙烯（XPS）板、硬泡聚氨酯（PU）板。

(2) 构造层次：（由外而内）① 基层墙体（混凝土墙体、砌体墙体）—② 粘结层（胶粘剂或粘结石膏）—③ 保温层—④ 防护层（抹面胶浆涂塑中碱玻璃纤维网布）—⑤ 饰面层（腻子层＋涂料、墙纸或墙布、面砖）（图 2-3-16）。

3. 无机保温板内保温系统

(1) 保温层是以无机轻骨料或发泡水泥、泡沫玻璃制作的板材。

(2) 构造层次：（由外而内）① 基层墙体（混凝土墙体、砌体墙体）—② 粘结层

（胶粘剂）—③ 保温层—④ 防护层（抹面胶浆＋耐碱玻璃纤维网布）—⑤ 饰面层（腻子层＋涂料、墙纸或墙布、面砖）（图2-3-17）。

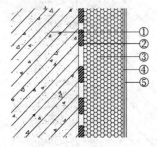
图2-3-16 有机保温板内保温系统

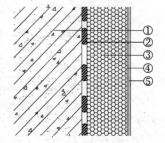
图2-3-17 无机保温板内保温系统

4. 保温砂浆内保温系统

（1）保温层是以无机轻骨料或聚氨酯颗粒为保温骨料与无机、有机胶凝材料并掺加一定功能添加剂制成的建筑砂浆。

（2）构造层次：（由外而内）① 基层墙体（混凝土墙体、砌体墙体）—② 界面层（界面砂浆）—③ 保温层—④ 防护层（抹面胶浆＋耐碱玻璃纤维网布）—⑤ 饰面层（腻子层＋涂料、墙纸或墙布、面砖）（图2-3-18）。

5. 喷涂硬泡聚氨酯内保温系统

（1）保温层是喷涂硬泡聚氨酯（PU）。

（2）构造层次：（由外而内）① 基层墙体（混凝土墙体、砌体墙体）—② 界面层（水泥砂浆聚氨酯防潮底漆）—③ 保温层—④ 界面层（专用界面砂浆或专用界面剂）—⑤ 找平层（保温砂浆或聚合物水泥砂浆）—⑥ 防护层（抹面胶浆复合涂塑中碱玻璃纤维网布）—⑦ 饰面层（腻子层＋涂料、墙纸或墙布、面砖）（图2-3-19）。

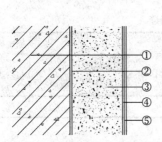
图2-3-18 保温砂浆内保温系统

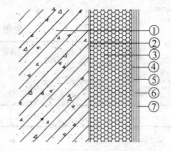
图2-3-19 喷涂硬泡聚氨酯内保温系统

6. 玻璃棉、岩棉、喷涂硬泡聚氨酯龙骨固定内保温系统

（1）保温层是离心法玻璃棉板（毡）、摆锤法岩棉板（毡）或喷涂硬泡聚氨酯（PU）。

（2）构造层次：（由外而内）① 基层墙体（混凝土墙体、砌体墙体）—② 保温层—③ 隔汽层（PVC、聚丙烯薄膜、铝箔等）—④ 龙骨（建筑用轻钢龙骨或复合龙骨）—⑤ 龙骨固定件（敲击式或旋入式塑料螺栓）—⑥ 防护层（纸面石膏板、无石棉硅酸钙板或无石棉纤维水泥平板＋自攻螺钉）—⑦ 饰面层（腻子层＋涂料、墙纸或墙布、面砖）（图2-3-20、图2-3-21）。

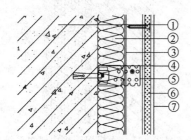

图 2-3-20 玻璃棉、岩棉、喷涂硬泡聚
氨酯龙骨固定内保温系统（做法一）

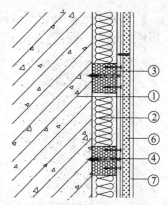

图 2-3-21 玻璃棉、岩棉、喷涂硬泡聚
氨酯龙骨固定内保温系统（做法二）

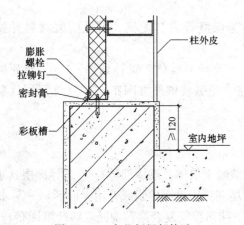

图 2-3-22 夹芯板根部构造

（十七）金属围护墙体的构造

1. 压型金属板墙体

《建筑金属围护系统工程技术标准》JGJ/T 473—2019 中规定：

（1）压型金属板是指金属板经辊压冷弯或折弯，形成连续波形或其他截面的成型金属板。

（2）金属外墙系统构造应符合表 2-3-17 的规定。

（3）外墙宜设整体防水构造。当有保温、隔热功能要求时，应在外墙金属板与绝热材料间设置透汽层。

金属外墙系统构造　　　　　　　表 2-3-17

项目	基本构造						辅助构造		
	外层金属板	透汽层	绝热层	隔汽层	室内层	支承结构构件	隔声、吸声层	检修设施	附加功能层
金属外墙系统	✓	○	○	○	○	✓	○	○	○

注：1　✓：必选；○：可选；
　　2　外层金属板包括压型金属板和金属面夹芯板；
　　3　当设置绝热层时，应同时设置透汽层和隔汽层；
　　4　室内层包括墙面系统中位于室内侧的内层板、穿孔板。

（4）根据使用条件和不同气候分区，绝热层应有防风、防水、防潮的保护措施。宜在绝热层靠室外侧设置防风、透汽层。在严寒和寒冷地区室内侧及在其他气候区水蒸气较多一侧应设置隔汽层，隔汽层的设置应符合下列规定：

1）隔汽层应连续铺设，不同部位交界时应有连续搭接的措施；

2）隔汽层搭接缝应满粘，其搭接宽度不应小于 80mm；

3）穿过隔汽层的管线及构件周围应封严，转角处应无折损；

4) 当绝热材料为泡沫玻璃时，可不设隔汽层。

（5）有绝热层的金属围护系统，外层金属板或固定支架与支承结构构件之间应采取防止热桥的措施。

2. 金属夹芯板墙体

（1）金属面夹芯板是指由双层金属面板和绝热芯材在生产线上复合而成的具有一定承载力的板材。金属面材可采用涂层钢板、铝合金板或不锈钢板等。芯材宜选用岩棉条、玻璃棉条，岩棉条、玻璃棉条纤维长度方向应垂直于板面。

（2）应用：建筑围护结构夹芯板的常用厚度范围为 50~100mm。

（3）构造示例：图 2-3-22 为夹芯板根部的构造详图。

> **例 2-3-2**（2011）彩钢夹芯板房屋墙体构造图（图 2-3-23）中，b 与 H 的数值哪一项不对？（　　）
>
> A　$b=40mm$, $H=90mm$
> B　$b=60mm$, $H=120mm$
> C　$b=75mm$, $H=150mm$
> D　$b=100mm$, $H=180mm$
>
> **解析**：根据《压型钢板、夹芯板屋面及墙体建筑构造》01J925-1 标准图得知：建筑围护结构常用的夹芯板厚度为 50~100mm，H 值的最小尺寸为 ≥120mm。因而 A 项是不正确的。
>
> **答案**：A

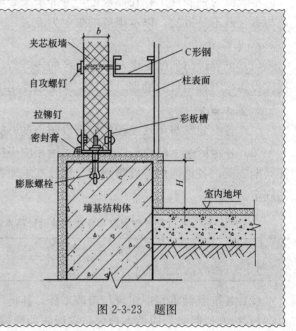

图 2-3-23　题图

（十八）外墙夹心保温

《全国民用建筑工程设计技术措施　规划·建筑·景观》（2009 年版）第二部分中指出外墙夹心保温设计要点如下：

（1）应充分估计热桥的影响，节能计算时应取考虑热桥影响后的平均传热系数。

（2）应做好热桥部位的保温构造设计，避免出现内表面结露现象。

（3）夹心保温做法易造成外叶墙在温度作用下的裂缝，设计时应注意采取加强和防止雨水渗透措施。

（十九）热桥处理

《近零能耗建筑技术标准》GB/T 51350—2019 中指出，外门窗及其遮阳设施热桥处理应符合下列规定：

（1）外门窗安装方式应根据墙体的构造方式进行优化设计。当墙体采用外保温系统时，外门窗可采用整体外挂式安装，门窗框内表面宜与基层墙体外表面齐平，门窗位于外墙外保温层内。装配式夹心保温外墙，外门窗宜采用内嵌式安装方式。外门窗与基层墙体的连接件应采用阻断热桥的处理措施。

(2) 外门窗外表面与基层墙体的连接处宜采用防水透汽材料密封，门窗内表面与基层墙体的连接处应采用气密性材料密封。

(3) 窗户外遮阳设计应与主体建筑结构可靠连接，连接件与基层墙体之间应采取阻断热桥的处理措施。

三、建筑工程抗震构造
【相关真题：2021-050，2020-099】

(一)《建筑与市政工程抗震通用规范》GB 55002—2021

本规范为强制性工程建设规范，全部条文必须严格执行。现行工程建设标准中有关规定与本规范不一致的，以本规范的规定为准。

1. 总则

(1) 抗震设防烈度6度及以上地区的各类新建、扩建、改建建筑与市政工程必须进行抗震设防，工程项目的勘察、设计、施工、使用维护等必须执行本规范。

2. 基本规定

(1) 各类建筑与市政工程的抗震设防烈度不应低于本地区的抗震设防烈度。

(2) 各地区遭受的地震影响，应采用相应于抗震设防烈度的设计基本地震加速度和特征周期表征，各地区抗震设防烈度与设计基本地震加速度取值的对应关系应符合表2-3-18的规定。

抗震设防烈度和Ⅱ类场地设计基本地震加速度值的对应关系　　　　表2-3-18

抗震设防烈度	6度	7度		8度		9度
Ⅱ类场地设计基本地震加速度值	0.05g	0.10g	0.15g	0.20g	0.30g	0.40g

(3) 各抗震设防类别建筑与市政工程，其抗震设防标准应符合下列规定：

1) 标准设防类，应按本地区抗震设防烈度确定其抗震措施和地震作用，达到在遭遇高于当地抗震设防烈度的预估罕遇地震影响时不致倒塌或发生危及生命安全的严重破坏的抗震设防目标。

2) 重点设防类，应按本地区抗震设防烈度提高一度的要求加强其抗震措施；但抗震设防烈度为9度时应按比9度更高的要求采取抗震措施；地基基础的抗震措施，应符合有关规定。同时，应按本地区抗震设防烈度确定其地震作用。

3) 特殊设防类，应按本地区抗震设防烈度提高一度的要求加强其抗震措施；但抗震设防烈度为9度时应按比9度更高的要求采取抗震措施。同时，应按批准的地震安全性评价的结果且高于本地区抗震设防烈度的要求确定其地震作用。

4) 适度设防类，允许比本地区抗震设防烈度的要求适当降低其抗震措施，但抗震设防烈度为6度时不应降低。一般情况下，仍应按本地区抗震设防烈度确定其地震作用。

5) 当工程场地为Ⅰ类时，对特殊设防类和重点设防类工程，允许按本地区设防烈度的要求采取抗震构造措施；对标准设防类工程，抗震构造措施允许按本地区设防烈度降低一度、但不得低于6度的要求采用。

3. 建筑工程抗震措施

(1) 一般规定

1) 建筑设计应根据抗震概念设计的要求明确建筑形体的规则性。不规则的建筑应按规定采取加强措施；特别不规则的建筑应进行专门研究和论证，采取特别的加强措施；不应采用严重不规则的建筑方案。

2) 对于框架结构房屋，应考虑填充墙、围护墙和楼梯构件的刚度影响，避免不合理设置而导致主体结构的破坏。

3) 建筑的非结构构件及附属机电设备，其自身及与结构主体的连接，应进行抗震设防。

4) 围护墙、隔墙、女儿墙等非承重墙体的设计与构造应符合下列规定：

① 采用砌体墙时，应设置拉结筋、水平系梁、圈梁、构造柱等，与主体结构可靠拉结。

② 墙体及其与主体结构的连接应具有足够变形能力，以适应主体结构不同方向的层间变形需求。

③ 人流出入口和通道处的砌体女儿墙应与主体结构锚固，防震缝处女儿墙的自由端应予以加强。

5) 建筑装饰构件的设计与构造应符合下列规定：

① 各类顶棚的构件及与楼板的连接件，应能承受顶棚、悬挂重物和有关机电设施的自重和地震附加作用；其锚固的承载力应大于连接件的承载力。

② 悬挑构件或一端由柱支承的构件，应与主体结构可靠连接。

③ 玻璃幕墙、预制墙板、附属于楼屋面的悬臂构件和大型储物架的抗震构造应符合抗震设防类别和烈度的要求。

6) 管道、电缆、通风管和设备的洞口设置，应减少对主要承重结构构件的削弱；洞口边缘应有补强措施。管道和设备与建筑结构的连接，应具有足够的变形能力，以满足相对位移的需要。

7) 建筑附属机电设备的基座或支架，以及相关连接件和锚固件应具有足够的刚度和强度，应能将设备承受的地震作用全部传递到建筑结构上。建筑结构中，用以固定建筑附属机电设备预埋件、锚固件的部位，应采取加强措施，以承受附属机电设备传给主体结构的地震作用。

(2) 砌体结构房屋

1) 多层砌体房屋的层数和高度应符合下列规定：

① 一般情况下，房屋的层数和总高度不应超过表 2-3-19 的规定。

② 甲、乙类建筑不应采用底部框架—抗震墙砌体结构。乙类的多层砌体房屋应按表 2-3-18 的规定层数减少 1 层，总高度应降低 3m。

③ 横墙较少的多层砌体房屋，总高度应按表 2-3-18 的规定降低 3m，层数相应减少 1 层；各层横墙很少的多层砌体房屋，还应再减少 1 层。

④ 采用蒸压灰砂砖和蒸压粉煤灰砖的砌体房屋，当砌体的抗剪强度仅达到普通黏土砖砌体的 70% 时，房屋的层数应比普通砖房减少 1 层，总高度应减少 3m；当砌体的抗剪强度达到普通黏土砖砌体的取值时，房屋层数和总高度的要求同普通砖房屋。

丙类砌体房屋的层数和总高度限值　　　　表 2-3-19

房屋类别		最小抗震墙厚度 (mm)	烈度和设计基本地震加速度									
			6度 0.05g		7度 0.10g		7度 0.15g		8度 0.20g		8度 0.30g		9度 0.40g	
			高度(m)	层数(层)	高度(m)	层数(层)	高度(m)	层数(层)	高度(m)	层数(层)	高度(m)	层数(层)	高度(m)	层数(层)
多层砌体房屋	普通砖	240	21	7	21	7	21	7	18	6	15	5	12	4
	多孔砖	240	21	7	21	7	18	6	18	6	15	5	9	3
	多孔砖	190	21	7	18	6	15	5	15	5	12	4	—	—
	小砌块	190	21	7	21	7	18	6	18	6	15	5	9	3
底部框架—抗震墙砌体房屋	普通砖 多孔砖	240	22	7	22	7	19	6	16	5	/	/	/	/
	多孔砖	190	22	7	19	6	16	5	13	4	/	/	/	/
	小砌块	190	22	7	22	7	19	6	16	5	/	/	/	/

注：自室外地面标高算起且室内外高差大于0.6m时，房屋总高度应允许比本表确定值适当增加，但增加量不应超过1.0m。

2）砌体结构房屋抗震横墙的间距应符合下列规定：

① 一般情况下，抗震横墙间距不应超过表2-3-19的规定。

② 多层砌体房屋顶层的抗震横墙间距，除木屋盖外，允许比表2-3-20中的数值适当放宽，但应采取相应加强措施。

③ 多孔砖抗震横墙厚度为190mm时，最大横墙间距应比表2-3-20中数值减少3m。

房屋抗震横墙的间距（m）　　　　表 2-3-20

房屋类别		烈度			
		6度	7度	8度	9度
现浇或装配整体式钢筋混凝土楼、屋盖		15	15	11	7
装配式钢筋混凝土楼、屋盖		11	11	9	4
木屋盖		9	9	4	—
底部框架—抗震墙砌体房屋	上部各层	同多层砌体房屋			—
	底层或底部2层	18	15	11	—

3）砌体房屋应设置现浇钢筋混凝土圈梁、构造柱或芯柱。

4）多层砌体房屋的楼、屋面应符合下列规定：

① 楼板在墙上或梁上应有足够的支承长度，罕遇地震下楼板不应跌落或拉脱。

② 装配式钢筋混凝土楼板或屋面板，应采取有效的拉结措施，保证楼、屋面的整体性。

③ 楼、屋面的钢筋混凝土梁或屋架应与墙、柱（包括构造柱）或圈梁可靠连接；不

得采用独立砖柱。跨度不小于6m的大梁,其支承构件应采用组合砌体等加强措施,并应满足承载力要求。

5)砌体结构楼梯间应符合下列规定:

① 不应采用悬挑式踏步或踏步竖肋插入墙体的楼梯,8度、9度时不应采用装配式楼梯段。

② 装配式楼梯段应与平台板的梁可靠连接。

③ 楼梯栏板不应采用无筋砖砌体。

④ 楼梯间及门厅内墙阳角处的大梁支承长度不应小于500mm,并应与梁连接。

⑤ 顶层及出屋面的楼梯间,构造柱应伸到顶部,并与顶部圈梁连接,墙体应设置通长拉结钢筋网片。

⑥ 顶层以下楼梯间墙体应在休息平台或楼层半高处设置钢筋混凝土带或配筋砖带,并与构造柱连接。

6)砌体结构房屋尚应符合下列规定:

① 砌体结构房屋中的构造柱、芯柱、圈梁及其他各类构件的混凝土强度等级不应低于C25。

② 对于砌体抗震墙,其施工应先砌墙后浇构造柱、框架梁柱。

(二)《建筑抗震设计规范》GB 50011—2010(2016年版)

对多层砌体房屋和底部框架砌体房屋的抗震构造有如下规定:

1. 一般规定

(1)本章适用于普通砖(包括烧结、蒸压、混凝土普通砖)、多孔砖(包括烧结、混凝土多孔砖)和混凝土小型空心砌块等砌体承重的多层房屋,底层或底部两层框架—抗震墙砌体房屋。

配筋混凝土小型空心砌块房屋的抗震设计,应符合本规范附录F的规定。

注:1 采用非黏土的烧结砖、蒸压砖、混凝土砖的砌体房屋,块体的材料性能应有可靠的试验数据;当本章未作具体规定时,可按本章普通砖、多孔砖房屋的相应规定执行;
2 本章中"小砌块"为"混凝土小型空心砌块"的简称;
3 非空旷的单层砌体房屋,可按本章规定的原则进行抗震设计。

(2)多层砌体承重房屋的层高,不应超过3.6m。

底部框架—抗震墙砌体房屋的底部,层高不应超过4.5m;当底层采用约束砌体抗震墙时,底层的层高不应超过4.2m。

注:当使用功能确有需要时,采用约束砌体等加强措施的普通砖房屋,层高不应超过3.9m。

(3)多层砌体房屋总高度与总宽度的最大比值,宜符合表2-3-21的要求。

房屋最大高宽比　　　　　　　　　表2-3-21

烈度	6	7	8	9
最大高宽比	2.5	2.5	2.0	1.5

注:1. 单面走廊房屋的总宽度不包括走廊宽度;
2. 建筑平面接近正方形时,其高宽比宜适当减小。

(4)多层砌体房屋中砌体墙段的局部尺寸限值,宜符合表2-3-22的要求:

房屋的局部尺寸限值（m）　　　　　表 2-3-22

部位	6度	7度	8度	9度
承重窗间墙最小宽度	1.0	1.0	1.2	1.5
承重外墙尽端至门窗洞边的最小距离	1.0	1.0	1.2	1.5
非承重外墙尽端至门窗洞边的最小距离	1.0	1.0	1.0	1.0
内墙阳角至门窗洞边的最小距离	1.0	1.0	1.5	2.0
无锚固女儿墙（非出入口处）的最大高度	0.5	0.5	0.5	0.0

注：1. 局部尺寸不足时，应采取局部加强措施弥补，且最小宽度不宜小于1/4层高和表列数据的80%；
　　2. 出入口处的女儿墙应有锚固。

（5）多层砌体房屋的建筑布置和结构体系，应符合下列要求：

1）应优先采用横墙承重或纵横墙共同承重的结构体系。不应采用砌体墙和混凝土墙混合承重的结构体系。

2）纵横向砌体抗震墙的布置应符合下列要求：

① 宜均匀对称，沿平面内宜对齐，沿竖向应上下连续；且纵横向墙体的数量不宜相差过大；

② 平面轮廓凹凸尺寸，不应超过典型尺寸的50%；当超过典型尺寸的25%时，房屋转角处应采取加强措施；

③ 楼板局部大洞口的尺寸不宜超过楼板宽度的30%，且不应在墙体两侧同时开洞；

④ 房屋错层的楼板高差超过500mm时，应按两层计算；错层部位的墙体应采取加强措施；

⑤ 同一轴线上的窗间墙宽度宜均匀；墙面洞口的面积，6、7度时不宜大于墙面总面积的55%，8、9度时不宜大于50%；

⑥ 在房屋宽度方向的中部应设置内纵墙，其累计长度不宜小于房屋总长度的60%（高宽比大于4的墙段不计入）。

3）楼梯间不宜设置在房屋的尽端或转角处。

4）不应在房屋转角处设置转角窗。

5）横墙较少、跨度较大的房屋，宜采用现浇钢筋混凝土楼、屋盖。

2. 多层砖砌体房屋抗震构造措施

钢筋混凝土构造柱在多层砖砌体结构中的应用，根据历次大地震的经验和大量试验研究，得到了比较一致的结论，即：①构造柱能够提高砌体的受剪承载力的10%~30%，提高幅度与墙体高宽比、竖向压力和开洞情况有关；②构造柱主要是对砌体起约束作用，使之有较高的变形能力；③构造柱应当设置在震害较重、连接构造比较薄弱和易于应力集中的部位。

圈梁能增强房屋的整体性，提高房屋的抗震能力，是抗震的有效措施。

（1）多层砖砌体房屋的构造柱应符合下列构造要求：

1）构造柱最小截面可采用180mm×240mm（墙厚190mm时为180mm×190mm），纵向钢筋宜采用4φ12，箍筋间距不宜大于250mm，且在柱上下端应适当加密；6、7度时超过六层、8度时超过五层和9度时，构造柱纵向钢筋宜采用4φ14，箍筋间距不应大于200mm；房屋四角的构造柱应适当加大截面及配筋。

2) 构造柱与墙连接处应砌成马牙槎，沿墙高每隔 500mm 设 2φ6 水平钢筋和 φ4 分布短筋平面内点焊组成的拉结网片或 φ4 点焊钢筋网片，每边伸入墙内不宜小于 1m。6、7 度时底部 1/3 楼层，8 度时底部 1/2 楼层，9 度时全部楼层，上述拉结钢筋网片应沿墙体水平通长设置。

3) 构造柱与圈梁连接处，构造柱的纵筋应在圈梁纵筋内侧穿过，保证构造柱纵筋上下贯通。

4) 构造柱可不单独设置基础，但应伸入室外地面下 500mm，或与埋深小于 500mm 的基础圈梁相连。

(2) 多层砖砌体房屋现浇混凝土圈梁的构造应符合下列要求：

1) 圈梁应闭合，遇有洞口圈梁应上下搭接。圈梁宜与预制板设在同一标高处或紧靠板底；

2) 圈梁的截面高度不应小于 120mm，配筋应符合表 2-3-23 的要求。

多层砖砌体房屋圈梁配筋要求　　　　　　　　表 2-3-23

配筋	烈度		
	6、7	8	9
最小纵筋	4φ10	4φ12	4φ14
箍筋最大间距（mm）	250	200	150

(3) 6、7 度时长度大于 7.2m 的大房间，以及 8、9 度时外墙转角及内外墙交接处，应沿墙高每隔 500mm 配置 2φ6 的通长钢筋和 φ4 分布短筋平面内点焊组成的拉结网片或 φ4 点焊网片。

(4) 坡屋顶房屋的屋架应与顶层圈梁可靠连接，檩条或屋面板应与墙、屋架可靠连接，房屋出入口处的檐口瓦应与屋面构件锚固。采用硬山搁檩时，顶层内纵墙顶宜增砌支承山墙的踏步式墙垛，并设置构造柱。

(5) 门窗洞处不应采用砖过梁；过梁支承长度，6～8 度时不应小于 240mm，9 度时不应小于 360mm。

(6) 预制阳台，6、7 度时应与圈梁和楼板的现浇板带可靠连接，8、9 度时不应采用预制阳台。

(7) 后砌的非承重砌体隔墙、烟道、风道、垃圾道等应符合本规范第 13.3 节的有关规定。

(8) 同一结构单元的基础（或桩承台），宜采用同一类型的基础，底面宜埋置在同一标高上，否则应增设基础圈梁并应按 1∶2 的台阶逐步放坡。有关构造柱的做法见图 2-3-24。

(三)《非结构构件抗震设计规范》JGJ 339—2015

建筑非结构构件主要包括非承重墙体（砌体结构中的隔墙和框架结构中的填充墙和隔墙）、附着于楼板和屋面板的构件（如女儿墙）、装饰构件和部件，以及固定于楼面的大型储物柜等。

1. 非承重墙体

(1) 非承重墙体宜优先采用轻质材料；采用烧结砖墙体时，墙内应设置拉结筋、水平

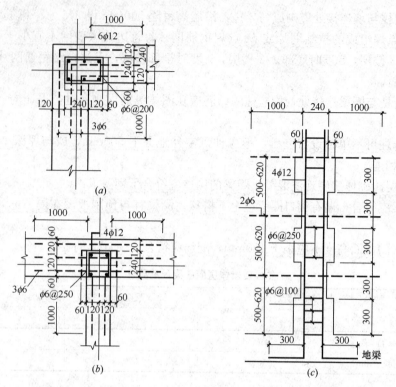

图 2-3-24 钢筋混凝土构造柱

系梁、圈梁、构造柱等构造措施。

（2）多层砌体结构中的非承重墙体的抗震构造应符合下列规定：

1）非承重外墙尽端至门窗洞边的最小距离不应小于 1.00m，否则应在洞边设置构造柱。

2）后砌的非承重隔墙应沿墙高每隔 500～600mm 配置 2φ6 拉结钢筋与承重墙或柱拉结，每边伸入墙内不应少于 500mm；8 度、9 度时，长度大于 5m 的后砌隔墙，墙顶尚应与楼板或梁拉结，独立墙肢端部或大门洞边宜设钢筋混凝土构造柱。

（3）钢筋混凝土结构中的填充墙的抗震构造应符合下列规定：

1）层间变形较大的框架结构和高层建筑，宜采用钢材或木材为龙骨的隔墙及轻质隔墙。

2）砌体填充墙宜与主体结构采用柔性连接，当采用刚性连接时应符合下列规定：

① 填充墙在平面和竖向的布置宜均匀对称，避免形成薄弱层或短柱；

② 砌体的砂浆强度等级不应低于 M5，实心块体的强度等级不宜低于 MU2.5，空心块体的强度等级不宜低于 MU3.5，墙顶应与框架梁紧密结合；

③ 填充墙应沿框架柱全高每隔 500～600mm 设 2φ6 拉筋。拉筋伸入墙内的长度，6 度、7 度时宜沿墙全长贯通，8 度、9 度时应全长贯通；

④ 墙长大于 5m 时，墙顶与梁宜有拉结；墙长超过 8m 或层高的 2 倍时，宜设置钢筋混凝土构造柱，构造柱间距不宜大于 4m，框架结构底部两层的钢筋混凝土构造柱宜加密；填充墙开有宽度大于 2m 的门洞或窗洞时，洞边宜设置钢筋混凝土构造柱；墙高超过 4m

时，墙体半高宜设置与柱连接且沿墙全长贯通的钢筋混凝土水平系梁。

> **例 2-3-3 （2004）** 对钢筋混凝土结构中的砌体填充墙，下述抗震措施中何者不正确？（ ）
> A 砌体的砂浆强度等级不应低于 M5，墙顶应与框架梁密切结合
> B 填充墙应沿框架柱全高每隔 500mm 设 2φ6 拉筋，拉筋伸入墙内的长度不小于 500mm
> C 墙长大于 5m 时，墙顶与梁宜有拉结，墙长超过层高 2 倍时，设构造柱
> D 墙高超过 4m 时，墙体半高宜设置与柱连接、通长的钢筋混凝土水平系梁
> 解析：《建筑抗震设计规范》GB 50011—2010（2016 年版）第 13.3.4 条规定：填充墙应沿框架柱全高每隔 500～600mm 设 2φ6 拉筋，6 度、7 度时宜为墙全长贯通，8 度、9 度时应为墙全长贯通。
> 答案：B

2. 女儿墙和挑檐

（1）女儿墙可以采用砖砌体、加气混凝土砌块和现浇钢筋混凝土制作。挑檐多用钢筋混凝土板材外挑，挑出墙外尺寸一般为 500mm。

（2）高层建筑不得采用砌体女儿墙。

（3）不应采用无锚固的砖砌漏空女儿墙。

（4）非出入口处无锚固砌体女儿墙的最大高度，6 度～8 度时不宜超过 0.50m；超过 0.50m 时、人流出入口、通道处或 9 度时，出屋面的砌体女儿墙应设置构造柱与主体结构锚固，构造柱间距宜取 2.00～2.50m。

注：《砌体结构设计规范》GB 50003—2011 规定女儿墙中的构造柱间距为 4.00m。

（5）砌体女儿墙顶部应采用现浇的通长钢筋混凝土压顶。

（6）砌体女儿墙内不宜埋设灯杆、旗杆、大型广告牌等构件。

（7）因屋面板插入而削弱女儿墙根部时应加强女儿墙与主体结构的连接。

（8）不应采用无锚固的钢筋混凝土预制挑檐。

《全国民用建筑工程设计技术措施　规划·建筑·景观》（2009 年版）第二部分中指出：多层砌体结构建筑墙体的抗震设计要求砌筑女儿墙厚度宜不小于 200mm。设防烈度为 6 度、7 度、8 度地区无锚固的女儿墙高度不应超过 0.5m；超过时应加设构造柱及厚度不小于 60mm 的钢筋混凝土压顶圈梁。构造柱应伸至女儿墙顶，与现浇混凝土压顶整浇在一起。当女儿墙高度大于等于 0.5m 或小于等于 1.5m 时，构造柱间距不应大于 3.0m；当女儿墙高度大于 1.5m 时，构造柱间距应随之减小。位于建筑物出口上方的女儿墙应加强抗震措施。

3. 烟囱

（1）烟道、风道、垃圾道等不宜削弱墙体；当墙体被削弱时，应对墙体采取加强措施；不宜采用无竖向配筋的附墙烟囱。

（2）不应采用无竖向配筋的出屋面砌体烟囱。

4. 楼、电梯间和人流通道墙

（1）楼梯间及人流通道处的墙体，应采用钢丝网砂浆面层加强。

(2) 电梯隔墙不应对主体结构产生不利影响,应避免地震时破坏导致电梯轿厢和配重运行导轨的变形。

(四) 其他

(1) 下列做法不利于抗震:

1) 局部设地下室;
2) 大房间在顶层端部;
3) 楼梯间设在建筑物端部和转角处;
4) 附墙排烟道、自然通风道及垃圾道削弱墙体结构。

(2) 构造柱的施工要求

1) 构造柱施工时,应先放构造柱的钢筋骨架,再砌砖墙,最后浇筑混凝土,这样做的好处是结合牢固、节省模板。
2) 构造柱两侧的墙体应做到"五进五出",即每300mm高伸出60mm,每300mm高再收回60mm。墙厚为360mm时,外侧形成120mm厚的保护墙。
3) 每层楼板的上下部和地梁上部、顶板下部的各500mm处为构造柱的箍筋加密区,加密区的箍筋间距为100mm。

四、墙体的隔声构造

【相关真题: 2020-067, 2019-069, 2019-071】

(一) 墙体的隔声要求

墙体的隔声要求包括隔除室外噪声和相邻房间噪声两个方面。

噪声来源于空气传播的噪声和固体撞击传播的噪声两个方面。空气传播的噪声指的是露天中的声音传播、围护结构缝隙中的噪声传播和由于声波振动引起结构振动而传播的声音。撞击传声是物体的直接撞击或敲打物体所引起的撞击声。

围护结构的平均隔声量可按下式求得:

$$R_a = L - L_0 \tag{2-3-1}$$

式中 R_a——围护结构的平均隔声量 (dB);
  L——室外噪声级 (dB);
  L_0——室内允许噪声级 (dB)。

室外噪声级包括街道噪声、工厂噪声、建筑物室内噪声等多方面。见表2-3-24。

各种场所的室外噪声 表2-3-24

噪声声源名称	至声源距离 (m)	噪声级 (dB)	噪声声源名称	至声源距离 (m)	噪声级 (dB)
安静的街道	10	60	建筑物内高声谈话	5	70~75
汽车鸣喇叭	15	75	室内若干人高声谈话	5	80
街道上鸣高音喇叭	10	85~90	室内一般谈话	5	60~70
工厂汽笛	20	105	室内关门声	5	75
锻压钢板	5	115	机车汽笛声	10~15	100~105

隔声设计的等级标准见表 2-3-25。

隔声设计的等级标准 表 2-3-25

特级	一级	二级
特殊标准	较高标准	一般标准

(二) 隔声标准

1. 建筑声环境

《建筑环境通用规范》GB 55016—2021 中规定：

(1) 民用建筑室内应减少噪声干扰，应采取隔声、吸声、消声、隔振等措施使建筑声环境满足使用功能要求。

(2) 噪声与振动敏感建筑在 2 类或 3 类或 4 类声环境功能区时，应在建筑设计前对建筑所处位置的环境噪声、环境振动调查与测定。声环境功能区分类应符合表 2-3-26 的规定。

声环境功能区分类 表 2-3-26

声环境功能区类别	区域特征
0 类	指康复疗养区等特别需要安静的区域
1 类	指以居民住宅、医疗卫生、文化教育、科研设计、行政办公为主要功能，需要保持安静的区域
2 类	指以商业金融、集市贸易为主要功能，或者居住、商业、工业混杂，需要维护住宅安静的区域
3 类	指以工业生产、仓储物流为主要功能，需要防止工业噪声对周围环境产生严重影响的区域
4 类	指交通干线两侧一定距离之内，需要防止交通噪声对周围环境产生严重影响的区域，包括 4a 类和 4b 类两种类型。4a 类为高速公路、一级公路、二级公路、城市快速路、城市主干路、城市次干路、城市轨道交通（地面段）、内河航道两侧区域；4b 类为铁路干线两侧区域

(3) 建筑物外部噪声源传播至主要功能房间室内的噪声限值及适用条件应符合下列规定：

1) 建筑物外部噪声源传播至主要功能房间室内的噪声限值应符合表 2-3-27 的规定；

主要功能房间室内的噪声限值 表 2-3-27

房间的使用功能	噪声限值（等效声级 $L_{Aeq,T}$，dB）	
	昼间	夜间
睡眠	40	30
日常生活	40	
阅读、自学、思考	35	
教学、医疗、办公、会议	40	

注：1. 当建筑位于 2 类、3 类、4 类声环境功能区时，噪声限值可放宽 5dB；
2. 夜间噪声限值应为夜间 8h 连续测得的等效声级 $L_{Aeq,8h}$；
3. 当 1h 等效声级 $L_{Aeq,1h}$ 能代表整个时段噪声水平时，测量时段可为 1h。

2) 噪声限值应为关闭门窗状态下的限值;

3) 昼间时段应为 6:00～22:00,夜间时段应为 22:00～次日 6:00。当昼间、夜间的划分当地另有规定时,应按其规定。

2. 空气声隔声标准

《民用建筑隔声设计规范》GB 50118—2010 中的规定:

(1) 住宅建筑

1) 分户墙、分户楼板及分隔住宅和非居住用途空间楼板的空气声隔声性能,应符合表 2-3-28 的规定。

住宅分户构件空气声隔声标准　　　　表 2-3-28

构件名称	空气声隔声单值评价量+频道修正量(dB)	
分户墙、分户楼板(低标准)	计权隔声量(R_w)+粉红噪声频谱修正量(C)	≥45
分隔住宅和非居住用途空间的楼板	计权隔声量(R_w)+交通噪声频谱修正量(C_{tr})	≥51
分户墙、分户楼板(高要求)	计权隔声量(R_w)+粉红噪声频谱修正量(C)	≥50

2) 相邻两户房间之间及住宅和非居住用途空间分隔楼板上下的房间之间的空气声隔声性能,应符合表 2-3-29 的规定。

房间之间空气声隔声标准　　　　表 2-3-29

房间名称	空气声隔声单值评价量+频谱修正量(dB)	
卧室、起居室(厅)与邻户房间之间	计权标准化声压级差+粉红噪声频谱修正量 $D_{nT,w}+C$	≥45
住宅和非居住用途空间分隔楼板上下的房间之间	计权标准化声压级差+交通噪声频谱修正量 $D_{nT,w}+C_{tr}$	≥51

3) 高要求住宅相邻两户房间之间的空气声隔声性能,应符合表 2-3-30 的规定。

高要求住宅房间之间空气声隔声标准　　　　表 2-3-30

房间名称	空气声隔声单值评价量+频谱修正量(dB)	
卧室、起居室(厅)与邻户房间之间	计权标准化声压级差+粉红噪声频谱修正量 $D_{nT,w}+C$	≥50
相邻两户的卫生间之间	计权标准化声压级差+粉红噪声频谱修正量 $D_{nT,w}+C$	≥45

4) 外窗(包括未封闭阳台的门)的空气声隔声性能,应符合表 2-3-31 的规定。

外窗(包括未封闭阳台的门)的空气声隔声标准　　　　表 2-3-31

构件名称	空气声隔声单值评价量+频谱修正量(dB)	
交通干线两侧卧室、起居室(厅)的窗	计权隔声量+交通噪声频谱修正量 R_w+C_{tr}	≥30
其他窗	计权隔声量+交通噪声频谱修正量 R_w+C_{tr}	≥25

5) 外墙、户（套）门和户内分室墙的空气声隔声性能，应符合表 2-3-32 的规定。

外墙、户（套）门和户内分室墙的空气声隔声标准　　　　表 2-3-32

构件名称	空气声隔声单值评价量＋频谱修正量（dB）	
外墙	计权隔声量＋交通噪声频谱修正量 $R_w + C_{tr}$	≥45
户（套）门	计权隔声量＋粉红噪声频谱修正量 $R_w + C$	≥25
户内卧室墙	计权隔声量＋粉红噪声频谱修正量 $R_w + C$	≥35
户内其他分室墙	计权隔声量＋粉红噪声频谱修正量 $R_w + C$	≥30

(2) 学校建筑

1) 教学用房隔墙、楼板的空气声隔声性能，应符合表 2-3-33 的规定。

教学用房隔墙、楼板的空气声隔声标准　　　　表 2-3-33

构件名称	空气声隔声单值评价量＋频谱修正量（dB）	
语言教室、阅览室的隔墙与楼板	计权隔声量（R_w）＋粉红噪声频谱修正量（C）	>50
普通教室与各种产生噪声的房间之间的隔墙、楼板	计权隔声量（R_w）＋粉红噪声频谱修正量（C）	>50
普通教室之间的隔墙与楼板	计权隔声量（R_w）＋粉红噪声频谱修正量（C）	>45
音乐教室、琴房之间的隔墙与楼板	计权隔声量（R_w）＋粉红噪声频谱修正量（C）	>45

2) 教学用房与相邻房间之间的空气声隔声性能，应符合表 2-3-34 的规定。

教学用房与相邻房间之间的空气声隔声标准　　　　表 2-3-34

房间名称	空气声隔声单值评价量＋频谱修正量（dB）	
语言教室、阅览室与相邻房间之间	计权标准化声压级差＋粉红噪声频谱修正量 $D_{nT,w} + C$	≥50
普通教室与各种产生噪声的房间之间	计权标准化声压级差＋粉红噪声频谱修正量 $D_{nT,w} + C$	≥50
普通教室之间	计权标准化声压级差＋粉红噪声频谱修正量 $D_{nT,w} + C$	≥45
音乐教室、琴房之间	计权标准化声压级差＋粉红噪声频谱修正量 $D_{nT,w} + C$	≥45

(3) 医院建筑

1) 医院各类房间隔墙、楼板的空气声隔声性能，应符合表 2-3-35 的规定。

医院各类房间隔墙、楼板的空气声隔声标准　　　　表 2-3-35

构件名称	空气声隔声单值评价量＋频谱修正量	高要求标准（dB）	低限标准（dB）
病房与产生噪声的房间之间的隔墙、楼板	计权隔声量＋交通噪声频谱修正量 $R_w + C_{tr}$	>55	>50

续表

构件名称	空气声隔声单值评价量+频谱修正量	高要求标准（dB）	低限标准（dB）
手术室与产生噪声的房间之间的隔墙、楼板	计权隔声量+交通噪声频谱修正量 R_w+C_{tr}	>50	>45
病房之间及病房、手术室与普通房间之间的隔墙、楼板	计权隔声量+粉红噪声频谱修正量 R_w+C	>50	>45
诊室之间的隔墙、楼板	计权隔声量+粉红噪声频谱修正量 R_w+C	>45	>40
听力测听室的隔墙、楼板	计权隔声量+粉红噪声频谱修正量 R_w+C	—	>50
体外震波碎石室、核磁共振室的隔墙、楼板	计权隔声量+交通噪声频谱修正量 R_w+C_{tr}	—	>50

2）相邻房间之间的空气声隔声性能，应符合表 2-3-36 的规定。

相邻房间之间的空气声隔声标准　　　　表 2-3-36

房间名称	空气声隔声单值评价量+频谱修正量	高要求标准（dB）	低限标准（dB）
病房与产生噪声的房间之间	计权标准化声压级差+交通噪声频谱修正量 $D_{nT,w}+C_{tr}$	≥55	≥50
手术室与产生噪声的房间之间	计权标准化声压级差+交通噪声频谱修正量 $D_{nT,w}+C_{tr}$	≥50	≥45
病房之间及手术室、病房与普通房间之间	计权标准化声压级差+粉红噪声频谱修正量 $D_{nT,w}+C$	≥50	≥45
诊室之间	计权标准化声压级差+粉红噪声频谱修正量 $D_{nT,w}+C$	≥45	≥40

（4）旅馆建筑

1）客房之间的隔墙或楼板、客房与走廊之间的隔墙、客房外墙（含窗）的空气声隔声性能，应符合表 2-3-37 的规定。

客房墙、楼板的空气声隔声标准　　　　表 2-3-37

构件名称	空气声隔声单值评价量+频谱修正量	特级（dB）	一级（dB）	二级（dB）
客房之间的隔墙、楼板	计权隔声量+粉红噪声频谱修正量 R_w+C	>50	>45	>40
客房与走廊之间的隔墙	计权隔声量+粉红噪声频谱修正量 R_w+C	>45	>45	>40
客房外墙（含窗）	计权隔声量+交通噪声频谱修正量 R_w+C_{tr}	>40	>35	>30

2) 客房之间、走廊与客房之间，以及室外与客房之间的空气声隔声性能，应符合表 2-3-38 的规定。

客房之间、走廊与客房之间以及室外与客房之间的空气声隔声标准　　表 2-3-38

房间名称	空气声隔声单值评价量 ＋频谱修正量	特级 (dB)	一级 (dB)	二级 (dB)
客房之间	计权标准化声压级差＋粉红噪声 频谱修正量 $D_{nT,w}+C$	≥50	≥45	≥40
走廊与客房之间	计权标准化声压级差＋粉红 噪声频谱修正量 $D_{nT,w}+C$	≥40	≥40	≥35
室外与客房	计权标准化声压级差＋交通 噪声频谱修正量 $D_{nT,w}+C_{tr}$	≥40	≥35	≥30

3) 设有活动隔断的会议室、多用途厅，其活动隔断的空气声隔声性能应符合下式的规定：

$$R_w + C \geqslant 35 \text{dB} \quad (2\text{-}3\text{-}2)$$

式中　R_w——计权隔声量（dB）；

　　　C——粉红噪声频谱修正量（dB）。

(5) 办公建筑

办公室、会议室与相邻房间之间的空气声隔声性能，应符合表 2-3-39 的规定。

办公室、会议室与相邻房间之间的空气声隔声标准　　表 2-3-39

房间名称	空气声隔声单值评价量 ＋频谱修正量（dB）	高要求标准	低限标准
办公室、会议室与产 生噪声的房间之间	计权标准化声压级差＋交通噪声 频谱修正量 $D_{nT,w}+C_{tr}$	≥50	≥45
办公室、会议室 与普通房间之间	计权标准化声压级差＋粉红噪声 频谱修正量 $D_{nT,w}+C$	≥50	≥45

3. 撞击声隔声标准

《民用建筑隔声设计规范》GB 50118—2010 中的规定：

(1) 住宅（表 2-3-40）

住宅分户楼板撞击声隔声标准　　表 2-3-40

构件名称	撞击声隔声单值评价量（dB）	
卧室、起居室（厅）的分户楼板（一般 标准）	计权规范化撞击声压级 $L_{n,w}$（实验室测量）	＜75
	计权规范化撞击声压级 $L'_{nT,w}$（现场测量）	≤75
卧室、起居室（厅）的分户楼板（较高 标准）	计权规范化撞击声压级 $L_{n,w}$（实验室测量）	≤65
	计权标准化撞击声压级 $L'_{nT,w}$（现场测量）	≤65

(2) 学校（表 2-3-41）

教学用房楼板的撞击声隔声标准　　　　　　　　　　　表 2-3-41

构件名称	撞击声隔声单值评价量（dB）	
	计权规范化撞击声压级 $L_{n,w}$（实验室测量）	计权标准化撞击声压级 $L'_{nT,w}$（现场测量）
语言教室、阅览室与上层房间之间的楼板	＜65	≤65
普通教室、实验室、计算机房与上层产生噪声房间之间的楼板	＜65	≤65
琴房、音乐教室之间的楼板	＜65	≤65
普通教室之间的楼板	＜75	≤75

注：当确有困难时，可允许普通教室之间楼板的撞击声隔声单值评价量小于或等于 85dB，但在楼板结构上应预留改善的可能条件。

（三）隔声减噪设计的有关规定

(1)《民用建筑设计统一标准》GB 50352—2019 中的规定：

1) 民用建筑的隔声减噪设计应符合下列规定：

① 民用建筑隔声减噪设计，应根据建筑室外环境噪声状况、建筑物内部噪声源分布状况及室内允许噪声级的需求，确定其防噪措施和设计其相应隔声性能的建筑围护结构。

② 不宜将有噪声和振动的设备用房设在噪声敏感房间的直接上、下层或贴邻布置；当其设在同一楼层时，应分区布置。

③ 当安静要求较高的房间内设置吊顶时，应将隔墙砌至梁、板底面。当采用轻质隔墙时，其隔声性能应符合国家现行有关隔声标准的规定。

④ 墙上的施工留洞或剪力墙抗震设计所开洞口的封堵，应采用满足对应隔声要求的材料和构造。

⑤ 电梯井道和机房不宜与有安静要求的用房贴邻布置，否则应采取隔振、隔声措施。

⑥ 高层建筑的外门窗、外遮阳构件等应采取有效措施防止风啸声的发生。

2) 民用建筑内的建筑设备隔振降噪设计应符合下列规定：

① 民用建筑内产生噪声与振动的建筑设备宜选用低噪声产品，且应设置在对噪声敏感房间干扰较小的位置。当产生噪声与振动的建筑设备可能对噪声敏感房间产生噪声干扰时，应采取有效的隔振、隔声措施。

② 与产生噪声与振动的建筑设备相连接的各类管道应采取软管连接、设置弹性支吊架等措施，控制振动和固体噪声沿管道传播。并应采取控制流速、设置消声器等综合措施，降低随管道传播的机械辐射噪声和气流再生噪声。

③ 当各类管道穿越噪声敏感房间的墙体和楼板时，孔洞周边应采取密封隔声措施；当在噪声敏感房间内的墙体上设置嵌入墙内对墙体隔声性能有显著降低的配套构件时，不得背对背布置，应相互错开位置，并应对所开的洞（槽）采取有效的隔声封堵措施。

(2) 隔除噪声的方法

隔除噪声的方法，包括采用实体结构、增设吸声材料和加做空气层等几个方面。

1) 实体结构隔声

质量定律是指决定墙或其他建筑板材隔声量的基本规律。可表述如下：墙或其他建筑板材的隔声量与其面密度（即单位面积的质量）的对数成正比；即构件材料的面密度越大，越密实，其隔声效果也就越好。双面抹灰的1/4砖墙，空气隔声量平均值为32dB；双面抹灰的1/2砖墙，空气隔声量平均值为45dB；双面抹灰的一砖墙，空气隔声量为48dB。

如：面临街道的职工住宅，求其隔声量并选择构造形式。

由表2-3-23查出街道上汽车鸣喇叭的噪声级为75dB，由表2-3-26查出住宅的允许噪声级为30dB。

根据式（2-3-1）：

$$R_a = L - L_0 = 75 - 30 = 45dB$$

需要隔除的噪声量为30dB，采用双面抹灰的1/2砖墙已基本满足要求，但开窗不宜过大。

2) 吸声材料及吸声结构

吸声材料指的是玻璃棉毡、轻质纤维等材料，一般应放在靠近声源一侧。

① 吸声材料及结构的主要作用：

a. 缩短或调整室内混响时间、控制反射声、消除回声；

b. 降低室内噪声级；

c. 作为隔声结构的内衬材料，用以提高构件隔声量；也可作为管道或消声器的内衬材料，以降低通风管道噪声。

② 吸声材料及吸声结构类型详见第一章表1-11-3。

3) 采用空气层隔声

夹层墙可以提高隔声效果，中间空气层的厚度以80~100mm为宜。

4) 其他隔声措施

《全国民用建筑工程设计技术措施 规划·建筑·景观》（2009年版）中指出：

① 电梯不应与卧室、起居室紧邻布置。受条件限制需要紧邻布置时，必须采取有效的隔声和减振措施；如在电梯井道墙体居室一侧加设隔声墙体。

② 医院体外振波碎石室的围护结构应采用隔声性能较好的墙体材料（如150mm厚钢筋混凝土），或采取隔声和隔振措施。

③ 大板、大模等结构整体性较强的建筑物，应对附着于墙体的传声源部件采取防止结构声传播的措施。

a. 当产生振动的设备附着于墙体时，可在设备与墙体间加设隔振材料或构造；

b. 有可能产生振动的管道，穿墙时应采用隔振构造做法。

④ 空调机房、通风机房、柴油发动机房、泵房及制冷机房应采取吸声降噪措施。

a. 中高频噪声的吸收降噪设计一般采用20~50mm的成品吸声板；

b. 吸声要求较高的部位可采用50~80mm厚吸声玻璃棉等多孔吸声材料并加适当的防护面层；

c. 宽频带噪声的吸声设计可在多孔材料后留 50～100mm 厚的空腔或 80～150mm 厚的吸声层；

d. 低频噪声的吸声降噪设计可采用穿孔板共振吸声结构。其板厚通常为 2～5mm、孔径为 3～6mm、穿孔率宜小于 5%；

e. 室内湿度较高或有清洁要求的吸声降噪设计，可采用薄膜覆面的多孔材料或单双层微穿孔板吸声结构。微穿孔板的厚度及孔径均应小于 1mm，穿孔率可采用 0.5%～3%，空腔深度可取 50～200mm。

（四）墙体的隔声性能

（1）相关技术资料指出，常用空气声隔声构造及计权隔声量见表 2-3-42。

常用空气声隔声构造及计权隔声量　　　　表 2-3-42
（引自《建筑设计资料集（第三版）第 1 分册　建筑总论》）

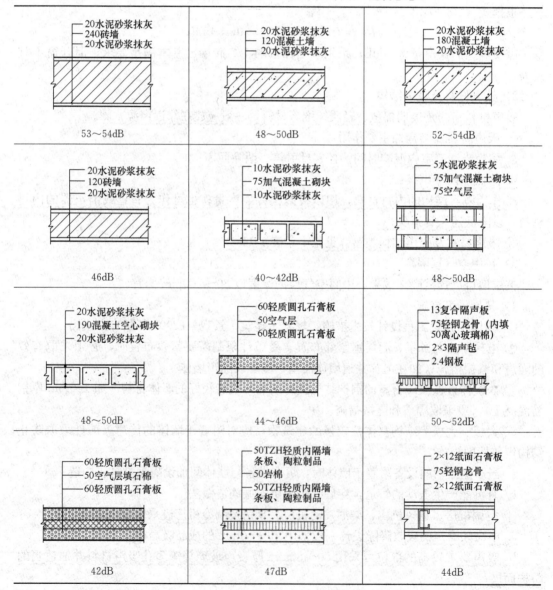

续表

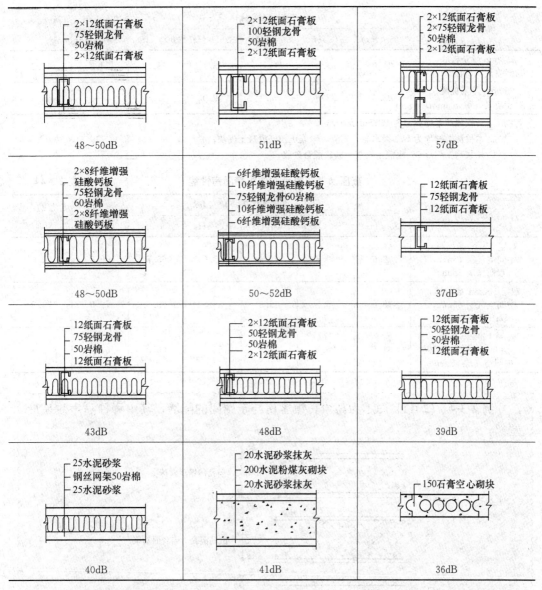

(2)《蒸压加气混凝土制品应用技术标准》JGJ/T 17—2020 中指出：蒸压加气混凝土隔墙隔声性能应符合表 2-3-43 和表 2-3-44 的规定。

蒸压加气混凝土单层隔墙隔声性能　　　　表 2-3-43

隔墙构造	各频率的隔声量（dB）						计权隔声量（dB）
	125（Hz）	250（Hz）	500（Hz）	1000（Hz）	2000（Hz）	4000（Hz）	
100mm 厚砌块墙，双面抹灰（每面 10mm）	34.7	37.5	33.3	40.1	51.9	56.5	41.0
100mm 厚条板墙，双面喷浆（每面 3mm）	32.6	31.6	31.9	40.0	47.9	60.9	39.0
150mm 厚砌块墙，双面抹灰（每面 20mm）	37.4	38.6	38.4	48.6	53.6	57.0	44.0

续表

隔墙构造	各频率的隔声量（dB）						计权隔声量（dB）
	125（Hz）	250（Hz）	500（Hz）	1000（Hz）	2000（Hz）	4000（Hz）	
200mm厚条板墙，双面喷浆（每面5mm）	31.0	37.2	41.1	43.1	51.3	54.7	45.2
250mm厚条板墙，双面喷浆（每面3mm）	42.3	32.8	43.1	49.0	57.0	—	45.6

注：1. 计权隔声量的频率为100～3150Hz；
  2. 本检测数据均为B05级水泥、矿渣、砂蒸压加气混凝土砌块；
  3. 抹灰为1：3：9（水泥：石灰：砂）混合砂浆。

蒸压加气混凝土双层隔墙隔声性能　　　　　表 2-3-44

隔墙构造	各频率的隔声量（dB）						计权隔声量（dB）
	125（Hz）	250（Hz）	500（Hz）	1000（Hz）	2000（Hz）	4000（Hz）	
双层75mm条板墙，中间空气层75mm，双面抹灰5mm	38.6	49.3	49.4	55.6	65.7	69.6	56.0
双层100mm砌块墙，中间空气层45mm，双面抹灰20mm	38.0	45.5	49.6	56.8	73.5	72.0	54.2
一层100mm条板，另一层5mm水泥密度板，中间空气层80mm	31.4	26.5	31.4	50.1	56.9	61.2	42.3

例 2-3-4　（2011）图示为高档宾馆客房与走廊间的隔墙，其中哪种隔声效果最差？（　　）

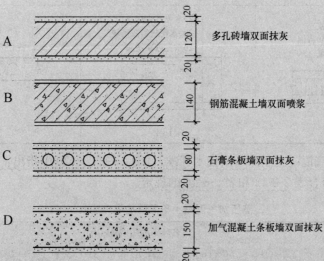

解析：分析判断和查相关资料得知：A项的隔声量是43～47dB；B项的隔声量是50dB；C项的隔声量是38dB；D项的隔声量是46dB。另外，C项墙体最薄，面密度最小，这也是隔声最差的一个原因。

答案：C

五、墙体的细部构造

【相关真题：2021-041，2020-055，2019-053】

墙身应根据其在建筑物中的位置、作用和受力状态确定墙体厚度、材料及构造做法，材料的选择应因地制宜。外墙应根据当地气候条件和建筑使用要求，采取保温、隔热、隔声、防火、防水、防潮和防结露等措施，并应符合国家现行相关标准的规定。

（一）防潮层

在墙身中设置防潮层的目的是防止土壤中的水分沿基础墙上升和勒脚部位的地面水影响墙身。它的作用是提高建筑物的耐久性，保持室内干燥卫生。砌筑墙体应在室外地面以上、位于室内地面垫层处设置连续的水平防潮层；当墙基为混凝土、钢筋混凝土或石材时，可不设置水平防潮层。室内相邻地面有高差时，应在高差处墙身贴邻土壤一侧加设垂直防潮层。

室内墙面有防潮要求时，其迎水面一侧应设防潮层；室内墙面有防水要求时，其迎水面一侧应设防水层。

防潮层采用的材料不应影响墙体的整体抗震性能，常用的材料类型如下。

1. 防水砂浆防潮层

具体做法是抹一层 20mm 的 1:2.5 水泥砂浆加水泥重量的 3‰~5‰防水粉拌和而成的防水砂浆，另一种是用防水砂浆砌筑 4~6 皮砖，位置在室内地坪上下（后者应慎用）。

2. 防水卷材防潮层

在防潮层部位先抹 20mm 厚的砂浆找平层，然后干铺防水卷材一层或用热沥青粘贴一毡二油。防水卷材的宽度应与墙厚一致，或稍大一些。防水卷材沿长度铺设，搭接长度 100mm。防水卷材防潮较好，但会使基础墙和上部墙身断开，减弱了砖墙的抗震能力，因此不适用于有抗震设防要求的建筑物墙体。

3. 混凝土防潮层

由于混凝土本身具有一定的防水性能，常把防水要求和结构做法合并考虑。即在室内外地坪之间浇筑 60mm 厚的 C20 混凝土防潮层，内放 3ϕ6、ϕ4@250 的钢筋网片。

当室内地坪出现高差或室内地坪低于室外地面时，为避免室内地坪较高一侧土壤或室外地面回填土中的水分侵入墙身，对有高差部分的垂直墙面在填土一侧沿墙设置垂直防潮层（图 2-3-25）。

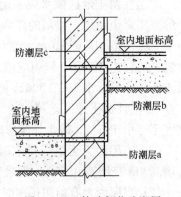

图 2-3-25 特殊部位防潮层

（二）勒脚

外墙墙身下部靠近室外地坪的部分叫勒脚。勒脚的作用是防止地面水、屋檐滴下的雨水的侵蚀，从而保护墙面，保证室内干燥，提高建筑物的耐久性；同时，还有美化建筑外观的作用。勒脚经常采用抹水泥砂浆、水刷石或加大墙厚的办法做成。勒脚的高度一般为室内地坪与室外地坪之高差，也可以根据立面的需要而提高勒脚的高度尺寸。

（三）散水与明沟

《建筑地面设计规范》GB 50037—2013 中规定：建筑物四周应设置散水、排水明沟或散水带明沟。散水指的是靠近勒脚下部的水平排水坡，明沟是靠近勒脚下部设置的水平排水沟。它们的作用都是为了迅速排除从屋檐下滴的雨水，防止因积水渗入地基而造成建筑物的下沉。散水的做法应满足以下要求：

1. 散水的宽度

应根据土壤性质、气候条件、建筑物的高度和屋面排水形式确定，宜为600～1000mm；当采用无组织排水时，散水的宽度可按檐口线放出200～300mm。

2. 散水的坡度

宜为3%～5%。当散水采用混凝土时，宜按20～30m间距设置伸缩缝。散水与外墙之间宜设缝，缝宽可为20～30mm，缝内应填沥青类材料。

3. 散水面层材料

常用的有细石混凝土、混凝土、水泥砂浆、卵石、块石、花岗石等，垫层则多用3∶7灰土或卵石灌强度等级为M2.5的混合砂浆。

明沟是将积水通过明沟引向下水道，一般在年降雨量为900mm以上的地区才选用。沟宽一般在200mm左右，沟底应有0.5%左右的纵坡。明沟的材料可以用砖、混凝土等。

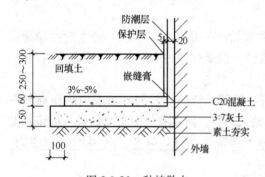

图 2-3-26 种植散水

4. 散水的特殊做法

当建筑物外墙周围有绿化要求时，散水不外露，需采用隐式散水，也称为暗散水或种植散水（图2-3-26）。其做法是散水在草皮及种植土的底部，散水上面覆土厚度不应大于300mm。散水可采用80mm厚C15混凝土或60mm厚C20混凝土，外墙饰面应做至混凝土的下部，且应对墙身下部作防水处理（如刷1.5mm厚聚合物水泥防水涂料等），其高度不宜小于覆土层以上300mm，并应防止草根对墙体的伤害。

5. 湿陷性黄土地区建筑物散水构造

湿陷性黄土地区散水应采用现浇混凝土，并应设置厚150mm的3∶7灰土或300mm厚的夯实素土垫层；垫层的外缘应超出散水和建筑外墙基底外缘500mm。散水坡度不应小于5%，宜每隔6～10m设置伸缩缝。散水与外墙交接处应设缝，其缝宽和散水的伸缩缝缝宽均宜为20mm，缝内应填柔性密封材料。散水的宽度应符合现行国家标准《湿陷性黄土地区建筑标准》GB 50025的有关规定。沿散水外缘不宜设置雨水明沟。

《湿陷性黄土地区建筑标准》GB 50025—2018中规定：建筑物的周围应设置散水，其坡度不得小于5%。散水外缘应略高于平整后的场地，散水的宽度应符合下列规定：

（1）当屋面为无组织排水时，檐口高度在8m以内宜为1.50m；檐口高度超过8m，每增高4m宜增宽0.25m，但最宽不宜大于2.50m。

（2）当屋面为有组织排水时，非自重湿陷性黄土场地不得小于1.00m，自重湿陷性黄土场地不得小于1.50m。

（3）水池的散水宽度宜为1.00～3.00m，散水外缘超出水池基底边缘不应小于0.20m，喷水池等的回水坡或散水的宽度宜为3.00～5.00m。

（4）高耸结构的散水宜超出基础底边缘1.00m，且宽度不得小于5.00m。

6. 有地下室的建筑物外墙四周散水做法

《地下工程防水技术规范》GB 50108—2008 中规定：地下工程上的地面建筑物周围应做散水，宽度不宜小于 800mm，散水坡度宜为 5%。

7. 散水处外墙保温构造

外墙如果设置了保温层，散水或明沟处的外墙也应设置保温层（图 2-3-27）。

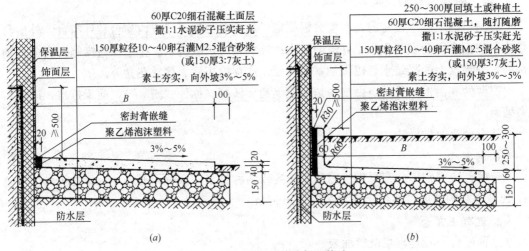

图 2-3-27 散水处外墙保温构造
(引自国标图集《室外工程》12J 003)
(a) 细石混凝土散水（有、无地下室）；(b) 种植散水（有、无地下室）

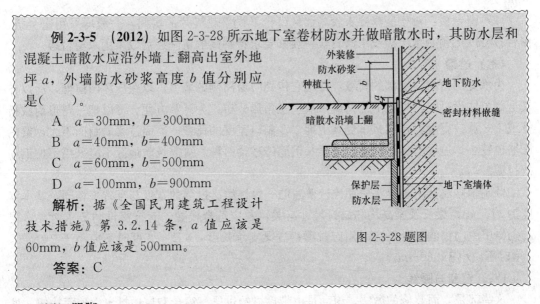

例 2-3-5 （2012）如图 2-3-28 所示地下室卷材防水并做暗散水时，其防水层和混凝土暗散水应沿外墙上翻高出室外地坪 a，外墙防水砂浆高度 b 值分别应是（　）。

A　$a=30mm$，$b=300mm$
B　$a=40mm$，$b=400mm$
C　$a=60mm$，$b=500mm$
D　$a=100mm$，$b=900mm$

解析： 据《全国民用建筑工程设计技术措施》第 3.2.14 条，a 值应该是 60mm，b 值应该是 500mm。

答案：C

图 2-3-28 题图

（四）踢脚

踢脚是外墙内侧或内墙的两侧的下部和室内地坪交接处的构造，目的是防止扫地时污染墙面。踢脚的高度一般在 80～150mm。常用的材料有水泥砂浆、水磨石、木材、缸砖、油漆等，选用时一般应与地面材料一致。有墙裙或墙身饰面可以代替踢脚的，应不再做踢脚。

(五) 墙裙

室内墙面有防水、防潮湿、防污染、防碰撞等要求时，应设置墙裙，其高度为1200～1800mm。为避免积灰，墙裙顶部宜与内墙面齐平。《中小学校设计规范》GB 50099—2011中规定：小学墙裙的高度不宜低于1.20m，中学墙裙的高度不宜低于1.40m，舞蹈教室、风雨操场墙裙的高度不宜低于2.10m。

(六) 窗台

窗洞口的下部应设置窗台。窗台根据窗子的安装位置可形成内窗台和外窗台。外窗台是为了防止在窗洞底部积水，并流向室内；外窗台应采取防水、排水构造措施。内窗台则是为了排除窗上的凝结水，以保护室内墙面，或存放东西、摆放花盆等。

窗台的底面檐口处，应做成锐角形或半圆形凹槽（称为"滴水"），便于排水，以免污染墙面。

外窗台有两种做法：

1. 砖窗台

砖窗台应用较广，有平砌挑砖和立砌挑砖两种做法。表面可抹1：3水泥砂浆，并应有10%左右的坡度。挑出尺寸大多为60mm。

2. 混凝土窗台

这种窗台一般是现场浇筑而成。

内窗台的做法也有两种：

（1）水泥砂浆抹窗台：一般是在窗台上表面抹20mm厚的水泥砂浆，并应突出墙面5mm为好。

（2）窗台板：对于装修要求较高而且窗台下设置暖气片的房间，一般均采用窗台板。窗台板可以用预制水泥板或水磨石板。装修要求特别高的房间还可以采用木窗台板。

(七) 过梁

为承受门窗洞口上部的荷载，并把它传到门窗两侧的墙上，以免压坏门窗框，所以在其上部要加设过梁。过梁上的荷载一般呈三角形分布，为计算方便，可以把三角形荷载折算成1/3洞口宽度，过梁只承受其上部1/3洞口宽度的荷载。因而过梁的断面不大，梁内配筋也较小。过梁有钢筋混凝土过梁和钢筋砖过梁两种。抗震设防地区不应采用不加钢筋的过梁。

预制钢筋混凝土过梁是采用比较普遍的一种过梁。过梁的宽度与半砖长相同，基本宽度为115mm。梁长及梁高均和洞口尺寸有关，并应符合模数。有抗震设防要求时，多层砖砌体房屋门窗洞口处不应采用砖过梁；过梁支承长度，6度~8度时不应小于240mm，9度时不应小于360mm。

(八) 窗套与腰线

这些都是立面装修的做法。窗套是由带挑檐的过梁、窗台和窗边挑出立砖而构成，外抹水泥砂浆后，可再刷涂料或做其他装饰。腰线是指过梁和窗台形成的上下水平线条，外抹水泥砂浆后，刷涂料或做其他装饰。

(九) 平屋顶的檐部做法

由于檐部做法涉及屋面的部分内容，这里只作一些粗略的介绍。

1. 挑檐板

挑檐板的做法有预制钢筋混凝土板和现浇钢筋混凝土板两种。挑出尺寸不宜过大，一般以500mm左右为宜。

2. 女儿墙

女儿墙是墙身在屋面以上的延伸部分，其厚度可以与下部墙身一致，也可以使墙身适当减薄。女儿墙的高度取决于是否上人，上人屋顶女儿墙高度应不小于1300mm。

3. 斜板挑檐

斜板挑檐是女儿墙和挑檐板，另加斜板共同构成的屋檐做法，其尺寸应符合前两种做法的规定。

（十）管道井、烟道和通风道

(1) 管道井、烟道和通风道应用非燃烧体材料制作，且应分别独立设置，不得共用。

(2) 管道井的设置应符合下列规定：

1) 在安全、防火和卫生等方面互有影响的管线不应敷设在同一管道井内。

2) 管道井的断面尺寸应满足管道安装、检修所需空间的要求。当井内设置壁装设备时，井壁应满足承重、安装要求。

3) 管道井壁、检修门、管井开洞的封堵做法等应符合现行国家标准《建筑设计防火规范》GB 50016 的有关规定。

4) 管道井宜在每层临公共区域的一侧设检修门，检修门门槛或井内楼地面宜高出本层楼地面，且不应小于0.1m。

5) 电气管线使用的管道井不宜与厕所、卫生间、盥洗室和浴室等经常积水的潮湿场所贴邻设置。

6) 弱电管线与强电管线宜分别设置管道井。

7) 设有电气设备的管道井，其内部环境应保证设备正常运行。

(3) 进风道、排风道和烟道的断面、形状、尺寸和内壁应有利于进风、排风、排烟（气）通畅，防止产生阻滞、涡流、窜烟、漏气和倒灌等现象。

(4) 自然排放的烟道和排风道宜伸出屋面，同时应避开门窗和进风口。伸出高度应有利于烟气扩散，并应根据屋面形式、排出口周围遮挡物的高度、距离和积雪深度确定，伸出平屋面的高度不得小于0.6m。伸出坡屋面的高度应符合下列规定（图2-3-29）：

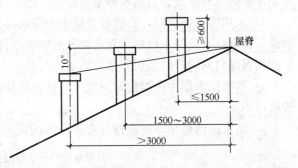

图2-3-29 烟道和排风道出屋面的关系

1) 当烟道或排风道中心线距屋脊的水平面投影距离小于1.5m时，应高出屋脊0.6m。

2) 当烟道或排风道中心线距屋脊的水平面投影距离为1.5~3.0m时，应高于屋脊，且伸出屋面高度不得小于0.6m。

3) 当烟道或排风道中心线距屋脊的水平面投影距离大于3.0m时，可适当低于屋脊，但其顶部与屋脊的连线同水平线之间的夹角不应大于10°，且伸出屋面高度不得小于0.6m。

(十一) 室外墙面防水

《建筑外墙防水工程技术规程》JGJ/T 235—2011 中规定（摘编）：

1. 建筑外墙防水的设置原则

（1）整体防水

在正常使用和合理维护的前提下，下列情况之一的建筑外墙，宜进行墙面整体防水。

1）年降雨量大于等于 800mm 地区的高层建筑外墙。
2）年降雨量大于等于 600mm 且基本风压大于等于 $0.50kN/m^2$ 地区的外墙。
3）年降雨量大于等于 400mm 且基本风压大于等于 $0.40kN/m^2$ 地区有外保温的外墙。
4）年降雨量大于等于 500mm 且基本风压大于等于 $0.35kN/m^2$ 地区有外保温的外墙。
5）年降雨量大于等于 600mm 且基本风压大于等于 $0.30kN/m^2$ 地区有外保温的外墙。

（2）节点防水

除上述 5 种情况应进行外墙整体防水以外，年降雨量大于或等于 400mm 地区的其他建筑外墙还应采用节点构造防水措施。

2. 外墙整体防水层的构造要求

（1）墙体为无外保温外墙时

1）采用涂料饰面时，防水层应设在找平层与涂料饰面层之间，防水层宜采用聚合物水泥防水砂浆或普通防水砂浆。

2）采用块材饰面时，防水层应设在找平层与块材粘结层之间，防水层宜采用聚合物水泥防水砂浆或普通防水砂浆。

3）采用幕墙饰面时，防水层应设在找平层与幕墙饰面之间，防水层宜采用聚合物水泥防水砂浆、普通防水砂浆、聚合物水泥防水涂料、聚合物乳液防水涂料或聚氨酯防水涂料。

（2）墙体为有外保温外墙时

1）采用涂料或块材饰面时，防水层宜设在保温层与墙体基层之间，防水层可采用聚合物水泥防水砂浆或普通防水砂浆。

2）采用幕墙饰面时，设在找平层上的防水层宜采用聚合物水泥防水砂浆、普通防水砂浆、聚合物水泥防水涂料、聚合物乳液防水涂料或聚氨酯防水涂料；当外墙保温层选用矿物棉保温材料时，防水层宜采用防水透气膜。

3）砂浆防水层中可增设耐碱玻纤网格布或热镀锌电焊网增强，并宜用锚栓固定于结构墙体中。

4）防水层的最小厚度应符合表 2-3-45 的规定。

防水层的最小厚度（mm） 表 2-3-45

墙体基层种类	饰面层种类	聚合物水泥防水砂浆		普通防水砂浆	防水涂料
		干粉类	乳液类		
现浇混凝土	涂料	3	5	8	1.0
	面砖				—
	幕墙				1.0

续表

墙体基层种类	饰面层种类	聚合物水泥防水砂浆		普通防水砂浆	防水涂料
		干粉类	乳液类		
砌体	涂料	5	8	10	1.2
	面砖				—
	干挂幕墙				1.2

5）砂浆防水层宜留分格缝，分格缝宜设置在墙体结构不同材料交界处。水平分格缝宜与窗口上沿或下沿平齐；垂直分格缝间距不宜大于6.00m，且宜与门、窗框两边线对齐。分格缝宽宜为8~10mm，缝内应采用密封材料作密封处理。

6）外墙防水层应与地下墙体防水层搭接。

3. 外墙节点构造防水的构造要求

（1）基本要求

1）外墙节点构造防水的部位应包括门窗洞口、雨篷、阳台、变形缝、伸出外墙管道、女儿墙压顶、外墙预埋件、预制构件等交接部位。

2）建筑外墙的防水层应设置在迎水面。

3）不同材料的交接处应采用每边不少于150mm的耐碱玻纤网格布或热镀锌电焊网作抗裂增强处理。

（2）构造做法

1）门窗框与墙体间的缝隙宜采用聚合物水泥砂浆或发泡聚氨酯填充；外墙防水层应延伸至门窗框，防水层与门窗框间应预留凹槽，并应嵌填密封材料；门窗上楣的外口应做滴水线；外窗台应设置不小于5%的外排水坡度。

2）雨篷应设置不小于1%的外排水坡度，外口下沿应做滴水线；雨篷与外墙交接处的防水层应连续；雨篷防水层应沿外口下翻至滴水线。

3）阳台应向水落口设置不小于1%的排水坡度，水落口周边应留槽嵌填密封材料。阳台外口下沿应做滴水线。

4）穿过外墙的管道宜采用套管，套管应内高外低，坡度不应小于5%，套管周边应作防水密封处理。

5）女儿墙压顶宜采用现浇钢筋混凝土或金属压顶，压顶应向内找坡，坡度不应小于2%。当采用混凝土压顶时，外墙防水层应延伸至压顶内侧的滴水线部位；当采用金属压顶时，外墙防水层应做到压顶的顶部，金属压顶应采用专用金属配件固定。

6）外墙预埋件四周应用密封材料封闭严密，密封材料与防水层应连续。

六、隔断墙的构造

【相关真题：2022-058，2022-059，2022-060，2022-061，2022-062，2022-063，2022-064，2021-062，2021-063，2021-066，2021-067】

建筑中不承重，只起分隔室内空间作用的墙体叫隔断墙。通常人们把到顶板下皮的隔断墙叫隔墙，不到顶只有半截的叫隔断。

(一) 隔断墙的作用和特点
(1) 隔断墙应越薄越好，目的是减轻加给楼板的荷载。
(2) 隔断墙的稳定性必须保证，特别要注意与承重墙的拉结。
(3) 隔断墙要满足隔声、耐水、耐火的要求。
(4) 隔断墙、填充墙应分别采取措施与周边构件可靠连接。

(二) 隔断墙的常用做法

1. 块材类隔墙

(1) 半砖隔断墙

这种墙是采用115mm厚普通砖的顺砖砌筑而成。它一般可以满足隔声、耐水、耐火的要求。由于这种墙较薄，因而必须注意稳定性的要求。满足砖砌隔墙的稳定性应从以下几个方面入手：

1) 隔墙与外墙的连接处应加拉结筋，拉结筋应不少于2根，直径为6mm，伸入隔墙长度为1m。内外墙之间不应留直岔。

2) 当墙高大于3m，长度大于5m时，应每隔8～10皮砖砌入一根$\phi 6$钢筋。

3) 隔墙上部与楼板相接处，用立砖斜砌，使墙和楼板挤紧。

4) 隔墙上有门时，要用预埋铁件或用带有木楔的混凝土预制块，将砖墙与门框拉结牢固。

(2) 加气混凝土砌块隔墙

加气混凝土是一种轻质多孔的建筑材料。它具有密度小、保温效能高、吸声好、尺寸准确和可加工、可切割的特点。在建筑工程中采用加气混凝土制品可降低房屋自重，提高建筑物的功能，节约建筑材料，减少运输量，降低造价等优点。

加气混凝土砌块的尺寸为75mm、100mm、125mm、150mm、200mm厚，长度为500mm。砌筑加气混凝土砌块时，应采用1:3水泥砂浆，并考虑错缝搭接。为保证加气混凝土砌块隔墙的稳定性，应预先在其连接的墙上留出拉结筋，并伸入隔墙中。钢筋数量应符合抗震设计规范的要求。具体做法同120mm厚砖隔墙。

加气混凝土隔墙上部必须与楼板或梁的底部顶紧，最好加木楔；如果条件许可时，可以加在楼板的缝内以保证其稳定。

(3) 水泥焦渣空心砖隔墙

水泥焦渣空心砖采用水泥、炉渣经成型、蒸养而成。这种砖的密度小，保温隔热效果好。北京地区目前主要生产的空心砖强度等级为MU2.5，一般适合于砌筑隔墙。

砌筑焦渣空心砖隔墙时，应注意墙体的稳定性。在靠近外墙的地方和窗洞口两侧，常采用普通砖砌筑。为了防潮防水，一般在靠近地面和楼板的部位应先砌筑3～5皮砖。

2. 板材类隔墙

(1) 加气混凝土板隔墙

加气混凝土条板厚100mm，宽600mm，具有质轻、多孔、易于加工等优点。加气混凝土条板之间可以用水玻璃矿渣胶粘剂粘结，也可以用聚乙烯醇缩丁醛（108胶）粘结。

在隔墙上固定门窗框的方法有以下几种：

1) 膨胀螺栓法。在门窗框上钻孔，放胀管，拧紧螺钉或钉钉子。

2) 胶粘圆木安装。在加气混凝土条板上钻孔，刷胶，打入涂胶圆木，然后立门窗框，并拧螺钉或钉钉子。

3）胶粘连接。先立好窗框，用建筑胶粘结在加气混凝土墙板上，然后拧螺钉或钉钉子。

(2) 钢筋混凝土板隔墙

这种隔墙采用普通的钢筋混凝土板，四角加设埋件，并与其他墙体进行焊接连接。厚度50mm左右。

(3) 碳化石灰空心板隔墙

碳化石灰空心板是磨细生石灰为主要原料，掺入少量的玻璃纤维，加水搅拌，振动成型，经干燥、碳化而成。它具有制作简单，不用钢筋，成本低，自重轻，可以干作业等优点。碳化石灰空心板是一种竖向圆孔板，高度应与层高相适应。粘结砂浆应用水玻璃矿渣粘结剂。安装以后应用腻子刮平，表面粘贴塑料壁纸。厚度100mm左右。

(4) 钢丝网泡沫塑料水泥砂浆复合墙板（泰柏板）隔墙

1）是以焊接钢丝网笼为构架，填充泡沫塑料芯层，面层经喷涂或抹水泥砂浆而成的轻质板材。

2）这种板的特点是重量轻、强度高、防火、隔声、不腐烂、不易碎裂、易于剪裁和拼接、便于运往工地组装。

3）产品规格为2440mm×1220mm×75mm（长×宽×厚），抹灰后的厚度为100mm。

4）泰柏板与顶板、底板采用固定夹连接，墙板之间采用箍码连接，见图2-3-30。

5）适用于墙身、地板及屋顶，不能用于楼板。

6）面密度较大，隔声指标为44dB，热阻值为$0.64[(m^2 \cdot K)/W]$，难燃烧体，耐火极限为1.3h。

(5) GY板

这种板又称为钢丝网岩棉水泥砂浆复合墙板，它是以焊接钢丝网笼为构架，填充岩棉板芯层，面层经喷涂或抹水泥砂浆而成的轻质板材。

GY板具有重量轻，强度高，防火，隔声、不腐烂等性能，其产品规格为长度2400～3300mm，宽度900～1200mm，厚度55～60mm。

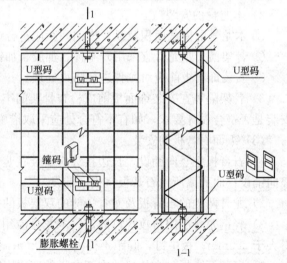

图 2-3-30 泰柏板与上、下楼板或地坪的连接构造示意图

3. 骨架类隔墙

骨架类隔墙由龙骨系统和饰面板组成，龙骨系统可用轻钢龙骨或木龙骨，饰面板常用的有纸面石膏板、水泥纤维板、人造木板等。《住宅装饰装修工程施工规范》GB 50327—2001、《建筑装饰装修工程质量验收标准》GB 50210—2018及相关施工手册中指出：

(1) 一般规定

1）轻质隔墙的构造、固定方法应符合设计要求。

2）当轻质隔墙下端用木踢脚覆盖时，饰面板应与地面留有20～30mm缝隙；当用大理石、瓷砖、水磨石等做踢脚板时，饰面板下端应与踢脚板上口齐平，接缝应严密。

3）轻质隔墙与顶棚和其他墙体的交接处应采取防开裂措施。
4）接触砖、石、混凝土的龙骨和埋置的木楔应作防腐处理。

（2）龙骨的安装

竖龙骨是轻钢龙骨隔墙的主要受力构件，横龙骨是隔墙墙体和建筑结构的连接构件，通贯龙骨是竖龙骨的中间连接构件。

1）轻钢龙骨的安装

① 应按弹线位置固定沿地、沿顶龙骨及边框龙骨，龙骨的边线应与弹线重合；龙骨的端部应安装牢固，龙骨与基体的固定点间距应不大于1m；

② 安装竖向龙骨应垂直，龙骨间距应符合设计要求。竖向龙骨间距与面材宽度（900mm或1200mm宽）有关：一般为300mm、400mm或600mm（应保证每块面板由3根竖向龙骨支撑）；最大间距为600mm；潮湿房间和钢板网抹灰墙，龙骨间距不宜大于400mm；

③ 安装支撑龙骨时，应先将支撑卡安装在竖向龙骨的开口方向，卡距宜为400～600mm，距龙骨两端的距离宜为20～25mm；

④ 安装贯通系列龙骨时，低于3m的隔墙安装一道，3～5m隔墙安装两道；

⑤ 饰面板横向接缝处不在沿地、沿顶龙骨上时，应加横撑龙骨固定；

⑥ 门窗或特殊接点处安装附加龙骨应符合设计要求。

2）木龙骨的安装

① 木龙骨的横截面积及纵、横向间距应符合设计要求；

② 骨架横、竖龙骨宜采用开半榫、加胶、加钉连接；

③ 安装饰面板前应对龙骨进行防火处理。

3）骨架隔墙在安装饰面板前应检查骨架的牢固程度以及墙内设备管线、填充材料的安装是否符合设计要求，如有不符合处应采取措施。

（3）纸面石膏板的安装

1）石膏板宜竖向铺设，长边接缝应安装在竖龙骨上。但隔断为防火墙时，石膏板应竖向铺设；曲面墙所用石膏板宜横向铺设。

2）龙骨两侧的石膏板及龙骨一侧的双层板的接缝应错开，不得在同一根龙骨上接缝。

3）轻钢龙骨应用自攻螺钉固定，木龙骨应用木螺钉固定。沿石膏板周边钉，间距不得大于200mm；板中钉，间距不得大于300mm。螺钉与板边距离应为10～15mm。

4）安装石膏板时应从板的中部向板的四边固定。钉头略埋入板内，但不得损坏纸面。钉眼应进行防锈处理。

5）石膏板的接缝应按设计要求进行板缝处理。石膏板与周围墙或柱应留有3mm的槽口，以便进行防开裂处理。施工时，先在槽口处加注嵌缝膏；然后铺板，挤压嵌缝膏，使其和邻近表层紧密接触。

6）隔墙的限制高度是根据轻钢龙骨的断面、刚度和龙骨间距、墙体厚度、石膏板层数等方面的因素而定。一般轻钢龙骨石膏板隔墙的限制高度为墙厚的30倍左右，隔声隔墙的限制高度为墙厚的20倍左右。单排龙骨隔墙高度为3～5.5m，双排龙骨隔墙高度为3.25～6m。

7）石膏板隔断以丁字或十字形相接时，阴角处应用腻子嵌满，贴上接缝带；阳角处应做护角。

8) 曲面隔墙应根据曲面要求将沿地、沿顶龙骨切锯成锯齿形，固定在顶面和地面上，然后按较小的间距（一般为150mm）排竖向龙骨。装板时，在曲面的一端加以固定，然后轻轻地逐渐向板的另一端，向骨架方向推动，直到完成曲面为止（石膏板宜横铺）。

9) 纸面石膏板的厚度一般为9mm、12mm。不宜用作潮湿房间的隔墙。

10) 轻钢龙骨纸面石膏板隔墙的燃烧性能是不燃性（A级）；耐火极限为0.33～4h，单层中空做法时最小；增加石膏板层数、换用防火或耐火石膏板以及在中空处填岩棉可提高其耐火极限。

11) 轻钢龙骨纸面石膏板隔墙面密度较小，隔声性能在38～53dB。自重荷载也较小，为$0.27～0.54kN/m^2$（与龙骨及石膏层数有关）。

12) 轻钢龙骨纸面石膏板隔墙表面为一般装修时，水平变形标准为$\leq 1/120H_0$。

13) 石膏板宜使用整板；如需对接时，应靠紧，但不得强压就位。

14) 安装防火墙石膏板时，石膏板不得固定在沿顶、沿地龙骨上；应另设横撑龙骨加以固定。

(4) 胶合板的安装

1) 胶合板安装前应对板背面进行防火处理。

2) 轻钢龙骨应采用自攻螺钉固定。木龙骨采用圆钉固定时，钉距宜为80～150mm，钉帽应砸扁；采用钉枪固定时，钉距宜为80～100mm。

3) 阳角处宜做护角。

4) 胶合板用木压条固定时，固定点间距不应大于200mm。

4. 建筑轻质条板隔墙

《建筑轻质条板隔墙技术规程》JGJ/T 157—2014规定：

(1) 轻质条板隔墙的一般规定

轻质条板隔墙是用于抗震设防烈度为8度和8度以下地区及非抗震设防地区采用轻质材料或大孔洞轻型构造制作的、用于非承重内隔墙的预制条板，轻质条板应符合下列规定：

1) 面密度不大于$190kg/m^2$、长宽比不小于2.5。

2) 按构造做法分为空心条板、实心条板和复合夹芯条板三种类型。

3) 按应用部位分为普通条板、门框板、窗框板和与之配套的异形辅助板材。

(2) 轻质条板的主要规格尺寸

1) 长度的标志尺寸（L）：应为层高减去梁高或楼板厚度及安装预留空间，宜为2200～3500mm。

2) 宽度的标志尺寸（B）：宜按100mm递增。

3) 厚度的标志尺寸（T）：宜按100mm或25mm递增。

(3) 复合夹芯条板的面板与芯材的要求

1) 面板应采用燃烧性能为A级的无机类板材。

2) 芯材的燃烧性能应为B_1级及以上。

3) 纸蜂窝夹芯条板的芯材应为面密度不小于$6kg/m^2$的连续蜂窝状芯材；单层蜂窝厚

度不宜大于50mm；大于50mm时，应设置多层的结构。

(4) 轻质条板隔墙的设计

1) 轻质条板隔墙可用作分户隔墙、分室隔墙、外走廊隔墙和楼梯间隔墙等。

2) 条板隔墙应根据使用功能和部位，选择单层条板或双层条板。厚度60mm及以下的条板不得用作单层隔墙。

3) 条板隔墙的厚度应满足抗震、防火、隔声、保温等要求。单层条板用作分户墙时，其厚度不应小于120mm；用作分室墙时，其厚度不应小于90mm；双层条板隔墙的单层厚度不宜小于60mm，空间层宜为10~50mm，可作为空气层或填入吸声、保温等功能性材料。

4) 双层条板隔墙，两侧墙面的竖向接缝错开距离不应小于200mm。

5) 接板安装的单层条板隔墙，其安装高度应符合下列规定：

① 90mm、100mm厚条板隔墙的接板安装高度不应大于3.60m；

② 120mm、125mm厚条板隔墙的接板安装高度不应大于4.50m；

③ 150mm厚条板隔墙的接板安装高度不应大于4.80m；

④ 180mm厚条板隔墙的接板安装高度不应大于5.40m。

6) 在抗震设防地区，条板隔墙与顶板、结构梁、主体墙和柱之间的连接应采用钢卡，并应使用胀管螺丝、射钉固定。钢卡的固定应符合下列规定：

① 条板隔墙与顶板、结构梁的连接处，钢卡间距不应大于600mm；

② 条板隔墙与主体墙、柱的连接处，钢卡可间断布置，且间距不应大于1.00m；

③ 接板安装的条板隔墙，条板上端与顶板、结构梁的连接处应加设钢卡进行固定，且每块条板不应少于2个固定点。

7) 当条板隔墙需吊挂重物和设备时，不得单点固定。固定点的间距应大于300mm。

8) 当条板隔墙用于厨房、卫生间及有防潮、防水要求的环境时，应采取防潮、防水处理构造措施。对于附设水池、水箱、洗手盆等设施的条板隔墙，墙面应作防水处理，且防水高度不宜低于1.80m。

9) 当防水型石膏条板隔墙及其他有防水、防潮要求的条板隔墙用于潮湿环境时，下端应做C20细石混凝土条形墙垫，且墙垫高度不应小于100mm，并应做泛水处理。防潮墙垫宜采用细石混凝土现浇，不宜采用预制墙垫。

10) 普通型石膏条板和防水性能较差的条板不宜用于潮湿环境及有防潮、防水要求的环境。当用于无地下室的首层时，宜在隔墙下部采取防潮措施。

11) 有防火要求的分户隔墙、走廊隔墙和楼梯间隔墙，其燃烧性能和耐火极限均应满足《建筑设计防火规范》GB 50016—2014（2018年版）的要求。

12) 对于有保温要求的分户隔墙、走廊隔墙和楼梯间隔墙，应采取相应的保温措施，并可选用复合夹芯条板隔墙或双层条板隔墙。严寒地区、寒冷地区、夏热冬冷地区居住建筑分户墙的传热系数应符合《严寒和寒冷地区居住建筑节能设计标准》JGJ 26—2018和《夏热冬冷地区居住建筑节能设计标准》JGJ 134—2010的规定。

13) 条板隔墙的隔声性能应满足《民用建筑隔声设计规范》GB 50118—2010的规定。

14) 顶端为自由端的条板隔墙，应做压顶。压顶宜采用通长角钢圈梁，并用水泥砂浆覆盖抹平，也可设置混凝土圈梁，且空心条板顶端孔洞均应局部灌实，每块板应埋设不少于1根钢筋与上部角钢圈梁或混凝土圈梁钢筋连接。隔墙上端应间断设置拉杆与主体结构固定；所有外露铁件均应做防锈处理。

(5) 轻质条板隔墙的构造

1) 当单层条板隔墙采取接板安装且在限高以内时，竖向接板不宜超过一次，且相邻条板接头位置应至少错开300mm。条板对接部位应设置连接件或定位钢卡，做好定位、加固和防裂处理。双层条板隔墙宜按单层条板隔墙的施工方法进行设计。

2) 当抗震设防地区条板隔墙安装长度超过6.00m时，应设置构造柱，并应采取加固措施。当非抗震设防地区条板隔墙安装长度超过6.00m时，应根据其材质、构造、部位，采用下列加强防裂措施：

① 沿隔墙长度方向，可在板与板之间间断设置伸缩缝，且接缝处应使用柔性粘结材料处理；

② 可采用加设拉结筋的加固措施；

③ 可采用全墙面粘贴纤维网格布、无纺布或挂钢丝网抹灰处理。

3) 条板应竖向排列，排板应采用标准板。当隔墙端部尺寸不足一块标准板宽时，可采用补板，且补板宽度不应小于200mm。

4) 条板隔墙下端与楼地面结合处宜预留安装空隙。且预留空隙在40mm及以下的宜填入1∶3水泥砂浆；40mm以上的宜填入干硬性细石混凝土。撤除木楔后的遗留空隙应采用相同强度等级的砂浆或细石混凝土填塞、捣实。

5) 当在条板隔墙上横向开槽、开洞敷设电气暗线、暗管、开关盒时，隔墙的厚度不宜小于90mm，开槽长度不应大于条板宽度的1/2。不得在隔墙两侧同一部位开槽、开洞，其间距应至少错开150mm。板面开槽、开洞应在隔墙安装7d后进行。

6) 单层条板隔墙内不宜设置暗埋的配电箱、控制柜，可采取明装的方式或局部设置双层条板的方式。配电箱、控制柜不得穿透隔墙。配电箱、控制柜宜选用薄型箱体。

7) 单层条板隔墙内不宜横向暗埋水管，当需要敷设水管时，宜局部设置附墙或局部采用双层条板隔墙，也可采用明装的方式。当需要单层条板内部暗埋水管时，隔墙的厚度不应小于120mm，且开槽长度不应大于条板宽度的1/2，并应采取防渗漏和抗裂措施。当低温环境下水管可能产生冰冻或结露时，应进行防冻或防结露设计。

8) 条板隔墙的板与板之间可采用榫接、平接、双凹槽对接方式，并应根据不同材质、不同构造、不同部位的隔墙采取下列防裂措施：

① 应在板与板之间对接缝隙内填满、灌实粘结材料，企口接缝处应采取抗裂措施；

② 条板隔墙阴阳角处以及条板与建筑主体结构结合处应作专门防裂处理。

9) 确定条板隔墙上预留门、窗、洞口位置时，应选用与隔墙厚度相适应的门、窗框。当采用空心条板做门、窗框板时，距板边120～150mm范围内不得有空心孔洞，可将空心条板的第一孔用细石混凝土灌实。

10) 工厂预制的门、窗框板靠门、窗框一侧应设置固定门窗的预埋件。施工现场切割制作的门、窗框板可采用胀管螺丝或其他加固件与门、窗框固定，并应根据门窗洞口大小确定固定位置和数量，且每侧的固定点不应少于3处。

11) 当门、窗框板上部墙体高度大于600mm或门窗洞口宽度超过1.50m时，应采用配有钢筋的过梁板或采取其他加固措施，过梁板两端搭接尺寸每边不应小于100mm。门框板、窗框板与门、窗框的接缝处应采取密封、隔声、防裂等措施。

12）复合夹芯条板隔墙的门、窗框板洞口周边应有封边条，可采用镀锌轻钢龙骨封闭端口夹芯材料，并应采取加网补强防裂措施。

(6) 轻质条板隔墙的施工

1）条板隔墙安装工程应在做地面找平层之前进行。大型条板隔墙工程施工前，宜先做样板墙，并应经有关方确认后再进场施工。

2）水电管线的安装、敷设应与条板隔墙安装配合进行，并应在条板隔墙安装完成7d后进行。

例 2-3-6　（2021） 下列双层条板隔墙构造正确的是（　　）。

A　双层 60 无错缝　　　　　　　B　双层 90 无错缝
C　双层 60 错缝 200　　　　　　D　双层 90 错缝 100

解析：参见《建筑轻质条板隔墙技术规程》JGJ/T 157—2014 第 4.2.4 条，双层条板隔墙的条板厚度不宜小于60mm，两板间距宜为10～50mm，可作为空气层或填入吸声、保温等功能材料。另据第 4.2.5 条，对于双层条板隔墙，两侧墙面的竖向接缝错开距离不应小于200mm（C项正确），两板间应采取连接、加强固定措施。

答案：C

---

5. 隔断墙底部构造

为防潮防水，当构成隔断墙的是空心块材（如空心砖等）或一些不耐潮湿的材料（如加气混凝土、石膏板等）时，隔断墙底部一定高度范围内应换用实心材料或设置混凝土墙垫（条基、导墙）等。《全国民用建筑工程设计技术措施　规划·建筑·景观》（2009年版）第二部分及其他资料指出：

(1) 强度低于A3.5的加气混凝土砌块非承重墙与楼地面交接处应在墙底部做导墙。导墙可采用烧结砖或多孔砖砌筑，高度应不小于200mm。

(2) 为了防潮防水，水泥焦渣空心砖隔墙一般在靠近地面和楼板的部位应先砌筑3～5皮砖（180～300mm）。

(3) 石膏板隔墙用于卫浴间、厨房时，应作墙面防水处理，根部应做 C20 混凝土条基，条基高度距完成面不低于 100mm。

(4) 当防水型石膏条板隔墙及其他有防水、防潮要求的条板隔墙用于潮湿环境时，下端应做 C20 细石混凝土条形墙垫，且墙垫高度不应小于100mm，并应作泛水处理。

(5) 实心块材隔墙可直接在楼地面上砌筑。

6.《装配式混凝土建筑技术标准》 GB/T 51231—2016 的规定

(1) 轻质隔墙系统设计应符合下列规定：

1）宜结合室内管线的敷设进行构造设计，避免管线安装和维修更换对墙体造成破坏。

2）应满足不同功能房间的隔声要求。

3）应在吊挂空调、画框等部位设置加强板或采取其他可靠的加固措施。

(2) 轻质隔墙系统的墙板接缝处应进行密封处理；隔墙端部与结构系统应有可靠连接。

七、混凝土小型空心砌块的构造

《混凝土小型空心砌块建筑技术规程》JGJ/T 14—2011 中指出：<u>混凝土小型空心砌块包括普通混凝土小型空心砌块（又分为无筋小砌块和配筋小砌块两种）和轻骨料混凝土小型空心砌块两种。基本规格尺寸为 390mm×190mm×190mm。辅助规格尺寸为 290mm×190mm×190mm 和 190mm×190mm×190mm 两种。</u>

图 2-3-31 和图 2-3-32 介绍了两种小砌块的外观。

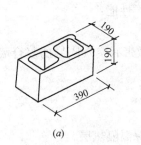
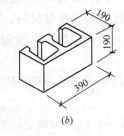
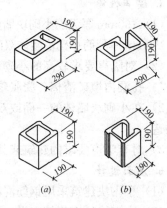

图 2-3-31　基本规格小砌块
(a) 一般小砌块；(b) 芯柱处小砌块

图 2-3-32　辅助规格小砌块
(a) 一般小砌块；(b) 芯柱处小砌块

(一) 砌块的强度等级

(1) 普通混凝土小型空心砌块的强度等级：MU20、MU15、MU10、MU7.5 和 MU5。

(2) 轻骨料混凝土小型空心砌块的强度等级：MU15、MU10、MU7.5、MU5 和 MU3.5。

(3) 砌筑砂浆的强度等级：Mb20、Mb15、Mb10、Mb7.5 和 Mb5。

(4) 灌孔混凝土的强度等级：Cb40、Cb35、Cb30、Cb25 和 Cb20。

(二) 抗震设防允许建造高度

1. 多层混凝土小砌块砌体房屋

墙体厚度为 190mm，8 度设防 0.20g 时，允许建造层数为 6 层，允许建造高度为 18m；8 度设防 0.30g 时，允许建造层数为 5 层，允许建造高度为 15m。层高不应超过 3.60m。

2. 配筋小砌块砌体抗震墙房屋

墙体厚度为 190mm，8 度设防 0.20g 时，允许建造高度为 40m；8 度设防 0.30g 时，允许建造高度为 30m。底部加强部位的层高，抗震等级为一、二级时，不宜大于 3.20m；三、四级时，不宜大于 3.90m。其他部位的层高，抗震等级为一、二级时，不宜大于 3.90m；三、四级时，不宜大于 4.80m。

(三) 建筑设计

1. 平面及竖向设计

平面及竖向均应做墙体的排块设计，排块时应以采用主规格砌块为主，减少辅助规格砌块的用量和种类。

2. 防水设计

室外散水坡顶面以上和室内地面以下的砌体内，应设置防潮层。多雨水地区的单排孔小砌块墙体应作双面粉刷；勒脚应采用防水砂浆粉刷。

3. 耐火极限和燃烧性能

小砌块属于不燃烧体，其耐火极限与砌块的厚度有关，90mm 厚的小砌块耐火极限为 1h；190mm 厚的无筋小砌块用于承重墙时，耐火极限为 2h；190mm 厚配筋小砌块用于承重墙时，耐火极限为 3.5h。

4. 隔声性能

（1）190mm 厚无筋小砌块墙体双面各抹 20mm 厚粉刷的空气声计权隔声量可按 45dB 采用；190mm 厚配筋小砌块墙体双面各抹 20mm 厚粉刷的空气声计权隔声量可按 50dB 采用。

（2）对隔声要求较高的小砌块建筑，可采用下列措施提高隔声性能：

1）孔洞内填矿渣棉、膨胀珍珠岩、膨胀蛭石等松散材料。

2）在小砌块墙体的一面或双面采用纸面石膏板或其他板材做带有空气隔层的复合墙体构造。

3）对有吸声要求的建筑或其局部，墙体宜采用吸声砌块砌筑。

5. 屋面设计

（1）小砌块建筑采用钢筋混凝土平屋面时，应在屋面上设置保温隔热层。

（2）小砌块住宅建筑宜做成有檩体系坡屋面。当采用钢筋混凝土基层坡屋面时，坡屋面宜外挑出墙面，并应在坡屋面上设置保温隔热层。

（3）钢筋混凝土屋面板及上面的保温隔热防水层中的砂浆找平层、刚性面层等应设置分格缝，并应与周边的女儿墙断开。

（四）节能设计

（1）小砌块建筑的体形系数、窗墙面积比及其对应的窗的传热系数、遮阳系数和空气渗透性能应符合建筑所在气候地区现行居住建筑与公共建筑节能设计标准的规定。

（2）普通（无筋）小砌块及配筋小砌块砌体的热阻和热惰性指标见表 2-3-46。

普通小砌块及配筋小砌块砌体的热阻 R_{ma} 和热惰性指标 D_{ma}　　　表 2-3-46

小砌块砌体块型	厚度 （mm）	孔洞率 （%）	表观密度 （kg/m³）	热阻 R_{ma} （m²·K/W）	热惰性 D_{ma}
单排孔无筋小砌块	90	30	1500	0.12	0.85
	190	40	1280	0.17	1.47
双排孔无筋小砌块	190	40	1280	0.22	1.70
三排孔无筋小砌块	240	45	1200	0.35	2.31
单排孔配筋小砌块	190	—	2400	0.11	1.88

（五）构造要求

（1）抗震设计时：混凝土小砌块的强度等级不应低于 MU7.5，其砌筑砂浆强度等级不应低于 Mb7.5；配筋小砌块砌体抗震墙，混凝土小砌块的强度等级不应低于 MU10，其砌筑砂浆强度等级不应低于 Mb10。

（2）地面以下或防潮层以下的墙体、潮湿房间的墙体所用材料的最低强度等级应符合表 2-3-47 的要求。潮湿房间每楼层第一皮砌块除灌实外，其强度等级应不低于 MU7.5。

地面以下或防潮层以下的墙体、潮湿房间的墙体所用材料的最低强度等级　　　表 2-3-47

基土潮湿程度	混凝土小砌块	水泥砂浆
稍潮湿的	MU7.5	Mb5
很潮湿的	MU10	Mb7.5
含水饱和的	MU15	Mb10

注：1. 砌块孔洞应采用强度等级不低于 C20 的混凝土灌实；
　　2. 对安全等级为一级或设计使用年限大于 50 年的房屋，表中材料强度等级应至少提高一级。

(3) 墙体的下列部位，应采用 C20 混凝土灌实砌体的孔洞：

1) 无圈梁和混凝土垫块的檩条和钢筋混凝土楼板支承面下的 1 皮砌块；

2) 未设置圈梁和混凝土垫块的屋架、梁等构件支承处，灌实宽度不应小于 600mm，高度不应小于 600mm 的砌块；

3) 挑梁支承面下，其支承部位的内外墙交接处，纵横各灌实 3 个孔洞，灌实宽度不小于 3 皮砌块。

(4) 门窗洞口顶部应采用钢筋混凝土过梁。

(5) 女儿墙应设置钢筋混凝土芯柱或构造柱，构造柱间距不宜大于 4m（或每开间设置），插筋芯柱间距不宜大于 1.60m，构造柱或芯柱插筋应伸至女儿墙顶，并与现浇钢筋混凝土压顶整浇在一起。

(6) 小砌块墙与后砌隔墙交接处，应沿墙高每 400mm 在水平灰缝内设置不少于 2φ4，横筋间距不大于 200mm 的焊接钢筋网片。

(六) 抗震构造措施

1. 钢筋混凝土圈梁

(1) 设置部位：小砌块砌体房屋各楼层均应设置现浇钢筋混凝土圈梁，不得采用槽形砌块代做模板，并应按《混凝土小型空心砌块建筑技术规程》JGJ/T 14—2011 中表 7.3.6 的要求设置；纵墙承重时，抗震横墙上的圈梁间距应比表内要求适当加密。现浇或装配整体式钢筋混凝土楼、屋盖与墙体有可靠连接的房屋，应允许不另设圈梁，但楼板沿抗震墙体周边均应加强配筋并应与相应的构造柱、芯柱钢筋可靠连接。有错层的多层小砌块砌体房屋，在错层部位的错层楼板位置应设置现浇钢筋混凝土圈梁。

(2) 截面尺寸和配筋：现浇混凝土圈梁的截面宽度宜取墙宽且不应小于 190mm；基础圈梁的截面宽度宜取墙宽，截面高度不应小于 200mm。

(3) 其他构造要求：圈梁应闭合，遇有洞口，圈梁应上下搭接。圈梁宜与预制板设在同一标高处或紧靠板底。

2. 钢筋混凝土芯柱

(1) 设置部位：小砌块砌体房屋采用芯柱做法时，应按《混凝土小型空心砌块建筑技术规程》JGJ/T 14—2011 的要求设置钢筋混凝土芯柱。

(2) 截面尺寸和配筋：小砌块砌体房屋芯柱截面不宜小于 120mm×120mm；芯柱的竖向插筋应贯通墙身且与圈梁连接；插筋不应小于 1φ12，6 度、7 度时超过 5 层、8 度时超过 4 层和 9 度时，插筋不应小于 1φ14（图 2-3-33）。

(3) 其他构造要求：芯柱混凝土强度等级，不应低于 Cb20；芯柱混凝土应贯通楼板，

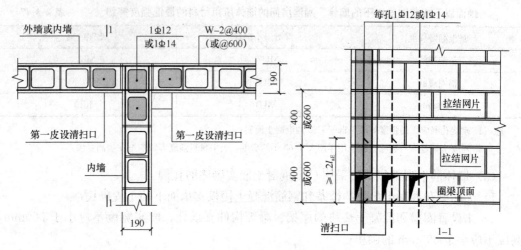

图 2-3-33 芯柱节点构造

当采用装配式钢筋混凝土楼盖时，应采用贯通措施；芯柱应伸入室外地面下 500mm 或与埋深小于 500mm 的基础圈梁相连。

3. 钢筋混凝土构造柱

（1）设置部位：小砌块砌体房屋同时设置构造柱和芯柱时，应按《混凝土小型空心砌块建筑技术规程》JGJ/T 14—2011 的要求设置现浇钢筋混凝土构造柱。

（2）截面尺寸和配筋：小砌块砌体房屋的构造柱，截面不宜小于 190mm×190mm，纵向钢筋不宜少于 4φ12，箍筋间距不宜大于 250mm，且在柱上下端应适当加密；6 度、7 度时超过 5 层、8 度时超过 4 层和 9 度时，构造柱纵向钢筋宜采用 4φ14，箍筋间距不应大于 200mm（图 2-3-34）；外墙转角的构造柱应适当加大截面及配筋。

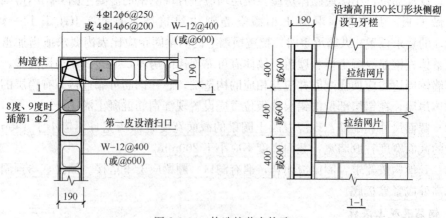

图 2-3-34 构造柱节点构造

（3）其他构造要求：构造柱与小砌块墙连接处应砌成马牙槎；与构造柱相邻的砌块孔洞，6 度时宜填实，7 度时应填实，8 度、9 度时应填实并插筋 1φ12；构造柱与圈梁连接处，构造柱的纵筋应在圈梁纵筋内侧穿过，保证构造柱纵筋上下贯通；构造柱可不单独设置基础，但应伸入室外地面下 500mm，或与埋深小于 500mm 的基础圈梁相连；必须先砌筑小砌块墙体，再浇筑构造柱混凝土。

4. 女儿墙

小砌块砌体女儿墙高度超过 0.5m 时，应在墙中增设锚固于顶层圈梁的构造柱或芯柱，构造柱间距不大于 3m，芯柱间距不大于 1.6m；女儿墙顶应设置压顶圈梁，其截面高度不应小于 60mm，纵向钢筋不应少于 2φ10。

（七）施工要求

（1）小砌块墙内不得混砌黏土砖或其他墙体材料。镶砌时，应采用实心小砌块（90mm×190mm×53mm）或与小砌块材料强度同等级的预制混凝土块。

（2）小砌块砌筑形式应每皮顺砌。当墙、柱（独立柱、壁柱）内设置芯柱时，小砌块必须对孔、错缝、搭砌，上下两皮小砌块搭砌长度应为 195mm；当墙体设构造柱或使用多排孔小砌块及插填聚苯板或其他绝热保温材料的小砌块砌筑墙体时，应错缝搭砌，搭砌长度不应小于 90mm。否则，应在此部位的水平灰缝中设 φ4 点焊钢筋网片。网片两端与该位置的竖缝距离不得小于 400mm。墙体竖向通缝不得超过 2 皮小砌块，柱（独立柱、壁柱）宜为 3 皮。

（3）小砌块在砌筑前与砌筑中均不应浇水，尤其是插填聚苯板或其他绝热保温材料的小砌块。

（八）节点构造

（1）墙身下部节点构造（图 2-3-35）

（2）墙身中部、顶部节点构造（图 2-3-36）

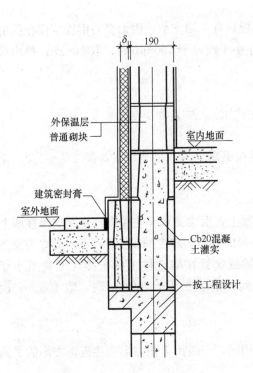

图 2-3-35 墙身下部节点构造

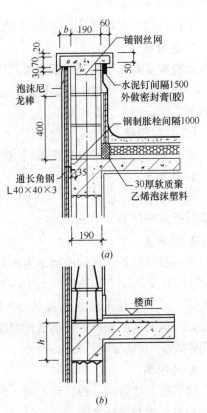

图 2-3-36 墙身节点构造
(*a*) 顶部节点；(*b*) 中部节点

第四节 楼板、建筑地面、路面构造

一、现浇钢筋混凝土楼板和现浇钢筋混凝土梁的尺寸

（一）现浇楼板

现浇楼板包括四面支承的单向板、双向板，单面支承的悬挑板等。

1. 单向板

单向板的平面长边与短边之比大于等于 3，受力以后，力传给长边为 1/8，短边为 7/8，故认为这种板受力以后仅向短边传递。单向板的代号如 $\frac{B}{80}$，其中 B 代表板，单向箭头表示主筋摆放方向，80 代表板厚为 80mm。现浇板的厚度应不大于跨度的 1/30，而且不小于 60mm。

2. 双向板

双向板的平面长边与短边之比小于等于 2，受力后，力向两个方向传递，短边受力大，长边受力小，受力主筋应平行短边，并摆在下部。双向板的代号为 $\frac{B}{100}$，B 代表板，100 代表厚度为 100mm，双向箭头表示钢筋摆放方向，板厚的最小值应不大于跨度的 1/40 且不小于 80mm。

平面长边与短边之比介于 2~3 之间时，宜按双向板计算。

3. 悬臂板

悬臂板主要用于雨罩、阳台等部位。悬臂板只有一端支承，因而受力钢筋应摆在板的上部。板厚应按 1/12 挑出尺寸取值。挑出尺寸小于或等于 500mm 时，取 60mm；挑出尺寸大于 500mm 时，取 80mm。

（二）现浇梁

现浇梁包括单向梁（简支梁）、双向梁（主次梁），井字梁等类型。

1. 单向梁

梁高一般为跨度的 1/12~1/10，板厚包括在梁高之内，梁宽取梁高的 1/3~1/2，单向梁的经济跨度为 4~6m。

2. 双向梁

又称肋形楼盖。其构造顺序为板支承在次梁上，次梁支承在主梁上，主梁支承在墙上或柱上。次梁的梁高为跨度的 1/15~1/10；主梁的梁高为跨度的 1/12~1/8，梁宽为梁高的 1/3~1/2。主梁的经济跨度为 5~8m。主梁或次梁在墙或柱上的搭接尺寸应不小于 240mm。梁高包括板厚。密肋板的厚度，次梁间距小于或等于 700mm 时，取 40mm；次梁间距大于 700mm 时，取 50mm。

3. 井字梁

这是肋形楼盖的一种，其主梁、次梁高度相同，一般用于正方形或接近正方形的平面中。板厚包括在梁高之中。

二、预制钢筋混凝土楼板的构造

1. 预制楼板的类型

目前，在我国各城市普遍采用预应力钢筋混凝土构件，少量地区采用普通钢筋混凝土构件。楼板大多预制成空心构件或槽形构件。空心楼板又分为方孔和圆孔两种；槽形板又分为槽口向上的正槽形和槽口向下的反槽形。楼板的厚度与楼板的长度有关，但大多在120～240mm之间，楼板宽度大多为600mm、900mm、1200mm等多种规格。楼板的长度应符合300mm模数的"三模制"。北京地区有1800～6900mm等18种规格。

2. 预制楼板的摆放

预制楼板在墙上或梁上的摆放，根据方向的不同，有横向摆放、纵向摆放、纵横向摆放三种方式。

横向摆放是把楼板支承在横向墙上或梁上，这种摆放叫横墙承重。纵向摆放是把楼板支承在纵向梁或纵向墙上，这种摆放叫纵墙承重。纵横向摆放是楼板分别支承在纵向墙、横向墙或梁上，这叫混合承重。

三、建筑地面构造

【相关真题：2022-069，2022-070，2022-073，2021-074，2021-075，2021-077，2020-072，2020-073，2020-074，2019-078】

建筑地面包括底层地面与楼层地面两大部分。地面属于建筑装修的一部分，各类建筑对地面要求也不尽相同。概括起来，一般应满足以下几个方面的要求。

（一）对地面的要求

1. 坚固耐久

地面直接与人接触，家具、设备也大多都摆放在地面上，因而地面必须耐磨，行走时不起尘土，不起砂，并有足够的强度。

2. 减小吸热

由于人们直接与地面接触，地面则直接吸走人体的热量，为此应选用吸热系数小的材料作地面面层，或在地面上铺设辅助材料，用以减小地面的吸热。如采用木材或其他有机材料（塑料地板等）作地面面层，比一般水泥面的效果要好得多。

3. 满足隔声

上下楼层之间传播的噪声，包括空气声和撞击声；人在某房间顶部的楼板上行走或拖拽物体、物体掉落在该房间顶部的楼板上，在该房间内产生的噪声即属于撞击声。楼板层的隔声包括对撞击声和空气声两种噪声的隔绝性能。一般来说，达到楼板的空气声隔声标准不难，因为目前常用的钢筋混凝土楼板具有较好的隔绝空气声性能；但是对隔绝撞击声则显得不足。撞击声隔声是通过改变撞击声的发声方式或在撞击声的固体传播途径——建筑结构（如楼板）层构件中采取措施，从而增加声衰减。常用各类楼板的计权标准化撞击声压级见表2-4-1。

常用各类楼板的计权标准化撞击声压级（dB）　　　　表 2-4-1

楼板构造层次（mm）	面密度（kg/m²）	计权标准化撞击声压级 L_{npw}（dB）
100 厚钢筋混凝土楼板	240	80～85
1) 20 厚水泥砂浆 2) 100 厚钢筋混凝土楼板	270	80～82
1) 通体砖 2) 20 厚水泥砂浆结合层 3) 20 厚水泥砂浆 4) 100 厚钢筋混凝土楼板	300	82
1) 20 厚水泥砂浆 2) 20 厚水泥砂浆找平层 3) 60～70 厚焦渣层 4) 160 厚圆孔空心楼板	300	<75
1) 地毯 2) 20 厚水泥砂浆 3) 100 厚钢筋混凝土楼板	270	52
1) 16 厚柞木地板 2) 20 厚水泥砂浆 3) 100 厚钢筋混凝土楼板	275	63

楼板层隔声措施如下：

(1) 楼板隔绝空气声：增加楼板层容重，使楼板密实，避免裂缝、孔洞。

(2) 楼板隔绝撞击声（图 2-4-1）

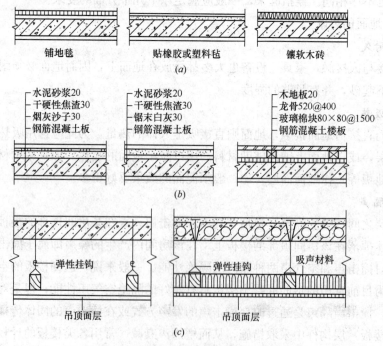

图 2-4-1　楼板隔绝撞击声构造措施
(a) 弹性面层；(b) 浮筑楼板；(c) 吸声顶棚

1) 弹性面层：楼板面层采用地毯、橡胶、软木等弹性材料；
2) 浮筑楼板：用片状、条状或块状的弹性材料将楼板面层与结构层脱开；
3) 吸声顶棚：在楼板下方设置吊顶并在吊顶内铺设吸声材料。

4. 防水要求

用水较多的厕所、盥洗室、浴室、实验室等房间，应满足防水要求。一般应选用密实不透水的材料，并适当做排水坡度。在楼地面的垫层上部有时还应做油毡防水层。

（二）地面的构造组成

综合《建筑地面设计规范》GB 50037—2013、《建筑地面工程施工质量验收规范》GB 50209—2010 和《民用建筑设计统一标准》GB 50352—2019 的相关规定如下：

1. 建筑地面的构造层次

（1）面层：建筑地面直接承受各种物理和化学作用的表面层。
（2）结合层：面层与下面构造层之间的连接层。
（3）找平层：在垫层、楼板或填充层上起抹平作用的构造层。
（4）隔离层：防止建筑地面上各种液体或水、潮气透过地面的构造层。
（5）防潮层：防止地下潮气透过地面的构造层。
（6）填充层：建筑地面中设置起隔声、保温、找坡或暗敷管线等作用的构造层。
（7）垫层：在建筑地基上设置承受并传递上部荷载的构造层。
（8）地基：承受底层地面荷载的土层。

2. 基本构造层次

（1）底层地面：底层地面的基本构造层次宜为面层、垫层和地基。
（2）楼层地面：楼层地面的基本构造层次宜为面层和楼板。
（3）附加层次：当底层地面和楼层地面的基本构造层次不能满足使用或构造要求时，可增设结合层、隔离层、填充层、找平层、防水层、防潮层和保温绝热层等其他构造层次（图 2-4-2）。

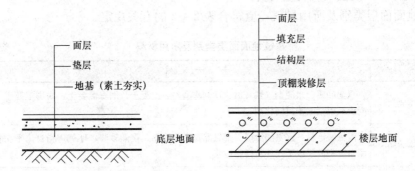

图 2-4-2 地面构成

（三）地面做法的选择

1. 基本规定

（1）建筑地面采用的大理石、花岗石等天然石材应符合《建筑材料放射性核素限量》GB 6566 的相关规定。
（2）建筑地面采用的胶粘剂、沥青胶结料和涂料应符合《民用建筑工程室内环境污染控制标准》GB 50325 的相关规定。

(3) 公共建筑中，人员活动场所的建筑地面，应方便残疾人安全使用，其地面材料应符合《无障碍设计规范》GB 50763 的相关规定。

(4) 木板、竹板楼地面，应根据使用要求及材质特性，采取防火、防腐、防潮、防蛀、通风等相应措施。

(5) 建筑物的底层地面标高，宜高出室外地面 150mm。当使用有特殊要求或建筑物预期有较大沉降量等其他原因时，应增大室内外高差。

(6) 有水或非腐蚀性液体经常浸湿、流淌的地面，应设置隔离层并采用不吸水、易冲洗、防滑类的面层材料；隔离层应采用防水材料。楼层结构必须采用现浇混凝土制作，当采用装配式钢筋混凝土楼板时，还应设置配筋混凝土整浇层。

(7) 需预留地面沟槽、管线时，其地面混凝土工程可分为毛地面和面层两个阶段施工，毛地面混凝土强度等级不应小于 C15。

(8) 除有特殊使用要求外，楼地面应满足平整、耐磨、不起尘、环保、防污染、隔声、易于清洁等要求，且应具有防滑性能。

(9) 厕所、浴室、盥洗室等受水或非腐蚀性液体经常浸湿的楼地面应采取防水、防滑的构造措施，并设排水坡坡向地漏。有防水要求的楼地面应低于相邻楼地面 15.0mm。经常有水流淌的楼地面应设置防水层，宜设门槛等挡水设施，且应有排水措施，其楼地面应采用不吸水、易冲洗、防滑的面层材料，并应设置防水隔离层。

(10) 建筑地面应根据需要采取防潮、防基土冻胀或膨胀、防不均匀沉陷等措施。

(11) 存放食品、食料、种子或药物等的房间，其楼地面应采用符合国家现行相关卫生环保标准的面层材料。

(12) 受较大荷载或有冲击力作用的楼地面，应根据使用性质及场所选用由板、块材料、混凝土等组成的易于修复的刚性构造，或由粒料、灰土等组成的柔性构造。

2. 建筑地面面层类别及所用材料

建筑地面面层类别及所用材料，应符合表 2-4-2 的有关规定。

建筑地面面层类别及所用材料　　　　　　表 2-4-2

面层类别	材料选择
水泥类整体面层	水泥砂浆、水泥钢（铁）屑、现制水磨石、混凝土、细石混凝土、耐磨混凝土、钢纤维混凝土或混凝土密封固化剂
树脂类整体面层	丙烯酸涂料、聚氨酯涂层、聚氨酯自流平涂料、聚酯砂浆、环氧树脂自流平涂料、环氧树脂自流平砂浆或干式环氧树脂砂浆
板块面层	陶瓷锦砖、耐酸瓷板（砖）、陶瓷地砖、水泥花砖、大理石、花岗石、水磨石板块、条石、块石、玻璃板、聚氯乙烯板、石英塑料板、塑胶板、橡胶板、铸铁板、网纹板、网络地板
木、竹面层	实木地板、实木集成地板、浸渍纸层压木质地板（强化复合木地板）、竹地板
防静电面层	导静电水磨石、导静电水泥砂浆、导静电活动地板、导静电聚氯乙烯地板
防腐蚀面层	耐酸板块（砖、石材）或耐酸整体面层
矿渣、碎石面层	矿渣、碎石
织物面层	地毯

3. 地面面层的选择

(1) 常用地面

1) 公共建筑中，经常有大量人员走动或残疾人、老年人、儿童活动及轮椅、小型推车行驶的地面，应采用防滑、耐磨、不易起尘的块材面层或水泥类整体面层。

2) 公共场所的门厅、走道、室外坡道及经常用水冲洗或潮湿、结露等容易受影响的地面，应采用防滑面层。

3) 室内环境具有安静要求的地面，其面层宜采用地毯、塑料或橡胶等柔性材料。

4) 供儿童及老年人公共活动的场所地面，其面层宜采用木地板、强化复合木地板、塑胶地板等暖性材料。

5) 地毯的选用，应符合下列要求：

① 有防霉、防蛀、防火和防静电等要求的地面，应按相关技术规定选用地毯；

② 经常有人员走动或小推车行驶的地面，宜采用耐磨、耐压、绒毛密度较高的高分子类地毯。

6) 舞厅、娱乐场所地面宜采用表面光滑、耐磨的水磨石、花岗石、玻璃板、混凝土密封固化剂等面层材料，也可以选用表面光滑、耐磨和略有弹性的木地板。

7) 要求不起尘、易清洗和抗油腻沾污要求的餐厅、酒吧、咖啡厅等地面，宜采用水磨石、防滑地砖、陶瓷锦砖、木地板或耐沾污地毯等面层。

8) 室内体育运动场地、排练厅和表演厅的地面宜采用具有弹性的木地板、聚氨酯橡胶复合面层、运动橡胶面层；室内旱冰场地面，应采用具有坚硬耐磨、平整的现制水磨石面层和耐磨混凝土面层。

9) 存放书刊、文件或档案等纸质库房的地面，珍藏各种文物或艺术品和装有贵重物品的库房地面，宜采用木地板、橡胶地板、水磨石、防滑地砖等不起尘、易清洁的面层；底层地面应采取防潮和防结露措施；有贵重物品的库房，当采用水磨石、防滑地砖面层时，宜在适当范围内增铺柔性面层。

10) 有采暖要求的地面，可选用低温热水地面辐射供暖，面层宜采用地砖、水泥砂浆、木地板、强化复合木地板等。

(2) 有清洁、洁净度指标、防尘和防菌要求的地面

1) 有清洁和弹性要求的地面，应符合下列要求：

① 有清洁使用要求时，宜选用经处理后不起尘的水泥类面层、水磨石面层或板块材面层；

② 有清洁和弹性使用要求时，宜采用树脂类自流平材料面层、橡胶板、聚氯乙烯板等面层；

③ 有清洁要求的底层地面，宜设置防潮层。当采用树脂类自流平材料面层时，应设置防潮层。

2) 有空气洁净度等级要求的地面，应采用平整、耐磨、不起尘、不易积聚静电的不燃、难燃且宜有弹性与较低的导热系数的材料的面层。此外，面层还应满足不应产生眩光，光反射系数宜为 0.15~0.35，容易除尘、容易清洗的要求。在地面与墙、柱的相交处宜做小圆角。底层地面应设防潮层。

注：空气洁净度等级指标分为 N1~N9 共 9 个等级，可查阅《洁净厂房设计规范》GB 50073—2013。

3）采用架空活动地板的地面，架空活动地板材料应根据燃烧性能和防静电要求进行选择。架空活动地板有送风、回风要求时，活动地板下应采用现制水磨石、涂刷树脂类涂料的水泥砂浆或地砖等不起尘的面层，还应根据使用要求采取保温、防水措施。

> **例 2-4-1　（2013）** 有空气洁净度要求的房间不应采用哪一种地面？（　　）
> A　普通现浇水磨石地面　　　　　B　导静电胶地面
> C　环氧树脂水泥自流平地面　　　D　瓷质通体抛光地板砖地面
> **解析：** 综合《建筑地面设计规范》GB 50037—2013 及《洁净厂房设计规范》GB 50073—2013 的相关规定：有空气洁净度要求的房间的地面应满足平整、耐磨、易清洗、不易积聚静电、避免眩光、不开裂等要求，上述 4 种地面中，瓷质通体抛光地板砖地面容易产生眩光，不应采用。
> **答案：** D

（3）有防腐蚀要求的地面

1）防腐蚀地面的标高应低于非防腐蚀地面且不宜少于 20mm；也可采用挡水设施（如设置挡水门槛等）。

2）防腐蚀地面宜采用整体面层。

3）防腐蚀地面采用块材面层时，其结合层和灰缝应符合下列要求：

① 当灰缝选用刚性材料时，结合层宜采用与灰缝材料相同的刚性材料；

② 当耐酸瓷砖、耐酸瓷板面层的灰缝采用树脂胶泥时，结合层宜采用呋喃胶泥、环氧树脂胶泥、水玻璃砂浆、聚酯砂浆或聚合物水泥砂浆；

③ 当花岗石面层的灰缝采用树脂胶泥时，结合层可采用沥青砂浆、树脂砂浆；当灰缝采用沥青胶泥时，结合层宜采用沥青砂浆。

4）防腐蚀地面的排水坡度：底层地面不宜小于 2%，楼层地面不宜小于 1%。

5）需经常冲洗的防腐蚀地面，应设隔离层。隔离层材料可以选用沥青玻璃布油毡、再生胶油毡、石油沥青油毡、树脂玻璃钢等柔性材料。当面层厚度小于 30mm 且结合层为刚性材料时，不应采用柔性材料做隔离层。

6）防腐蚀地面与墙、柱交接处应设置踢脚板，高度不宜小于 250mm。

（4）耐磨和耐撞击地面

1）通行电瓶车、载重汽车、叉车及从车辆上倾卸物件或地面上翻转小型物件的地段，宜采用现浇混凝土垫层兼面层、细石混凝土面层、钢纤维混凝土面层或非金属骨料耐磨面层、混凝土密封固化剂面层或聚氨酯耐磨地面涂料。

2）通行金属轮车、滚动坚硬的圆形重物、拖运尖锐金属物件等易磨损地面，交通频繁或承受严重冲击的地面，宜采用金属骨料耐磨面层、钢纤维混凝土面层或垫层兼面层，其混凝土强度等级不应低于 C30；或采用混凝土垫层兼面层、非金属骨料耐磨面层，其垫层的混凝土强度等级不应低于 C25。

3）行驶履带式或带防滑链的运输工具等磨损强烈的地面，宜采用砂结合的块石、花岗石面层、混凝土强度等级不低于 C30 的预制块面层、水泥砂浆结合铸铁板面层、钢格栅加固的混凝土面层或钢纤维混凝土垫层兼面层。

4）堆放金属块材、铸造砂箱等粗重物料及有坚硬重物经常冲击的地面，宜采用矿渣、碎石等地面。

5）直接安装金属切削机床的地面，其面层应耐磨、密实和整体。宜采用现浇混凝土垫层兼面层、细石混凝土面层、钢纤维混凝土面层、非金属骨料耐磨混凝土面层、混凝土密封固化剂面层或聚氨酯耐磨地面涂料。

6）有气垫运输的地面，其面层应密实、不透气、无缝、不易起尘。宜采用树脂砂浆、耐磨涂料、混凝土密封固化剂等面层。地面坡度不应大于1‰，表面平整度不宜大于1‰，允许偏差为±1mm。

（5）有特殊要求的地面

1）湿热地区非空调建筑的底层地面，可采用微孔吸湿、表面粗糙的面层。

2）采暖厂房建筑的地面，当遇下列情况之一时，应采取局部保温措施：

① 架空或悬挑部分直接对室外的楼层地面的热阻，不应小于外墙的热阻；

② 当厂房建筑物周边无热力管沟时，严寒地区底层地面，沿外墙内侧1.0m范围内应设保温隔热层，其地面热阻不应小于外墙热阻。

3）不发火花的地面，必须采用不发火花材料铺设，地面铺设材料必须经不发火花检验合格后方可使用。不发火花地面的面层材料，应符合下列要求：

① 面层材料，应选用不发火花细石混凝土、不发火花水泥砂浆、不发火花沥青砂浆、木材、橡胶和塑料等；

② 面层采用的碎石，应选用大理石、白云石或其他石灰石加工而成，并以金属或石料撞击时不发生火花为合格；

③ 砂应质地坚硬、表面粗糙，其粒径宜为0.15~5mm，含泥量不应大于3%，有机物含量不应大于0.5%；

④ 水泥应采用强度等级不小于42.5级的普通硅酸盐水泥；

⑤ 面层分格的嵌条应采用不发生火花的材料配制。配制时应随时检查，不得混入金属或其他易发生火花的杂质。

4）湿陷性黄土地区，受水浸湿或积水的底层地面，应按防水地面设计。地面下应做厚度为300~500mm的3:7灰土垫层。管道穿过地面处，应作防水处理。排水沟宜采用钢筋混凝土制作并应与地面混凝土同时浇筑。

5）有防辐射要求的房间地面，应按工艺要求进行防辐射设计。地面应平整、不起尘、易冲洗，并应有排水措施。底层地面垫层宜设防水层。楼层地面应采用铅板或其他防辐射材料，其厚度、方式、防辐射参数等应符合现行国家标准的规定，并确保防辐射材料的整体性、密闭性；与墙面防辐射材料应形成整体。地面穿管应有防护。

（6）特殊房间、特殊部位的地面

1）舞台、展厅等采用玻璃楼面时，应采用安全玻璃，一般应避免采用透光率高的玻璃。

2）存放食品、饮料或药品等的房间，其存放物有可能与楼地面面层直接接触时，严禁采用有毒性的塑料、涂料或水玻璃等做面层材料。

3）图书馆的非书资料库、计算机房、档案馆的拷贝复印室、交通工具停放和维修区等用房，楼地面应采用不容易产生火花静电的材料。

4) 各类学校的语言教室，其地面应做防尘地面。

5) 各类学校教室的楼地面和底层地面应选择光反射系数为 0.20～0.30 的饰面材料。

6) 机动车库的楼地面应采用强度高、具有耐磨防滑性能的不燃材料，并应在各楼层设置地漏或排水沟等排水设施。地漏（或集水坑）的中距不宜大于 40m。敞开式车库和有排水要求的停车区域应设不小于 0.5% 的排水坡度和相应的排水系统。机动车库内通车道和坡道的楼地面宜采取限制车速的措施。机动车库内通车道和坡道面层应采取防滑措施，并宜在柱子、墙阳角凸出结构等部位采取防撞措施。

7) 加油、加气站内场地和周边道路不应采用沥青路面，宜采用可行驶重型汽车的水泥混凝土路面或不产生静电火花的路面。

8) 冷库楼地面应采用隔热材料，其抗压强度不应小于 0.25MPa。

9) 室外地面面层宜选择具有渗水、透气性能的饰面材料及垫层材料。面层不得选用釉面或磨光面等反射率较高和光滑的材料，以减少光污染、热岛效应及避免雨雪天气滑跌等情况的发生。

10) 老年人照料设施内供老年人使用的场地及用房均应进行无障碍设计。为保证老年人行走安全，无障碍设施的地面（包括地面、楼面、路面）防滑等级及防滑安全程度应符合《老年人照料设施建筑设计标准》JGJ 450—2018 的有关规定。目前人行地面使用的材料主要为混凝土、地板、地砖、石材和橡塑类材料。

11) 《工业建筑防腐蚀设计标准》GB/T 50046—2018 规定：地面面层材料应根据腐蚀性介质的类别及作用情况、防护层使用年限和使用过程中对面层材料耐腐蚀性能和物理力学性能的要求，结合施工、维修的条件，按该规范的要求选用，并应符合下列规定：

a. 整体面层材料、块材及灰缝材料，应对介质具有耐腐蚀性能。常用面层材料在常温下的耐腐蚀性能宜按本标准附录 A 确定。

b. 有大型设备且检修频繁和有冲击磨损作用的地面，应采用厚度不小于 60mm 的块材面层或树脂细石混凝土、密实混凝土、水玻璃混凝土、树脂砂浆等整体面层。

c. 设备较小和使用小型运输工具的地面，可采用厚度不小于 20mm 的块材面层或树脂砂浆、聚合物水泥砂浆等整体面层；无运输工具的地面可采用树脂自流平涂料或防腐蚀耐磨涂料等整体面层。

d. 树脂砂浆、树脂细石混凝土、水玻璃混凝土和涂料等整体面层不宜用于室外。

e. 面层材料应满足使用环境的温度要求；树脂砂浆、树脂细石混凝土和涂料等整体面层，不得用于有明火作用的部位。

f. 操作平台可采用纤维增强塑料格栅地面。

12) 《医院洁净手术部建筑技术规范》GB 50333—2013 中规定：洁净手术部的建筑装饰应遵循不产尘、不易积尘、耐腐蚀、耐碰撞、不开裂、防潮防霉、容易清洁、环保节能和符合防火要求的总原则。洁净手术部内地面可选用实用经济的材料，以浅色为宜。洁净手术部内墙面下部的踢脚不得突出墙面；踢脚与地面交界处的阴角应做成 $R \geqslant 30$mm 的圆角。其他墙体交界处的阴角宜做成小圆角。

(四) 地面各构造层次材料的选择及厚度的确定

1. 面层

面层的材料选择和厚度应符合表 2-4-3 的规定。

面层的材料和厚度　　　　　　　表 2-4-3

面层名称		材料强度等级	厚度（mm）
混凝土（垫层兼面层）		≥C20	按垫层确定
细石混凝土		≥C20	40～60
聚合物水泥砂浆		≥M20	20
水泥砂浆		≥M15	20
水泥石屑		≥M30	30
现制水磨石		≥C20	≥30
预制水磨石		≥C20	25～30
防静电水磨石		≥C20	40
防静电活动地板		—	150～400
矿渣、碎石（兼垫层）		—	80～150
水泥花砖		≥MU15	20～40
陶瓷锦砖（马赛克）		—	5～8
陶瓷地砖（防滑地砖、釉面地砖）		—	8～14
花岗岩条石或块石		≥MU60	80～120
大理石、花岗石板		—	20～40
块石		≥MU30	100～150
玻璃板（不锈钢压边、收口）		—	12～24
网络地板		—	40～70
木板、竹板	（单层）	—	18～22
	（双层）	—	12～20
薄型木板（席纹拼花）		—	8～12
强化复合木地板		—	8～12
聚氨酯涂层		—	1.2
丙烯酸涂料		—	0.25
聚氨酯自流平涂料		—	2～4
聚氨酯自流平砂浆		≥80MPa	4～7
聚酯砂浆		—	4～7
运动橡胶面层		—	4～5
橡胶板		—	3
聚氨酯橡胶复合面层		—	3.5～6.5（含发泡层、网格布等多种材料）
聚氯乙烯板含石英塑料板和塑胶板		—	1.6～3.2
地毯	单层	—	5～8
	双层	—	8～10

续表

面层名称		材料强度等级	厚度（mm）
地面辐射供暖面层	地砖	—	80～150
	水泥砂浆		20～30
	木板、强化复合木地板		12～20

注：1. 双层木板、竹板地板的厚度中不包括毛地板厚；其面层用硬木制作时，板的净厚度宜为 12～20mm；
　　2. 双层强化木地板面层厚度中不包括泡沫塑料垫层、毛板、细木工板、中密度板厚；
　　3. 涂料的涂刷，不得少于 3 遍；
　　4. 现制水磨石、防静电水磨石、防静电水泥砂浆的厚度中包含结合层的厚度；
　　5. 防静电活动地板、通风活动地板的厚度是指地板成品的高度；
　　6. 玻璃板、强化复合木地板、聚氯乙烯板宜采用专用胶粘接或粘铺；
　　7. 地板双层的厚度中包括橡胶海绵垫层的厚度；
　　8. 聚氨酯橡胶复合面层的厚度中，包含发泡层、网格布等多种材料的厚度。

2. 结合层

（1）以水泥为胶结料的结合层材料，拌和时可掺入适量化学胶（浆）料。

（2）采用块材面层，其结合层和灰缝材料的选择应符合下列要求：

1）当灰缝选用刚性材料时，结合层宜采用与灰缝材料相同的刚性材料；

2）当耐酸瓷砖、耐酸瓷板面层的灰缝采用树脂胶泥时，结合层宜采用呋喃胶泥、环氧树脂胶泥、水玻璃砂浆、聚酯砂浆或聚合物水泥砂浆；

3）当花岗石面层的灰缝采用树脂胶泥时，结合层可采用沥青砂浆、树脂砂浆；当灰缝采用沥青胶泥时，结合层宜采用沥青砂浆。

（3）结合层的厚度应符合表 2-4-4 的规定。

结合层材料及厚度　　　　　　　　　　　　　表 2-4-4

面层材料	结合层材料	厚度（mm）
陶瓷锦砖（马赛克）	1:1 水泥砂浆	5
水泥花砖	1:2 水泥砂浆或 1:3 干硬性水泥砂浆	20～30
块石	砂、炉渣	60
花岗岩条（块）石	1:2 水泥砂浆	15～20
	砂	60
大理石、花岗石板	1:2 水泥砂浆或 1:3 干硬性水泥砂浆	20～30
陶瓷地砖（防滑地砖、釉面地砖）	1:2 水泥砂浆或 1:3 干硬性水泥砂浆	10～30
玻璃板（用不锈钢压边收口）	专用胶粘剂粘结	—
	C30 细石混凝土表面找平	40
	木板表面刷防腐剂及木龙骨	20
木地板（实贴）	粘结剂、木板小钉	—
强化复合木地板	泡沫塑料衬垫	3～5
	毛板、细木工板、中密度板	15～18
聚氨酯涂层	1:2 水泥砂浆	20
	C20～C30 细石混凝土	40

续表

面层材料	结合层材料	厚度（mm）
环氧树脂自流平涂料	环氧稀胶泥一道 C20~C30 细石混凝土	40~50
环氧树脂自流平砂浆 聚酯砂浆	环氧稀胶泥一道 C20~C30 细石混凝土	40~50
聚氯乙烯板（含石英塑料板、塑胶板）、橡胶板	专用粘结剂粘贴	—
	1：2 水泥砂浆	20
	C20 细石混凝土	30
聚氨酯橡胶复合面层、运动橡胶板面层	树脂胶泥自流平层	3
	C25~C30 细石混凝土	40~50
地面辐射供暖面层	1：3 水泥砂浆	20
	C20 细石混凝土内配钢丝网（中间配加热管）	60
网络地板面层	1：2~1：3 水泥砂浆	20

3. 找平层

（1）当找平层铺设在混凝土垫层上时，其强度等级不应小于混凝土垫层的强度等级。混凝土找平层兼面层时，其强度等级不应小于C20。

（2）找平层材料的强度等级、配合比及厚度应符合表 2-4-5 的规定。

找平层的强度等级、配合比及厚度　　　　　表 2-4-5

找平层材料	强度等级或配合比	厚度（mm）
水泥砂浆	1：3	≥15
水泥混凝土	C15~C20	≥30

注：《建筑地面工程施工质量验收规范》GB 50209—2010 中规定：找平层厚度小于 30mm 时，宜采用水泥砂浆；大于 30mm 时，宜采用细石混凝土。

4. 隔离层

建筑地面隔离层的层数应符合表 2-4-6 的规定。

隔离层的层数　　　　　表 2-4-6

隔离层材料	层数（或道数）	隔离层材料	层数（或道数）
石油沥青油毡	1 层或 2 层	防油渗胶泥玻璃纤维布	1 布 2 胶
防水卷材	1 层	防水涂膜（聚氨酯类涂料）	2 道或 3 道
有机防水涂料	1 布 3 胶		

注：1. 石油沥青油毡，不应低于 350g/m²；
　　2. 防水涂膜总厚度一般为 1.5~2.0mm；
　　3. 防水薄膜（农用薄膜）作隔离层时，其厚度为 0.4~0.6mm；
　　4. 用于防油渗隔离层可采用具有防油渗性能的防水涂膜材料。

5. 填充层

（1）建筑地面填充层材料的密度宜小于 900kg/m³。

（2）填充层材料的强度等级、配合比及厚度应符合表 2-4-7 的规定。

填充层的材料强度等级或配合比及其厚度　　　　表 2-4-7

填充层材料	强度等级或配合比	厚度（mm）
水泥炉渣	1:6	30～80
水泥石灰炉渣	1:1:8	30～80
陶粒混凝土	C10	30～80
轻骨料混凝土	C10	30～80
加气混凝土块	M5.0	≥50
水泥膨胀珍珠岩块	1:6	≥50

注：《建筑地面工程施工质量验收规范》GB 50209—2010 中规定：填充层采用隔声垫时，应设置保护层。混凝土保护层的厚度不应小于 30mm。保护层内应配置双向间距不大于 200mm 的 $\phi 6$ 钢筋网片。

6. 垫层

（1）垫层类型的选择

1）现浇整体面层、以粘结剂结合的整体面层和以粘结剂或砂浆结合的块材面层，宜采用混凝土垫层；

2）以砂或炉渣结合的块材面层，宜采用碎（卵）石、灰土、炉（矿）渣、三合土等垫层；

3）有水及侵蚀介质作用的地面，应采用刚性垫层；

4）通行车辆的面层，应采用混凝土垫层；

5）有防油渗要求的地面，应采用钢纤维混凝土或配筋混凝土垫层。

（2）地面垫层的最小厚度应符合表 2-4-8 的规定。

垫层最小厚度　　　　表 2-4-8

垫层名称	材料强度等级或配合比	最小厚度（mm）
混凝土垫层	≥C15	80
混凝土垫层兼面层	≥C20	80
砂垫层	—	60
砂石垫层	—	100
碎石（砖）垫层	—	100
三合土垫层	1:2:4（石灰:砂:碎料）	100（分层夯实）
灰土垫层	3:7 或 2:8（熟化石灰:黏性土、粉质黏土、粉土）	100
炉渣垫层	1:6（水泥:炉渣）或 1:1:6（水泥:石灰:炉渣）	80

注：《建筑地面工程施工质量验收规范》GB 50209—2010 中规定：砂垫层的厚度不应小于 60mm；四合土垫层的厚度不应小于 80mm；水泥混凝土垫层的厚度不应小于 60mm；陶粒混凝土垫层的厚度不应小于 80mm。

（3）垫层的防冻要求

1）季节性冰冻地区非采暖房间的地面以及散水、明沟、踏步、台阶和坡道等，当土壤标准冻深大于 600mm，且在冻深范围内为冻胀土或强冻胀土，采用混凝土垫层时，应在垫层下部采取防冻害措施（设置防冻胀层）。

2）防冻胀层应采用中粗砂、砂卵石、炉渣、炉渣石灰土以及其他非冻胀材料。

3）采用炉渣石灰土做防冻胀层时，炉渣、素土、熟化石灰的重量配合比宜为 7:2:1，压实系数不宜小于 0.85，且冻前龄期应大于 30d。

例 2-4-2　(2021) 工业厂房地面垫层的最小厚度宜为(　　)。
A　100mm　　　B　80mm　　　C　60mm　　　D　40mm
解析： 参见《机械工业厂房建筑设计规范》GB 50681—2011 第 6.2.3 条，混凝土垫层的最小厚度应为 80mm（B 项正确），混凝土材料强度等级不应低于 C15。当垫层兼作面层时，混凝土垫层的最小厚度不宜小于 100mm，强度等级不应低于 C20。另据《建筑地面设计规范》GB 50037—2013 第 4.2.2 条，混凝土垫层、钢筋混凝土垫层或钢纤维混凝土垫层的厚度，可按附录 C 的规定计算确定，且主要荷载为大面积密集堆料、无机床基础的普通金属切削机床或无轨运输车辆等的地面垫层不得小于 100mm，其他地面垫层不得小于 80mm（B 项正确）。
答案： B

7. 地面的地基

(1) 地面垫层应铺设在均匀密实的地基上。对于铺设在淤泥、淤泥质土、冲填土及杂填土等软弱地基上时，应根据地面使用要求、土质情况并按《建筑地基基础设计规范》GB 50007—2011 的规定进行设计与处理。

(2) 利用经分层压实的填土作地基的地面工程，应根据地面构造、荷载状况、填料性能、现场条件提出压实填土的设计质量要求。

(3) 对灰土地基、砂和砂石地基、土工合成材料地基、粉煤灰地基、强夯地基、注浆地基、预压地基、水泥土搅拌桩复合地基、高压喷射注浆桩复合地基、砂桩地基、振冲桩复合地基、土和灰土挤密桩复合地基、水泥粉煤灰碎石桩复合地基及夯实水泥土桩复合地基等，经处理后的地基强度或承载力应符合设计要求。

(4) 地面垫层下的填土应选用砂土、粉土、黏性土及其他有效填料，不得使用过湿土、淤泥、腐殖土、冻土、膨胀土及有机物含量大于 8% 的土。填料的质量和施工要求，应符合《建筑地基基础工程施工质量验收标准》GB 50202—2018 的有关规定。

(5) 直接受大气影响的室外堆场、散水及坡道等地面，当采用混凝土垫层时，宜在垫层下铺设水稳性较好的砂、炉渣、碎石、矿渣、灰土及三合土等材料作为加强层，其厚度不宜小于垫层厚度的规定。

(6) 重要的建筑物地面，应计入地基可能产生的不均匀变形及其对建筑物的不利影响，并应符合《建筑地基基础设计规范》GB 50007—2011 的有关规定。

(7) 压实填土地基的压实系数和控制含水量，应符合《建筑地基基础设计规范》GB 50007—2011 的有关规定。

注：《建筑地面工程施工质量验收规范》GB 50209—2010 规定：填土土块的粒径不应大于 50mm。

8. 绝热层

绝热层与地面面层之间应设有混凝土结合层，结合层的厚度不应小于 30mm。结合层内应配置双向间距不大于 200mm 的 φ6 钢筋网片。建筑物勒脚处绝热层应符合下列规定：冻土深度不大于 500mm 时，应采用外保温做法；冻土深度在 500～1000mm 时，宜采用内保温做法；冻土深度大于 1000mm 时，应采用内保温做法；建筑物的基础有防水要求时，应采用内保温做法。

9. 防水层

(1) 防水涂料：防水涂料包括聚氨酯防水涂料、聚合物乳液防水涂料、聚合物水泥防水涂料和水乳型沥青防水涂料等水性和反应性防水涂料。平均厚度为1.5～2.0mm。

(2) 防水卷材：住宅室内防水工程可选用自粘聚合物改性沥青防水卷材和聚乙烯丙纶复合防水卷材及聚乙烯丙纶复合防水卷材与相配套的聚合物水泥防水粘结料共同组成的复合防水层。平均厚度为1.5mm左右。

(3) 防水砂浆：防水砂浆应使用掺外加剂的防水砂浆、聚合物水泥防水砂浆。

(4) 防水混凝土

1) 防水混凝土中的水泥宜采用硅酸盐水泥、普通硅酸盐水泥；

2) 防水混凝土的化学外加剂、矿物掺合料、砂、石及拌和用水应符合规定。

(五) 常用地面的构造

1. 整体地面

(1) 混凝土或细石混凝土地面，应符合下列要求：

1) 混凝土地面采用的石子粗骨料，最大颗粒粒径不应大于面层厚度的2/3，细石混凝土面层采用的石子粒径不应大于15mm。

2) 混凝土和细石混凝土的强度等级不应小于C20；耐磨混凝土面层或耐磨细石混凝土面层的强度等级不应小于C30；底层地面的混凝土垫层兼面层的强度等级不应小于C20，其厚度不应小于80mm；细石混凝土面层厚度不应小于40mm。

3) 垫层及面层，宜分仓浇筑或留缝。

4) 当地面上静荷载或活荷载较大时，宜在混凝土垫层中按荷载计算配置钢筋或垫层中加入钢纤维，钢纤维的抗拉强度不应小于1000MPa，钢纤维混凝土的弯曲韧度比不应小于0.5。当垫层中仅为构造配筋时，可配置直径为8～14mm，间距为150～200mm的钢筋网。

5) 水泥类整体面层需严格控制裂缝时，应在混凝土面层顶面下20mm处配置钢筋直径为4mm～8mm、间距为100mm～200mm的双向钢筋网；或面层中加入钢纤维，其弯曲韧度比不应小于0.4，体积率不应小于0.15%。

(2) 水泥砂浆地面，应符合下列要求：

1) 水泥砂浆的体积比应为1∶2，强度等级不应小于M15，面层厚度不应小于20mm。

2) 水泥应采用硅酸盐水泥或普通硅酸盐水泥，其强度等级不应小于42.5级；不同品种、不同强度等级的水泥不得混用，砂应采用中粗砂。当采用石屑时，其粒径宜为3～5mm，且含泥量不应大于3%。

(3) 水磨石地面，应符合下列要求：

1) 水磨石面层应采用水泥与石粒的拌合料铺设，面层的厚度宜为12～18mm，结合层的水泥砂浆体积比宜为1∶3，强度等级不应小于M10。

2) 水磨石面层的石粒，应采用坚硬可磨的白云石、大理石等岩石加工而成，石子应洁净无杂质，其粒径宜为6～15mm。

3) 白色或浅色的水磨石，应采用白水泥；深色的水磨石面层，宜采用强度等级不小于42.5级的硅酸盐水泥、普通硅酸盐水泥或矿渣硅酸盐水泥；同颜色的面层应使用同一批号水泥。

4) 彩色水磨石面层使用的颜料，应采用耐光、耐碱的无机矿物质颜料，其掺入量宜为水泥重量的 3%～6%或由试验确定。

5) 水磨石面层分格尺寸不宜大于 1m×1m，分格条宜采用铜条、铝合金条等平直、坚挺的材料。当金属嵌条对某些生产工艺有害时，可采用玻璃条分格。

注：《建筑地面工程施工质量验收规范》GB 50209—2010 中规定：有防静电要求的水磨石时，拌合料内应掺入导电材料。结合层稠度宜为 30～35mm。防静电面层采用导电金属分格条时，分格条应作绝缘处理，十字交叉处不得碰接。

6) 防静电水磨石地面应由防静电水磨石面层、导静电泄放层（防静电接地网）和绝缘隔离层组成。导静电泄放层应采用 φ4～φ6 的钢筋网，网格的间距宜为 2m×2m，并应在网格交叉点阴角处焊接。网格的分布应与水磨石面层的分格条位置错开，并应与防静电接地系统连接。防静电接地网应紧贴面层材料敷设，现浇水磨石地面防静电接地网应敷设在结合层之下；通常是在找平（找坡）层内配置 φ4@2000×2000 导电网。

(4) 自流平地面

《自流平地面工程技术标准》JGJ/T 175—2018 中规定：

1) 定义：在基层上，采用具有自动流平或稍加辅助流平功能的材料，经现场搅拌后摊铺形成的面层。

2) 类型：水泥基自流平地面、树脂自流平地面和树脂水泥复合砂浆自流平地面。

3) 基层要求与处理：

① 基层表面不得有起砂、空鼓、起壳、脱皮、疏松、麻面、油脂、灰尘、裂纹等缺陷。

② 基层应为坚固、密实的混凝土层或水泥砂浆层，其抗压强度和表面抗拉强度应符合规范规定。当基层抗压强度和表面抗拉强度未达到规范规定时，应采取补强处理或重新施工。

③ 基层含水率不应大于 8%。

④ 有防水防潮要求的地面，基层应包含防水防潮层。

⑤ 楼地面与墙面交接部位、穿楼（地）面的套管等细部构造处，应采用防护处理并验收合格后进行地面施工。

4) 自流平地面构造设计：

① 基层有坡度设计时，水泥基自流平砂浆可用于坡度小于或等于 1.5%的地面；对于坡度大于 1.5%但不超过 5%的地面，基层应采用环氧底涂撒砂处理，并应调整自流平砂浆流动度；坡度大于 5%的基层不得使用自流平砂浆。

② 面层分格缝的设置应与基层的伸缩缝一致。

③ 面层水泥基自流平地面系统应由基层、自流平界面剂、面层水泥基自流平砂浆、罩面涂层或基层、自流平界面剂、面层水泥基自流平砂浆、底涂层、环氧树脂/聚氨酯薄涂层构成。

④ 垫层水泥基自流平地面系统应由自流平界面剂、垫层水泥基自流平砂浆、装饰层构成。

⑤ 树脂自流平地面系统应由基层、底涂层、树脂自流平面层或基层、底涂层、中涂

层、树脂自流平面层构成。

⑥ 树脂水泥复合砂浆自流平地面系统应由基层、底涂层、树脂水泥复合砂浆构成。

2. 块料地面

（1）铺地砖：铺地砖包括陶瓷锦砖、缸砖、陶瓷地砖和水泥花砖，铺地砖应在结合层上铺设。

（2）天然石材：天然石材包括天然大理石、花岗石（或碎拼大理石、碎拼花岗石）板材，天然石材应在结合层上铺设。铺设大理石、花岗石面层前，板材应浸湿、晾干；结合层与板材应分段同时铺设。

（3）预制板块：预制板块包括水泥混凝土板块、水磨石板块、人造石板块，应在结合层上铺设。混凝土板块间的缝隙不宜大于6mm；水磨石板块、人造石板块间的缝隙不应大于2mm。预制板块面层铺完24h后，应用水泥砂浆灌缝至2/3高度，再用同色水泥浆擦（勾）缝。

（4）料石：料石包括天然条石和块石，料石应在结合层上铺设。天然条石的结合层宜采用水泥砂浆；块石的结合层宜采用砂垫层，厚度不应小于60mm；基层土应为均匀密实的基土或夯实的基土。

（5）塑料板：塑料板应采用塑料板块材、塑料板焊接或塑料卷材，塑料板应采用胶粘剂在水泥类基层上铺设。铺贴塑料板面层时，室内相对湿度不宜大于70%，温度宜在10~32℃之间。防静电塑料板的胶粘剂、焊条等应具有防静电功能。

（6）活动地板：活动地板宜用于有防尘和防静电要求的专用房间的地面。架空高度一般在50~360mm之间。其构造要求是：

1）面板：面板的表面为装饰层、芯材为特制的平压刨花板、底层为镀锌板经胶粘交接形成的活动块材；活动地板面材包括标准地板和异型地板两大类。

2）金属支架：金属支架由横梁、橡胶垫条和可供调节高度的支架组成，支架应在水泥类面层（或基层）或现浇水泥混凝土基层（或面层）上铺设。基层表面应平整、光洁、不起灰。

3）构造要求：活动地板在门口处或预留洞口处四周侧边应用耐磨硬质板材封闭或用镀锌钢板包裹，胶条封边。

3. 木（竹）地面

（1）实木地板、实木集成地板、竹地板

1）实木地板、实木集成地板、竹地板应采用条材、块材或拼花板材，用空铺或实铺的方式在基层上铺设，实木地板的厚度为18~20mm，实木集成地板的厚度为9.5mm。

2）实木地板、实木集成地板、竹地板可采用双层做法或单层做法。

3）铺设实木地板、实木集成地板、竹地板时，木格栅（龙骨）的截面尺寸、间距和稳定方法均应符合要求。木格栅（龙骨）固定时，不得损坏基层和预埋管线。木格栅（龙骨）应垫实钉牢，与柱、墙之间留出20mm的缝隙，表面应平直，龙骨间距不宜大于300mm，固定点间距不得大于600mm。

4）当面层下铺设垫层地板（毛地板）时，应与龙骨呈30°或45°铺钉，板缝应为2~3mm，相邻板的接缝应错开。垫层地板的髓心应向上，板间缝隙不应大于3mm，与柱、墙之间应留出8~12mm的空隙，表面应刨平。

5）实木地板、实木集成地板、竹地板铺设时，相邻板材接头位置应错开不小于300mm的距离，与柱、墙之间应留出8～12mm的空隙。

6）采用实木制作的踢脚线，背面应抽槽并作防潮处理。

7）席纹实木地板、拼花实木地板均应符合上述规定。

(2) 浸渍纸层压木质地板（强化木地板）

1）浸渍纸层压木质地板（强化木地板）面层应采用条材或块材，厚度在8～12mm之间，以空铺或粘贴方式在基层上铺设。

2）浸渍纸层压木质地板（强化木地板）可采用有垫层或无垫层的方式铺设。

3）浸渍纸层压木质地板（强化木地板）面层铺设时，相邻板材接头位置应错开不小于300mm的距离；衬垫层、垫层地板及面层与柱、墙之间均应留出不小于10mm的空隙。

4）浸渍纸层压木质地板（强化木地板）面层采用无龙骨的空铺法铺设时，宜在面层与基层之间设置衬垫层。衬垫层应在面层与柱、墙之间的空隙内加设金属弹簧卡或木楔子，其间距宜为200～300mm。

5）强化木地板安装第一排时，应凹槽靠墙，地板与墙之间应留有8～10mm的缝隙。

6）强化木地板房间长度或宽度超过8m时，应在适当位置设置伸缩缝。

(3) 软木类地板

1）软木类地板包括软木地板或软木复合地板的条材或块材，软木地板应在水泥类基层或垫层上采用粘贴方式铺设，软木复合地板面层应采用空铺方式铺设。

2）软木类地板的垫层地板在铺设时，与柱、墙之间应留出不大于20mm的空隙，表面应刮平。

3）软木类地板铺设时，相邻板材接头位置应错开不小于1/3板长且不小于200mm的距离；软木复合地板铺设时，应在与柱、墙之间的空隙内加设金属弹簧卡或木楔子，其间距宜为200～300mm。

4）软木类地板面层的厚度一般为4～8mm，软木复合地板的厚度为13mm，松木底板的厚度为22mm。

4. 地毯地面

地毯可以采用地毯块材或地毯卷材，铺贴方法有空铺法或实铺法两种。

(1) 空铺法

1）块材地毯宜先拼成整块；

2）块材地毯的块与块之间应挤紧服帖；

3）卷材地毯宜先长向缝合；

4）地毯面层的周边应压入踢脚线下。

(2) 实铺法

1）实铺地毯面层采用的金属卡条（倒刺板）、金属压条、专用双面胶带、胶粘剂等材料固定；

2）铺设时，地毯的表面层宜张拉适度，四周应采用卡条固定，门口处宜用金属压条或双面胶带等固定；

3）地毯周边应塞入卡条和踢脚线下；

4) 地毯面层应采用胶粘剂或双面胶带与基层粘结牢固；

5) 地毯铺装方向，应是绒毛走向的背光方向。

5. 地面辐射供暖地面的面层

（1）整体面层

地面辐射供暖的整体面层宜采用水泥混凝土、水泥砂浆等材料，并应在填充层上铺设。

（2）块材面层

地面辐射供暖的块材面层可以采用缸砖、陶瓷地砖、花岗石、人造石板块、塑料板等板材，并应在垫层上铺设。

（3）木板面层

1) 地面辐射供暖的木板面层宜采用实木复合地板、浸渍纸层压木质地板等，应在填充层上铺设；

2) 地面辐射供暖的木板面层可采用空铺法或胶粘法（满粘或点粘）铺设；当面层设置垫层地板时，垫层底板的厚度为 22mm；

3) 地面辐射供暖的木板面层与填充层接触的龙骨、垫层地板、面层地板等应采用胶粘法铺设；

4) 地面辐射供暖的木板面层铺设时不得扰动填充层，不得向填充层内楔入任何物件。

（六）地面的细部构造

1. 排泄坡面

（1）当需要排除水或其他液体时，地面应设朝向排水沟或地漏的排泄坡面。排泄坡面较长时，宜设排水沟。排水沟或地漏应设置在不妨碍使用且能迅速排除水或其他液体的位置。

（2）疏水面积和排泄量可控制时，宜在排水地漏周围设置排泄坡面。

2. 地面坡度

（1）底层地面的坡度，宜采用修正地基高程筑坡。楼层地面的坡度，宜采用变更填充层、找平层的厚度或结构起坡。

（2）地面排泄坡面的坡度，应符合下列要求：

1) 整体面层或表面比较光滑的块材面层，宜为 0.5%～1.5%；

2) 表面比较粗糙的块材面层，宜为 1%～2%。

（3）排水沟的纵向坡度不宜小于 0.5%，排水沟宜设盖板。

3. 隔离层

（1）隔离层是防止建筑地面上各种液体或地下水、潮气渗透地面等作用的构造层；当仅防止地下潮气透过地面时，可称作防潮层。

（2）地漏四周、排水地沟及地面与墙、柱连接处的隔离层，应增加层数或局部采取加强措施。地面与墙、柱连接处隔离层应翻边，其高度不宜小于 150mm。

另《建筑地面工程施工质量验收规范》GB 50209—2010 中规定，铺设隔离层时，在管道穿过楼板面四周，防水、防油渗材料应向上铺涂，并超过套管的上口；在靠近柱、墙处，应高出面层 200～300mm 或按设计要求的高度铺涂。阴阳角和管道穿过楼板面的根部应增加铺涂附加防水、防油渗隔离层。

(3) 有水或其他液体流淌的地段与相邻地段之间，应设置挡水或调整相邻地面的高差。

(4) 有水或其他液体流淌的楼层地面孔洞四周翻边高度，不宜小于150mm；平台临空边缘应设置翻边或贴地遮挡，高度不宜小于100mm。

(5) 厕浴间和有防水要求的建筑地面应设置防水隔离层。楼层地面应采用现浇混凝土。楼板四周除门洞外，应做强度等级不小于C20的混凝土翻边，其高度不小于200mm。

4. 台阶、坡道

(1) 在踏步、坡道或经常有水、油脂、油等各种易滑物质的地面上，应采取防滑措施。

(2) 有强烈冲击、磨损等作用的沟、坑边缘以及经常受磕碰、撞击、摩擦等作用的室内外台阶、楼梯踏步的边缘，应采取加强措施。

5. 其他

其他相关技术资料规定，地面构造还应注意以下问题：

(1) 楼面填充层内敷设有管道时，应以管道大小及交叉时所需的尺寸决定填充层厚度。

(2) 上部房间的下部为高湿度房间的地面，宜设置防潮层。

(3) 档案馆建筑、图书馆的书库及非书资料库，当采用填实地面时，应有防潮措施。当采用架空地面时，架空高度不宜小于0.45m，并宜有通风设施。架空层的下部宜采用不小于1%坡度的防水地面，并高于室外地面0.15m。架空层上部的地面宜采用隔潮措施。

(4) 观众厅纵向走道坡度大于1：10时，坡道面层应作防滑处理。

(5) 采暖房间的楼地面，可不采取保温措施；但遇到架空或悬挑部分直接接触室外的采暖房间的楼地面或接触非采暖房间的楼面时，应采取局部保温措施。

(6) 大面积的水泥楼地面、现浇水磨石楼地面的面层宜分格，每格面积不宜超过25m^2。

(7) 有特殊要求的水泥地面宜采用在混凝土面层上干撒水泥面、压实赶光（随打随抹）的做法。

(8) 医院的手术室不应设置地漏，否则应有防污染措施。

(9) 底层地面减少结露、防泛潮构造措施。

《全国民用建筑工程设计技术措施 规划·建筑·景观》（2009年版）第二部分中指出：夏热冬冷和夏热冬暖地区的建筑，其底层地面为减少梅雨季节的结露，宜采取下列措施：

1) 地面构造层热阻不小于外墙热阻的1/2；

2) 地面面层材料的导热系数要小，使其温度易于适应室温变化；

3) 外墙勒脚部位设置可开启的小窗，加强通风、降低空气温度；

4) 在底层增设500～600mm高地垄墙架空层，架空层彼此连通，并在勒脚处设通风孔及箅子，加强通风、降低空气温度；燃气管道不得穿越此空间。

四、关于路面的一些问题

【相关真题：2022-041，2022-042，2020-068，2020-069，2020-070，2019-041，2019-042，

（一）一般道路的规定

1. 路面材料

《城镇道路路面设计规范》CJJ 169—2012 中规定：

道路路面可分为沥青路面、水泥混凝土路面和砌块路面三大类：

（1）沥青路面面层类型包括沥青混合料、沥青贯入式和沥青表面处治。沥青混合料适用于各交通等级道路；沥青贯入式与沥青表面处治路面适用于中、轻交通道路。

（2）水泥混凝土路面面层类型包括普通混凝土、钢筋混凝土、连续配筋混凝土与钢纤维混凝土，适用于各交通等级道路。

（3）砌块路面是用一定形状的石料或人工预制砌块铺筑面层的路面。砌块路面适用于支路、广场、停车场、人行道与步行街。砌块路面面层包括砌块、填缝材料和整平层材料。

《城市道路工程设计规范》CJJ 37—2012（2016 年版）中规定：

（1）水泥混凝土路面设计

1）水泥混凝土面层应满足强度和耐久性的要求，表面应抗滑、耐磨、平整。面层宜选用设接缝的普通水泥混凝土。面层水泥混凝土的抗弯拉强度不得低于 4.5MPa，快速路、主干路和重交通的其他道路的抗弯拉强度不得低于 5.0MPa。混凝土预制块的抗压强度非冰冻地区不宜低于 50MPa，冰冻地区不宜低于 60MPa。

2）当水泥混凝土路面总厚度小于最小防冻厚度，或路基湿度状况不佳时，需设置垫层。

3）水泥混凝土路面应设置纵、横向接缝。纵向接缝与路线中线平行，并应设置拉杆。横向接缝可分为横向缩缝、胀缝和横向施工缝，快速路、主干路的横向缩缝应加设传力杆；在邻近桥梁或其他固定构筑物处、板厚改变处、小半径平曲线等处，应设置胀缝。

4）水泥混凝土面层自由边缘，承受繁重交通的胀缝、施工缝，小于 90°的面层角隅，下穿市政管线路段，以及雨水口和地下设施的检查井周围，面层应配筋补强。

5）其他水泥混凝土面层类型可根据适用条件按表 2-4-9 选用。

其他水泥混凝土面层类型的适用条件　　　　　表 2-4-9

面层类型	适用条件
连续配筋混凝土面层、预应力水泥混凝土路面	特重交通的快速路、主干路
沥青上面层与连续配筋混凝土或横缝设传力杆的普通水泥混凝土下面层组成的复合式路面	特重交通的快速路
钢纤维混凝土面层	标高受限制路段、收费站、桥面铺装
混凝土预制块面层	广场、步行街、停车场、支路

（2）沥青混凝土路面设计

1）沥青混凝土路面设计应选用多种损坏模式作为临界状态，并应选用多项设计指标进行控制。

2）城市广场、停车场、公交车站、路口或通行特种车辆的路段，沥青路面结构应根据车辆运行要求进行特殊设计。

2. 路面选择

城市道路宜采用现铺沥青混凝土路面，其特点是噪声小、起尘少、便于维修、不需分格等。0.4t以下轻型道路、人行道、停车场、广场可以采用透水路面，使雨水通过路面回收再利用。

《城市道路工程设计规范》CJJ 37—2012（2016年版）中规定：路面面层类型的选用应符合表2-4-10的规定，并应符合下列规定：

（1）道路经过景观要求较高的区域或突出显示道路线形的路段，面层宜采用彩色。

（2）综合考虑雨水收集利用的道路，路面结构设计应满足透水性的要求，并应符合现行行业标准《透水砖路面技术规程》CJJ/T 188、《透水沥青路面技术规程》CJJ/T 190和《透水水泥混凝土路面技术规程》CJJ/T 135的有关规定。

（3）道路经过噪声敏感区域时，宜采用降噪路面。

（4）对环保要求较高的路段或隧道内的沥青混凝土路面，宜采用温拌沥青混凝土。

路面面层类型及适用范围　　　　　　　　　　　　　　　表2-4-10

面层类型	适用范围
沥青混凝土	快速路、主干路、次干路、支路、城市广场、停车场
水泥混凝土	快速路、主干路、次干路、支路、城市广场、停车场
贯入式沥青碎石、上拌下贯式沥青碎石、沥青表面处治和稀浆封层	支路、停车场
砌块路面	支路、城市广场、停车场

3. 路面厚度

（1）沥青混凝土路面：微型车通行的路面厚度一般为50～80mm，其他车型的路面厚度一般为100～150mm；

（2）水泥混凝土路面：混凝土的强度等级为C25，厚度与通行的车型有关，小型车（荷载<5t）厚度为120mm；中型车（荷载<8t）厚度为180mm；重型车（荷载<13t）厚度为220mm。

4. 道牙

道牙（又称立缘石）可以采用石材、混凝土等材料制作。石材道牙的强度等级一般为MU30，混凝土道牙的强度等级一般为C30。道牙高出路面一般为100～200mm，宜设置在中间分隔带、两侧分隔带及路侧带两侧。当设置在中间分隔带及两侧分隔带时，外露高度宜为150～200mm；当设置在路侧带两侧时，外露高度宜为100～150mm。若道路两边为排水边沟时，则应采用平道牙。

5. 路面构造

综合《城市道路工程设计规范》CJJ 37—2012（2016年版）、《城镇道路路面设计规范》CJJ 169—2012和《城市道路路基设计规范》CJJ 194—2013中的相关规定：

（1）路面可分为面层、基层和垫层。路面结构层所选材料应满足强度、稳定性和耐久性的要求。

（2）面层应满足结构强度、高温稳定性、低温抗裂性、抗疲劳、抗水损害及耐磨、平整、抗滑、低噪声等表面特性的要求。

(3) 基层应具有足够的强度和扩散应力的能力，并应具有良好的水稳定性和抗冻性。基层可采用刚性、半刚性或柔性材料。中或轻交通等级的沥青混凝土路面、现浇混凝土路面、预制混凝土块材路面、石材路面（除透水路面外），其基层可采用150～300mm厚的3∶7灰土。基层类型宜根据交通等级按表2-4-11选用。

适宜各交通等级的基层类型 表 2-4-11

交通等级	基层类型
特重	贫混凝土、碾压混凝土、水泥稳定粒料、石灰粉煤灰稳定粒料、水泥粉煤灰稳定粒料
重	水泥稳定粒料、沥青稳定碎石基层、石灰粉煤灰稳定粒料、水泥粉煤灰稳定粒料
中或轻	沥青稳定碎石基层、水泥稳定类、石灰稳定类、水泥粉煤灰稳定类、石灰粉煤灰稳定类或级配粒料基层

(4) 垫层应满足强度和水稳定性的要求。

1) 在下述情况下，应在基层下设置垫层：

① 季节性冰冻地区的中湿或潮湿路段；

② 地下水位高、排水不良，路基处于潮湿或过湿状态；

③ 水文地质条件不良的土质路堑，路床土处于潮湿或过湿状态。

2) 垫层宜采用砂、砂砾等颗粒材料，小于0.075mm的颗粒含量不宜大于5%。

3) 排水垫层应与边缘排水系统相连接，厚度宜大于150mm，宽度不宜小于基层底面的宽度。

6. 建筑基地道路宽度

(1) 人行便道的宽度不应小于1.50m。

(2) 利用道路边设置停车位时，不应影响有效的通行宽度。

(3)《车库建筑设计规范》JGJ 100—2015 中规定：车行道路改变方向时，应满足车辆最小转弯半径的要求（表2-4-12）。

最小转弯半径（m） 表 2-4-12

车 型	最小转弯半径	车 型	最小转弯半径
微型车	4.50	中型车	7.20～9.00
小型车	6.00	大型车	9.00～10.50
轻型车	6.00～7.20	—	—

(4) 相关资料表明：轻型消防车的最小转弯半径为9.00～10.00m；重型消防车的最小转弯半径为12.00m。

(5) 关于消防车道路和场地，《建筑设计防火规范》GB 50016—2014（2018年版）中规定：

1) 消防车道应符合下列要求：

① 消防车道靠建筑外墙一侧的边缘距离建筑外墙不宜小于5m；

② 消防车道的坡度不宜大于8%。

2) 环形消防车道至少应有两处与其他车道连通。尽端式消防车道应设置回车道或回车场，回车场的面积不应小于12m×12m；对于高层建筑，不宜小于15m×15m；供重型消防车使用时，不宜小于18m×18m。

消防车道的路面、救援操作场地、消防车道和救援操作场地下面的管道和暗沟等，应能承受重型消防车的压力。

消防车道可利用城乡、厂区道路等，但该道路应满足消防车通行、转弯和停靠的要求。

3）消防车登高操作场地应符合下列规定：

场地应与消防车道连通，场地靠建筑外墙一侧的边缘距离建筑外墙不宜小于5m，且不应大于10m，场地的坡度不宜大于3%。

7. 建筑基地竖向设计

（1）建筑基地场地设计应符合下列规定：

1）当基地自然坡度小于5%时，宜采用平坡式布置方式；当大于8%时，宜采用台阶式布置方式，台地连接处应设挡墙或护坡；基地临近挡墙或护坡的地段，宜设置排水沟，且坡向排水沟的地面坡度不应小于1%。

2）基地地面坡度不宜小于0.2%；当坡度小于0.2%时，宜采用多坡向或特殊措施排水。

3）当基地外围有较大汇水汇入或穿越基地时，宜设置边沟或排（截）洪沟，有组织进行地面排水。

4）场地设计标高宜比周边城市市政道路的最低路段标高高0.2m以上；当市政道路标高高于基地标高时，应有防止客水进入基地的措施。

5）场地设计标高应高于多年最高地下水位。

（2）建筑基地内道路设计坡度应符合下列规定：

1）基地内机动车道的纵坡不应小于0.3%，且不应大于8%；当采用8%坡度时，其坡长不应大于200.0m。当遇特殊困难，纵坡小于0.3%时，应采取有效的排水措施；个别特殊路段，坡度不应大于11%，其坡长不应大于100.0m，在积雪或冰冻地区不应大于6%，其坡长不应大于350.0m；横坡宜为1%～2%。

2）基地内非机动车道的纵坡不应小于0.2%，最大纵坡不宜大于2.5%；困难时不应大于3.5%，当采用3.5%坡度时，其坡长不应大于150.0m；横坡宜为1%～2%。

3）基地内步行道的纵坡不应小于0.2%，且不应大于8%，积雪或冰冻地区不应大于4%；横坡应为1%～2%；当大于极限坡度时，应设置为台阶步道。

4）基地内人流活动的主要地段，应设置无障碍通道。

（3）建筑基地内应有排除地面及路面雨水至城市排水系统的措施，排水方式应根据城市规划的要求确定。有条件的地区应充分利用场地空间设置绿色雨水设施，采取雨水回收利用措施。

（4）下沉庭院周边和车库坡道出入口处，应设置截水沟。

（5）建筑物底层出入口处应采取措施防止室外地面雨水回流。

（二）透水路面的构造

透水路面的饰面、垫层等材料及构造均要透水，才能达到透水的效果。垫层不宜选用灰土，宜选用级配砂石。

1. 《透水水泥混凝土路面技术规程》 CJJ/T 135—2009 的规定

(1) 透水路面一般采用透水水泥混凝土（又称为"无砂混凝土"）。透水水泥混凝土是由粗集料及水泥基胶结料经拌和形成的具有连续孔隙结构的混凝土。

(2) 材料

1) 水泥：采用强度等级为 42.5 级的硅酸盐水泥或普通硅酸盐水泥。水泥不得混用。

2) 集料：采用质地坚硬、耐久、洁净、密实的碎石料。

(3) 透水水泥混凝土路面的分类

透水水泥混凝土路面分为全透水结构路面和半透水结构路面。

1) 全透水结构路面：路表水能够直接通过道路的面层和基层向下渗透至路基土中的道路结构体系。主要应用于人行道、非机动车道、景观硬地、停车场、广场。

2) 半透水结构路面：路表水能够透过面层，不会渗透至路基中的道路结构体系。主要用于荷载<0.4t 的轻型道路。

(4) 透水水泥混凝土路面的其他要求

1) 纵向接缝的间距应为 3.00~4.50m，横向接缝的间距应为 4.00~6.00m，缝内应填柔性材料。

2) 广场的平面分隔尺寸不宜大于 25m²，缝内应填柔性材料。

3) 面层板的长宽比不宜超过 1.3。

4) 当透水水泥混凝土路面的施工长度超过 30m，及与侧沟、建筑物、雨水口、沥青路面等交接处均应设置胀缝。

5) 透水水泥混凝土路面基层横坡宜为 1%~2%，面层横坡应与基层相同。

6) 当室外日平均温度连续 5 天低于 5℃时不得施工，室外最高气温达到 32℃ 及以上时不宜施工。

2. 《透水沥青路面技术规程》 CJJ/T 190—2012 的规定

(1) 透水沥青路面由透水沥青混合料修筑，路表水可进入路面横向排出或渗入至路基内部。透水沥青混合料的空隙率为 18%~25%。

(2) 透水沥青路面有三种路面结构类型：

1) Ⅰ型：路表水进入表层排入邻近排水设施，由透水沥青上面层、封层、中下面层、基层、垫层和路基组成。适用于需要减小降雨时的路表径流量和降低道路两侧噪声的各类新建、改建道路。

2) Ⅱ型：路表水由面层进入基层（或垫层）后排入邻近排水设施，由透水沥青面层、透水基层、封层、垫层和路基组成。适用于需要缓解暴雨时城市排水系统负担的各类新建、改建道路。

3) Ⅲ型：路表水进入路面后渗入路基，由透水沥青面层、透水基层、透水垫层、反滤隔离层和路基组成。适用于路基土渗透系数大于或等于 $7×10^{-5}$cm/s 的公园、小区道路，停车场、广场和中、轻型荷载道路。

(3) 透水沥青路面的结构层材料

1) 透水沥青路面的结构层材料见表 2-4-13。透水基层可选用排水沥青稳定碎石、级配碎石、大粒径透水性沥青混合料、骨架空隙型水泥稳定碎石和透水水泥混凝土。

透水沥青路面的结构层材料　　　　　　　　　　表 2-4-13

路面结构类型	面　层	基　层
透水沥青路面Ⅰ型	透水沥青混合料面层	各类基层
透水沥青路面Ⅱ型	透水沥青混合料面层	透水基层
透水沥青路面Ⅲ型	透水沥青混合料面层	透水基层

2) Ⅰ、Ⅱ型透水结构层下部应设封层，封层材料的渗透系数不应大于 80ml/min，且应与上下结构层粘结良好。

3) Ⅲ型透水路面的路基土渗透系数宜大于 $7×10^{-5}$ cm/s，并应具有良好的水稳定性。

4) Ⅲ型透水路面的路基顶面应设置反滤隔离层，可选用粒料类材料或土工织物。

3.《透水砖路面技术规程》 CJJ/T 188—2012 的规定

(1) 透水砖路面适用于轻型荷载道路、停车场和广场及人行道、步行街等部位。

(2) 透水砖路面的基本规定：

1) 透水砖路面结构层应由透水砖面层、找平层、基层和垫层组成。

2) 透水砖路面应满足荷载、透水、防滑等使用功能及抗冻胀等耐久性要求。

3) 透水砖路面的设计应满足当地 2 年一遇的暴雨强度下，持续降雨 60min，表面不应产生径流的透（排）水要求；合理使用年限宜为 8～10 年。

4) 透水砖路面下的基土应具有一定的透水性能，土壤透水系数不应小于 $1.0×10^{-3}$ mm/s，且土基顶面距离地下水位宜大于 1.0m。当不能满足上述要求时，宜增加路面排水设计的内容。

5) 寒冷地区透水砖路面结构层宜设置单一级配碎石垫层或砂垫层，并应验算防冻厚度。

6) 透水砖路面内部雨水收集可采用多孔管道及排水盲沟等形式。广场路面应根据规模设置纵横雨水收集系统。

例 2-4-3　(2014) 关于透水路面的做法，错误的是下面哪一项？（　　）

A　采用透水性地面砖
B　采用透水性混凝土块状面层
C　采用灰土夯实垫层
D　采用砂石级配垫层

解析：透水路面包括"透水水泥混凝土路面""透水沥青路面"和"透水砖路面"，考虑到透水要求及遇水变形的因素，采用灰土夯实垫层是不正确的。

《透水水泥混凝土路面技术规程》CJJ/T 135—2009 第 4.1.5 规定：透水水泥混凝土路面的基层与垫层结构应选用：多孔隙水泥稳定碎石、级配砂砾、级配碎石及级配砂砾基层（全透水结构），水泥混凝土基层+稳定土基层或石灰、粉煤灰稳定砂砾基层（半透水结构）。

《透水沥青路面技术规程》CJJ/T 190—2012 第 4.2.4 条规定：Ⅱ型和Ⅲ型透水沥青路面可选用透水基层，Ⅰ型可选用各类基层。

《透水砖路面技术规程》CJJ/T 188—2012 第5.4.1条规定：基层类型可包括刚性基层、半刚性基层和柔性基层，可根据地区资源差异选择透水粒料基层、透水水泥混凝土基层、水泥稳定碎石基层等类型，并应具有足够的强度、透水性和水稳定性。

答案：C

五、阳台和雨篷的构造

【相关真题：2019-080】

（一）阳台

阳台是楼房中挑出于外墙面或部分挑出于外墙面的平台。前者叫挑阳台，后者叫凹阳台。阳台周围设栏板或栏杆，便于人们在阳台上休息或存放杂物。

阳台的挑出长度为1.5m左右；当挑出长度超过1.5m时，应做凹阳台或采取可靠的防倾覆措施。阳台的栏板或栏杆的高度常取1050mm。

阳台通常是用钢筋混凝土制作的，它分为现浇和预制两种。现浇阳台要注意钢筋的摆放，注意区分是悬挑构件还是一般梁板式构件，并注意锚固。预制阳台一般均做成槽形板。支撑在墙上的尺寸应为100～120mm。

预制阳台的锚固，应通过现浇板缝或用板缝梁来进行连接。

阳台板上面应预留排水孔。其直径应不小于32mm，伸出阳台外应有80～100mm，排水坡度为1%～2%。板底面抹灰，喷白浆。

（二）雨篷

在外门的上部常设置雨篷，它可以起遮风、挡雨的作用。雨篷的挑出长度为1m左右。挑出尺寸较大者，应解决好防倾覆措施。

钢筋混凝土雨篷也分现浇和预制两种。现浇雨篷可以浇筑成平板式或槽形板式，而预制雨篷则多为槽形板式。

（三）阳台等临空处的防护栏杆

1. 《民用建筑设计统一标准》GB 50352—2019 的规定

阳台、外廊、室内回廊、内天井、上人屋面及室外楼梯等临空处应设置防护栏杆，并应符合下列规定：

1）栏杆应以坚固、耐久的材料制作，并应能承受现行国家标准《建筑结构荷载规范》GB 50009 及其他国家现行相关标准（如《工程结构通用规范》GB 55001）规定的水平荷载。

2）上人屋面和交通、商业、旅馆、医院、学校等建筑临开敞中庭的栏杆高度不应小于1.2m。

2. 《托儿所、幼儿园建筑设计规范》JGJ 39—2016（2019年版）的规定

托儿所、幼儿园的外廊、室内回廊、内天井、阳台、上人屋面、平台、看台及室外楼梯等临空处，应设置防护栏杆。防护栏杆的高度应从可踏部位顶面起算，且净高不应小于1.30m。防护栏杆必须采用防止幼儿攀登和穿过的构造；当采用垂直杆件做栏杆时，其杆件净距离不应大于 0.09m。

3. 《中小学校设计规范》 GB 50099—2011 的规定

（1）上人屋面、外廊、楼梯、平台、阳台等临空部位必须设防护栏杆；防护栏杆必须牢固、安全，高度不应低于 1.10m。防护栏杆最薄弱处承受的最小水平推力应不小于 1.5kN/m。

（2）临空窗台的高度不应低于 0.90m。

4. 《建筑防护栏杆技术标准》 JGJ/T 470—2019 的规定

（1）建筑防护栏杆的防护高度应符合下列规定：

1）建筑临空部位栏杆的防护高度应符合现行国家标准《住宅设计规范》GB 50096、《民用建筑设计统一标准》GB 50352 的相关规定。

2）窗台的防护高度，住宅、托儿所、幼儿园、中小学校及供少年儿童独自活动的场所不应低于 0.90m，其余建筑不应低于 0.80m。

3）住宅凸窗的可开启窗扇窗洞口底距窗台面的净高低于 0.90m 时，窗洞口处的防护高度从窗台面起算不应低于 0.90m。

（2）建筑防护栏杆的设置应符合下列规定：

1）高层公共建筑的临空防护栏杆宜设实体栏板或半实体栏板；

2）阳台防护栏杆宜有栏板，7 层及 7 层以上的住宅和严寒、寒冷地区住宅阳台的防护栏杆宜采用实体栏板；

3）楼梯防护栏杆应设有扶手；

4）窗的防护栏杆宜贴窗布置，且不应影响可开启窗扇的正常使用。

（3）建筑防护栏杆构件应符合下列规定：

1）阳台、外廊、室内外平台、露台、室内回廊、内天井、上人屋面及室外楼梯、台阶等临空处的防护栏杆、栏板或水平构件的间隙应大于 30mm 且不应大于 110mm；有无障碍要求或挡水要求时，离楼面、地面或屋面 100mm 高度处不应留空。

2）住宅、托儿所、幼儿园、中小学及供少年儿童独自活动的场所，直接临空的通透防护栏杆垂直杆件的净间距不应大于 110mm 且不宜小于 30mm；应采用防止少年儿童攀登的构造；该类场所的无障碍防护栏杆，当采用双层扶手时，下层扶手的高度不应低于 700mm，且扶手到可踏面之间不应设置少年儿童可登援的水平构件。

3）住宅、托儿所、幼儿园、中小学及供少年儿童独自活动场所的楼梯，楼梯井净宽大于 110mm 时，栏杆扶手应设置防止少年儿童攀滑的措施。

5. 《宿舍、旅馆建筑项目规范》 GB 55025—2022 的规定

（1）本规范为强制性工程建设规范，全部条文必须严格执行。现行工程建设标准中有关规定与本规范不一致的，以本规范的规定为准。

（2）开敞阳台、外廊、室内回廊、中庭、内天井、上人屋面及室外楼梯等部位临空处应设置防护栏杆或栏板，并应符合下列规定：

1）防护栏杆或栏板的材料应坚固、耐久；

2）宿舍类建筑的防护栏杆或栏板垂直净高不应低于 1.10m，学校宿舍的防护栏杆或栏板垂直净高不应低于 1.20m；

3）旅馆类建筑的防护栏杆或栏板垂直净高不应低于 1.20m；

4）放置花盆处应采取防坠落措施。

第五节 楼梯、电梯、台阶和坡道构造

一、楼梯的有关问题

【相关真题：2020-094】

（一）解决建筑物垂直交通和高差的措施

解决建筑物的垂直交通和高差一般采取以下措施：

（1）坡道：连接室外或室内不同标高的楼面、地面，供人行或车行的斜坡式交通道。其常用坡度为1/12～1/8，自行车坡道不宜大于1/5。

（2）礓䃰：锯齿形坡道。其锯齿尺寸宽度为50mm，深度为7mm；坡度与坡道相同。

（3）台阶：连接室外或室内不同标高的楼面、地面，供人行的阶梯式交通道。台阶的坡度宜比楼梯的坡度小，即台阶的宽度宜大于楼梯的踏步宽度，台阶的高度宜小于楼梯的踏步高度。

（4）楼梯：由连续行走的梯级、休息平台和维护安全的栏杆（或栏板）、扶手以及相应的支承结构组成的作为楼层之间垂直交通用的建筑部件。楼梯坡度为20°～45°，舒适坡度为26°34′，即高宽比为1/2。

（5）爬梯：多用于专用梯（工作梯、消防梯等）；常用角度为45°～90°，其中最常用的角度为59°（高宽比1∶0.5）、73°（高宽比1∶0.35）和90°。

（6）电梯、自动扶梯和自动人行道：都是由动力驱动，利用沿刚性导轨运行的箱体或沿固定路线运行的梯级（踏步），进行升降或者平行运送人、货物的机电设备。其中电梯角度为90°；自动扶梯的倾斜角不宜超过30°；自动人行道有水平式和倾斜式，倾斜式自动人行道的倾斜角不应超过12°。

（二）楼梯位置的确定

（1）楼梯应放在明显和易于找到的部位，以方便疏散。
（2）楼梯不宜放在建筑物的角部和边部，以方便水平荷载的传递。
（3）楼梯间应有天然采光和自然通风（防烟式楼梯间可以除外）。
（4）5层及5层以上建筑物的楼梯间，底层应设出入口；4层及4层以下的建筑物，楼梯间可以放置在出入口附近，但不得超过15m。
（5）楼梯不宜采取围绕电梯的布置形式。
（6）楼梯间一般不宜占用好朝向。
（7）建筑物内主入口的明显位置宜设有主楼梯。
（8）除通向避难层的楼梯外，楼梯间在各层的平面位置不应改变。

（三）楼梯应满足的几点要求

（1）功能方面的要求：楼梯的数量、位置、梯段净宽、楼梯间形式和细部做法等都应满足使用方便和安全疏散的要求。
（2）结构构造方面的要求：楼梯应有足够的承载能力（住宅按1.5kN/m²，公共建筑按3.5kN/m²考虑），足够的采光能力（采光面积不应小于1/12），较小的变形（允许挠度值为1/400）等。

(3) 防火、安全方面的要求：楼梯间距、楼梯数量均应符合有关的要求。此外，楼梯四周至少有一面墙体为耐火墙体，以保证疏散安全。

(4) 施工、经济要求：在选择装配式做法时，应使构件重量适当，不宜过大。

(四) 楼梯的类型

1. 按结构材料分类

楼梯按结构材料的不同，可分为钢筋混凝土楼梯、木楼梯、钢楼梯等。钢筋混凝土楼梯因具有坚固、耐久、防火的特点，故应用范围较广。

2. 按平面形式分类

楼梯按平面形式不同，可分为单跑式（直跑式）、双跑式、三跑式、多跑式，以及弧形、螺旋形、剪刀形等多种类型。

3. 楼梯选型的规定

关于楼梯选型，《建筑设计防火规范》GB 50016—2014（2018年版）、《无障碍设计规范》GB 50763—2012、《宿舍建筑设计规范》JGJ 36—2016、《托儿所、幼儿园建筑设计规范》JGJ 39—2016（2019年版）、《中小学校设计规范》GB 50099—2011、《老年人照料设施建筑设计标准》JGJ 450—2018等有以下规定：

(1) 疏散用楼梯和疏散通道上的阶梯不宜采用螺旋楼梯和扇形踏步；确需采用时，踏步上、下两级所形成的平面角度不应大于10°，且每级离扶手250mm处的踏步深度不应小于220mm。

(2) 宿舍建筑疏散楼梯不得采用螺旋楼梯和扇形踏步。

(3) 托儿所、幼儿园建筑中幼儿使用的楼梯不应采用扇形、螺旋形踏步。

(4) 中小学校疏散楼梯不得采用螺旋楼梯和扇形踏步。

(5) 老年人使用的楼梯严禁采用弧形楼梯和螺旋楼梯。

(五) 楼梯间的类型

楼梯间的类型与建筑防火及安全疏散关系密切，选择时应符合《建筑设计防火规范》GB 50016—2014（2018年版）的规定。

1. 室内楼梯间

(1) 敞开楼梯间

敞开楼梯间是在楼梯间开口处采用敞开式（不设置疏散门）的楼梯间，敞开楼梯间应符合疏散楼梯的构造要求。

1）疏散用的楼梯间应能天然采光和自然通风，并宜靠外墙设置。靠外墙设置时，楼梯间外墙上的窗口与两侧的门、窗、洞口最近边缘的水平距离不应小于1.00m。

2）疏散用的楼梯间内不应设置烧水间、可燃材料储藏室、垃圾道。

3）疏散用的楼梯间内不应有影响疏散的凸出物或其他障碍物。

4）疏散用的楼梯间内不应设置甲、乙、丙类液体管道。

5）敞开楼梯间内不应设置可燃气体管道，当住宅建筑的敞开楼梯间内确需设置可燃气体管道可燃气体的计量表时，应采用金属管和设置切断气源的阀门。

(2) 封闭楼梯间（图2-5-1）

封闭楼梯间是在楼梯间开口处设置疏散门的楼梯间。

(3) 防烟楼梯间（图2-5-2～图2-5-4）

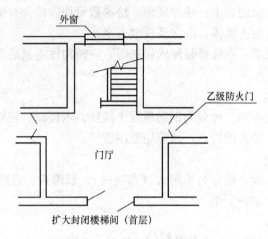

图 2-5-1 封闭式楼梯间

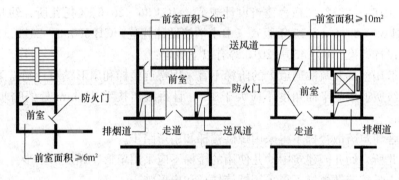

图 2-5-2 带前室的防烟楼梯间

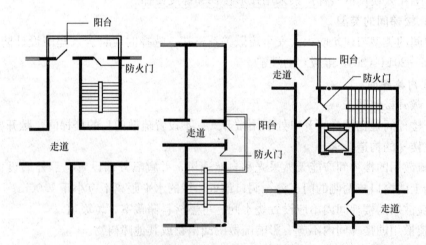

图 2-5-3 带阳台的防烟楼梯间

防烟楼梯间是在楼梯间的开口处设置前室、阳台或凹廊的楼梯间。防烟楼梯间除应符合疏散楼梯的要求外。还应符合下列规定：

前室可与消防电梯间前室合用。

（4）剪刀楼梯间（图2-5-5）

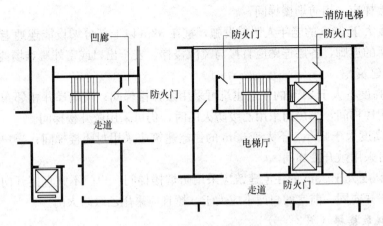

图 2-5-4 带凹廊的防烟楼梯间

1) 特点

剪刀楼梯指的是在一个开间或一个进深内，设置两个不同方向的单跑楼梯，中间用防火隔墙分开，从楼梯的任何一侧均可到达上层（或下层）的楼梯。

2) 设置原则

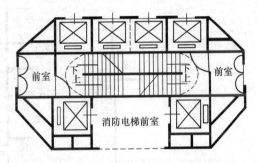

图 2-5-5 剪刀式楼梯平面

《建筑设计防火规范》GB 50016—2014（2018 年版）中指出：高层公共建筑和住宅单元的疏散楼梯，当分散布置确有困难且从任一疏散门或户门至最近疏散楼梯间入口的距离不大于 10m 时，可采用剪刀楼梯间，但应符合下列规定：

① 高层公共建筑

a. 楼梯间应为防烟楼梯间；

b. 梯段之间应设置耐火极限不低于 1.00h 的防火隔墙；

c. 楼梯间的前室应分别设置。

② 住宅单元建筑

a. 应采用防烟楼梯间；

b. 梯段之间应设置耐火极限不低于 1.00h 的防火隔墙；

c. 楼梯间的前室不宜共用；共用时，前室的使用面积不应小于 6.00m²；

d. 楼梯间的前室或共用前室不宜与消防电梯的前室合用；楼梯间的共用前室与消防电梯的前室合用时，合用前室的使用面积不应小于 12.00m²，且短边不应小于 2.40m。

(5) 室内楼梯间平面形式的确定

关于敞开楼梯间、封闭楼梯间和防烟楼梯间的选择，《建筑设计防火规范》GB 50016—2014（2018 年版）中规定：

1) 公共建筑

老年人照料设施的疏散楼梯或疏散楼梯间宜与敞开式外廊直接连通，不能与敞开式外廊直接连通的室内疏散楼梯应采用封闭楼梯间。建筑高度大于 24m 的老年人照料设施，其室内疏散楼梯应采用防烟楼梯间。

建筑高度大于32m的老年人照料设施，宜在32m以上部分增设能连通老年人居室和公共活动场所的连廊，各层连廊应直接与疏散楼梯、安全出口或室外避难场地连通。

2）住宅建筑

① 建筑高度不大于21m的住宅建筑可采用敞开楼梯间；与电梯井相邻布置的疏散楼梯应采用封闭楼梯间，当户门采用乙级防火门时，仍可采用敞开楼梯间。

② 建筑高度大于21m、不大于33m的住宅建筑应采用封闭楼梯间；当户门采用乙级防火门时，可采用敞开楼梯间。

③ 建筑高度大于33m的住宅建筑应采用防烟楼梯间。户门不宜直接开向前室，确有困难时，每层开向同一前室的户门不应大于3樘且应采用乙级防火门。

2. 室外疏散楼梯（图2-5-6）

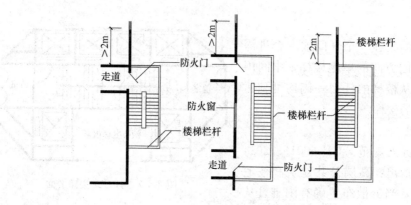

图 2-5-6 室外疏散楼梯

二、楼梯的细部尺寸

【相关真题：2020-075，2020-076】

（一）踏步

踏步是人们上下楼梯脚踏的地方。踏步的水平面叫踏面（又称为踏步宽度），垂直面叫踢面（又称为踏步高度）。踏步的尺寸应根据人体的尺度来确定其数值。

踏步的宽度常用 b 表示，踏步的高度常用 h 表示。$b+h$ 应符合下列关系之一。

$$b+h=450\text{mm} \tag{2-5-1}$$

$$b+2h=600\sim620\text{mm} \tag{2-5-2}$$

踏步尺寸应根据使用要求确定，不同类型的建筑物，其要求也不相同。

(1)《民用建筑设计统一标准》GB 50352—2019 中规定楼梯踏步的宽度和高度应符合表2-5-1的规定。梯段内每个踏步高度、宽度应一致，相邻梯段的踏步高度、宽度宜一致。当同一建筑地上、地下为不同使用功能时，楼梯踏步的高度和宽度可分别按表2-5-1的规定执行。当专用建筑设计标准对楼梯有明确规定时，应按国家现行专用建筑设计标准的规定执行。

楼梯踏步最小宽度和最大高度（m） 表2-5-1

楼梯类别		最小宽度	最大高度
住宅楼梯	住宅公共楼梯	0.260	0.175
	住宅套内楼梯	0.220	0.200
宿舍楼梯	小学宿舍楼梯	0.260	0.150
	其他宿舍楼梯	0.270	0.165
老年人建筑楼梯	住宅建筑楼梯	0.300	0.150
	公共建筑楼梯	0.320	0.130
托儿所、幼儿园楼梯		0.260	0.130
小学校楼梯		0.260	0.150
人员密集且竖向交通繁忙的建筑和大、中学校楼梯		0.280	0.165
其他建筑楼梯		0.260	0.175
超高层建筑核心筒内楼梯		0.250	0.180
检修及内部服务楼梯		0.220	0.200

注：螺旋楼梯和扇形踏步离内侧扶手中心0.250m处的踏步宽度不应小于0.220m。

（2）其他规范的规定

1）《民用建筑设计统一标准》GB 50352—2019规定：踏步应采取防滑措施。

2）《建筑设计防火规范》GB 50016—2014（2018年版）规定：疏散用楼梯和疏散通道上的阶梯不宜采用螺旋楼梯和扇形踏步；确需采用时，踏步上、下两级所形成的平面角度不应大于10°，且每级离扶手250mm处的踏步深度不应小于220mm（图2-5-7）。

3）《住宅设计规范》GB 50096—2011第6.3.2条（强条）规定：楼梯踏步宽度不应小于0.26m，踏步高度不应大于0.175m。扶手高度不应小于0.90m。楼梯水平段栏杆长度大于0.50m时，其扶手高度不应小于1.05m。楼梯栏杆垂直杆件间净空不应大于0.11m。

4）《宿舍建筑设计规范》JGJ 36—2016第4.5.1条要求宿舍楼梯应符合下列规定：

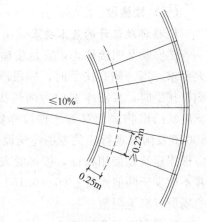

图2-5-7 疏散用扇形踏步尺寸要求

① 楼梯踏步宽度不应小于0.27m，踏步高度不应大于0.165m；楼梯扶手高度自踏步前缘线量起不应小于0.90m；楼梯水平段栏杆长度大于0.50m时，其高度不应小于1.05m；

② 开敞楼梯的起始踏步与楼层走道间应设有进深不小于1.20m的缓冲区；

③ 疏散楼梯不得采用螺旋楼梯和扇形踏步；

④ 楼梯防护栏杆最薄弱处承受的最小水平推力不应小于1.50kN/m。

5）《托儿所、幼儿园建筑设计规范》JGJ 39—2016（2019年版）第4.1.11条规定：供幼儿使用的楼梯踏步高度宜为0.13m，宽度宜为0.26m。幼儿使用的楼梯不应采用扇形、螺旋形踏步；楼梯踏步面应采用防滑材料，踏步踢面不应漏空，踏步面应做明显警示标识。

6)《中小学校设计规范》GB 50099—2011 规定：各类小学（包括小学宿舍楼）楼梯踏步的宽度不得小于 0.26m，高度不得大于 0.15m；各类中学（包括中学宿舍楼）楼梯踏步的宽度不得小于 0.28m，高度不得大于 0.16m。楼梯的坡度不得大于 30°。

7)《综合医院建筑设计规范》GB 51039—2014 规定：综合医院主楼梯宽度不得小于 1.65m，踏步宽度不应小于 0.28m，高度不应大于 0.16m。

（二）梯井

(1) 上下两个楼梯段之间上下贯通的空间叫楼梯井。

(2)《建筑设计防火规范》GB 50016—2014（2018 年版）规定：建筑内的公共疏散楼梯，其两梯段及扶手间的水平净距不宜小于 150mm。

(3)《住宅设计规范》GB 50096—2011 规定：楼梯井净宽大于 0.11m 时，必须采取防止儿童攀滑的措施。

(4)《中小学校设计规范》GB 50099—2011 规定：中小学校建筑（包括中小学宿舍楼）楼梯两梯段间楼梯井净宽不得大于 0.11m；大于 0.11m 时，应采取有效的安全防护措施。两梯段扶手间的水平净距宜为 0.10~0.20m。

(5)《托儿所、幼儿园建筑设计规范》JGJ 39—2016（2019 年版）规定：幼儿使用的楼梯，当楼梯井宽度大于 0.11m 时，必须采取防止幼儿攀滑的措施。楼梯栏杆应采取不易攀爬的构造，当采用垂直杆件做栏杆时，其杆件净距不应大于 0.09m。

（三）楼梯段

1. 楼梯段设计的基本要求

楼梯段又叫楼梯跑，它是楼梯的基本组成部分。楼梯段的宽度取决于通行人数和防火要求。当一侧有扶手时，梯段净宽应为墙体装饰面至扶手中心线的水平距离；当双侧有扶手时，梯段净宽应为两侧扶手中心线之间的水平距离。当有凸出物时，梯段净宽应从凸出物表面算起。梯段净宽除应符合现行国家标准《建筑设计防火规范》GB 50016 及国家现行相关专用建筑设计标准的规定外，供日常主要交通用楼梯的梯段净宽应根据建筑物使用特征，按每股人流宽度为 0.55m＋（0~0.15）m 的人流股数确定，并不应少于两股人流。（0~0.15）m 为人流在行进中人体的摆幅，公共建筑人流众多的场所应取上限值。

2. 楼梯段的最小宽度

(1)《建筑设计防火规范》GB 50016—2014（2018 年版）规定的安全疏散的要求：

1) 公共建筑

① 公共建筑疏散楼梯的净宽度不应小于 1.10m；

② 高层公共建筑内疏散楼梯的最小净宽度应符合表 2-5-2 的规定。

高层公共建筑内疏散楼梯的最小净宽度　　　　表 2-5-2

建筑类别	疏散楼梯的最小净宽度（m）
高层医疗建筑	1.30
其他高层公共建筑	1.20

2) 住宅建筑

① 住宅建筑疏散楼梯的净宽度不应小于 1.10m；

② 建筑高度不大于 18m 的住宅建筑中一边设置栏杆的疏散楼梯，其净宽度不应小于 1.00m。

(2) 其他规范的规定

1)《住宅设计规范》GB 50096—2011 规定：

① 楼梯梯段净宽不应小于 1.10m，不超过 6 层的住宅，一边设有栏杆的梯段净宽不应小于 1.00m；

② 套内楼梯当一边临空时，梯段净宽不应小于 0.75m；当两侧有墙时，墙面之间净宽不应小于 0.90m，并应在其中一侧墙面设置扶手。

2)《中小学校设计规范》GB 50099—2011 规定：中小学校教学用房的楼梯宽度应为人流股数的整数倍。梯段宽度不应小于 1.20m，并应按 0.60m 的整数倍增加梯段宽度。每个梯段可增加不超过 0.15m 的摆幅宽度（意即梯段宽度一股人流的基本值为 0.60～0.75m）。

3)《宿舍建筑设计规范》JGJ 36—2016 规定：每层安全出口、疏散楼梯的净宽应按通过人数每 100 人不小于 1.00m 计算；当各层人数不等时，疏散楼梯的总宽度可分层计算；下层楼梯的总宽度应按本层及以上楼层疏散人数最多一层的人数计算；梯段净宽不应小于 1.20m。

4)《老年人照料设施建筑设计标准》JGJ 450—2018 规定：老年人使用的楼梯梯段通行净宽不应小于 1.20m。

5)《综合医院建筑设计规范》GB 51039—2014 规定：主楼梯宽度不得小于 1.65m。

6)《疗养院建筑设计标准》JGJ/T 40—2019 规定：在疗养、理疗、医技门诊用房的建筑物内人流使用集中的楼梯，至少有一部其净宽不宜小于 1.65m。

3. 楼梯段的踏步数

每个梯段的踏步级数不应少于 3 级，且不应超过 18 级。

4. 楼梯段的投影长度

$$楼梯段投影长度 = (踏步高度数量 - 1) \times 踏步宽度 \qquad (2\text{-}5\text{-}3)$$

(四) 栏杆和扶手

(1) 楼梯在靠近梯井处应加栏杆或栏板，顶部做扶手。

(2) 楼梯应至少于一侧设扶手；梯段净宽达 3 股人流时应两侧设扶手，达 4 股人流时宜加设中间扶手。

(3) 室内楼梯扶手高度自踏步前缘线量起不宜小于 0.9m；楼梯水平栏杆或栏板长度大于 0.5m 时，其高度不应小于 1.05m。

(4)《中小学校设计规范》GB 50099—2011 规定的中小学校建筑的扶手应符合下列规定：

1) 梯段宽度为 2 股人流时，应至少在一侧设置扶手；

2) 梯段宽度为 3 股人流时，两侧均应设置扶手；

3) 梯段宽度达到 4 股人流时，应加设中间扶手，中间扶手两侧梯段净宽应满足相关要求；

4）中小学校室内楼梯扶手高度不应低于0.90m；室外楼梯扶手高度不应低于1.10m；水平扶手高度不应低于1.10m；

5）中小学校的楼梯扶手上应加设防止学生溜滑的设施；

6）中小学校的楼梯栏杆不得采用易于攀登的构造和花饰；栏杆和花饰的镂空处净距不得大于0.11m。

（5）托儿所、幼儿园建筑楼梯除设成人扶手外，还应在靠墙一侧设幼儿扶手，其高度宜为0.60m。

（6）老年人照料设施建筑交通空间的主要位置两侧应设连续扶手，其位置、尺寸等设计应符合现行国家标准《无障碍设计规范》GB 50763的规定。

（7）室外疏散楼梯栏杆扶手的高度不应小于1.10m。

（五）休息平台

（1）当两个楼梯段的踏步数不同时，休息平台应从梯段较长的一边计算。

（2）直跑楼梯的中间平台宽度不应小于0.9m。

（3）进入楼梯间的门扇应符合下列规定：

1）当90°开启时宜保持0.60m的平台宽度。侧墙门口距踏步的距离不宜小于0.40m；

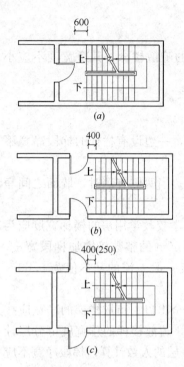

图 2-5-8　休息平台的尺寸
(a) 门正对楼梯间开启；(b) 门侧对楼梯间外开；(c) 门侧对楼梯间内开

2）门扇开启不占用平台时，其洞口距踏步的距离不宜小于0.40m。居住建筑的距离可略微减小，但不宜小于0.25m（图2-5-8）。

（4）楼梯为剪刀式楼梯时，楼梯平台的净宽不得小于1.30m。

（5）综合医院主楼梯和疏散楼梯的休息平台深度，不宜小于2.00m。

（6）为方便扶手转弯，休息平台宽度宜取楼梯段宽度再加1/2踏步宽度。

三、楼梯的防火要求

（1）地下室、半地下室的楼梯，应设有楼梯间。

（2）首层和地下室、半地下室共用楼梯间时，在首层的出入口位置应设有耐火极限不低于2.00h的隔墙和乙级防火门。

（3）高层建筑中通向屋面的楼梯不宜少于2部。楼梯入口不应穿越其他房间。通向屋面的门应朝屋面方向开启。

（4）单元式高层住宅的楼梯都应通向屋面。

（5）商店建筑的营业厅，当高度在24m及以下时，可采用设有防火门的封闭楼梯间。当建筑高度在24m以上时，应采用防烟楼梯间。

（6）上部为住宅，下部为商业用房的商住楼，商业和住宅部分的楼梯、出入口应分别设置。

（7）疏散楼梯间和前室的顶棚、墙面和地面均应采用A级装修材料。

四、板式楼梯与梁式楼梯

现浇钢筋混凝土楼梯是在施工现场支模，绑钢筋和浇筑混凝土而成的。这种楼梯的整体性强，但施工工序多，工期较长。现浇钢筋混凝土楼梯有两种做法：一种是板式楼梯，另一种是斜梁式楼梯。

1. 板式楼梯

板式楼梯是将楼梯作为一块板考虑，板的两端支承在休息平台的边梁上，休息平台支承在墙上。板式楼梯的结构简单，板底平整，施工方便。

板式楼梯的水平投影长度在 3m 以内时比较经济。

2. 斜梁式楼梯

斜梁式楼梯是由斜梁支承踏步板，斜梁支承在平台梁上，平台梁再支承在墙上。斜梁可以在踏步板的下面、上面或侧面。

斜梁在踏步板上面时，可以阻止垃圾或灰尘从梯井中落下，而且梯段底面平整，便于粉刷。缺点是梁占据梯段的一段尺寸。斜梁在侧面时，踏步板在梁的中间，踏步板可以取三角形或折板形。斜梁在踏步的下边时，板底不平整，抹面比较费工。

3. 无梁式楼梯

这种楼梯的特点是没有平台梁。休息平台与梯段连成一个整体，直接支承在两端的墙上（或梁上），特点是可以争取空间高度，但板的厚度较大，配筋相对复杂。

五、楼梯的细部构造

1. 踏步

踏步由踏面和踢面所构成。为了增加踏步的行走舒适感，可将踏步突出 20mm 做成凸缘或斜面。

底层楼梯的第一个踏步常做成特殊的样式，或方或圆，以增加美感。栏杆或栏板也有变化，以增加多样感。

踏步表面应注意防滑处理。常用的做法与踏步表面是否抹面有关，如一般水泥砂浆抹面的踏步常不作防滑处理，而水磨石预制板或现浇水磨石面层一般采用水泥加金刚砂做的防滑条。

2. 栏杆和栏板

栏杆和栏板均为保护行人上下楼梯的安全围护措施。在现浇钢筋混凝土楼梯中，栏板可以与踏步同时浇筑，厚度一般不小于 80～100mm。若采用栏杆，应焊接在踏步表面的埋件上或插入踏步表面的预留孔中。栏杆可以采用方钢或圆钢。方钢的断面应在 16mm×16mm～20mm×20mm 之间，圆钢也应采用 $\phi16$～$\phi18$ 为宜。连接用铁板应在 30mm×4mm～40mm×5mm 之间。居住建筑的栏杆净距不得大于 0.11m。

3. 扶手

扶手一般用木材、塑料、圆钢管等做成。扶手的断面应考虑人的手掌尺寸，并注意断面的美观。其宽度应在 60～80mm 之间，高度应在 80～120mm 之间。木扶手与栏杆的固定常是通过木螺丝拧在栏杆上部的铁板上，塑料扶手是卡在铁板上，圆钢管扶手则直接焊于栏杆表面上。

4. 顶层栏杆及水平扶手

顶层的楼梯间应加设栏杆及水平扶手，以保证人身的安全。顶层栏杆靠墙处的做法是将铁板伸入墙内，并弯成燕尾形，然后浇灌混凝土，也可以将铁板焊于柱身铁件上。

5. 首层第一个踏步下的基础

首层第一个踏步下应有基础支承。基础与踏步之间应加设地梁。地梁断面尺寸应不小于240mm×240mm，梁长应等于基础长度。

六、台阶与坡道

1. 台阶

台阶是连接室外或室内不同标高的楼面、地面，供人行的阶梯式交通道。建筑物入口处的室外台阶的长度应大于外门的宽度，可和坡道、花池等结合设计成多种形式。《民用建筑设计统一标准》GB 50352—2019 中要求台阶设置应符合下列规定：

（1）公共建筑室内外台阶踏步宽度不宜小于0.3m，踏步高度不宜大于0.15m，且不宜小于0.1m。

（2）阶梯教室、体育场馆和影剧院观众厅纵走道的台阶设置应符合国家现行相关标准的规定。

2. 坡道

《民用建筑设计统一标准》GB 50352—2019 中要求坡道设置应符合下列规定：

（1）室内坡道坡度不宜大于1∶8，室外坡道坡度不宜大于1∶10。

（2）当室内坡道水平投影长度超过15.0m时，宜设休息平台，平台宽度应根据使用功能或设备尺寸所需缓冲空间而定。

（3）供轮椅使用的坡道应符合现行国家标准《无障碍设计规范》GB 50763 的有关规定。

（4）汽车库机动车行车坡道的最大纵向坡度应符合现行行业标准《车库建筑设计规范》JGJ 100—2015 的规定，具体数值见表2-5-3。

坡道的最大纵向坡度　　　　　　表2-5-3

车型	直线坡道		曲线坡道	
	百分比（%）	比值（高∶长）	百分比（%）	比值（高∶长）
微型车 小型车	15.0	1∶6.67	12	1∶8.30
轻型车	13.3	1∶7.50	10	1∶10.00
中型车	12.0	1∶8.30		
大型客车 大型货车	10.0	1∶10.00	8	1∶12.50

（5）非机动车库斜坡的坡度应符合现行国家标准《车库建筑设计规范》JGJ 100—2015 的规定。踏步式出入口推车斜坡的坡度不宜大于25%，坡道式出入口推车斜坡的坡度不宜大于15%。

（6）《托儿所、幼儿园建筑设计规范》JGJ 39—2016（2019年版）规定：幼儿经常通行和安全疏散的走道不应设有台阶；当有高差时，应设置防滑坡道，其坡度不应大于1∶12。

七、电梯、自动扶梯和自动人行道
【相关真题：2021-078，2020-077，2019-081】

（一）电梯
电梯的设备组成包括轿厢、平衡重和机房设备（曳引机、控制屏等）。电梯的土建组成包括底坑（地坑）、井道和机房。

1. 设置原则

<u>电梯不应作为安全出口</u>。电梯台数和规格应经计算后确定并满足建筑的使用特点和要求。高层公共建筑和高层宿舍建筑的电梯台数不宜少于2台；12层及12层以上的住宅建筑的电梯台数不应少于2台，并应符合现行国家标准《住宅设计规范》GB 50096的规定。

2. 布置规定

（1）电梯的设置，单侧排列时不宜超过4台，双侧排列时不宜超过2排×4台。高层建筑电梯分区服务时，每服务区的电梯单侧排列时不宜超过4台，双侧排列时不宜超过2排×4台。当建筑设有电梯目的地选层控制系统时，电梯单侧排列或双侧排列的数量可超出以上的规定合理设置。

（2）电梯候梯厅的深度应符合表2-5-4的规定。

候梯厅深度　　　　　　　　　　　　　　　　表2-5-4

电梯类别	布置方式	候梯厅深度
住宅电梯	单台	$\geqslant B$，且$\geqslant 1.5m$
	多台单侧排列	$\geqslant B_{max}$，且$\geqslant 1.8m$
	多台双侧排列	$\geqslant$相对电梯B_{max}之和，且$<3.5m$
公共建筑电梯	单台	$\geqslant 1.5B$，且$\geqslant 1.8m$
	多台单侧排列	$\geqslant 1.5B_{max}$，且$\geqslant 2.0m$ 当电梯群为4台时应$\geqslant 2.4m$
	多台双侧排列	$\geqslant$相对电梯B_{max}之和，且$<4.5m$
病床电梯	单台	$\geqslant 1.5B$
	多台单侧排列	$\geqslant 1.5B_{max}$
	多台双侧排列	$\geqslant$相对电梯B_{max}之和

注：B为轿厢深度，B_{max}为电梯群中最大轿厢深度。

（3）电梯不应在转角处贴邻布置，且电梯井不宜被楼梯环绕设置。

（4）专为老年人及残疾人使用的建筑，其乘客电梯应设置监控系统，梯门宜装可视窗，并应符合现行国家标准《无障碍设计规范》GB 50763的有关规定。

（5）关于消防电梯，《建筑设计防火规范》GB 50016—2014（2018年版）中规定：

1）除设置在仓库连廊、冷库穿堂或谷物筒仓工作塔内的消防电梯外，消防电梯应设置前室，并应符合下列规定：

前室宜靠外墙设置，并应在首层直通室外或经过长度不大于30m的通道通向室外；

2) 消防电梯应符合下列规定：

电梯从首层至顶层的运行时间不宜大于60s；

消防电梯间前室的门口宜设置挡水设施。

(6) 电梯的台数：住宅60~90户设一台，旅馆100~120间客房设一台，写字楼（办公楼）2500~5000m² 设一台或300人设一台，医院住院部150张病床设一台。

(7) 电梯井道、地坑和顶板应坚固，应采用耐火极限不低于1.00h的不燃烧体。井道厚度，采用钢筋混凝土墙时，不应小于200mm；采用砌体承重墙时，不应小于240mm。

(8) 电梯井应独立设置，井内严禁敷设可燃气体和甲、乙、丙类液体管道，不应敷设与电梯无关的电缆、电线等。电梯井的井壁除设置电梯门、安全逃生门和通气孔洞外，不应设置其他开口。电梯层门的耐火极限不应低于1.00h。

(9) 高速直流乘客电梯的井道上部应做隔音层，隔音层应做800mm×800mm的进出口。

(10) 机房的环境温度应保持在5~40℃之间，相对湿度不应大于85%。

(11) 通向机房的通道、楼梯和门的宽度不应小于1200mm，门的高度不应小于2000mm。楼梯的坡度应小于或等于45°。去电梯机房应通过楼梯到达，也可经过一段屋顶到达，但不应经过垂直爬梯。

(12) 机房地面应平整、坚固、防滑和不起尘。机房地面允许有不同高度，当高差大于0.5m时，应设防护栏杆和钢梯。

(13) 机房顶部应设起吊钢梁或吊钩，其中心位置宜与电梯井纵横轴的交点对中。吊钩承受的荷载对于额定载重量3000kg以下的电梯不应小于2000kg；对于额定载重量大于3000kg的电梯，应不少于3000kg。

(14) 层门尺寸指门套装修后的净尺寸，土建层门的洞口尺寸应大于层门尺寸，留出装修的余量，一般宽度为层门两边各加100mm，高度为层门加70~100mm。

(15) 地坑深度超过900mm时，需根据要求设置固定金属梯或金属爬梯。金属梯或金属爬梯不得凸入电梯运行空间，且不应影响电梯运行部件的运行。地坑深度超过2500mm时，应设带锁的检修门，检修门的高度应大于1400mm，宽度应大于600mm。检修门应向外开启。

(16) 同一井道安装有多台电梯时，不同电梯之间应设置护栏，高度应高于地坑底面2.5m。

(17) 关于电梯井道构造，《全国民用建筑工程设计技术措施/规划·建筑·景观（2009年版）》第二部分还指出：

1) 电梯井道不宜设置在能够到达的空间上部。

2) 电梯井道泄气孔：

① 单台梯井道，中速梯（2.50~5.00 m/s）在井道顶端宜按最小井道面积的1/100留泄气孔；

② 高速梯（≥5.00m/s）应在井道上下端各留不小于1 m²的泄气孔；

③ 双台及以上合用井道的泄气孔：低速梯和中速梯原则上不留，高速梯可比单井道的小，或依据电梯生产厂的要求设置；

④ 井道泄气孔应依据电梯生产厂的要求设置。

3) 高速直流乘客电梯的井道上部应做隔音层，隔音层应做 800mm×800mm 的进出口。

4) 当相邻两层门地坎间距离超过 11m 时，其间应设安全门，其高度不得小于 1.8m，宽度不得小于 0.35m。安全门和检修门应具有和层门一样的机械强度和耐久性能，且均不得向井道里开启，门本身应是无孔的。

例 2-5-1　（2021） 关于消防电梯的设计要求，错误的是(　　)。

A　消防电梯墙体的耐火极限不低于 2h
B　消防电梯基坑应设置排水设施
C　消防电梯前室的门可安装防火卷帘
D　消防电梯前室内部装修应采用不燃材料

解析： 参见《建筑防火通用规范》GB 55037—2022 第 2.2.8 条，除仓库连廊、冷库穿堂和筒仓工作塔内的消防电梯可不设置前室外，其他建筑内的消防电梯均应设置前室。消防电梯的前室应符合下列规定：3 前室或合用前室应采用防火门和耐火极限不低于 2.00h 的防火隔墙与其他部位分隔。除兼作消防电梯的货梯前室无法设置防火门的开口可采用防火卷帘分隔外，不应采用防火卷帘或防火玻璃墙等方式替代防火隔墙（C 项错误）。第 2.2.9 条，消防电梯井和机房应采用耐火极限不低于 2.00h 且无开口的防火隔墙与相邻井道、机房及其他房间分隔（A 项正确）。消防电梯的井底应设置排水设施（B 项正确），排水井的容量不应小于 2m³，排水泵的排水量不应小于 10L/s。第 6.5.3 条，下列部位的顶棚、墙面和地面内部装修材料的燃烧性能均应为 A 级：1 避难走道、避难层、避难间；2 疏散楼梯间及其前室；3 消防电梯前室或合用前室（D 项正确）。

答案： C

（二）自动扶梯和自动人行道

自动扶梯和自动人行道由电动机械牵引，梯级踏步连同扶手同步运行，机房装置在地面以下。自动扶梯可以正逆运行，既可提升又可以下降。在机械停止运转时，可作为普通梯使用。

1. 设置原则

(1) 自动扶梯和自动人行道不应作为安全出口。
(2) 四级及以上旅馆建筑的公共部分宜设置自动扶梯。
(3) 展览建筑的主要展览空间在二层或二层以上时应设置自动扶梯。
(4) 大型和中型商店的营业区宜设自动扶梯和自动人行道。

2. 布置规定

(1) 出入口畅通区的宽度从扶手带端部算起不应小于 2.5m，人员密集的公共场所其畅通区宽度不宜小于 3.5m。
(2) 扶梯与楼层地板开口部位之间应设防护栏杆或栏板。
(3) 栏板应平整、光滑和无突出物；扶手带顶面距自动扶梯前缘、自动人行道踏板面或胶带面的垂直高度不应小于0.9m。

（4）扶手带中心线与平行墙面或楼板开口边缘间的距离：当相邻平行交叉设置时，两梯（道）之间扶手带中心线的水平距离不应小于0.5m，否则应采取措施防止障碍物引起人员伤害。

（5）自动扶梯的梯级、自动人行道的踏板或胶带上空，垂直净高不应小于2.3m。

（6）自动扶梯的倾斜角不宜超过30°，额定速度不宜大于0.75m/s；当提升高度不超过6.0m，倾斜角小于等于35°时，额定速度不宜大于0.5m/s；当自动扶梯速度大于0.65m/s时，在其端部应有不小于1.6m的水平移动距离作为导向行程段。

（7）倾斜式自动人行道的倾斜角不应超过12°，额定速度不应大于0.75m/s。当踏板的宽度不大于1.1m，并且在两端出入口踏板或胶带进入梳齿板之前的水平距离不小于1.6m时，自动人行道的最大额定速度可达到0.9m/s。

（8）当自动扶梯和层间相通的自动人行道单向设置时，应就近布置相匹配的楼梯。

（9）设置自动扶梯或自动人行道所形成的上下层贯通空间，应符合现行国家标准《建筑设计防火规范》GB 50016的有关规定。

（10）当自动扶梯或倾斜式自动人行道呈剪刀状相对布置时，以及与楼板、梁开口部位侧边交错部位，应在产生的锐角口前部1.0m范围内设置防夹、防剪的预警阻挡设施。

（11）自动扶梯和自动人行道宜根据负载状态（无人、少人、多数人、载满人）自动调节为低速或全速的运行方式。

（12）由其他材料可知：自动扶梯的梯级宽度为600mm、800mm和1000mm；其中1000mm的用量最大。理论输送能力分别为每小时4500人、6750人和9000人。自动扶梯和自动人行道在露天运行时，宜加设顶棚和围护。

第六节 屋顶构造

一、屋顶的基本类型
【相关真题：2020-078，2020-079，2019-061】

（一）屋顶的构成

屋顶由屋顶面层和屋顶结构两部分组成。屋面工程应根据建筑物的性质、重要程度及使用功能，结合工程特点、气候条件等，按不同等级进行防水设防，合理采取保温、隔热措施。

（二）屋顶应满足的要求

1. 承重要求

屋顶应能够承受雨雪、积灰、设备和上人所产生的荷载并顺利地将这些荷载传递给墙或柱。

2. 保温、隔热要求

屋面是建筑物最上层的围护结构，它应具有一定的热阻能力，以防止热量从屋面过分流失。

3. 防水要求

屋面积水（积雪）后应通过屋面设置的排水坡度、排水设备尽快将雨水排除；同时，应通过防水材料的设置使屋面具有一定的抗渗能力，避免造成雨水渗漏。

4. 美观要求

屋顶是建筑物的重要组成部分。屋顶的设计应兼顾技术和艺术两大方面。屋顶的形式、材料、颜色、构造均应是重点的内容。

(三) 屋顶的类型

(1) 屋顶的类型分为平屋顶、坡屋顶和特殊形式的屋顶（如：网架、悬索、壳体、折板、膜结构等）。

(2) 平屋顶按防水材料和防水构造的不同分为：卷材防水屋面、涂膜防水屋面、复合防水屋面、保温隔热屋面（保温屋面是具有保温层的屋面；隔热屋面是以通风、散热为主的屋面，包括蓄水隔热屋面、架空隔热屋面、种植隔热屋面三种做法）。

(3) 坡屋顶按面层材料与防水做法的不同分为：块瓦屋面、混凝土瓦屋面、波形瓦屋面、沥青瓦屋面、金属板屋面、玻璃采光顶等。

(四) 屋面的排水坡度

1. 排水坡度的表达方式

(1) 坡度：高度尺寸与水平尺寸的比值，常用"i"作标记，如：$i=5\%$，$i=25\%$等。这种表达方式多用于平屋面。

(2) 高跨比：高度尺寸与跨度尺寸的比值，如：高跨比为1/4等。这种表达方式多用于坡屋面。

(3) 角度：斜线与水平线之间的夹角。这种表达方式可以应用于平屋面及坡屋面。

2. 屋面的常用坡度

(1)《民用建筑设计统一标准》GB 50352—2019 中要求屋面排水坡度应根据屋顶结构形式、屋面基层类别、防水构造形式、材料性能及当地气候等条件确定，且应符合表 2-6-1 的规定，并应符合下列规定：

屋面的排水坡度　　　　表 2-6-1

屋面类别		屋面排水坡度（％）
平屋面	防水卷材屋面	≥2、<5
瓦屋面	块瓦	≥30
	波形瓦	≥20
	沥青瓦	≥20
金属屋面	压型金属板、金属夹芯板	≥5
	单层防水卷材金属屋面	≥2
种植屋面	种植屋面	≥2、<50
采光屋面	玻璃采光顶	≥5

1) 屋面采用结构找坡时不应小于3％，采用建筑找坡时不应小于2％；

2) 瓦屋面坡度大于100％以及大风和抗震设防烈度大于7度的地区，应采取固定和防止瓦材滑落的措施；

3) 卷材防水屋面檐沟、天沟纵向坡度不应小于1％，金属屋面集水沟可无坡度；

4) 当种植屋面的坡度大于20％时，应采取固定和防止滑落的措施；

5) 当屋面坡度较大时，应采取固定加强和防止屋面系统各个构造层及材料滑落的措施。

(2)《屋面工程技术规范》GB 50345—2012 中对屋面常用坡度的规定为：

1) 当采用材料找坡时，宜采用质量轻、吸水率低和有一定强度的材料，坡度宜为 2%；

2) 混凝土结构层宜采用结构找坡，坡度不应小于 3%；

3) 当采用混凝土架空隔热层时，屋面坡度不宜大于 5%；

4) 蓄水隔热屋面的排水坡度不宜大于 0.5%；

5) 倒置式屋面的坡度宜为 3%；

6) 种植隔热层的屋面坡度大于 20%时，其排水层、种植土等应采取防滑措施；

7) 金属檐沟、天沟的纵向坡度宜为 0.5%；

8) 烧结瓦、混凝土瓦屋面的坡度不应小于 30%；

9) 沥青瓦屋面的坡度不应小于 20%。

(3)《屋面工程质量验收规范》GB 50207—2012 中对屋面常用坡度的规定为：

1) 结构找坡的屋面坡度不应小于 3%；

2) 材料找坡的屋面坡度宜为 2%；

3) 檐沟、天沟纵向坡度不应小于 1%，沟底水落差不得超过 200mm。

(4)《民用建筑太阳能热水系统应用技术标准》GB 50364—2018 中指出：

1) 平屋面：坡度小于 3%的屋面；

2) 坡屋面：坡度大于或等于 3%的屋面。

(五) 屋面的基本构造层次

《屋面工程技术规范》GB 50345—2012 规定：屋面的基本构造层次宜符合表 2-6-2 的要求，设计人员可根据建筑物的性质、使用功能、气候条件等因素进行组合。

屋面的基本构造层次　　　　　　　　　表 2-6-2

屋面类型	基本构造层次（自上而下）
卷材、涂膜屋面	保护层、隔离层、防水层、找平层、保温层、找平层、找坡层、结构层
	保护层、保温层、防水层、找平层、找坡层、结构层
	种植隔热层、保护层、耐根穿刺防水层、防水层、找平层、保温层、找平层、找坡层、结构层
	架空隔热层、防水层、找平层、保温层、找平层、找坡层、结构层
	蓄水隔热层、隔离层、防水层、找平层、保温层、找平层、找坡层、结构层
瓦屋面	块瓦、挂瓦条、顺水条、持钉层、防水层或防水垫层、保温层、结构层
	沥青瓦、持钉层、防水层或防水垫层、保温层、结构层
金属板屋面	压型金属板、防水垫层、保温层、承托网、支承结构
	上层压型金属板、防水垫层、保温层、底层压型金属板、支承结构
	金属面绝热夹芯板、支承结构
玻璃采光顶	玻璃面板、金属框架、支承结构
	玻璃面板、点支承装置、支承结构

注：1. 表中结构层包括混凝土基层和木基层；防水层包括卷材和涂膜防水层；保护层包括块体材料、水泥砂浆、细石混凝土保护层；

2. 有隔汽要求的屋面，应在保温层与结构层之间设隔汽层。

例 2-6-1 (2018) 关于屋面的排水坡度,下列哪一条是错误的?(　　)
A 倒置式屋面坡度宜为 3%
B 蓄水隔热层的排水坡度不宜大于 0.5%
C 种植屋面坡度不宜大于 4%
D 架空隔热层的坡度不宜大于 5%

解析:《种植屋面工程技术规程》JGJ 155—2013 第 5.3.4 条规定:屋面坡度大于 50% 时,不宜做种植屋面;故选项 C 表述错误。《屋面工程技术规范》GB 50345—2012 第 4.4.6 条第 1 款规定:倒置式屋面的坡度宜为 3%;第 4.4.10 条第 3 款规定:蓄水隔热层的排水坡度不宜大于 0.5%;第 4.4.9 条第 2 款规定:当采用混凝土板架空隔热层时,屋面坡度不宜大于 5%;故其余三项表述无误。

答案:C

二、平屋顶的构造

【相关真题:2022-051,2022-052,2022-053,2022-054,2022-055,2022-056,2022-057,2021-056,2021-057,2021-058,2020-080,2020-081,2020-082,2019-056,2019-062,2019-063,2019-064】

(一) 平屋顶构造层次的确定因素

平屋顶的构造层次及常用材料的选取,与以下几个方面的因素有关:

(1) 屋面是上人屋面还是非上人屋面。上人屋面应选用耐霉变、拉伸强度高的防水材料;防水层应有保护层,保护层宜采用块材或细石混凝土。

(2) 屋面的找坡方式是结构找坡还是材料找坡。材料找坡应设置找坡层,结构找坡可以取消找坡层。

(3) 屋面所处房间是湿度大的房间还是正常湿度的房间。湿度大的房间应做隔汽层,一般湿度的房间则不做隔汽层。

(4) 屋面做法是正置式做法(防水层在保温层上部的做法)还是倒置式做法(保温层在防水层上部的做法)。

(5) 屋面所处地区是北方地区(以保温做法为主)还是南方地区(以通风散热做法为主);地区不同,构造做法也不一样。

例 2-6-2 (2013) 北方地区普通办公楼的不上人平屋面,采用材料找坡和正置式做法时,其构造层次顺序正确的是哪一项?(　　)
A 保护层—防水层—找平层—保温层—找坡层—结构层
B 保护层—防水层—保温层—隔汽层—找平层—结构层
C 保护层—保温层—防水层—找平层—找坡层—结构层
D 保护层—防水层—保温层—找平层—找坡层—结构层

解析:分析得知。不上人平屋面,采用材料找坡和正置式做法,其构造层次应为 A 项所述。

答案:A

（二）正置式保温平屋面的构造

（1）正置式保温平屋面是防水层在上、保温层在下的保温平屋面。保温层的作用是减少冬季室内热量过多散失的构造层。严寒和寒冷地区的屋面必须设置保温层。这种屋面的防水层可以选用防水卷材或防水涂膜。

（2）卷材（涂膜）防水保温平屋面的基本构造层次。

1）正置式上人屋面

面层—隔离层—防水层—找平层—保温层—找平层—找坡层—结构层。

注：有隔汽要求的屋面，应在保温层与结构层之间设置隔汽层。

2）正置式非上人屋面

保护层—防水层—找平层—保温层—找平层—找坡层—结构层。

注：有隔汽要求的屋面，应在保温层与结构层之间设置隔汽层。

（三）平屋顶各构造层次的材料选择

综合《屋面工程技术规范》GB 50345—2012 和《屋面工程质量验收规范》GB 50207—2012 中对平屋面构造层次的规定为：

1. 承重层

平屋顶的承重结构多以钢筋混凝土板为主；可以现浇，也可以预制。层数低的建筑有时也可以选用钢筋加气混凝土板。

2. 保温层

保温层是减少围护结构热交换作用的构造层次。设置保温隔热层的屋面应进行热工验算，应采取防结露、防蒸汽渗透等技术措施，且应符合现行国家标准《建筑设计防火规范》GB 50016 的相关规定。

（1）保温层设计应符合下列规定：

1）保温层应选用吸水率低，导热系数小，并有一定强度的保温材料；

2）保温层的厚度应根据所在地区现行节能设计标准，经计算确定；

3）保温层的含水率，应相当于该材料在当地自然风干状态下的平衡含水率；

4）屋面为停车场等高荷载情况时，应根据计算确定保温材料的强度；

5）纤维材料做保温层时，应采取防止压缩的措施；

6）屋面坡度较大时，保温层应采取防滑措施；

7）封闭式保温层或保温层干燥有困难的卷材屋面，宜采取排汽构造措施。

（2）保温层的位置：

1）倒置式做法：保温层设置在防水层上部的做法，此时保温层的上面应做保护层；

2）正置式做法：保温层设置在防水层下部的做法，此时保温层的上面应做找平层。

（3）保温层及保温材料：

《屋面工程技术规范》GB 50345—2012 中规定的保温层及保温材料见表 2-6-3。

保温层及其保温材料　　　　　表 2-6-3

保温层	保温材料
块状材料保温层	聚苯乙烯泡沫塑料（XPS板、EPS板）、硬质聚氨酯泡沫塑料、膨胀珍珠岩制品、泡沫玻璃制品、加气混凝土砌块、泡沫混凝土砌块
纤维材料保温层	玻璃棉制品、岩棉制品、矿渣棉制品
整体材料保温层	喷涂硬泡聚氨酯、现浇泡沫混凝土

(4) 保温材料的构造要求：

1) 屋面与天沟、檐沟、女儿墙、变形缝、伸出屋面的管道等热桥部位，当内表面温度低于室内空气露点温度时，均应作保温处理；

2) 外墙保温材料应在女儿墙压顶处断开，压顶上部抹面及保温材料应为 A 级材料；无女儿墙但有挑檐板的屋面，外墙保温材料应在挑檐板下部断开。

(5) 保温层的施工环境温度规定：

1) 干铺的保温材料可在负温度下施工；

2) 用水泥砂浆粘贴的板状保温材料不宜低于5℃；

3) 喷涂硬泡聚氨酯宜为 15～35℃，空气相对湿度宜小于 85%，风速不宜大于三级；

4) 现浇泡沫混凝土宜为 5～35℃。

(6) 屋面排汽构造：

倒置式保温屋面可不设置透汽孔或排汽槽。正置式屋面，当屋面保温层或找平层干燥有困难时，应做好屋面排汽设计，屋面排汽层的设计应符合下列规定：

1) 找平层设置的分格缝可以兼作排汽道，排汽道内可填充粒径较大的轻质骨料；

2) 排汽道应纵横贯通，并与和大气连通的排汽管相通，排汽管的直径应不小于 40mm，排汽孔可设在檐口下或纵横排汽道的交叉处；

3) 排汽道纵横间距宜为 6m，屋面面积每 36m² 宜设置一个排汽孔，排汽孔应作防水处理；

4) 在保温层下也可铺设带支点的塑料板。

屋面排汽构造如图 2-6-1 所示。

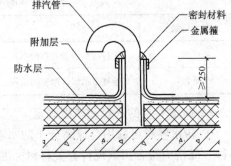

图 2-6-1 排汽屋面的构造

3. 隔汽层

当严寒和寒冷地区屋面结构冷凝界面内侧实际具有的蒸汽渗透阻小于所需值，或其他地区室内湿气有可能透过屋面结构层时，应设置隔汽层。

(1) 正置式屋面的隔汽层应设置在结构层上，保温层下；倒置式屋面不设隔汽层。

(2) 隔汽层应选用气密性、水密性好的材料。

(3) 隔汽层应沿周边墙面向上连续铺设，高出保温层上表面不得小于150mm。

(4) 隔汽层采用卷材时宜空铺，卷材搭接缝应满粘，其搭接宽度不应小于80mm；隔汽层采用涂料时，应涂刷均匀。

注：2004 年版《屋面工程技术规范》GB 50345 规定隔汽层的设置原则是：

①在纬度 40°以北地区且室内空气湿度大于 75%，或其他地区室内空气湿度常年大于 80% 时，保温屋面应设置隔汽层；

②隔汽层应在保温层下部设置并沿墙面向上铺设，与屋面的防水层相连接，形成全封闭的整体；

③隔汽层可采用气密性、水密性好的单层卷材或防水涂料。

4. 防水层

防水层是防止雨（雪）水渗透、渗漏的构造层次。

(1) 防水等级和设防要求

屋面防水工程应根据建筑物的类别、重要程度、使用功能要求确定防水等级，并应按相应等级进行防水设防，对防水有特殊要求的建筑屋面，应进行专项防水设计。屋面防水等级和设防要求应符合表 2-6-4 的规定。

屋面防水等级和防水层设防 表 2-6-4

防水等级	建筑类别	设防要求
Ⅰ级	重要建筑和高层建筑	两道防水设防
Ⅱ级	一般建筑	一道防水设防

注：2004年版《屋面工程技术规范》GB 50345 将防水等级分为 4 级：Ⅰ级适用于特别重要的建筑或对防水有特殊要求的建筑，防水层的合理使用年限为 25 年，采用三道或三道以上防水设防；Ⅱ级适用于重要的建筑和高层建筑，防水层的合理使用年限为 15 年，采用二道防水设防；Ⅲ级适用于一般的建筑，防水层的合理使用年限为 10 年，采用一道防水设防（可以采用三毡四油）；Ⅳ级适用于非永久性建筑，防水层的合理使用年限为 5 年，采用一道防水设防（可以采用二毡三油）。

（2）防水材料的选择

1）防水材料的选择与防水等级的关系应符合表 2-6-5 的规定。

防水材料的选择与防水等级的关系 表 2-6-5

防水等级	防水做法
Ⅰ级	卷材防水层和卷材防水层、卷材防水层与涂膜防水层、复合防水层
Ⅱ级	卷材防水层、涂膜防水层、复合防水层

2）防水卷材的选择和厚度确定

① 防水卷材可选用合成高分子防水卷材或高聚物改性沥青防水卷材，其外观质量和品种、规格应符合国家现行有关材料标准的规定；

② 应根据当地历年最高气温、最低气温、屋面坡度和使用条件等因素，应选择耐热度、低温柔性相适应的卷材；

③ 根据地基变形程度、结构形式、当地年温差、日温差和振动等因素，选择拉伸性能相适应的卷材；

④ 应根据防水卷材的暴露程度，选择耐紫外线、耐根穿刺、耐老化、耐霉烂相适应的卷材；

⑤ 种植隔热屋面的防水层应选择耐根穿刺防水卷材；

⑥ 每道卷材防水层的最小厚度应符合表 2-6-6 的规定；

每道卷材防水层的最小厚度（mm） 表 2-6-6

防水等级	合成高分子防水卷材	高聚物改性沥青防水卷材		
		聚酯胎、玻纤胎、聚乙烯胎	自粘聚酯胎	自粘无胎
Ⅰ级	1.2	3.0	2.0	1.5
Ⅱ级	1.5	4.0	3.0	2.0

⑦ 合成高分子防水卷材的主要性能指标应符合表 2-6-7 的规定；
⑧ 高聚物改性沥青防水卷材的主要性能指标应符合表 2-6-8 的规定；
⑨ 屋面坡度大于 25% 时，卷材应采取满粘和钉压固定措施；

合成高分子防水卷材主要性能指标 表 2-6-7

项目		指 标			
		硫化橡胶类	非硫化橡胶类	树脂类	树脂类（复合片）
断裂拉伸强度（MPa）		≥6	≥3	≥10	≥60 N/10mm
扯断伸长率（%）		≥400	≥200	≥200	≥400
低温弯折（℃）		−30	−20	−25	−20
不透水性	压力（MPa）	≥0.3	≥0.2	≥0.3	≥0.3
	保持时间（min）	≥30			
加热收缩率（%）		<1.2	<2.0	≤2.0	≤2.0
热老化保持率 (80℃×168h, %)	断裂拉伸强度	≥80	≥85	≥80	≥80
	扯断伸长率	≥70	≥80	≥70	≥70

高聚物改性沥青防水卷材主要性能指标 表 2-6-8

项目	性 能 要 求				
	聚酯毡胎体	玻纤毡胎体	聚乙烯胎体	自粘聚酯胎体	自粘无胎体
可溶物含量（g/m²）	3mm厚，≥2100 4mm厚，≥2900	—		2mm厚，≥1300 3mm厚，≥2100	—
拉力（N/50mm）	≥450	纵向≥350	≥200	2mm厚，≥350 3mm厚，≥450	≥150
延伸率（%）	最大拉力时 SBS≥30 APP≥25	—	断裂时 ≥120	最大拉力时 ≥30	最大拉力时 ≥200
耐热度（2h）（℃）	SBS卷材90， APP卷材110， 无滑动、流淌、滴落		PEE卷材90， 无流淌、起泡	70，无滑动、 流淌、滴落	70，滑动 不超过2mm
低温柔度（℃）	SBS卷材−20；APP卷材−7；PEE卷材−10			−20	
不透水性	压力（MPa）	≥0.3	≥0.2	≥0.4	≥0.3	≥0.2
	保持时间（min）	≥30				≥120

注：SBS卷材为弹性体改性沥青防水卷材；APP卷材为塑性体改性沥青防水卷材；PEE卷材为改性沥青聚乙烯胎防水卷材。

⑩ 卷材的铺贴方式为：卷材宜平行屋脊铺贴，上下层卷材不得相互垂直铺贴。

3) 防水涂料的选择和厚度的确定

① 防水涂料可按合成高分子防水涂料、聚合物水泥防水涂料和高聚物改性沥青防水涂料选用,其外观质量和品种、型号应符合国家现行有关材料标准的规定;

② 应根据当地历年最高气温、最低气温、屋面坡度和使用条件等因素,选择耐热性和低温柔性相适应的涂料;

③ 应根据地基变形程度、结构形式、当地年温差、日温差和振动等因素,选择拉伸性能相适应的涂料;

④ 应根据屋面涂膜的暴露程度,选择耐紫外线、耐老化相适应的涂料;

⑤ 屋面排水坡度大于25%时,应选择成膜时间较短的涂料;

⑥ 每道涂膜防水层的最小厚度应符合表2-6-9的规定。

每道涂膜防水层的最小厚度(mm)　　　　表2-6-9

防水等级	合成高分子防水涂膜	聚合物水泥防水涂膜	高聚物改性沥青防水涂膜
Ⅰ级	1.5	1.5	2.0
Ⅱ级	2.0	2.0	3.0

⑦ 涂膜防水层的基层应坚实、平整、干净,应无孔隙、起砂和裂缝。基层的干燥程度应根据所选用的防水涂料特性确定;当采用溶剂型、热熔型和反应固化型防水涂料时,基层应干燥;

⑧ 防水涂料应多遍均匀涂布,涂膜总厚度应符合设计要求。

4) 复合防水层的设计和厚度确定

① 选用的防水卷材和防水涂料应相容;

② 防水涂膜宜设置在卷材防水层的下面;

③ 挥发固化型防水涂料不得作为防水卷材粘结材料使用;

④ 水乳型或合成高分子类防水涂膜上面,不得采用热熔型防水卷材;

⑤ 水乳型或水泥基类防水涂料,应待涂膜实干后再采用冷粘铺贴卷材;

⑥ 复合防水层的最小厚度应符合表2-6-10的规定。

复合防水层的最小厚度(mm)　　　　表2-6-10

防水等级	合成高分子防水卷材+合成高分子防水涂膜	自粘聚合物改性沥青防水卷材(无胎)+合成高分子防水涂膜	高聚物改性沥青防水卷材+高聚物改性沥青防水涂膜	聚乙烯丙纶卷材+聚合物水泥防水胶结材料
Ⅰ级	1.2+1.5	1.5+1.5	3.0+2.0	(0.7+1.3)×2
Ⅱ级	1.0+1.0	1.2+1.0	3.0+1.2	0.7+1.3

5) 下列情况不得作为屋面的一道防水设防

① 混凝土结构层;

② Ⅰ型喷涂硬泡聚氨酯保温层;

③ 装饰瓦以及不搭接瓦;

④ 隔汽层;

⑤ 细石混凝土层；
⑥ 卷材或涂膜厚度不符合规范规定的防水层。

6）附加层设计应符合的规定

① 檐沟、天沟与屋面交接处，屋面平面与立面交接处，以及水落口、伸出屋面管道根部等部位，应设置卷材或涂膜附加层；

② 屋面找平层分格缝等部位，宜设置卷材空铺附加层，其空铺宽度不宜小于100mm；

③ 附加层最小厚度应符合表 2-6-11 的规定。

附加层最小厚度　　　　　　　　　　　　　　　表 2-6-11

附加层材料	最小厚度（mm）
合成高分子防水卷材	1.2
高聚物改性沥青防水卷材（聚酯胎）	3.0
合成高分子防水涂料、聚合物水泥防水涂料	1.5
高聚物改性沥青防水涂料	2.0

注：涂膜附加层应加铺胎体增强材料。

7）防水卷材接缝

① 防水卷材接缝应采用搭接缝，卷材搭接缝应符合下列规定：

a. 平行屋脊的搭接缝应顺流水方向，搭接缝宽度应符合表 2-6-12 的规定；

b. 同一层相邻两幅卷材短边搭接缝错开不应小于 500mm；

c. 上下层卷材长边搭接缝应错开，且不应小于幅宽的 1/3；

d. 叠层铺贴的各层卷材，在天沟与屋面的交接处，应采用叉接法搭接，搭接缝应错开；搭接缝宜留在屋面与天沟侧面，不宜留在沟底。

卷材搭接宽度（mm）　　　　　　　　　　　　表 2-6-12

卷材类别		搭接宽度（mm）
合成高分子防水卷材	胶粘剂	80
	胶粘带	50
	单缝焊	60，有效焊接宽度不小于 25
	双缝焊	80，有效焊接宽度10×2+空腔宽
高聚物改性沥青防水卷材	胶粘剂	100
	自粘	80

② 接缝密封防水设计

屋面接缝应按密封材料的使用方式，分为位移接缝和非位移接缝。屋面接缝密封防水技术要求应符合表 2-6-13 的规定。接缝密封防水设计应保证密封部位不渗水，并应做到接缝密封防水与主体防水层相匹配。

屋面接缝密封防水技术要求　　　　　表 2-6-13

接缝种类	密封部位	密封材料
位移接缝	混凝土面层分格接缝	改性石油沥青密封材料、合成高分子密封材料
	块体面层分格缝	改性石油沥青密封材料、合成高分子密封材料
	采光顶玻璃接缝	硅酮耐候密封胶
	采光顶周边接缝	合成高分子密封材料
	采光顶隐框玻璃与金属框接缝	硅酮结构密封胶
	采光顶明框单元板块间接缝	硅酮耐候密封胶
非位移接缝	高聚物改性沥青卷材收头	改性石油沥青密封材料
	合成高分子卷材收头及接缝封边	合成高分子密封材料
	混凝土基层固定件周边接缝	改性石油沥青密封材料、合成高分子密封材料
	混凝土构件间接缝	改性石油沥青密封材料、合成高分子密封材料

③ 位移接缝密封防水设计

a. 接缝宽度应按屋面接缝位移量计算确定；

b. 密封材料的嵌缝深度宜为接缝宽度的 50%～70%；

c. 接缝处的密封材料底部应设置背衬材料，背衬材料应大于接缝宽度 20%，嵌入深度应为密封材料的设计厚度；

d. 背衬材料应选择与密封材料不粘结或粘结力弱的材料，并应能适应基层的伸缩变形；同时，应具有施工时不变形、复原率高和耐久性好等性能。

8）胎体增强材料

① 胎体增强材料宜采用聚酯无纺布或化纤无纺布；

② 胎体增强材料长边搭接宽度不应小于 50mm，短边搭接宽度不应小于 70mm；

③ 上下层胎体增强材料的长边搭接缝应错开，且不得小于幅宽的 1/3；

④ 上下层胎体增强材料不得相互垂直铺设。

9）防水层施工

① 卷材防水层的施工环境温度应符合下列规定：

a. 热熔法和焊接法不宜低于 -10℃；

b. 冷粘法和热粘法不宜低于 5℃；

c. 自粘法不宜低于 10℃。

② 涂膜防水层的施工环境温度应符合下列规定：

a. 水乳型及反应型涂料宜为 5～35℃；

b. 溶剂型涂料宜为 -5～35℃；

c. 热熔型涂料不宜低于 -10℃；

d. 聚合物水泥涂料宜为 5～35℃。

③ 施工完的防水层应进行雨后观察、淋水或蓄水试验，并应在合格后再进行保护层和隔离层的施工。

5. 找平层

(1) 卷材屋面、涂膜屋面的基层宜设找平层。找平层厚度和技术要求应符合表 2-6-14

的规定。

找平层厚度和技术要求 表 2-6-14

找平层分类	适用的基层	厚度（mm）	技术要求
水泥砂浆	整体现浇混凝土板	15~20	1:2.5 水泥砂浆
	整体材料保温层	20~25	
细石混凝土	装配式混凝土板	30~35	C20 混凝土，宜加钢筋网片
	板状材料保温层		C20 混凝土

（2）保温层上的找平层应留设分格缝，缝宽宜为 5~20mm，纵横缝的间距不宜大于 6m。

6. 找坡层

找坡层应采用轻质材料单独铺设，其位置可以在保温层的上部或下部。找坡层亦可与保温层合并设置。

找坡材料应分层铺设和适当压实，表面应平整。

7. 隔离层

隔离层是消除材料之间粘结力、机械咬合力等相互作用的构造层次。

块体材料、水泥砂浆或细石混凝土保护层与卷材、涂膜防水层之间，应设置隔离层。隔离层材料的适用范围和技术要求宜符合表 2-6-15 的规定。

隔离层材料的适用范围和技术要求 表 2-6-15

隔离层材料	适用范围	技术要求
塑料膜	块体材料、水泥砂浆保护层	0.4mm 厚聚乙烯膜或 3mm 厚发泡聚乙烯膜
土工布	块体材料、水泥砂浆保护层	200g/m² 聚酯无纺布
卷材	块体材料、水泥砂浆保护层	石油沥青卷材一层
低强度等级砂浆	细石混凝土保护层	10mm 黏土砂浆，石灰膏:砂:黏土=1:2.4:3.6
		10mm 厚石灰砂浆，石灰膏:砂=1:4
		5mm 厚掺有纤维的石灰砂浆

8. 保护层

保护层是对防水层或保温层等起防护作用的构造层次。

（1）上人屋面的保护层可采用块体材料、细石混凝土等材料，不上人屋面保护层可采用浅色涂料、铝箔、矿物粒料、水泥砂浆等材料。各种保护层材料的适用范围和技术要求应符合表 2-6-16 的规定。

保护层材料的适用范围和技术要求 表 2-6-16

保护层材料	适用范围	技术要求
浅色涂料	不上人屋面	丙烯酸系反射涂料
铝箔	不上人屋面	0.05mm 厚铝箔反射膜
矿物粒料	不上人屋面	不透明的矿物粒料
水泥砂浆	不上人屋面	20mm 厚 1:2.5 或 M15 水泥砂浆

续表

保护层材料	适用范围	技术要求
块体材料	上人屋面	地砖或30mmC20细石混凝土预制块
细石混凝土	上人屋面	40mm厚C20细石混凝土或50mm厚C20细石混凝土内配$\phi4@100$双向钢筋网片

(2) 采用块体材料做保护层时，宜设分格缝，其纵横间距不宜大于10m，分格缝宽度宜为20mm，并应用密封材料嵌填。

(3) 采用水泥砂浆做保护层时，表面应抹平压光，并应设表面分格缝，分格面积宜为$1m^2$。

(4) 采用细石混凝土做保护层时，表面应抹平压光，并应设表面分格缝，其纵横间距不应大于6m，分隔缝宽度宜为10～20mm，并应用密封材料嵌填。

(5) 采用浅色涂料做保护层时，应与防水层粘结牢固，厚薄应均匀，不得漏涂。

(6) 块体材料、水泥砂浆、细石混凝土保护层与女儿墙或山墙之间，应预留宽度为30mm的缝隙，缝内宜填塞聚苯乙烯泡沫塑料，并应用密封材料嵌填。

(7) 需经常维护的设施周围和屋面出入口至设施之间的人行道，应铺设块体材料或细石混凝土保护层。

(8) 保护层的施工环境温度规定：

1) 块体材料干铺不宜低于−5℃，湿铺不宜低于5℃；

2) 水泥砂浆及细石混凝土宜为5～35℃；

3) 浅色涂料不宜低于5℃。

例2-6-3 (2021) 屋面防水附加层选用高聚物改性沥青防水涂料时，其最小厚度应为多少？（　　）

A 1.2mm　　　B 1.5mm　　　C 2.0mm　　　D 3.0mm

解析：依据《屋面工程技术规范》GB 50345—2012 第4.5.9条表4.5.9（即本教材表2-6-11）的规定，高聚物改性沥青防水涂料附加层最小厚度应为2.0mm（C项正确）。

答案：C

（四）倒置式保温平屋面

综合《屋面工程技术规范》GB 50345—2012 和《倒置式屋面工程技术规程》JGJ 230—2010 中的相关规定：

(1) 倒置式保温平屋面是保温层在上、防水层在下的平屋面；它的基本构造层次为：保护层—保温层—防水层—找平层—找坡层—结构层。

(2) 倒置式保温屋面的构造要求

1) 倒置式屋面的防水等级应为Ⅰ级，防水层合理使用年限不得少于20年；

2) 倒置式屋面，坡度不宜小于3%；

3) 倒置式屋面的保温层使用年限不宜低于防水层的使用年限。保温层应采用吸水率低，且长期浸水不变质的保温材料；

4）板状保温材料的下部纵向边缘应设排水凹槽；

5）保温层与防水层所用材料应相容匹配；

6）保温层上面宜采用块体材料或细石混凝土做保护层；

7）檐沟、水落口部位应采用现浇混凝土堵头或砖砌堵头，并应做好保温层的排水处理。

(3) 倒置式保温屋面的材料选择

1）找坡层

①宜采用结构找坡；

②当采用材料找坡时，找坡层最薄处的厚度不得小于30mm。

2）找平层

①防水层的下部应设置找平层；

②找平层可采用水泥砂浆或细石混凝土，厚度应为15～40mm；

③找平层应设分格缝，缝宽宜为10～20mm，纵横缝的间距不宜大于6m；缝中应用密封材料嵌填。

3）防水层

应选用耐腐蚀、耐霉烂，适应基层变形能力的防水材料。硬泡聚氨酯防水保温复合板可作为次防水层用于两道防水设防屋面。

4）保温层

可以选用挤塑聚苯板、硬泡聚氨酯板、硬泡聚氨酯防水保温复合板、喷涂硬泡聚氨酯及泡沫玻璃保温板等。设计厚度应按计算厚度增加25%取值，最小厚度不应小于25mm。

例2-6-4 (2014) 下列哪一种材料不能用作倒置式屋面的保温层？（　　）
A 闭孔泡沫玻璃　　　　　B 水泥珍珠岩板
C 挤塑聚苯板　　　　　　D 硬质聚氨酯泡沫板

解析：《倒置式屋面工程技术规程》JGJ 230—2010 第4.3.2条规定：倒置式屋面的保温材料可选用挤塑聚苯乙烯泡沫塑料板（C项）、硬泡聚氨酯板（D项）、硬泡聚氨酯防水保温复合板、喷涂硬泡聚氨酯及泡沫玻璃保温板（A项）等。

答案：B

5）保护层

① 可以选用卵石、混凝土板块、地砖、瓦材、水泥砂浆、金属板材、人造草皮、种植植物等材料；

② 保护层的质量应保证当地30年一遇最大风力时保温板不会被刮起和保温板在积水状态下不会浮起；

③当采用板状材料、卵石做保护层时，在保护层与保温层之间应设置隔离层；

④当采用板状材料做上人屋面保护层时，板状材料应采用水泥砂浆坐浆平铺，板缝应采用砂浆勾缝处理；当屋面为非上人屋面时，板状材料可以平铺，厚度不应小于30mm；

⑤当采用卵石保护层时，其粒径宜为40～80mm；

⑥ 保护层应设分格缝，面积分别为：水泥砂浆 $1m^2$，板状材料 $100m^2$，细石混凝

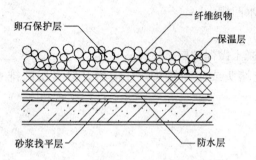

图 2-6-2 倒置式保温屋面的构造

±36m²；

⑦ 倒置式屋面一般不需设隔汽层。倒置式屋面可不设置透气孔或排气槽。

倒置式保温屋面的构造如图 2-6-2 所示。

（五）隔热屋面的构造

隔热屋面是设置隔热层的屋面。隔热层的作用是减少太阳辐射热对室内作用的构造层次。隔热屋面的具体做法有以下三种，从发展趋势看，由于绿色环保及美化环境的要求，采用种植隔热方式将胜于架空隔热和蓄水隔热：

1. 种植隔热屋面

综合《屋面工程技术规范》GB 50345—2012、《屋面工程质量验收规范》GB 50207—2012 和《种植屋面工程技术规程》JGJ 155—2013 的相关规定：

种植屋面工程设计应遵循"防、排、蓄、植"并重和"安全、环保、节能、经济，因地制宜"的原则。

（1）种植隔热屋面的类别

1）简单式种植屋面：绿化面积占屋面总面积大于 80% 的叫简单式种植屋面；

2）花园式种植屋面：绿化面积占屋面总面积大于 60% 的叫花园式种植屋面；

3）容器式种植屋面：容器种植的土层厚度应满足植物生存的营养要求，不应小于 100mm。

（2）种植隔热屋面的基本构造层次

1）术语：过滤层是防止种植土流失，且便于水渗透的构造层；排（蓄）水层是能排出种植土中多余水分（或具有一定蓄水功能）的构造层；耐根穿刺防水层是具有防水和阻止植物根系穿刺功能的构造层；种植土是具有一定渗透性、蓄水能力和空间稳定性，可提供屋面植物生长所需养分的田园土、改良土和无机种植土的总称。

2）种植隔热屋面（有保温层）的基本构造层次为：植被层—种植土层—过滤层—排（蓄）水层—保护层—耐根穿刺防水层—普通防水层—找平层—保温层—找平层—找坡层—结构层；

3）种植隔热屋面（无保温层）的基本构造层次为：植被层—种植土层—过滤层—排（蓄）水层—保护层—耐根穿刺防水层—普通防水层—找平层—找坡层—结构层。

（3）种植隔热屋面的一般规定

1）不宜设计为倒置式屋面；

2）结构层宜采用现浇钢筋混凝土；

3）防水层应满足Ⅰ级防水等级设防要求；防水层应不少于两道防水设防，上道应为耐根穿刺防水材料；两道防水层的材料应相容并应相邻铺设；

4）种植平屋面的排水坡度不宜小于 2%；天沟、檐沟的排水坡度不宜小于 1%；

5）当屋面坡度小于 10% 时，可按种植平屋面的规定执行；

6）当屋面坡度大于或等于 20% 时，种植坡屋面应设置挡墙或挡板防滑构造；亦可采用阶梯式或台地式种植；

7) 当屋面坡度大于50%时，不宜作种植屋面；

8) 种植坡屋面不宜采用土工布等软质保护层；屋面坡度大于20%时，保护层应采用细石混凝土；

9) 种植坡屋面满覆盖种植宜采用草坪地被植物；

10) 种植坡屋面在沿山墙和檐沟部位应设置安全防护栏杆；

11) 种植屋面结构应计算种植荷载作用，并宜设置植物浇灌设施，防水层应满足耐根穿刺要求。

(4) 种植屋面的构造要求

1) 种植屋面的女儿墙周边泛水部位和屋面檐口部位，应设置不小于300mm缓冲带，缓冲带可结合卵石带、园路或排水沟等设置；

2) 防水层的泛水高度应高出种植土不应小于250mm；地下建筑顶板防水层的泛水高度高出种植土不应小于500mm；

3) 竖向穿过屋面的管道，应在结构层内预埋套管，套管高出种植土不应小于250mm；

4) 坡屋面的种植檐口应设置种植土挡墙，挡墙的防水层应与檐沟防水层连成一体；挡土墙上应埋设排水管（孔）；

5) 种植屋面宜采用外排水方式，水落口宜结合缓冲带设置；

6) 屋面排水沟上可铺设盖板作为园路，侧墙应设置排水孔；

7) 硬质铺装应向水落口处找坡；当种植挡墙高于铺装时，挡墙应设置排水孔。

(5) 种植屋面的材料选择

1) 找坡层

① 当坡长小于4m时，宜采用水泥砂浆找坡；

② 当坡长为4~9m时，可采用加气混凝土、轻质陶粒混凝土、水泥膨胀珍珠岩和水泥蛭石等材料找坡，也可以采用结构找坡；

③ 当坡长大于9m时，应采用结构找坡。

2) 保温层

① 保温隔热材料的密度不宜大于$100kg/m^3$，压缩强度不得低于100kPa，100kPa压缩强度下，压缩比不得大于10%；

② 保温隔热材料可采用喷涂硬泡聚氨酯、硬泡聚氨酯板、挤塑聚苯乙烯泡沫塑料、保温板、硬质聚异氰脲酸酯泡沫保温板、酚醛硬泡保温板等轻质板状绝热材料。不得采用散状绝热材料。

3) 普通防水层

普通防水层可以选用改性沥青防水卷材（一道最小厚度为4.0mm）、高分子防水卷材（一道最小厚度为1.5mm）、自粘聚合物改性沥青防水卷材（一道最小厚度为3.0mm）、高分子防水涂料（一道最小厚度为2.0mm）和喷涂聚脲防水涂料（一道最小厚度为2.0mm）。

4) 耐根穿刺防水层

① 排（蓄）水材料不得作为耐根穿刺防水材料使用；

② 聚乙烯丙纶防水卷材和聚合物水泥胶结材料复合耐根穿刺防水材料，应采用双层

卷材复合，作为一道耐根穿刺防水层；

③ 防水卷材搭接缝应采用与卷材相容的密封材料封严；内增强高分子耐根穿刺防水搭接缝应用密封胶封闭；

④ 耐根穿刺防水层上应设保护层，保护层应符合下列规定：

a. 简单式种植屋面和容器种植宜采用体积比为1：3，厚度为15～20mm的水泥砂浆做保护层；

b. 花园式种植屋面宜采用厚度不小于40mm的细石混凝土做保护层；

c. 地下建筑顶板种植应采用厚度不小于70mm的细石混凝土做保护层；

d. 采用水泥砂浆和细石混凝土做保护层时，保护层下面应铺设隔离层；

e. 采用土工布或聚酯无纺布做保护层时，单位面积质量不应小于300g/m²；

f. 采用聚乙烯丙纶复合防水卷材做保护层时，芯材厚度不应小于0.4mm；

g. 采用高密度聚乙烯土工膜做保护层时，厚度不应小于0.4mm。

5) 排（蓄）水材料

① 排（蓄）水材料可以选用凹凸形排（蓄）水板、网状交织排水板、级配碎石、卵石和陶粒；

② 级配碎石的粒径宜为10～25mm，卵石的粒径宜为25～40mm，铺设厚度均不宜小于100mm；

③ 陶粒的粒径宜为10～25mm，堆积密度不宜大于500kg/m³，铺设厚度不宜小于100mm。

6) 过滤材料

过滤材料宜选用聚酯无纺布，单位面积质量不宜小于200g/m²。

7) 种植土

① 种植土应具有质量轻、养分适度、清洁无毒和安全环保等特性；

② 种植土的类型有田园土、改良土和无机种植土；

③ 改良土有机材料体积掺入量不宜大于30%；有机质材料应充分腐熟灭菌；

④ 应根据植物种类确定种植土厚度，并应符合表2-6-17的规定。

种 植 土 厚 度（mm） 表2-6-17

植物种类				
草坪、地被	小灌木	大灌木	小乔木	大乔木
≥100	≥300	≥500	≥600	≥900

8) 种植植物

① 不宜种植高大乔木、速生乔木；

② 不宜种植根系发达的植物和根状茎植物；

③ 高层建筑屋面和坡屋面宜种植草坪和地被植物。

9) 种植容器

① 容器材质的使用年限不应低于10年；

② 容器高度不应小于100mm。

2. 蓄水隔热屋面

综合《屋面工程技术规范》GB 50345—2012 和《屋面工程质量验收规范》GB 50207—2012 的相关规定：

(1) 蓄水隔热屋面的基本构造层次

1) 有保温层的蓄水屋面：蓄水隔热层—隔离层—防水层—找平层—保温层—找平层—找坡层—结构层；

2) 无保温层的蓄水屋面：蓄水隔热层—隔离层—防水层—找平层—找坡层—结构层。

(2) 蓄水隔热屋面的应用

蓄水隔热屋面不宜在严寒地区和寒冷地区、地震设防地区和振动较大的建筑物上采用。

(3) 蓄水隔热屋面的构造要求

1) 蓄水隔热屋面的坡度不宜大于 0.5%；

2) 蓄水池应采用强度等级不低于 C20，抗渗等级不低于 P6 的防水混凝土现浇；蓄水池内宜采用 20mm 厚防水砂浆抹面；

3) 蓄水池的蓄水深度宜为 150～200mm；

4) 蓄水池应设溢水口、排水管和给水管，排水管应与排水出口连通；

5) 蓄水隔热屋面应划分为若干蓄水区，每区的边长不宜大于 10m，在变形缝的两侧应分成两个互不连通的蓄水区；长度超过 40m 的蓄水隔热屋面应分仓设置，分仓隔墙可采用现浇混凝土或砌体；

6) 蓄水池溢水口距分仓墙顶面的高度不得小于 100mm；

7) 蓄水池应设置人行通道；

8) 蓄水隔热屋面隔热层与防水层之间应设置隔离层；

9) 蓄水池的所有孔洞均应预留，给水管、排水管和溢水管等，均应在蓄水池混凝土施工前安装完毕；

10) 蓄水池的防水混凝土应一次浇筑完毕，不得留施工缝；

11) 防水混凝土应用机械振捣密实，表面应抹平和压光；初凝后应覆盖养护，终凝后浇水养护不得少于 14d；蓄水后不得断水。

3. 架空隔热屋面

综合《屋面工程技术规范》GB 50345—2012 和《屋面工程质量验收规范》GB 50207—2012 中的相关规定：

(1) 架空隔热屋面的基本构造层次

1) 有保温层的架空屋面：架空隔热层—防水层—找平层—保温层—找平层—找坡层—结构层；

2) 无保温层的架空屋面：架空隔热层—防水层—找平层—找坡层—结构层。

(2) 架空隔热屋面的应用

架空隔热层宜在屋顶有良好通风的建筑物上采用，不宜在寒冷地区和严寒地区采用。

(3) 架空隔热屋面的构造要求

1) 采用混凝土板架空隔热层时，混凝土板的强度等级不应低于 C20，屋面坡度不宜大于 5%。

2) 支点砌块的强度等级，非上人屋面不应低于MU7.5，上人屋面不应低于MU10。

3) 采用架空隔热层的屋面，架空隔热层的高度应按照屋面的宽度或坡度的大小变化确定；架空隔热层不得堵塞，架空隔热层的高度宜为180~300mm。架空板与女儿墙的距离不应小于250mm（《民用建筑热工设计规范》GB 50176—2016中规定：通风屋面的风道长度不宜大于10m，通风间层高度应大于0.3m，屋面基层应做保温隔热层，檐口处宜采用导风构造，通风平屋面风道口与女儿墙的距离不应小于0.6m）。

4) 屋面宽度大于10m时，架空隔热层中部应设置通风屋脊，通风口处应设置通风箅子。

5) 架空隔热层的进风口，宜设置在当地炎热季节最大频率风向的正风压区，出风口宜设置在负风压区。

6) 架空隔热制品支座底面的卷材、涂膜防水层，应采取加强措施。

架空隔热屋面的构造如图2-6-3所示。

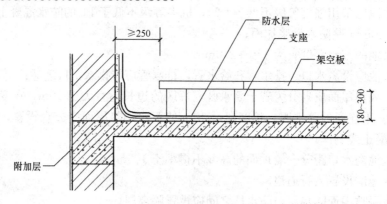

图2-6-3 架空隔热屋面的构造

例2-6-5（2012）关于架空隔热屋面的设计要求，下列表述中哪条是错误的？（　　）

A 不宜设女儿墙

B 屋面采用女儿墙时，架空板与女儿墙的距离不宜小于250mm

C 屋面坡度不宜大于5%

D 不宜在抗震设防8度区采用

解析：《屋面工程技术规范》GB 50345—2012第4.4.9条中没有架空隔热屋面不宜在抗震设防8度区使用的规定。

答案：D

（六）屋面的排水设计

1.《屋面工程技术规范》GB 50345—2012的规定

(1) 屋面排水方式的选择应根据建筑物的屋顶形式、气候条件、使用功能等因素确定。

(2) 屋面排水方式可分为有组织排水和无组织排水。有组织排水时，宜采用雨水收集系统。

(3) 高层建筑屋面宜采用内排水；多层建筑屋面宜采用有组织外排水；低层建筑及檐

高小于 10m 的屋面，可采用无组织排水。多跨及汇水面积较大的屋面宜采用天沟排水，天沟找坡较长时，宜采用中间内排水和两端外排水。

（4）屋面排水系统设计采用的雨水流量、暴雨强度、降雨历时、屋面汇水面积等参数，应符合现行国家标准《建筑给水排水设计标准》GB 50015 的有关规定。

（5）屋面应适当划分排水区域，排水路线应简捷，排水应通畅。

（6）采用重力式排水时，屋面每个汇水面积内，雨水排水立管不宜少于 2 根；水落口和水落管的位置，应根据建筑物的造型要求和屋面汇水情况等因素确定。

（7）高跨屋面为无组织排水时，其低跨屋面受水冲刷的部位应加铺一层卷材，并应设 40～50mm 厚，300～500mm 宽的 C20 细石混凝土保护层；高跨屋面为有组织排水时，水落管下应加设水簸箕。

（8）暴雨强度较大地区的大型屋面，宜采用虹吸式屋面雨水排水系统。

（9）严寒地区应采用内排水，寒冷地区宜采用内排水。

（10）湿陷性黄土地区宜采用有组织排水，并应将雨雪水直接排至排水管网。

（11）檐沟、天沟的过水断面，应根据屋面汇水面积的雨水流量经计算确定。钢筋混凝土檐沟、天沟净宽不应小于 300mm；分水线处最小深度不应小于 100mm；沟内纵向坡度应不小于 1‰，沟底水落差不得超过 200mm。天沟、檐沟排水不得流经变形缝和防火墙。

（12）金属檐沟、天沟的纵向坡度宜为 0.5%。

（13）坡屋面檐口宜采用有组织排水，檐沟和水落斗可采用金属或塑料成品。

2. 《民用建筑设计统一标准》 GB 50352—2019 的规定

（1）屋面排水宜结合气候环境优先采用外排水，严寒地区、高层建筑、多跨及集水面积较大的屋面宜采用内排水，屋面雨水管的数量、管径应通过计算确定。

（2）当上层屋面雨水管的雨水排至下层屋面时，应有防止水流冲刷屋面的设施。

（3）屋面雨水排水系统宜设置溢流系统，溢流排水口的位置不得设在建筑出入口的上方。

（4）当屋面采用虹吸式雨水排水系统时，应设溢流设施；集水沟的平面尺寸应满足汇水要求和雨水斗的安装要求，集水沟宽度不宜小于 300mm，有效深度不宜小于 250mm，集水沟分水线处最小深度不应小于 100mm。

（5）屋面雨水天沟、檐沟不得跨越变形缝和防火墙。

（6）屋面雨水系统不得和阳台雨水系统共用管道；屋面雨水管应设在公共部位，不得在住宅套内穿越。

3. 其他技术资料相关的数据

（1）年降雨量小于等于 900mm 的地区为少雨地区，年降雨量大于 900mm 的地区为多雨地区。每个水落口的汇水面积宜为 150～200m²；有外檐天沟时，雨水管间距可按小于等于 24m 设置；无外檐天沟时，雨水管间距可按小于 15m 设置。屋面雨水管的内径应不小于 100mm；面积小于 25m² 的阳台雨水管的内径应不小于 50mm。雨水管、雨水斗应首选 UPVC 材料（增强塑料）。雨水管距离墙面不应小于 20mm，其排水口下端距散水坡的高度不应大于 200mm。

（2）积灰多的屋面应采用无组织排水。如采用有组织排水应有防堵措施。

(3) 年降雨量≥900mm 的地区，相邻屋面高差≥3m 的高处檐口应采用有组织排水。

(4) 进深超过 12m 的平屋面不宜采用单坡排水。

(5)《全国民用建筑工程设计技术措施 规划·建筑·景观》(2009 年版) 第二部分中指出：

1) 每一汇水面积内的屋面或天沟一般不应少于两个水落口。当屋面面积不大且小于当地一个水落口的最大汇水面积，而采用两个水落口确有困难时，也可采用一个水落口加溢流口的方式。溢流口宜靠近水落口，溢流口底的高度一般高出该处屋面完成面 150~250mm 左右，并应挑出墙面不少于 50mm。溢水口的位置应不致影响其下部的使用，如影响行人等。

2) 两个水落口的间距，一般不宜大于下列数值：有外檐天沟 24m；无外檐天沟、内排水 15m。

(七) 屋顶凸出物的处理

1. 烟道、通风道

烟道、通风道凸出屋面的高度应不小于 600mm，并应做好泛水，防水卷材的高度不应小于 250mm。

2. 出人孔

平屋顶的出人孔是为了检修而设置。开洞尺寸应不小于 700mm×700mm。为了防止漏水，应将板边上翻或用 120mm 砖墙砌出，上盖木板，以遮风挡雨。防水卷材上卷 (亦称为 "泛水") 的高度不应小于 250mm，并且泛水防水层的收头应压在出人孔的混凝土压顶圈之下。

屋面应设上人检修口；当屋面无楼梯通达，并低于 10m 时，可设外墙爬梯，并应有安全防护和防止儿童攀爬的措施；大型屋面及异形屋面的上屋面检修口宜多于 2 个。外墙爬梯多为铁质材料，宽度一般为 600mm，底部距室外地面宜为 2~3m。当屋面有大于 2m 的高差时，高低屋面之间亦应设置外墙爬梯，爬梯底部距低屋面应为 600mm，爬梯距墙面为 200mm。

3. 室外消防梯

《建筑设计防火规范》GB 50016—2014 (2018 年版) 中规定：建筑高度大于 10m 的三级耐火等级建筑应设置通至屋顶的室外消防梯。室外消防梯不应面对老虎窗，宽度不应小于 0.6m，且宜从离地面 3m 高度处设置。

4. 女儿墙

(1) 抗震要求

《非结构构件抗震设计规范》JGJ 339—2015 中规定：

1) 女儿墙可以采用砖砌体 (最小厚度 240mm)、加气混凝土砌块 (最小厚度 190mm) 和现浇钢筋混凝土 (最小厚度 160mm) 制作。

2) 女儿墙的布置和构造，应符合下列规定：

① 不应采用无锚固的砖砌漏空女儿墙；

② 非出入口无锚固砌体女儿墙的最大高度：6~8 度时不宜超过 0.5m；超过 0.5m 时、人流出入口、通道处或 9 度时，出屋面砌体女儿墙应设置构造柱与主体结构锚固，构造柱间距宜取 2.0~2.5m；

注：《砌体结构设计规范》GB 50003—2011 中规定女儿墙中的构造柱间距为 4.00m。
③ 砌体女儿墙顶部应采用现浇的通长钢筋混凝土压顶；
④ 女儿墙在变形缝处应留有足够的宽度，缝两侧的女儿墙自由端应予以加强；
注：本条同见《建筑抗震设计规范》GB 50011—2010（2016 年版）第 13.3.2 条第 5 款。
⑤ 高层建筑的女儿墙，不得采用砌体女儿墙。

（2）高度要求

上人女儿墙的最小高度应按多层建筑的临空防护高度取 1.05m，高层建筑的临空防护高度取 1.10m。

三、瓦屋面（坡屋面）的构造

【相关真题：2021-059，2021-061，2020-083，2020-084，2019-059，2019-060】

（一）瓦屋面设计

总结《屋面工程技术规范》GB 50345—2012 和《屋面工程质量验收规范》GB 50207—2012 中对瓦屋面的规定，分述如下。

1. 瓦屋面的防水等级和设防要求

瓦屋面的防水等级和设防要求应符合表 2-6-18 的规定。

瓦屋面防水等级和防水做法　　　　　表 2-6-18

防 水 等 级	防 水 做 法
Ⅰ级	瓦＋防水层
Ⅱ级	瓦＋防水垫层

注：防水层厚度与平屋面的要求相同。

2. 瓦屋面的基本构造层次

瓦屋面的基本构造层次见表 2-6-19 所列。

瓦屋面的基本构造层次　　　　　表 2-6-19

屋面类型	基本构造层次（由上而下）
块瓦	块瓦—挂瓦条—顺水条—持钉层—防水层或防水垫层—保温层—结构层
沥青瓦	沥青瓦—持钉层—防水层或防水垫层—保温层—结构层

注：1. 表中结构层包括混凝土基层和木基层，防水层包括卷材和涂膜防水层；
　　2. 有隔汽要求的屋面，应在保温层与结构层之间设隔汽层。

3. 瓦屋面的设计

（1）瓦屋面应根据瓦的类型（块瓦、混凝土瓦、沥青瓦、金属板）和基层种类采取相应的构造做法。

（2）瓦屋面与山墙及屋面结构的交接处均应做不小于 250mm 高的泛水处理。

（3）在大风及地震设防地区或屋面坡度大于 100%时，应采取固定加强措施。

（4）严寒及寒冷地区的瓦（坡）屋面，檐口部位应采取防止冰雪融化下坠和冰坝形成等措施。

(5) 防水垫层宜采用自粘聚合物沥青防水垫层、聚合物改性沥青防水垫层，其最小厚度和搭接宽度应符合表 2-6-20 的规定。

防水垫层的最小厚度和搭接宽度　　　　表 2-6-20

防水垫层品种	最小厚度（mm）	搭接宽度（mm）
自粘聚合物沥青防水垫层	1.0	80
聚合物改性沥青防水垫层	2.0	100

(6) 在满足屋面荷载的前提下，瓦屋面持钉层厚度应符合下列规定：
1) 持钉层为木板时，厚度不应小于 20mm；
2) 持钉层为人造板时，厚度不应小于 16mm；
3) 持钉层为细石混凝土时，厚度不应小于 35mm。
(7) 瓦屋面檐沟、天沟的防水层，可采用防水卷材或防水涂膜，也可采用金属板材。

4. 烧结瓦、混凝土瓦屋面的构造要点
(1) 烧结瓦、混凝土瓦屋面的坡度不应小于 30%。
(2) 采用的木质基层、顺水条、挂瓦条，均应作防腐、防火和防蛀处理；采用的金属顺水条、挂瓦条，均应作防锈蚀处理。
(3) 烧结瓦、混凝土瓦应采用干法挂瓦，瓦与屋面基层应固定牢靠。
(4) 烧结瓦和混凝土瓦铺装的有关尺寸应符合下列规定：
1) 瓦屋面檐口挑出墙面的长度不宜小于 300mm；
2) 脊瓦在两坡面瓦上的搭盖宽度，每边不应小于 40mm；
3) 脊瓦下端距坡面瓦的高度不宜大于 80mm；
4) 瓦头深入檐沟、天沟内的长度宜为 50~70mm；
5) 金属檐沟、天沟深入瓦内的宽度不应小于 150mm；
6) 瓦头挑出檐口的长度宜为 50~70mm；
7) 凸出屋面结构的侧面瓦伸入泛水的宽度不应小于 50mm。

5. 沥青瓦屋面的构造要点
(1) 沥青瓦屋面的坡度不应小于 20%。
(2) 沥青瓦应具有自粘胶带或相互搭接的连锁构造。矿物粒料或片料覆面沥青瓦的厚度不小于 2.6mm，金属箔面沥青瓦的厚度不小于 2.0mm。
(3) 沥青瓦的固定方式应以钉接为主、粘结为辅。每张瓦片上不得少于 4 个固定钉；在大风地区或屋面坡度大于 100% 时，每张瓦片不得少于 6 个固定钉。
(4) 天沟部位铺设的沥青瓦可采用搭接式、编织式、敞开式。搭接式、编织式铺设时，沥青瓦下应铺设不小于 1000mm 宽的附加层；敞开式铺设时，在防水层或防水垫层上应铺设厚度不小于 0.45mm 的防锈金属板材，沥青瓦与金属板材应用沥青基胶结材料粘结，其搭接宽度不应小于 100mm。
(5) 沥青瓦铺装的有关尺寸应符合下列规定：
1) 脊瓦在两坡面瓦上的搭盖宽度，每边不应小于 150mm；

2) 脊瓦与脊瓦的压盖面积不应小于脊瓦面积的 1/2;
3) 沥青瓦挑出檐口的长度宜为 10~20mm;
4) 金属泛水板与沥青瓦的搭盖宽度不应小于 100mm;
5) 金属泛水板与突出屋面墙体的搭接高度不应小于 250mm;
6) 金属滴水板伸入沥青瓦下的宽度不应小于 80mm。

6. 金属板屋面的构造要点

(1) 金属板屋面的防水等级和防水做法

金属板屋面的防水等级和防水做法应符合表 2-6-21 的规定。

金属板屋面防水等级和防水做法   表 2-6-21

防水等级	防水做法
Ⅰ级	压型金属板+防水垫层
Ⅱ级	压型金属板、金属面绝热夹芯板

注:1. 当防水等级为Ⅰ级时,压型铝合金板基板厚度不应小于 0.9mm,压型钢板基板厚度不应小于 0.6mm;
2. 当防水等级为Ⅰ级时,压型金属板应采用 360°咬口锁边连接方式;
3. 在Ⅰ级屋面防水做法中,仅作压型金属板时,应符合《金属压型板应用技术规范》的要求。

(2) 金属板屋面的基本构造层次

金属板屋面的基本构造层次应符合表 2-6-22 的规定。

金属板屋面的基本构造层次   表 2-6-22

屋面类型	基本构造层次(自上而下)
金属板屋面	压型金属板—防水垫层—保温层—承托网—支承结构
	上层压型金属板—防水垫层—保温层—底层压型金属板—支承结构
	金属面绝热夹芯板—支承结构

金属板屋面的基本构造见图 2-6-4 和图 2-6-5 [引自《全国民用建筑工程设计技术措施 规划·建筑·景观》(2009 年版)]。

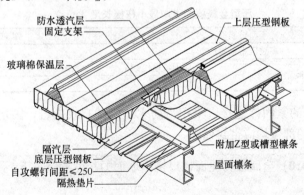

图 2-6-4 檩条露明式金属板屋面构造

(3) 金属板屋面的构造要点

1) 压型金属板采用咬口锁边连接时,屋面的排水坡度不宜小于 5%;压型金属板采用紧固件连接时,屋面的排水坡度不宜小于 10%。

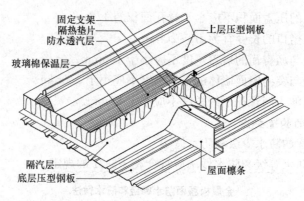

图 2-6-5 檩条暗藏式金属板屋面构造

2) 金属板屋面在保温层的下面宜设置隔汽层,在保温层的上面宜设置防水透汽膜。防水透汽膜是具有防风和防水透汽功能的膜状材料,包括纺粘聚乙烯和聚丙烯膜;防水透汽膜应铺设在屋面保温层外侧,可将外界水与空气气流阻挡在建筑外部,阻止冷风渗透,同时能将室内的潮气排到室外。

3) 金属檐沟、天沟的伸缩缝间距不宜大于 30m;内檐沟及内天沟应设置溢流口或溢流系统,沟内宜按 0.5% 找坡。

4) 金属板屋面铺装的有关尺寸应符合下列规定:
① 金属板檐口挑出墙面的长度不应小于 200mm;
② 金属板伸入檐沟、天沟内的长度不应小于 100mm;
③ 金属泛水板与突出屋面墙体的搭接高度不应小于 250mm;
④ 金属泛水板、变形缝盖板与金属板的搭盖宽度不应小于 200mm;
⑤ 金属屋脊盖板在两坡面金属板上的搭盖宽度不应小于 250mm;
⑥ 压型金属板的纵向搭接应位于檩条处,搭接端应与檩条有可靠的连接,搭接部位应设置防水密封胶带。压型金属板的纵向最小搭接长度应符合表 2-6-23 的规定。

压型金属板的纵向最小搭接长度(mm) 表 2-6-23

压型金属板		纵向最小搭接长度
高波压型金属板		350
低波压型金属板	屋面坡度≤10%	250
	屋面坡度>10%	200

5) 压型金属板的紧固件连接应采用带防水垫圈的自攻螺钉,固定点应设在波峰上,所有自攻螺钉外露的部位均应密封处理。

例 2-6-6 (2010) 金属板材屋面檐口挑出墙面的长度不应小于( )。
A 120mm B 150mm
C 180mm D 200mm
解析:《屋面工程技术规范》GB 50345—2012 中第 4.9.15 条规定:金属板檐口挑出墙面的长度不应小于 200mm。
答案: D

(4) 金属板屋面的下列部位应进行构造设计：

① 屋面系统的变形缝；② 高低跨处泛水；③ 屋面板缝、单元体构造缝；④ 檐沟、天沟、水落口；⑤ 屋面金属板材收头；⑥ 洞口、局部凸出体收头；⑦ 其他复杂的构造部位。

(5) 强风地区的金属屋面和异形金属屋面，应在边区、角区、檐口、屋脊及屋面形态变化处采取构造加强措施。

（二）坡屋面设计

《坡屋面工程技术规范》GB 50693—2011 中的规定：

1. 坡屋面的基本规定和设计要求

(1) 坡屋面的类型、适用坡度和防水垫层

根据建筑物的高度、风力、环境等因素，确定坡屋面的类型、坡度和防水垫层，并应符合表 2-6-24 的规定。

坡屋面的类型、坡度和防水垫层　　　　表 2-6-24

坡度与垫层	屋 面 类 型						
	沥青瓦屋面	块瓦屋面	波形瓦屋面	金属板屋面		防水卷材屋面	装配式轻型坡屋面
				压型金属板	夹芯板屋面		
适用坡度（%）	≥20	≥30	≥20	≥5	≥5	≥3	≥20
防水垫层	应选	应选	应选	一级应选 二级宜选	—	—	应选

注：防水垫层指的是坡屋面中通常铺设在瓦材或金属板下面的防水材料。

(2) 坡屋面的防水等级

坡屋面工程设计应根据建筑物的性质、重要程度、地域环境、使用功能要求以及依据屋面防水层设计的使用年限，分为一级防水和二级防水，并应符合表 2-6-25 的规定。

坡屋面的防水等级　　　　表 2-6-25

项 目	坡屋面防水等级	
	一 级	二 级
防水层设计使用年限	≥20 年	≥10 年

注：1. 大型公共建筑、医院、学校等重要建筑屋面的防水等级为一级，其他为二级；
2. 工业建筑屋面的防水等级按使用要求确定。

(3) 坡屋面的设计要求

1) 坡屋面采用沥青瓦、块瓦、波形瓦和一级设防的压型金属板时，应设置防水垫层。

2) 保温隔热层铺设在装配式屋面板上时，宜设置隔汽层。

3) 屋面坡度大于 100% 以及大风和抗震设防烈度为 7 度以上的地区，应采取加强瓦材固定等防止瓦材下滑的措施。

4) 持钉层的厚度应符合表 2-6-26 的规定。

持钉层的厚度   表2-6-26

材 质	最小厚度（mm）	材 质	最小厚度（mm）
木板	20	结构用胶合板	9.5
胶合板或定向刨花板	11	细石混凝土	35

5）细石混凝土找平层、持钉层或保护层中的钢筋网应与屋脊、檐口预埋的钢筋连接。

6）夏热冬冷地区、夏热冬暖地区和温和地区坡屋面的节能措施宜采用通风屋面、热反射屋面、带铝箔的封闭空气间层或种植屋面等。

7）屋面坡度大于100%时，宜采用内保温隔热措施。

8）冬季最冷月平均气温低于-4℃的地区或檐口结冰严重的地区，檐口部位应增设一层防冰坝返水的自粘或免粘防水垫层。增设的防水垫层应从檐口向上延伸，并超过外墙中心线不少于1000mm。

9）严寒和寒冷地区的坡屋面檐口部位应采取防止冰雪融坠的安全措施。

10）钢筋混凝土檐沟的纵向坡度不宜小于1‰。檐沟内应做防水。

11）坡屋面的排水设计应符合下列规定：

① 多雨地区（年降雨量大于900mm的地区）的坡屋面应采用有组织排水；

② 少雨地区（年降雨量小于等于900mm的地区）的坡屋面可采用无组织排水；

③ 高低跨屋面的水落管出水口处应采取防冲刷措施（通常做法是加设水簸箕）。

12）坡屋面有组织排水方式和水落管的数量应符合有关规定。

13）屋面设有太阳能热水器、太阳能光伏电池板、避雷装置和电视天线等附属设施时，应做好连接和防水密封措施。

14）采光天窗的设计应符合下列规定：

① 采用排水板时，应有防雨措施；

② 采光天窗与屋面连接处应作两道防水设防；

③ 应有结露水泄流措施；

④ 天窗采用的玻璃应符合相关安全的要求；

⑤ 采光天窗的抗风压性能、水密性、气密性等应符合相关标准的规定。

2. 坡屋面的材料选择

（1）防水垫层

1）沥青类防水垫层（自粘聚合物沥青防水垫层、聚合物改性沥青防水垫层、波形沥青通风防水垫层等）。

2）高分子类防水垫层（铝箔复合隔热防水垫层、塑料防水垫层、透气防水垫层和聚乙烯丙纶防水垫层等）。

3）防水卷材和防水涂料的复合防水垫层。

（2）保温隔热材料

1）坡屋面保温隔热材料可采用硬质聚苯乙烯泡沫塑料保温板、硬质聚氨酯泡沫塑料保温板、喷涂硬泡聚氨酯、岩棉、矿渣棉或玻璃棉等，不宜采用散状保温隔热材料。

2）保温隔热材料的表观密度不应大于250kg/m³。装配式轻型坡屋面宜采用轻质保温隔热材料，表观密度不应大于70kg/m³。

(3) 瓦材

瓦材有沥青瓦（片状）、沥青波形瓦、树脂波形瓦（俗称：玻璃钢）、块瓦（烧结瓦、混凝土瓦）等。

(4) 金属板

1) 压型金属板：包括热镀锌钢板（厚度≥0.6mm）、镀铝锌钢板（厚度≥0.6mm）、铝合金板（厚度≥0.9mm）。

2) 有涂层的金属板：正面涂层不应低于两层，反面涂层应为一层或两层。涂层有聚酯、硅改性聚酯、高耐久性聚酯和聚偏氟乙烯。

3) 金属面绝热夹芯板。

(5) 防水卷材

防水卷材可以选用聚氯乙烯（PVC）防水卷材、三元乙丙橡胶（EPDM）防水卷材、热塑性聚烯烃（TPO）防水卷材、弹性体（SBS）改性沥青防水卷材、塑性体（APP）改性沥青防水卷材。

屋面防水层应采用耐候性防水卷材，选用的防水卷材人工气候老化试验辐照时间不应少于2500h。

(6) 装配式轻型屋面材料

1) 钢结构应选用热浸镀锌薄壁型钢材冷弯成型。承重冷弯薄壁型钢应采用的热浸镀锌板的双面涂层重量不应小于$180g/m^2$。

2) 木结构的材质、粘结剂及配件应符合《木结构设计标准》GB 50005 的规定。

3) 新建屋面、平改坡屋面的屋面板宜采用定向刨花板（简称OSB板）、结构胶合板、普通木板及人造复合板等材料；采用波形瓦时，可不设屋面板。

4) 木屋面板材的厚度：定向刨花板（简称OSB板）厚度大于等于11mm，结构胶合板厚度大于等于9.5mm；普通木板厚度大于等于20mm。

5) 新建屋面、平改坡屋面的屋面瓦，宜采用沥青瓦、沥青波形瓦、树脂波形瓦等轻质瓦材。

(7) 顺水条和挂瓦条

1) 木质顺水条和挂瓦条应采用等级为Ⅰ级或Ⅱ级的木材，含水率不应大于18%，并应作防腐防蛀处理。

2) 金属材质顺水条、挂瓦条应作防锈处理。

3) 顺水条的断面尺寸宜为40mm×20mm，挂瓦条的断面尺寸宜为30mm×30mm。

3. 坡屋面的设计

(1) 沥青瓦坡屋面

1) 构造层次：（由上至下）沥青瓦—持钉层—防水层或防水垫层—保温隔热层—屋面板。

2) 沥青瓦分为平面沥青瓦和叠合沥青瓦两大类型。平面沥青瓦适用于防水等级为二级的坡屋面，叠合沥青瓦适用于防水等级为一级及二级的坡屋面。

3) 沥青瓦屋面的坡度不应小于20%。

4) 沥青瓦屋面的保温隔热层设置在屋面板上时，应采用不小于压缩强度150kPa的硬质保温隔热板材。

5）沥青瓦屋面的屋面板宜为钢筋混凝土屋面板或木屋面板。

6）铺设沥青瓦应采用固定钉固定，在屋面周边及泛水部位应采用满粘法固定。

7）沥青瓦的施工环境温度宜为5～35℃。环境温度低于5℃时，应采取加强粘结措施。

沥青瓦屋面的构造如图2-6-6所示。

（2）块瓦坡屋面

1）块瓦屋面保温隔热层上铺设细石混凝土保护层作为持钉层时，防水垫层应铺设在持钉层上；构造层（由上至下）依次为：块瓦—挂瓦条—顺水条—防水垫层—持钉层—保温隔热层—屋面板。

2）块瓦包括烧结瓦、混凝土瓦等，适用于防水等级为一级和二级的坡屋面。

3）块瓦屋面坡度不应小于30％。

4）块瓦屋面的屋面板可为钢筋混凝土板、木板或增强纤维板。

5）块瓦屋面应采用干法挂瓦，固定牢靠，檐口部位应采取防风揭起的措施。

块瓦屋面的构造如图2-6-7所示。

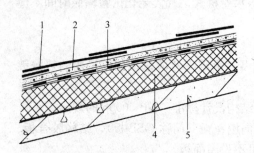

图2-6-6 沥青瓦屋面的构造
1—瓦材；2—持钉层；3—防水垫层；
4—保温隔热层；5—屋面板

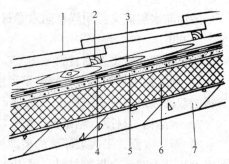

图2-6-7 块瓦屋面的构造
1—瓦材；2—挂瓦条；3—顺水条；4—防水垫层；
5—持钉层；6—保温隔热层；7—屋面板

（3）波形瓦坡屋面

1）构造层次（由上至下）：

①做法一：波形瓦—防水垫层—持钉层—保温隔热层—屋面板；

②做法二：波形瓦—防水垫层—屋面板—檩条（角钢固定件）—屋架。

2）波形瓦屋面包括沥青波形瓦、树脂波形瓦等。适用于防水等级为二级的屋面。

3）波形瓦屋面坡度不应小于20％。

4）波形瓦屋面承重层为钢筋混凝土屋面板和木质屋面板时，宜设置外保温隔热层；不设屋面板的屋面，可设置内保温隔热层。

波形瓦屋面的构造如图2-6-8所示。

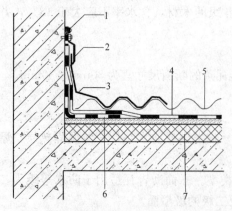

图2-6-8 波形瓦屋面的构造
1—密封胶；2—金属压条；3—泛水；
4—防水垫层；5—波形瓦；6—防水
垫层附加层；7—保温隔热层

（4）金属板坡屋面

1）构造层次（由上至下）：金属屋面板—固

定支架—透气防水垫层—保温隔热层—承托网。

2) 金属板屋面的板材主要包括压型金属板和金属面绝热夹芯板。

3) 金属板屋面坡度不宜小于5%。

4) 压型金属板屋面适用于防水等级为一级和二级的坡屋面,金属面绝热夹芯板屋面适用于防水等级为二级的坡屋面。

5) 防水等级为一级的压型金属板屋面不应采用明钉固定方式,应采用大于180°咬边连接的固定方式;防水等级为二级的压型金属板屋面采用明钉或金属螺钉固定方式时,钉帽应有防水密封措施。

6) 金属面绝热夹芯板的四周接缝均应采用耐候丁基橡胶防水密封胶带密封。

7) 防水等级为一级的压型金属板屋面应采用防水垫层,防水等级为二级的压型金属板屋面宜采用防水垫层。

金属板屋面的构造如图2-6-9所示。

(5) 防水卷材坡屋面

1) 构造层次(由上至下):防水卷材—保温隔热层—隔汽层—屋顶结构层。

2) 防水卷材屋面适用于防水等级为一级和二级的单层防水卷材的坡屋面。

3) 防水卷材屋面的坡度不应小于3%。

4) 屋面板可采用压型钢板和现浇钢筋混凝土板等。

5) 防水卷材屋面采用的防水卷材主要包括:聚氯乙烯(PVC)防水卷材、三元乙丙橡胶(EPDM)防水卷材、热塑性聚烯烃(TPO)防水卷材、弹性体(SBS)改性沥青防水卷材、塑性体(APP)改性沥青防水卷材。

6) 保温隔热材料可采用硬质岩棉板、硬质矿渣棉板、硬质玻璃棉板、硬质泡沫聚氨酯塑料保温板及硬质聚苯乙烯保温板等板材。

7) 保温隔热层应设置在屋面板上。

8) 单层防水卷材和保温隔热材料构成的屋面系统,可采用机械固定法、满粘法或空铺压顶法铺设。

防水卷材坡屋面的构造如图2-6-10所示。

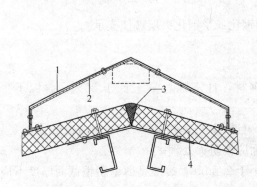

图 2-6-9 金属板屋面的构造
1—屋脊盖板;2—屋脊盖板支架;
3—聚苯乙烯泡沫条;4—夹芯屋面板

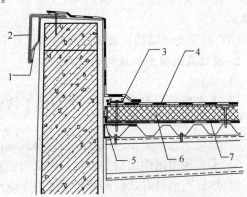

图 2-6-10 防水卷材坡屋面的构造
1—钢板连接件;2—复合钢板;3—固定件;
4—防水卷材;5—收边加强钢板;
6—保温隔热层;7—隔汽层

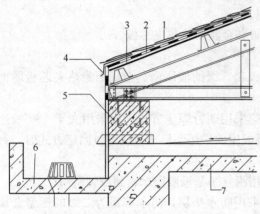

图 2-6-11 装配式轻型坡屋面的构造
1—轻质瓦；2—防水垫层；3—屋面板；4—金属泛水板；5—现浇钢筋混凝土卧梁；6—原有檐沟；7—原有屋面

(6) 装配式轻型坡屋面

1) 构造层次（由上至下）：瓦材—防水垫层—屋面板。

2) 装配式轻型坡屋面适用于防水等级为一级和二级的新建屋面和平改坡屋面。

3) 装配式轻型坡屋面的坡度不应小于20%。

4) 平改坡屋面应根据既有建筑物的进深、承载能力确定承重结构和选择屋面材料。

装配式轻型坡屋面的构造如图2-6-11所示。

四、玻璃采光顶

【相关真题：2021-060，2020-085，2019-057】

综合《屋面工程技术规范》GB 50345—2012 和《屋面工程质量验收规范》GB 50207—2012 和《采光顶与金属屋面技术规程》JGJ 255—2012 的相关规定：

（一）玻璃采光顶的建筑设计

玻璃采光顶应根据建筑物的屋面形式、使用功能和美观要求，选择结构类型、材料和细部构造（图2-6-12）。

1. 玻璃采光顶的支承结构

（1）框支承结构：框支承结构由玻璃面板、金属框架、支承结构三部分组成。

（2）点支承结构：点支承结构由玻璃面板、点支承装置、支承结构三部分组成。

图 2-6-12 玻璃采光顶

（3）玻璃支承结构：玻璃支承结构宜采用钢化或半钢化夹层玻璃支承。

2. 玻璃采光顶支承结构的材料

（1）钢材

1) 采光顶的钢材宜采用于奥氏体不锈钢材，且铬镍总量不低于25%，含镍不少于8%；

2) 玻璃采光顶使用的钢索应采用钢绞线，且钢索的公称直径不宜小于12mm；

3) 采光顶内用钢结构支承时，钢结构表面应作防火处理；

4) 热轧钢型材有效截面部位的壁厚不应小于2.5mm；冷成型薄壁型钢截面厚度不应小于2.0mm。

（2）铝合金型材

1) 铝合金型材应采用阳极氧化、电泳涂漆、粉末喷涂、氟碳喷涂等进行表面处理；

2) 铝合金型材有效截面部位的厚度不应小于2.5mm。

3. 玻璃采光顶的点支承装置

(1) 矩形玻璃面板宜采用四点支承，三角形玻璃面板宜采用三点支承。相邻支承点间的板边距离，不宜大于1.50m。点支承玻璃可采用钢爪支承装置或夹板支承装置。采用钢爪支承时，孔边至板边的距离不宜小于70mm。

(2) 点支承玻璃面板采用浮头式连接时，玻璃厚度不应小于6mm；采用沉头式连接时，玻璃厚度不应小于8mm。夹层玻璃和中空玻璃的单片厚度亦应符合相关规定。钢板夹持的点支承玻璃，单片厚度不应小于6mm。

(3) 点支承中空玻璃孔洞周边应采取多道密封。

4. 玻璃采光顶的玻璃

(1) 总体要求

1) 玻璃采光顶应采用安全玻璃，宜采用夹层玻璃或夹层中空玻璃；
2) 玻璃原片的单片厚度不宜小于6mm；
3) 夹层玻璃的原片厚度不宜小于5mm；
4) 上人的玻璃采光顶应采用夹层玻璃；
5) 点支承玻璃采光顶应采用钢化夹层玻璃；
6) 采光顶所有的玻璃应进行磨边倒角处理；
7) 不宜采用单片低辐射玻璃；
8) 玻璃采光顶用玻璃面板面积应不大于$2.5m^2$，长边边长宜不大于2m。

(2) 夹层玻璃的具体要求

1) 夹层玻璃宜为干法加工合成，夹层玻璃的两片玻璃厚度相差不宜大于2mm；
2) 夹层玻璃的胶片宜采用聚乙烯醇缩丁醛（PVB）胶片，聚乙烯醇缩丁醛胶片的厚度不应小于0.76mm；
3) 暴露在空气中的夹层玻璃边缘应进行密封处理。

(3) 夹层中空玻璃的具体要求

1) 中空玻璃气体层的厚度不应小于12mm；
2) 中空玻璃宜采用双道密封结构，并应采用硅酮结构密封胶；
3) 中空玻璃的夹层面应在中空玻璃的下表面；
4) 中空玻璃产地与使用地或与运输途经地的海拔高度相差超过1000m时，宜加装毛细管或呼吸管平衡内外气压差。

5. 玻璃采光顶的密封材料

(1) 密封材料采用橡胶材料时，宜采用三元乙丙橡胶、氯丁橡胶或丁基橡胶、硅橡胶。

(2) 玻璃采光顶中用于玻璃与金属构架、玻璃与玻璃、玻璃与玻璃肋之间的结构弹性连接采用中性硅酮结构密封胶。

(3) 中性硅酮结构密封胶的位移能力应充分满足工程接缝的变形要求。

（二）玻璃采光顶的安全设计

(1) 玻璃采光顶的结构设计使用年限不应小于25年。当设计使用年限低于15年时，可采用聚碳酸酯板（又称为阳光板、PC板）采光顶。

(2) 玻璃采光顶的外层材料应能耐冰雹冲击。面层玻璃不应破碎坠落伤人。

(3) 玻璃采光顶的玻璃组装采用镶嵌方式时，应采取防止玻璃整体脱落的措施。

(4) 玻璃采光顶的玻璃组装采用胶粘方式时，玻璃与金属框之间应采用与接触材料相容的硅酮结构密封胶粘结。粘结宽度不应小于7mm；粘结厚度不应小于6mm。

(5) 玻璃采光顶的玻璃采用点支承体系时，连接件的钢爪与玻璃之间应设置衬垫材料，衬垫材料的厚度不宜小于1mm，面积不应小于支承装置与玻璃的结合面。

(6) 玻璃间的接缝宽度应满足玻璃和密封胶的变形要求，且不应小于10mm；密封胶的嵌填深度宜为接缝宽度的50%～70%，较深的密封槽口底部应采用聚乙烯发泡材料填塞。

(7) 当采光顶玻璃最高点到地面或楼面距离大于3m时，应采用夹层玻璃或夹层中空玻璃，且夹胶层位于下侧。

(8) 屋面玻璃必须使用安全玻璃。当屋面玻璃最高点离地面的高度大于3m时，必须使用夹层玻璃。用于屋面的夹层玻璃，其胶片厚度不应小于0.76mm。

(三) 玻璃采光顶的节能设计

(1) 为实现节能，玻璃（聚碳酸酯板）采光顶的面积不应大于屋顶总面积的20%。

(2) 玻璃采光顶宜采用夹层中空玻璃或夹层低辐射镀膜中空玻璃。明框支承采光顶宜采用隔热铝合金型材或隔热性钢材。

(3) 采光顶的热桥部位应进行隔热处理，在严寒和寒冷地区的采光顶应进行防结露设计，保证热桥部位不应出现结露现象。

(4) 采光顶宜进行遮阳设计。有遮阳要求的采光顶，可采用遮阳型低辐射镀膜夹层中空玻璃，必要时也可设置遮阳系统。

(四) 玻璃采光顶的防火设计

(1) 采光顶与外墙交界处、屋顶开口部位四周的保温层，应采用宽度不小于500mm的燃烧性能为A级保温材料设置水平防火隔离带。采光顶与防火分隔构件的缝隙，应进行防火封堵。

(2) 采光顶的同一玻璃面板不宜跨越两个防火分区。防火分区间设置通透隔断时，应采用防火玻璃或防火玻璃制品。

(3) 玻璃采光顶应考虑自然排烟或机械排烟措施且应实现与消防系统的联动。

(五) 玻璃采光顶的排水设计

(1) 应采用天沟排水，底板排水坡度宜大于1%。天沟过长时应设置变形缝：顺直天沟不宜大于30m，非顺直天沟不宜大于20m。

(2) 采光顶采取无组织排水时，应在屋檐设置滴水构造。

(六) 玻璃采光顶的构造要求

(1) 采光顶应采用支承结构找坡，排水坡度不应小于3%。

(2) 注胶式板缝的宽度不宜小于10mm。当建筑设计有要求时，可采用凹入式胶缝。胶缝材料宜采用硅酮建筑密封胶，也可以采用聚氨酯类密封胶。

(3) 粘结密封材料之间或粘结密封材料与其他材料相互接触时，应选用相互不产生有害物理、化学反应的腐蚀措施。

(4) 除不锈钢外，采光顶与不同种类金属材料直接接触处，应设置绝缘垫片或采取其他有效的防腐措施。

(5) 玻璃采光顶的下列部位应进行构造设计：

1) 高低跨处泛水；
2) 采光板板缝、单元体构造缝；
3) 天沟、檐沟、水落口；
4) 采光顶周边交接部位；
5) 洞口、局部凸出体收头；
6) 其他复杂的构造部位。

（七）聚碳酸酯板采光顶

图 2-6-13　聚碳酸酯板采光顶

(1) 聚碳酸酯板又称为阳光板、PC板，聚碳酸酯板采光顶的外观见图 2-6-13。

(2) 构造要求

1) 聚碳酸酯板有单层实心板、多层板、中空平板、U形中空板、波浪板等多种类型；有透明、着色等多种板型；
2) 板的厚度：单层板 3~10mm，双层板 4mm、6mm、8mm、10mm；
3) 耐候性：不小于 15 年；
4) 燃烧性能：应达到 B_1 级；
5) 透光率：双层透明板不小于 80%，三层透明板不小于 72%；
6) 使用寿命：不得低于 25 年；
7) 耐温限度：$-40 \sim 120℃$；
8) 应采用支承结构找坡，坡度不应小于 8%；
9) 聚碳酸酯板应可冷弯成型；
10) 中空平板的弯曲半径不宜小于板材厚度的 175 倍；U形中空板的最小弯曲半径不宜小于厚度的 200 倍；实心板的弯曲半径不宜小于板材厚度的 100 倍。

五、太阳能光伏系统

太阳能光伏系统是利用光伏效应将太阳辐射能直接转换成电能的发电系统。太阳能光伏系统可以安装在平屋面、坡屋面、阳台（平台）、墙面、幕墙等部位。《全国民用建筑工程设计技术措施　规划·建筑·景观》指出：光电采光板由上下两层 4mm 玻璃，中间为光伏电池组成的光伏电池系列，用铸膜树脂（EVA）热固而成，背面是接线盒和导线。光电采光板的尺寸一般为 500mm×500mm~2100mm×3500mm（图 2-6-14）。

光伏组件是由两片钢化玻璃，中间用 PVB 胶片复合太阳能电池片组成复合层。电池片之间由导线串、并联汇集引线端的整体构件。光伏组件所选用的玻璃应符合下列

图 2-6-14　太阳能光伏系统

规定：

(1) 面板玻璃应选用超白玻璃，超白玻璃的透光率不宜小于90%。

(2) 背板玻璃应选用均质钢化玻璃。

(3) 面板玻璃应计算确定其厚度，宜为3～6mm。

框支承的光伏组件宜采用半钢化玻璃；全钢化玻璃存在自爆的可能，为避免损坏过多，更换困难，故宜采用半钢化玻璃。点支承的光伏组件宜采用钢化玻璃，点支承处应力很大，钢化玻璃具有较高的强度；当然，在组件板块较小、荷载不大时，经过计算，可以采用半钢化玻璃。

光伏组件通常位于中空玻璃的上侧和外侧，以提高光电转换效率。在采光顶上应用时，下侧（内侧）玻璃宜采用夹层玻璃，以防止玻璃破碎后下坠伤人。

（一）光伏系统的构造

从光电采光板接线盒穿出的导线一般有两种构造：

(1) 导线从接线盒穿出后，在施工现场直接与电源插头相连，这种构造适合于表面不通透的外立面，因为它仅外片玻璃是透明的。

(2) 隐藏在框架之间的导线从装置的边缘穿出，这种构造适合于透明的外立面，从室内可以看到这种装置。

（二）具体规定

《建筑光伏系统应用技术标准》GB/T 51368—2019 中规定：

(1) 建筑与光伏组件设计

1) 建筑设计应为光伏发电系统的安装提供条件，并应在安装光伏组件的部位采取安全防护措施。

2) 光伏组件不宜设置于易触摸到的地方，且应在显著位置设置高温和触电标识。

3) 建筑光伏系统应采取防止光伏组件损坏、坠落的安全防护措施。

4) 建筑光伏方阵不应跨越建筑变形缝。

(2) 构造要求

1) 光伏组件的安装不应影响所在部位的雨水排放。

2) 多雪地区的建筑屋面安装光伏组件时，宜设置便于人工融雪、清扫的安全通道。

3) 光伏组件宜采用易于维修、更换的安装方式。

4) 当光伏组件平行于安装部位时，其与安装部位的间距应符合安装和通风散热的要求。

5) 屋面防水层上安装光伏组件时，应采取相应的防水措施。光伏组件的管线穿过屋面处应预埋防水套管，并应做防水密封处理。建筑屋面安装光伏发电系统不应影响屋面防水的周期性更新和维护。

6) 平屋面上安装光伏组件应符合下列规定：

① 光伏方阵应设置方便人工清洗、维护的设施与通道；

② 在平屋面防水层上安装光伏组件时，其支架基座下部应增设附加防水层；

③ 光伏组件周围屋面、检修通道、屋面出入口和光伏方阵之间的人行通道上部宜铺设屋面保护层。

7) 坡屋面上安装光伏组件应符合下列规定：

① 坡屋面的坡度宜与光伏组件在该地区年发电量最多的安装角度相同；
② 光伏组件宜采用平行于屋面、顺坡镶嵌或顺坡架空的安装方式；
③ 光伏瓦宜与屋顶普通瓦模数相匹配，不应影响屋面的正常排水功能。

8）阳台或平台上安装光伏组件应符合下列规定：
① 安装在阳台或平台栏板上的光伏组件支架应与栏板主体结构上的预埋件牢固连接；
② 构成阳台或平台栏板的光伏组件，应符合刚度、强度、防护功能和电气安全要求，其高度应符合护栏高度的要求。

9）墙面上安装光伏组件应符合下列规定：
① 光伏组件与墙面的连接不应影响墙体的保温构造和节能效果；
② 对设置在墙面的光伏组件的引线穿过墙面处，应预埋防水套管；穿墙管线不宜设在结构柱处；
③ 光伏组件镶嵌在墙面时，宜与墙面装饰材料、色彩、风格等协调处理；
④ 当光伏组件安装在窗面上时，应符合窗面采光等使用功能要求。

10）建筑幕墙上安装光伏组件应符合下列规定：
① 由光伏幕墙构成的雨篷、檐口和采光顶，应符合建筑相应部位的刚度、强度、排水功能及防止空中坠物的安全性能的规定；
② 开缝式光伏幕墙或幕墙设有通风百叶时，线缆槽应垂直于建筑光伏构件，并应便于开启检查和维护更换；穿过围护结构的线缆槽，应采取相应的防渗水和防积水措施；
③ 光伏组件之间的缝宽应满足幕墙温度变形和主体结构位移的要求，并应在嵌缝材料受力和变形承受范围之内。

11）光伏采光顶、透光光伏幕墙、光伏窗应采取隐藏线缆和线缆散热的措施，并应方便线路检修。

12）光伏组件不宜设置为可开启窗扇。

13）采用螺栓连接的光伏组件，应采取防松、防滑措施；采用挂接或插接的光伏组件，应采取防脱、防滑措施。

《采光顶与金属屋面技术规程》JGJ 255—2012 规定：光伏组件面板坡度宜按光伏系统全年日照最多的倾角设计，宜满足冬至日全天有 3h 以上建筑日照时数的要求，并应避免景观环境或建筑自身对光伏组件的遮挡。

第七节 门窗选型与构造

一、门窗概述

（一）门窗的作用和一般要求

门和窗是房屋建筑中不承重的围护和分隔构件。门主要是供人们进出建筑物和房间，兼有通风和采光的作用。窗主要起采光、通风、观景以及立面造型的作用。根据不同情况，门窗应具有保温、隔热、隔声、防水、防火、装饰等功能。

《民用建筑设计统一标准》GB 50352—2019 中规定：
（1）门窗选用应根据建筑所在地区的气候条件、节能要求等因素综合确定，并应符合国家现行建筑门窗产品标准的规定。

(2) 门窗的尺寸应符合模数,门窗的材料、功能和质量等应满足使用要求。门窗的配件应与门窗主体相匹配,并应满足相应技术要求。

(3) 门窗应满足抗风压、水密性、气密性等要求;且应综合考虑安全、采光、节能、通风、防火、隔声等要求。

(4) 门窗与墙体应连接牢固,不同材料的门窗与墙体连接处应采用相应的密封材料及构造做法。

(5) 有卫生要求或经常有人员居住、活动房间的外门窗宜设置纱门、纱窗。

(二)建筑幕墙、门窗的性能分类及选用

《建筑外门窗气密、水密、抗风压性能检测方法》GB/T 7106—2019(替代 GB/T 7106—2008)删除了关于建筑外门窗气密、水密和抗风压性能分级的规定,而将现行标准《建筑幕墙、门窗通用技术条件》GB/T 31433 作为其规范性引用文件,现将《建筑幕墙、门窗通用技术条件》GB/T 31433—2015 中关于建筑幕墙、门窗各项性能分级的规定总结如下。

1. 一般要求

建筑幕墙、门窗面板、型材等主要构配件的设计使用年限不应低于 25 年。

2. 抗风压性能

幕墙、门窗抗风压性能以定级检测压力 p_3 为分级指标,分级应符合表 2-7-1 的规定。

抗风压性能分级   表 2-7-1

分级	1	2	3	4	5	6	7	8	9
分级指标值 p_3 (kPa)	$1.0 \leqslant p_3$ <1.5	$1.5 \leqslant p_3$ <2.0	$2.0 \leqslant p_3$ <2.5	$2.5 \leqslant p_3$ <3.0	$3.0 \leqslant p_3$ <3.5	$3.5 \leqslant p_3$ <4.0	$4.0 \leqslant p_3$ <4.5	$4.5 \leqslant p_3$ <5.0	$p_3 \geqslant 5.0$

注:第 9 级应在分级后同时注明具体分级指标值。

3. 耐火完整性

(1) 门窗耐火完整性:在标准耐火试验条件下,建筑门窗某一面受火时,在一定时间内阻止火焰和热气穿透或在背火面出现火焰的能力。

(2) 外门窗的耐火完整性不应低于 30min(建筑对外门窗的耐火完整性要求见《建筑设计防火规范》GB 50016)。

4. 气密性能

门窗气密性能以单位缝长空气渗透量 q_1 或单位面积空气渗透量 q_2 为分级指标,门窗气密性能分级应符合表 2-7-2 的规定。幕墙气密性能以可开启部分单位缝长空气渗透量 q_L 和幕墙整体单位面积空气渗透量 q_A 为分级指标,幕墙气密性能分级应符合表 2-7-3 的规定。

门窗气密性能分级   表 2-7-2

分级	1	2	3	4	5	6	7	8
分级指标值 q_1 [m³/(m·h)]	$4.0 \geqslant q_1$ >3.5	$3.5 \geqslant q_1$ >3.0	$3.0 \geqslant q_1$ >2.5	$2.5 \geqslant q_1$ >2.0	$2.0 \geqslant q_1$ >1.5	$1.5 \geqslant q_1$ >1.0	$1.0 \geqslant q_1$ >0.5	$q_1 \leqslant 0.5$
分级指标值 q_2 [m³/(m²·h)]	$12 \geqslant q_2$ >10.5	$10.5 \geqslant q_2$ >9.0	$9.0 \geqslant q_2$ >7.5	$7.5 \geqslant q_2$ >6.0	$6.0 \geqslant q_2$ >4.5	$4.5 \geqslant q_2$ >3.0	$3.0 \geqslant q_2$ >1.5	$q_2 \leqslant 1.5$

注:第 8 级应在分级后同时注明具体分级指标值。

幕墙气密性能分级　　　　　　　　　　　表 2-7-3

分级代号		1	2	3	4
分级指标值 q_L [m³/(m·h)]	可开启部分	$4.0 \geqslant q_L > 2.5$	$2.5 \geqslant q_L > 1.5$	$1.5 \geqslant q_L > 0.5$	$q_L \leqslant 0.5$
分级指标值 q_A [m³/(m²·h)]	幕墙整体	$4.0 \geqslant q_A > 2.0$	$2.0 \geqslant q_A > 1.2$	$1.2 \geqslant q_A > 0.5$	$q_A \leqslant 0.5$

注：第 4 级应在分级后同时注明具体分级指标值。

5. 保温性能

门窗、幕墙保温性能以传热系数 K 为分级指标，其分级应分别符合表 2-7-4 和表 2-7-5 的规定。

门窗保温性能分级 [W/(m²·K)]　　　　　　　　　　　表 2-7-4

分级	1	2	3	4	5	6	7	8	9	10
分级指标值 K	$K \geqslant 5.0$	$5.0 > K \geqslant 4.0$	$4.0 > K \geqslant 3.5$	$3.5 > K \geqslant 3.0$	$3.0 > K \geqslant 2.5$	$2.5 > K \geqslant 2.0$	$2.0 > K \geqslant 1.6$	$1.6 > K \geqslant 1.3$	$1.3 > K \geqslant 1.1$	$K < 1.1$

注：第 10 级应在分级后同时注明具体分级指标值。

幕墙保温性能分级 [W/(m²·K)]　　　　　　　　　　　表 2-7-5

分级代号	1	2	3	4	5	6	7	8
分级指标值 K	$K \geqslant 5.0$	$5.0 > K \geqslant 4.0$	$4.0 > K \geqslant 3.0$	$3.0 > K \geqslant 2.5$	$2.5 > K \geqslant 2.0$	$2.0 > K \geqslant 1.5$	$1.5 > K \geqslant 1.0$	$K < 1.0$

注：第 8 级应在分级后同时注明具体分级指标值。

6. 水密性能

门窗、幕墙的水密性能以严重渗漏压力差值的前一级压力差值 Δp 为分级指标，其分级应分别符合表 2-7-6 和表 2-7-7 的规定。

门窗水密性能分级（Pa）　　　　　　　　　　　表 2-7-6

分级	1	2	3	4	5	6
分级指标值 Δp	$100 \leqslant \Delta p < 150$	$150 \leqslant \Delta p < 250$	$250 \leqslant \Delta p < 350$	$350 \leqslant \Delta p < 500$	$500 \leqslant \Delta p < 700$	$\Delta p \geqslant 700$

幕墙水密性能分级（Pa）　　　　　　　　　　　表 2-7-7

分级代号		1	2	3	4	5
分级指标值 Δp	固定部分	$500 \leqslant \Delta p < 700$	$700 \leqslant \Delta p < 1000$	$1000 \leqslant \Delta p < 1500$	$1500 \leqslant \Delta p < 2000$	$\Delta p \geqslant 2000$
	可开启部分	$200 \leqslant \Delta p < 350$	$350 \leqslant \Delta p < 500$	$500 \leqslant \Delta p < 700$	$700 \leqslant \Delta p < 1000$	$\Delta p \geqslant 1000$

7. 空气声隔声性能

幕墙、外门窗空气声隔声性能以"计权隔声量和交通噪声频谱修正量之和（$R_w + C_{tr}$）"为分级指标，内门窗空气声隔声性能以"计权隔声量和粉红噪声频谱修正量之和（$R_w + C$）"为分级指标，其分级应符合表 2-7-8 的规定。

幕墙、门窗空气声隔声性能分级（dB） 表2-7-8

分级	幕墙的分级指标值	外门窗的分级指标值	内门窗的分级指标值
1	$25 \leqslant R_w + C_{tr} < 30$	$20 \leqslant R_w + C_{tr} < 25$	$20 \leqslant R_w + C < 25$
2	$30 \leqslant R_w + C_{tr} < 35$	$25 \leqslant R_w + C_{tr} < 30$	$25 \leqslant R_w + C < 30$
3	$35 \leqslant R_w + C_{tr} < 40$	$30 \leqslant R_w + C_{tr} < 35$	$30 \leqslant R_w + C < 35$
4	$40 \leqslant R_w + C_{tr} < 45$	$35 \leqslant R_w + C_{tr} < 40$	$35 \leqslant R_w + C < 40$
5	$R_w + C_{tr} \geqslant 45$	$40 \leqslant R_w + C_{tr} < 45$	$40 \leqslant R_w + C < 45$
6	—	$R_w + C_{tr} \geqslant 45$	$R_w + C \geqslant 45$

8. 耐久性

（1）反复启闭性能：门的反复启闭次数不应小于10万次，窗、幕墙的开启部位启闭次数不应小于1万次。

（2）热循环性能：试验中试件不应出现幕墙设计不允许的功能障碍或损坏；试验前后气密、水密性能应满足设计要求，无设计要求时不可出现级别下降。

9. 门窗性能指标的特点

（1）气密性能指标"单位缝长和单位面积的空气渗透量"和保温性能指标"传热系数"是指标数值越小，性能越好，等级越高；而水密性、抗风压和隔声性能指标却是指标数值越大，性能越好，等级越高。

（2）抗风压强度：在其他条件相同的情况下，铝合金窗＞塑钢窗，推拉窗＞外开平开窗。

（3）在其他条件（玻璃品种、窗框面积比等）相同的情况下，单层铝合金窗的传热系数比钢窗、塑钢窗、木窗都大，也就是其绝热性能比钢窗、塑钢窗、木窗都差。

（4）门窗工程应对下列性能指标进行复验：建筑外窗的气密性能、水密性能和抗风压性能。

（三）门窗的材料

按门窗框料材质分，常见的有木、钢、铝合金、塑料（含钢衬或铝衬）、不锈钢、玻璃钢，以及复合材料（如铝木、塑木）等多种材质的门窗。有节能要求的门窗宜选用塑料、断热金属型材（铝、钢）或复合型材（铝塑、铝木、钢木）等框料的门窗。

1. 木门窗

（1）一般建筑不宜采用木门窗，潮湿房间不宜用木门窗。住宅类内门可采用钢框木门（纤维板门芯），以节约木材。

（2）木门扇的宽度不宜大于1.00m；若宽度大于1.00m、高度大于2.50m时，应加大断面。门洞口宽度大于1.20m时，应分成双扇或大小扇。大于$5m^2$的木门应采用钢框架斜撑的钢木组合门。

（3）镶板门适用于内门或外门，胶合板门适用于内门，玻璃门适用于入口处的大门或大房间的内门，拼板门适用于外门。

（4）镶板门的门芯板宜采用双层纤维板或胶合板。室外拼板门宜采用企口实心木板。

（5）《工业建筑防腐蚀设计标准》GB/T 50046—2018规定：当生产过程中有碱性粉尘作用时，不应采用木门窗。

2. 铝合金门窗

(1) 铝合金门窗具有质轻、高强、密封性较好、使用中变形小、美观等特点，是目前常用的门窗之一，但不适用于强腐蚀环境。

(2)《铝合金门窗工程技术规范》JGJ 214—2010 规定：用于门的铝型材壁厚不应小于 2.0mm，用于窗的铝型材壁厚不应小于 1.4mm。

(3) 铝型材的表面应进行表面处理：采用阳极氧化镀膜时，氧化膜平均厚度不应小于 15μm；采用电泳喷漆镀膜时，透明漆的膜厚不应小于 16μm，有色漆的膜厚不应小于 21μm；采用粉末喷涂时，厚度不应小于 40μm；采用氟碳喷涂时，两层漆膜的平均厚度为 30μm，三层漆膜的平均厚度不应小于 40μm。

(4) 为保温和节能，铝合金门窗应采用断桥型材和中空玻璃等措施。

3. 塑料门窗

(1) 塑料门窗有钢塑、铝塑、纯塑料等。为延长寿命，亦可在塑料型材中加入型钢或铝材成为塑包钢断面。

(2) 塑料门窗具有美观、密闭性强、绝热性好、耐盐碱腐蚀、隔声、价格合理等优点，也是目前常用的门窗之一；尤其适用于沿海地区、潮湿房间、寒冷和严寒地区。

(3) 塑料门窗线性膨胀系数较大，在大洞口外窗中使用时，应采用分樘组合等措施，以防止变形。

4. 钢门窗

(1) 钢门窗是用钢质型材或板材制作框、扇结构的门窗。

(2) 彩板钢门窗有实腹和空腹等类型。自 2000 年起，禁止使用不符合建筑节能要求的 32 系列实腹钢窗和 25 系列、35 系列空腹钢窗。

(3) 钢门的框料与扇料有空腹与实腹两种。门框与门窗的组装方法有钢门框—钢门窗和钢门框—木门扇两种。钢门扇自重大，容易下沉，开关声响大，保温能力差，故应用较少。木门扇自重轻、保温、隔声较好；特别是高层建筑中采用钢筋混凝土板墙时，采用钢框-木门连接方便。

5. 复合材料门窗

(1) 复合材料门窗有铝木、铝塑、钢木复合门窗等类型。

(2) 铝塑复合门窗，又称为断桥铝门窗。采用断桥铝型材和中空玻璃制作。这种门窗具有隔热、节能、隔声、防爆、防尘、防水等功能。

二、门窗的设计

【相关真题：2022-080，2022-081，2021-082，2021-083，2020-093，2019-052，2019-054，2019-088】

(一) 门窗的保温设计

《民用建筑热工设计规范》GB 50176—2016 中规定：

(1) 严寒、寒冷地区建筑应采用木窗、塑料窗、铝木复合门窗、铝塑复合门窗、钢塑复合门窗和断热铝合金门窗等保温性能好的门窗。严寒地区建筑采用断热金属门窗时，宜采用双层窗。夏热冬冷地区、温和 A 区建筑宜采用保温性能好的门窗。

(2) 严寒地区、寒冷地区、夏热冬冷地区、温和 A 区的门窗、透光幕墙、采光顶周边与墙体、屋面板或其他围护结构连接处，应采取保温、密封构造；当采用非防潮型保温材料填塞时，缝隙应采用密封材料或密封胶密封。其他地区应采取密封构造。

（二）门窗洞口大小的设计

门窗设计宜采用以 3M 为基本模数的标准洞口系列。在混凝土砌块建筑中，门窗洞口尺寸可以 1M 为基本模数，并与砌块组合的尺寸相协调。

1. 门洞口大小的确定

门的数量和宽度应满足日常通行和安全疏散的要求。一个房间应该开几个门、每个建筑物门的总宽度，一般是按《建筑设计防火规范》GB 50016—2014（2018 年版）规定的疏散"百人指标"计算确定的。

2. 窗洞口大小的确定

（1）窗地面积比

窗地面积比是指窗洞口面积与地面面积之比；对于侧面采光，应为参考平面以上的窗洞口面积。建筑师在进行方案设计时，可用窗地面积比估算开窗面积。主要建筑中，不同房间侧面采光时的窗地面积比最低值见表 2-7-9。

窗地面积比最低值　　　　　　　　　　　　表 2-7-9

建筑类别	房间或部位名称	窗地面积比
住宅（居住建筑）	主要使用房间（卧室、书房、起居室等）	1/7
	楼梯间（设置采光窗时）	1/12
托儿所、幼儿园建筑	活动室、寝室	1/5
	多功能活动室	1/5
	办公室、保健观察室	1/5
	睡眠区、活动区	1/5
	卫生间	1/10
	楼梯间、走廊	1/10
图书馆建筑	阅览室、开架书库、行政办公、会议室、业务用房、咨询服务、研究室	1/5
	检索空间、陈列厅、特种阅览室、报告厅	1/6
	基本书库、走廊、楼梯间、卫生间	1/10
办公建筑	设计室、绘图室	1/3.5
	办公室、视屏工作室、会议室	1/5
	复印室、档案室	1/7
	走道、楼梯间、卫生间	1/12
中、小学校	普通教室、史地教室、美术教室、书法教室、语言教室、音乐教室、合班教室、阅览室	1/5
	科学教室、实验室	1/5
	计算机教室	1/5
	舞蹈教室、风雨操场	1/5
	办公室、保健室	1/5
	饮水处、厕所、淋浴	1/10
	走道、楼梯间	—

(2) 窗墙面积比

窗墙面积比指的是窗洞口面积与所在房屋立面单元面积（房屋的开间与层高围成的面积）的比值。由于窗的单位面积散热量约为非透明围护结构散热量的2~3倍，限制窗墙面积比的目的是减少过多散热，满足节能指标要求。

(3) 采光系数

窗地面积比是在有代表性的典型条件下计算出来的，适合于一般情况。如果实际情况与典型条件相差较大，估算的开窗面积和实际值就会有较大的误差。因此，《建筑采光设计标准》GB 50033—2013规定以采光系数作为采光标准的数量评价指标，而窗地面积比则作为采光方案设计时的估算。

采光系数是指全云漫射光照射下，室内给定平面上的某一点由天空漫射光所产生的照度与在全云天空漫射光照射下与室内某一点照度同一时间、同一地点、在室外无遮挡水平面上由天空漫射光所产生的室外照度的比值，用百分数表示。

《建筑环境通用规范》GB 55016—2021中规定：

1) 采光设计应根据建筑特点和使用功能确定采光等级。

2) 采光设计应以采光系数为评价指标，并应符合下列规定：

① 采光等级与采光系数标准值应符合表2-7-10的规定。

采光等级与采光标准值　　　　　　　　　表2-7-10

采光等级	侧面采光		顶部采光	
	采光系数标准值（%）	室内天然光照度标准值（lx）	采光系数标准值（%）	室内天然光照度标准值（lx）
Ⅰ	5	750	5	750
Ⅱ	4	600	3	450
Ⅲ	3	450	2	300
Ⅳ	2	300	1	150
Ⅴ	1	150	0.5	75

注：表中所列采光系数标准值适用于我国Ⅲ类光气候区，其他光气候区的采光系数标准值应按本条第2款规定的光气候系数进行修正。

② 光气候区划应按本规范附录B确定。各光气候区的光气候系数应按表2-7-11确定。

光气候系数　　　　　　　　　表2-7-11

光气候区类别	Ⅰ类	Ⅱ类	Ⅲ类	Ⅳ类	Ⅴ类
光气候系数 K	0.85	0.90	1.00	1.10	1.20
室外天然光设计照度值（lx）	18000	16500	15000	13500	12000

3) 对天然采光需求较高的场所，应符合下列规定：

① 卧室、起居室和一般病房的采光等级不应低于Ⅳ级的要求；

② 普通教室的采光等级不应低于Ⅲ级的要求；

③ 普通教室侧面采光的采光均匀度不应低于0.5。

4) 长时间工作或停留的场所应设置防止产生直接眩光、反射眩光、映像和光幕反射等现象的措施。

5)博物馆展厅室内顶棚、地面、墙面应选择无光泽的饰面材料;对光敏感展品或藏品的存放区域不应有直射阳光,采光口应有减少紫外辐射、调节和限制天然光照度值及减少曝光时间的措施。

6)主要功能房间采光窗的颜色透射指数不应低于80。

7)建筑物设置玻璃幕墙时应符合下列规定:

① 在居住建筑、医院、中小学校、幼儿园周边区域以及主干道路口、交通流量大的区域设置玻璃幕墙时,应进行玻璃幕墙反射光影响分析;

② 长时间工作或停留的场所,玻璃幕墙反射光在其窗台面上的连续滞留时间不应超过30min;

③ 在驾驶员前进方向垂直角20°、水平角±30°、行车距离100m内,玻璃幕墙对机动车驾驶员不应造成连续有害反射光。

现行《建筑采光设计标准》GB 50033中规定:

1)住宅建筑

① 住宅建筑的卧室、起居室(厅)、厨房应有直接采光;

② 住宅建筑的采光标准值不应低于表2-7-12的规定。

住宅建筑的采光标准值　　　　　　表2-7-12

采光等级	场所名称	侧面采光	
		采光系数标准值(%)	室内天然光照度标准值(lx)
Ⅳ	厨房	2.0	300
Ⅴ	卫生间、过道、餐厅、楼梯间	1.0	150

2)办公建筑

办公建筑的采光标准值不应低于表2-7-13的规定。

办公建筑的采光标准值　　　　　　表2-7-13

采光等级	场所名称	侧面采光	
		采光系数标准值(%)	室内天然光照度标准值(lx)
Ⅱ	设计室、绘图室	4.0	600
Ⅲ	办公室、会议室	3.0	450
Ⅳ	复印室、档案室	2.0	300
Ⅴ	走道、卫生间、楼梯间	1.0	150

3)教育建筑

教育建筑的采光标准值不应低于表2-7-14的规定。

4)采光系数标准值与窗地面积比的对应关系

① 采光系数标准值为0.5%时,相对于窗地面积比为1/12;

② 采光系数标准值为1.0%时,相对于窗地面积比为1/7;

③ 采光系数标准值为2.0%时,相对于窗地面积比为1/5。

教育建筑的采光标准值　　　　　　　　　　　　　表 2-7-14

采光等级	场所名称	侧面采光	
		采光系数标准值（%）	室内天然光照度标准值（lx）
Ⅲ	专用教室、实验室、阶梯教室、教师办公室	3.0	450
Ⅴ	走道、卫生间、楼梯间	1.0	150

（4）建筑防烟排烟

1）采用自然通风方式的封闭楼梯间、防烟楼梯间，应在最高部位设置面积不小于 $1.0m^2$ 的可开启外窗或开口；当建筑高度大于 10m 时，尚应在楼梯间的外墙上每 5 层内设置总面积不小于 $2.0m^2$ 的可开启外窗或开口，且布置间隔不大于 3 层。

2）前室采用自然通风方式时，独立前室、消防电梯前室可开启外窗或开口的面积不应小于 $2.0m^2$，共用前室、合用前室不应小于 $3.0m^2$。

3）采用自然通风方式的避难层（间）应设有不同朝向的可开启外窗，其有效面积不应小于该避难层（间）地面面积的 2%，且每个朝向的面积不应小于 $2.0m^2$。

4）设置机械加压送风系统的封闭楼梯间、防烟楼梯间，尚应在其顶部设置不小于 $1m^2$ 的固定窗。靠外墙的防烟楼梯间，尚应在其外墙上每 5 层内设置总面积不小于 $2m^2$ 的固定窗。

（5）通风

1）建筑物应根据使用功能和室内环境要求设置与室外空气直接流通的外窗或洞口；当不能设置外窗和洞口时，应另设通风设施。

2）采用直接自然通风的空间，通风开口有效面积应符合下列规定：

① 生活、工作房间的通风开口有效面积不应小于该房间地面面积的 1/20；

② 厨房的通风开口有效面积不应小于该房间地板面积的 1/10，并不得小于 $0.6m^2$；

③ 进出风开口的位置应避免设在通风不良区域，且应避免进出风开口气流短路。

3）严寒地区居住建筑中的厨房、厕所、卫生间应设自然通风道或通风换气设施。

4）厨房、卫生间门的下方应设进风固定百叶或留进风缝隙。

5）自然通风道或通风换气装置的位置不应设于门附近。

6）无外窗的浴室、厕所、卫生间应设机械通风换气设施。

7）建筑内的公共卫生间宜设置机械排风系统。

（三）门窗的开启方式、选用和布置

1. 门的开启方式、选用和布置

(1) 门的开启方式

门的开启方式常见的有：平开门、推拉门、折叠门、转门、卷帘门、弹簧门、自动门、折叠平开门、折叠推拉门、提升推拉门、推拉下悬门、内平开下悬门等多种形式。

(2) 门的选用

1）门应开启方便、坚固耐用。

2）手动开启的大门扇应有制动装置，推拉门应有防脱轨的措施。

3）双面弹簧门应在可视高度部分装透明安全玻璃；双向弹簧门扇下缘 300mm 范围内应双面装金属踢脚板，门扇应双面装推手。

4）推拉门、旋转门、电动门、卷帘门、吊门、折叠门不应作为疏散门。

5）开向疏散走道及楼梯间的门扇开足后，不应影响走道及楼梯平台的疏散宽度。

6）全玻璃门应选用安全玻璃或采取防护措施，并应设防撞提示标志。

7）门的开启不应跨越变形缝。

8）当设有门斗时，门扇同时开启时两道门的间距不应小于0.8m；当有无障碍要求时，应符合现行国家标准《无障碍设计规范》GB 50763—2012 的规定。

9）房间湿度大的门不宜选用纤维板或胶合板门。

10）宿舍居室及辅助用房的门洞宽度不应小于0.90m，阳台门和居室内附设的卫生间，其门洞宽度不应小于0.70m。设亮子的门洞口高度不应低于2.40m，不设亮子的门洞洞口高度不应低于2.00m。

11）《住宅设计规范》GB 50096—2011 中规定各部位（房间）门洞的最小尺寸应符合表 2-7-15 的规定。

门洞最小尺寸　　　　　　　　表 2-7-15

类别	洞口宽度（m）	洞口高度（m）	类别	洞口宽度（m）	洞口高度（m）
共用外门	1.20	2.00	厨房门	0.80	2.00
户（套）门	1.00	2.00	卫生间门	0.70	2.00
起居室（厅）门	0.90	2.00	阳台门（单扇）	0.70	2.00
卧室门	0.90	2.00			

注：1. 表中门洞高度不包括门上亮子高度，宽度以平开门为准；
　　2. 洞口两侧地面有高差时，以高地面为起算高度。

12）《中小学校设计规范》GB 50099—2011 中规定：

① 教学用房的门：

a. 除音乐教室外，各类教室的门均宜设置上亮窗；

b. 除心理咨询室外，教学用房的门扇均宜附设观察窗；

c. 疏散通道上的门不得使用弹簧门、旋转门、推拉门、大玻璃门等不利于疏散通畅、安全的门；

d. 各教学用房的门均应向疏散方向开启，开启的门扇不得挤占走道的疏散通道；

e. 每间教学用房的疏散门均不应少于2个，疏散门的宽度应通过计算确定。每樘疏散门的通行净宽度不应小于0.90m。当教室处于袋形走道尽端时，若教室内任何一处距教室门不超过15m，且门的通行净宽度不小于1.50m时，可设1个门。

② 建筑物出入口门：在寒冷或风沙大的地区，教学用建筑物出入口的门应设挡风间或双道门。

13）《托儿所、幼儿园建筑设计规范》JGJ 39—2016（2019 年版）中规定：

① 活动室、寝室、多功能活动室等幼儿使用的房间应设双扇平开门，门净宽不应小于1.20m。

② 严寒地区托儿所、幼儿园建筑的外门应设门斗，寒冷地区宜设门斗。

③ 幼儿出入的门应符合下列规定：

a. 当使用玻璃材料时，应采用安全玻璃；

b. 距离地面 0.60m 处宜加设幼儿专用拉手；

c. 门的双面均应平滑、无棱角；

d. 门下不应设门槛；平开门距离楼地面 1.20m 以下部分应设防止夹手设施；

e. 不应设置旋转门、弹簧门、推拉门，不宜设金属门；

f. 生活用房开向疏散走道的门均应向人员疏散方向开启，开启的门扇不应妨碍走道疏散通行；

g. 门上应设观察窗，观察窗应安装安全玻璃。

14)《老年人照料设施建筑设计标准》JGJ 450—2018 中规定：

老年人使用的门，开启净宽应符合下列规定：

① 老年人用房的门不应小于 0.80m，有条件时，不宜小于 0.90m；

② 护理型床位居室的门不应小于 1.10m；

③ 建筑主要出入口的门不应小于 1.10m；

④ 含有 2 个或多个门扇的门，至少应有 1 个门扇的开启净宽不小于 0.80m；

⑤ 老年人的居室门、居室卫生间门、公用卫生间厕位门、盥洗室门、浴室门等，均应选用内外均可开启的锁具及方便老年人使用的把手，且宜设应急观察装置。

15) 办公用房门洞口宽度不应小于 1.00m，洞口高度不应低于 2.00m。

16) 旅馆客房入口门洞宽度不应小于 0.90m，高度不应低于 2.10m，客房内卫生间门洞口宽度不应低于 0.75m，高度不应低于 2.10m。

17) 商店营业厅出入口、安全门的净宽度不应小于 1.40m，并不应设置门槛。

18)《民用建筑设计统一标准》GB 50352—2019 中指出，民用建筑物内设置的变电所的门应符合下列规定：

① 当变电所内设置值班室时，值班室应设置直接通向室外或疏散走道（安全出口）的疏散门。

② 当变电所设置 2 个及以上疏散门时，疏散门之间的距离不应小于 5.0m，且不应大于 40.0m。

③ 变压器室、配电室、电容器室的出入口门应向外开启。同一个防火分区内的变电所，其内部相通的门应为不燃材料制作的双向弹簧门。当变压器室、配电室、电容器室长度大于 7.0m 时，至少应设 2 个出入口门。

④ 变电所地面或门槛宜高出所在楼层楼地面不小于 0.1m。如果设在地下层，其地面或门槛宜高出所在楼层楼地面不小于 0.15m。变电所的电缆夹层、电缆沟和电缆室应采取防水、排水措施。

19)《民用建筑设计统一标准》GB 50352—2019 中指出，民用建筑物内设置的柴油发电机房的门应符合下列规定：

① 当发电机间、控制及配电室长度大于 7.0m 时，至少应设 2 个出入口门。其中一个门及通道的大小应满足运输机组的需要，否则应预留运输条件。

② 发电机间的门应向外开启。发电机间与控制及配电室之间的门和观察窗应采取防火措施，门应开向发电机间。

20)《锅炉房设计标准》GB 50041—2020 中规定：锅炉房通向室外的门应向室外开启，锅炉房内的辅助间或生活间直通锅炉间的门应向锅炉间内开启。

21) 民用建筑内电气竖井每层设置的检修门应开向公共走道。

22) 自动门质量应从外观、静音、安全和寿命四个方面进行综合评定。自动门质量的优劣首先取决于感应器控制装置和驱动装置设备机组（即机电）的质量，其次是门体制作安装是否精良。

(3) 门的布置

1) 两个相邻并经常开启的门，应有防止风吹碰撞的措施。

2) 向外开启的平开外门，应有防止风吹碰撞的措施。

3) 经常出入的外门和玻璃幕墙下的外门，宜设雨篷。楼梯间外门雨篷下如设吸顶灯，应注意不要被门扉碰碎。高层建筑、公共建筑底层入口均应设挑檐或雨篷、门斗，以防上层落物伤人。

2. 窗的开启方式、选用和布置

(1) 窗的开启方式

窗的开启方式常见的有：固定窗、平开窗、推拉窗、推拉下悬窗、内平开下悬窗、折叠平开窗、折叠推拉窗、外开上悬窗、立转窗、水平旋转窗等多种形式。窗扇的开启形式应方便使用、安全和易于维修、清洗。

(2) 窗的选用

1) 7 层和 7 层以上的建筑不应采用平开窗，可以采用推拉窗、内侧内平开窗或外翻窗。高层建筑不应采用外平开窗。当采用推拉窗或外开窗时，应有加强牢固窗扇、防脱落的措施。

2) 内、外走廊墙上的间接采光窗，均应考虑窗扇开启时不致碰人及不影响疏散宽度。公共走道的窗扇开启时不得影响人员通行，其底面距走道地面高度不应低于 2.0m。

3) 住宅底层外窗和屋顶的窗，其窗台高度低于 2.00m 的应采取防护措施。住宅等建筑首层窗外不宜设置凸出墙面的护栏，宜在窗洞内设置方便从内开启的护栏或防盗卷帘（此时的首层窗不能采用外开窗，而应采用推拉或内开窗）。

4) 中、小学校等需儿童擦窗的外窗应采用内平开下悬式或内平开窗。

注：此内平开窗宜采用长脚铰链等五金配件，使开启扇能 180°开启，并使之紧贴窗面或与未开启窗重叠，不占据室内空间。

5) 托儿所、幼儿园建筑窗的设计应符合下列规定：

① 活动室、多功能活动室的窗台面距地面高度不宜大于 0.60m；

② 当窗台面距楼地面高度低于 0.90m 时，应采取防护措施，防护高度应从可踏部位顶面起算，不应低于 0.90m；

③ 窗距离楼地面的高度小于或等于 1.80m 的部分，不应设内悬窗和内平开窗扇；

④ 外窗开启扇均应设纱窗。

6) 有空调的建筑外窗应设可开启窗扇，其数量为 5%。

7) 可开启的高侧窗或天窗应设手动或电动机械开窗机。

8) 窗及内门上的亮子宜能开启，以利于室内通风。

9) 平开窗的开启扇，其净宽不宜大于 0.6m，净高不宜大于 1.4m；推拉窗的开启扇，其净宽不宜大于0.9m，净高不宜大于1.5m。

10）天窗的设置应符合下列规定：

① 天窗应采用防破碎伤人的透光材料；

② 天窗应有防冷凝水产生或引泄冷凝水的措施，多雪地区应考虑积雪对天窗的影响；

③ 天窗应设置方便开启、清洗、维修的设施。

（3）窗口自然排烟有效面积计算方法

根据《建筑防烟排烟系统技术标准》GB 51251—2017，自然排烟窗（口）开启的有效面积应符合下列规定：

1）当采用开窗角大于70°的悬窗时，其面积应按窗的面积计算；当开窗角小于或等于70°时，其面积应按窗最大开启时的水平投影面积计算。

2）当采用开窗角大于70°的平开窗时，其面积应按窗的面积计算；当开窗角小于或等于70°时，其面积应按窗最大开启时的竖向投影面积计算。

3）当采用推拉窗时，其面积应按开启的最大窗口面积计算。

4）当采用百叶窗时，其面积应按窗的有效开口面积计算。

5）当平推窗设置在顶部时，其面积可按窗的1/2周长与平推距离乘积计算，且不应大于窗面积。

6）当平推窗设置在外墙时，其面积可按窗的1/4周长与平推距离乘积计算，且不应大于窗面积。

7）开启窗作为排烟窗，应沿火灾气流的方向开启；上悬窗不宜作为排烟使用。

（4）窗的布置

1）楼梯间外窗应结合各层休息平台的位置布置。

2）楼梯间外窗如做内开扇时，开启后不得在人的高度内凸出墙面。

3）需防止太阳光直射的窗及厕浴等需隐蔽的窗，宜采用翻窗，并用半透明玻璃。

4）中小学教学用房二层及二层以上的临空外窗的开启扇不得外开。各教室前端侧窗窗端墙的长度不应小于1.00m（前端侧窗窗端墙长度达到1.00m时，可避免黑板眩光）。窗间墙宽度不应大于1.20m（过宽的窗间墙会形成从相邻窗进入的光线都无法照射的暗角；暗角处的课桌面亮度过低，会导致学生视读困难）。

（5）窗台

1）《民用建筑设计统一标准》GB 50352—2019中规定：

① 公共建筑和居住建筑临空外窗的窗台距楼地面净高分别不得低于0.8m和0.9m，否则应设置防护设施，防护设施的高度由地面起算分别不应低于0.8m和0.9m。

② 当凸窗窗台高度低于或等于0.45m时，其防护高度从窗台面起算不应低于0.9m；当凸窗窗台高度高于0.45m时，其防护高度从窗台面起算不应低于0.6m。

2）《铁路旅客车站建筑设计规范》GB 50226—2007（2011年版）中规定：售票用房售票窗台面至售票厅地面的高度宜为1.1m。

3）《全国民用建筑工程设计技术措施 规划·建筑·景观》（2009年版）第二部分中指出：

① 临空的窗台高度h应不低于0.8m（住宅为0.9m）。

② 低于规定高度h的窗台简称低窗台。低窗台应采取防护措施（如采用护栏或在窗

下部设置相当于栏杆高度的防护固定窗，且在防护高度设置横档窗框），其防护高度 h 应满足不低于 0.80m（住宅为 0.90m）的要求（不包括设有宽窗台的凸窗等）。固定窗应采用厚度大于 6.38mm 的夹层玻璃。

　　a. 当窗台高度低于或等于 0.45m 时，护栏或固定窗扇的高度从窗台算起。

　　b. 当窗台高度高于 0.45m 时，护栏或固定窗扇的高度自地面算起；但护栏下部 0.45m 高度范围内不得设置水平栏杆或任何其他可踏部位，如有可踏部位则其高度应从可踏面算起。

　　注：窗台可踏面指高度小于或等于 0.45m，同时宽度大于或等于 0.22m 的凸出部位。

　　c. 当室内外高差不大于 0.60m 时，首层的低窗台可不加防护措施。

　　③ 凸窗（飘窗）等宽窗台（宽度大于 0.22m 的窗台），防护高度应遵守以下规定：凡凸窗范围内设有宽度大于 0.22m 的窗台，且低于规定高度 h 的窗台，可供人攀爬站立时，护栏或固定窗扇的防护高度一律从窗台面算起；护栏应贴窗设置。

　　4）窗楣、悬挑外窗台等有排水要求的部位应做滴水线（槽），滴水线（槽）应整齐顺直、内高外低，滴水槽的宽度和深度均不应小于 10mm。

　　5）室外窗台应低于室内窗台面，外窗台向外流水坡度不应小于 2%（此数据为《塑料门窗工程技术规程》JGJ 103—2008 中规定的），根据实践经验建议不小于 5%。

　　另据《建筑外墙防水工程技术规程》JGJ/T 235—2011 规定，门窗框与墙体间的缝隙宜采用聚合物水泥防水砂浆或发泡聚氨酯填充；外墙防水层应延伸至门窗框，防水层与门窗框间应预留凹槽，并应嵌填密封材料；门窗上楣的外口应做滴水线；外窗台应设置不小于 5% 的外排水坡度。

　　6）外墙外保温墙体上的窗洞口，宜安装室外披水窗台板。

例 2-7-1（2007） 窗台高度低于规定要求的"低窗台"，其安全防护构造措施以下哪条有误？（　　）

A　公建窗台高度<0.8m，住宅窗台高度<0.9m 时，应设防护栏杆

B　相当于护栏高度的固定窗扇，应有安全横档窗框并用夹层玻璃

C　室内外高差≤0.6m 的首层低窗台可不加护栏等

D　楼上低窗台高度<0.5m，防护高度距楼地面≥0.9m

解析：《民用建筑设计统一标准》GB 50352—2019 第 6.11.6 条第 3 款：公共建筑临空外窗的窗台距楼地面净高不得低于 0.8m，否则应设置防护设施，防护设施的高度由地面起算不应低于 0.8m。

　　第 4 款：居住建筑临空外窗的窗台距楼地面净高不得低于 0.9m，否则应设置防护设施，防护设施的高度由地面起算不应低于 0.9m。

　　《全国民用建筑工程设计技术措施　规划·建筑·景观》（2009 年版）第 10.5.2 条：低于规定窗台高度 h 的窗台（以下简称低窗台），应采取防护措施（如：采用护栏或在窗下部设置相当于栏杆高度的防护固定窗，且在防护高度设置横档窗框），其防护高度 h 应满足不低于 0.80m（住宅为 0.90m）的要求（不包括设有宽窗台的凸窗等）。

第3款：当室内外高差不大于0.60m时，首层的低窗台可不加防护措施。

依据上述规定可知选项A、B、C正确；而选项D没有区分公共建筑和居住建筑的不同高度要求，所以D项有误。

答案：D

3. 门窗玻璃

(1) 门窗玻璃常用种类

门窗常用的玻璃种类有平板玻璃、中空玻璃、真空玻璃、钢化玻璃、夹层玻璃、夹丝玻璃、着色玻璃、镀膜玻璃、压花玻璃等。门窗玻璃的厚度一般采用3mm、4mm、5mm，与分块大小有关。

(2) 安全玻璃的选用

安全玻璃是指符合现行国家标准的钢化玻璃、夹层玻璃及由钢化玻璃或夹层玻璃组合加工而成的其他玻璃制品，如安全中空玻璃等。单片半钢化玻璃（热增强玻璃）、单片夹丝玻璃不属于安全玻璃。

《建筑玻璃应用技术规程》JGJ 113—2015中规定：

① 活动门玻璃、固定门玻璃和落地窗玻璃的选用应符合下列规定：

a. 有框玻璃应使用符合该规程表7.1.1-1规定的安全玻璃；

b. 无框玻璃应使用公称厚度不小于12mm的钢化玻璃。

② 室内隔断应使用安全玻璃，且最大使用面积应符合该规程表7.1.1-1的规定。

(3) 热工玻璃的选用

有保温要求的门窗、玻璃幕墙、采光顶采用的玻璃系统应为中空玻璃、Low-E中空玻璃、充惰性气体Low-E中空玻璃等保温性能良好的玻璃，保温要求高时还可采用三玻两腔、真空玻璃等。传热系数较低的中空玻璃宜采用"暖边"（中空玻璃间隔条）。

(4) 双层玻璃窗采用不同厚度的玻璃，是为了改善隔声性能。

三、门窗的安装构造

【相关真题：2022-078，2022-079，2021-081，2019-089】

(一) 门窗的构造组成和安装方式

1. 门窗的构造组成

(1) 门窗一般由门窗框、门窗扇、五金零件和各种附件组成。

(2) 门窗框是门窗扇与墙的联系构件。五金零件一般有铰链（合页）、插销、门窗锁、拉手、门碰头等。附件有贴脸板、筒子板、压缝条、披水板、窗台板、窗帘盒等。门还可在其上方设置一小窗，称为亮子、亮窗或腰头窗，为辅助采光和通风之用，开启方式有平开、固定及上、中、下悬等。

2. 门窗框安装方式

门窗框的安装根据施工方式的不同，可分先立口和后塞口两种。

(1) 立口

也称立樘子，是指在砌体墙中安装门窗框时，砌筑墙体之前先将门窗框立好，在砌筑的同时将门窗框的连接件砌在墙体中。这种安装方式的优点是门窗框和墙体结合紧密；缺点是门窗安装和墙体砌筑交叉施工，影响墙体施工的速度，因此这种安装方式现在已基本不使用。

(2) 塞口

也称塞樘子，是指在墙体施工时不立门窗框，只预留洞口；待主体完工后再将门窗框塞进洞口内安装固定。目前，门窗框安装基本都采用塞口的安装方式。

3. 预留洞口与门、窗框的伸缩缝间隙

门窗洞口与门窗框之间预留安装缝隙的大小取决于墙体饰面层的种类、门窗类别，以及是否设置附框等因素。

《塑料门窗工程技术规程》JGJ 103—2008 中规定：门、窗的构造尺寸应考虑预留洞口与待安装门、窗框的伸缩缝间隙及墙体饰面材料的厚度。伸缩缝间隙应符合表 2-7-16 的规定。

洞口与门、窗框伸缩缝间隙（mm） 表 2-7-16

墙体饰面层材料	洞口与门、窗框的伸缩缝间隙
清水墙及附框	10
墙体外饰面抹水泥砂浆或贴陶瓷锦砖	15～20
墙体外饰面贴釉面瓷砖	20～25
墙体外饰面贴大理石或花岗石板	40～50
外保温墙体	保温层厚度＋10

注：窗下框与洞口的间隙可根据设计要求选定。

（二）各种材料门窗的安装构造

《住宅装饰装修工程施工规范》GB 50327—2001、《建筑装饰装修工程质量验收标准》GB 50210—2018 及相关施工手册指出：

1. 一般规定

(1) 安装门窗必须采用预留洞口的方法，严禁采用边安装边砌口或先安装后砌口。

(2) 门窗固定可采用焊接、膨胀螺栓或射钉等方式，但砖墙严禁用射钉固定。

(3) 安装过程中应及时清理门窗表面的水泥砂浆、密封膏等，以保护表面质量。

(4) 《全国民用建筑工程设计技术措施 规划・建筑・景观》（2009 年版）第二部分中指出门窗框安装要点有：

1) 轻质砌块墙上的门垛或大洞口的窗垛应采取加强措施，如做钢筋混凝土抱框。

2) 有外保温或外饰面材料较厚时，外窗宜采用增加钢附框的安装方式。钢附框应采用壁厚不小 1.5mm 的碳素结构钢和低合金结构钢制成，附框内、外表面均应进行防锈处理。

3) 门窗框上固定片的固定方法：

① 混凝土墙洞口应采用射钉或膨胀螺钉固定；

② 实心砖墙洞口应采用膨胀螺钉固定，不得固定在砖缝处，严禁采用射钉固定；

③ 轻质砌块、空心砖或加气混凝土材料洞口可在预埋混凝土块上用射钉或膨胀螺钉

固定；

④ 设有预埋件的洞口应采用焊接的方法固定，也可先在预埋件上按紧固件规格打基孔，然后用紧固件固定。

4）外门窗框与墙洞口之间的缝隙，应采用泡沫塑料棒衬缝后，用弹性高效保温材料填充，如现场发泡聚氨酯等；并采用耐候防水密封胶嵌缝，不得采用普通水泥砂浆填缝。

2. 铝合金门窗的安装

(1) 铝合金门窗的安装有固定片连接或固定片与附框同时连接两种做法。

(2) 安装做法有干法施工和湿法施工两种。干法施工指的是金属附框及安装片的安装应在洞口及墙体抹灰湿作业前完成，而铝合金门窗框安装应在洞口及墙体抹灰湿作业后进行，安装缝隙至少应留出 40mm；湿法施工指的是安装片和铝合金门窗框安装应在洞口及墙体抹灰前完成，安装缝隙不应小于 20mm。

(3) 金属附框宽度应大于 30mm。

(4) 固定片宜用 HPB300 钢材，厚度不应小于 1.5mm，宽度不应小于 20mm，表面应作防腐处理。

(5) 固定片安装：距角部的距离不应大于 150mm，其余部位中心距不应大于 500mm。固定片的固定点距墙体边缘不应小于 50mm。

(6) 铝合金门窗框与洞口周边墙体间缝隙不得用水泥砂浆填塞，应采用保温、防潮且无腐蚀性的弹性材料（如聚氨酯泡沫填缝胶）填嵌密实；表面应用密封胶密封。

(7) 铝合金门窗与墙体的连接应为弹性连接，是为了使建筑物在一般振动、沉陷变形时不致损坏门窗；建筑物受热胀冷缩变形时，不致损坏门窗；让门窗框不直接与混凝土、水泥砂浆接触，以免碱腐蚀。

(8) 铝合金门窗横向及竖向组合时，应采取套插、搭接，形成曲面组合，搭接长度宜为 10mm，并用密封膏密封。

(9) 砌块墙不得使用射钉直接固定门窗。

3. 塑料门窗的安装

(1) 可采用在墙上留预埋件方式安装，窗的连接件用尼龙胀管螺栓连接，安装缝隙 15mm 左右。

(2) 门窗框与洞口的间隙用泡沫塑料条或油毡卷条填塞，然后用密封膏封严。

(3) 《塑料门窗工程技术规程》JGJ 103—2008 中规定：

1) 安装要求

① 混凝土墙洞口应采用射钉或膨胀螺钉固定；

② 砖墙洞口或空心砖洞口应用膨胀螺钉固定，并不得固定在砖缝处；

③ 轻质砌块或加气混凝土洞口可在预埋混凝土块上用射钉或膨胀螺钉固定；

④ 设有预埋铁件的洞口应采用焊接方法固定，也可先在预埋件上按紧固件规格打基孔，然后用紧固件固定。

2) 固定片的有关问题

固定片的位置应距墙角、中竖框、中横框 150～200mm；固定片之间的间距应小于等于 600mm；不得将固定片直接装在中竖框、中横框的挡头上。

(4)《塑料门窗设计及组装技术规程》JGJ 362—2016 中规定：

1) 外开窗扇的宽度不宜大于 600mm、高度不宜大于 1200mm，开启角度不应大于 85°。

2) 门窗的热工性能设计宜符合下列规定：

① 宜根据门窗的传热系数值选用型材系统，框与扇间直用三道密封；

② 宜用多腔体结构和框架密封性能好的型材系统；

③ 中空玻璃空气层厚度不宜小于 9mm（注意比较：玻璃幕墙中空玻璃空气层厚度不宜小于 9mm，采光顶中空玻璃空气层厚度不宜小于 12mm）；

④ 严寒、寒冷地区宜用低辐射镀膜中空玻璃或三层玻璃的中空玻璃；

⑤ 严寒地区可采用双重窗或双层扇窗；

⑥ 有遮阳性能要求的地区，宜采用下列遮阳配套措施：

a. 采用门窗外遮阳系统；

b. 采用遮阳百叶；

c. 采用符合遮阳性能规定的玻璃；

d. 采用内置遮阳中空玻璃系统。

3) 隔声性能可采取下列措施：

① 采用密封性能好的型材系统；

② 增加中空玻璃的玻璃层数、玻璃总厚度、空气层厚度；

③ 采用夹层玻璃或真空玻璃；

④ 中空玻璃充惰性气体。

例 2-7-2 （2021） 塑料门窗安装固定点的间距最大为（　　）mm。

A　600　　　　B　700　　　　C　800　　　　D　900

解析： 依据《塑料门窗工程技术规程》JGJ 103—2008 第 6.2.7 条第 3 款，门窗在安装时应确保门窗框上下边位置及内外朝向准确，安装应符合下列要求：固定片或膨胀螺钉的位置应距门窗端角、中竖梃、中横梃 150~200mm，固定片或膨胀螺钉之间的间距应符合设计要求，并不得大于 600mm（A 项正确）。不得将固定片直接装在中横梃、中竖梃的端头上。平开门安装铰链的相应位置宜安装固定片或采用直接固定法固定。

答案： A

---

4. 木门窗的安装

《住宅装饰装修工程施工规范》GB 50327—2001 中规定：

(1) 木门窗的安装应符合下列规定：

1) 门窗框与砖石砌体、混凝土或抹灰层接触部位以及固定用木砖等均应进行防腐处理。

2) 门窗框安装前应校正方正，加钉必要拉条，避免变形。安装门窗框时，每边固定点不得少于两处，其间距不得大于 1.2m。

3) 门窗框需镶贴脸时，门窗框应凸出墙面，凸出的厚度应等于抹灰层或装饰面层的厚度。

4）木门窗五金配件的安装应符合下列规定：

① 合页距门窗扇上下端宜取立梃高度的 1/10，并应避开上、下冒头。

② 五金配件安装应用木螺钉固定。硬木应钻 2/3 深度的孔，孔径应略小于木螺钉直径。

③ 门锁不宜安装在冒头与立梃的结合处。夹板门在安装门锁处，须在门扇局部附加实木框料，并应避开边梃与中梃结合处安装；门锁安装处也不应有边梃的指接接头。

④ 窗拉手距地面宜为 1.5～1.6m，门拉手距地面宜为 0.9～1.05m。

（2）木门窗玻璃的安装应符合下列规定：

1）玻璃安装前应检查框内尺寸，将裁口内的污垢清除干净。

2）安装长边大于 1.5m 或短边大于 1m 的玻璃，应用橡胶垫并用压条和螺钉固定。

3）安装木框、扇玻璃，可用钉子固定，钉距不得大于 300mm，且每边不少于两个；用木压条固定时，应先刷底油后安装，并不得将玻璃压得过紧。

4）安装玻璃隔墙时，玻璃在上框面应留有适量缝隙，防止木框变形，损坏玻璃。

5）使用密封膏时，接缝处的表面应清洁、干燥。

（三）门窗的五金

窗的五金零件有铰链、插销、窗钩、拉手、铁三角等。

门的五金零件和窗相似，有铰链、拉手、插销、铁三角等，但规格尺寸较大；此外，还有门锁、门轧头、插销、弹簧合页等。门的合页形式由其开启方式决定，如自关门用自动回位弹簧合页（图 2-7-1）、双向开启弹簧门用双向弹簧合页（图 2-7-2）。

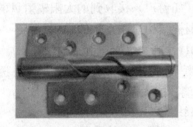

图 2-7-1　自动关门合页　　图 2-7-2　双向弹簧合页
（自动回位弹簧合页）

《全国民用建筑工程设计技术措施　规划·建筑·景观》（2009 年版）第二部分中指出：

（1）弹簧门有单向、双向开启。宜采用地弹簧或油压闭门器等五金件，以使其关闭平缓。双向弹簧门门扇应在可视高度部分装透明安全玻璃，以免进出时相互碰撞。

（2）用于公共场所需控制人员进入的疏散门（如只能出不能进），应安装无需使用任何工具即能易于把门打开的逃生装置（如逃生推杠装置、逃生压杆装置）、显著标识及使用提示。

（四）门窗的附件

（1）压缝条：10～15mm 见方的小木条，用于填补窗安装于墙中产生的缝隙，以保证室内的正常温度。

(2) 贴脸板：用来遮挡靠墙里皮安装门窗框产生的缝隙。
(3) 筒子板：在门窗洞口的四周墙面，用木板包钉镶嵌，称为筒子板。
(4) 披水条（板）：内开玻璃窗为防止雨水流入室内而设置的挡水条（板）。
(5) 窗台板：在窗下槛内侧设窗台板，板厚30～40mm，挑出墙面30～40mm；窗台板可以采用木板、水磨石板或大理石板。
(6) 窗帘盒：悬挂窗帘时，为掩蔽窗帘棍和窗帘上部的拴环而设。窗帘盒三面用25mm×（100～150mm）的木板镶成。窗帘棍有木、铜、钢、铝等材料。一般用角钢或钢板伸入墙内。

四、建筑遮阳
（一）建筑遮阳的作用
建筑遮阳是设置在建筑物的透光围护结构（包括门窗、玻璃幕墙、采光顶等）之上，用来遮挡或调节进入室内的太阳辐射的建筑构件或安置设施；其作用是遮挡直射阳光，减少进入室内的太阳辐射，防止室内过热，避免眩光和防止物品受到阳光照射产生变质、褪色和损坏。建筑遮阳同时会降低室内天然采光的照度并影响自然通风。

（二）建筑遮阳系数
1. 《民用建筑热工设计规范》GB 50176—2016 中所定义的遮阳系数

(1) 建筑遮阳系数：在照射时间内，同一窗口（或透光围护结构部件外表面）在有建筑外遮阳和没有建筑外遮阳的两种情况下，接收到的两个不同太阳辐射量的比值。

(2) 透光围护结构遮阳系数：在照射时间内，透过透光围护结构部件（如窗户）直接进入室内的太阳辐射量与透光围护结构外表面（如窗户）接收到的太阳辐射量的比值。

(3) 综合遮阳系数：建筑遮阳系数和透光围护结构遮阳系数的乘积。

2. 《建筑遮阳工程技术规范》JGJ 237—2011 中所定义的遮阳系数

(1) 遮阳系数（SC）：在给定条件下，玻璃、外窗或玻璃幕墙的太阳能总透射比，与相同条件下相同面积的标准玻璃（3mm透明玻璃）的太阳能总透射比的比值。

注：太阳能总透射比：通过窗户传入室内的太阳辐射与入射太阳辐射的比值。

(2) 外遮阳系数（SD）：建筑透明外围护结构相同，有外遮阳时进入室内的太阳辐射热量与无外遮阳时进入室内太阳辐射热量的比值。

(3) 外窗综合遮阳系数（SC_w）：考虑窗本身和窗口的建筑外遮阳装置综合遮阳效果的一个系数，其值为窗本身的遮阳系数（SC）与窗口的建筑外遮阳系数（SD）的乘积。

3. 遮阳系数与遮阳效果的关系

遮阳系数越小，遮阳效果越好；遮阳系数越大，遮阳效果越差。

（三）建筑遮阳的基本形式和设计选用
1. 建筑遮阳的类型

建筑遮阳可分为固定遮阳装置、活动遮阳装置、外遮阳装置、内遮阳装置和中间遮阳装置。

(1) 固定遮阳装置：固定在建筑物上，不能调节尺寸、形状或遮光状态的遮阳装置。

(2) 活动遮阳装置：固定在建筑物上，能够调节尺寸、形状或遮光状态的遮阳装置。

(3) 外遮阳装置：安设在建筑物室外侧的遮阳装置。
(4) 内遮阳装置：在建筑物室内侧的遮阳装置。
(5) 中间遮阳装置：位于两层透明围护结构之间的遮阳装置。

2. 建筑外遮阳的基本形式

(1) 水平遮阳：位于建筑门窗洞口上部，水平伸出的板状建筑遮阳构件。水平遮阳构件可设计成实体式或百叶式。百叶遮阳是由若干相同形状和材质的板条，按一定间距平行排列而成的面状百叶系统，并将其与门窗洞口面平行设在门窗洞口外侧的建筑遮阳构件。

(2) 垂直遮阳：位于建筑门窗洞口两侧，垂直伸出的板状建筑遮阳构件。

(3) 组合遮阳：在门窗洞口的上部设水平遮阳、两侧设垂直遮阳的组合式建筑遮阳构件。

(4) 挡板遮阳：门窗洞口前方设置的与门窗洞口面平行的板状建筑遮阳构件。

3. 建筑遮阳的设计与选用

(1)《民用建筑热工设计规范》GB 50176—2016 中规定：

1) 向阳面的窗、玻璃门、玻璃幕墙、采光顶应设置固定遮阳或活动遮阳。固定遮阳设计可考虑阳台、走廊、雨篷等建筑构件的遮阳作用；设计时应进行夏季太阳直射轨迹分析，根据分析结果确定固定遮阳的形状和安装位置。活动遮阳宜设置在室外侧。

北回归线以南地区，各朝向门窗洞口均宜设计建筑遮阳；北回归线以北的夏热冬暖、夏热冬冷地区，除北向外的门窗洞口宜设计建筑遮阳；寒冷 B 区，东、西向和水平朝向的门窗洞口宜设计建筑遮阳；严寒地区、寒冷 A 区、温和地区建筑可不考虑建筑遮阳。

2) 建筑门窗洞口的遮阳宜优先选用活动式建筑遮阳。

3) 当采用固定式建筑遮阳时，南向宜采用水平遮阳；东北、西北及北回归线以南地区的北向宜采用垂直遮阳；东南、西南朝向窗口宜采用组合遮阳；东、西朝向窗口宜采用挡板遮阳。

4) 当为冬季有采暖需求房间的门窗设计建筑遮阳时，应采用活动式建筑遮阳、活动式中间遮阳，或采用遮阳系数冬季大、夏季小的固定式建筑遮阳。

5) 建筑遮阳应与建筑立面、门窗洞口构造一体化设计。

(2)《建筑遮阳工程技术规范》JGJ 237—2011 中规定：

1) 建筑遮阳设计，应根据当地的地理位置、气候特征、建筑类型、建筑功能、建筑造型、透明围护结构朝向等因素，选择适宜的遮阳形式，并宜选择外遮阳。

2) 遮阳设计应兼顾采光、视野、通风，隔热和散热功能，严寒、寒冷地区应不影响建筑冬季的阳光入射。

3) 建筑不同部位、不同朝向遮阳设计的优先次序可根据其所受太阳辐射照度，依次选择屋顶水平天窗（采光顶），西向、东向、南向窗；北回归线以南地区必要时还宜对北向窗进行遮阳。

4) 遮阳设计应进行夏季和冬季的阳光阴影分析，以确定遮阳装置的类型。建筑外遮阳的类型可按下列原则选用：

① 南向、北向宜采用水平式遮阳或综合式遮阳；

② 东西向宜采用垂直或挡板式遮阳；

③ 东南向、西南向宜采用综合式遮阳。

5) 采用内遮阳和中间遮阳时，遮阳装置面向室外侧宜采用能反射太阳辐射的材料，并可根据太阳辐射情况调节其角度和位置。

6) 外遮阳设计应与建筑立面设计相结合，进行一体化设计。遮阳装置应构造简洁、经济实用、耐久美观，便于维修和清洁，并应与建筑物整体及周围环境相协调。

7) 遮阳设计宜与太阳能热水系统和太阳能光伏系统结合，进行太阳能利用与建筑一体化设计。

8) 建筑遮阳构件宜呈百叶或网格状。实体遮阳构件宜与建筑窗口、墙面和屋面之间留有间隙。

五、特殊门窗

【相关真题：2022-082，2020-095，2019-090，2019-091】

按特殊功能分，常见的有防火门（窗）、隔声门（窗）、隔声通风门（窗）、避光通风门（窗）、通风防雨百叶门（窗）、防射线门（窗）、保温门（窗）、人防密闭门、人防防密门、防盗门（窗）等特种门窗。

与之有关的国标图集有《防火门窗》12J609、《特种门窗（一）》17J610—1（变压器室钢门窗、变配电所钢大门、冷库门、保温门、隔声门窗）和《特种门窗（二）》17J610—2（防射线门窗、快速软质卷帘门、气密门、防洪闸门窗、隧道防护门、会展门、电磁屏蔽门窗）。

（一）防火门窗

1. 《建筑设计防火规范》GB 50016—2014（2018年版）的规定

(1) 执行标准：甲、乙、丙级防火门和防火窗应符合现行国家标准《防火门》GB 12955 和《防火窗》GB 16809 的有关规定。

(2) 防火门的类别：防火门有隔热防火门（A类）、部分隔热防火门（B类）和非隔热防火门（C类）。隔热防火门（A类）的耐火极限有 A3.00、A2.00、A1.50（甲级）、A1.00（乙级）、A0.50（丙级）五种。

(3) 防火窗的类别：防火窗有隔热防火窗（A类）和非隔热防火窗（C类）。隔热防火窗（A类）的耐火极限有 A3.00、A2.00、A1.50（甲级）、A1.00（乙级）、A0.50（丙级）五种。

(4) 应用

1) 当主机房建筑面积≥140m² 时，计算机房内墙上的门窗应为甲级防火门窗，门应外开。

2) 舞台上部与观众厅闷顶之间的隔墙可采用耐火极限不低于 1.5h 的防火隔墙，隔墙上的门应采用乙级防火门。

3) 建筑内的下列部位应采用耐火极限不低于 2.00h 的防火隔墙与其他部位分隔，墙上的门、窗应采用乙级防火门、窗；确有困难时，可采用防火卷帘，但应符合《建筑设计防火规范》GB 50016—2014（2018年版）第 6.5.3 条的规定：

① 甲、乙类生产部位和建筑内使用丙类液体的部位；

② 厂房内有明火和高温的部位；

③ 甲、乙、丙类厂房（仓库）内布置有不同火灾危险性类别的房间；

④ 民用建筑内的附属库房，剧场后台的辅助用房；

⑤ 除居住建筑中套内的厨房外，宿舍、公寓建筑中的公共厨房和其他建筑内的厨房；

⑥ 附设在住宅建筑内的机动车库。

4) 人民防空地下室封闭楼梯间和疏散楼梯间的门应采用不低于乙级的防火门。

5) 民用建筑物内设置的变电所直接通向疏散走道（安全出口）的疏散门，以及变电所直接通向非变电所区域的门，应为甲级防火门；变电所直接通向室外的疏散门，应为不低于丙级的防火门。

6) 民用建筑物内电气竖井井壁、楼板及封堵材料的耐火极限应根据建筑本体的耐火极限设置，检修门应采用不低于丙级的防火门。

7) 民用建筑物内燃气管道竖井的底部和顶部应直接与大气相通；管道竖井的墙体应为耐火极限不低于 1.0h 的不燃烧体，井壁上的检查门应采用丙级防火门。

(5) 特点

防火门应单向开启，并应向疏散方向开启。位于走道和楼梯间等处的防火门应在门扇上设置不小于 200cm² 的防火玻璃小窗。安装在防火门上的合页（铰链），不得使用双向弹簧。双扇防火门应设盖缝板。

(6) 设置规定

1) 设置在建筑内经常有人通行处的防火门宜采用常开防火门。常开防火门应能在火灾时自行关闭，并应具有信号反馈的功能。

2) 除允许设置常开防火门的位置外，其他位置的防火门均应采用常闭防火门。常闭防火门应在其明显位置设置"保持防火门关闭"等提示标识。

3) 除管井检修门和住宅的户门外，防火门应具有自行关闭功能。双扇防火门应具有按顺序自行关闭的功能（如单扇门应安装闭门器；双扇或多扇门应安装闭门器、顺序器）。

4) 除本规范第 6.4.11 条第 4 款（强条：人员密集场所内平时需要控制人员随意出入的疏散门和设置门禁系统的住宅、宿舍、公寓建筑的外门，应保证火灾时不需使用钥匙等任何工具即能从内部易于打开，并应在显著位置设置具有使用提示的标识）的规定外，防火门应能在其内外两侧手动开启。

5) 设置在建筑变形缝附近时，防火门应设置在楼层较多的一侧，并应保证防火门开启时门扇不跨越变形缝。

6) 防火门关闭后应具有防烟性能。

7) 设置在防火墙、防火隔墙上的防火窗，应采用不可开启的窗扇或具有火灾时能自行关闭的功能。

2. 《防火门》 GB 12955—2008 中对防火门的规定

(1) 材质：有木质防火门、钢质防火门、钢木质防火门和其他材质防火门。

(2) 功能

1) 隔热防火门（A 类）：在规定的时间内，能同时满足耐火完整性和隔热性要求的防火门。

2) 部分隔热防火门（B 类）：在规定大于或等于 0.50h 的时间内，能同时满足耐火完整性和隔热性要求；在大于 0.50h 后所规定的时间内，能满足耐火完整性要求的防火门。

3）非隔热防火门（C类）：在规定的时间内，能满足耐火完整性要求的防火门。

(3) 等级（表 2-7-17）

防火门按耐火性能的分类　　　表 2-7-17

名称	耐火性能	代号
隔热防火门（A类）	耐火隔热性≥0.50h 耐火完整性≥0.50h	A0.50（丙级）
	耐火隔热性≥1.00h 耐火完整性≥1.00h	A1.00（乙级）
	耐火隔热性≥1.50h 耐火完整性≥1.50h	A1.50（甲级）
	耐火隔热性≥2.00h 耐火完整性≥2.00h	A2.00
	耐火隔热性≥3.00h 耐火完整性≥3.00h	A3.00

(4) 防火锁

1) 防火门安装的门锁应是防火锁。

2) 在门扇的有锁芯机构处，防火锁均应有执手或推杠机构，不允许以圆形或球形旋钮代替执手（特殊部位使用除外，如管道井门等）。

(5) 防火合页（铰链）

防火门用合页（铰链）板厚应不少于 3mm，其耐火性能应符合规范《防火门》GB 12955 附录 B 的规定。

(6) 防火闭门装置

防火门应安装防火门闭门器，或设置让常开防火门在火灾发生时能自动关闭门扇的闭门装置（特殊部位使用除外，如管道井门等）。

(7) 防火顺序器

双扇、多扇防火门设置盖缝板或企口的应安装顺序器（特殊部位使用除外），其耐火性能应符合规定。

(8) 防火插销

采用钢质防火插销，应安装在双扇防火门或多扇防火门的相对固定一侧的门扇上（若有要求时），其耐火性能应符合规定。

(9) 盖缝板

平口或企口结构的双扇防火门宜设盖缝板。盖缝板与门扇连接应牢固。盖缝板不应妨碍门扇的正常启闭。

(10) 防火密封件

防火门门框与门扇、门扇与门扇的缝隙处应嵌装防火密封件。

3. 《防火窗》 GB 16809—2008 中对防火窗的规定

(1) 功能和开启方式

1) 固定式防火窗：无可开启窗扇的防火窗；
2) 活动式防火窗：有可开启窗扇且装配有窗扇启闭控制装置的防火窗；
3) 隔热防火窗（A类）：在规定时间内，能同时满足耐火完整性和隔热性要求的防火窗；
4) 非隔热防火窗（C类）：在规定时间内，能满足耐火完整性要求的防火窗。

（2）等级

防火窗按耐火性能的分类见表2-7-18。

防火窗的耐火性能　　　　　　　　　　　　　　　　表2-7-18

防火性能分类	耐火等级代号	耐火性能
隔热防火窗（A类）	A0.50（丙级）	耐火隔热性≥0.50h且耐火完整性≥0.50h
	A1.00（乙级）	耐火隔热性≥1.00h且耐火完整性≥1.00h
	A1.50（甲级）	耐火隔热性≥1.50h且耐火完整性≥1.50h
	A2.00	耐火隔热性≥2.00h且耐火完整性≥2.00h
	A3.00	耐火隔热性≥3.00h且耐火完整性≥3.00h

（3）构造要求

1) 防火窗安装的五金件应满足功能要求并便于更换；
2) 防火窗上镶嵌的玻璃应是防火玻璃；
3) 防火窗的气密等级不应低于3级。

4.《全国民用建筑工程设计技术措施　规划·建筑·景观》（2009年版）的规定

（1）防火门应为向疏散方向开启的平开门，且具自闭功能，并在关闭后应能从任何一侧手动开启。如单扇门应安装闭门器；双扇或多扇门应安装闭门器、顺序器；双扇门之间应有盖缝板。

（2）供人员经常通行的防火门宜采用常开防火门。常开防火门应具有自动关闭、信号反馈的功能，以确保火灾发生时，由消防控制中心控制，门能自动关闭。

（3）防火门内外两侧应能手动开启（除人员密集场所平时需要控制人员随意出入的疏散用门或设有门禁系统的居住建筑外门外）。住宅户门兼具防火功能者，应具自闭装置，开启方向不限。

（4）防火门上必须使用具有相应防火等级的五金配件，且经消防部门认可的产品。

（5）门控五金

1) 主要的门控五金包括地弹簧、闭门器、门锁组件、紧急开门（逃生）装置等。

① 地弹簧：安装在平开门扇下，可单、双向开门，通常使用温度在－15～40℃，由金属弹簧、液压阻尼组合作用的装置。选用时应根据门扇宽度和重量，使用频率等要求进行选择。

② 闭门器：安装在平开门扇上部，单向开门，通常使用温度在－15～40℃，由金属弹簧、液压阻尼组合作用的装置。选用时应根据门扇宽度和重量，使用频率等要求进行选择。

③ 紧急开门（逃生）装置：是一种门上用的带扶手的通天插销，通过对扶手一推或一压就能使插销缩回，供紧急疏散用的专用五金装置。

2）门控五金分为美标门控五金件、欧标门控五金件和中国标准门控五金件三大类。

3）由于检测方法不同，美标、欧标、国标之间，门控五金件的开启次数不能直接对比。美标、欧标高档和中档门控五金件中，紧急开门（逃生）装置的开启测试次数较地弹簧、闭门器、门锁等其他配件少。

（二）商店橱窗

商店建筑设置外向橱窗时应符合《商店建筑设计规范》JGJ 48—2014 的规定，具体内容如下：

（1）橱窗的平台高度宜至少比室内和室外地面高 0.20m。

（2）橱窗应满足防晒、防眩光、防盗等要求。

（3）采暖地区的封闭橱窗可不采暖，其内壁应采取保温构造。

（4）采暖地区的封闭橱窗的外表面应采取防雾构造。

（三）保温门窗

1. 保温门窗适用范围及类型

保温门窗适用于有恒温、恒湿要求的内门；如空调房间及室温控制在 0℃ 以上并有保温要求的工房及库房等。

保温门的类型有木质平开保温门、铝质平开保温门、钢质平开保温门、钢质自由保温门、钢质提升保温门、钢质推拉保温门等。

2. 门扇材料

（1）保温门常用的保温材料有聚氨酯和聚苯乙烯泡沫塑料等。

（2）木质保温门采用木门框及木骨架，胶合板面板；钢质保温门采用轻钢龙骨骨架或型钢骨架，面板可采用 1.5mm 镀锌钢板、不锈钢板、铝合金板等；由项目设计确定。

（3）铝质保温门采用铝质内门框外包铝型材门框料。门框同样是采用铝制内框外包铝型材门扇边料。

（4）密封条采用三元乙丙或橡塑制品。

（四）隔声门窗

1. 隔声门窗适用范围

（1）产生高噪声的工业厂房及辅助建筑：通风机房、冷冻机房、空调机房、柴油发电机房、印刷车间等。

（2）对声学环境要求比较高的厅堂：礼堂、会议厅、报告厅、影剧院、体育馆、播音室、录音室、演播室等。

2. 选用要点

（1）钢质隔声门分为一般隔声门窗和防火隔声门窗两种。钢质防火隔声门窗适用于既有隔声要求又有防火要求的场所。

（2）门洞尺寸：门洞宽 900～3300mm，门洞高 2100～3600mm。

（3）隔声量：当采用无门槛做法时，设置一道密封条，其隔声量≤30dB；当采用有门槛做法时，设置两道密封条，其隔声量≤40dB。隔声门的隔声量应在选购时由专业生产厂家提供。

3. 门窗材料

（1）隔声门窗为镀锌钢板钢质平开门和固定窗。门扇骨架采用 2mm 厚镀锌冷轧钢板，面板采用 1~1.5mm 厚镀锌钢板。

（2）一般门扇内填充用玻璃布包中级玻璃棉纤维或是岩棉制品，其体积密度控制为 80~100kg/m³。

（3）密封条：采用三元乙丙橡胶制品。

（4）双层玻璃窗采用不同厚度的玻璃，是为了改善隔声性能。

（5）双层隔声窗设计要注意空气层的厚度，以大于 100mm 为宜，一般可取 80~200mm。

（6）双层隔声窗的两层玻璃厚度最好设计得不一样，宜尽量有一层倾斜。

（7）双层或三层隔声窗在各层玻璃之间沿周边的窗洞墙体上设置玻璃棉毡等吸声构造。

第八节　建筑工业化的有关问题

一、建筑工业化

（一）建筑工业化的含义

由于各国的社会制度、经济能力、资源条件、自然状况和传统习惯等不同，各国建筑工业化所走的道路也有所差异，对建筑工业化理解也不尽相同。

1974 年联合国经济事务部对建筑工业化的含义作了如下解释，即：在建筑上应用现代工业的组织和生产方法，用机械化进行大批量生产和流水作业。传统建筑生产方式是采用手工劳动来建造房屋，劳动强度大、工效低、工期长，质量也难以保证。建筑工业化生产方式，可以加快建设速度，降低劳动强度，提高生产效率和施工质量。建筑工业化通常包含以下四点基本内容：

1. 设计标准化

设计标准化包括采用构件定型和房屋定型两大部分。构件定型又叫通用体系，它主要是将房屋的主要构配件按模数配套生产，从而提高构配件之间的互换性。房屋定型又叫专用体系，它主要是将各类不同的房屋进行定型，做成标准设计。

2. 构件工厂化

构件工厂化是建立完整的预制加工企业，形成施工现场的技术后方，提高建筑物的施工速度。目前建筑业的预制加工企业有混凝土预制构件厂、混凝土搅拌厂、门窗加工厂、模板工厂、钢筋加工厂等。

3. 施工机械化

施工机械化是建筑工业化的核心。施工机械应注意标准化、通用化、系列化，既注意发展大型机械，也注意发展中小型机械。

4. 管理科学化

现代工业生产的组织管理是一门科学，它包括采用指示图表法和网络法，并广泛采用信息技术。

(二) 实现建筑工业化的途径

实现建筑工业化，当前主要有两大途径，即发展预制装配式建筑体系和现场施工作业工业化。

1. 发展预制装配式建筑体系

这条途径是在加工厂生产预制构件，用各种车辆将构件运到施工现场，在现场用各种机械安装。这种方法的优点是生产效率高、构件质量好、受季节影响小、可以均衡生产。缺点是生产基地一次性投资大，在建设量不稳定的情况下，预制厂的生产能力不能充分发挥。这条途径包括以下工业化建筑类型：

（1）砌块建筑

这是装配式建筑的初级阶段，它具有适应性强、生产工艺简单、技术效果良好、造价低等特点。砌块按其重量大小可以分为大型砌块（350kg 以上）、中型砌块（20～350kg）和小型砌块（20kg 以下）。砌块应注意就地取材和采用工业废料，如粉煤灰、煤矸石、炉渣等。我国的南方和北方广大地区均采用砌块来建造民用和工业房屋。

（2）大板建筑

这是装配式建筑的主导做法。大板建筑是大墙板、大楼板、大屋顶板组成的建筑的简称；除基础以外，地上的全部构件均为预制构件，通过装配整体式节点连接而建成。大板建筑的构件有内墙板、外墙板、楼板、楼梯、挑檐板和其他构件，在施工现场进行拼装，形成不同的建筑。我国的大板建筑从 1958 年开始试点，1966 年以后批量发展。北方地区以北京、沈阳等地的大板住宅，南方地区以南宁的空心大板住宅效果最好。

（3）框架建筑

这种建筑的特点是采用钢筋混凝土的柱、梁、板制作承重骨架，外墙及内部隔墙采用加气混凝土、镀锌薄钢板、铝板等轻质板材建造的建筑。它具有自重轻、抗震性能好、布局灵活、容易获得大开间等优点，它可以用于各类建筑中。

（4）盒子结构

这是装配化程度最高的一种形式。它以"间"为单位进行预制，分为六面体、五面体、四面体盒子。可以采用钢筋混凝土、铝、木材、塑料等制作。

2. 发展全现浇及工具式模板现浇与预制相结合的体系

这条途径的承重墙、板采用大块模板、台模、滑升模板、隧道模等现场浇筑，而一些非承重构件仍采用预制方法。这种做法的优点是所需生产基地一次性投资比装配化道路少、适应性大、节省运输费用、结构整体性好。缺点是耗用工期比全装配方法长。这条途径包括以下几种建筑类型：

（1）大模板建筑

不少国家在现场施工时采用大模板。我国 1974 年起在沈阳、北京等地也逐步推广大模板建造住宅。这种做法的特点是内墙现浇，外墙采用预制板、砌砖墙和浇筑混凝土。它的特点是造价低、抗震性能好。缺点是用钢量大、模板消耗较大。上海市曾推广"一模三板"："一模"即用大模板现场浇筑内墙，"三板"是预制外墙板、轻质隔墙板、整间大楼板。

（2）滑升模板

这种做法的特点是在浇筑混凝土的同时提升模板。采用滑升模板可以建造烟囱、水塔等构筑物，也可以建造高层住宅。它的优点是减轻劳动强度、加快施工进度、提高工程质量、降低工程造价。缺点是需要配置成套设备，一次性投资较大。

(3) 隧道模

这是一种特制的三面模板，拼装起来后，可以浇筑墙体和楼板，使之成为一个整体。采用隧道模可以建造住宅或公共建筑。

(4) 升板升层

这种做法的特点是先立柱子，然后在地坪上浇筑楼板、屋顶板，通过特制的提升设备进行提升。只提升楼板的叫"升板"；在提升楼板的同时，连墙体一起提升的叫"升层"。升板升层的优点是节省施工用地，少用建筑机械。

(三) 新型建筑工业化

我国的建筑工业化从20世纪50年代中期开始，迄今已走过六十多年的曲折发展历程。在提倡可持续发展和发展绿色建筑的背景下，以及信息技术在建筑中的广泛应用，原来的建筑工业化的内涵和特征已经发生了较大变化。为区别于以前的建筑工业化，我国提出了新型建筑工业化的概念。

2013年1月1日，《国务院办公厅关于转发发展改革委住房城乡建设部绿色建筑行动方案的通知》（国办发〔2013〕1号）发布，要求各省、自治区、直辖市人民政府，国务院各部委、各直属机构结合本地区、本部门实际，认真贯彻落实改革委、住房城乡建设部《绿色建筑行动方案》。《绿色建筑行动方案》中将"推动建筑工业化"作为"重点任务"提出，内容如下："推动建筑工业化：住房城乡建设等部门要加快建立促进建筑工业化的设计、施工、部品生产等环节的标准体系，推动结构件、部品、部件的标准化，丰富标准件的种类，提高通用性和可置换性。推广适合工业化生产的预制装配式混凝土、钢结构等建筑体系，加快发展建设工程的预制和装配技术，提高建筑工业化技术集成水平。支持集设计、生产、施工于一体的工业化基地建设，开展工业化建筑示范试点。积极推行住宅全装修，鼓励新建住宅一次装修到位或菜单式装修，促进个性化装修和产业化装修相统一"。

2015年8月，住房和城乡建设部发布《工业化建筑评价标准》GB/T 51129—2015（已废止，并被《装配式建筑评价标准》GB/T 51129—2017所替代），该《标准》第2.0.1条将"工业化建筑"定义为"采用以标准化设计、工厂化生产、装配化施工、一体化装修和信息化管理等为主要特征的工业化生产方式建造的建筑"。<u>这一定义明确了新型工业化建筑具有设计标准化、生产工厂化、施工装配化、装修一体化、管理信息化的基本特征</u>。

当前我国新发布了一系列建筑工业化方面的标准和规程，主要有《装配式建筑评价标准》GB/T 51129—2017、《装配式混凝土建筑技术标准》GB/T 51231—2016、《装配式钢结构建筑技术标准》GB/T 51232—2016、《装配式木结构建筑技术标准》GB/T 51233—2016、《装配式住宅建筑设计标准》JGJ/T 398—2017、《装配式混凝土结构技术规程》JGJ 1—2014、《工业化住宅建筑外窗系统技术规程》CECS 437：2016等。

二、建筑模数协调标准

《建筑模数协调标准》GB/T 50002—2013是为了实现建筑设计、制造、施工安装的互相协调；合理地对建筑各部位尺寸进行分割，确定各部位的尺寸和边界条件；优选某种类型的标准化方式，使得标准化部件的种类最优；有利于部件的互换性；有利于建筑部件的定位和安装，协调建筑部件与功能空间之间的尺寸关系而制定的标准。它包括以下主要内容：

（一）基本模数和导出模数

1. 基本模数

基本模数的数值为 100mm，用 M 表示（即 1M=100mm）。整个建筑物和建筑物的一部分以及建筑部件的模数化尺寸，应是基本模数的倍数。

2. 导出模数

导出模数应分为扩大模数和分模数，其基数应符合下列规定：

（1）扩大模数的基数应为 2M、3M、6M、9M、12M 等。
（2）分模数的基数应为 M/10、M/5、M/2。

（二）模数数列

（1）建筑物的开间或柱距，进深或跨度，梁、板、隔墙和门窗洞口宽度等分部件的截面尺寸，宜采用水平基本模数和水平扩大模数数列，且水平扩大模数数列宜采用 $n×2M$、$n×3M$（n 为自然数）。

（2）建筑物的高度、层高和门窗洞口高度宜采用竖向基本模数和竖向扩大模数数列，且竖向扩大模数数列宜采用 nM（n 为自然数）。

（3）构造节点和分部件的接口尺寸等宜采用分模数数列，且分模数数列宜采用 M/10、M/5、M/2。

注：分部件指的是独立单位的建筑制品，是部件的组成单元，在长、宽、高三个方向有规定尺寸。在一个及以上方向的协调尺寸符合模数的分部件称为模数分部件。

（三）优先尺寸

1. 部件尺寸在设计、加工和安装过程中关系的相关规定

（1）部件的标志尺寸应符合模数数列的规定，应根据部件安装的互换性确定，并应采用优先尺寸系列。
（2）部件的制作尺寸应由标志尺寸和安装公差决定。
（3）部件的实际尺寸与制作尺寸之间应满足制作公差的要求。

2. 部件优先尺寸确定的相关规定

（1）部件的优先尺寸应由部件中通用性强的尺寸系列确定，并应指定其中若干尺寸作为优先尺寸系列。
（2）部件基准面之间的尺寸应选用优先尺寸。
（3）优先尺寸可分解和组合，分解和组合后的尺寸可作为优先尺寸。
（4）承重墙和外围护墙厚度的优先尺寸系列宜根据基本模数的倍数或 1M 与 M/2 的组合确定，宜为 150mm、200mm、250mm、300mm。
（5）内隔墙和管道井墙厚度的优先尺寸系列宜根据分模数或 1M 与分模数的组合确定，宜为 50mm、100mm、150mm。
（6）层高和室内净高的优先尺寸系列宜为 $n×M$（n 为自然数）。
（7）柱、梁截面的优先尺寸系列宜根据 1M 的倍数与 M/2 的组合确定（如 200mm、

250mm、300mm、350mm 等）。

(8) 门窗洞口的水平、垂直方向定位优先尺寸系列宜为 $n×M$（n 为自然数）。

三、装配式建筑构造

【相关真题：2021-051，2021-053】

(一)《装配式混凝土建筑技术标准》GB/T 51231—2016 的规定

1. 术语

(1) 装配式建筑：结构系统、外围护系统、设备与管线系统、内装系统的主要部分采用预制部品部件集成的建筑。

(2) 装配式混凝土建筑：建筑的结构系统由混凝土部件（预制构件）构成的装配式建筑。

2. 建筑集成设计

(1) 模数协调

1) 装配式混凝土建筑设计应符合现行国家标准《建筑模数协调标准》GB/T 50002 的有关规定；

2) 装配式混凝土建筑的开间与柱距、进深与跨度、门窗洞口宽度等宜采用水平扩大模数数列 $2nM$、$3nM$（n 为自然数）；

3) 装配式混凝土建筑的层高和门窗洞口高度等宜采用竖向扩大模数数列 nM；

4) 梁、柱、墙等部件的截面尺寸宜采用竖向扩大模数数列 nM；

5) 构造节点和部件的接口尺寸宜采用分模数数列 $nM/2$、$nM/5$、$nM/10$。

(2) 标准化设计

装配式混凝土建筑立面设计应符合下列规定：

1) 外墙、阳台板、空调板、外窗、遮阳设施及装饰等部品部件宜进行标准化设计；

2) 预制混凝土外墙的装饰面层宜采用清水混凝土、装饰混凝土、免抹灰涂料和反打面砖等耐久性强的建筑材料。

例 2-8-1　(2021) 装配式混凝土建筑的层高和门窗洞口高度等宜采用的竖向扩大模数数列是（　　）（M=100，n 为自然数）。

A　$3nM$　　　　B　$2nM$　　　　C　nM　　　　D　$nM/2$

解析：依据《装配式混凝土建筑技术标准》GB/T 51231—2016 第 4.2.3 条，装配式混凝土建筑的层高和门窗洞口高度等宜采用竖向扩大模数数列 nM（C 项正确）。

答案：C

3. 外挂墙板结构设计

(1) 外挂墙板板间接缝宽度应根据计算确定且不宜小于 10mm；当计算缝宽大于 30mm 时，宜调整外挂墙板的形式或连接方式。

(2) 外挂墙板与主体结构采用点支承连接时，节点构造应符合下列规定：

1) 连接点数量和位置应根据外挂墙板的形状和尺寸确定，连接点不应少于 4 个，承重连接点不应多于 2 个。

2) 在外力作用下，外挂墙板相对主体结构在墙板平面内应能水平滑动或转动。

3) 连接件的滑动孔尺寸应根据穿孔螺栓直径、变形能力需求和施工允许偏差等因素确定。

(3) 外挂墙板与主体结构采用线支承连接时(图 2-8-1),节点构造应符合下列规定:

1) 外挂墙板顶部与梁连接,且固定连接区段应避开梁端 1.5 倍梁高长度范围。

2) 外挂墙板与梁的结合面应采用粗糙面并设置键槽;接缝处应设置连接钢筋,连接钢筋数量应经过计算确定且钢筋直径不宜小于 10mm,间距不宜大于 200mm;连接钢筋在外挂墙板和楼面梁后浇混凝土中的锚固应符合现行国家标准《混凝土结构设计规范》GB 50010 的有关规定。

3) 外挂墙板的底端应设置不少于 2 个仅对墙板有平面外约束的连接节点。

4) 外挂墙板的侧边不应与主体结构连接。

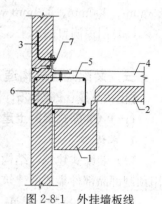

图 2-8-1 外挂墙板线支承连接示意

(引自《装配式混凝土建筑技术标准》GB/T 51231—2016)

1—预制梁;2—预制板;3—预制外挂墙板;4—后浇混凝土;5—连接钢筋;6—剪力键槽;7—面外限位连接件

4. 外围护系统设计

(1) 一般规定

1) 外墙系统应根据不同的建筑类型及结构形式选择适宜的系统类型;外墙系统中外墙板可采用内嵌式、外挂式、嵌挂结合等形式,并宜分层悬挂或承托。外墙系统可选用预制外墙、现场组装骨架外墙、建筑幕墙等类型。

2) 外墙板与主体结构的连接部位应采用柔性连接方式,连接节点应具有适应主体结构变形的能力。

3) 外墙板接缝应符合下列规定:

① 接缝处应根据当地气候条件合理选用构造防水、材料防水相结合的防排水设计;

② 接缝宽度及接缝材料应根据外墙板材料、立面分格、结构层间位移、温度变形等因素综合确定;所选用的接缝材料及构造应满足防水、防渗、抗裂、耐久等要求;接缝材料应与外墙板具有相容性;外墙板在正常使用下,接缝处的弹性密封材料不应破坏;

③ 接缝处以及与主体结构的连接处应设置防止形成热桥的构造措施。

(2) 预制外墙

1) 露明的金属支撑件及外墙板内侧与主体结构的调整间隙,应采用燃烧性能等级为 A 级的材料进行封堵。封堵构造的耐火极限不得低于墙体的耐火极限,封堵材料在耐火极限内不得开裂、脱落。

2) 防火性能应按非承重外墙的要求执行,当夹芯保温材料的燃烧性能等级为 B_1 或 B_2 级时,内、外叶墙板应采用不燃材料且厚度均不应小于 50mm。

3) 预制外墙接缝应符合下列规定:

① 接缝位置宜与建筑立面分格相对应;

② 竖缝宜采用平口或槽口构造,水平缝宜采用企口构造;

③ 当板缝空腔需设置导水管排水时,板缝内侧应增设密封构造;

④ 宜避免接缝跨越防火分区;当接缝跨越防火分区时,接缝室内侧应采用耐火材料封堵。

4) 蒸压加气混凝土外墙板的性能、连接构造、板缝构造、内外面层做法等要求应符合现行行业标准《蒸压加气混凝土制品应用技术标准》JGJ/T 17 的相关规定，并符合下列规定：

① 可采用拼装大板、横条板、竖条板的构造形式；

② 当外围护系统需同时满足保温、隔热要求时，板厚应满足保温或隔热要求的较大值；

③ 可根据技术条件选择钩头螺栓法、滑动螺栓法、内置锚法、摇摆型工法等安装方式；

④ 外墙室外侧板面及有防潮要求的外墙室内侧板面，应用专用防水界面剂进行封闭处理。

(3) 建筑幕墙

1) 装配式混凝土建筑应根据建筑物的使用要求、建筑造型，合理选择幕墙形式，宜采用单元式幕墙系统。

2) 幕墙应根据面板材料的不同，选择相应的幕墙结构、配套材料和构造方式等。

3) 幕墙与主体结构的连接设计应符合下列规定：

① 应具有适应主体结构层间变形的能力；

② 主体结构中连接幕墙的预埋件、锚固件应能承受幕墙传递的荷载和作用，连接件与主体结构的锚固承载力设计值应大于连接件本身的承载力设计值。

(4) 外门窗

1) 外门窗应采用在工厂生产的标准化系列部品，并应采用带有批水板等的外门窗配套系列部品。

2) 预制外墙中外门窗宜采用企口或预埋件等方法固定，外门窗可采用预装法或后装法设计，并满足下列要求：

① 采用预装法时，外门窗框应在工厂与预制外墙整体成型；

② 采用后装法时，预制外墙的门窗洞口应设置预埋件。

5. 内装系统

(1) 轻质隔墙系统设计应符合下列规定：

1) 宜结合室内管线的敷设进行构造设计，避免管线安装和维修更换对墙体造成破坏；

2) 应满足不同功能房间的隔声要求；

3) 应在吊挂空调、画框等部位设置加强板或采取其他可靠加固措施。

(2) 轻质隔墙系统的墙板接缝处应进行密封处理，隔墙端部与结构系统应有可靠连接。

6. 施工安装

外墙板接缝防水施工应符合下列规定：

(1) 防水施工前，应将板缝空腔清理干净。

(2) 应按设计要求填塞背衬材料。

(3) 密封材料嵌填应饱满、密实、均匀、顺直、表面平滑，其厚度应满足设计要求。

(二)《装配式混凝土结构技术规程》JGJ 1—2014 的规定

1. 术语

(1) 装配式混凝土结构：由预制混凝土构件通过可靠的连接方式装配而成的混凝土结构，包括装配整体式混凝土结构、全装配混凝土结构等。在建筑工程中，简称装配式建筑；在结构工程中，简称装配式结构。

(2) 装配整体式混凝土结构：由预制混凝土构件通过可靠的方式进行连接并与现场后

浇混凝土、水泥基灌浆料形成整体的装配式混凝土结构。简称装配整体式结构。

2. 材料

（1）外墙板接缝处的密封材料应符合下列规定：

1）密封胶应与混凝土具有相容性，以及规定的抗剪切和伸缩变形能力；密封胶尚应具有防霉、防水、防火、耐候等性能。

2）夹心外墙板接缝处填充用保温材料的燃烧性能应满足国家标准《建筑材料及制品燃烧性能分级》GB 8624—2012 中 A 级的要求。

（2）夹心外墙板中的保温材料，其导热系数不宜大于 0.040 [W/（m·K）]，体积比吸水率不宜大于 0.3%，燃烧性能不应低于国家标准《建筑材料及制品燃烧性能分级》GB 8624—2012 中 B_2 级的要求。

3. 建筑设计

（1）外墙饰面宜采用耐久、不易污染的材料。采用反打一次成型的外墙饰面材料，其规格尺寸、材质类别、连接构造等应进行工艺试验验证。

（2）预制外墙板的接缝应满足保温、防火、隔声的要求。

（3）预制外墙板的接缝及门窗洞口等防水薄弱部位宜采用材料防水和构造防水相结合的做法，并应符合下列规定：

1）墙板水平接缝宜采用高低缝或企口缝构造；

2）墙板竖缝可采用平口或槽口构造；

3）当板缝空腔需设置导水管排水时，板缝内侧应增设气密条密封构造。

（4）门窗应采用标准化部件，并宜采用缺口、预留副框或预埋件等方法与墙体可靠连接。

（5）女儿墙板内侧在要求的泛水高度处应设凹槽、挑檐或其他泛水收头等构造。

4. 外挂墙板设计

（1）一般规定

1）外挂墙板应采用合理的连接节点并与主体结构可靠连接；有抗震设防要求时，外挂墙板及其与主体结构的连接节点，应进行抗震设计。

2）外挂墙板与主体结构宜采用柔性连接，连接节点应具有足够的承载力和适应主体结构变形的能力，并应采取可靠的防腐、防锈和防火措施。

（2）外挂墙板和连接设计

1）外挂墙板的高度不宜大于一个层高，厚度不宜小于 100mm。

2）门窗洞口周边、角部应配置加强钢筋。

3）外挂墙板最外层钢筋的混凝土保护层厚度除有专门要求外，应符合下列规定：

① 对石材或面砖饰面，不应小于 15mm；

② 对清水混凝土，不应小于 20mm；

③ 对露骨料装饰面，应从最凹处混凝土表面计起，且不应小于 20mm。

4）外挂墙板间接缝的构造应符合下列规定：

① 接缝构造应满足防水、防火、隔声等建筑功能要求；

② 接缝宽度应满足主体结构的层间位移、密封材料的变形能力、施工误差、温差引起的变形等要求，且不应小于 15mm。

(三)《装配式住宅建筑设计标准》JGJ/T 398—2017 的规定

1. 建筑设计模数协调

(1) 装配式住宅的建筑结构体宜采用扩大模数 $2n$M、$3n$M 模数数列。

(2) 装配式住宅的建筑内装体宜采用基本模数或分模数,分模数宜为 M/2、M/5。

(3) 装配式住宅层高和门窗洞口高度宜采用竖向基本模数和竖向扩大模数数列,竖向扩大模数数列宜采用 nM。

2. 围护结构

(1) 一般规定

1) 装配式住宅外墙宜合理选用装配式预制钢筋混凝土墙、轻型板材外墙;

2) 钢结构住宅的外墙板宜采用复合结构和轻质板材,宜选用下列新型外墙系统:①蒸压加气混凝土类材料外墙;②轻质混凝土空心类材料外墙;③轻钢龙骨复合类材料外墙;④水泥基复合类材料外墙。

(2) 外墙与门窗

1) 装配式住宅当采用钢筋混凝土结构预制夹心保温外墙时,其穿透保温材料的连接件应有防止形成热桥的措施。

2) 装配式住宅外墙板的接缝等防水薄弱部位,应采用材料防水、构造防水和结构防水相结合的做法。

3) 装配式住宅外墙外饰面宜在工厂加工完成,不宜采用现场后贴面砖或外挂石材的做法。

4) 装配式住宅门窗应与外墙可靠连接,满足抗风压、气密性及水密性要求,并宜采用带有批水板等的集成化门窗配套系列部品。

(四)《预制混凝土外挂墙板应用技术标准》JGJ/T 458—2018 的规定

1. 术语

(1) 预制混凝土外挂墙板:应用于外挂墙板系统中的非结构预制混凝土墙板构件,简称外挂墙板。

(2) 夹心保温外挂墙板:由内叶墙板、外叶墙板、夹心保温层和拉结件组成的预制混凝土外挂墙板,简称夹心保温墙板。内叶墙板和外叶墙板在平面外协同受力时,称为组合夹心保温墙板;内叶墙板和外叶墙板单独受力时,称为非组合夹心保温墙板;内叶墙板和外叶墙板受力介于二者之间时,称为部分组合夹心保温墙板。

2. 构造设计

(1) 外挂墙板的构造设计应考虑其与屋面板、外门窗、阳台板、空调板及装饰件等的连接构造节点,满足气密、水密、防火、防水、热工、隔声等性能要求。

(2) 外挂墙板的接缝应符合下列规定:

1) 接缝宽度应考虑主体结构的层间位移、密封材料的变形能力及施工安装误差等因素;接缝宽度不应小于 15mm,且不宜大于 35mm;当计算接缝宽度大于 35mm 时,宜调整外挂墙板的板型或节点连接形式,也可采用具有更高位移能力的弹性密封胶。

2) 密封胶厚度不宜小于 8mm,且不宜小于缝宽的一半。

3) 密封胶内侧宜设置背衬材料填充。

(3) 外挂墙板接缝应采用不少于一道材料防水和构造防水相结合的防水构造;受

热带风暴和台风袭击地区的外挂墙板接缝应采用不少于两道材料防水和构造防水相结合的防水构造，其他地区的高层建筑宜采用不少于两道材料防水和构造防水相结合的防水构造。

（4）外挂墙板水平缝和垂直缝防水构造应符合下列规定：

1）水平缝和垂直缝均应采用带空腔的防水构造。

2）水平缝宜采用内高外低的企口构造形式（图2-8-2）。

3）受热带风暴和台风袭击地区的外挂墙板垂直缝应采用槽口构造形式（图2-8-3）。

4）其他地区的外挂墙板垂直缝宜采用槽口构造形式，多层建筑外挂墙板的垂直缝也可采用平口构造形式。

（5）外挂墙板系统的排水构造应符合下列规定：

1）建筑首层底部应设置排水孔等排水措施。

2）受热带风暴和台风袭击地区的建筑以及其他地区的高层建筑宜在十字交叉缝上部的垂直缝中设置导水管等排水措施，且导水管竖向间距不宜超过3层。

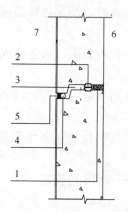

图2-8-2　外挂墙板水平缝企口构造示意
1—防火封堵材料；2—气密条；3—空腔；
4—背衬材料；5—密封胶；6—室内；7—室外

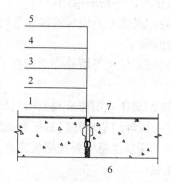

图2-8-3　外挂墙板垂直缝槽口构造示意
1—防火封堵材料；2—气密条；
3—空腔；4—背衬材料；5—密封胶；
6—室内；7—室外

3）当垂直缝下方因门窗等开口部位被隔断时，应在开口部位上部垂直缝处设置导水管等排水措施。

4）仅设置一道材料防水且接缝设置排水措施时，接缝内侧应设置气密条。

（6）导水管应采用专用单向排水管（图2-8-4），管内径不宜小于10mm，外径不应大于接缝宽度，在密封胶表面的外露长度不应小于5mm。

（7）外挂墙板系统内侧可采用密封胶作为第二道材料防水，当有充足试验依据时，也可采用气密条作为第二道材料防水。

（8）当外挂墙板接缝内侧采用气密条时，十字缝部位各300mm宽度范围内的气密条接缝内侧应采用耐候密封胶进行密封处理。

（9）当外挂墙板内侧房间有防水要求时，宜在外挂墙板室内一侧设置内衬墙，并对内衬墙内侧进行防水处理。

（10）当女儿墙采用外挂墙板时，应采用与下部外挂墙板构件相同的接缝密封构造。

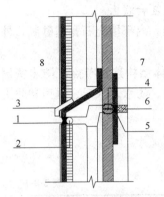

图 2-8-4 导水管构造示意
1—密封胶；2—背衬材料；
3—导水管；4—气密条；
5—十字缝部位密封胶；
6—耐火封堵材料；
7—室内；8—室外

女儿墙板内侧在泛水高度处宜设置凹槽或挑檐等防水构造。

（11）外挂墙板的防火设计应符合现行国家标准《建筑设计防火规范》GB 50016 的有关规定，并应符合下列规定：

1）外挂墙板与主体结构之间的接缝应采用防火封堵材料进行封堵，防火封堵材料的耐火极限不应低于现行国家标准《建筑设计防火规范》GB 50016 中楼板的耐火极限要求。

2）外挂墙板之间的接缝应在室内侧采用 A 级不燃材料进行封堵。

3）夹心保温墙板外门窗洞口周边应采取防火构造措施。

4）外挂墙板节点连接处的防火封堵措施不应降低节点连接件的承载力、耐久性，且不应影响节点的变形能力。

5）外挂墙板与主体结构之间的接缝防火封堵材料应满足建筑隔声设计要求。

（12）外挂墙板装饰面层采用面砖时，面砖的背面应设置燕尾槽。

（13）外挂墙板装饰面层采用石材时，石材背面应采用不锈钢锚固卡钩与混凝土进行机械锚固。石材厚度不宜小于 25mm，单块尺寸不宜大于 1200mm×1200mm 或等效面积。

(五)《装配式建筑用墙板技术要求》JG/T 578—2021 的规定

1. 范围

本标准规定了装配式建筑用墙板的术语和定义、分类和标记、一般要求、要求、试验方法、检验规则、标志、包装、贮存和运输。

本标准适用于装配式建筑外围护墙板和内隔墙板的生产与检验。

2. 术语和定义

（1）外挂墙板：以干挂方式安装在建筑上的非承重外墙板。

（2）玻璃纤维增强水泥板外挂墙板：以干挂方式安装在建筑上的非承重外墙板，由玻璃纤维增强水泥板和支撑结构体系组成，可附加保温材料的复合墙板。

（3）轻质条板：采用轻质材料或空心构造，用于非承重墙体的预制条板，包括蒸压加气混凝土条板和挤出成型水泥条板等。

（4）挤出成型水泥条板：由低水灰比的塑性纤维水泥拌合料，在真空挤出成型机内，经真空排气并在螺杆的高挤压力与高剪力的作用下，由模口挤出而制成的具有多种断面形状的板材。

（5）轻钢龙骨式复合墙板：以轻钢龙骨为骨架，以纳米复合空腔板、纤维增强水泥板、纸面石膏板、纤维增强硅酸钙板或金属复合板等为两侧覆面板，中间为保温、隔热和隔声材料构成的非承重复合墙板。

（6）纳米复合空腔板：以无机纳米防火板和有机高分子材料经复合加工而制成的多层空腔板。

（7）金属复合板墙板：以金属材料为面板，内衬石膏板、蜂窝芯、瓦楞板等制成的免装饰复合板材。

（8）轻钢龙骨—轻质混凝土灌浆墙板：以轻钢龙骨为骨架，以纤维增强硅酸钙板、纤维增强水泥板等为覆面板，内部浇筑轻质混凝土构成的非承重复合墙板。

（9）轻钢龙骨—石膏基砂浆复合墙板：以轻钢龙骨为骨架，内部填充石膏基砂浆，外侧采用防护面层构成的非承重复合墙板。

（10）墙板系统：安装在主体结构上，由墙板、墙板与主体结构连接节点、防水密封构造等组成的，具有规定的承载能力、适应主体结构位移能力、防水、保温、隔声和防火性能的整体系统。

3. 分类和标记

（1）装配式建筑用墙板产品的分类及代号，见表 2-8-1。

装配式建筑用墙板产品的分类及代号　　　　　表 2-8-1

分类方法	墙板分类名称		墙板应用位置	代号
按墙板应用位置	外墙板		E	E
	内墙板		I	I
按墙板的构成和安装方式	外挂墙板	预制混凝土外挂墙板	E	PCP
		玻璃纤维增强水泥板外挂墙板	E	GRCP
	轻钢龙骨式复合墙板	轻钢龙骨—纳米复合空腔板复合墙板	E、I	SNP
		轻钢龙骨—石膏板复合墙板	I	SGP
		轻钢龙骨—纤维增强水泥板复合墙板	E、I	SFP
		轻钢龙骨—金属复合板墙板	I	SMP
		轻钢龙骨—轻质混凝土灌浆墙板	E、I	SLP
		轻钢龙骨—石膏基轻质砂浆复合墙板	E、I	SGMP
	轻质条板	蒸压加气混凝土条板	E、I	AAC
		挤出成型水泥条板	E、I	ECP

注：表中未列举的墙板产品，可按表中墙板产品的分类原则进行分类，并满足后续章节中的相关要求。

（2）标记方法。装配式建筑用墙板的产品型号标记如图 2-8-5 所示。

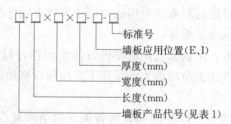

图 2-8-5　装配式建筑用墙板产品型号标记方法

（3）示例。示例 1：长度为 2890mm、宽度为 2000mm、厚度为 200mm 的预制混凝土外挂墙板，标记为：PCP-2890×2000×200-E-JG/T××× -202×。示例 2：长度为 2400mm、宽度为 600mm、厚度为 150mm 的挤出成型水泥条板内墙板，标记为：ECP-2400×600×150-I-JG/T×××-202×。

4. 一般要求

（1）各种类型墙板的材料、墙板与主体结构的连接件、墙板的保温和隔热材料、墙板接缝处采用的建筑密封胶等均应符合对应国家或行业标准的规定。

(2) 装配式建筑用墙板的性能要求项目,见表 2-8-2。

装配式建筑用墙板的性能要求项目　　　　　　　表 2-8-2

序号		性能要求项目	墙板应用位置	
			外墙板	内墙板
1	墙板系统性能要求	抗风压性能	√	—
2		气密性能	√	—
3		水密性能	√	—
4		平面内变形性能	√	—
5		热工性能	√	—
6		隔声性能	√	√
7		耐火极限	√	√
8	墙板单板性能要求	抗冲击性能	√	√
9		抗压强度	√	√
10		抗弯强度	√	√
11		软化系数	√	√
12		面(表观)密度	√	√
13		不透水性	√	—
14		含水率	√	√
15		吸水率	√	√
16		吊挂力	√	√
17		干燥收缩值	√	√
18		燃烧性能	√	√
19		抗冻性	√	—
20		放射性核素限量	√	√

(3) 墙板系统应具有适应结构层间变形性能的能力。在 50 年重现期的风荷载或多遇地震作用下,墙板不得因主体结构的弹性层间位移而发生塑性变形、板面开裂、零件脱落等损坏。在设防地震作用下,外墙板不得掉落。

(4) 外墙板的燃烧性能不应低于 GB 8624 中不燃性 A 级要求,内墙板的燃烧性能不应低于 GB 8624 中难燃性 B_1 级要求。

(5) 墙板的抗冻性能应满足,在 50 次的冻融循环作用下,墙板的质量损失不大于 5%,强度损失不大于 25%,外观无损坏。

(6) 墙板系统与主体结构宜采用柔性连接,连接节点应满足承载能力要求和墙板的变形性能要求。

(7) 外墙板系统接缝处的构造措施,应满足相应气候条件下墙板的防排水设计要求和热工性能要求。

（六）《装配式内装修技术标准》JGJ/T 491—2021 的规定

1. 总则

（1）本标准适用于新建建筑装配式内装修的设计、生产运输、施工安装、质量验收及使用维护。

（2）装配式内装修应以提高工程质量及安全水平、提升劳动生产效率、减少人工、节约资源能源、减少施工污染和建筑垃圾为根本理念，并应满足标准化设计、工厂化生产、装配化施工、信息化管理和智能化应用的要求。

2. 术语

（1）装配式内装修：遵循管线与结构分离的原则，运用集成化设计方法，统筹隔墙和墙面系统、吊顶系统、楼地面系统、厨房系统、卫生间系统、收纳系统、内门窗系统、设备和管线系统等，将工厂化生产的部品部件以干式工法为主进行施工安装的装修建造模式。

（2）管线与结构分离：建筑结构体中不埋设设备及管线，采取设备及管线与建筑结构体相分离的方式。

（3）干式工法：现场采用干作业施工工艺的建造方法。

（4）集成设计：统筹不同专业、不同系统的技术要求，协调系统与系统之间、系统内部、部品部件之间的连接，协调设计、生产、供应、安装、运维不同阶段的需求，前置解决设计问题的过程。

（5）同层排水：在建筑排水系统中，器具排水管及排水横支管不穿越本层结构楼板到下层空间，且与卫生器具同层敷设并接入排水立管的排水方式。

（6）穿插施工：在满足主体结构分段验收和其他必要条件时，通过科学合理的组织，实现主体结构施工层以下楼层的内装修施工与主体结构同步施工的方式。

（7）可逆安装：一种实现部品部件拆卸、更换及安装时不对相邻的部品部件产生破坏性影响的安装方式。

3. 基本规定

（1）装配式内装修系统应与结构系统、外围护系统、设备和管线系统进行一体化集成设计。

（2）装配式内装修应遵循设备管线与结构分离的原则，满足室内设备和管线检修维护的要求。

（3）装配式内装修部品应采用通用化设计和标准化接口，并提供系统化解决方案。

（4）装配式内装修施工图纸应采用空间净尺寸标注，表达深度应满足装配化施工的要求。

（5）装配式内装修应与土建工程、设备和管线安装工程明确施工界面，并宜采用同步穿插施工的组织方式，提升施工效率。

（6）装配式内装修应采绿色施工模式，减少现场切割作业和建筑垃圾。

（7）装配式内装修工程宜采用建筑信息模型（BIM）技术，实现全过程的信息化管理和专业协同，保证工程信息传递的准确性与质量可追溯性。

4. 设计

（1）装配式内装修设计应遵循模数化的原则，并应符合现行国家标准《建筑模数协调标准》GB/T 50002 的规定，住宅应符合现行行业标准《工业化住宅尺寸协调标准》JGJ/T 445 的规定，并应符合下列规定：
　　1）装配式内装修宜与功能空间采用同一模数网格；
　　2）装配式内装修的隔墙、固定橱柜、设备、管井等部品部件，宜采用分模数 M/2 模数网格；
　　3）构造节点和部品部件接口等宜采用分模数 M/2、M/5、M/10 模数网格。
　　(2) 装配式隔墙应选用非砌筑免抹灰的轻质墙体，可选用龙骨隔墙、条板隔墙或其他干式工法施工的隔墙。
　　(3) 隔墙与墙面系统的构造应连接稳固、便于安装，并应与开关、插座、设备管线等的设计相协调；不同设备管线安装于隔墙或墙面系统时，应采取必要的加固、隔声、减振或防火封堵措施。
　　(4) 龙骨隔墙应符合下列规定：
　　1）隔墙的构造组成和厚度应根据防火、隔声、空腔内设备管线安装等方面的要求确定；
　　2）隔墙内的防火、保温、隔声填充材料宜选用岩棉、玻璃棉等不燃材料；
　　3）有防水、防潮要求的房间隔墙应采取相关措施，墙面板宜采用耐水饰面一体化集成板，门与板交界处、板缝之间应作防水处理；
　　4）隔墙上需固定或吊挂重物时，应采用可靠的加固措施；
　　5）龙骨的布置应满足墙体强度的要求，必要时龙骨强度应进行验算，并采取相应的加强措施；
　　6）门窗洞口、墙体转角连接处等部位的龙骨应进行加强处理。
　　(5) 条板隔墙应符合下列规定：
　　1）应根据使用功能和使用部位需求，确定墙体的材料和厚度；
　　2）应与设备管线的安装敷设相结合，避免墙体表面的剔凿；
　　3）当条板隔墙需吊挂重物和设备时，应根据板材性能采取必要的加固措施。
　　(6) 装配式墙面应符合下列规定：
　　1）宜采用集成饰面层的墙面，饰面层宜在工厂内完成；
　　2）应与基层墙体有可靠连接；
　　3）墙面悬挂较重物体时，应采用专用连接件与基层墙体连接固定。
　　(7) 装配式吊顶系统可采用明龙骨、暗龙骨或无龙骨吊顶、软膜天花或其他干式工法施工的吊顶。
　　(8) 应根据房间的功能和装饰要求选择装饰面层材料和构造做法，宜选用带饰面的成品材料。
　　(9) 吊顶系统宜与新风、排风、给水、喷淋、烟感、灯具等设备和管线进行集成设计。
　　(10) 吊顶系统与设备管线应各自设置吊件，并应满足荷载计算要求。
　　(11) 重量较大的灯具应安装在楼板或承重结构构件上，不得直接安装在吊顶上，并应满足荷载计算要求。
　　(12) 吊顶系统内敷设设备管线时，应在管线密集和接口集中的位置设置检修口。

(13) 吊顶系统与墙或梁交接处,应设伸缩缝隙或收口线脚。

(14) 吊顶系统主龙骨不应被设备管线、风口、灯具、检修口等切断。

(15) 装配式楼地面系统可采用架空楼地面、非架空干铺楼地面或其他干式工法施工的楼地面。

(16) 装配式楼地面系统应满足房间使用的承载、防水、防滑、隔声等各项基本功能需求,放置重物的部位应采取加强措施。

(17) 装配式楼地面系统宜与地面供暖、电气、给水排水、新风等系统的管线进行集成设计。

(18) 装配式楼地面系统应与主体结构有可靠连接,且施工安装时不应破坏主体结构。

(19) 装配式楼地面系统与地面辐射供暖、供冷系统结合设置时,宜选用模块式集成部品。

(20) 架空楼地面内敷设管线时,架空层高度应满足管线排布的需求,并应设置检修口或采用便于拆装的构造。

(21) 架空楼地面设计应符合下列规定:

1) 架空楼地面与墙体交界处应设置伸缩缝,并宜采取美化遮盖措施;

2) 宜在架空空间内分舱设置防水、防虫构造,并应采取防潮、防霉、易清扫、易维护的措施。

(22) 非架空干铺楼地面的基层应平整,当采用地面辐射供暖、供冷系统复合脆性面材地面时,应保证绝热层的强度。

(23) 非架空干铺楼地面的面层和填充构造层强度应满足设计要求,当填充层采用压缩变形的材料时,易产生局部受压凹陷,应采取加强措施。

(24) 装配式内装修接口连接部位处理应符合下列规定:

1) 隔墙与地面相接部位宜设踢脚或墙裙,方便清洁和维护;

2) 隔墙与吊顶的连接部位宜采用收边线角或凹槽等方式进行处理;

3) 门窗与墙体的连接宜采用配套的连接件,连接应牢固;门窗框材与轻质隔墙之间的缝隙应填充密实,并宜采用门窗套进行收边;

4) 集成式厨房的固定安装应根据不同墙体设计安装节点、固定方式和构造;橱柜模块与墙面、地面、吊顶的交接处应风格协调、收口美观;

5) 集成式卫生间地面与其他室内地面、墙面与门窗之间应做好收边收口处理,并应满足防水要求;

6) 楼地面、墙面、吊顶不同材料交接处宜采用收边条进行处理。

5. 施工安装

(1) 龙骨隔墙的施工安装应符合下列规定:

1) 天、地龙骨及边框龙骨应与结构体连接牢固,竖向龙骨应按设计要求布置龙骨间距;

2) 墙面板宜沿竖向铺设,当采用双层面板安装时,内外层面板的接缝应错开;

3) 板材接缝应作处理,固定墙面板材的钉眼应做防锈处理。

(2) 条板隔墙的施工安装应符合下列规定:

1) 应减少在施工现场对条板隔墙进行开槽、打孔；
2) 板材拼缝位置应采取相应的防开裂措施。
(3) 墙面的施工安装应符合下列规定：
1) 应与基层墙体进行可靠连接；
2) 墙面与门窗套、强弱电箱及电气面板等交接处应做接缝处理；
3) 墙面上的开关面板、插座面板等开洞部位应定位准确，不应安装后二次开洞。
(4) 吊顶系统的施工安装应符合下列规定：
1) 吊顶饰面板上的灯具、烟感器、喷淋头、风口等应按设计文件的规定进行安装，安装位置应准确，交接处应严密；
2) 当吊件与设备位置冲突时，应调整吊点位置、构造或增设吊杆；
3) 当安装免吊杆吊顶时，吊顶板应与边龙骨搭接牢固。
(5) 架空地板系统施工应符合下列规定：
1) 架空地板的支撑件应与地面基层连接牢固，架空高度应符合设计要求；
2) 架空地板系统应按设计要求布置支撑件的间距，与墙体交接处应做好封边处理；
3) 架空地板系统与地面基层间宜做减振处理；
4) 采用地面辐射供暖系统复合脆性面材时，应采取防开裂措施。
(6) 当采用地面辐射供暖系统时，应在辐射区与非辐射区、建筑物墙面与地面等交界处设置侧面或水平绝热层，防止热量渗出。
(7) 门窗应安装牢固，安装孔应与预制埋件对应准确，固定方法应符合设计要求。
(8) 门窗框与墙体（或基层板）之间的缝隙应采用弹性材料填嵌饱满，并用密封胶密封。
(9) 部品与墙体、楼板等结构主体连接的部位应按设计要求前置安装加固板或预埋件并验收合格。
(10) 部品安装前应对有防水、防潮要求的部位及基层做防水、防潮处理，部品内部隐蔽管线部件安装应在连接处做密封处理。

第九节 建筑装饰装修构造

一、建筑内部装修设计防火

【相关真题：2020-045，2020-090，2020-091，2020-100，2019-076】

《建筑内部装修设计防火规范》GB 50222—2017 中规定：

(一) 建筑内部装修材料的分类和分级

1. 分类

装修材料按其使用部位和功能，可划分为顶棚装修材料、墙面装修材料、地面装修材料、隔断装修材料、固定家具、装饰织物、其他装修装饰材料七类。

注：其他装修装饰材料系指楼梯扶手、挂镜线、踢脚板、窗帘盒、暖气罩等。

2. 分级

(1) 装修材料按其燃烧性能应划分为四级，并应符合表 2-9-1 的规定。

装修材料燃烧性能等级 表 2-9-1

等 级	装修材料燃烧性能
A	不燃性
B_1	难燃性
B_2	可燃性
B_3	易燃性

(2) 装修材料的燃烧性能等级应按现行国家标准《建筑材料及制品燃烧性能分级》GB 8624 的有关规定，经检测确定。

(3) 安装在金属龙骨上燃烧性能达到 B_1 级的纸面石膏板、矿棉吸声板，可作为 A 级装修材料使用。

(4) 单位面积质量小于 $300g/m^2$ 的纸质、布质壁纸，当直接粘贴在 A 级基材上时，可作为 B_1 级装修材料使用。

(5) 施涂于 A 级基材上的无机装修涂料，可作为 A 级装修材料使用；施涂于 A 级基材上，湿涂覆比小于 $1.5kg/m^2$，且涂层干膜厚度不大于 1.0mm 的有机装修涂料，可作为 B_1 级装修材料使用。

(6) 当使用多层装修材料时，各层装修材料的燃烧性能等级均应符合本规范的规定。复合型装修材料的燃烧性能等级应进行整体检测确定。

(7) 常用建筑内部装修材料燃烧性能等级划分举例见本书第一章表 1-12-3。聚氨酯自流平、环氧树脂自流平楼（地）面材料的燃烧性能等级是 B_1 级。

（二）特别场所

(1) 住宅建筑装修设计尚应符合下列规定：

1) 不应改动住宅内部烟道、风道；

2) 厨房内的固定橱柜宜采用不低于 B_1 级的装修材料；

3) 卫生间顶棚宜采用 A 级装修材料；

4) 阳台装修宜采用不低于 B_1 级的装修材料。

(2) 照明灯具及电气设备、线路的高温部位，当靠近非 A 级装修材料或构件时，应采取隔热、散热等防火保护措施，与窗帘、帷幕、幕布、软包等装修材料的距离不应小于 500mm；灯饰应采用不低于 B_1 级的材料。

(3) 建筑内部的配电箱、控制面板、接线盒、开关、插座等不应直接安装在低于 B_1 级的装修材料上；用于顶棚和墙面装修的木质类板材，当内部含有电器、电线等物体时，应采用不低于 B_1 级的材料。

(4) 当室内顶棚、墙面、地面和隔断装修材料内部安装电加热供暖系统时，室内采用的装修材料和绝热材料的燃烧性能等级应为 A 级。当室内顶棚、墙面、地面和隔断装修材料内部安装水暖（或蒸汽）供暖系统时，其顶棚采用的装修材料和绝热材料的燃烧性能应为 A 级，其他部位的装修材料和绝热材料的燃烧性能不应低于 B_1 级，且尚应符合本规范有关公共场所的规定。

(5) 建筑内部不宜设置采用 B_3 级装饰材料制成的壁挂、布艺等，当需要设置时，不应靠近电气线路、火源或热源，或采取隔离措施。

二、装饰装修工程做法要求汇总

【相关真题:2022-065,2022-066,2022-067,2022-068,2022-083,2022-085,2022-086,2021-065,2021-068,2021-070,2021-072,2021-073,2021-085,2020-046,2020-057,2020-058,2020-086,2020-087,2020-088,2020-089,2019-068,2019-072,2019-073,2019-074,2019-075,2019-077,2019-087,2019-095】

《住宅装饰装修工程施工规范》GB 50327—2001、《建筑装饰装修工程质量验收标准》GB 50210—2018及相关施工手册指出:

(一) 抹灰工程

1. 砂浆种类

《抹灰砂浆技术规程》JGJ/T 220—2010中规定:大面积涂抹于建筑物墙面、顶棚、柱面的砂浆,包括水泥抹灰砂浆、水泥粉煤灰抹灰砂浆、水泥石灰抹灰砂浆、掺塑化剂水泥抹灰砂浆、聚合物水泥抹灰砂浆及石膏抹灰砂浆等,又称为抹灰砂浆。

(1) 水泥抹灰砂浆:以水泥为胶凝材料,加入细骨料和水,按一定比例配制而成的抹灰砂浆。

(2) 水泥粉煤灰抹灰砂浆:以水泥、粉煤灰为胶凝材料,加入细骨料和水,按一定比例配制而成的抹灰砂浆。

(3) 水泥石灰抹灰砂浆:以水泥为胶凝材料,加入石灰膏、细骨料和水按一定比例配制而成的抹灰砂浆。

(4) 掺塑化剂水泥抹灰砂浆:以水泥(或添加粉煤灰)为胶凝材料,加入细骨料、水和适量塑化剂,按一定比例配制而成的抹灰砂浆。

(5) 聚合物水泥抹灰砂浆:以水泥为胶凝材料,加入细骨料、水和适量聚合物,按一定比例配制而成的抹灰砂浆。包括普通聚合物水泥抹灰砂浆(无折压比要求)、柔性聚合物水泥抹灰砂浆(折压比小于等于3)及防水聚合物水泥抹灰砂浆。

(6) 石膏抹灰砂浆:以半水石膏或Ⅱ型无水石膏单独或两者混合后为胶凝材料,加入细骨料、水和多种外加剂,按一定比例配制而成的抹灰砂浆。

(7) 预拌抹灰砂浆:专业生产厂生产的用于抹灰工程的砂浆。

(8) 界面砂浆:提高抹灰砂浆层与基层粘结强度的砂浆。

2. 一般规定

(1) 一般抹灰工程用砂浆宜选用预拌砂浆。现场搅拌的抹灰砂浆应采用机械搅拌。

(2) 抹灰砂浆强度不宜比基体材料强度高出两个及以上强度等级,并应符合下列规定:

1) 对于无粘贴饰面砖的外墙,底层抹灰砂浆宜比基体材料高一个强度等级或等于基体材料强度;

2) 对于无粘贴饰面砖的内墙,底层抹灰砂浆宜比基体材料低一个强度等级;

3) 对于有粘贴饰面砖的内墙和外墙,中层抹灰砂浆宜比基体材料高一个强度等级且不低于M15,并宜选用水泥抹灰砂浆;

4) 孔洞填补和窗台、阳台抹面等宜采用M15或M20水泥抹灰砂浆。

(3) 配制强度等级不大于M20的抹灰砂浆,宜用32.5通用硅酸盐水泥或砌筑水泥;配制强度等级大于M20的抹灰砂浆,宜用42.5通用硅酸盐水泥。通用硅酸盐水泥宜采用散装的。

（4）用通用硅酸盐水泥拌制抹灰砂浆时，可掺入适量的石灰膏、粉煤灰、粒化高炉矿渣粉、沸石粉等，不应掺入消石灰粉。用砌筑水泥拌制抹灰砂浆时，不得再掺加粉煤灰等矿物掺合料。

（5）拌制抹灰砂浆，可根据需要掺入改善砂浆性能的添加剂。

3. 应用范围

（1）抹灰砂浆的选用应以表 2-9-2 的规定为准。

抹灰砂浆的选用   表 2-9-2

使用部位或基体种类	抹灰砂浆的品种
内墙	水泥抹灰砂浆、水泥石灰抹灰砂浆、水泥粉煤灰抹灰砂浆、掺塑化剂水泥抹灰砂浆、聚合物水泥抹灰砂浆、石膏抹灰砂浆
外墙、门窗洞口外侧壁	水泥抹灰砂浆、水泥粉煤灰抹灰砂浆
温（湿）度较高的车间和房屋、地下室、屋檐、勒脚等	水泥抹灰砂浆、水泥粉煤灰抹灰砂浆
混凝土板和墙	水泥抹灰砂浆、水泥石灰抹灰砂浆、聚合物水泥抹灰砂浆、石膏抹灰砂浆
混凝土顶棚、条板	聚合物水泥抹灰砂浆、石膏抹灰砂浆
加气混凝土砌块、板	水泥石灰抹灰砂浆、水泥粉煤灰抹灰砂浆、掺塑化剂水泥抹灰砂浆、聚合物水泥抹灰砂浆、石膏抹灰砂浆

（2）当要求抹灰层具有防水、防潮功能时，应采用防水砂浆。

（3）含石灰的砂浆类型，如石灰砂浆、纸筋灰、麻刀灰，不宜用于潮湿环境。

4. 施工要求

（1）抹灰层平均厚度宜符合的规定

1）内墙：内墙抹灰的平均厚度不宜大于 20mm，高级抹灰的平均厚度不宜大于 25mm。

2）外墙：墙面抹灰的平均厚度不宜大于 20mm，勒脚抹灰的平均厚度不宜大于 25mm。

3）顶棚：现浇混凝土抹灰的平均厚度不宜大于 5mm，条板、预制混凝土抹灰的平均厚度不宜大于 10mm。

4）蒸压加气混凝土砌块基层抹灰平均厚度宜控制在 15mm 以内，当采用聚合物水泥砂浆抹灰时，平均厚度宜控制在 5mm 以内，采用石膏砂浆抹灰时，平均厚度宜控制在 10mm 以内。

5）抹灰工程应分层进行。当抹灰总厚度大于或等于 35mm 时，应采取加强措施。不同材料基体交接处表面的抹灰，应采取防止开裂的加强措施；当采用加强网时，加强网与各基体的搭接宽度不应小于 100mm。

（2）施工要点

1）抹灰工程分为普通抹灰和高级抹灰两种。普通抹灰要求分层抹平、表面压光；高级抹灰要求阴阳角找方、分层抹平、表面压光。工程中无特殊要求时，均按普通抹灰处理。

2）抹灰应分层进行。抹灰分层构造中的底层主要起与基层粘结作用，兼起初步找平作用；中层主要起找平作用；面层主要起装饰作用。水泥抹灰砂浆每层厚度宜为5~7mm，水泥石灰抹灰砂浆每层厚度宜为7~9mm，并应待前一层达到六七成干后再涂抹后一层。

3）水泥砂浆不得抹在石灰砂浆层上，罩面石膏灰不得涂抹在水泥砂浆上。

4）强度高的水泥抹灰砂浆不应涂抹在强度低的水泥抹灰砂浆基层上。

5）当抹灰层厚度大于35mm时，应采取与基体粘结的加强措施。

6）不同材料的基体交接处应设加强网，加强网与各基体的搭接宽度不应小于100 mm。

7）水刷石、水磨石、干粘石、斩假石、假面砖、拉毛灰、拉条灰、洒毛灰（甩疙瘩）、喷砂、喷涂、滚涂、弹涂、仿石、彩色抹灰等均属于装饰性抹灰。

8）各层抹灰砂浆在凝固硬化前，应防止暴晒、淋雨、水冲、撞击、振动。水泥抹灰砂浆、水泥粉煤灰抹灰砂浆和掺塑化剂水泥抹灰砂浆宜在潮湿的条件下养护。

9）抹灰前基层表面的尘土、污垢和油渍等应清除干净，并应洒水润湿或进行界面处理。

10）抹灰工程的质量关键是粘结牢固，无开裂、空鼓与脱落；如果粘结不牢，出现空鼓、开裂、脱落等缺陷，会降低对墙体的保护作用且影响装饰效果。经调研分析，抹灰层之所以出现开裂、空鼓和脱落等质量问题，主要原因是基体表面清理不干净，如基体表面的尘埃及疏松物、隔离剂和油渍等影响抹灰粘结牢固的物质未彻底清除干净；基体表面光滑，抹灰前未作毛化处理；抹灰前基体表面浇水不透，抹灰后砂浆中的水分很快被基体吸收，使砂浆中的水泥未充分水化生成水泥石，影响砂浆粘结力；砂浆质量不好，使用不当；一次抹灰过厚，干缩率较大等，都会影响抹灰层与基体的粘结牢固。

11）干粘石不能用于外墙勒脚。

(3) 细部构造

1）水泥砂浆护角：《建筑装饰装修工程质量验收标准》GB 50210—2018 中规定：室内墙面、柱面和门洞口的阳角做法应符合设计要求；设计无要求时，应采用不低于M20的水泥砂浆做护角，其高度不应低于2m，每侧宽度不应小于50mm。《抹灰砂浆技术规程》JGJ/T 220—2010 中规定：墙、柱间的阳角应在墙、柱抹灰前，用M20以上的水泥砂浆做护角；自地面开始，护角高度不宜小于1.8m，每侧宽度宜为50mm。

2）滴水线（槽）：有排水要求的部位（如女儿墙压顶抹面的前部、窗台挑出部分抹面的前部）应做滴水线（槽）；滴水线（槽）应整齐顺直，滴水线应内高外低，滴水槽宽度和深度均不应小于10mm。

3）分格缝：为方便施工操作，外墙大面积抹灰应设分格缝，同时结合建筑装饰设计的需要；分格缝的设置应符合设计规定，宽度和深度应均匀一致，表面应光滑密实，棱角应完整。

（二）玻璃工程

1. 门窗玻璃安装工程

《建筑装饰装修工程质量验收标准》GB 50210—2018 及《住宅装饰装修工程施工规范》GB 50327—2001 相关施工手册指出：

(1) 玻璃的安装方法应符合设计要求。固定玻璃的钉子或钢丝卡的数量、规格应保证玻璃安装牢固。

(2) 镶钉木压条接触玻璃处应与裁口边缘平齐。木压条应互相紧密连接，并应与裁口边缘紧贴，割角应整齐。

(3) 密封条与玻璃、玻璃槽口的接触应紧密、平整。密封胶与玻璃、玻璃槽口的边缘应粘结牢固，接缝平齐。

(4) 带密封条的玻璃压条，其密封条应与玻璃贴紧，压条与型材之间应无明显缝隙。

(5) 玻璃表面应洁净，不得有腻子、密封胶和涂料等污渍。中空玻璃内外表面均应洁净，玻璃中空层内不得有灰尘和水蒸气。为防止门窗的框、扇型材胀缩、变形时导致玻璃破碎，门窗玻璃不应直接接触型材。

(6) 腻子及密封胶应填抹饱满、粘结牢固；腻子及密封胶边缘与裁口应平齐。固定玻璃的卡子不应在腻子表面显露。

(7) 密封条不得卷边、脱槽，密封条接缝应粘接。

(8) 安装磨砂玻璃和压花玻璃时，磨砂玻璃的磨砂面应向室内，压花玻璃的花纹宜向室外。

(9) 为保护镀膜玻璃上的镀膜层及发挥镀膜层的作用，单面镀膜玻璃的镀膜层应朝向室内。双层玻璃的单面镀膜玻璃应在最外层，镀膜层应朝向室内。

(10) 木门窗玻璃的安装应符合下列规定：

1) 玻璃安装前应检查框内尺寸，将裁口内的污垢清除干净。

2) 安装长边大于1.5m或短边大于1m的玻璃，应用橡胶垫并用压条和螺钉固定。

3) 安装木框、扇玻璃，可用钉子固定，钉距不得大于300mm，且每边不少于两个；用木压条固定时，应先刷底油后安装，并不得将玻璃压得过紧。

4) 安装玻璃隔墙时，玻璃在上框面应留有适量缝隙，防止木框变形，损坏玻璃。

5) 使用密封膏时，接缝处的表面应清洁、干燥。

(11) 铝合金、塑料门窗玻璃的安装应符合下列规定：

1) 安装玻璃前，应清出槽口内的杂物。

2) 使用密封膏前，接缝处的表面应清洁、干燥。

3) 玻璃不得与玻璃槽直接接触，并应在玻璃四边垫上不同厚度的垫块，边框上的垫块应用胶粘剂固定。

4) 镀膜玻璃应安装在玻璃的最外层，单面镀膜玻璃应朝向室内。

5) 铝合金窗用橡胶压条刷胶（硅酮系列密封胶）固定玻璃。

2. 建筑玻璃防人体冲击的规定

《建筑玻璃应用技术规程》JGJ 113—2015指出：

(1) 一般规定

1) 安全玻璃的最大许用面积见表2-9-3。

2) 有框平板玻璃、超白浮法玻璃、真空玻璃和夹丝玻璃的最大许用面积见表2-9-4。

3) 安全玻璃暴露边不得存在锋利的边缘和尖锐的角部。

(2) 玻璃的选择

安全玻璃的最大许用面积　　　　　　　　　　　表 2-9-3

玻璃种类	公称厚度（mm）	最大许用面积（m²）
钢化玻璃	4	2.0
	5	2.0
	6	3.0
	8	4.0
	10	5.0
	12	6.0
夹层玻璃	6.38　6.76　7.52	3.0
	8.38　8.76　9.52	5.0
	10.38　10.76　11.52	7.0
	12.38　12.76　13.52	8.0

注：夹层玻璃中的胶片为聚乙烯醇缩丁醛，代号为PVB。厚度有0.38mm、0.76mm和1.52mm三种。

有框平板玻璃、超白浮法玻璃和真空玻璃的最大许用面积表　　　表 2-9-4

玻璃种类	公称厚度（mm）	最大许用面积（m²）
平板玻璃 超白浮法玻璃 真空玻璃	3	0.1
	4	0.3
	5	0.5
	6	0.9
	8	1.8
	10	2.7
	12	4.5

1）活动门玻璃、固定门玻璃和落地窗玻璃的选用应符合下列规定：

① 有框玻璃应使用安全玻璃，并应符合表2-9-6的规定；

② 无框玻璃应使用公称厚度不小于12mm的钢化玻璃。

2）室内隔断应选用安全玻璃，且最大使用面积应符合表2-9-6的规定。

3）人群集中的公共场所和运动场所中装配的室内隔断玻璃应符合下列规定：

① 有框玻璃应使用符合表2-9-6，且公称厚度不小于5mm的钢化玻璃或公称厚度不小于6.38mm的夹层玻璃；

② 无框玻璃应使用符合表2-9-6，且公称厚度不小于10mm的钢化玻璃。

4）浴室用玻璃应符合下列规定：

① 浴室内有框玻璃应使用符合表2-9-6，且公称厚度不小于8mm的钢化玻璃；

② 浴室内无框玻璃应使用符合表2-9-6，且公称厚度不小于12mm的钢化玻璃。

5）室内栏板用玻璃应符合下列规定：

① 设有立柱和扶手，栏板玻璃作为镶嵌面板安装在护栏系统中，护栏玻璃应使用符合表2-9-6规定的夹层玻璃；

② 栏板玻璃固定在结构上且直接承受人体荷载的护栏系统，其栏板玻璃应符合下列规定：

a. 当栏板玻璃最低点离一侧楼地面高度不大于5m时，应使用公称厚度不小于

16.76mm 的钢化夹层玻璃；

b. 当栏板玻璃最低点离一侧楼地面高度大于 5m 时，不得采用此类护栏系统。

6) 室内饰面用玻璃应符合下列规定：

① 室内饰面玻璃可采用平板玻璃、釉面玻璃、镜面玻璃、钢化玻璃和夹层玻璃等；其许用面积应分别符合表 2-9-6 和表 2-9-7 的规定；

② 当室内饰面玻璃最高点离楼地面高度在 3m 或 3m 以上时，应使用夹层玻璃；

③ 室内饰面玻璃边部应进行精磨和倒角处理，自由边应进行抛光处理；

④ 室内消防通道墙面不应采用饰面玻璃；

⑤ 室内饰面玻璃可采用点式幕墙和隐框幕墙安装方式。龙骨应与室内墙体或结构楼板、梁牢固连接。龙骨和结构胶应通过结构计算确定。

(3) 保护措施

1) 安装在易于受到人体或物体碰撞部位的建筑玻璃，应采取保护措施。

2) 根据易发生碰撞的建筑玻璃的具体部位，可采取在视线高度设醒目标志或设置护栏等防碰撞措施。碰撞后可能发生高处人体或玻璃坠落时，应采取可靠护栏。

例 2-9-1　(2021) 使用 6mm 厚钢化玻璃，其最大使用面积不应超过（　　）。

A　$1.5m^2$　　　B　$3.0m^2$　　　C　$4.0m^2$　　　D　$5.0m^2$

解析： 依据《建筑玻璃应用技术规程》JGJ 113—2015 第 7.1.1 条，安全玻璃的最大许用面积应符合表 7.1.1-1（即本教材表 2-9-6）的规定；查表可知 6mm 厚钢化玻璃的最大许用面积为 $3.0m^2$，故 B 项正确。

答案： B

3. 百叶窗玻璃

(1) 当荷载标准值不大于 1.00kPa 时，百叶窗使用的平板玻璃最大许用跨度应符合表 2-9-5 的规定。

百叶窗使用的平板玻璃最大许用跨度　　　　表 2-9-5

公称厚度 (mm)	玻璃宽度 a		
	a≤100	100<a≤150	150<a≤225
4	500	600	不允许使用
5	600	750	750
6	750	900	900

(2) 当荷载标准值大于 1.00kPa 时，百叶窗使用的平板玻璃最大许用跨度应进行验算。

(3) 安装在易受人体冲击位置时，百叶窗玻璃除满足（1）、（2）条的规定外，还应满足"建筑玻璃防人体冲击"的规定。

4. 屋面玻璃

(1) 两边支承的屋面玻璃或雨篷玻璃，应支撑在玻璃的长边。

(2) 当夹层玻璃采用 PVB 胶片且有裸露边时，其自由边应作封边处理。

(3) 上人屋面玻璃应按地板玻璃进行设计。

(4) 不上人屋面的活荷载除应满足现行国家标准《建筑结构荷载规范》GB 50009—2012 和《工程结构通用规范》GB 55001 的规定外，还应符合下列规定：

1) 与水平夹角小于 30°的屋面玻璃，在玻璃板中心点直径为 150mm 的区域内，应能承受垂直于玻璃为 1.10kN 的活荷载标准值。

2) 与水平夹角大于或等于 30°的屋面玻璃，在玻璃板中心点直径为 150mm 的区域内，应能承受垂直于玻璃为 0.50kN 的活荷载标准值。

(5) 当屋面玻璃采用中空玻璃时，集中活荷载应只作用于中空玻璃上片玻璃。

5. 地板玻璃

(1) 地板玻璃宜采用隐框支承或点支承，点支承地板玻璃的连接件宜采用沉头式或背栓式连接件。

(2) 楼梯踏板玻璃表面应做防滑处理。

(3) 地板玻璃的孔、板边缘应进行机械磨边和倒棱，磨边宜细磨，倒棱宽度不宜小于 1mm。

(4) 地板夹层玻璃的单片厚度相差不宜大于 3mm，且夹层胶片厚度不应小于 0.76mm。

(5) 框支承地板玻璃单片厚度不宜小于 8mm，点支承地板玻璃单片厚度不宜小于 10mm。

(6) 地板玻璃之间的接缝不应小于 6mm，采用的密封胶的位移能力应大于玻璃板缝位移量计算值。

(7) 地板玻璃及其连接应能适应主体结构的变形。

(8) 地板玻璃板面挠度不应大于其跨度的 1/200。

6. 水下用玻璃

(1) 水下用玻璃应选用夹层玻璃。

(2) 承受水压时，水下用玻璃板的挠度不得大于其跨度的 1/200；安装跨度的挠度不得超过其跨度的 1/500。

(3) 用于室外的水下玻璃除应考虑水压作用，尚应考虑风压作用与水压作用的组合效应。

7. U 型玻璃墙设计

(1) 用于建筑外围护结构的 U 型玻璃应进行钢化处理。

(2) 对 U 型玻璃墙体有热工或隔声性能要求时，应采用双排 U 型玻璃构造，可在双排 U 型玻璃之间设置保温材料。双排 U 型玻璃可以采用对缝布置，也可采用错缝布置。

(3) 采用 U 型玻璃构造曲形墙体时，对底宽 260mm 的 U 型玻璃，墙体的半径不应小于 2000mm；对底宽 330mm 的 U 型玻璃，墙体的半径不应小于 3200mm；对底宽 500mm 的 U 型玻璃，墙体的半径不应小于 7500mm。

(4) 当 U 型玻璃墙高度超过 4.50m 时，应考虑其结构稳定性，并应采取相应措施。

8. 安全玻璃

《安全玻璃生产规程 第 1 部分：建筑用安全玻璃生产规程》JC/T 2070—2011 指出：

安全玻璃产品分为钢化玻璃、夹层玻璃、防火玻璃。防火玻璃分为单片防火玻璃和隔热型复合防火玻璃。

《全国民用建筑工程设计技术措施 规划·建筑·景观》（2009年版）第二部分指出：安全玻璃是指符合现行国家标准的钢化玻璃、夹层玻璃及由钢化玻璃或夹层玻璃组合加工而成的其他玻璃制品，如安全中空玻璃等。单片半钢化玻璃（热增强玻璃）、单片夹丝玻璃不属于安全玻璃。

9. 防火玻璃

《建筑用安全玻璃 第1部分：防火玻璃》GB 15763.1—2009规定：

（1）按结构可分为复合防火玻璃（FFB）和单片防火玻璃（DFB）。复合防火玻璃是指由两层或两层以上玻璃复合而成或由一层玻璃和有机材料复合而成，并满足相应耐火性能要求的特种玻璃。单片防火玻璃是由单层玻璃构成，并满足相应耐火性能要求的特种玻璃。

（2）按耐火性能可分为隔热型防火玻璃（A类，耐火性能同时满足耐火完整性、耐火隔热性要求）和非隔热型防火玻璃（C类，耐火性能仅能满足耐火完整性要求）。防火玻璃耐火极限可分为5个等级：0.50h、1.00h、1.50h、2.00h、3.00h。

（3）防火玻璃原片可选用镀膜或非镀膜的浮法玻璃、钢化玻璃；复合防火玻璃原片还可选用单片防火玻璃。

（4）《全国民用建筑工程设计技术措施 规划·建筑·景观》（2009年版）第二部分中也指出：复合防火玻璃是由两层或两层以上玻璃复合而成，或由一层玻璃和有机材料复合而成，并满足相应耐火要求的特种玻璃。如防火夹层玻璃、薄涂型防火玻璃、防火夹丝玻璃、防火中空玻璃；单片防火玻璃如铯钾、硼硅酸盐、铝硅酸盐、微晶防火玻璃等。

（三）顶棚工程

顶棚是指各层楼板或屋面承重结构的下表面装修，顶棚的作用主要是封闭管线、装饰美化、满足声学要求等诸多方面。顶棚装修应根据建筑空间的使用要求选择恰当的形式、材料和做法，应保证安全，满足各种设备管线和设施的安装要求；对某些有特殊要求的房间，还要求顶棚具有隔声、防水、保温、隔热等功能。按照饰面层与基层构造关系的不同，顶棚装修可分为直接式顶棚与悬吊式顶棚两种类型。

1. 直接式顶棚

直接式顶棚是在楼板或屋面板等结构构件底面直接进行抹灰、涂刷、粘贴、裱糊等饰面装修的顶棚。

（1）板底下直接刷白水泥浆

这种做法适用于饮用水箱等房间，板底不需找平，只需将板底清理干净，然后直接刷白水泥浆。

（2）板底下直接刷涂料

这种做法适用于板底平整者（光模混凝土板底），其构造顺序是先在板底刮2mm厚耐水腻子，然后直接刷涂料。

（3）板底下找平刷涂料

这种做法适用于板底不太平整者（非光模混凝土板底），其构造顺序是先在板底刷素水泥浆一道甩毛（内掺建筑胶），再抹5~10mm厚1∶0.5∶3水泥石灰膏砂浆中间层，面层抹 2mm 厚纸筋灰、刮 2mm 耐水腻子，最后刷涂料。

（4）板底镶贴装饰材料

这种做法的镶贴材料有壁纸、壁布、矿棉板等。其构造顺序是用 2mm 耐水腻子找平，然后刷防潮漆一道，最后直接粘贴面层材料。

2. 吊顶

悬吊式顶棚简称吊顶；是指顶棚面层悬吊在楼板或屋面板下方的装修做法。吊顶有平式、复式、浮式、格栅吊顶和发光顶棚等多种形式。

室外吊顶应根据建筑性质、高度及工程所在地的地理、气候和环境等条件合理选择吊顶的材料及形式。吊顶构造应满足安全、防火、抗震、抗风、耐候、防腐蚀等相关标准的要求。室外吊顶应有抗风揭的加强措施。

室内吊顶应根据使用空间功能特点、高度、环境等条件合理选择吊顶的材料及形式。吊顶构造应满足安全、防火、抗震、防潮、防腐蚀、吸声等相关标准的要求。

室外吊顶与室内吊顶的交界处应有保温或隔热措施，且应符合国家现行建筑节能标准的相关规定。

吊顶是由承力构件（吊杆、吊筋）、龙骨骨架、面板及配件等组成的系统，其构造组成包括基层和面层两大部分，吊顶的构造层次从上至下通常是：吊杆（吊顶系统中悬吊吊顶龙骨骨架及面板的承力构件）、吊件（吊杆与主龙骨间的连接件）、主龙骨（承载龙骨，吊顶龙骨骨架中主要受力构件）、次龙骨（吊顶龙骨骨架中连接主龙骨及固定面板的构件）、横撑龙骨（在次龙骨骨架中起横撑及固定面板作用的构件）、面板（安装在吊顶龙骨骨架上的各种装饰板材），见图 2-9-1。吊顶基层由吊杆、吊筋等承力构件、龙骨系统和配

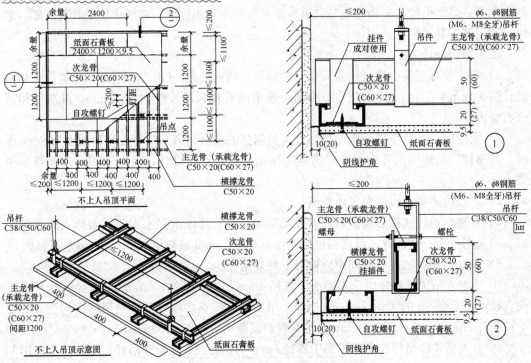

图 2-9-1 轻钢龙骨纸面石膏板不上人吊顶构造图示
（引自国标图集《内装修 室内吊顶》12J502-1）

件等组成，有木质基层（木吊杆和木龙骨）和金属基层（钢丝、钢筋、全牙吊杆和轻钢龙骨或铝合金龙骨）两大类。吊顶面层安装在龙骨系统下方或镶嵌在龙骨系统中，龙骨系统隐藏在面层之上或之内，从吊顶下方观察不到龙骨的做法称为"暗架"，否则为"明架"；面层材料有植物类、矿物类和金属类；构造做法有传统的抹灰类（如板条抹灰、苇箔抹灰、钢板网抹灰等）、现代的板材类（方板式、条板式等）和开敞类（格栅式、格片式等）。

吊顶按承受荷载能力的不同可分为上人吊顶和不上人吊顶两种：上人吊顶是指主龙骨能承受不小于800N荷载，次龙骨能承受不小于300N荷载的可上人检修的吊顶系统；一般采用双层龙骨构造。不上人吊顶是指主龙骨承受小于800N荷载的吊顶系统。

《公共建筑吊顶工程技术规程》JGJ 345—2014 和《建筑室内吊顶工程技术规程》CECS 255：2009 规定如下：

（1）一般规定

1）吊顶材料及制品的燃烧性能等级不应低于B_1级。

2）吊杆可以采用镀锌钢丝、钢筋、全牙吊杆或镀锌低碳退火钢丝等材料。

3）龙骨可以采用轻钢龙骨和铝合金龙骨（铝合金型材的表面应采用阳极氧化、电泳涂漆、粉末喷涂或氟碳漆喷涂进行处理）。

4）面板可以采用石膏板（纸面石膏板、装饰纸面石膏板、装饰石膏板、嵌装式纸面石膏板、吸声用穿孔石膏板）、水泥木屑板、无石棉纤维增强水泥板、无石棉纤维增强硅酸钙板、矿物棉装饰吸声板或金属及金属复合材料吊顶板。

5）集成吊顶：由装饰模块、功能模块及构配件组成的，在工厂预制的、可自由组合的多功能一体化吊顶。装饰模块是具有装饰功能的吊顶板模块。功能模块是具有采暖、通风、照明等器具的模块。

（2）吊顶设计

1）防火设计应符合现行国家标准《建筑设计防火规范》GB 50016 及《建筑内部装修设计防火规范》GB 50222 的规定。有防火要求的石膏板厚度应大于12mm，并应使用耐火石膏板。

2）大空间、大跨度的建筑结构以及人员密集的疏散通道和门厅在设防烈度为8~9度时，其吊杆、吊顶的龙骨系统应考虑地震作用，进行专门设计，造型及间距应满足安全要求。

3）吊顶内不得敷设可燃气体管道。

4）在潮湿地区或高湿度区域，宜使用硅酸钙板、纤维增强水泥板、装饰石膏板等面板。当采用纸面石膏板时，可选用单层厚度不小于12mm或双层9.5mm的耐水石膏板。

5）吊杆、龙骨的尺寸与间距应符合下列规定：

① 不上人吊顶的吊杆应采用不小于直径4mm的镀锌钢丝、6mm钢筋、M6全牙吊杆或直径不小于2mm的镀锌低碳退火钢丝，吊顶系统应直接连接到房间顶部结构受力部位上；吊杆的间距不应大于1200mm，主龙骨的间距不应大于1200mm；

② 上人吊顶的吊杆应采用不小于直径8mm的钢筋或M8全牙吊杆；主龙骨应选用U形或C形、高度在50mm及以上型号的上人龙骨；吊杆的间距不应大于1200mm，主龙骨的间距不应大于1200mm，主龙骨壁厚应大于1.2mm。

6）当吊杆长度大于1500mm时，应设置反支撑。反支撑间距不宜大于3600mm，距墙不应大于1800mm。反支撑应相邻对向设置。当吊杆长度大于2500mm时，应设置钢结构转换层。

7）当吊杆与管道等设备相遇、吊顶造型复杂或内部空间较高时，应调整、增设吊杆或增加钢结构转换层。吊杆不得直接吊挂在设备或设备的支架上。

8）龙骨的排布宜与空调通风系统的风口、灯具、喷淋头、检修孔、监测、升降投影仪等设备设施的排布位置错开，不宜切断主龙骨。

9）当采用整体面层及金属板类吊顶时，重量不大于1kg的筒灯、石英射灯、烟感器、扬声器等设施可直接安装在面板上；重量不大于3kg的灯具等设施可安装在U形或C形龙骨上，并应有可靠的固定措施。

10）矿物棉板类吊顶，灯具、风口等设备不应直接安装在矿棉板或玻璃纤维板上。

11）安装有大功率、高热量照明灯具的吊顶系统应设有散热、排热风口。

12）吊顶吊杆不应与吊顶内配电线路及管道的吊杆混用。

13）吊顶内安装有震颤的设备时，设备下皮距主龙骨上皮不应小于50mm。

14）透光玻璃纤维板吊顶中光源与玻璃纤维板之间的间距不宜小于200mm。

（3）安装施工

吊顶施工中各专业工种应加强配合，做好专业交接，合理安排工序，保护好已完成工序的半成品及成品。不应在面板安装完毕后裁切龙骨。需要切断次龙骨时，须在设备周边用横撑龙骨加强。

1）整体面层吊顶工程

① 整体面层吊顶工程的施工应符合下列规定：

a. 边龙骨应安装在房间四周围护结构上，下边缘应与标准线平齐，选用膨胀螺栓等固定，间距不宜大于500mm，端头不宜大于50mm。

b. 吊顶工程应根据施工图纸，在室内顶部结构下确定主龙骨吊点间距及位置；主龙骨端头吊点距主龙骨边端不应大于300mm，端排吊点距侧墙间距不应大于200mm；吊点横纵应在直线上，当不能避开灯具、设备及管道时，应调整吊点位置或增加吊点或采用钢结构转换层。

c. 吊杆与室内顶部结构的连接应牢固、安全；吊杆应与结构中的预埋件焊接或与后置紧固件连接。

d. 主龙骨中间部分应适当起拱；当设计无要求，且房间面积不大于50m²时，起拱高度应为房间短向跨度的1‰～3‰；房间面积大于50m²时，起拱高度应为房间短向跨度的3‰～5‰。

e. 次龙骨间距应准确、均衡，按石膏板模数确定，应保证石膏板两端固定于次龙骨上。石膏板长边接缝处应增加横撑龙骨，横撑龙骨应用挂插件与通长次龙骨固定。当采用3000mm×1200mm的纸面石膏板时，次龙骨间距可为300mm、400mm、500mm或600mm，横撑龙骨间距选用300mm、400mm或600mm。当采用2400mm×1200m的纸面石膏板时，次龙骨间距可选用300mm、400mm、600mm，横撑龙骨间距可选用300mm、400mm、600mm。穿孔石膏板的次龙骨和横撑龙骨间距应根据孔型的模数确定。安装次龙骨及横撑龙骨时应检查设备开洞、检修孔及人孔的位置。次龙骨应紧贴主龙骨安装。固定板材的次龙骨间距不得大于600mm，在潮湿地区和场所，间距宜为300～400mm。

f. 面板安装时，自攻螺钉间距和自攻螺钉与板边距离应符合下列规定：纸面石膏板四周自攻螺钉间距不应大于200mm；板中沿次龙骨或横撑龙骨方向自攻螺钉间距不应大于300mm；螺钉距板面纸包封的板边宜为10～15mm；螺钉距板面切割的板边应为15～20mm；穿孔石膏板、石膏板、硅酸钙板、水泥纤维板自攻钉钉距和自攻螺钉到板边距离应按设计要求。

② 双层纸面石膏板施工时，面层纸面石膏板的板缝应与基层板的板缝错开，且石膏板的长短边应各错开不小于一根龙骨的间距。

2）板块面层及格栅吊顶工程

① 矿棉板类板块面层吊顶工程的施工应符合下列规定：

a. 吊顶工程应根据施工图纸，在室内顶部结构下确定主龙骨吊点间距及位置；当选用U形或C形龙骨作为主龙骨时，端吊点距主龙骨顶端不应大于300mm，端排吊点距侧墙间距不应大于150mm；当选用T形龙骨作为主龙骨时，端吊点距主龙骨顶端不应大于150mm，端排吊点距侧墙间距不应大于一块面板宽度；吊点横纵应在直线上，当不能避开灯具、设备及管道时，应调整吊点位置或增加吊点或采用钢结构转换层。

b. 吊杆与室内顶部结构的连接应牢固、安全；吊杆应与结构中的预埋件焊接或与后置紧固件连接。

c. 主龙骨中间部分应适当起拱，起拱高度应符合设计要求。

② 金属面板类及格栅吊顶工程的施工应符合下列规定：

a. 当采用单层龙骨时，龙骨与龙骨间距不宜大于1200mm，龙骨至板端不应大于150mm。

b. 当采用双层龙骨时，龙骨与龙骨间距不应大于1200mm，边部上层龙骨与平行的墙面间距不应大于300mm。

③ 板块面层吊顶工程安装的允许偏差应检验"表面平整度""接缝直线度"和"接缝高低差"三个项目，其中"接缝高低差"的允许偏差值最小。

3. 顶棚装修的其他要求

（1）钢筋混凝土顶棚不宜做抹灰层，宜采用表面喷浆、刮浆、喷涂或其他便于施工又牢固的装饰做法。当必须抹灰时，混凝土底板应做好界面处理，且抹灰要薄。

（2）永久性马道应设护栏栏杆，其宽度宜不小于500mm，上空高度应为1.80m，以满足维修人员通过的要求，栏杆高度不应低于0.90m。除采用加强措施外的栏杆上不应悬挂任何设施或器具，沿栏杆应设低眩光或无眩光的照明。

（3）大型及中型公用浴室、游泳馆的顶棚饰面应采用防水、防潮材料；应有排除凝结水的措施，如设置较大的坡度，使顶棚凝结水能顺坡沿墙流下。

（4）吊顶内的上、下水管道应做好保温、隔汽处理，防止产生凝结水。

（5）吊顶内空间较大、设施较多的吊顶，宜设排风设施。排风机排出的潮湿气体严禁排入吊顶内；应将排风管直接和排风竖管相连，使潮湿气体不经过顶棚内部空间。

（6）吊顶内严禁敷设可燃气体管道。

（7）吊顶上安装的照明灯具的高温部位，当靠近非A级装修材料时应采取隔热、散热等防火保护措施。灯饰所用材料的燃烧性能等级不应低于B_1级。

(8) 吊顶内的配电线路、电气设施的安装应满足建筑电气的相关规范的要求。开关、插座和照明灯具均不应直接安装在低于 B_1 级的装修材料上。

(9) 玻璃吊顶若兼有人工采光要求时，应采用冷光源。任何空间均不得选用普通玻璃作为顶棚材料使用。

(10) 顶棚装修中不应采用石棉制品（如石棉水泥板等）。

(11) 人防工程的顶棚严禁抹灰，应在清水板底喷燃烧性能等级为 A 级的涂料。

(12) 石膏板为 A 级装修材料，而纸面石膏板、矿棉板均为 B_1 级装修材料，且不宜用于潮湿房间。

(13) 吊杆距主龙骨端部距离不得大于 300mm。当吊杆长度大于 1500mm 时，应设置反支撑。当吊杆与设备相遇时，应调整并增设吊杆或采用型钢支架。

(14) 上人吊顶、重型吊顶或顶棚上、下挂置有周期性振动设施者，应在钢筋混凝土顶板内预留钢筋或预埋件与吊杆连接。不上人的轻型吊顶及翻建工程吊顶可采用后置连接件（如射钉、膨胀螺栓）。无论预埋或后置连接件，其安全度均应作结构验算。

(15)《全国民用建筑工程设计技术措施 规划·建筑·景观》（2009 年版）第二部分中指出：一般上人吊顶的吊杆用 $\phi 8$ 圆钢；不上人吊顶的吊杆用 $\phi 6$ 圆钢（或直径不小于 2mm 的镀锌低碳退火钢丝），其中距一般为 1200mm。吊杆长度宜不大于 1500mm；当吊杆长度大于 1500mm 时，宜设反支撑；反支撑间距不宜大于 3600mm，距墙不宜大于 1800mm。

1) 吊杆与结构板的固定方式：上人者为预埋式或与预埋件焊接式，不上人者可用射钉或胀锚螺栓固定；吊杆不得直接吊挂在设备或设备支架上。

2) 体育馆、剧院、展厅等大型吊顶由于管线设备多而重，且有检修马道等设施，故吊顶的吊杆及其支承结构需经计算确定。

(16) 与室内吊顶有关的国标图集有：《工程做法》05J909、《内装修 室内吊顶》12J502-2。

> **例 2-9-2 （2014）** 关于吊顶的做法，错误的是哪一项？（ ）
> A 不上人的轻型吊顶采用射钉与顶板连接
> B 大型公共浴室顶棚面设计坡度排放凝结水
> C 吊顶内的上、下水管道做保温隔汽处理
> D 室内潮湿气体透过吊顶内空间收集排放
>
> **解析：**《建筑室内吊顶工程技术规程》CECS 255：2009 第 4.2.11 条规定：排风机排出的潮湿气体严禁排入吊顶内。另《全国民用建筑工程设计技术措施 规划·建筑·景观》（2009 年版）第二部分第 6.4.1 条中指出：吊顶内空间较大、设施较多的吊顶，宜设排风设施。排风机排出的潮湿气体严禁排入吊顶内，应将排风管直接和排风竖管相连，使潮湿气体不经过顶棚内部空间。所以 D 项"室内潮湿气体透过吊顶内空间收集排放"是不正确的，可以通过抽风机、开窗等手段进行排放。
>
> **答案：**D

(四) 饰面板（砖）工程

《住宅装饰装修工程施工规范》GB 50327—2001、《建筑装饰装修工程质量验收标准》GB 50210—2018 及相关施工手册指出：

1. 饰面板安装

饰面板指的是天然石材与人造石材的饰面板材。天然石材有花岗石、大理石等；人造石材有水磨石、人造大理石、人造花岗石等。这里重点介绍天然饰面石材的相关内容。

（1）天然饰面石材的指标

1）天然饰面石材的材质分为火成岩（花岗石）、沉积岩（大理石）和砂岩。按其坚硬程度和释放有害物质的多少，应用的部位也不尽相同。花岗石可用于室内和室外的部位；大理石只可用于室内，不宜用于室外；砂岩只能用于室内。

2）天然饰面石材的放射性应符合《建筑材料放射性核素限量》GB/T 6566—2010 中的规定。依据装饰装修材料中天然放射性核素镭-226、钍-232、钾-40 的放射性比活度大小，将装饰装修材料划分为 A 级、B 级、C 级，具体要求见表 2-9-6。

放射性物质比活度分级 表 2-9-6

级别	比活度	使用范围
A	内照射指数 $I_{Ra}\leqslant 1.0$ 和外照射指数 $I_r\leqslant 1.3$	产销和使用范围不受限制
B	内照射指数 $I_{Ra}\leqslant 1.3$ 和外照射指数 $I_r\leqslant 1.9$	不可用于Ⅰ类民用建筑的内饰面，可以用于Ⅱ类民用建筑物、工业建筑内饰面及其他一切建筑的外饰面
C	外照射指数 $I_r\leqslant 2.8$	只可用于建筑物外饰面及室外其他用途

注：1. Ⅰ类民用建筑包括：住宅、老年公寓、托儿所、医院和学校、办公楼、宾馆等；
    2. Ⅱ类民用建筑包括：商场、文化娱乐场所、书店、图书馆、展览馆、体育馆和公共交通等候室、餐厅、理发店等。

3）天然饰面石材面板的厚度：天然花岗石弯曲强度标准值不小于 8.0MPa，吸水率小于等于 0.6%，厚度应不小于 25mm；天然大理石弯曲强度标准值不小于 7.0MPa，吸水率小于等于 0.5%，厚度应不小于 35mm；其他石材也不应小于 35mm。

4）当天然饰面石材的弯曲强度的标准值小于等于 0.8 或大于等于 4.0 时，单块面积不宜大于 1.0m²；其他石材单块面积不宜大于 1.5m²。

5）在严寒和寒冷地区，幕墙用天然饰面石材面板的抗冻系数不应小于 0.8。

6）对于处在大气污染较严重或处在酸雨环境下的天然饰面石材，应进行保护处理。

（2）饰面石材的安装

1）湿法安装（石材湿挂，图 2-9-2）

湿法安装也称湿挂法，是用钢筋绑扎石材，背后填充水泥砂浆。这种做法易使石材表面出现返碱、湿渍、锈斑等变色现象，在外墙做法中不宜使用。即使在内墙采用，也应预先对石材做防碱封闭处理，以确保石材不被污染。石板与基体之间的灌注材料应饱满、密实。

① 天然饰面石材和人造饰面石材均可以采用湿法安装；

② 拴接钢筋网的锚固件（φ6 钢筋）宜在结构施工时埋设；

③ 在每块石材的上下、左右打眼，总数量不得少于 4 个；用防锈金属丝（多用铜丝）栓固在钢筋网上；

④ 拴接石材的钢筋网（双向 φ8~φ10，间距 400mm），应用金属丝与锚固件连接

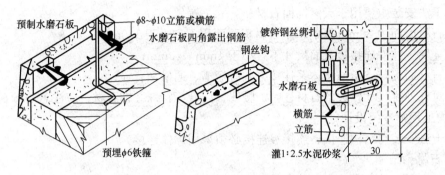

图 2-9-2 湿法安装

牢固；

⑤ 石材与墙面应留有 30mm 的缝隙，缝隙内应分层灌注 1：2.5 的水泥砂浆，每层灌注高度为 150～200mm，且不得大于板高的 1/3，插捣密实；

⑥ 饰面石材板的接缝宽度如无设计要求时，应符合表 2-9-7 的规定。

饰面石材板的接缝宽度　　　　表 2-9-7

项次	名称		接缝宽度（mm）
1	天然石	光面、镜面	1
2		粗磨面、麻面、条纹面	5
3		天然面	10
4	人造石	水磨石	2
5		水刷石	10
6		大理石、花岗石	1

2）干法安装（石材干挂，图 2-9-3）

干法安装也称干挂法，是用金属挂件和高强度锚栓将石板材安装于建筑外侧的金属龙骨。根据挂件形式可分为缝挂式和背挂式。干挂法可避免湿挂法的弊病，被广泛用于外墙装饰；这种做法要求墙体预留埋件，因此比较适用于钢筋混凝土墙体。若墙体为砌块填充墙，宜在层间适当位置增加现浇钢筋混凝土带，使埋件的间距减小，有利于龙骨受力的合理分布。石材的连接方法详见幕墙部分。

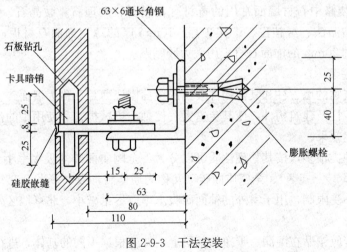

图 2-9-3 干法安装

① 干法安装主要用于天然饰面石材；

② 石材墙面中 20mm 厚的单块石材板面面积不宜大于 $1.0m^2$；

③ 金属干挂件连接板截面尺寸不宜小于 4mm×40mm；

④ 石材面板与支承结构体系连接方式有短槽、通槽和背栓；

⑤ 对有外挑尺寸较大的石材柱帽、腰线、门套等特殊装饰石材，应注意防倾覆措施，宜由结构工程师专门设计；

⑥ 干法安装与结构连接、连接板连接必须采用螺栓连接。

3）石材粘结

《建筑装饰室内石材工程技术规程》CECS 422：2015 中规定：

① 石材墙柱面面板的安装方法可根据设计效果和使用部位选择干挂法、干粘法和湿贴法；

② 干粘法是指采用非水性胶粘剂粘贴石材形成饰面的一种施工方法；湿贴法是指采用水性胶粘剂粘贴石材形成饰面的一种施工方法；干挂法是指采用金属挂件将石材牢固悬挂在结构体上形成饰面的一种施工方法；

③ 高度不超过 6m 的石材墙面可采用湿贴法安装，高度不超过 8m 的石材墙面可采用干粘法安装；

④ 石材墙柱面设计为采用干挂法安装方法时，石材厚度应符合下列规定：a. 细面天然石材饰面板厚度不应小于 20mm，粗糙面天然石材饰面板厚度不应小于 23mm；b. 中密度石灰石或石英砂岩板厚度不应小于 25mm；c. 人造石材饰面板厚度不应小于 18mm。

《天然石材装饰工程技术规程》JCG/T 60001—2007 中规定：当石材板材单件重量大于 40kg，或单块板材面积超过 $1m^2$ 或室内建筑高度在 3.5m 以上时，墙面和柱面应设计成干挂安装法（也就是不得采用粘贴法）。

《全国民用建筑工程设计技术措施　规划·建筑·景观》（2009 年版）第二部分中指出：

① 墙体外装修石材的安装方法有湿挂法、干挂法和胶粘法，其中胶粘法是采用胶粘剂将石材粘贴在墙体基层上；这种做法适用于厚度为 5～8mm 的超薄天然石材，石材尺寸不宜大于 600mm×800mm；

② 内墙面装修中石材墙面常用的石材有花岗石、大理石、微晶石、预制水磨石等，其固定方法有粘贴法、湿挂法、干挂法等；10mm 厚的薄型饰面石材板，可用胶粘剂粘贴；厚度不超过 20mm 的饰面石材板用大力胶粘贴。

2. 饰面砖安装

铺贴于建筑物的墙、柱和其他构件表面的覆面陶瓷薄片，称为墙面砖。使用墙面砖的目的是保护墙、柱及建筑构件，使其免遭大气侵蚀、机械损害和使用中的污染，提高建筑物的艺术和卫生效果。

饰面砖的种类很多，按其物理性质可以分为：全陶质面砖（吸水率小于 10%）、陶胎釉面砖（吸水率 3%～5%）、全瓷质面砖（又称为通体砖，吸水率小于 1%）。用于室内的釉面砖吸水率不受限制，用于室外的釉面砖吸水率应尽量减小。北京地区外墙面不得采用全陶质瓷砖。

（1）饰面砖应镶贴在湿润、干净的基层上，并应根据不同的基体，进行如下处理：

1) 纸面石膏板基体：将板缝用嵌缝腻子嵌填密实，并在其上粘贴玻璃丝网格布（或穿孔纸带）使之形成整体。

2) 砖墙基体：将基体用水湿透后，用1∶3水泥砂浆打底，木抹子搓平，隔天浇水养护。

3) 混凝土基体（可酌情选用下述三种方法中的一种）：

① 将混凝土表面凿毛后用水湿润，刷一道聚合物水泥浆，抹1∶3水泥砂浆打底，木抹子搓平，隔天浇水养护；

② 将1∶1水泥细砂浆（内掺20％建筑胶）喷或甩到混凝土基体上，作毛化处理，待其凝固后，用1∶3水泥砂浆打底，木抹子搓平，隔天浇水养护；

③ 用界面处理剂处理基体表面，待表干后，用1∶3水泥砂浆打底，木抹子搓平，隔天浇水养护。

4) 加气混凝土基体（可酌情选用下述两种方法中的一种）：

① 用水湿润加气混凝土表面，修补缺棱掉角处；修补前，先刷一道聚合物水泥浆，然后用1∶3∶9混合砂浆分层补平，隔天刷聚合物水泥浆并抹1∶1∶6混合砂浆打底，木抹子搓平，隔天浇水养护；

② 用水湿润加气混凝土表面，在缺棱掉角处刷聚合物水泥浆一道，用1∶3∶9混合砂浆分层补平，待干燥后，钉金属网一层并绷紧。在金属网上分层抹1∶1∶6混合砂浆打底，砂浆与金属网应结合牢固，最后用木抹子轻轻搓平，隔天浇水养护。

(2) 饰面砖镶贴前应先选砖预排，以使拼缝均匀。在同一墙面上的横竖排列，不宜有一行以上的非整砖。非整砖行应排在次要部位或阴角处。

(3) 饰面砖的镶贴形式和接缝宽度应符合设计要求。如设计无要求时可做样板，以决定镶贴形式和接缝宽度。

(4) 釉面砖和外墙面砖，镶贴前应将砖的背面清理干净，并浸水两小时以上，待表面晾干后方可使用。冬期施工宜在掺入2％盐的温水中浸泡两小时，晾干后方可使用。

(5) 釉面砖和外墙面砖也可采用胶粘剂或聚合物水泥浆镶贴，砂浆厚度为6~10mm；采用聚合物水泥浆时，其配合比由试验确定。

(6) 镶贴饰面砖基层表面，如遇有突出的管线、灯具、卫生设备的支承等，应用整砖套割吻合，不得用非整砖拼凑镶贴。

(7) 镶贴饰面砖前必须找准标高，垫好底尺，确定水平位置及垂直竖向标志，挂线镶贴，做到表面平整，不显接茬，接缝平直，宽度符合设计要求。

(8) 镶贴釉面砖和外墙面砖墙裙、浴盆、水池等上口和阴阳角处应使用配件砖。

(9) 釉面砖和外墙面砖的接缝，应符合下列规定：

1) 室外接缝应用水泥浆或水泥砂浆勾缝。

2) 室内接缝宜用与釉面砖相同颜色的石膏灰或水泥浆嵌缝。潮湿的房间不得用石膏灰嵌缝。

(10) 镶贴陶瓷、玻璃锦砖尚应符合下列规定：

1) 宜用聚合物水泥浆镶贴。

2) 镶贴应自上而下进行，每段施工时应自下而上进行，整间或独立部位宜一次完成，一次不能完成者，可将茬口留在施工缝或阴角处。

3) 镶贴时应位置准确，仔细拍实，使其表面平整，待稳固后，将纸面湿润、揭净。

4) 接缝宽度的调整应在水泥浆初凝前进行，干后用与面层同颜色的水泥浆将缝嵌平。

5) 嵌缝后，应及时将面层残存的水泥浆清洗干净，并做好成品保护。

(11)《外墙饰面砖工程施工及验收规程》JGJ 126—2015 中规定：

1) 外墙饰面砖指的是用于建筑外墙外表面装饰装修的无机薄型块状材料。包括陶瓷砖、陶瓷马赛克和薄型陶瓷砖。

2) 材料

① 外墙饰面砖

a. 外墙饰面砖宜采用背面有燕尾槽的产品，燕尾槽深度不宜小于 0.5mm；

b. 用于二层（或高度 8m）以上外保温粘贴的外墙饰面砖单块面积不应大于 15000mm^2，厚度不应大于 7mm；

c. 外墙饰面砖工程中采用的陶瓷砖应根据不同气候分区，采用下列不同措施：

(a) 吸水率

a) Ⅰ、Ⅵ、Ⅶ区吸水率不应大于 3%；

b) Ⅱ区吸水率不应大于 6%；

c) Ⅲ、Ⅳ、Ⅴ区和冰冻期一个月以上的地区吸水率不宜大于 6%。

(b) 冻融循环次数

a) Ⅰ、Ⅵ、Ⅶ区冻融循环 50 次不得破坏；

b) Ⅱ区冻融循环 40 次不得破坏。

注：冻融循环应以低温环境为 $-30℃±2℃$，保持 2h 后放入不低于 10℃ 的清水中融化 2h 为一次循环。

② 找平、粘结、填缝材料

a. 找平材料：外墙基体找平材料宜采用预拌水泥抹灰砂浆。Ⅲ、Ⅳ、Ⅴ区应采用水泥防水砂浆；

b. 粘结材料：应采用水泥基粘结材料；

c. 填缝材料：外墙外保温系统粘结外墙饰面砖所用填缝材料的横向变形不得小于 1.5mm；

d. 伸缩缝材料：应采用耐候密封胶。

3) 设计

① 基体

a. 基体的粘结强度不应小于 0.4MPa，当基体的粘结强度小于 0.4MPa 时，应进行加强处理；

b. 加气混凝土、轻质墙板、外墙外保温系统等基体，当采用外墙饰面砖时，应有可靠的加强及粘结质量保证措施。

② 饰面砖接缝的宽度不应小于 5mm，缝深不宜大于 3mm，也可为平缝。

③ 墙面阴阳角处宜采用异形角砖。

④ 窗台、檐口、装饰线等墙面凹凸部位应采用防水和排水构造。

⑤ 在水平阳角处，顶面排水坡度不应小于3%；应采用顶面饰面砖压立面饰面砖、立面最低一排饰面砖压底平面饰面砖的做法，并应设置滴水构造。

（五）涂饰工程

《建筑涂饰工程施工及验收规程》JGJ/T 29—2015中规定：

1. 材料

建筑内外墙涂饰材料有以下类型：

（1）合成树脂乳液内、外墙涂料

1）以合成树脂乳液为基料，与颜料、体质颜料及各种助剂配制而成。

2）常用的品种有苯—丙乳液、丙烯酸酯乳液、硅—丙乳液、醋—丙乳液等。

（2）合成树脂乳液砂壁状涂料

1）以合成树脂乳液为主要粘结料，以砂料和天然石粉为骨料。

2）具有仿石质感涂层的涂料。

（3）弹性建筑涂料

1）以合成树脂乳液为基料，与颜料、填料及助剂配制而成。

2）施涂一定厚度（干膜厚度大于或等于$150\mu m$）后，具有弥盖因基材伸缩（运动）产生细小裂纹的有弹性的功能性涂料。

（4）复层涂料

复层涂料由底涂层、主涂层（中间涂层）、面涂层组成。

1）底涂层：用于封闭基层和增加主涂层（中间涂层）涂料的附着力，可以采用乳液型或溶剂型涂料。

2）主涂层（中间涂层）：用于形成凹凸状或平面状的装饰面，厚度（凸起厚度）为1mm以上，可以采用聚合物水泥、硅酸盐、合成树脂乳液、反应固化型合成树脂乳液为粘结料配置的厚质涂料。

3）面涂层：用于装饰面着色、提高耐候性、耐沾污性和防水性等功能，可采用乳液型或溶剂型涂料。

（5）外墙无机涂料

以碱金属硅酸盐及硅溶胶等无机高分子为主要成膜物质，加入适量固化剂、填料、颜料及助剂配制而成，属于单组分涂料。

（6）溶剂型涂料

1）以合成树脂溶液为基料配置的薄质涂料。

2）常用的品种有丙烯酸酯树脂（包括固态丙烯酸树脂）、氯化橡胶树脂、硅—丙树脂、聚氨酯树脂等。

（7）水性氟涂料

水性氟涂料以主要成膜物质分为以下3种：

1）PVDF（水性含聚偏二氟乙烯涂料）。

2）FEVE（水性氟烯烃/乙烯基醚（脂）共聚树脂氟涂料）。

3）含氟丙烯酸类为水性含氟丙烯酸/丙烯酸酯类单体共聚树脂氟涂料。

（8）建筑用反射隔热涂料

以合成树脂乳液为基料，以水为分散介质，加入颜料（主要是红外反射颜料）、填料和助剂，经一定工艺过程制成的涂料。别称反射隔热乳胶漆。

（9）水性多彩建筑涂料

将水性着色胶体颗粒分散于水性乳胶漆中制成的建筑涂料。

（10）交联型氟树脂涂料

以含反应性官能团的氟树脂为主要成膜物，加颜料、填料、溶剂、助剂等为主剂，以脂肪族多异氰酸酯树脂为固化剂的双组分常温固化型涂料。

（11）水性复合岩片仿花岗岩涂料

以彩色复合岩片和石材微粒等为骨料，以合成树脂乳液为主要成膜物质，通过喷涂等施工工艺在建筑物表面形成具有花岗岩质感涂层的建筑涂料。

2. 内墙涂料的选用

《全国民用建筑工程设计技术措施　规划·建筑·景观》（2009年版）第二部分中指出，涂料品种繁多，常用的有：

（1）树脂溶剂型涂料：涂层质量高，但由于有机溶剂具有毒性且易挥发，不利于施工，不利于环保，应限制使用。

（2）树脂水性涂料：无毒、挥发物少，涂层耐擦洗，用途很广，是室内外装修涂层的主要材料。

（3）无机水性涂料：包括水泥类、石膏类、水玻璃类涂料；该种涂料价格低，但粘结力、耐久性、装饰性均较差。

3. 基层要求

（1）基层应牢固不开裂、不掉粉、不起砂、不空鼓、无剥离、无石灰爆裂点和无附着力不良的旧涂层等。

（2）基层应表面平整而不光滑、立面垂直、阴阳角方正和无缺棱掉角，分格缝（线）应深浅一致、横平竖直。

（3）基层表面无灰尘、无浮浆、无油迹、无锈斑、无霉点、无盐类析出物等。

（4）混凝土或抹灰基层在用溶剂型腻子找平或直接涂刷溶剂型涂料时，含水率不得大于8%；在用乳液型腻子找平或直接涂刷乳液型涂料时，含水率不得大于10%，木材基层的含水率不得大于12%。

（5）基层pH值不得大于10。

4. 涂饰施工的基本要求

（1）涂饰装修的施工应按基层处理—底涂层—中涂层—面涂层的顺序进行。

（2）外墙涂饰应遵循自上而下、先细部后大面的方法进行，材料的涂饰施工分段应以墙面分格缝（线）、墙面阴阳角或落水管为分界线。

（3）涂饰施工温度：水性产品的环境温度和基层表面温度应保证在5℃以上，溶剂型产品应按产品的使用要求进行。

（4）涂饰施工湿度：施工时空气相对湿度宜小于85%，当遇大雾、大风、下雨时，应停止外墙涂饰施工。

5. 施工顺序

（1）内、外墙平涂涂料的施工顺序应符合表2-9-8的规定。

内、外墙平涂涂料的施工顺序　　　　　　　　　　　　表 2-9-8

次 序	工序名称	次 序	工序名称
1	清理基层	4	第一遍面层涂料
2	基层处理	5	第二遍面层涂料
3	底层涂料	—	—

（2）合成树脂砂壁状涂料和质感涂料的施工顺序应符合表 2-9-9 的规定。

合成树脂砂壁状涂料和质感涂料的施工顺序　　　　　　表 2-9-9

次 序	工序名称	次 序	工序名称
1	清理基层	4	根据设计分格
2	基层处理	5	主层涂料
3	底层涂料	6	面层涂料

（3）复层涂料的施工顺序应符合表 2-9-10 的规定。

复层涂料的施工顺序　　　　　　　　　　　　　　　　表 2-9-10

次 序	工序名称	次 序	工序名称
1	清理基层	5	压花
2	基层处理	6	第一遍面层涂料
3	底层涂料	7	第二遍面层涂料
4	中层涂料	—	—

（4）仿金属板装饰效果涂料的施工顺序应符合表 2-9-11 的规定。

仿金属板装饰效果涂料的施工顺序　　　　　　　　　　表 2-9-11

次 序	工序名称	次 序	工序名称
1	清理基层	4	底层涂料
2	多道基层处理	5	第一遍面层涂料
3	依据设计分格	6	第二遍面层涂料

（5）水性多彩涂料的施工顺序应符合表 2-9-12 的规定。

水性多彩涂料的施工顺序　　　　　　　　　　　　　　表 2-9-12

次 序	工序名称	次 序	工序名称
1	清理基层	5	1~2遍中层底层涂料
2	基层处理	6	喷涂水包水多彩涂料
3	底层涂料	7	涂饰罩光涂料
4	依据设计分格	—	—

6. 特殊功能涂料

钢结构防火涂料：

（1）按涂装厚度可分为厚涂型、薄涂型和超薄型三类：

1）厚涂型：属隔热型，以无机轻体材料制成，涂层厚度 7~45mm。

2）薄涂型：属膨胀型，以合成树脂、发泡剂等有机材料制成，涂层厚度 3~7mm。

受火时能膨胀发泡形成耐火隔热层,以延缓钢材的温升。

3) 超薄型:属膨胀型,涂层厚度不大于3mm,特点类似于薄涂型;在受火时膨胀发泡的速度比薄涂型钢结构防火涂料更快,膨胀倍数更高;相关标准见《钢结构防火涂料》GB 14907—2018。

(2) 按防火机理可分为膨胀型和非膨胀型两类:

1) 膨胀型钢结构防火涂料:涂层在高温时膨胀发泡,形成耐火隔热保护层的钢结构防火涂料;涂层厚度不应小于1.5mm;干燥时间(表干)应≤12h。

2) 非膨胀型钢结构防火涂料:涂层在高温时不膨胀发泡,其自身成为耐火隔热保护层的钢结构防火涂料;涂层厚度不应小于10mm;干燥时间(表干)应≤24h。

(3) 钢结构采用喷涂防火涂料保护时,应符合下列规定:

1) 室内隐蔽构件,宜选用非膨胀型防火涂料;

2) 设计耐火极限大于1.50h的构件,不宜选用膨胀型防火涂料;

3) 室外、半室外钢结构采用膨胀型防火涂料时,应选用符合环境对其性能要求的产品;

4) 非膨胀型防火涂料涂层的厚度不应小于10mm;

5) 防火涂料与防腐涂料应相容、匹配。膨胀型防火涂料(超薄型、薄型防火涂料)、防腐油漆的施工顺序为:防腐底漆、防腐中间漆、防火涂料、防腐面漆。

(六) 裱糊工程

《住宅装饰装修工程施工规范》GB 50327—2001、《建筑装饰装修工程质量验收标准》GB 50210—2018及相关施工手册指出:

1. 壁纸、壁布的类型

裱糊工程中应用的壁纸、壁布有以下类型,它们是纸基壁纸、织物复合壁纸、金属壁纸、复合纸质壁纸、玻璃纤维壁布、锦缎壁布、天然草编壁纸、植绒壁纸、珍木皮壁纸、功能性壁纸等。

功能性壁纸指的是防尘抗静电壁纸、防污灭菌壁纸、保健壁纸、防蚊蝇壁纸、防霉防潮壁纸、吸声壁纸、阻燃壁纸。

2. 裱糊工程应用的胶粘剂

粘贴壁纸、壁布所采用的胶粘剂,主要有:改性树脂胶、聚乙烯醇树脂溶液胶、聚醋酸乙烯乳胶液、醋酸乙烯—乙烯共聚乳液胶、可溶性胶粉、乙—脲混合型胶粘剂等。

3. 裱糊工程的选用

(1) 宾馆、饭店、娱乐场所及防火要求较高的建筑,应选用氧指数≥32%的B_1级阻燃型壁纸或壁布。

(2) 一般公共场所更换壁纸比较勤,对强度要求高,可选用易施工、耐碰撞的布基壁纸。

(3) 经常更换壁纸的宾馆、饭店应选用易撕性网格布基壁纸。

(4) 太阳光照度大的场合和部位应选用日晒牢度高的壁纸。

4. 裱糊工程的施工要点

(1) 墙面要求平整、光滑、干净、阴阳角线顺直方正,含水率不大于8%,粘贴高档壁纸应刷一道白色壁纸底漆。

（2）纸基壁纸在裱糊前应进行浸水处理，布基壁纸不浸水。

（3）壁纸对花应精确，阴角处接缝应搭接，阳角处应包角，且不得有接缝。

（4）壁纸粘贴后不得有气泡、空鼓、翘边、裂缝、皱折，边角、接缝处要用强力乳胶粘牢、压实。

（5）及时清除壁纸上的污物和余胶。

（6）壁纸、壁布裱糊前，混凝土或抹灰基层含水率不得大于8%；木材基层的含水率不得大于12%。

（7）聚氯乙烯塑料壁纸裱糊前应先将壁纸用水润湿数分钟。墙面裱糊时，应在基层表面涂刷胶粘剂；顶棚裱糊时，基层和壁纸背面均应涂刷胶粘剂。

（七）清水混凝土

《清水混凝土应用技术规程》JGJ 169—2009中规定：

（1）清水混凝土是指直接利用混凝土成型后的自然质感作为饰面效果的混凝土，无需二次装修。清水混凝土可分为普通清水混凝土、饰面清水混凝土和装饰清水混凝土。普通清水混凝土是指表面颜色无明显色差，对饰面效果无特殊要求的清水混凝土。饰面清水混凝土是指表面颜色基本一致，由有规律排列的对拉螺栓孔眼、明缝、蝉缝、假眼等组合形成的、以自然质感为饰面效果的清水混凝土。装饰清水混凝土是指表面形成装饰图案、镶嵌装饰片或彩色的清水混凝土。

（2）清水混凝土拆模后应立即养护，对同一视觉范围内的清水混凝土应采用相同的养护措施。

（3）普通清水混凝土表面宜涂刷透明保护涂料；饰面清水混凝土表面应涂刷透明保护涂料。

（八）地面辐射供暖供冷的有关问题

《辐射供暖供冷技术规程》JGJ 142—2012中指出：

1. 一般规定

（1）低温热水供暖：低温热水地面辐射供暖系统的供水温度不应大于60℃，供水、回水温度差不宜大于10℃且不宜小于5℃。民用建筑供水温度宜采用35~45℃。

（2）加热电缆供暖

1）当辐射间距等于50mm，且加热电缆连续供暖时，加热电缆的线功率不宜大于17W/m；当辐射间距大于50mm时，加热电缆的线功率不宜大于20W/m。

2）当面层采用带龙骨的架空木地板时，应采取散热措施。加热电缆的线功率不宜大于17W/m，且功率密度不宜大于80W/m²。

3）加热电缆布置应考虑家具位置的影响。

（3）辐射供暖地面平均温度应符合表2-9-13的规定。

辐射供暖地面平均温度（℃）　　表2-9-13

设置位置	宜采用的平均温度	平均温度上限值
人员经常停留	25~27	29
人员短期停留	28~30	32

续表

设置位置	宜采用的平均温度	平均温度上限值
无人停留	35~40	42
房间高度 3.1~4.0m	33~36	—
距地面1m以上3.5m以下	45	—

2. 地面构造

(1) 辐射供暖地面的构造做法可分为混凝土填充式供暖地面、预制沟槽保温板式供暖地面和预制轻薄供暖板供暖地面三种方式。

1) 混凝土填充式供暖地面

混凝土填充式供暖地面的构造做法详图2-9-4。

2) 预制沟槽保温板式供暖地面

预制沟槽保温板式供暖地面的构造做法详图2-9-5。

3) 预制轻薄供暖板供暖地面

预制轻薄供暖板供暖地面的构造做法详图2-9-6。

(2) 辐射供暖地面的构造层次（全部或部分）：楼板或与土壤相邻的地面—防潮层（对与土壤相邻地面）—绝热层—加热部件—填充层—隔离层（对潮湿房间）—找平层—面层。

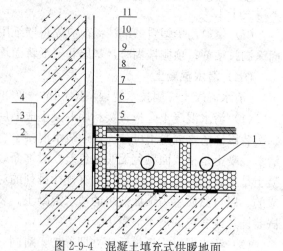

图 2-9-4 混凝土填充式供暖地面
1—加热管；2—侧面绝热层；3—抹灰层；4—外墙；
5—楼板或与土壤相邻地面；6—防潮层；7—泡沫塑料绝热层
（发泡水泥绝热层）；8—豆石混凝土填充层（水泥砂浆填充
找平层）；9—隔离层（对潮湿房间）；10—找平层；
11—装饰面层

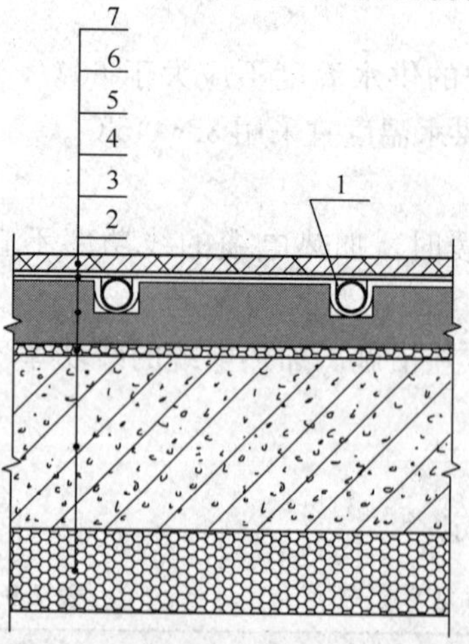

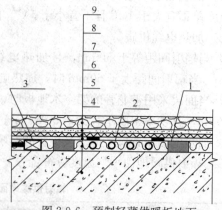

图 2-9-5 预制沟槽保温板式供暖地面
1—加热管；2—泡沫塑料绝热层；3—楼板；
4—可发性聚乙烯（EPE）垫层；5—预制沟槽
保温板；6—均热层；7—木地板面层

图 2-9-6 预制轻薄供暖板地面
1—木龙骨；2—加热管；3—二次分水器；4—楼板；
5—供暖板；6—隔离层（对潮湿房间）；7—金属层；
8—找平层；9—地砖或石材面层

(3) 辐射供暖地面的构造要求与材料选择

1) 防潮层

绝热层与土壤之间应设置防潮层。防潮层可以选用防水卷材。

2) 绝热层

① 当与土壤接触的底层地面作为辐射地面时,应设置绝热层,绝热层材料宜选用发泡水泥,厚度宜为35~45mm;设置绝热层时,绝热层与土壤之间应设置防潮层;

② 混凝土填充式地面辐射供暖系统绝热层可选用泡沫塑料绝热板和发泡水泥绝热材料;

③ 采用预制沟槽保温板或供暖保温板时,与供暖房间相邻的楼板,可不设绝热层;

④ 直接与室外空气或不供暖房间相邻的地板时,绝热层宜设在楼板下,绝热材料宜采用泡沫塑料绝热板,厚度宜为30~40mm。

3) 加热部件

加热电缆应敷设于填充层中间,不应与绝热层直接接触。

4) 均热层

① 加热部件为加热电缆时,应采用设有均热层的保温板,加热电缆不应与均热层直接接触;加热部件为加热管时,宜采用铺设有均热层的保温板;

② 直接铺设木地板面层时,应采用铺设有均热层的保温板,且在保温板和加热管或加热电缆之上再铺设一层均热层;

③ 均热层材料的导热系数不应小于237W/(m·K);

④ 加热电缆铺设地砖、石材等面层时,均热层应采用喷涂有机聚合物的、具有耐砂浆性的防腐材料。

5) 填充层

① 豆石混凝土填充层上部应根据面层的需要铺设找平层;豆石混凝土的强度等级宜为C15,豆石粒径宜为5~12mm,热水加热管填充层的最小厚度为50mm,加热电缆填充层的最小厚度为40mm;

② 没有防水要求的房间,水泥砂浆填充层可同时作为面层找平层。水泥砂浆填充层应符合下列规定:

 a. 应选用中粗砂水泥,且含泥量不应大于5%;

 b. 宜选用硅酸盐水泥或矿渣硅酸盐水泥;

 c. 强度等级不应低于M10,体积配合比不应小于1:3;

 d. 热水加热管填充层的最小厚度为40mm,加热电缆填充层的最小厚度为35mm。

6) 隔离层

潮湿房间的混凝土填充式供暖地面的填充层上、预制沟槽板或预制轻薄板供暖地面的面层下,应设置隔离层;隔离层宜采用防水卷材。

7) 面层

① 地面辐射供暖面层宜采用热阻小于0.05(m²·K)/W的材料;

② 整体面层:整体面层宜采用水泥混凝土、水泥砂浆等材料,并应在填充层上铺设;

③ 块材面层:块材面层可以采用缸砖、陶瓷地砖、花岗石、人造石板块、塑料板等板材,并应在垫层上铺设;

④ 木板面层：木板面层宜采用实木复合地板、浸渍纸层压木质地板等，并应在填充层上铺设。

（九）室内环境污染的控制

《建筑环境通用规范》GB 55016—2021 中规定：

1. 一般规定

（1）室内空气污染物控制应按下列顺序采取控制措施：

1）控制建筑选址场地的土壤氡浓度对室内空气质量的影响；

2）控制建筑空间布局有利于污染物排放；

3）控制建筑主体、节能工程材料、装饰装修材料的有害物质释放量满足限值；

4）采取自然通风措施改善室内空气质量；

5）设置机械通风空调系统，必要时设置空气净化装置进行空气污染物控制。

（2）工程竣工验收时，室内空气污染物浓度限量应符合表 2-9-14 的规定。

室内空气污染物浓度限量　　　　　　表 2-9-14

污染物	Ⅰ类民用建筑工程	Ⅱ类民用建筑工程
氡（Bq/m³）	≤150	≤150
甲醛（mg/m³）	≤0.07	≤0.08
氨（mg/m³）	≤0.15	≤0.20
苯（mg/m³）	≤0.06	≤0.09
甲苯（mg/m³）	≤0.15	≤0.20
二甲苯（mg/m³）	≤0.20	≤0.20
TVOC（mg/m³）	≤0.45	≤0.50

注：Ⅰ类民用建筑：住宅、医院、老年人照料房屋设施、幼儿园、学校教室、学生宿舍、军人宿舍等民用建筑；
　　Ⅱ类民用建筑：办公楼、商店、旅馆、文化娱乐场所、书店、图书馆、展览馆、体育馆、公共交通等候室、餐厅、理发店等民用建筑。

（3）装饰装修时，严禁在室内使用有机溶剂清洗施工用具。

2. 材料控制

（1）建筑工程所使用的砂、石、砖、实心砌块、水泥、混凝土、混凝土预制构件等无机非金属建筑主体材料，其放射性限量应符合本规范的规定。

（2）建筑工程所使用的石材、建筑卫生陶瓷、石膏制品、无机粉状粘结材料等无机非金属装饰装修材料，其放射性限量应分类符合本规范的规定。

（3）Ⅰ类民用建筑工程室内装饰装修采用的无机非金属装饰装修材料放射性限量应符合本规范 A 类的规定。

（4）建筑工程中所使用的混凝土外加剂，氨的释放量不应大于 0.10%，氨释放量测定方法应按国家现行有关标准的规定执行。

（5）室内装饰装修中所使用的木地板及其他木质材料，严禁采用沥青、煤焦油类防腐、防潮处理剂。

（6）室内装饰装修时，严禁使用苯、工业苯、石油苯、重质苯及混苯等含苯稀释剂和溶剂。

3. 检测与验收

（1）建筑材料进场检验应符合下列规定：

1) 无机非金属建筑主体材料和建筑装饰装修材料进场时，应查验其放射性指标检测报告；

2) 室内装饰装修中所采用的人造木板及其制品进场时，应查验其游离甲醛释放量检测报告；

3) 室内装饰装修中所采用的水性涂料、水性处理剂进场时，应查验其同批次产品的游离甲醛含量检测报告；溶剂型涂料进场时，施工单位应查验其同批次产品的VOC、苯、甲苯+二甲苯、乙苯含量检测报告，其中聚氨酯类的应有游离二异氰酸酯（TDI+HDI）的含量检测报告；

4) 室内装饰装修中所采用的水性胶粘剂进场时，应查验其同批次产品的游离甲醛含量和VOC检测报告；溶剂型、本体型胶粘剂进场时，应查验其同批次产品的苯、甲苯+二甲苯、VOC含量检测报告，其中聚氨酯类的应有游离甲苯二异氰酸酯（TDI）的含量检测报告；

5) 幼儿园、学校教室、学生宿舍、老年人照料房屋设施等民用建筑工程室内装饰装修，应对不同产品、不同批次的人造木板及其制品的甲醛释放量和涂料、橡塑类合成材料的挥发性有机化合物释放量进行抽查复验。

（2）幼儿园、学校教室、学生宿舍、老年人照料房屋设施室内装饰装修验收时，室内空气中氡、甲醛、氨、苯、甲苯、二甲苯、TVOC的抽检量不得少于房间总数的50%，且不得少于20间。当房间总数不大于20间时，应全数检测。

（3）竣工交付使用前，必须进行室内空气污染物检测，其限量应符合表2-9-17的规定。室内空气污染物浓度限量不合格的工程，严禁交付投入使用。

《民用建筑工程室内环境污染控制标准》GB 50325—2020中规定：

（1）民用建筑室内装饰装修时，不应采用聚乙烯醇缩甲醛类胶粘剂。

（2）Ⅰ类民用建筑室内装饰装修粘贴塑料地板时，不应采用溶剂型胶粘剂。Ⅱ类民用建筑中地下室及不与室外直接自然通风的房间粘贴塑料地板时，不宜采用溶剂型胶粘剂。

（3）民用建筑工程中，外墙采用内保温系统时，应选用环保性能好的保温材料，表面应封闭严密，且不应在室内装饰装修工程中采用脲醛树脂泡沫材料作为保温、隔热和吸声材料。

（4）轻质隔墙、涂饰工程、裱糊与软包、门窗、饰面板、吊顶等装饰装修施工时，应注意防潮，避免覆盖局部潮湿区域。

三、住宅室内装饰装修及防水要求

【相关真题：2022-071，2022-072，2021-056，2021-076】

（一）住宅装饰装修要求

《住宅室内装饰装修设计规范》JGJ 367—2015中规定：

1. 基本规定

（1）住宅共用部分的装饰装修设计不得影响消防设施和安全疏散设施的正常使用，不得降低安全疏散能力。

（2）住宅室内装饰装修设计不得拆除室内原有的安全防护设施，且更换的防护设施不得降低安全防护的要求。

2. 套内空间

（1）玻璃隔断、玻璃隔板、落地玻璃门窗及玻璃饰面等应选用安全玻璃。

（2）顶棚不宜采用玻璃饰面；当局部采用时，应选用安全玻璃。顶棚上悬挂自重3kg以上或有振动荷载的设施应采取与建筑主体连接的构造措施。

（3）（墙面）踢脚板厚度不宜超出门套贴脸的厚度。

（4）地面装饰装修的规定：

1）用水房间门口的地面防水层应向外延展宽度不小于500mm；向两侧延展宽度不小于200mm，并宜设置门槛。门槛应高出用水房间地面5～15mm。

2）用水房间的地面不宜采用大于300mm×300mm的块状材料，铺贴后不应影响排水坡度。

3）铺贴条形地板时，宜将长边垂直于主要采光窗方向。

（5）套内空间新增隔断、隔墙应采用轻质、隔声性能较好的材料。

（6）老年人卧室应符合下列规定：

1）墙面阳角宜做成圆角或钝角；

2）地面宜采用木地板，严寒和寒冷地区不宜采用陶瓷地砖；

3）宜采用内外均可开启的平开门，不宜设弹簧门；当采用玻璃门时，应采用安全玻璃；当采用推拉门时，地埋轨不应高出装修地面面层。

（7）儿童卧室不宜在儿童可触摸、易碰撞的部位做外凸造型，且不应有尖锐的棱状、角状造型。

（8）厨房

1）封闭式厨房宜设计推拉门。

2）厨房装饰装修不应破坏墙面防潮层和地面防水层，并应符合下列规定：

① 墙面应设防潮层，当厨房布置在非用水房间的下部时，顶棚应设防潮层；

② 地面防水层应沿墙基上翻0.30m；洗涤池处墙面防水层高度宜距装修地面1.40～1.50m，长度宜超出洗涤池两端各400mm。

3）当厨房内设置地漏时，地面应设不小于1%的坡度坡向地漏。

（9）卫生间

1）老年人、残疾人使用的卫生间宜采用可内外双向开启的门。

2）地面应有坡度并坡向地漏，非洗浴区地面排水坡度不宜小于0.5%，洗浴区地面排水坡度不宜小于1.5%。

3）设置淋浴间时应符合下列规定：

① 淋浴间宜设推拉门或外开门，门洞净宽不宜小于600mm；淋浴间内花洒的两旁宜小于800mm，前后距离不宜小于800mm，隔断高度不得低于2.00m；

② 淋浴间的挡水高度宜为25～40mm；

③ 淋浴间采用的玻璃隔断应采用安全玻璃。

4）卫生间装饰装修防水应符合下列规定：

① 地面防水应沿墙基上翻300mm；

② 墙面防水层应覆盖由地面向墙基上翻300mm的防水层；洗浴区墙面防水层高度不得低于1.80m，非洗浴区墙面防水层高度不得低于1.20m；当采用轻质墙体时，墙面应做

通高防水层；

③ 卫生间地面宜比相邻房间地面低 5~15mm。

5）卫生间木门套及与墙体接触的侧面应采取防腐措施。门套下部的基层宜采用防水、防腐材料。门槛宽度不宜小于门套宽度，且门套线宜压在门槛上。

(10) 套内楼梯

1）老年人使用的楼梯不应采用无踢面或突缘大于 10mm 的直角形踏步，踏面应防滑。

2）套内楼梯踏步临空处，应设置高度不小于 20mm，宽度不小于 80mm 的挡台。

(11) 阳台

1）阳台的装饰装修不应改变为防止儿童攀爬的防护构造措施。对于栏杆、栏板上设置的装饰物，应采取防坠落措施。

2）靠近阳台栏杆处不应设计可踩踏的地柜或装饰物。

3）阳台地面应符合下列规定：

① 阳台地面应采用防滑、防水、硬质、易清洁的材料，开敞阳台的地面材料还应具有抗冻、耐晒、耐风化的性能；

② 开敞阳台的地面标高宜比相邻室内空间低 15~20mm。

(12) 门窗

1）厨房、餐厅、阳台的推拉门宜采用透明的安全玻璃门；

2）当紧邻窗户的位置设有地台或其他可踩踏的固定物体时，应重新设计防护设施。

3. 共用部分

(1) 共用部分的顶棚

1）顶棚装修材料应采用防火等级为 A 级、环保、防水、防潮、防锈蚀、不易变形且尺寸便于施工的材料；

2）顶棚不宜采用玻璃吊顶，当局部设置时，应采用安全玻璃。

(2) 共用部分的墙面应采用难燃、环保、易清洁、防水性能好的装修材料。

(3) 共用部分的地面应采用难燃、环保、防滑、易清洁、耐磨的装修材料。

4. 地下室和半地下室

(1) 装饰装修不应扩大地下室和半地下室面积或增加层高，不得破坏原建筑基础构件和移除基础构件周边的覆土。

(2) 地下室和半地下室的装饰装修应采取防水、排水、除湿、防潮、防滑、采光、通风等构造措施。

5. 无障碍设计

(1) 无障碍住宅的家具、陈设品、设施布置后，应留有符合现行国家标准《无障碍设计规范》GB 50763—2012 中规定的通往套内入口、起居室（厅）、餐厅、卫生间、储藏室及阳台的连续通道，且通道地面应平整、防滑、反光小，并不宜采用醒目的厚地毯。

(2) 无障碍住宅不宜设计地面高差，当存在大于 15mm 的高差时，应设缓坡。

(3) 在套内无障碍通道的墙面、柱面的 0.60~2.00m 高度内，不应设置凸出墙面 100mm

以上的装饰物。墙面、柱面的阳角宜做成圆角或钝角，并应在高度0.40m以下设护角。

6. 细部

套内各空间的地面、门槛石的标高宜符合表2-9-15的规定。

套内空间装饰地面标高（m） 表2-9-15

位　置	建议标高	备　注
入户门槛顶面	0.010～0.015	防渗水
套内前厅地面	±0.000～0.005	套内前厅地面材料与相邻空间地面材料不同时
起居室（厅）、餐厅、卧室走道地面	±0.000	以起居室（厅）地面装修完成面为标高±0.000
厨房地面	−0.015～−0.005	当厨房地面材料与相邻地面材料不同时，与相邻空间地面材料过渡
卫生间门槛石顶面	±0.000～0.005	防渗水
卫生间地面	−0.015～−0.005	防渗水
阳台地面	−0.015～−0.005	开敞阳台或当阳台地面材料与相邻地面材料不相同时，防止水渗至相邻空间

注：以套内起居室（厅）地面装修完成面标高为±0.000。

（二）住宅室内防水工程要求

《住宅室内防水工程技术规范》JGJ 298—2013中规定：

1. 基本规定

（1）住宅室内防水工程应遵循防排结合、刚柔相济、因地制宜、经济合理、安全环保、综合治理的原则。

（2）住宅室内防水工程宜根据不同的设防部位，按柔性防水涂料、防水卷材、刚性防水材料的顺序，选用适宜的防水材料，且相邻材料之间应具有相容性。

（3）密封材料宜采用与主体防水层相匹配的材料。

（4）住宅室内防水工程完成后，楼、地面和独立水容器的防水性能应通过蓄水试验进行检验。

（5）住宅室内外排水系统应保持畅通。

（6）住宅室内防水工程应积极采用通过技术评估或鉴定，并经工程实践证明质量可靠的新材料、新技术、新工艺。

2. 防水材料

（1）防水涂料

1）室内防水工程宜使用聚氨酯防水涂料、聚合物乳液防水涂料、聚合物水泥防水涂料和水乳型沥青防水涂料等水性或反应型防水涂料；不得使用溶剂型防水涂料。

2）对于室内长期浸水的部位，不宜使用遇水产生溶胀的防水涂料。

3）用于附加层的胎体材料宜选用30～50g/m²的聚酯纤维无纺布、聚丙烯纤维无纺布或耐碱玻璃纤维网格布。

4）防水涂膜的厚度一般为1.2～2.0mm。

（2）防水卷材

1）室内防水工程可选用自粘聚合物改性沥青防水卷材、聚乙烯丙纶复合防水卷材

(聚乙烯丙纶复合防水卷材是采用与其相配套的聚合物水泥防水粘结料共同组成的复合防水层)。

2) 防水卷材宜采用冷粘法施工，胶粘剂应与卷材相容，并应与基层粘结牢靠。

3) 防水卷材胶粘剂应具有良好的耐水性、耐腐蚀性和耐霉变性且有害物质应符合规范的规定。

4) 卷材防水层厚度为：自粘聚合物改性沥青防水卷材无胎基时应≥1.5mm，聚酯胎基时应≥2.0mm；聚乙烯丙纶复合防水卷材的厚度为卷材≥0.7mm（芯材≥0.5mm），胶粘料≥1.3mm。

(3) 防水砂浆

防水砂浆应使用掺外加剂的防水砂浆、聚合物水泥防水砂浆及符合要求的商品砂浆。

(4) 防水混凝土

1) 防水混凝土中的水泥宜采用硅酸盐水泥、普通硅酸盐水泥；不得使用过期或受潮结块的水泥，不得将不同品种或不同强度等级的水泥混合使用。

2) 防水混凝土的化学外加剂、矿物掺合料、砂、石及拌和用水应符合相关规定。

(5) 密封材料

室内防水工程的密封材料宜采用丙烯酸建筑密封胶、聚氨酯建筑密封胶或硅酮建筑密封胶。

(6) 防潮材料

1) 墙面、顶棚的防潮部位宜采用防水砂浆、聚合物水泥防水涂料或防水卷材作防潮层。

2) 防潮层的厚度：防水砂浆宜为10~20mm；防水涂料宜为1.0~1.2mm；防水卷材宜为1.2~2.0mm。

3. 防水设计

(1) 一般规定

1) 住宅卫生间、厨房、浴室、设有配水点的封闭阳台、独立水容器等均应进行防水设计。

2) 住宅室内防水设计应包括下列内容：防水构造设计，防水、密封材料的名称、规格型号、主要性能指标，排水系统设计，细部构造防水、密封措施。

(2) 功能房间防水设计

1) 卫生间、浴室的楼、地面应设置防水层，墙面、顶棚应设置防潮层，门口应有阻止积水外溢的措施。

2) 厨房的楼、地面应设置防水层，墙面宜设置防潮层；厨房布置在无用水点房间的下层时，顶棚应设置防潮层。

3) 设有配水点的封闭阳台，墙面应设防水层，顶棚宜防潮，楼、地面应有排水措施，并应设置防水层。

4) 独立水容器应有整体的防水构造；现场浇筑的独立水容器应采用刚柔结合的防水设计。

5) 采用地面辐射采暖的无地下室住宅、底层无配水点的房间地面，应在绝热层下部设置防潮层。

6）排水立管不应穿越下层住户的居室；当厨房设有地漏时，地漏的排水支管不应穿过楼板进入下层住户的居室。

4. 技术措施

（1）住宅室内防水应包括楼、地面防水、排水，室内墙体防水和独立水容器防水、防渗。

（2）楼、地面防水设计应符合下列规定：

1）对于无地下室的住宅，地面宜采用强度等级为C15的混凝土作为刚性垫层，且厚度不宜小于60mm。楼面基层宜为现浇钢筋混凝土楼板；当为预制钢筋混凝土条板时，板缝间应采用防水砂浆堵严抹平，并应沿通缝涂刷宽度不小于300mm的防水涂料形成防水涂膜带。

2）混凝土找坡层最薄处的厚度不应小于30mm；砂浆找坡层最薄处的厚度不应小于20mm。找平层兼找坡层时，应采用强度等级为C20的细石混凝土；需设填充层铺设管道时，宜与找坡层合并，填充材料宜选用轻骨料混凝土。

3）装饰层宜采用不透水材料和构造，主要排水坡度应为0.5%～1.0%，粗糙面层排水坡度不应小于1.0%。

4）防水层应符合下列规定：

① 对于有排水的楼、地面，应低于相邻房间楼、地面20mm或做挡水门槛；当需进行无障碍设计时，应低于相邻房间面层15mm，并应以斜坡过渡；

② 当防水层需要采取保护措施时，可采用20mm厚1:3水泥砂浆做保护层。

（3）墙面防水设计应符合下列规定：

1）卫生间、浴室和设有配水点的封闭阳台等墙面应设置防水层；防水层高度宜距楼、地面面层1.2m。

2）当卫生间有非封闭式洗浴设施时，花洒所在及其邻近墙面防水层高度不应小于1.8m。

（4）有防水设防的功能房间，除应设置防水层的墙面外，其余部分墙面和顶棚均应设置防潮层。

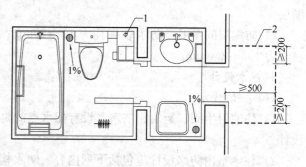

图 2-9-7　楼、地面门口处防水层延展示意
（引自《住宅室内防水工程技术规范》JGJ 298—2013）
1—穿越楼板的管道及其防水套管；2—门口处防水层延展范围

5. 细部构造

（1）楼、地面的防水层在门口处应水平延展，且向外延展的长度不应小于500mm，向两侧延展的宽度不应小于200mm（图2-9-7）。

（2）穿越楼板的管道应设置防水套管，高度应高出装饰层完成面20mm以上；套管与管道间应采用防水密封材料嵌填压实（图2-9-8）。

（3）地面防水隔离层翻边

1）《建筑地面设计规范》GB 50037—2013中规定：地漏四周、排水地沟及地面与墙、柱连接处的隔离层，应增加层数或局部采取加强措施。地面与墙、柱连接处隔离层应翻边，其高度不宜小于150mm。

2)《住宅室内防水工程技术规范》JGJ 298—2013 中规定：当墙面设置防潮层时，楼、地面防水层应沿墙面上翻，且至少应高出饰面层 200mm。当卫生间、厨房采用轻质隔墙时，应做全防水墙面，其四周根部除门洞外，应做 C20 细石混凝土坎台，并应至少高出相连房间的楼、地面饰面层 200mm（图 2-9-9）。

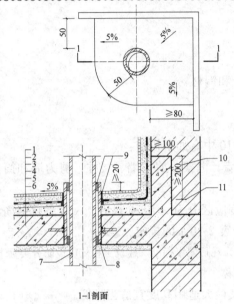

图 2-9-8 管道穿越楼板的防水构造
（引自《住宅室内防水工程技术规范》JGJ 298—2013）
1—楼、地面面层；2—粘结层；3—防水层；4—找平层；
5—垫层或找坡层；6—钢筋混凝土楼板；7—排水立管；
8—防水套管；9—密封膏；10—C20 细石混凝土翻边；
11—装饰层完成面高度

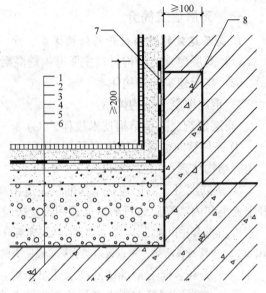

图 2-9-9 防潮墙面的底部构造
（引自《住宅室内防水工程技术规范》JGJ 298—2013）
1—楼、地面面层；2—粘结层；3—防水层；
4—找平层；5—垫层或找坡层；6—钢筋混凝
土楼板；7—防水层翻起高度；8—C20 细石混
凝土翻边

3)《住宅室内装饰装修设计规范》JGJ 367—2015 中规定：厨房地面防水层应沿墙基上翻 0.30m；卫生间地面防水层应沿墙基上翻 300mm。

6. 防水施工

防水涂料施工操作应符合下列规定：

(1) 双组分涂料应按配比要求在现场配制，并应使用机械搅拌均匀，不得有颗粒悬浮物。

(2) 防水涂料应薄涂、多遍施工，前后两遍的涂刷方向应相互垂直，涂层厚度应均匀，不得有漏刷或堆积现象。

(3) 应在前一遍涂层实干后，再涂刷下一遍涂料。

(4) 施工时宜先涂刷立面，后涂刷平面。

(5) 夹铺胎体增强材料时，应使防水涂料充分浸透胎体层，不得有折皱、翘边现象。

7. 质量验收

防水层不得渗漏。

检验方法：在防水层完成后进行蓄水试验，楼、地面蓄水高度不应小于 20mm，蓄水时间不应少于 24h；独立水容器应满池蓄水，蓄水时间不应少于 24h。

检验数量：每一自然间或每一独立水容器逐一检验。

第十节 高层建筑和幕墙构造

一、高层建筑简介

1. 高层建筑的结构材料与结构体系

（1）高层建筑的结构材料主要有钢筋混凝土和钢材。

（2）高层建筑的结构体系

1）钢筋混凝土结构体系

《高层建筑混凝土结构技术规程》JGJ 3—2010 中有如下规定：

① 高层建筑混凝土结构可采用框架、剪力墙、框架—剪力墙、板柱—剪力墙和筒体结构等结构体系。

② 钢筋混凝土高层建筑结构的最大适用高度应区分为 A 级和 B 级。A 级高度钢筋混凝土乙类和丙类高层建筑的最大适用高度应符合表 2-10-1 的规定。

注：本规程中甲类建筑、乙类建筑、丙类建筑分别为现行国家标准《建筑工程抗震设防分类标准》GB 50223 中特殊设防类、重点设防类和标准设防类的简称。

③ 平面和竖向均不规则的高层建筑结构，其最大适用高度宜适当降低。

④ A 级高度钢筋混凝土高层建筑指符合表 2-10-1 最大适用高度的建筑，也是目前数量最多，应用最广泛的建筑。当框架—剪力墙、剪力墙及筒体结构的高度超出该表的最大适用高度时，列入 B 级高度高层建筑；但其房屋高度不应超过本规程规定的最大适用高度，并应遵守本规程规定的更严格的计算和构造措施。为保证 B 级高度高层建筑的设计质量，抗震设计的 B 级高度的高层建筑，按有关规定应进行超限高层建筑的抗震设防专项审查复核。

A 级钢筋混凝土高层建筑的最大适用高度（m） 表 2-10-1

结构体系		非抗震设计	抗震设防烈度				
			6 度	7 度	8 度		9 度
					0.20g	0.30g	
框架		70	60	50	40	35	—
框架—剪力墙		150	130	120	100	80	50
剪力墙	全部落地剪力墙	150	140	120	100	80	60
	部分框支剪力墙	130	120	100	80	50	不应采用
筒体	框架—核心筒	160	150	130	100	90	70
	筒中筒	200	180	150	120	100	80
板柱-剪力墙		110	80	70	55	40	不应采用

2) 钢结构体系

《高层民用建筑钢结构技术规程》JGJ 99—2015 中规定的结构体系有：框架，框架—中心支撑，框架—偏心支撑、框架—屈曲约束支撑、框架—延性墙板，筒体（框筒、筒中筒、桁架筒、束筒）、巨型框架。高层民用建筑钢结构适用的最大高度详见表 2-10-2。

高层民用建筑钢结构适用的最大高度（m） 表 2-10-2

结构体系	非抗震设计	抗震设防烈度				
		6度	7度		8度		9度
			0.10g	0.15g	0.20g	0.30g	0.40g
框架	110	110	110	90	90	70	50
框架—中心支撑	240	220	220	200	180	150	120
框架—偏心支撑 框架—屈曲约束支撑 框架—延性墙板	260	240	240	220	200	180	160
筒体（框筒、筒中筒、桁架筒、束筒）巨型框架	360	300	300	280	260	240	180

2. **高层建筑的楼板**

① 压型钢板组合式楼板；② 现浇钢筋混凝土楼板。

3. **高层建筑的墙体**

① 填充墙：采用块材进行填充；② 幕墙。

4. **高层建筑的基础**

① 箱形基础；② 筏形基础；③ 桩箱或桩筏基础。

二、幕墙专题介绍

【相关真题：2022-074，2022-075，2022-076，2022-077，2022-084，2021-079，2021-080，2021-086，2021-087，2020-059，2020-061，2019-082，2019-083，2019-085，2019-086，2019-096，2019-097】

（一）幕墙的定义

由支承结构体系与面板组成的、可相对主体结构有一定位移能力、不分担主体结构所受外力作用的建筑外围护结构或装饰性结构。

（二）幕墙的基本规定

1. **《民用建筑设计统一标准》 GB 50352—2019 的规定**

（1）建筑幕墙应综合考虑建筑物所在地的地理、气候、环境及使用功能、高度等因素，合理选择幕墙的形式。

（2）建筑幕墙应根据不同的面板材料，合理选择幕墙的结构形式、配套材料、构造方式等。

（3）建筑幕墙应满足抗风压、水密性、气密性、保温、隔热、隔声、防火、防雷、耐撞击、光学等性能要求，且应符合国家现行有关标准的规定。

(4) 建筑幕墙设置的防护设施应符合本标准"窗的设置"的有关规定。

(5) 建筑幕墙工程宜有安装清洗装置的条件。

2. 《建筑幕墙》 GB/T 21086—2007 的规定

除了开放式幕墙的水密性能、气密性能可不作要求外，各种幕墙的抗风压性能、水密性能、气密性能、热工性能、空气声隔声性能、平面内变形和抗震性能、耐撞击性能、光学性能、承重力性能等应符合有关规范或设计要求。

(三) 幕墙的分类

(1) 按结构形式分：构件式幕墙、单元式幕墙、点支承式幕墙、全玻式幕墙、双层幕墙。其中单元式玻璃幕墙是将面板和金属框架（横梁、立柱）在工厂组装为幕墙单元，以幕墙单元形式在现场完成安装施工的框支承玻璃幕墙；单元板块的吊挂件、支撑件应具备可调整范围，并应采用不锈钢螺栓将吊挂件与立柱固定牢固，固定螺栓不得少于2个。

(2) 按面层材料分：玻璃幕墙（框支承玻璃幕墙、全玻幕墙、点支承玻璃幕墙）、石材幕墙、金属板幕墙、人造板幕墙、光电幕墙。

(3) 按面层构造分：封闭式幕墙、开放式幕墙。

(四) 玻璃幕墙概述

1. 玻璃幕墙的类型

玻璃幕墙分为框支承玻璃幕墙、全玻璃墙、点支承玻璃幕墙三大类型。框支承玻璃幕墙按幕墙形式可分为明框式、隐框式、半隐框式，按幕墙安装施工方法可分为单元式、构件式等。

2. 玻璃幕墙的材料

《全国民用建筑工程设计技术措施 规划·建筑·景观》（2009年版）第二部分指出：建筑幕墙、采光顶常用材料主要分饰面材料、骨架材料、密封材料、五金件等。

(1) 玻璃

1) 玻璃类型：有钢化玻璃、夹层玻璃、中空玻璃、浮法玻璃、防火玻璃、着色玻璃、镀膜玻璃等类型。

2) 安全玻璃：玻璃幕墙应采用安全玻璃，安全玻璃宜采用钢化玻璃、夹层玻璃等。

3) 中空玻璃

① 幕墙采用中空玻璃时，中空玻璃气体层厚度≥9mm，胶层应双道密封；

② 一道（内道）密封应采用丁基密封胶。隐框、半隐框及点支承玻璃幕墙用中空玻璃的二道（外道）密封应采用硅酮结构密封胶；明框玻璃幕墙用中空玻璃的二道密封宜采用聚硫类中空玻璃密封胶，也可采用硅酮结构密封胶。

4) 镀膜玻璃

① 离线法生产的镀膜玻璃应采用真空磁控阴极溅射法生产工艺；

② 在线法生产的镀膜玻璃应采用热喷涂法生产工艺。

5) 防火玻璃

① 防火玻璃按结构分为：复合防火玻璃（FFB）和单片防火玻璃（DFB）；

② 单片防火玻璃的厚度一般为：5mm、6mm、8mm、10mm、12mm、15mm、19mm；

③ 防火玻璃按耐火性能分为：隔热型防火玻璃（A类），即同时满足耐火完整性、耐火隔热性要求的防火玻璃；非隔热型防火玻璃（B类），即仅满足耐火完整性要求的防火玻璃。防火玻璃按耐火极限分为5个等级：0.50h、1.00h、1.50h、2.00h、3.00h。

6）低辐射（Low-E）玻璃

低辐射玻璃，即 Low-E 玻璃（Low Emissivity Glass）；它是一种镀膜玻璃，是在玻璃表面镀上多层金属或其他化合物组成的膜系产品。其镀膜层具有对可见光高透过及对中远红外线高反射的特性，使其与普通玻璃及传统的建筑用镀膜玻璃相比，具有优异的保温隔热效果和良好的透光性。

(2) 框材：可采用型钢、铝合金型材等。

(3) 密封材料

1）硅酮结构密封胶是幕墙中用于板材与金属构架、板材与板材、板材与玻璃肋之间的结构用硅酮粘结材料，简称硅酮结构胶。

2）采用胶缝传力的全玻幕墙，胶缝应采用硅酮结构密封胶。

3）非承重胶缝应采用硅酮建筑密封胶；硅酮建筑密封胶是幕墙嵌缝用的硅酮密封材料，又称耐候胶。

4）开启扇的周边缝隙宜采用氯丁橡胶、三元乙丙橡胶或硅橡胶材料的密封。

5）幕墙玻璃之间的拼接胶缝宽度应能满足玻璃和胶的变形要求，并不宜小于10mm。

(4) 其他材料

其他材料包括：五金件、填充材料（聚乙烯泡沫棒）、双面胶带、保温材料（岩棉等）。

玻璃幕墙中与铝合金型材接触的五金件应采用不锈钢材或铝制品，否则应加设绝缘垫片或采取其他防腐蚀措施。除不锈钢外，其他钢材应进行表面热浸镀锌或其他满足设计要求的防腐处理。

3. 玻璃幕墙的建筑设计

《玻璃幕墙工程技术规范》JGJ 102—2003 中规定：

(1) 一般规定

1）玻璃幕墙应根据建筑物的使用功能、立面设计，经综合技术经济分析，选择其形式、构造和材料。

2）玻璃幕墙应与建筑物整体及周围环境相协调。

3）玻璃幕墙立面的分格宜与室内空间组合相适应，不宜妨碍室内功能和视觉。在确定玻璃板块尺寸时，应有效提高玻璃原片的利用率，同时应适应钢化、镀膜、夹层等生产设备的加工能力。

4）幕墙中的玻璃板块应便于更换。

5）幕墙开启窗的设置，应满足使用功能和立面效果要求，并应启闭方便，避免设置在梁、柱、隔墙等位置。开启扇的开启角度不宜大于30°，开启距离不宜大于300mm，开启方式以上悬式为主。

6）玻璃幕墙应便于维护和清洁。高度超过40m的幕墙工程宜设置清洗设备。

(2) 性能和检测要求

1）玻璃幕墙的抗风压、气密、水密、保温、隔声等性能分级，应符合现行国家标准《建筑幕墙、门窗通用技术条件》GB/T 31433 的规定。《建筑幕墙》GB/T 21086—2007

规定：开放式建筑幕墙的抗风压性能、热工性能、空气声隔声性能应符合设计要求，而水密性能、气密性能可不作要求。

2）有采暖、通风、空气调节要求时，玻璃幕墙的气密性能不应低于3级。

3）有保温要求的玻璃幕墙应采用中空玻璃，必要时采用隔热铝合金型材；有隔热要求的玻璃幕墙宜设计适宜的遮阳装置或采用遮阳型玻璃。

4）玻璃幕墙应采用反射比不大于0.30的幕墙玻璃，对有采光功能要求的玻璃幕墙，其采光折减系数不宜低于0.20。

5）玻璃幕墙性能检测项目应包括抗风压性能、气密性能和水密性能，必要时可增加平面内变形性能及其他性能检测。

(3) 构造设计

1）玻璃幕墙的构造设计，应满足安全、实用、美观的原则，并应便于制作、安装、维修保养和局部更换。

2）明框玻璃幕墙的接缝部位、单元式玻璃幕墙的组件对插部位以及幕墙开启部位，宜按雨幕原理进行构造设计。对可能渗入雨水和形成冷凝水的部位，应采取导排构造措施。

3）玻璃幕墙的非承重胶缝应采用硅酮建筑密封胶。开启扇的周边缝隙宜采用氯丁橡胶、三元乙丙橡胶或硅橡胶密封条制品密封。

4）有雨篷、压顶及其他突出玻璃幕墙墙面的建筑构造时，应完善其结合部位的防、排水构造设计。

5）玻璃幕墙应选用具有防潮性能的保温材料或采取隔气、防潮构造措施。

6）单元式玻璃幕墙，单元间采用对插式组合构件时，纵横缝相交处应采取防渗漏封口构造措施。

7）幕墙的连接部位，应采取措施防止产生摩擦噪声。构件式幕墙的立柱与横梁连接处应避免刚性接触，可设置柔性垫片或预留1~2mm的间隙，间隙内填胶；隐框幕墙采用挂钩式连接固定玻璃组件时，挂钩接触面宜设置柔性垫片（条文说明：为了适应热胀冷缩和防止产生噪声，构件式玻璃幕墙的立柱与横梁连接处应避免刚性接触；隐框幕墙采用挂钩式连接固定玻璃组件时，在挂钩接触面宜设置柔性垫片，以避免刚性接触产生噪声，并可利用垫片起弹性缓冲作用）。

8）除不锈钢外，玻璃幕墙中不同金属材料接触处，应合理设置绝缘垫片或采取其他防腐蚀措施。

9）幕墙玻璃之间的拼接胶缝宽度应能满足玻璃和胶的变形要求，并不宜小于10mm。

10）幕墙玻璃表面周边与建筑内、外装饰物之间的缝隙不宜小于5mm，可采用柔性材料嵌缝。全玻幕墙玻璃尚应符合本规范的有关规定。

11）明框幕墙玻璃下边缘与下边框槽底之间应采用硬橡胶垫块衬托，垫块数量应为2个，厚度不应小于5mm，每块长度不应小于100mm。

例2-10-1 (2012) 幕墙用铝合金材料与其他材料接触处，一般应设置绝缘垫片或隔离材料，但与以下哪种材料接触时可以不设置？（   ）

A 水泥砂浆 　　　　　　　B 玻璃、胶条
C 混凝土构件 　　　　　　D 铝合金以外的金属

解析：玻璃、胶条与铝合金接触处，可以不设绝缘垫片或隔离材料。铝合金材料与水泥砂浆、混凝土构件及铝合金以外的金属接触处均应设绝缘垫片或隔离材料。《玻璃幕墙工程技术规范》JGJ 102—2003 第4.3.8条规定：除不锈钢外，玻璃幕墙中不同金属材料接触处，应合理设置绝缘垫片或采取其他防腐蚀措施。

答案：B

(4) 安全规定

1) 框支承玻璃幕墙，宜采用安全玻璃。
2) 点支承玻璃幕墙的面板玻璃应采用钢化玻璃。
3) 采用玻璃肋支承的点支承玻璃幕墙，其玻璃肋应采用钢化夹层玻璃。
4) 当幕墙在室内无实体窗下墙时，应设防撞栏杆。
5) 玻璃幕墙的防火设计应符合现行国家标准《建筑设计防火规范》GB 50016 的有关规定。
6) 玻璃幕墙的防火封堵构造系统，在正常使用条件下，应具有伸缩变形能力、密封性和耐久性；在遇火状态下，应在规定的耐火时限内，不发生开裂或脱落，保持相对稳定性。
7) 玻璃幕墙防火封堵构造系统的填充料及其保护性面层材料，应采用耐火极限符合设计要求的不燃烧材料或难燃烧材料。
8) 无窗槛墙的玻璃幕墙，应在每层楼板外沿设置耐火极限不低于1.0h、高度不低于0.8m的不燃烧实体裙墙或防火玻璃裙墙。
9) 玻璃幕墙与各层楼板、隔墙外沿间的缝隙，当采用岩棉或矿棉封堵时，其厚度不应小于100mm，并应填充密实；楼层间水平防烟带的岩棉或矿棉宜采用厚度不小于1.5mm的镀锌钢板承托；承托板与主体结构、幕墙结构及承托板之间的缝隙宜填充防火密封材料（如防火胶等）。当建筑要求防火分区间设置通透隔断时，可采用防火玻璃，其耐火极限应符合设计要求。
10) 同一幕墙玻璃单元，不宜跨越建筑物的两个防火分区。
11) 玻璃幕墙的防雷设计应符合国家现行标准《建筑物防雷设计规范》GB 50057—2010 和《民用建筑电气设计标准》GB 51348—2019 的有关规定。幕墙的金属框架应与主体结构的防雷体系可靠连接，连接部位应清除非导电保护层。
12) 单元式幕墙的单元组件、隐框幕墙的装配组件均应在工厂加工组装。
13) 有防火要求的幕墙玻璃，应根据建筑防火等级要求，采用相应的防火玻璃。

(5) 节能要求

1) 有保温要求的玻璃幕墙应采用中空玻璃，必要时采用隔热铝合金型材；有隔热要求的玻璃幕墙宜设计适宜的遮阳装置或采用遮阳型玻璃。
2) 有保温要求的门窗、玻璃幕墙、采光顶采用的玻璃系统应为中空玻璃、Low-E 中空玻璃、充惰性气体 Low-E 中空玻璃等保温性能良好的玻璃，保温要求高时还可采用三玻两腔、真空玻璃等。传热系数较低的中空玻璃宜采用"暖边"中空玻璃间隔条。

3) 严寒地区、寒冷地区、夏热冬冷地区、温和A区的玻璃幕墙应采用有断热构造的玻璃幕墙系统，非透光的玻璃幕墙部分、金属幕墙、石材幕墙和其他人造板材幕墙等幕墙面板背后应采用高效保温材料保温。幕墙与围护结构平壁间（除结构连接部位外）不应形成热桥，并宜对跨越室内外的金属构件或连接部位采取隔断热桥措施。

4) 严寒地区、寒冷地区、夏热冬冷地区、温和A区的门窗、透光幕墙、采光顶周边与墙体、屋面板或其他围护结构连接处应采取保温、密封构造；当采用非防潮型保温材料填塞时，缝隙应采用密封材料或密封胶密封。其他地区应采取密封构造。

5) 严寒地区、寒冷地区可采用空气内循环的双层幕墙，夏热冬冷地区不宜采用双层幕墙。

6) 对遮阳要求高的门窗、玻璃幕墙、采光顶隔热宜采用着色玻璃、遮阳型单片Low-E玻璃、着色中空玻璃、热反射中空玻璃、遮阳型Low-E中空玻璃等遮阳型的玻璃系统。

7) 向阳面的窗、玻璃门、玻璃幕墙、采光顶应设置固定遮阳或活动遮阳。固定遮阳设计可考虑阳台、走廊、雨篷等建筑构件的遮阳作用；设计时应进行夏季太阳直射轨迹分析，根据分析结果确定固定遮阳的形状和安装位置。活动遮阳宜设置在室外侧。

8) 对于非透光的建筑幕墙，应在幕墙面板的背后设置保温材料，保温材料层的热阻应满足墙体的保温要求，且不应小于1.0（m²·K)/W。

（五）框支承玻璃幕墙的构造

框支承玻璃幕墙由玻璃、横梁和立柱组成（图2-10-1）。框支承玻璃幕墙适用于多层和建筑高度不超过100m的高层建筑。

1. 玻璃

框支承玻璃幕墙单片玻璃的厚度不应小于6mm，夹层玻璃的单片厚度不宜小于5mm。夹层玻璃和中空玻璃的单片玻璃厚度相差不宜大于3mm。幕墙玻璃应尽量减少光污染。若选用热反射玻璃，其反射率不宜大于20%。

2. 横梁

横梁可采用铝合金型材或钢型材，铝合金型材的表面处理可采用阳极氧化、电泳喷涂、粉末喷涂、氟碳喷涂。钢型材宜采用高耐候钢，碳素钢型材应热浸镀锌或采取其他有效防腐措施，焊缝应涂防锈涂料；处于严重腐蚀条件下的钢型材，应预留腐蚀厚度。

图2-10-1 框支承玻璃幕墙

3. 立柱

（1）立柱可采用铝合金型材或钢型材。铝合金型材的表面处理与横梁相同；钢型材宜采用高耐候钢，碳素钢型材应采用热浸锌或采取其他有效防腐措施。处于腐蚀严重环境下的钢型材，应预留腐蚀厚度。

(2) 上、下立柱之间应留有不小于 15mm 的缝隙，闭口型材可采用长度不小于 250mm 的芯柱连接，芯柱与立柱应紧密配合。芯柱与上柱或下柱之间应采用机械连接的方法加以固定。开口型材上柱与下柱之间可采用等强型材机械连接。

(3) 多层或高层建筑中跨层通长布置立柱时，立柱与主体结构的连接支承点每层不宜少于一个；在混凝土实体墙面上，连接支承点宜加密。

每层设两个支承点时，上支承点宜采用圆孔，下支承点宜采用长圆孔。

(4) 在楼层内单独布置立柱时，其上、下端均宜与主体结构铰接，宜采用上端悬挂方式；当柱支承点可能产生较大位移时，应采用与位移相适应的支承装置。

(5) 横梁可通过角码、螺钉或螺栓与立柱连接。角码应能承受横梁的剪力，其厚度不应小于 3mm；角码与立柱之间的连接螺钉或螺栓应满足抗剪和抗扭承载力要求。

(6) 立柱与主体结构之间每个受力连接部位的连接螺栓不应少于 2 个，且连接螺栓直径不宜小于 10mm。

(7) 角码和立柱采用不同金属材料时，应采用绝缘垫片分隔或采取其他有效措施防止双金属腐蚀。

4. 预埋件

玻璃幕墙立柱与主体混凝土结构应通过预埋件连接，预埋件应在主体结构混凝土施工时埋入，预埋件的位置应准确；当没有条件采用预埋件连接时，应采用其他可靠的连接措施，并通过试验确定其承载力。

（六）全玻璃幕墙的构造

全玻璃幕墙由面板、玻璃肋和胶缝三部分组成（图 2-10-2）。多用于首层大厅或大堂，与主体结构的连接有下部支承式与上部悬挂式两种方式（图 2-10-3）。

1. 一般规定

(1) 玻璃高度大于表 2-10-3 限值的全玻幕墙应悬挂在主体结构上。

下部支承全玻幕墙的最大高度　　　　　　　　　　表 2-10-3

玻璃厚度（mm）	10, 12	15	19
最大高度（m）	4	5	6

图 2-10-2　全玻璃墙

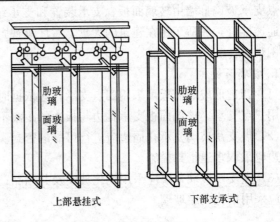

图 2-10-3　玻璃固定形式

(2) 全玻幕墙的周边收口槽壁与玻璃面板或玻璃肋的空隙均不宜小于 8mm，吊挂玻璃下端与下槽底的空隙尚应满足玻璃伸长变形的要求；玻璃与下槽底应采用弹性垫块支承或填塞，垫块长度不宜小于 100mm，厚度不宜小于 10mm；槽壁与玻璃间应采用硅酮建筑密封胶密封。

(3) 吊挂全玻幕墙的主体结构或结构构件应有足够的刚度，采用钢桁架或钢梁作为受力构件时，其挠度限值 $d_{f,1min}$ 宜取其跨度的 1/250。

(4) 吊挂式全玻幕墙的吊夹与主体结构间应设置刚性水平传力结构。

(5) 玻璃自重不宜由结构胶缝单独承受。

2. 面板

(1) 面板玻璃的厚度不宜小于 10mm；夹层玻璃单片厚度不应小于 8mm。

(2) 面板玻璃通过胶缝与玻璃肋相联结时，面板可作为支承于玻璃肋的单向简支板设计。

(3) 通过胶缝与玻璃肋连接的面板，在风荷载标准值作用下，其挠度限值宜取其跨度的 1/60；点支承面板的挠度限值宜取其支承点间较大边长的 1/60。

3. 玻璃肋

(1) 在风荷载标准值作用下，玻璃肋的挠度限值宜取其计算跨度的 1/200。

(2) 采用金属件连接的玻璃肋，其连接金属件的厚度不应小于 6mm。连接螺栓宜采用不锈钢螺栓，其直径不应小于 8mm。

连接接头应能承受截面的弯矩设计值和剪力设计值。接头应进行螺栓受剪和玻璃孔壁承压计算，玻璃验算应取侧面强度设计值。

(3) 夹层玻璃肋的等效截面厚度可取两片玻璃厚度之和。

(4) 高度大于 8m 的玻璃肋宜考虑平面外的稳定验算；高度大于 12m 的玻璃肋，应进行平面外稳定验算，必要时应采取防止侧向失稳的构造措施。

4. 胶缝

当胶缝宽度不满足结构的要求时，可采取附加玻璃板条或不锈钢条等措施，加大胶缝宽度。

（七）点支承玻璃幕墙的构造

点支承玻璃幕墙由玻璃面板、支承装置和支承结构三部分组成（图 2-10-4）。这种幕墙的通透性好，最适于用在建筑的大堂、餐厅等视野开阔的部位；但由于技术原因，开窗较为困难。

1. 玻璃面板

(1) 四边形玻璃面板可采用四点支承，有依据时也可采用六点支承；三角形玻璃面板可采用三点支承。玻璃面板支承孔边与板边的距离不宜小于 70mm。

(2) 点支承玻璃支承孔周边应进行可靠的密封。当点支承玻璃为中空玻璃时，其支承孔周边应采取多道密封措施。

(3) 点支承玻璃幕墙应采用钢化玻璃及其制品；玻璃肋支承的点支承玻璃幕墙，其玻璃肋应采用钢化夹层玻璃。

图 2-10-4 点支承玻璃幕墙

> **例 2-10-2** （2022）玻璃幕墙中无需按雨幕原理进行构造设计的是（　　）。
> A 幕墙开启部位
> B 明框幕墙玻璃幕墙的接缝部位
> C 构件式幕墙立柱与横梁连接部位
> D 单元式玻璃幕墙的组件对接部位
>
> **解析**：《玻璃幕墙工程技术规范》JGJ 102—2003 第 4.3.2 条规定：明框玻璃幕墙的接缝部位（B 选项），单元式玻璃幕墙的组件对插部位（D 项）以及幕墙开启部位（A 项），宜按雨幕原理进行构造设计。对可能渗入雨水和形成冷凝水的部位，应采取导排构造措施。
>
> **答案**：C

2. 支承装置

（1）支承装置应符合现行行业标准《建筑玻璃点支承装置》JG/T 138—2010 的规定。

（2）支承头应能适应玻璃面板在支承点处的转动变形。

（3）支承头的钢材与玻璃之间宜设置弹性材料的衬垫或衬套，衬垫和衬套的厚度不宜小于 1mm。

（4）除承受玻璃面板所传递的荷载或作用外，支承装置不应兼作其他用途。

3. 支承结构

（1）单根型钢或钢管作为支承结构时，应符合下列规定：

1）端部与主体结构的连接构造应能适应主体结构的位移；

2）竖向构件宜按偏心受压构件或偏心受拉构件设计；水平构件宜按双向受弯构件设计，有扭矩作用时，应考虑扭矩的不利影响；

3）受压杆件的长细比不应大于 150；

4）在风荷载标准值作用下，挠度限值宜取其跨度的 1/250；计算时，悬臂结构的跨度可取其悬挑长度的 2 倍。

(2) 桁架或空腹桁架设计应符合下列规定：

1）可采用型钢或钢管作为杆件。采用钢管时宜在节点处直接焊接，主管不宜开孔，支管不应穿入主管内；

2）钢管外直径不宜大于壁厚的 50 倍，支管外直径不宜小于主管外直径的 0.3 倍；钢管壁厚不宜小于 4mm，主管壁厚不应小于支管壁厚；

3）桁架杆件不宜偏心连接；弦杆与腹杠、腹杆与腹杆之间的夹角不宜小于 30°；

4）焊接钢管桁架宜按刚接体系计算，焊接钢管空腹桁架应按刚接体系计算；

5）轴心受压或偏心受压的桁架杆件，长细比不应大于 150；轴心受拉或偏心受拉的桁架杆件，长细比不应大于 350；

6）当桁架或空腹桁架平面外的不动支承点相距较远时，应设置正交方向上的稳定支撑结构；

7）在风荷载标准值作用下，其挠度限值宜取其跨度的 1/250；计算时，悬臂桁架的跨度可取其悬挑长度的 2 倍。

(3) 张拉杆索体系设计应符合下列规定：

1）应在正、反两个方向上形成承受风荷载或地震作用的稳定结构体系；在主要受力方向的正交方向，必要时应设置稳定性拉杆、拉索或桁架；

2）连接件、受压杆和拉杆宜采用不锈钢材料，拉杆直径不宜小于 10mm；自平衡体系的受压杆件可采用碳素结构钢；拉索宜采用不锈钢绞线、高强钢绞线，可采用铝包钢绞线；钢绞线的钢丝直径不宜小于 1.2mm，钢绞线直径不宜小于 8mm，受力索直径不宜小于 12mm；采用高强钢绞线时，其表面应做防腐涂层；

3）结构力学分析时宜考虑几何非线性的影响；

4）与主体结构的连接部位应能适应主体结构的位移，主体结构应能承受拉杆体系或拉索体系的预拉力和荷载作用；

5）自平衡体系、杆索体系的受压杆件的长细比不应大于 150；

6）拉杆不宜采用焊接；拉索可采用冷挤压锚具连接，拉索不应采用焊接；

7）在风荷载标准值作用下，其挠度限值宜取其支承点距离的 1/200；

8）张拉杆索体系的预拉力最小值，应使拉杆或拉索在荷载设计值作用下保持一定的预拉力储备。

(4) 点支承玻璃幕墙的五种支承结构示意见图 2-10-5。

(5) 不同支承体系的特点及适用范围见表 2-10-4。

(6) 点支承式玻璃幕墙的节点构造见图 2-10-6。

(八) 玻璃幕墙工程质量检验

《玻璃幕墙工程质量检验标准》JGJ/T 139—2020 中规定：

1. 防火检验

(1) 一般规定

玻璃幕墙工程防火构造应按防火分区总数抽查 5%，并不得少于 3 处。

(2) 幕墙防火构造的检验

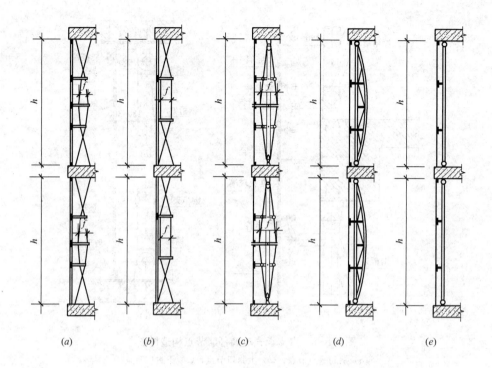

图 2-10-5 五种支承结构示意
(a) 拉索式；(b) 拉杆式；(c) 自平衡索桁架式；(d) 桁架式；(e) 立柱式

不同支承体系的特点及适用范围（mm） 表 2-10-4

项目\分类	拉索点支承玻璃幕墙	拉杆点支承玻璃幕墙	自平衡索桁架点支承玻璃幕墙	桁架点支承玻璃幕墙	立柱点支承玻璃幕墙
特点	轻盈、纤细、强度高，能实现较大跨度	轻巧、光亮，有极好的视觉效果	杆件受力合理，外形新颖，有较好的观赏性	有较大的刚度和强度，适合高大空间，综合性能好	对主体结构要求不高，整体效果简洁明快
适用范围	拉索间距 $b=1200\sim3500$ 层高 $h=3000\sim12000$ 拉索矢高 $f=h/(10\sim15)$	拉杆间距 $b=1200\sim3000$ 层高 $h=3000\sim9000$ 拉杆矢高 $f=h/(10\sim15)$	自平衡间距 $b=1200\sim3500$ 层高 $h\leqslant15000$ 自平衡索桁架矢高 $f=h/(5\sim9)$	桁架间距 $b=3000\sim15000$ 层高 $h=6000\sim40000$ 桁架矢高 $f=h/(10\sim20)$	立柱间距 $b=1200\sim3500$ 层高 $h\leqslant8000$

1) 幕墙与楼板、墙、柱之间应按设计要求设置横向、竖向连续的防火隔断。

2) 无窗槛墙的玻璃幕墙，应在每层楼板处板外沿设置耐火极限不低于1h、高度不低于1.2m的不燃烧实体墙或防火玻璃墙；当室内设置自动喷水灭火系统时，该部分墙体的高度不应小于0.8m。

3) 同一玻璃板块不宜跨越两个防火分区。

（3）幕墙防火节点的检验

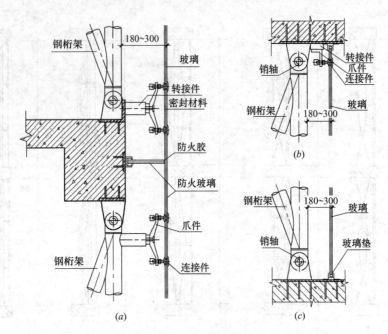

图 2-10-6 点支承式玻璃幕墙节点构造详图
(a) 层间垂直节点；(b) 上封口节点；(c) 下封口节点

1) 防火材料应安装牢固、无遗漏，并应严密无缝隙。
2) 镀锌钢衬板不得与铝合金型材直接接触，衬板安装固定后，应进行密封处理。
3) 防火层与幕墙和主体结构间的缝隙必须用防火密封材料严密封闭。

(4) 防火材料铺设的检验

1) 防火材料的种类、材质、耐火等级和铺设厚度，应满足设计要求。
2) 承托板厚度、承托板之间及承托板与幕墙结构、窗槛墙或防火裙墙之间的缝隙填充，应符合设计的规定。
3) 防火材料铺设应饱满、均匀、无遗漏，厚度应满足设计要求。
4) 防火材料不得与幕墙玻璃直接接触，防火材料朝玻璃面处宜采用装饰材料覆盖。

2. 安装质量检验

(1) 玻璃幕墙外观质量的检验

1) 钢化玻璃表面不得有爆边、裂纹、缺角。
2) 镀膜玻璃膜面应无明显变色、脱落现象。
3) 采用离线法工艺的中空玻璃或真空玻璃的镀膜面应朝向中空气体层或真空层。
4) 型材表面应清洁，无明显擦伤、划伤；铝合金型材及玻璃表面不应有铝屑、毛刺、油斑、脱膜及其他污垢。

(2) 明框玻璃幕墙安装质量的检验

1) 每块玻璃下部应设不少于两块压模成型的氯丁橡胶支承垫块，垫块的宽度应与槽口宽度相同，垫块的长度和宽度尺寸应符合现行行业标准《玻璃幕墙工程技术规范》JGJ 102 的规定并满足设计要求。
2) 密封胶条镶嵌应平整、密实、无变色，密封胶条长度宜比边框内槽口长 1.5%～

2.0%，其断口应留在四角；拼角处应粘结牢固。

3）不得采用自攻螺钉固定承受水平荷载的玻璃压条。压条的固定方式、固定点数量应满足设计要求。

（3）明框玻璃幕墙拼缝质量的检验

1）金属装饰压板应满足设计要求，表面应平整，色彩应一致，不得有变形、波纹和凹凸不平，接缝应均匀严密，截面受力部分的厚度不应小于2.0mm，且不宜小于压板宽度的1/35。

2）框支承幕墙玻璃之间的拼接胶缝的宽度应满足设计要求。硅酮建筑密封胶的施工厚度不应小于3.5mm，较深的密封槽口底部可采用聚乙烯发泡材料填塞。

3）明框拼缝外露框料或压板应横平竖直、线条通顺，并应满足设计要求。

4）当压板有防水要求时，防水构造应满足设计要求；排水孔的形状、位置、数量应满足设计要求，且排水通畅。

（4）隐框玻璃幕墙组件安装质量的检验

1）玻璃板块组件应安装牢固，固定点距离应满足设计要求且不宜大于300mm，不得采用自攻螺钉固定玻璃板块。

2）隐框玻璃板块在安装后，幕墙平面度允许偏差应为2.5mm，相邻两玻璃之间的接缝高低差不应大于1mm。

3）隐框、半隐框幕墙的胶缝必须采用硅酮结构密封胶，全玻幕墙的粘接胶缝厚度不应小于6mm。

4）隐框玻璃板块下部应设置支承玻璃的托条，托条长度不应小于100mm、厚度不应小于2mm，托条上宜设置衬垫。中空玻璃的托条应能托住外片玻璃。

5）隐框、半隐框幕墙中空玻璃的二道密封用硅酮结构密封胶应能承受外侧面板传递的荷载和作用，二道密封胶缝的有效粘结宽度应满足设计要求。

（5）全玻幕墙、点支承玻璃幕墙安装质量的检验

1）全玻幕墙玻璃与主体结构连接处应嵌入安装槽口内，玻璃与槽口的配合尺寸应符合现行行业标准《玻璃幕墙工程技术规范》JGJ 102的规定并满足设计要求。

2）全玻幕墙玻璃与槽口间的空隙应有支承垫块和定位垫块。不得用硬性材料填充固定。

3）全玻幕墙玻璃肋的宽度、厚度应满足设计要求，硅酮结构密封胶的宽度、厚度应满足设计要求，并应嵌填平顺、密实、无气泡、不渗漏。

4）全玻幕墙单片玻璃高度超过现行行业标准《玻璃幕墙工程技术规范》JGJ 102规定的限值时，应使用吊夹或采用点支承方式使玻璃悬挂。

5）点支承玻璃幕墙应使用钢化玻璃，不得使用普通平板玻璃。玻璃开孔的中心位置距边缘距离应符合现行行业标准《玻璃幕墙工程技术规范》JGJ 102的规定并满足设计要求。

6）点支承玻璃幕墙玻璃面板间的接缝宽度不应小于10mm，有密封要求时应采用硅酮建筑密封胶嵌缝。

（6）玻璃幕墙与周边密封质量的检验

1）玻璃幕墙四周与主体结构之间的缝隙，应采用防火保温材料严密填塞，水泥砂浆

不得与铝合金型材直接接触，不得采用干硬性材料填塞。内外表面应采用密封胶连续封闭，接缝应严密不渗漏，密封胶不应污染周围相邻表面。

2) 幕墙转角、上下、侧边、封口及与周边墙体的连接构造应牢固并满足密封防水要求，外表应整齐美观。

(7) 玻璃幕墙保温、隔热构造安装质量的检验

1) 幕墙安装内衬板时，内衬板四周宜套装弹性橡胶密封条，内衬板应与构件接缝严密。

2) 玻璃幕墙内的保温材料宜具有防潮性能，其热阻应符合幕墙热工设计的要求。保温材料与面板内表面的间隙应满足设计要求，且宜设置透气孔。在严寒、寒冷和夏热冬冷地区，保温层靠近室内的一侧应设置完整、密封的隔汽层，穿透保温层、隔汽层的支承连接部位应采取密封措施。

(九) 双层幕墙的构造

综合《双层幕墙》07J 103—8 标准图的相关内容：

1. 双层幕墙的组成和类型

双层幕墙是双层结构的新型幕墙，它由外层幕墙和内层幕墙两部分组成。外层幕墙通常采用点支承玻璃幕墙、明框玻璃幕墙或隐框玻璃幕墙；内层幕墙通常采用明框玻璃幕墙、隐框玻璃幕墙或铝合金门窗。

双层幕墙通常可分为内循环、外循环和开放式三大类型，是一种新型的建筑幕墙系统。具有通风换气等功能，保温、隔热和隔声效果非常明显。双层幕墙有利于建筑围护结构的隔声、保温隔热，但应根据建筑的防火要求选择双层幕墙的形式。外通风双层幕墙内层幕墙或门窗宜采用中空玻璃，内通风双层幕墙外层幕墙宜采用中空玻璃。

2. 双层幕墙的构造要点

(1) 内循环双层幕墙

外层幕墙封闭，内层幕墙与室内有进气口和出气口连接，使得双层幕墙通道内的空气与室内空气进行循环。外层幕墙采用隔热型材，玻璃通常采用中空玻璃或 Low-E 中空玻璃；内层幕墙玻璃可采用单片玻璃，空气腔厚度通常为 150～300mm。根据防火设计要求进行水平或垂直方向的防火分隔，可以满足防火规范要求。

内循环双层幕墙的特点：

1) 热工性能优越。夏季可降低空腔内空气的温度，增加舒适性；冬季可将幕墙空气腔封闭，增加保温效果。

2) 隔声效果好。由于双层幕墙的面密度高，所以空气声隔声性能优良，也不容易发生"串声"。

3) 防结露效果明显。由于外层幕墙采用隔热型材和中空玻璃，外层幕墙内侧一般不结露。

4) 便于清洁。由于双层幕墙的外层幕墙封闭，空气腔内空气与室内空气循环，便于清洁和维修保养。

5) 防火达标。双层幕墙在水平方向和垂直方向进行分隔，符合防火规范的规定。

(2) 外循环双层幕墙

内层幕墙封闭，外层幕墙与室外有进气口和出气口连接，使得双层幕墙通道内的空气

可与室外空气进行循环。内层幕墙应采用隔热型材,可设开启扇,玻璃通常采用中空玻璃或Low-E中空玻璃;外层幕墙设进风口、出风口且可开关,玻璃通常采用单片玻璃,空气腔宽度通常为500mm以上。

外循环双层幕墙通常可分为整体式、廊道式、通道式和箱体式4种类型。

外循环双层幕墙同样具有防结露、通风换气好、隔声优越、便于清洁的优点。

例2-10-3 (2013)下列幕墙形式不属于外循环双层幕墙的是哪一项?( )
A 开放式　　　　B 箱体式　　　　C 通道式　　　　D 廊道式
解析: 查找国标图集《双层幕墙》07J 103—8得知,双层幕墙包括内循环、外循环和开放式三种,而外循环双层幕墙通常可分为4种形式:整体式、廊道式、通道式和箱体式。开放式不属于外循环双层幕墙形式。
答案: A

(3) 开放式双层幕墙

外层幕墙仅具有装饰功能,通常采用单片幕墙玻璃且与室外永久连通,不封闭。

开放式双层幕墙特点:

1) 其主要功能是建筑立面的装饰性,建筑立面的防火、保温和隔声等性能都由内层围护结构完成,往往用于旧建筑的改造。

2) 有遮阳作用,其效果依设计选材而定。

3) 改善通风效果,恶劣天气不影响开窗换气。

3. 双层幕墙的技术要求

(1) 抗风压性能。双层幕墙的抗风压性能应根据幕墙所受的风荷载标准值确定,且不应小于$1kN/m^2$,并应符合《建筑结构荷载规范》GB 50009—2012和《工程结构通用规范》GB 55001的规定。

(2) 热工性能。双层幕墙的热工性能优良,提高热工性能的关键是玻璃的选用。一般选用中空玻璃或Low-E玻璃效果较好。采用加大空腔厚度只能带来热工性能的下降。

(3) 遮阳性能。在双层幕墙的空气腔中设置固定式或活动式遮阳可提高遮阳效果。

(4) 光学性能。双层幕墙的总反射比应不大于0.30。

(5) 声学性能。增加双层幕墙每层玻璃的厚度对提高隔声效果较为明显,增加空气腔厚度对提高隔声性能作用不大。

(6) 防结露性能。严寒地区不宜设计使用外循环双层幕墙,因为外循环的外层玻璃一般多用单层玻璃和普通铝型材,容易在空腔内产生结露。

(7) 防雷性能。双层幕墙系统应与主体结构的防雷体系有可靠的连接。双层幕墙设计应符合《建筑物防雷设计规范》GB 50057—2010和《民用建筑电气设计标准》GB 51348—2019的规定。

(十) 金属幕墙与石材幕墙的构造

1. 材料

(1) 石材

1) 幕墙石材宜选用火成岩,石材吸水率应小于0.8%。

2) 花岗石板材的弯曲强度应经法定检测机构检测确定,其弯曲强度不应小于 8.0MPa。

3）石板的表面处理方法应根据环境和用途决定。

4）为满足等强度计算的要求，火烧石板的厚度应比抛光石板厚 3mm。

5）石材表面应采用机械进行加工，加工后的表面应用高压水冲洗或用水和刷子清理，严禁用溶剂型的化学清洁剂清洗石材。

（2）金属材料

1）幕墙采用的不锈钢宜采用奥式体不锈钢材。

2）钢结构幕墙高度超过 40m 时，钢构件宜采用高耐候结构钢，并应在其表面涂刷防腐涂料。

3）钢构件采用冷弯薄壁型钢时，其壁厚不得小于 3.5mm。

4）铝合金幕墙应根据幕墙面积、使用年限及性能要求，分别选用铝合金单板（简称单层铝板）、铝塑复合板、铝合金蜂窝板（简称蜂窝铝板）；铝合金板材应达到国家相关标准及设计的要求。表面的处理方式有阳极氧化镀膜、电泳喷涂、静电粉末喷涂、氟碳树脂喷涂等方法。

5）根据防腐、装饰及建筑物的耐久年限的要求，对铝合金板材（单层铝板、铝塑复合板、蜂窝铝板）表面进行氟碳树脂处理时，应符合下列规定：

氟碳树脂（PVDF）含量不应低于 75%。海边及严重酸雨地区，可采用三道或四道氟碳树脂涂层，其厚度应大于 40μm；其他地区，可采用两道氟碳树脂涂层，其厚度应大于 25μm。

氟碳树脂涂层应无起泡、裂纹、剥落等现象。

6）单层铝板应符合现行国家标准的规定，幕墙和屋顶用单层铝板，厚度不应小于 2.5mm。铝合金单板最大分格尺寸（宽×高）为（2990mm×600mm）。

7）铝塑复合板应符合下列规定：

铝塑复合板的上、下两层铝合金板的厚度均应为 0.5mm，中间夹以 3～6mm 低密度的聚乙烯（PE）材料，其性能应符合现行国家标准《建筑幕墙用铝塑复合板》GB/T 17748—2016 规定的外墙板的技术要求；铝合金板与夹心层的剥离强度标准值应大于 7N/mm；用于幕墙和屋顶的铝塑复合板不应小于 4mm。

幕墙选用普通型聚乙烯铝塑复合板时，必须符合国家现行建筑设计防火规范的有关规定。

8）蜂窝铝板应符合下列规定：

应根据幕墙的使用功能和耐久年限的要求，分别选用厚度为 10mm、12mm、15mm、20mm 和 25mm 的蜂窝铝板。

厚度为 10mm 的蜂窝铝板应由 1mm 厚的正面铝合金板、0.5～0.8mm 厚的背面铝合金板及铝蜂窝粘结而成。厚度在 10mm 以上的蜂窝铝板，其正、背面铝合金板厚度均应为 1mm。以上关于蜂窝铝板规格的说明也同样适用于牛皮纸蜂窝或玻璃钢蜂窝。

（3）建筑密封材料

1）幕墙采用的橡胶制品宜采用三元乙丙橡胶、氯丁橡胶。密封胶条应为挤出成型，橡胶块应为压模成型。

2）幕墙采用的密封胶条应符合国家标准的规定。

3）幕墙应采用中性硅酮耐候密封胶，其性能应符合表 2-10-5 的规定。

幕墙硅酮耐候密封胶的性能　　　　　　　表 2-10-5

项　目	性　能	
	金属幕墙用	石材幕墙用
表干时间	1～1.5h	
流淌性	无流淌	≤1.0mm
初期固化时间（≥25℃）	3d	4d
完全固化时间（相对湿度≥50%，温度 25±2℃）	7～14d	
邵氏硬度	20～30	15～25
极限拉伸强度	0.11～0.14MPa	≥1.79MPa
断裂延伸率	—	≥300%
撕裂强度	3.8N/mm	—
施工温度	5～48℃	
污染性	无污染	
固化后的变位承受能力	25%≤δ≤50%	δ≥50%
有效期	9～12 个月	

（4）硅酮结构密封胶

1）幕墙应采用中性硅酮结构密封胶；硅酮结构密封胶分单组分和双组分，其性能应符合现行国家标准《建筑用硅酮结构密封胶》GB 16776—2005 的规定。

2）同一幕墙工程应采用同一品牌的单组分或双组分的硅酮结构密封胶，并应有保质年限的质量证书。用于石材幕墙的硅酮结构密封胶还应有证明无污染的试验报告。

3）同一幕墙工程应采用同一品牌的硅酮结构密封胶和硅酮耐候密封胶配套使用。

4）硅酮结构密封胶和硅酮耐候密封胶应在有效期内使用。

2. 构造

（1）一般规定

1）金属与石材幕墙的设计应根据建筑物的使用功能、建筑设计立面要求和技术经济能力，选择金属或石材幕墙的立面构成、结构形式和材料品质。

2）金属与石材幕墙的色调、构图和线型等立面构成，应与建筑物立面其他部位协调。

3）石材幕墙中的单块石材板面面积不宜大于 $1.5m^2$。

4）金属与石材幕墙设计应保障幕墙维护和清洗的方便与安全。

（2）幕墙性能

1）幕墙的性能应包括：风压变形性能、雨水渗漏性能、空气渗透性能、平面内变形性能、保温性能、隔声性能和耐撞击性能。

2）幕墙的性能等级应根据建筑物所在地的地理位置、气候条件、建筑物的高度、体型及周围环境进行确定。

3）幕墙构架的立柱与横梁在风荷载标准值作用下，钢型材的相对挠度不应大于 $l/300$（l 为立柱或横梁两支点间的跨度），绝对挠度不应大于 15mm；铝合金型材的相对挠度不应大于 $l/180$，绝对挠度不应大于 20mm。

4) 幕墙在风荷载标准值除以阵风系数后的风荷载值作用下，不应发生雨水渗漏。其雨水渗漏性能应符合设计要求。

5) 有热工性能要求时，幕墙的空气渗透性能应符合设计要求。

(3) 幕墙构造的基本要求

1) 幕墙的防雨水渗漏设计应符合下列规定：

幕墙构架的立柱与横梁的截面形式宜按等压原理设计。

单元幕墙或明框幕墙应有泄水孔。有霜冻的地区，应采用室内排水装置；无霜冻地区，排水装置可设在室外，但应有防风装置。石材幕墙的外表面不宜有排水管。

采用无硅酮耐候密封胶设计时，必须有可靠的防风雨措施。

2) 幕墙中不同的金属材料接触处，除不锈钢外均应设置耐热的环氧树脂玻璃纤维布或尼龙12（俗称聚十二内酰胺，PA12）垫片。

3) 幕墙的保温材料可与金属板、石板结合在一起，但应与主体结构外表面有50mm以上的空气层。

4) 上下用钢销支撑的石材幕墙，应在石板的两个侧面或在石板背面的中心区另采取安全措施，并应考虑维修方便。

5) 上下通槽式或上下短槽式的石材幕墙，均宜有安全措施，并应考虑维修方便。

6) 小单元幕墙的每一块金属板构件、石板构件都应是独立的，且应安装和拆卸方便，同时不应影响上下、左右的构件。

7) 单元幕墙的连接处、吊挂处，其铝合金型材的厚度均应通过计算确定，并不得小于5mm。

(4) 石材幕墙的构造

1) 用于石材幕墙的石板，花岗石的厚度不应小于25mm（大理石和其他石材均不应小于35mm）。

2) 钢销式石材幕墙可在非抗震设计或6度、7度抗震设计幕墙中应用，幕墙高度不宜大于20m，石板面积不宜大于$1.0m^2$。钢销和连接板应采用不锈钢。连接板截面尺寸不宜小于40mm×4mm。

3) 加工石板应符合下列规定：

① 石板连接部位应无崩坏、暗裂等缺陷；其他部位崩边不大于5mm×20mm，或缺角不大于20mm时可修补后使用，但每层修补的石板块数不应大于2%，且宜用于立面不明显部位。

② 石板的长度、宽度、厚度、直角、异型角、半圆弧形状、异型材及花纹图案造型、石板的外形尺寸均应符合设计要求。

③ 石板外表面的色泽应符合设计要求，花纹图案应按样板检查；石板四周围不得有明显的色差。

④ 火烧石应按样板检查火烧后的均匀程度，火烧石不得有暗裂、崩裂情况。

4) 钢销式安装的石板加工应符合下列规定：

① 钢销的孔位应根据石板的大小而定；孔位距离边端不得小于石板厚度的3倍，也不得大于180mm；钢销间距不宜大于600mm；边长不大于1.0m时，每边应设两个钢销，边长大于1.0m时，应采用复合连接。

② 石板的钢销孔的深度宜为22～33mm，孔的直径宜为7mm或8mm，钢销直径宜为

5mm或6mm，钢销长度宜为20～30mm。

③ 石板的钢销孔处不得有损坏或崩裂现象，孔径内应光滑、洁净。

5）通槽式安装的石板加工应符合下列规定：

① 石板的通槽宽度宜为6mm或7mm，不锈钢支撑板厚度不宜小于3.0mm，铝合金支撑板厚度不宜小于4.0mm。

② 石板开槽后不得有损坏或崩裂现象，槽口应打磨成45°倒角；槽内应光滑、洁净。

6）短槽式安装的石板加工应符合下列规定：

① 每块石板上下边应各开两个短平槽，短平槽长度不应小于100mm，在有效长度内，槽深度不宜小于15mm；开槽宽度宜为6mm或7mm；不锈钢支撑板厚度不宜小于3.0mm，铝合金支撑板厚度不宜小于4.0mm；弧形槽的有效长度不应小于80mm。

② 两短槽边距离石板两端部的距离不应小于石板厚度的3倍且不应小于85mm，也不应大于180mm。

③ 石板开槽后不得有损坏或崩裂现象，槽口应打磨成45°倒角，槽内应光滑、洁净。

7）石板的转角宜采用不锈钢支撑件或铝合金型材专用件组装，并应符合下列规定：

① 当采用不锈钢支撑件组装时，不锈钢支撑件的厚度不应小于3mm。

② 当采用铝合金型材专用件组装时，铝合金型材壁厚不应小于4.5mm，连接部位的壁厚不应小于5mm。

8）单元石板幕墙的加工组装应符合下列规定：

① 有防火要求的全石板幕墙单元，应将石板、防火板、防火材料按设计要求组装在铝合金框架上。

② 有可视部分的混合幕墙单元，应将玻璃板、石板、防火板及防火材料按设计要求组装在铝合金框架上。

③ 幕墙单元内石板之间可采用铝合金T形连接件连接；T形连接件的厚度应根据石板的尺寸及重量经计算后确定，且其最小厚度不应小于4.0mm。

幕墙单元内，边部石板与金属框架的连接，可采用铝合金L形连接件，其厚度应根据石板尺寸及重量经计算后确定，且其最小厚度不应小于4.0mm。

9）石板经切割或开槽等工序后均应将石屑用水冲干净，石板与不锈钢挂件间应采用环氧树脂型石材专用结构胶粘结。

10）已加工好的石板应立即存放于通风良好的仓库内，其角度不应小于85°。

11）石材幕墙石板的安装方式可采用钢销式、通槽式、短槽式和背栓式。

12）可维护性要求：石材幕墙的面板宜采用便于各板块独立安装和拆卸的支承固定系统，不宜采用T型挂装系统。

13）干挂石材幕墙主要挂件类型、特点及应用：

① 干挂石材幕墙是以金属挂件和高强度锚栓把石板材牢固安装于建筑外侧的以金属构架为支承系统的外墙外饰面系统，幕墙支承系统不承担主体结构荷载。石材幕墙根据各地的气候特点做成外墙外保温体系或不保温体系。

② 挂件以插板和背栓为主，基本构造分为缝挂式和背挂式两大类。插板有多种形式，如T型、L型、Y型、R型和SE组合型。背栓有固定型和可调整型。各种不同挂件及其组合适用于不同面积、不同部位及高度的幕墙上（表2-10-6）。

干挂石材幕墙主要挂件类型　　　　　　　　　　表 2-10-6

名称	挂件图例	干挂形式	适用范围	名称	挂件图例	干挂形式	适用范围
T 型			适用于小面积内外墙	SE 型	S 型 E 型		适用于大面积内外墙
L 型			适用于幕墙上下收口处	固定背栓			适用于大面积内外墙
Y 型			适用于大面积外墙	可调挂件	R 型 SE 型 背栓		适用于高层大面积内外墙
R 型			适用于大面积外墙				

注：引自国标图集《外装修（一）》06J 505-1。

③ 缝挂式插板有 T 型、L 型、SE 组合型等，但相邻板材共用一个挂件（T 型），可拆装性较差，石材破坏率高。以往常用的销钉式因石材局部受压大、易损坏，已被淘汰，目前只限于安装柱子外的弧形石板。SE 组合型是较好的缝挂方式。

④ 背挂式是采用 Y 型、R 型挂件在石材背面固定，板与板之间没有联系，排除了热胀冷缩的相互影响，安装牢固，抗震性能好，更适合于异形石材板块，是目前先进可靠的施工方式。

⑤ 背栓连接与背挂有相同的优点，它可以在工厂预先将挂件安装于石材板材上，成为小单元幕墙，在工地可直接安装，更为便捷。小单元式石材幕墙在国外已大量采用。可调型背栓是通过调整石材挂件上的调节螺栓，进一步提高幕墙的平整度，价格相对较高。

⑥ 无外保温干挂石材幕墙施工的顺序一般是：预埋件—钢角码—竖龙骨—横龙骨—挂件—石材面板。

例 2-10-4　（2011）幕墙的外围护材料采用石材与铝合金单板时，下列数据哪一项正确？（　　）

A　石材最大单块面积应≤1.8m²

B　石材常用厚度应为 18mm

C　铝合金单板最大单块面积宜≤1.8m²

D　铝合金单板最小厚度为 1.8mm

解析：查阅《金属与石材幕墙工程技术规范》JGJ 133—2001 可知：第 4.1.3 条规定，石材单块最大面积不宜大于 $1.5m^2$（A 项错误）；第 5.5.1 条规定，用于石材幕墙的石板厚度不应小于 25mm（B 项错误）；第 3.3.10 条规定，铝合金单板最小厚度为 2.5mm（D 项错误）；C 项，对铝合金单板的最大单块面积没有具体要求。

答案：C

(5) 金属幕墙的构造

1) 金属板材的品种、规格及色泽应符合设计要求；铝合金板材表面氟碳树脂涂层厚度应符合设计要求。

2) 金属板材加工允许偏差应符合表 2-10-7 的规定。

3) 单层铝板的加工应符合下列规定：

① 单层铝板折弯加工时，折弯外圆弧半径不应小于板厚的 1.5 倍。

② 单层铝板加劲肋的固定可采用电栓钉，但应确保铝板外表面不应变形、褪色，固定应牢固。

③ 单层铝板的固定耳子应符合设计要求。固定耳子可采用焊接、铆接或在铝板上直接冲压而成，并应位置准确，调整方便，固定牢固。

④ 单层铝板构件四周边应采用铆接、螺栓或胶粘与机械连接相结合的形式固定，并应做到构件刚性好，固定牢固。

金属板材加工允许偏差(mm)　　表 2-10-7

项　目		允许偏差
边　长	≤2000	±2.0
	>2000	±2.5
对边尺寸	≤2000	≤2.5
	>2000	≤3.0
对角线长度	≤2000	2.5
	>2000	3.0
折弯高度		≤1.0
平　面　度		≤2/1000
孔的中心距		±1.5

4) 铝塑复合板的加工应符合下列规定：

① 在切割铝塑复合板内层铝板和聚乙烯塑料时，应保留不小于 0.3mm 厚的聚乙烯塑料，并不得划伤外层铝板的内表面。

② 打孔、切口等外露的聚乙烯塑料及角缝，应采用中性硅酮耐候密封胶密封。

③ 在加工过程中铝塑复合板严禁与水接触。

④ 固定方式是通过铆钉固定在轻钢龙骨上。

5) 蜂窝铝板的加工应符合下列规定：

① 应根据组装要求决定切口的尺寸和形状，在切除铝芯时，不得划伤蜂窝铝板外层铝板的内表面；各部位外层铝板上，应保留 0.3~0.5mm 的铝芯。

② 直角构件的加工，折角应弯成圆弧状，角缝应采用硅酮耐候密封胶密封。

③ 大圆弧角构件的加工，圆弧部位应填充防火材料。

④ 边缘的加工，应将外层铝板折合 180°，并将铝芯包封。

⑤ 固定方式以龙骨安装为主。

6) 金属幕墙的女儿墙部分，应用单层铝板或不锈钢板加工成向内倾斜的盖顶。

7) 金属幕墙的吊挂件、安装件应符合下列规定：

单元金属幕墙使用的吊挂件、支撑件，宜采用铝合金件或不锈钢件，并应具备可调整范围；单元幕墙的吊挂件与预埋件的连接应采用穿透螺栓；铝合金立柱的连接部位的局部壁厚不得小于5mm。

（6）幕墙的防火与防雷设计

1）金属与石材幕墙的防火除应符合国家现行建筑设计防火规范的有关规定外，还应符合下列规定：

① 防火层应采取隔离措施，并应根据防火材料的耐火极限，决定防火层的厚度和宽度，且应在楼板处形成防火带。

② 幕墙的防火层必须采用经防腐处理，且厚度不小于1.5mm的耐热钢板，不得采用铝板。

③ 防火层的密封材料应采用防火密封胶；防火密封胶应有法定检测机构的防火检验报告。

2）金属与石材幕墙的防雷设计除应符合现行国家标准《建筑物防雷设计规范》GB 50057的有关规定外，还应符合下列规定：

① 在幕墙结构中应自上而下地安装防雷装置，并应与主体结构的防雷装置可靠连接。

② 导线应在材料表面的保护膜除掉部位进行连接。

③ 幕墙的防雷装置设计及安装应经建筑设计单位认可。

第十一节 变形缝构造

一、变形缝概述

受气温变化、地基不均匀沉降以及地震等因素的影响，建筑物结构内部产生附加应力和变形。如处理不当，将会使建筑物产生裂缝甚至倒塌，影响使用与安全。为了解决上述问题，一般采用以下两种解决办法：

（1）加强建筑物的整体性，使之具有足够的强度和刚度来克服这些破坏应力，不产生破裂。

（2）预先在这些变形敏感部位将结构断开，预留一定的缝隙；以保证各部分建筑物在这些缝隙处有足够的变形空间而不造成建筑物的破损。

这种为防止建筑物在外界因素作用下，结构内部产生附加变形和应力，导致建筑物开裂、碰撞甚至破坏而预留的构造缝被称为建筑变形缝，包括伸缩缝、沉降缝和防震缝。

1）为适应温度变化而设置的变形缝，称为**伸缩缝**或**温度缝**。

2）为适应地基不均匀沉降引起的破坏而设置的变形缝，称为**沉降缝**。

3）为适应地震破坏而设置的变形缝，称为**防震缝**或**抗震缝**。

（3）变形缝的设置应符合下列规定：

1）变形缝应按设缝的性质和条件设计，使其在产生位移或变形时不受阻，且不破坏建筑物。

2）根据建筑使用要求，变形缝应分别采取防水、防火、保温、隔声、防老化、防腐蚀、防虫害和防脱落等构造措施。

3）变形缝不应穿过厕所、卫生间、盥洗室和浴室等用水的房间，也不应穿过配电间等严禁有漏水的房间。

二、变形缝的设置要求

【相关真题：2021-089，2020-097】

（一）伸缩缝

当建筑物长度超过一定限度、建筑平面变化较多或结构类型较多时，建筑物会因热胀冷缩变形较大而产生开裂。为预防这种情况的发生，应沿建筑物长度方向每隔一定距离设置伸缩缝。伸缩缝的特点是建筑物地面以上部分全部断开，基础不断开，缝宽一般为20～30mm。

1.《砌体结构设计规范》GB 50003—2011 的规定

（1）正常使用条件下，应在墙体中设置伸缩缝。伸缩缝应设在因温度和收缩变形引起应力集中、砌体产生裂缝可能性最大处。伸缩缝的间距可按表2-11-1采用。

砌体房屋伸缩缝的最大间距　　　　　　表2-11-1

屋盖或楼盖类别		间距（m）
整体式或装配整体式钢筋混凝土结构	有保温层或隔热层的屋盖、楼盖	50
	无保温层或隔热层的屋盖	40
装配式无檩体系钢筋混凝土结构	有保温层或隔热层的屋盖、楼盖	60
	无保温层或隔热层的屋盖	50
装配式有檩体系钢筋混凝土结构	有保温层或隔热层的屋盖	75
	无保温层或隔热层的屋盖	60
瓦材屋盖、木屋盖或楼盖、轻钢屋盖		100

注：1. 对烧结普通砖、烧结多孔砖、配筋砌块砌体房屋，取表中数值；对石砌体、蒸压灰砂普通砖、蒸压粉煤灰普通砖、混凝土砌块、混凝土普通砖和混凝土多孔砖房屋，取表中数值乘以0.8的系数，当墙体有可靠外保温措施时，其间距可取表中数值；
2. 在钢筋混凝土屋面上挂瓦的屋盖，应按钢筋混凝土屋盖取用；
3. 层高大于5m的烧结普通砖、烧结多孔砖、配筋砌块砌体结构单层房屋，其伸缩缝间距可按表中数值乘以1.3；
4. 温差较大且变化频繁地区和严寒地区不采暖的房屋及构筑物墙体的伸缩缝的最大间距，应按表中数值予以适当减小；
5. 墙体的伸缩缝应与结构的其他变形缝相重合，缝宽度应满足各种变形缝的变形要求；在进行立面处理时，必须保证缝隙的变形作用。

（2）房屋顶层墙体，宜根据情况采取下列措施：

1）屋面应设置保温、隔热层。

2）屋面保温（隔热）层或屋面刚性面层及砂浆找平层应设置分隔缝，分隔缝间距不宜大于6m，其缝宽不小于30mm，并与女儿墙隔开。

3）采用装配式有檩体系钢筋混凝土屋盖和瓦材屋盖。

2.《混凝土结构设计规范》GB 50010—2010（2015年版）的规定

钢筋混凝土结构伸缩缝的最大间距见表2-11-2。

3.《高层建筑混凝土结构技术规程》JGJ 3—2010 的规定

（1）高层建筑混凝土结构伸缩缝的最大间距宜符合表2-11-3的规定。

钢筋混凝土结构伸缩缝的最大间距　　　　　表 2-11-2

结　构　类　型		室内或土中（m）	露天（m）
排架结构	装配式	100	70
框架结构	装配式	75	50
	现浇式	55	35
剪力墙结构	装配式	65	40
	现浇式	45	30
挡土墙及地下室墙壁等类结构	装配式	40	30
	现浇式	30	20

注：1. 装配整体式结构的伸缩缝间距，可根据结构的具体情况取表中装配式结构与现浇式结构之间的数值；
　　2. 框架—剪力墙结构或框架—核心筒结构房屋的伸缩缝间距，可根据结构的具体情况取表中框架结构与剪力墙结构之间的数值；
　　3. 当屋面无保温或隔热措施时，框架结构、剪力墙结构的伸缩缝间距宜按表中露天栏的数值取用；
　　4. 现浇挑檐、雨罩等外露结构的局部伸缩缝间距不宜大于 12m。

高层建筑混凝土结构伸缩缝的最大间距　　　　　表 2-11-3

结构体系	施工方法	最大间距（m）
框架结构	现浇	55
剪力墙结构	现浇	45

注：1. 框架—剪力墙的伸缩缝间距可根据结构的具体布置情况取表中框架结构与剪力墙结构之间的数值；
　　2. 当屋面无保温或隔热措施、混凝土的收缩较大或室内结构因施工外露时间较长时，伸缩缝间距应适当减小；
　　3. 位于气候干燥地区、夏季炎热且暴雨频繁地区的结构，伸缩缝的间距宜适当减小。

（2）当采用有效的构造措施和施工措施减小温度和混凝土收缩对结构的影响时，可适当放宽伸缩缝的间距。这些措施可包括但不限于下列方面：

1）顶层、底层、山墙和纵墙端开间等受温度变化影响较大的部位提高配筋率。

2）顶层加强保温隔热措施，外墙设置外保温层。

3）每 30～40m 间距留出施工后浇带，带宽 800～1000mm；钢筋采用搭接接头；后浇带混凝土宜在 45d 后浇筑。

4）采用收缩小的水泥、减少水泥用量、在混凝土中加入适宜的外加剂。

5）提高每层楼板的构造配筋率或采用部分预应力结构。

（二）沉降缝

《建筑地基基础设计规范》GB 50007—2011 对沉降缝设置的相关规定如下：

（1）建筑物的下列部位，宜设置沉降缝：

1）建筑平面的转折部位。

2）高度差异或荷载差异处。

3）长高比过大的砌体承重结构或钢筋混凝土框架结构的适当部位。

4）地基土的压缩性有显著差异处。

5）建筑结构或基础类型不同处。

6）分期建造房屋的交界处。

(2) 沉降缝应有足够的宽度，沉降缝宽度可按表 2-11-4 选用。沉降缝的构造特点是基础及上部结构全部断开。

房屋沉降缝的宽度　表 2-11-4

房屋层数	沉降缝宽度（mm）
2~3	50~80
4~5	80~120
5层以上	不小于 120

(3) 当采用以下措施时，高层建筑的高层部分与裙房之间可连接为整体而不设沉降缝；

1) 采用桩基，桩支承在基岩上；或采取减少沉降的有效措施并经计算，沉降差在允许范围内。

2) 主楼与裙房采用不同的基础形式，并宜先施工主楼，后施工裙房，调整土压力使后期沉降基本接近。

3) 地基承载力较高、沉降计算较为可靠时，主楼与裙房的标高预留沉降差；先施工主楼，后施工裙房，使最后两者标高基本一致。

在 2)、3) 的两种情况下，施工时应在主楼与裙房之间先留出后浇带，待沉降基本稳定后再连为整体。设计中应考虑后期沉降差的不利影响。

(三) 防震缝

1. 《建筑抗震设计规范》 GB 50011—2010 （2016年版） 的规定

(1) 体型复杂、平立面不规则的建筑，应根据不规则程度、地基基础条件和技术经济等因素的比较分析，确定是否设置防震缝，并分别符合下列要求：

1) 当在适当部位设置防震缝时，宜形成多个较规则的抗侧力结构单元；防震缝应根据抗震设防烈度、结构材料种类、结构类型、结构单元的高度和高差以及可能的地震扭转效应的情况，留有足够的宽度；其两侧的上部结构应完全分开。

2) 当设置伸缩缝和沉降缝时，其宽度应符合防震缝的要求。

(2) 多层砌体房屋应优先采用横墙承重或纵横墙共同承重的结构体系。不应采用砌体墙和混凝土墙混合承重的结构体系。有下列情况之一时宜设置防震缝，缝两侧均应设置墙体；缝宽应根据烈度和房屋高度确定，可采用 70~100mm。

1) 房屋立面高差在 6m 以上。

2) 房屋有错层，且楼板高差大于层高的 1/4。

3) 各部分结构刚度、质量截然不同。

(3) 钢筋混凝土房屋需要设置防震缝时，防震缝宽度应分别符合下列要求：

1) 框架结构（包括设置少量抗震墙的框架结构）房屋的防震缝宽度：当高度不超过 15m 时，不应小于 100mm；高度超过 15m 时，6度、7度、8度和9度分别每增加高度 5m、4m、3m 和 2m，宜加宽 20mm。

2) 框架—抗震墙结构房屋的防震缝宽度不应小于"1) 框架结构"规定数值的 70%；抗震墙结构房屋的防震缝宽度不应小于"1) 框架结构"规定数值的 50%，且均不宜小于 100mm。

3) 防震缝两侧结构类型不同时，宜按需要较宽防震缝的结构类型和较低房屋高度确定缝宽。

2. 《建筑机电工程抗震设计规范》 GB 50981—2014 的规定

(1) （室内给水排水）管道不应穿过抗震缝。当给水管道必须穿越抗震缝时宜靠近建筑物的下部穿越，且应在抗震缝两边各装一个柔性管接头或在通过抗震缝处安装门形弯头或设置伸缩节。

(2) 供暖、空气调节水管道不应穿过抗震缝。当必须穿越时，应在抗震缝两边各装一个柔性管接头或在通过抗震缝处安装门形弯头或设伸缩节。

(3) 通风、空气调节风道不应穿过抗震缝。当必须穿越时，应在抗震缝两侧各装一个柔性软接头。

(4) 电气管路不宜穿越抗震缝，当必须穿越时应符合下列规定：

1) 采用金属导管、刚性塑料导管敷设时宜靠近建筑物下部穿越，且在抗震缝两侧应各设置一个柔性管接头。

2) 电缆梯架、电缆槽盒、母线槽在抗震缝两侧应设置伸缩节。

3) 抗震缝的两端应设置抗震支撑节点并与结构可靠连接。

(5) 燃气管道布置应符合下列规定：

1) 燃气管道不应穿过抗震缝。

2) 燃气水平干管不宜跨越建筑物的沉降缝。

例 2-11-1 （2004、2005）在设防烈度为 8 度的地区，主楼为框剪结构，高 60m，裙房为框架结构，高 21m，主楼与裙房间设防震缝，缝宽至少为下列何值？（　　）

A　80m　　　　B　140mm　　　　C　185mm　　　　D　260mm

解析：《建筑抗震设计规范》GB 50011—2010（2016 年版）第 6.1.4 条规定：防震缝两侧结构类型不同时，宜按需要较宽防震缝的结构类型和较低房屋高度确定缝宽的原则，本题中需较宽防震缝的结构类型是框架结构，较低房屋也是框架结构（21m）。所以应以框架结构确定缝宽，即以建筑物高度 15m 为基数，缝宽取 100mm；建筑物高度在 8 度设防时每增加 3m，缝宽增加 20mm。故 21m 高的建筑应取 140mm。

答案：B

三、变形缝构造

【相关真题：2022-087，2022-088，2022-089，2022-090，2021-044，2021-047，2021-069，2021-088，2021-090，2020-053，2020-098，2019-079，2019-098，2019-099，2019-100】

变形缝最好设置在平面图形有变化处，以利隐蔽处理。变形缝的材料及构造应根据其部位和需要分别采取防火、防水、保温、防虫害等保护措施，并保证在产生位移或变形时不受阻挡和不被破坏。建筑物的外围护结构的变形缝，应依据建筑热工要求做保温构造。

（一）变形缝防火构造

《建筑设计防火规范》GB 50016—2014（2018 年版）中规定：

(1) 变形缝内的填充材料和变形缝的构造基层应采用不燃材料。

(2) 电线、电缆、可燃气体和甲、乙、丙类液体的管道不宜穿过建筑内的变形缝；确需穿过时，应在穿过处加设不燃材料制作的套管或采取其他防变形措施，并应采用防火封堵材料封堵。

(二) 地下工程变形缝构造

《地下工程防水技术规范》GB 50108—2008 中规定：

1. 地下工程混凝土结构变形缝

地下工程变形缝是防水工程的重点和难点。

(1) 一般规定

1) 变形缝应满足密封防水、适应变形、施工方便、检修容易等要求。

2) 用于伸缩的变形缝宜少设；可根据不同的工程结构类别、工程地质情况，采用后浇带、加强带、诱导缝等替代措施。

3) 变形缝处混凝土结构的厚度不应小于 300mm。

4) 《人民防空地下室设计规范》GB 50038—2005 规定，防空地下室结构变形缝的设置应符合下列规定：

① 在防护单元内不宜设置沉降缝、伸缩缝；

② 上部地面建筑需设置伸缩缝、防震缝时，防空地下室可不设置；

③ 室外出入口与主体结构连接处，宜设置沉降缝；

④ 钢筋混凝土结构设置伸缩缝最大间距应按国家现行有关标准执行。

(2) 设计要点

1) 用于沉降的变形缝最大允许沉降差值不应大于 30mm。

2) 变形缝的宽度宜为 20～30mm。

3) 变形缝的防水措施可根据工程开挖方法和防水等级确定。变形缝的几种复合防水构造形式，见图 2-11-1～图 2-11-3。

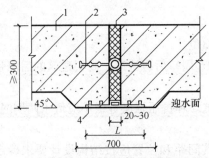

图 2-11-1 中埋式止水带与外贴
防水层复合使用

外贴式止水带 $L \geqslant 300$
外贴防水卷材 $L \geqslant 400$
外涂防水涂层 $L \geqslant 400$
1—混凝土结构；2—中埋式止水带；
3—填缝材料；4—外贴式止水带

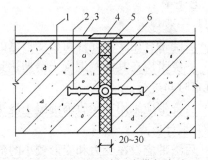

图 2-11-2 中埋式止水带与嵌缝
材料复合使用

1—混凝土结构；2—中埋式止水带；
3—防水层；4—隔离层；5—密封
材料；6—填缝材料

4) 环境温度高于 50℃处的变形缝，中埋式止水带可采用金属制作（图 2-11-4）。

5) 变形缝止水带材料：止水带一般分为刚性（金属）止水带和柔性（橡胶或塑料）止水带两类。目前，由于生产塑料及橡塑止水带的挤出成型工艺问题，造成外观尺寸误差较大，其物理力学性能不如橡胶止水带。橡胶止水带的材质以氯丁橡胶、三元乙丙橡胶为主；其质量稳定、适应能力强，国内外采用较普遍。

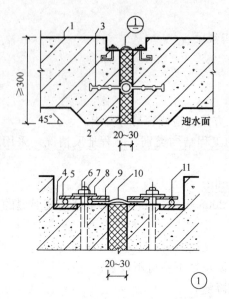
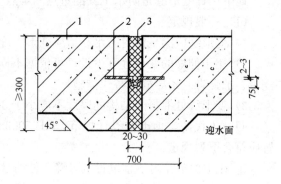

图 2-11-3 中埋式止水带与可卸式止水带复合使用

1—混凝土结构；2—填缝材料；3—中埋式止水带；
4—预埋钢板；5—紧固件压板；6—预埋螺栓；
7—螺母；8—垫圈；9—紧固件压块；
10—Ω 型止水带；11—紧固件圆钢

图 2-11-4 中埋式金属止水带
1—混凝土结构；2—金属止水带；
3—填缝材料

2. 后浇带

（1）一般规定

1）后浇带宜用于不允许留设变形缝的工程部位。

2）后浇带应在其两侧混凝土龄期达到 42d（6 周）后再施工，高层建筑的后浇带施工应按规定时间进行。

3）后浇带应采用补偿收缩混凝土浇筑，其抗渗和抗压强度等级不应低于两侧混凝土。

（2）设计要点

1）后浇带应设在受力和变形较小的部位，其间距和位置应按结构设计要求确定，通常宜为 30～60m，宽度宜为 700～1000mm。

2）后浇带两侧可做成平直缝或阶梯缝，其防水构造形式宜采用图 2-11-5～图 2-11-7。

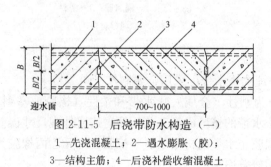
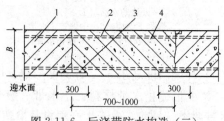

图 2-11-5 后浇带防水构造（一）
1—先浇混凝土；2—遇水膨胀（胶）；
3—结构主筋；4—后浇补偿收缩混凝土

图 2-11-6 后浇带防水构造（二）
1—先浇混凝土；2—结构主筋；3—外贴式
止水带；4—后浇补偿收缩混凝土

3) 采用掺膨胀剂的补偿收缩混凝土,水中养护14d后的限制膨胀率不应小于0.015%;膨胀剂的掺量应根据不同部位的限制膨胀率设定值经试验确定。

4) 后浇带混凝土应一次浇筑,不得留设施工缝;混凝土浇筑后应及时养护,养护时间不得少于28d。

5) 后浇带需超前止水时,后浇带部位的混凝土应局部加厚,并应增设外贴式或中埋式止水带(图2-11-8)。

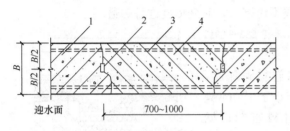

图2-11-7 后浇带防水构造(三)
1—先浇混凝土;2—遇水膨胀(胶);
3—结构主筋;4—后浇补偿收缩混凝土

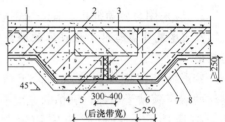

图2-11-8 后浇带超前止水构造
1—混凝土结构;2—钢丝网片;3—后浇带;4—填缝材料;5—外贴式止水带;6—细石混凝土保护层;
7—卷材防水层;8—垫层混凝土

3. 膨润土防水材料防水层

变形缝、后浇带等接缝部位应设置宽度不小于500mm的加强层,加强层应设置在防水层与结构外表面之间。

4. 地下工程种植顶板

变形缝应作为种植分区边界,不得跨缝种植。

> **例2-11-2 (2021)** 关于地下建筑变形缝的说法,正确的是( )。
> A 沉降变形缝最大允许沉降差值应≤50mm
> B 变形缝的宽度宜为40mm
> C 变形缝中埋式止水带应采用金属制作
> D 防空地下室防护单元内不宜设置变形缝
>
> 解析:参见《地下工程防水技术规范》GB 50108—2008第5.1.4条,用于沉降的变形缝最大允许沉降差值不应大于30mm(A项错误)。第5.1.5条,变形缝的宽度宜为20~30mm(B项错误)。第5.1.7条,环境温度高于50℃处的变形缝,中埋式止水带可采用金属制作(C项错误)。另据《人民防空地下室设计规范》GB 50038—2005第4.11.4条,防空地下室结构变形缝的设置应符合下列规定:1在防护单元内不宜设置沉降缝、伸缩缝(D项正确);2上部地面建筑需设置伸缩缝、防震缝时,防空地下室可不设置;3室外出入口与主体结构连接处,宜设置沉降缝;4钢筋混凝土结构设置伸缩缝最大间距应按国家现行有关标准执行。
>
> **答案:D**

(三) 墙体变形缝构造

基层墙体变形缝处应做好防水和保温构造处理。

1.《保温防火复合板应用技术规程》JGJ/T 350—2015的规定

(1)(无饰面)复合板用于变形缝部位时的外保温构造,应符合下列规定:

1）变形缝处应填充泡沫塑料，填塞深度应大于缝宽的 3 倍。

2）应采用金属盖缝板，宜采用铝板或不锈钢板，对变形缝进行封盖。

3）应在变形缝两侧的基层墙体处胶粘玻纤网，再翻包到复合板上；玻纤网的先置长度与翻包搭接长度不得小于 100mm。

（2）（有饰面）复合板用于变形缝部位时的外保温构造应符合下列规定：

1）变形缝处应填充泡沫塑料，填塞深度应大于缝宽的 3 倍。

2）应采用金属盖缝板，宜采用铝板或不锈钢板，对变形缝进行封盖。

2. 《建筑外墙防水工程技术规程》 JGJ/T 235—2011 的规定

变形缝部位应增设合成高分子防水卷材附加层，卷材两端应满粘于墙体，满粘的宽度不应小于 150mm，并应钉压固定；卷材收头应用密封材料密封；见图 2-11-9。

3. 《建筑抗震设计规范》 GB 50011—2010 （2016 年版） 的规定

女儿墙在变形缝处应留有足够的宽度，缝两侧的女儿墙自由端应予以加强。

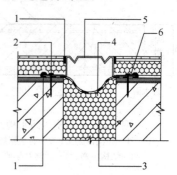

图 2-11-9　变形缝防水构造
（引自《建筑外墙防水工程技术规程》
JGJ/T 235—2011）
1—密封材料；2—锚栓；3—衬垫材料；
4—合成高分子防水卷材（两端粘结）；
5—不锈钢板；6—压条

4. 《装配式混凝土建筑技术标准》 GB/T 51231—2016 的规定

外挂墙板不应跨越主体结构的变形缝。主体结构变形缝两侧外挂墙板的构造缝应能适应主体结构的变形要求，宜采用柔性连接设计或滑动型连接设计，并采取易于修复的构造措施。

（四）地面和路面变形缝构造

1. 地面变形缝

变形缝不应穿过需要进行防水处理的房间。变形缝不宜穿过主机房（《数据中心设计规范》GB 50174—2017）。变形缝应进行防火、隔声处理；接触室外空气及上、下与不采暖房间相邻的楼面伸缩缝，还应进行保温隔热处理。

《建筑地面设计规范》GB 50037—2013 中规定：

（1）地面变形缝的设置要求

1）底层地面的沉降缝和楼层地面的沉降缝、伸缩缝及防震缝的设置均应与结构相应的缝隙位置一致，且应贯通地面的各构造层，并做盖缝处理。

2）变形缝应设在排水坡的分水线上，不得通过有液体流经或聚集的部位。

3）变形缝的构造应能使其产生位移和变形时，不受阻、不被破坏，且不破坏地面；变形缝的材料，应按不同要求分别选用具有防火、防水、保温、防油渗、防腐蚀、防虫害的材料。

4）有空气洁净度等级要求的地面不宜设变形缝，空气洁净度等级为 N1～N5 级的房间地面不应设变形缝。

注：空气洁净度等级指标分为 N1～N9 共 9 个等级，可查阅《洁净厂房设计规范》GB 50073—2013。

(2) 地面垫层的施工缝

1) 底层地面的混凝土垫层，应设置纵向缩缝（平行于施工方向的缩缝）、横向缩缝（垂直于施工方向的缩缝），并应符合下列要求：

① 纵向缩缝应采用平头缝或企口缝 [图 2-11-10(a)、图 2-11-10(b)]，其间距宜为3～6m。

② 纵向缩缝采用企口缝时，垫层的构造厚度不宜小于150mm，企口拆模时的混凝土抗压强度不宜低于3MPa。

③ 横向缩缝宜采用假缝 [图 2-11-10(c)]，其间距宜为 6～12m；高温季节施工的地面假缝间距宜为 6m。假缝的宽度宜为 5～12mm；高度宜为垫层厚度的 1/3；缝内应填水泥砂浆或膨胀型砂浆。

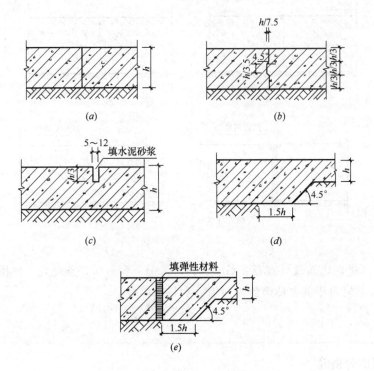

图 2-11-10 混凝土垫层缩缝
(a) 平头缝；(b) 企口缝；(c) 假缝；(d) 连续式变截面；(e) 间断式变截面
h—混凝土垫层厚度

④ 当纵向缩缝为企口缝时，横向缩缝应做假缝。

⑤ 在不同混凝土垫层厚度的交界处，当相邻垫层的厚度比大于1、小于或等于1.4时，可采取连续式变截面 [图 2-11-10(d)]；当厚度比大于1.4时，可设置间断式变截面 [图 2-11-10(e)]。

⑥ 大面积混凝土垫层应分区段浇筑。当结构设置变形缝时，应结合变形缝位置、不同类型的建筑地面连接处和设备基础的位置进行划分，并应与设置的纵向、横向缩缝的间距一致。

2) 平头缝和企口缝的缝间应紧密相贴,不得设置隔离材料。

3) 室外地面的混凝土垫层宜设伸缝,间距宜为30m,缝宽宜为20～30mm,缝内应填耐候性密封材料,沿缝两侧的混凝土边缘应局部加强。

4) 大面积密集堆料的地面,其混凝土垫层的纵向缩缝、横向缩缝,应采用平头缝,间距宜为6m。当混凝土垫层下存在软弱层时,建筑地面与主体结构四周宜设沉降缝。

5) 设置防冻胀层的地面采用混凝土垫层时,纵向缩缝和横向缩缝均应采用平头缝,其间距不宜大于3m。

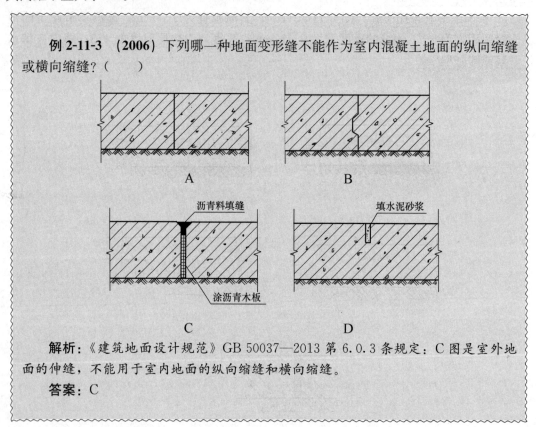

例 2-11-3 (2006) 下列哪一种地面变形缝不能作为室内混凝土地面的纵向缩缝或横向缩缝?( )

解析:《建筑地面设计规范》GB 50037—2013 第 6.0.3 条规定:C 图是室外地面的伸缝,不能用于室内地面的纵向缩缝和横向缩缝。

答案: C

(3) 面层的分格缝

直接铺设在混凝土垫层上的面层,除沥青类面层、块材类面层外,应设分格缝,并应符合下列要求:

1) 细石混凝土面层的分格缝,应与垫层的缩缝对齐。

2) 水磨石、水泥砂浆、聚合物砂浆等面层的分格缝,除应与垫层的缩缝对齐外,还应根据具体设计要求缩小间距;主梁两侧和柱周围宜分别设分格缝。

3) 防油渗面层分格缝的宽度宜为 15～20mm,其深度宜等于面层厚度;分格缝的嵌缝材料,下层宜采用防油渗胶泥,上层宜采用膨胀水泥砂浆封缝。

2. 路面变形缝

现浇混凝土路面的纵、横向缩缝间距应不大于 6m,缝宽一般为 5mm。沿长度方向每 4 格(24m)设伸缩缝一道,缝宽 20～30mm,内填弹性材料。路面宽度达到 8m 时,应在路面中间设伸缩缝一道。

(五）屋面变形缝构造

平屋面上的变形缝，可在缝的两侧砌筑 120mm 半砖墙，高度应高出屋面面层至少 250mm。寒冷地区应在缝中填塞保温材料（以聚苯乙烯泡沫塑料为佳），上部覆盖混凝土板或镀锌铁皮以遮挡雨水。

综合《民用建筑设计统一标准》GB 50352—2019、《屋面工程技术规范》GB 50345—2012、《屋面工程质量验收规范》GB 50207—2012 和《种植屋面工程技术规程》JGJ 155—2013 等规范的相关规定：

(1) 天沟、檐沟排水不得流经变形缝和防火墙。

(2)（种植屋面）变形缝上不应种植植物，变形缝墙应高于种植土，可铺设盖板作为园路。

(3) 蓄水隔热屋面在变形缝的两侧应分成两个互不连通的蓄水区。

(4) 金属板屋面变形缝的构造要点：

1) 金属檐沟、天沟的伸缩缝间距不宜大于 30m；内檐沟及内天沟应设置溢流口或溢流系统，沟内宜按 0.5% 找坡。

2) 金属板的伸缩变形除应满足咬口锁边连接或紧固件连接的要求外，还应满足檩条、檐口及天沟等的使用要求，且金属板最大伸缩变形量不应超过 100mm。

3) 金属板在主体结构的变形缝处宜断开，变形缝上部应加扣带伸缩的金属盖板。

(5) 玻璃采光顶的玻璃面板不应跨越主体结构的变形缝。

(6) 太阳能光伏系统安装时不应跨越变形缝。

(7) 变形缝防水构造应符合下列规定：变形缝内应预填不燃保温材料，上部应采用防水卷材封盖，并放置衬垫材料，再在其上干铺一层卷材。

(六）门窗与变形缝

(1) 变形缝处不得利用门框盖缝，门扇开启时不得跨缝，以免变形时卡住。

(2)（防火门）设置在建筑变形缝附近时，防火门应设置在楼层较多的一侧，并应保证防火门开启时门扇不跨越变形缝。

(七）变形缝处饰面装修构造

1. 变形缝两侧基层装修材料的燃烧性能等级

建筑内部变形缝（包括沉降缝、伸缩缝、抗震缝等）两侧基层的表面装修应采用不低于 B_1 级的装修材料。

2. 吊顶

(1)《公共建筑吊顶工程技术规程》JGJ 345—2014 中规定：

1) 大面积或狭长形的整体面层吊顶、密拼缝处理的板块面层吊顶同标高面积大于 100m² 时，或单向长度方向大于 15m 时应设置伸缩缝。当吊顶遇建筑伸缩缝时，应设计与建筑变形量相适应的吊顶变形构造做法。

2) 整体面层吊顶的伸缩缝施工应符合下列规定：

① 吊顶的伸缩缝应符合设计要求；当设计未明确且吊顶面积大于 100m² 或长度方向大于 15m 时，宜设置伸缩缝。

② 吊顶伸缩缝的两侧应设置通长次龙骨。

③ 伸缩缝的上部应采用超细玻璃棉等不燃材料将龙骨间的间隙填满。

3）板块面层吊顶的伸缩缝应符合下列规定：

① 当吊顶为单层龙骨构造时，根据伸缩缝与龙骨或条板间关系，应分别断开龙骨或条板。

② 当吊顶为双层龙骨构造时，设置伸缩缝时应完全断开变形缝两侧的吊顶。

(2)《全国民用建筑工程设计技术措施 规划·建筑·景观》（2009年版）第二部分中指出：

1）在建筑物变形缝处吊顶也应设缝，其宽度亦应与变形缝一致。

2）变形缝处主次龙骨应断开，吊顶饰面板断开，但可搭接。

3）变形缝应考虑防火、隔声、保温、防水等要求。

3. 饰面砖安装

(1) 外墙饰面砖粘结应设置伸缩缝；伸缩缝间距不宜大于6m，伸缩缝宽度宜为20mm。

(2) 外墙饰面砖伸缩缝应采用耐候密封胶嵌缝。

(3) 墙体变形缝两侧粘贴的外墙饰面砖之间的距离不应小于变形缝的宽度。

（八）幕墙变形缝构造

1. 玻璃幕墙变形缝构造

玻璃幕墙的单元板块不应跨越主体建筑的变形缝，其与主体建筑变形缝相对应的构造缝的设计，应能够适应主体建筑变形的要求。

2. 金属和石材幕墙变形缝构造

幕墙的钢框架结构应设温度变形缝。主体结构的防震缝、伸缩缝、沉降缝等部位的幕墙设计应保证外墙面的功能性和完整性。

（九）建筑变形缝装置

1. 建筑变形缝装置的概念

建筑变形缝装置是指在建筑变形缝部位，由专业厂家制造并指导安装的、既满足建筑结构使用功能又能起到装饰作用的产品。该装置主要由铝合金型材基座、金属或橡胶盖板以及连接基座和盖板的金属滑杆组成。

2. 建筑变形缝装置的种类和构造特征（表2-11-5）。

建筑变形缝装置的种类和构造特征　　　　表2-11-5

使用部位	构造特征							
	金属盖板型	金属卡锁型	橡胶嵌平型	防震型	承重型	阻火带	止水带	保温层
楼面	√	√	单列双列	√	√	—	√	—
内墙、顶棚	√	√	—	√	—	√	—	—
外墙	√	√	橡胶	√	—	—	√	√
屋面	√	—	—	√	—	—	√	√

(1) 金属盖板型

简称"盖板型"，由基座、不锈钢或铝合金盖板、连接基座及盖板的滑杆组成，基座固定在建筑变形缝两侧，滑杆呈45°安装；在地震力作用下滑动变形，使盖板保持在变形缝的中心位置。"盖板型"适用于所有部位的变形缝。

(2) 金属卡锁型

简称"卡锁型",盖板是由两侧的⊏形基座卡住。在地震力作用下,盖板在卡槽内位移变形并复位。金属卡锁型变形缝装置适用于楼、地面变形缝,内墙、吊顶变形缝,外墙变形缝,不适用于屋面变形缝。

(3) 橡胶嵌平型

简称"嵌平型",其中窄的变形缝用单根橡胶条嵌镶在两侧的基座上,称为"单列";宽的变形缝用橡胶条＋金属盖板＋橡胶条的组合体嵌镶在两侧的基座上,称为"双列"。用于外墙时,橡胶条的形状可采用WW形。"嵌平型"适用于楼、地面和外墙变形缝。

(4) 防震型

防震型变形缝装置的特点是连接基座和盖板的金属滑杆带有弹簧复位功能,楼面金属盖板两侧呈45°盘形＼＿／,基座也呈同角度⌐¬形。在地震力作用下,盖板被挤出上移,但在弹簧作用下可恢复原位;内、外墙及顶棚可采用橡胶条盖板,同样设有弹簧复位功能。

(5) 承重型

有一定荷载要求的盖板型楼面变形缝装置,其基座和盖板断面加厚,可承受1t叉车的通过荷载。

第十二节 老年人照料设施建筑和无障碍设计的构造措施

一、老年人照料设施建筑的构造要点

《老年人照料设施建筑设计标准》JGJ 450—2018,自2018年10月1日起实施。老年人照料设施是指为老年人提供集中照料服务的设施,是老年人全日照料设施和老年人日间照料设施的统称,属于公共建筑。

(一) 总则

(1) 为适应我国老年人照料设施建设发展的需要,提高老年人照料设施建筑设计质量,符合安全、健康、卫生、适用、经济、环保等基本要求,制定本标准。

(2) 本标准适用于新建、改建和扩建的设计总床位数或老年人总数不少于20床(人)的老年人照料设施建筑设计。

(二) 强制性条文

以下各条为强制性条文,必须严格执行。

(1) 道路系统应保证救护车辆能停靠在建筑的主要出入口处,且应与建筑的紧急送医通道相连。

(2) 老年人照料设施的老年人居室和老年人休息室不应设置在地下室、半地下室。

(3) 二层及以上楼层、地下室、半地下室设置老年人用房时应设电梯,电梯应为无障碍电梯,且至少1台能容纳担架。

(4) 老年人使用的楼梯严禁采用弧形楼梯和螺旋楼梯。

(5) 老年人照料设施的老年人居室和老年人休息室不应与电梯井道、有噪声振动的设备机房等相邻布置。

(6) 散热器、热水辐射供暖分集水器必须有防止烫伤的保护措施。

（三）场地设计

老年人全日照料设施应为老年人设室外活动场地；老年人日间照料设施宜为老年人设室外活动场地。老年人使用的室外活动场地位置应避免与车辆交通空间交叉，且应保证能获得日照，宜选择在向阳、避风处。室外活动场地地面应平整防滑、排水畅通；当有坡度时，坡度不应大于2.5%。

（四）建筑设计

1. 生活用房

（1）居室内应留有轮椅回转空间，主要通道的净宽不应小于1.05m，床边留有护理、急救操作空间，相邻床位的长边间距不应小于0.80m。居室门窗应采取安全防护措施及方便老年人辨识的措施。

（2）护理型床位的居室应相邻设居室卫生间，居室及居室卫生间应设满足老年人盥洗、便溺需求的设施，可设洗浴等设施；非护理型床位的居室宜相邻设居室卫生间。居室卫生间与相邻房间室内地坪不宜有高差；当有不可避免的高差时，不应大于15mm，且应以斜坡过渡。

2. 文娱与健身用房

（1）文娱与健身用房的位置应避免对老年人居室、休息室产生干扰。

（2）大型文娱与健身用房宜设置在建筑首层，地面应平整，且应邻近设置公用卫生间及储藏间。

3. 康复与医疗用房

（1）医务室使用面积不应小于10m²，平面空间形式应满足开展基本医疗服务与救治的需求，且应有较好的天然采光和自然通风条件。

（2）当设置康复用房时，除应符合国家现行有关标准的规定外，还应符合下列规定：

1）室内地面应平整，表面材料应具有防护性，房间平面布局应适应不同康复设施的使用要求；

2）宜附设盥洗盆或盥洗槽。

4. 管理服务用房

（1）厨房应满足卫生防疫等要求，且应避免厨房工作时对老年人用房的干扰。

（2）洗衣房平面布置应洁污分区，并应满足洗衣、消毒、叠衣、存放等需求；墙面、地面应易于清洁、不渗漏；宜附设晾晒场地。

5. 交通空间

（1）老年人使用的出入口和门厅应符合下列规定：

1）宜采用平坡出入口，平坡出入口的地面坡度不应大于1/20，有条件时不宜大于1/30；

2）出入口严禁采用旋转门；

3）出入口的地面、台阶、踏步、坡道等均应采用防滑材料铺装，应有防止积水的措施，严寒、寒冷地区宜采取防结冰措施；

4）出入口附近应设助行器和轮椅停放区。

（2）电梯应作为楼层间供老年人使用的主要垂直交通工具，且应符合下列规定：

1）电梯的数量应综合设施类型、层数、每层面积、设计床位数或老年人数、用房功能与规模、电梯主要技术参数等因素确定；为老年人居室使用的电梯，每台电梯服务的设计床位数不应大于120床；

2）电梯的位置应明显易找，且宜结合老年人用房和建筑出入口位置均衡设置。

(3) 老年人使用的楼梯应符合下列规定：

1）梯段通行净宽不应小于1.20m，各级踏步应均匀一致，楼梯缓步平台内不应设置踏步；

2）踏步前缘不应突出，踏面下方不应透空；

3）应采用防滑材料饰面，所有踏步上的防滑条、警示条等附着物均不应突出踏面。

6. 建筑细部

(1) 老年人照料设施建筑的主要老年人用房采光窗宜符合表 2-12-1 的窗地面积比规定。

主要老年人用房的窗地面积比　　　　　　　　　　表 2-12-1

房 间 名 称	窗地面积比（A_c/A_d）
单元起居厅、老年人集中使用的餐厅、居室、休息室、文娱与健身用房、康复与医疗用房	≥1：6
公用卫生间、盥洗室	≥1：9

注：A_c—窗洞口面积；A_d—地面面积。

(2) 老年人用房东西向开窗时，宜采取有效的遮阳措施。

(3) 老年人使用的门，开启净宽应符合下列规定：

1）老年人用房的门不应小于0.80m；有条件时，不宜小于0.90m；

2）护理型床位居室的门不应小于1.10m；

3）建筑主要出入口的门不应小于1.10m；

4）含有2个或多个门扇的门，至少应有1个门扇的开启净宽不小于0.80m。

(4) 老年人用房的阳台、上人平台应符合下列规定：

1）相邻居室的阳台宜相连通；

2）严寒及寒冷地区、多风沙地区的老年人用房阳台宜封闭，其有效通风换气面积不应小于窗面积的30%；

3）阳台、上人平台宜设衣物晾晒装置；

4）开敞式阳台、上人平台的栏杆、栏板应采取防坠落措施，且距地面0.35m高度范围内不宜留空。

(五) 专门要求

1. 无障碍设计

(1) 老年人照料设施内供老年人使用的场地及用房均应进行无障碍设计，并应符合国家现行有关标准的规定。

(2) 经过无障碍设计的场地和建筑空间均应满足轮椅进入的要求，通行净宽不应小于0.80m，且应留有轮椅回转空间。

(3) 老年人使用的室内外交通空间，当地面有高差时，应设轮椅坡道连接，且坡度不应大于1/12。当轮椅坡道的高度大于0.10m时，应同时设无障碍台阶。

(4) 交通空间的主要位置两侧应设连续扶手。

(5) 无障碍设施的地面防滑等级及防滑安全程度应符合规定。

2. 室内装修

(1) 老年人照料设施的室内装修设计宜与建筑设计结合，实行一体化设计。室内部品与家具布置应安全稳固，适合老年人生理特点和使用需求。

(2) 室内装饰材料的选择，应符合国家现行有关标准的规定。室内环境污染浓度限量应符合表 2-12-2 的规定。

室内空气污染物浓度限量　　　　　　　　　表 2-12-2

污染物	Ⅰ类民用建筑工程	Ⅱ类民用建筑工程
氡（Bq/m³）	≤150	≤150
甲醛（mg/m³）	≤0.07	≤0.08
氨（mg/m³）	≤0.15	≤0.20
苯（mg/m³）	≤0.06	≤0.09
甲苯（mg/m³）	≤0.15	≤0.20
二甲苯（mg/m³）	≤0.20	≤0.20
TVOC（mg/m³）	≤0.45	≤0.50

注：Ⅰ类民用建筑：住宅、医院、老年人照料房屋设施、幼儿园、学校教室、学生宿舍、军人宿舍等民用建筑；
Ⅱ类民用建筑：办公楼、商店、旅馆、文化娱乐场所、书店、图书馆、展览馆、体育馆、公共交通等候室、餐厅、理发店等民用建筑。

3. 安全疏散与紧急救助

(1) 老年人照料设施的人员疏散应符合现行国家标准《建筑设计防火规范》GB 50016—2014（2018 年版）的规定。

(2) 每个照料单元的用房均不应跨越防火分区。

(3) 全部老年人用房与救护车辆停靠的建筑物出入口之间的通道，应满足紧急送医需求。紧急送医通道的设置应满足担架抬行和轮椅推行的要求，且应连续、便捷、畅通。

(4) 老年人的居室门、居室卫生间门、公用卫生间厕位门、盥洗室门、浴室门等，均应选用内外均可开启的锁具及方便老年人使用的把手，且宜设应急观察装置。

4. 卫生控制

老年人照料设施的建筑和场地的设计应便于保持清洁、卫生，空间布局应有利于防止传染病传播。老年人全日照料设施设有生活用房的建筑间距应满足卫生间距要求，且不宜小于 12m。

5. 噪声控制与声环境设计

(1) 老年人照料设施应位于现行国家标准《声环境质量标准》GB 3096 规定的 0 类、1 类或 2 类声环境功能区。

(2) 当供老年人使用的室外活动场地位于 2 类声环境功能区时，宜采取隔声降噪措施。

(3) 老年人用房室内允许噪声级应符合表 2-12-3 的规定。

(4) 房间之间的隔墙或楼板、房间与走廊之间的隔墙的空气声隔声性能，应符合表 2-12-4 的规定。

(5) 居室、休息室楼板的计权规范化撞击声压级应小于 65dB。

老年人用房室内允许噪声级　　　　　表 2-12-3

房间类别		允许噪声级（等效连续 A 声级，dB）	
		昼间	夜间
生活用房	居室	≤40	≤30
	休息室	≤40	
文娱与健身用房		≤45	
康复与医疗用房		≤40	

房间之间的隔墙和楼板的空气声隔声标准　　　　　表 2-12-4

构件名称	空气声隔声评价量（R_w+C）
Ⅰ类房间与Ⅰ类房间之间的隔墙、楼板	≥50dB
Ⅰ类房间与Ⅱ类房间之间的隔墙、楼板	≥50dB
Ⅱ类房间与Ⅱ类房间之间的隔墙、楼板	≥45dB
Ⅱ类房间与Ⅲ类房间之间的隔墙、楼板	≥45dB
Ⅰ类房间与走廊之间的隔墙	≥50dB
Ⅱ类房间与走廊之间的隔墙	≥45dB

注：Ⅰ类房间——居室、休息室；
　　Ⅱ类房间——单元起居厅、老年人集中使用的餐厅、卫生间、文娱与健身用房、康复与医疗用房等；
　　Ⅲ类房间——设备用房、洗衣房、电梯间及井道等。

（六）防火设计

《建筑设计防火规范》GB 50016—2014（2018 年版）局部修订的条文，自 2018 年 10 月 1 日起实施。经此次修改的原条文同时废止。此次局部修订工作，修订完善了老年人照料设施建筑设计的基本防火技术要求，其主要内容如下：

(1) 明确了老年人照料设施的范围。
(2) 明确了老年人照料设施的允许建筑高度或层数及组合建造时的分隔要求。
(3) 明确了老年人生活用房、公共活动用房等的设置要求。
(4) 适当强化了老年人照料设施的安全疏散、避难与消防设施设置要求。

新修订条文中有关老年人照料设施的建筑构件、楼梯、电梯、消防电梯、门窗等防火构造的部分已收入前文各节之中，其他有关条文如下：

1. 建筑分类和耐火等级

(1) 独立建造的高层老年人照料设施属于一类高层民用建筑。
(2) 二级耐火等级建筑内采用不燃材料的吊顶，其耐火极限不限。

三级耐火等级的医疗建筑、中小学校的教学建筑、老年人照料设施及托儿所、幼儿园的儿童用房和儿童游乐厅等儿童活动场所的吊顶，应采用不燃材料；当采用难燃材料时，其耐火极限不应低于 0.25h。

二级和三级耐火等级建筑内门厅、走道的吊顶应采用不燃材料。

2. 防火分区和层数

独立建造的一、二级耐火等级老年人照料设施的建筑高度不宜大于 32m，不应大于 54m；独立建造的三级耐火等级老年人照料设施，不应超过 2 层。

二、建筑物的无障碍设计

【相关真题：2021-042】

《建筑与市政工程无障碍通用规范》GB 55019—2021 中规定：

本规范为强制性工程建设规范，全部条文必须严格执行。现行工程建设标准中有关规定与本规范不一致的，以本规范的规定为准。

（一）总则

(1) 新建、改建和扩建的市政和建筑工程的无障碍设施的建设和运行维护必须执行本规范。

(2) 无障碍设施的建设和运行维护应遵循下列基本原则：

1) 满足残疾人、老年人等有需求的人使用，消除他们在社会生活上的障碍；

2) 保证安全性和便利性，兼顾经济、绿色和美观；

3) 保证系统性及无障碍设施之间有效衔接；

4) 从设计、选型、验收、调试和运行维护等环节保障无障碍通行设施、无障碍服务设施和无障碍信息交流设施的安全、功能和性能；

5) 无障碍信息交流设施的建设与信息技术发展水平相适应；

6) 各级文物保护单位根据需要在不破坏文物的前提下进行无障碍设施建设。

（二）无障碍通行设施

1. 一般规定

(1) 城市开敞空间、建筑场地、建筑内部及其之间应提供连贯的无障碍通行流线。

(2) 无障碍通行流线上的标识物、垃圾桶、座椅、灯柱、隔离墩、地灯和地面布线（线槽）等设施均不应妨碍行动障碍者的独立通行。固定在无障碍通道、轮椅坡道、楼梯的墙或柱面上的物体，突出部分大于 100mm 且底面距地面高度小于 2.00m 时，其底面距地面高度不应大于 600mm，且应保证有效通行净宽。

(3) 无障碍通行流线在临近地形险要地段处应设置安全防护设施，必要时应同时设置安全警示线。

(4) 无障碍通行设施的地面应坚固、平整、防滑、不积水。

2. 无障碍通道

(1) 无障碍通道上有地面高差时，应设置轮椅坡道或缘石坡道。

(2) 无障碍通道的通行净宽不应小于 1.20m，人员密集的公共场所的通行净宽不应小于 1.80m。

(3) 无障碍通道上的门洞口应满足轮椅通行，各类检票口、结算口等应设轮椅通道，通行净宽不应小于 900mm。

(4) 无障碍通道上有井盖、箅子时，井盖、箅子孔洞的宽度或直径不应大于 13mm，条状孔洞应垂直于通行方向。

(5) 自动扶梯、楼梯的下部和其他室内外低矮空间可以进入时，应在净高不大于

2.00m处采取安全阻挡措施。

3. 轮椅坡道

(1) 轮椅坡道的坡度和坡段提升高度应符合下列规定：

1) 横向坡度不应大于1∶50，纵向坡度不应大于1∶12，当条件受限且坡段起止点的高差不大于150mm时，纵向坡度不应大于1∶10；

2) 每段坡道的提升高度不应大于750mm。

(2) 轮椅坡道的通行净宽不应小于1.20m。

(3) 轮椅坡道的起点终点和休息平台的通行净宽不应小于坡道的通行净宽，水平长度不应小于1.50m，门扇开启和物体不应占用此范围空间。

(4) 轮椅坡道的高度大于300mm且纵向坡度大于1∶20时，应在两侧设置扶手，坡道与休息平台的扶手应保持连贯。

(5) 设置扶手的轮椅坡道的临空侧应采取安全阻挡措施。

4. 无障碍出入口

(1) 无障碍出入口应为下列3种出入口之一：

1) 地面坡度不大于1∶20的平坡出入口；

2) 同时设置台阶和轮椅坡道的出入口；

3) 同时设置台阶和升降平台的出入口。

(2) 除平坡出入口外，无障碍出入口的门前应设置平台；在门完全开启的状态下，平台的净深度不应小于1.50m；无障碍出入口的上方应设置雨篷。

(3) 设置出入口闸机时，至少有一台开启后的通行净宽不应小于900mm，或者在紧邻闸机处设置供乘轮椅者通行的出入口，通行净宽不应小于900mm。

5. 门

(1) 满足无障碍要求的门应可以被清晰辨认，并应保证方便开关和安全通过。

(2) 在无障碍通道上不应使用旋转门。

(3) 满足无障碍要求的门不应设挡块和门槛，门口有高差时，高度不应大于15mm，并应以斜面过渡，斜面的纵向坡度不应大于1∶10。

(4) 满足无障碍要求的手动门应符合下列规定：

1) 新建和扩建建筑的门开启后的通行净宽不应小于900mm，既有建筑改造或改建的门开启后的通行净宽不应小于800mm；

2) 平开门的门扇外侧和里侧均应设置扶手，扶手应保证单手握拳操作，操作部分距地面高度应为0.85~1.00m；

3) 除防火门外，门开启所需的力度不应大于25N。

(5) 满足无障碍要求的自动门应符合下列规定：

1) 开启后的通行净宽不应小于1.00m；

2) 当设置手动启闭装置时，可操作部件的中心距地面高度应为0.85~1.00m。

(6) 全玻璃门应符合下列规定：

1) 应选用安全玻璃或采取防护措施，并应采取醒目的防撞提示措施；

2) 开启扇左右两侧为玻璃隔断时，门应与玻璃隔断在视觉上显著区分开，玻璃隔断并应采取醒目的防撞提示措施；

3）防撞提示应横跨玻璃门或隔断，距地面高度应为0.85～1.50m。

（7）连续设置多道门时，两道门之间的距离除去门扇摆动的空间后的净间距不应小于1.50m。

（8）满足无障碍要求的安装有闭门器的门，从闭门器最大受控角度到完全关闭前10°的闭门时间不应小于3s。

（9）满足无障碍要求的双向开启的门应在可视高度部分安装观察窗，通视部分的下沿距地面高度不应大于850mm。

6. 无障碍电梯和升降平台

（1）无障碍电梯的候梯厅应符合下列规定：

1）电梯门前应设直径不小于1.50m的轮椅回转空间，公共建筑的候梯厅深度不应小于1.80m；

2）呼叫按钮的中心距地面高度应为0.85～1.10m，且距内转角处侧墙距离不应小于400mm，按钮应设置盲文标志；

3）呼叫按钮前应设置提示盲道；

4）应设置电梯运行显示装置和抵达音响。

（2）无障碍电梯的轿厢的规格应依据建筑类型和使用要求选用。满足乘轮椅者使用的最小轿厢规格，深度不应小于1.40m，宽度不应小于1.10m。同时满足乘轮椅者使用和容纳担架的轿厢，如采用宽轿厢，深度不应小于1.50m，宽度不应小于1.60m；如采用深轿厢，深度不应小于2.10m，宽度不应小于1.10m。轿厢内部设施应满足无障碍要求。

（3）无障碍电梯的电梯门应符合下列规定：

1）应为水平滑动式门；

2）新建和扩建建筑的电梯门开启后的通行净宽不应小于900mm，既有建筑改造或改建的电梯门开启后的通行净宽不应小于800mm；

3）完全开启时间应保持不小于3s。

（4）公共建筑内设有电梯时，至少应设置1部无障碍电梯。

（5）升降平台应符合下列规定：

1）深度不应小于1.20m，宽度不应小于900mm，应设扶手、安全挡板和呼叫控制按钮，呼叫控制按钮的高度应符合本规范第2.6.1条的有关规定；

2）应采用防止误入的安全防护措施；

3）传送装置应设置可靠的安全防护装置。

7. 楼梯和台阶

（1）视觉障碍者主要使用的楼梯和台阶应符合下列规定：

1）距踏步起点和终点250～300mm处应设置提示盲道，提示盲道的长度应与梯段的宽度相对应；

2）上行和下行的第一阶踏步应在颜色或材质上与平台有明显区别；

3）不应采用无踢面和直角形突缘的踏步；

4）踏步防滑条、警示条等附着物均不应突出踏面。

（2）行动障碍者和视觉障碍者主要使用的三级及三级以上的台阶和楼梯应在两侧设置扶手。

8. 扶手

(1) 满足无障碍要求的单层扶手的高度应为850～900mm；设置双层扶手时，上层扶手高度应为850～900mm，下层扶手高度应为650～700mm。

(2) 行动障碍者和视觉障碍者主要使用的楼梯、台阶和轮椅坡道的扶手应在全长范围内保持连贯。

(3) 行动障碍者和视觉障碍者主要使用的楼梯和台阶、轮椅坡道的扶手起点和终点处应水平延伸，延伸长度不应小于300mm；扶手末端应向墙面或向下延伸，延伸长度不应小于100mm。

(4) 扶手应固定且安装牢固，形状和截面尺寸应易于抓握，截面的内侧边缘与墙面的净距离不应小于40mm。

(5) 扶手应与背景有明显的颜色或亮度对比。

9. 无障碍机动车停车位和上/落客区

(1) 应将通行方便、路线短的停车位设为无障碍机动车停车位。

(2) 无障碍机动车停车位一侧，应设宽度不小于1.20m的轮椅通道。轮椅通道与其所服务的停车位不应有高差，和人行通道有高差处应设置缘石坡道，且应与无障碍通道衔接。

(3) 无障碍机动车停车位的地面坡度不应大于1:50。

(4) 无障碍机动车停车位的地面应设置停车线、轮椅通道线和无障碍标志，并应设置引导标识。

(5) 总停车数在100辆以下时应至少设置1个无障碍机动车停车位，100辆以上时应设置不少于总停车数1%的无障碍机动车停车位；城市广场、公共绿地、城市道路等场所的停车位应设置不少于总停车数2%的无障碍机动车停车位。

(6) 无障碍小汽（客）车上客和落客区的尺寸不应小于2.40m×7.00m，和人行通道有高差处应设置缘石坡道，且应与无障碍通道衔接。

10. 缘石坡道

(1) 各种路口、出入口和人行横道处，有高差时应设置缘石坡道。

(2) 缘石坡道的坡口与车行道之间应无高差。

(3) 缘石坡道距坡道下口路缘石250～300mm处应设置提示盲道，提示盲道的长度应与缘石坡道的宽度相对应。

(4) 缘石坡道的坡度应符合下列规定：

1) 全宽式单面坡缘石坡道的坡度不应大于1:20；

2) 其他形式缘石坡道的正面和侧面的坡度不应大于1:12。

(5) 缘石坡道的宽度应符合下列规定：

1) 全宽式单面坡缘石坡道的坡道宽度应与人行道宽度相同；

2) 三面坡缘石坡道的正面坡道宽度不应小于1.20m；

3) 其他形式的缘石坡道的坡口宽度均不应小于1.50m。

(6) 缘石坡道顶端处应留有过渡空间，过渡空间的宽度不应小于900mm。

(7) 缘石坡道上下坡处不应设置雨水箅子。设置阻车桩时，阻车桩的净间距不应小于900mm。

11. 盲道

(1) 盲道的铺设应保证视觉障碍者安全行走和辨别方向。

(2) 盲道铺设应避开障碍物，任何设施不得占用盲道。

(3) 需要安全警示和提示处应设置提示盲道，其长度应与需安全警示和提示的范围相对应。行进盲道的起点、终点、转弯处，应设置提示盲道，其宽度不应小于300mm，且不应小于行进盲道的宽度。

(4) 盲道应与相邻人行道铺面的颜色或材质形成差异。

（三）无障碍服务设施

1. 一般规定

(1) 通往无障碍服务设施的通道应为无障碍通道。

(2) 具有内部使用空间的无障碍服务设施的入口和室内空间应方便乘轮椅者进入和使用，内部应设轮椅回转空间，轮椅需要通行的区域通行净宽不应小于900mm。

(3) 具有内部使用空间的无障碍服务设施的门在紧急情况下应能从外面打开。

(4) 具有内部使用空间的无障碍服务设施应设置易于识别和使用的救助呼叫装置。

(5) 无障碍服务设施的地面应坚固、平整、防滑、不积水。

(6) 无障碍服务设施内供使用者操控的照明、设备、设施的开关和调控面板应易于识别，距地面高度应为0.85~1.10m。

(7) 无障碍服务设施内安装的部件应符合下列规定：

1) 应安装牢固；

2) 安全抓杆直径应为30~40mm，内侧与墙面的净距离不应小于40mm；

3) 低位挂衣钩、低位毛巾架、低位搁物架距地面高度不应大于1.20m。

2. 公共卫生间（厕所）和无障碍厕所

(1) 满足无障碍要求的公共卫生间（厕所）应符合下列规定：

1) 女卫生间（厕所）应设置无障碍厕位和无障碍洗手盆，男卫生间（厕所）应设置无障碍厕位、无障碍小便器和无障碍洗手盆；

2) 内部应留有直径不小于1.50m的轮椅回转空间。

(2) 无障碍厕位应符合下列规定：

1) 应方便乘轮椅者到达和进出，尺寸不应小于1.80m×1.50m；

2) 如采用向内开启的平开门，应在开启后厕位内留有直径不小于1.50m的轮椅回转空间，并应采用门外可紧急开启的门闩；

3) 应设置无障碍坐便器。

(3) 无障碍厕所应符合下列规定：

1) 位置应靠近公共卫生间（厕所），面积不应小于4.00m²，内部应留有直径不小于1.50m的轮椅回转空间；

2) 内部应设置无障碍坐便器、无障碍洗手盆、多功能台、低位挂衣钩和救助呼叫装置；

3) 应设置水平滑动式门或向外开启的平开门。

(4) 公共建筑中的男、女公共卫生间（厕所），每层应至少分别设置1个满足无障碍要求的公共卫生间（厕所），或在男、女公共卫生间（厕所）附近至少设置1个独立的无障碍厕所。

3. 公共浴室和更衣室

（1）满足无障碍要求的公共浴室应符合下列规定：

1）应设置至少1个无障碍淋浴间或盆浴间和1个无障碍洗手盆；

2）无障碍淋浴间的短边宽度不应小于1.50m，淋浴间前应设一块不小于1500mm×800mm的净空间，和淋浴间入口平行的一边的长度不应小于1.50m；

3）淋浴间入口应采用活动门帘。

（2）无障碍更衣室应符合下列规定：

1）乘轮椅者使用的储物柜前应设直径不小于1.50m的轮椅回转空间；

2）乘轮椅者使用的座椅的高度应为400~450mm。

4. 无障碍客房和无障碍住房、居室

（1）乘轮椅者上下床用的床侧通道宽度不应小于1.20m。

（2）窗户可开启扇的执手或启闭开关距地面高度应为0.85~1.00m，手动开关窗户操作所需的力度不应大于25N。

5. 轮椅席位

轮椅席位应符合下列规定：

1）每个轮椅席位的净尺寸深度不应小于1.30m，宽度不应小于800mm；

2）观众席为100座及以下时应至少设置1个轮椅席位；101座~400座时应至少设置2个轮椅席位；400座以上时，每增加200个座位应至少增设1个轮椅席位；

3）在轮椅席位旁或邻近的座席处应设置1∶1的陪护席位；

4）轮椅席位的地面坡度不应大于1∶50。

6. 低位服务设施

（1）低位服务设施前应留有轮椅回转空间。

（2）低位服务设施的上表面距地面高度应为700~850mm，台面的下部应留出不小于宽750mm、高650mm、距地面高度250mm范围内进深不小于450mm、其他部分进深不小于250mm的容膝容脚空间。

（四）无障碍信息交流设施

（1）无障碍标识应纳入室内外环境的标识系统，应连续并清楚地指明无障碍设施的位置和方向。

（2）无障碍标志的安装位置和高度应保证从站立和座位的视觉角度都能够看见，并且不应被其他任何物品遮挡。

（3）无障碍设施处均应设置无障碍标识。

（4）对需要安全警示处，应同时提供包括视觉标识和听觉标识的警示标识。

（5）语音信息密集的公共场所和以声音为主要传播手段的公共服务应提供文字信息的辅助服务。

（6）在以视觉信息为主的公共服务中，应提供听觉信息的辅助服务。

《无障碍设计规范》GB 50763—2012中对无障碍的构造要求作了如下规定：

（一）缘石坡道

缘石坡道指的是位于人行道口或人行横道两端，为了避免人行道路缘石带来的通行障碍，方便行人进入人行道的一种坡道。

（1）缘石坡道的坡面应平整、防滑。

（2）宜优先选用全宽式单面坡缘石坡道。

（二）盲道

1. 盲道的一般规定

（1）盲道分为行进盲道和提示盲道。

（2）盲道的纹路应凸出路面4mm高。

（3）盲道铺设应连续，应避开树木（穴）、电线杆、拉线等障碍物，其他设施不得占用盲道。

（4）盲道的颜色宜采用中黄色。

（5）盲道型材表面应防滑。

2. 行进盲道的规定

（1）行进盲道应与人行道的走向一致。

（2）行进盲道的宽度宜为250～500mm。

（3）行进盲道宜在距围墙、花台、绿化带250～500mm处设置。

（4）行进盲道宜在距树池边缘250～500mm处设置；如无树池，行进盲道与路缘石上沿不应小于500mm；行进盲道比路缘石上沿低时，距路缘石不应小于250mm；盲道应避开非机动车停放的位置。

（5）行进盲道的触感条规格应符合表2-12-5的规定。

3. 提示盲道的规定

提示盲道的触感圆点规格应符合表2-12-6的规定。

行进盲道的触感条规格 表2-12-5

部 位	尺寸要求（mm）
面 宽	25
底 宽	35
高 度	4
中心距	62～75

提示盲道的触感圆点规格 表2-12-6

部 位	尺寸要求（mm）
表面直径	25
底面直径	35
圆点高度	4
圆点中心距	50

（三）无障碍出入口

1. 无障碍出入口的规定

（1）出入口的地面应平整、防滑。

（2）同时设置台阶和升降平台的出入口宜只用于受场地限制无法改造的工程，并应符合"无障碍电梯、升降平台"的有关规定。

（3）建筑物出入口的门厅、过厅如设置两道门，门扇同时开启时两道门的间距不应小于1.50m。

2. 无障碍出入口的轮椅坡道及平坡出入口的坡度

（1）平坡出入口地面的坡度不应大于1：20，当场地条件比较好时，不宜大于1：30。

（2）同时设置台阶和轮椅坡道的出入口，坡度应符合"轮椅坡道"的有关规定。

（四）轮椅坡道

(1) 轮椅坡道宜设计成直线形、直角形或折返形。

(2) 轮椅坡道的最大高度和水平长度应符合表 2-12-7 的规定。

轮椅坡道的最大高度和水平长度　　　　表 2-12-7

坡度	1∶20	1∶16	1∶12	1∶10	1∶8
最大高度（m）	1.20	0.90	0.75	0.60	0.30
水平长度（m）	24.00	14.40	9.00	6.00	2.40

注：其他坡度可用插入法进行计算。

(3) 轮椅坡道的坡面应平整、防滑、无反光。

例 2-12-1　（2021）可用于轮椅坡道面层的是（　　）。

A　镜面金属板　　　　　　B　设防滑条的水泥面

C　设礓䃰的混凝土面　　　D　毛面花岗石

解析：依据《无障碍设计规范》GB 50763—2012 第 3.4.5 条，轮椅坡道的坡面应平整、防滑、无反光。A 项镜面易打滑且反光，故错误。B 项表面有突出的防滑条，C 项表面呈锯齿状，均不够平整，故错误。只有毛面花岗石面层平整、防滑且无反光，D 项正确。

答案：D

（五）无障碍通道、门

(1) 无障碍通道应连续，其地面应平整、防滑、反光小或无反光，并不宜设置厚地毯。

(2) 不应采用力度大的弹簧门，并不宜采用弹簧门、玻璃门；当采用玻璃门时，应有醒目的提示标志。

(3) 在门扇内外应留有直径不小于 1.50m 的轮椅回转空间。

(4) 在单扇平开门、推拉门、折叠门的门把手一侧的墙面，应设宽度不小于 400mm 的墙面。

(5) 平开门、推拉门、折叠门的门扇应设距地 900mm 的把手，宜设视线观察玻璃，并宜在距地 350mm 范围内安装护门板。

(6) 宜与周围墙面有一定的色彩反差，方便识别。

（六）无障碍楼梯、台阶

1. 无障碍楼梯的规定

(1) 宜采用直线形楼梯。

(2) 公共建筑楼梯的踏步宽度不应小于 280mm，踏步高度不应大于 160mm。

(3) 宜在两侧均做扶手。

(4) 如采用栏杆式楼梯，在栏杆下方宜设置安全阻挡措施。

(5) 踏面应平整防滑或在踏步前缘设防滑条。

（6）踏面和踢面的颜色宜有区分和对比。

2. 台阶的无障碍规定

（1）公共建筑的室内外台阶踏步宽度不宜小于300mm，踏步高度不宜大于150mm，并不应小于100mm。

（2）踏步应防滑。

（七）无障碍电梯、升降平台

1. 无障碍电梯候梯厅的规定

（1）候梯厅深度不应小于1.50m，公共建筑及设置病床的候梯厅深度不宜小于1.80m。

（2）电梯门洞的净宽度不宜小于900mm。

（3）电梯入口处宜设提示盲道。

2. 无障碍电梯轿厢的规定

（1）在轿厢三面壁上应设高850～900mm扶手，应符合"扶手"的有关规定。

（2）轿厢正面高900mm处至顶部应安装镜子或采用有镜面效果的材料。

（3）轿厢的规格应依据建筑性质和使用要求的不同而选用。最小规格：深度不应小于1.40m，宽度不应小于1.10m；中型规格：深度不应小于1.60m，宽度不应小于1.40m；医疗建筑与老人建筑宜采用病床专用电梯。

（八）扶手

（1）扶手应安装坚固，形状易于抓握。圆形扶手直径应为35～50mm，矩形扶手截面宽度应为35～50mm。

（2）扶手的材质宜选用防滑、热惰性指标好的材料。

（九）公共厕所、无障碍厕所

1. 无障碍厕位的规定

（1）无障碍厕位应方便乘轮椅者到达和进出，尺寸宜为2.00m×1.50m，并不应小于1.80m×1.50m。

（2）无障碍厕位的门宜向外开启，如向内开启，需在开启后厕位内留有直径不小于1.50m的轮椅回转空间，门的通行净宽不应小于800mm，平开门外侧应设高900mm的横扶把手，在关闭的门扇里侧设高900mm的关门拉手，并应采用门外可紧急开启的插销。

（3）厕位内应设坐便器，厕位两侧距地面700mm处应设长度不小于700mm的水平安全抓杆，另一侧应设高度为1.40m的垂直安全抓杆。

2. 无障碍厕所的要求

（1）位置宜靠近公共厕所，应方便乘轮椅者进入和进行回转，回转直径不小于1.50m。

（2）当采用平开门，门扇宜向外开启，如向内开启，需在开启后留有直径不小于1.50m的轮椅回转空间，门的通行净宽度不应小于800mm，平开门应设高900mm的横扶把手，在门扇里侧应采用门外可紧急开启的门锁。

（3）地面应防滑、不积水。

（十）公共浴室

公共浴室无障碍设计的规定：

（1）公共浴室的入口和室内空间应方便乘轮椅者进入和使用，浴室内部应能保证轮椅进行回转，回转直径不小于1.50m。

（2）无障碍浴室地面应防滑、不积水。

（十一）无障碍客房

（1）房间内应有空间保证轮椅进行回转，回转直径不小于1.50m。

（2）无障碍客房的门应符合"门"的有关规定。

（3）无障碍客房卫生间内应保证轮椅进行回转，回转直径不小于1.50m，卫生器具应设置安全抓杆，其地面、门、内部设施均应符合相关的规定。

（十二）无障碍住房及宿舍

（1）户门及户内门开启后的净宽应符合"门"的有关规定。

（2）通往卧室、起居室（厅）、厨房、卫生间、储藏室及阳台的通道应为无障碍通道，并应按规定设置扶手。

（3）浴盆、淋浴、坐便器、洗手盆及安全抓杆等应符合相关规定。

（4）无障碍住房及宿舍的其他规定：

1）单人卧室面积不应小于7.00m^2，双人卧室面积不应小于10.50m^2，兼起居室的卧室面积不应小于16.00m^2，起居室面积不应小于14.00m^2，厨房面积不应小于6.00m^2；

2）设坐便器、洗浴器（浴盆或淋浴）、洗面盆三件卫生洁具的卫生间面积不应小于4.00m^2；设坐便器、洗浴器两件卫生洁具的卫生间面积不应小于3.00m^2；设坐便器、洗面器两件卫生洁具的卫生间面积不应小于2.50m^2；单设坐便器卫生间面积不应小于2.00m^2；

3）供乘轮椅者使用的厨房，操作台下方净宽和高度都不应小于650mm，深度不应小于250mm；

4）居室和卫生间内应设置救助呼叫按钮；

5）家具和电器控制开关的位置和高度应方便乘轮椅者靠近和使用；

6）供听力障碍者使用的住宅和公寓应安装闪光提示门铃。

（十三）轮椅席位

（1）观众厅内通往轮椅席位的通道宽度不应小于1.20m。

（2）轮椅席位的地面应平整、防滑，在边缘处应安装栏杆或栏板。

（十四）低位服务设施

（1）设置低位服务设施的范围包括问讯台、服务窗口、电话台、安检验证台、行李托运台、借阅台、各种业务台、饮水机等。

（2）低位服务设施前应有轮椅回转空间，回转直径应不小于1.50m。

（3）挂式电话离地不应高于900mm。

第十三节 绿色建筑材料与构造

《绿色建筑评价标准》GB/T 50378—2019中规定：

一、总则

1. 本标准适用于民用建筑绿色性能的评价。
2. 绿色建筑评价应遵循因地制宜的原则，结合建筑所在地域的气候、环境、资源、经济和文化等特点，对建筑全寿命期内的安全耐久、健康舒适、生活便利、资源节约、环境宜居等性能进行综合评价。

二、术语

1. 绿色建筑：在全寿命期内，节约资源、保护环境、减少污染，为人们提供健康、适用、高效的使用空间，最大限度地实现人与自然和谐共生的高质量建筑。
2. 绿色性能：涉及建筑安全耐久、健康舒适、生活便利、资源节约（节地、节能、节水、节材）和环境宜居等方面的综合性能。
3. 绿色建材：在全寿命期内可减少对资源的消耗、减轻对生态环境的影响，具有节能、减排、安全、健康、便利和可循环特征的建材产品。

三、基本规定

1. 一般规定

（1）绿色建筑评价应以单栋建筑或建筑群为评价对象。评价对象应落实并深化上位法定规划及相关专项规划提出的绿色发展要求；涉及系统性、整体性的指标，应基于建筑所属工程项目的总体进行评价。

（2）绿色建筑评价应在建筑工程竣工后进行。在建筑工程施工图设计完成后，可进行预评价。

2. 评价与等级划分

（1）绿色建筑评价指标体系应由安全耐久、健康舒适、生活便利、资源节约、环境宜居5类指标组成，且每类指标均包括控制项和评分项；评价指标体系还统一设置加分项。

（2）控制项的评定结果应为达标或不达标；评分项和加分项的评定结果应为分值。

（3）绿色建筑划分应为基本级、一星级、二星级、三星级4个等级。

（4）当满足全部控制项要求时，绿色建筑等级应为基本级。

四、5类指标控制项与评分项

（1）采取提升建筑部品部件耐久性的措施，评价总分值为10分，并按下列规则分别评分并累计：

1）使用耐腐蚀、抗老化、耐久性能好的管材、管线、管件，得5分；

2）活动配件选用长寿产品，并考虑部品组合的同寿命性；不同使用寿命的部品组合时，采用便于分别拆换、更新和升级的构造，得5分。

（2）提高建筑结构材料的耐久性，评价总分值为10分，并按下列规则评分：

1）按100年进行耐久性设计，得10分。

2）采用耐久性能好的建筑结构材料，满足下列条件之一，得10分：

① 对于混凝土构件，提高钢筋保护层厚度或采用高耐久混凝土；

② 对于钢构件，采用耐候结构钢及耐候型防腐涂料；

③ 对于木构件，采用防腐木材、耐久木材或耐久木制品。

（3）合理采用耐久性好、易维护的装饰装修建筑材料，评价总分值为9分，并按下列规则分别评分并累计：

1）采用耐久性好的外饰面材料，得3分；

2）采用耐久性好的防水和密封材料，得3分；

3）采用耐久性好、易维护的室内装饰装修材料，得3分。

（4）控制室内主要空气污染物的浓度，评价总分值为12分，并按下列规则分别评分并累计：

1）氨、甲醛、苯、总挥发性有机物、氡等污染物浓度低于现行国家标准《室内空气质量标准》GB/T 18883规定限值的10%，得3分；低于20%，得6分；

2）室内$PM_{2.5}$年均浓度不高于$25\mu g/m^3$，且室内PM_{10}年均浓度不高于$50\mu g/m^3$，得6分。

（5）选用的装饰装修材料满足国家现行绿色产品评价标准中对有害物质限量的要求，评价总分值为8分。选用满足要求的装饰装修材料达到3类及以上，得5分；达到5类及以上，得8分。

（6）建筑造型要素应简约，应无大量装饰性构件，并应符合下列规定：

1）住宅建筑的装饰性构件造价占建筑总造价的比例不应大于2%；

2）公共建筑的装饰性构件造价占建筑总造价的比例不应大于1%。

（7）选用的建筑材料应符合下列规定：

1）500km以内生产的建筑材料重量占建筑材料总重量的比例应大于60%；

2）现浇混凝土应采用预拌混凝土，建筑砂浆应采用预拌砂浆。

（8）合理选用建筑结构材料与构件，评价总分值为10分，并按下列规则评分：

1）混凝土结构，按下列规则分别评分并累计。

① 400MPa级及以上强度等级钢筋应用比例达到85%得5分；

② 混凝土竖向承重结构采用强度等级不小于C50混凝土用量占竖向承重结构中混凝土总量的比例达到50%，得5分。

2）钢结构，按下列规则分别评分并累计：

① Q345及以上高强钢材用量占钢材总量的比例达到50%，得3分；达到70%，得4分；

② 螺栓连接等非现场焊接节点占现场全部连接、拼接节点的数量比例达到50%，得4分；

③ 采用施工时免支撑的楼屋面板，得2分。

3）混合结构，对其混凝土结构部分、钢结构部分，分别按本条第1款、第2款进行评价，得分取各项得分的平均值。

（9）建筑装修选用工业化内装部品，评价总分值为8分。建筑装修选用工业化内装部品占同类部品用量比例达到50%以上的部品种类，达到1种，得3分；达到3种，得5分；达到3种以上，得8分。

（10）选用可再循环材料、可再利用材料及利废建材，评价总分值为12分，并按下列规则分别评分并累计：

1) 可再循环材料和可再利用材料用量比例，按下列规则评分：
① 住宅建筑达到 6%或公共建筑达到 10%，得 3 分。
② 住宅建筑达到 10%或公共建筑达到 15%，得 6 分。
2) 利废建材选用及其用量比例，按下列规则评分：
① 采用一种利废建材，其占同类建材的用量比例不低于 50%，得 3 分。
② 选用两种及以上的利废建材，每一种占同类建材的用量比例均不低于 30%，得 6 分。

(11) 选用绿色建材，评价总分值为 12 分。绿色建材应用比例不低于 30%，得 4 分；不低于 50%，得 8 分；不低于 70%，得 12 分。

五、提高与创新

1. 一般规定

(1) 绿色建筑评价时，应按本章规定对提高与创新项进行评价。
(2) 提高与创新项得分为加分项得分之和，当得分大于 100 分时，应取为 100 分。

2. 加分项

(1) 采取措施进一步降低建筑供暖空调系统的能耗。
(2) 采用适宜地区特色的建筑风貌设计，因地制宜传承地域建筑文化。
(3) 合理选用废弃场地进行建设，或充分利用尚可使用的旧建筑。
(4) 场地绿容率不低于 3.0。
(5) 采用符合工业化建造要求的结构体系与建筑构件。
(6) 应用建筑信息模型（BIM）技术。
(7) 进行建筑碳排放计算分析，采取措施降低单位建筑面积碳排放强度。
(8) 按照绿色施工的要求进行施工和管理。
(9) 采用建设工程质量潜在缺陷保险产品。
(10) 采取节约资源、保护生态环境、保障安全健康、智慧友好运行、传承历史文化等其他创新，并有明显效益。

习　题

2-1 （2022）在稳定路基条件下，下列人行道路面构造中，可不设垫层的是（　　）。
　A　水泥混凝土预制块＋整平层＋刚性基层
　B　水泥混凝土预制块＋整平层＋半刚性基层
　C　现浇水泥混凝土＋整平层＋柔性基层
　D　石材广场砖＋整平层＋刚性基层

2-2 （2022）图示透水水泥混凝土路面不宜用于（　　）。

A 机动车道　　　　B 人行道　　　　C 景观硬地　　　　D 广场

2-3 (2022) 关于地下工程种植顶板构造的说法，错误的是（　　）。
　　A 地下工程种植顶板的防水等级应为一级
　　B 种植顶板保温层可选用散状保温材料
　　C 种植顶板结构层厚度不应小于 250mm
　　D 种植顶板面积较大时，应设计蓄水装置

2-4 (2022) 下列关于地下工程卷材防水层构造的说法，错误的是（　　）。
　　A 顶板细石混凝土保护层与防水层之间宜设隔离层
　　B 人工回填土可不设防水的保护层
　　C 底板细石混凝土保护层厚度不应小于 50mm
　　D 侧墙宜采用软质保护材料

2-5 (2022) 受振动荷载的工程不宜采用（　　）。
　　A 防水砂浆　　　　　　　　B 有机防水涂料
　　C 防水卷材　　　　　　　　D 无机防水涂料

2-6 (2022) 岩棉板外墙保温工程的基层墙体，不宜采用的是（　　）。
　　A 混凝土墙　　　　　　　　B 空心砌块墙
　　C 实心砖墙　　　　　　　　D 强度等级 A5.0 的蒸压加气混凝土砌块墙

2-7 (2022) 下列双层压型金属板保温外墙构造，正确的是（　　）。

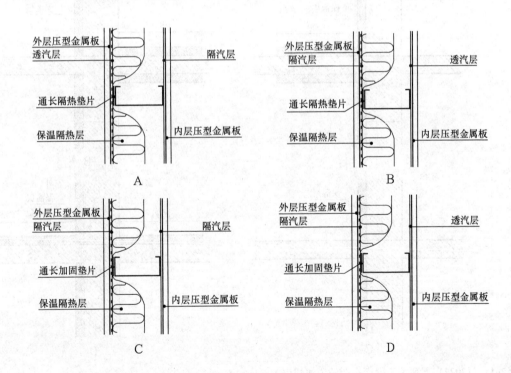

2-8 (2022) 下列关于近零能耗的断桥外窗构造的说法错误的是（　　）。
　　A 采用外保温系统时，门窗框内表面宜与基层墙体外表面齐平
　　B 装配式夹心保温外墙，门窗宜采用整体外挂式安装
　　C 门窗外表面与基层墙体的连接处宜采用防水透汽材料密封
　　D 门窗内表面与基层墙体的连接处应采用气密性材料密封

2-9 (2022) 外保温幕墙中采用矿棉保温层时防水层应采用什么材料?（　　）

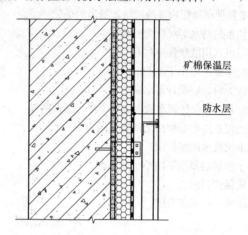

A 普通防水砂浆　　　　　　　　B 防水透气膜
C 聚合物水泥防水涂料　　　　　D 聚氨酯防水涂料

2-10 (2022) 下列北方地区出挑至室外的建筑构件,保温处理最好的是（　　）。

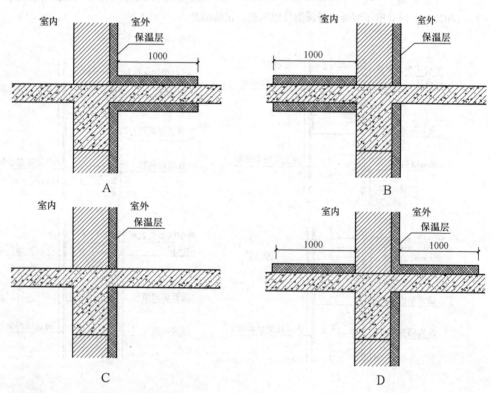

2-11 (2022) 下列关于屋面构造的说法错误的是（　　）。
A 保护层为水泥砂浆,隔离层可采用石油沥青防水卷材
B 卷材防水层上铺设块体材料保护层时,可不设隔离层
C 隔汽层设置在结构层之上,保温层之下
D 隔汽层需沿周边墙壁连续上翻铺贴

2-12 (2022) 防水层采用低强度等级砂浆作隔离层时候,其保护层应是（　　）。

A 块体材料　　　　B 水泥砂浆　　　　C 细石混凝土　　　　D 浅色涂料

2-13 (2022) 下列关于屋面防水卷材铺贴的说法正确的是(　　)。
A 卷材不宜平行屋脊铺贴　　　　B 上下层卷材不应相互垂直铺贴
C 上下层卷材长边搭接缝不宜错开　　D 同一层卷材短边搭接缝不宜错开

2-14 (2022) 下列关于屋面工程防水层上保护层的施工顺序错误的是(　　)。
A 保护层应待卷材铺贴完成，并经验收后施工
B 块体材料保护层的分格缝宽度宜为 20mm
C 水泥砂浆保护层分格面积宜为 10m²
D 细石混凝土保护层分格缝纵横间距不宜大于 6m

2-15 (2022) 下列关于屋面蓄水隔热层的说法，正确的是(　　)。
A 排水坡度应大于 1‰　　　　B 蓄水池蓄水深度 300～400mm
C 蓄水池应采用现浇混凝土　　D 适用于所有气候区

2-16 (2022) 下列关于倒置式屋面的说法，错误的是(　　)。
A 防水等级为Ⅱ级　　　　B 可不设透气孔
C 保温材料可用泡沫玻璃保温板　　D 保护层材料可用人造草皮

2-17 (2022) 下列关于种植屋面的说法，错误的是(　　)。
A 屋面适宜采用倒置式屋面
B 屋面的排水坡度不宜小于 2%
C 屋面防水层的泛水高度应高出种植土 250mm
D 花园式种植屋面覆土厚度为 300～600mm

2-18 (2022) 图示石膏板轻质隔墙构造，隔声效果最好的是(　　)。

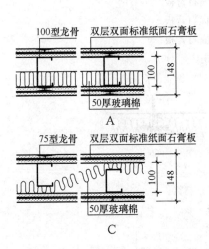
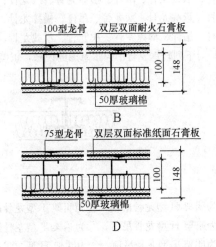

2-19 (2022) 轻钢龙骨内隔墙的受力构件是(　　)。
A 横龙骨　　　　B 竖龙骨　　　　C 通贯龙骨　　　　D 覆面龙骨

2-20 (2022) 轻钢龙骨内隔墙、板与厚壁龙骨的固定钉是(　　)。
A 自攻螺钉　　　　B 平头自攻螺钉
C 自钻螺钉　　　　D 平头自钻螺钉

2-21 (2022) 关于轻质条板隔墙的说法错误的是(　　)。
A 单层隔墙厚度应大于 60mm
B 吊挂件固定不得单点固定

  C 隔墙安装应在地面找平之前进行
  D 水电管线敷设应在隔墙安装完成后立即进行

2-22 (2022) 关于轻钢龙骨内隔墙说法错误的是( )。
  A 龙骨壁厚 0.5～1.5mm
  B 龙骨应根据门窗洞口位置调整排列间距
  C 7 度抗震设防区，与主体结构的连接需设钢卡
  D 安装电气插座时，应安装石膏板隔离框并与龙骨固定

2-23 (2022) 下列关于有水房间的加气混凝土内隔墙做法正确的是( )。
  A 150mm 高混凝土坎墙，防水层无上翻
  B 150mm 高混凝土坎墙，防水层有上翻
  C 200mm 高混凝土坎墙，防水层无上翻
  D 200mm 高混凝土坎墙，防水层有上翻

2-24 (2022) 5m 高带贯通龙骨的轻钢龙骨内隔墙，选用 3m 长石膏板需用几道贯通龙骨？( )
  A 1   B 2   C 3   D 4

2-25 (2022) 关于吊顶吊杆的说法，错误的是( )。
  A 不上人吊顶，宜采用带丝扣的 $\phi6$ 钢筋
  B 上人吊顶，应采用带丝扣的 $\phi8$ 钢筋
  C 长度大于 1500 时，宜设反支撑
  D 距主龙骨端部距离不得小于 500mm

2-26 (2022) 轻钢龙骨石膏板从上到下依次是( )。
  A 吊杆、吊件、承载龙骨、次龙骨、横撑龙骨、纸面石膏板
  B 吊杆、承载龙骨、吊件、横撑龙骨、次龙骨、纸面石膏板
  C 吊杆、承载龙骨、次龙骨、吊件、横撑龙骨、纸面石膏板
  D 吊杆、吊件、横撑龙骨、次龙骨、承载龙骨、纸面石膏板

2-27 (2022) 对下列轻钢龙骨吊顶示意图的说法，正确的是( )。

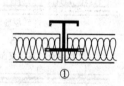
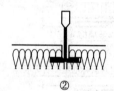

  A ①为明架 H 型龙骨吊顶，②为明架 T 型龙骨吊顶
  B ①为暗架 H 型龙骨吊顶，②为暗架 T 型龙骨吊顶
  C ①为明架 T 型龙骨吊顶，②为明架 H 型龙骨吊顶
  D ①为暗架 T 型龙骨吊顶，②为暗架 H 型龙骨吊顶

2-28 (2022) 下列关于 60 系列 U 形轻钢龙骨吊顶主龙骨的说法，正确的是( )。
  A 与龙骨断面尺寸无关   B 可承担 1000N 的检修荷载
  C 与横撑龙骨在同一平面   D 吊点距离宜为 2000mm

2-29 (2022) 下列关于细石混凝土地面面层的说法，错误的是( )。
  A 强度等级不应小于 C20   B 耐磨型强度等级不应小于 C30
  C 采用的石子粒径不应大于 15mm D 最小厚度为 30mm

2-30 (2022) 下列关于水磨石地面面层的说法，正确的是( )。

A 厚度为 8mm B 石子粒径宜为 6～15mm
C 分格尺寸应为 1.5m×1.5m D 浅色面层应采用硅酸盐水泥

2-31 (2022) 下列关于住宅内防水涂料施工操作的说法，正确的是( )。
A 前后两遍涂刷方向应相反
B 应在上一遍涂层未干时涂刷下一层
C 应先涂平面，后涂立面
D 应薄涂、多遍施工

2-32 (2022) 关于住宅室内防水工程蓄水检验的说法，正确的是哪个？( )
A 楼地面蓄水高度应为 10mm B 楼地面蓄水时间不应少于 24h
C 独立水容器蓄水高度应为 10mm D 每户住宅应选取最不利处检验

2-33 (2022) 防静电水磨石地面防静电接地金属网应设在哪？( )

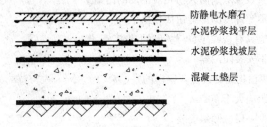

A 防静电水磨石 B 水泥砂浆找平层
C 水泥砂浆找坡层 D 混凝土垫层

2-34 (2022) 玻璃幕墙中无需按雨幕原理进行构造设计的是( )。
A 幕墙开启部位
B 明框幕墙玻璃幕墙的接缝部位
C 构件式幕墙立柱与横梁连接部位
D 单元式玻璃幕墙的组件对接部位

2-35 (2022) 下列关于隐框幕墙玻璃板块构造示意的说法正确的是( )。

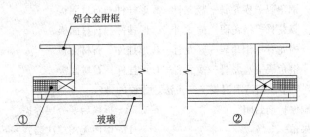

A ①耐候胶②结构胶 B ①双面胶条②结构胶
C ①耐候胶②双面胶条 D ①结构胶②双面胶条

2-36 (2022) 下列关于铝板幕墙的说法，错误的是( )。
A 铝板种类分为蜂窝铝板、单层铝板和铝塑复合板
B 单层铝板的厚度常选用 2mm
C 铝塑复合板上下两层铝合金板厚度为 0.5mm
D 铝板的宽度尺寸通常为 1000～1600mm

2-37 (2022) 下列关于玻璃幕墙的玻璃选用错误的是( )。
A 框支承玻璃幕墙采用安全玻璃

B 点支承玻璃幕墙的面板玻璃采用钢化玻璃
C 与水平面呈 80°交角的框支承斜玻璃幕墙采用钢化玻璃
D 点支承玻璃幕墙的支承玻璃肋采用钢化夹层玻璃

2-38 (2022) 以下哪种墙体洞口可直接采用射钉固定门窗？（　　）
A 混凝土墙　　　　　　　　　　B 实心砖墙
C 加气混凝土砌块墙　　　　　　D 空心砖墙

2-39 (2022) 下列门中，门扇最适合做超大尺寸的是（　　）。
A 平开门　　　　　　　　　　　B 推拉门
C 折叠门　　　　　　　　　　　D 旋转门

2-40 (2022) 关于防火门的说法，错误的是（　　）。
A 防火插销应安装在双扇防火门相对活动的门扇上
B 疏散防火门不允许以圆形旋钮代替执手
C 双扇防火门应具有按顺序自行关闭的功能
D 住宅户门可不安装闭门器

2-41 (2022) 关于隔声窗构造的说法，错误的是（　　）。
A 各层玻璃间距应大于 50mm
B 各层玻璃至少一层应倾斜安装
C 各层玻璃厚度应相同
D 各层玻璃之间沿周边的窗框上设置吸声构造

2-42 (2022) 钢材面刷防腐防火涂层的顺序，正确的是（　　）。
A 除锈—铁红环氧底漆—水性丙烯酸乳液涂料—环氧磁漆—薄型防火涂料
B 除锈—水性丙烯酸乳液涂料—铁红环氧底漆—薄型防火涂料—环氧磁漆
C 除锈—铁红环氧底漆—环氧磁漆—薄型防火涂料—水性丙烯酸乳液涂料
D 除锈—水性丙烯酸乳液涂料—薄型防火涂料—铁红环氧底漆—环氧磁漆

2-43 (2022) 无外保温 L 形缝挂式石材幕墙施工的顺序，正确的是（　　）。
A 预埋件—钢角码—横龙骨—竖龙骨—L 形挂件—石材面板
B 预埋件—竖龙骨—钢角码—横龙骨—L 形挂件—石材面板
C 预埋件—横龙骨—钢角码—竖龙骨—L 形挂件—石材面板
D 预埋件—钢角码—竖龙骨—横龙骨—L 形挂件—石材面板

2-44 (2022) 下列关于饰面清水混凝土的说法，错误的是（　　）。
A 表面涂刷保护剂封闭　　　　　B 拆模后要分层养护
C 立面效果单一　　　　　　　　D 墙面无需二次装修

2-45 (2022) 下列关于内墙面干挂石材构造的说法，错误的是（　　）。
A 20mm 厚单块石材板面面积不宜大于 1.0m²
B 金属干挂件连接板截面尺寸不宜大于 4mm×4mm
C 石材面板与支撑结构体系连接方式有短槽、通槽和背栓
D 外挑尺寸较大的特殊装饰石材，应采取防倾覆措施

2-46 (2022) 金属卡锁形变形缝装置不适用于（　　）。
A 楼面　　　　　　　　　　　　B 内墙
C 外缝　　　　　　　　　　　　D 屋面

2-47 (2022) 下列耐酸砖地面墙边变形缝构造正确的是（　　）。

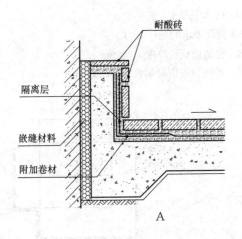
A

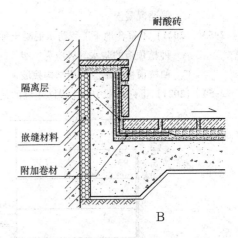
B

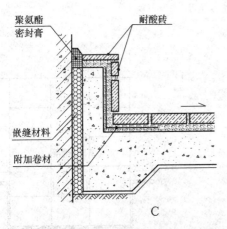
C

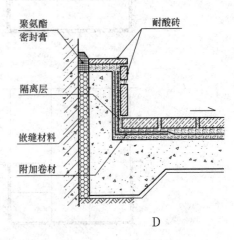
D

2-48 (2022) 下列关于地面变形缝的说法，错误的是(　　)。
  A 沉降缝应与结构缝位置一致
  B 变形缝材料应按防火、防水等要求选用
  C 变形缝可不贯通地面各构造层
  D 其构造应能适应位移或变形

2-49 (2022) 下列关于建筑物底层地面混凝土垫层设缝的说法，正确的是(　　)。
  A 假缝高应同垫层厚度
  B 横向缩缝宜采用假缝
  C 垫层应设置纵向伸缝
  D 缝内应填耐候弹性密封材料

2-50 (2021) 位于湿陷性黄土地基上的建筑，当屋面为无组织排水时，檐口高度在8m以内，则散水宽度宜为(　　)。
  A 0.9m　　　B 1.0m　　　C 1.2m　　　D 1.5m

2-51 (2021) 关于地下工程的水泥基渗透结晶防水涂料，正确用法是(　　)。
  A 用量≥1.0kg/m²　　　　B 用量≥1.5kg/m²，且厚度≥1.0mm
  C 厚度≥1.5mm　　　　　D 用量≥1.0kg/m²，且厚度≥1.5mm

2-52 (2021) 地下工程后浇带应采用何种混凝土浇筑？(　　)
  A 补偿收缩混凝土　　　　B 预制混凝土

  C 普通混凝土   D 防水混凝土

2-53 (2021) 不符合地下工程防水混凝土种植顶板防水设计要求的是( )。
  A 种植顶板的防水等级应为一级   B 种植顶板的厚度≥200mm
  C 种植顶板排水应采用结构找坡   D 种植顶板应设耐根穿刺防水层

2-54 (2021) 下列各图中防水设防正确的是( )。

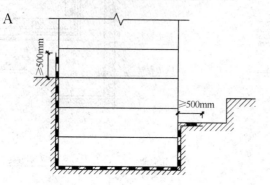
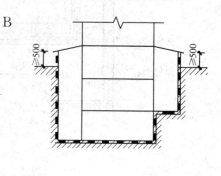
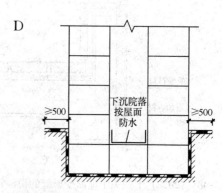

2-55 (2021) 关于地下工程混凝土结构后浇带超前止水构造做法，错误的是( )。
  A 后浇带部位的混凝土局部加厚
  B 后浇带的宽度宜为 700～1000mm
  C 后浇带的抗渗等级不应低于两侧混凝土
  D 结构预留缝处应设遇水膨胀止水条

2-56 (2021) 外保温系统拉伸破坏应位于哪个部位？( )
  A 粘接层   B 保温层   C 饰面层   D 抹面层

2-57 (2021) 下列蒸压加气混凝土砌块墙体窗洞口构造，正确的是( )。
  A 上有过梁，下有窗台板，两侧有预制块
  B 上有过梁，下无窗台板，两侧有预制块
  C 上无过梁，下有窗台板，两侧有预制块
  D 上无过梁，下有窗台板，两侧无预制块

2-58 (2021) 抗震设防烈度 6～8 度地区的多层砖砌体房屋，门窗洞口处钢筋混凝土过梁的支承长度不应小于( )。
  A 120mm   B 150mm   C 180mm   D 240mm

2-59 (2021) 关于建筑外墙外保温防火隔离带的设计要求，下列不符合规范的是( )。
  A 防火隔离带的宽度不应小于 300mm

B 防火隔离带保温材料的燃烧性能等级应为 A 级
C 防火隔离带的厚度宜与外墙外保温系统的厚度相同
D 防火隔离带保温板使用锚栓辅助连接时与基层墙面可采用点粘

2-60 (2021) 不符合装配式混凝土建筑预制外墙接缝设计要求的是（　　）。
A 接缝位置宜与建筑立面分格相对应　　B 竖向缝宜采用平口构造
C 水平缝宜采用槽口构造　　D 接缝宜避免跨越防火分区

2-61 (2021) 下列 45m 高办公楼的外墙外保温构造正确的是（　　）。
A B_1 级保温，无防火隔离带，首层、二层防护厚度均为 5mm
B B_1 级保温，有 300mm 高防火隔离带，首层、二层防护厚度均为 5mm
C B_1 级保温，无防火隔离带，首层防护厚度 15mm，二层防护厚度 5mm
D B_1 级保温，有 300mm 高防火隔离带，首层防护厚度 15mm，二层防护厚度 5mm

2-62 (2021) 下列种植顶板防水构造正确的是（　　）。
A 由上至下：排（蓄）水层—普通防水层—耐根穿刺防水层—找平层
B 由上至下：排（蓄）水层—普通防水层—找平层
C 由上至下：排（蓄）水层—耐根穿刺防水层—普通防水层—找平层
D 由上至下：排（蓄）水层—普通防水层—找平层—耐根穿刺防水层

2-63 (2021) 下列保温、隔汽屋面构造层次，正确的是（　　）。
A 由上至下：防水层—隔汽层—保温层—结构层
B 由上至下：隔汽层—保温层—防水层—结构层
C 由上至下：防水层—保温层—隔汽层—结构层
D 由上至下：防水层—保温层—结构层—隔汽层

2-64 (2021) 不符合倒置式屋面设计要求的是（　　）。
A 倒置式屋面坡度不宜小于 3％
B 倒置式屋面可不设置透气孔或排气槽
C 倒置式屋面的保温层厚度按计算厚度的 1.2 倍取值
D 硬泡聚氨酯防水保温复合板可作为次防水层用于两道防水设防的倒置式屋面

2-65 (2021) 金属板屋面上的固定支座与支承构件，当选用不同材质的金属材料时，两者之间应采用绝缘垫片，其主要作用是（　　）。
A 防雷电传导　　B 防振动变形
C 防电化学腐蚀　　D 防止热胀冷缩

2-66 (2021) 关于玻璃采光顶所用夹层玻璃的要求，错误的是（　　）。
A 夹层玻璃的玻璃原片厚度不宜小于 5mm
B 夹层玻璃宜采用干法加工合成
C 夹层玻璃两片玻璃厚度相差不宜大于 2mm
D 夹层玻璃的胶片厚度不应小于 0.38mm

2-67 (2021) 坡度为 10％的金属板屋面，当采用低波压型金属板时，其纵向最小搭接长度应为（　　）。
A 200mm　　B 250mm　　C 300mm　　D 350mm

2-68 (2021) 抗震设防地区，条板隔墙与结构梁的连接方式应采用（　　）。
A 砂浆　　B 钢卡　　C 木楔　　D 胶粘

2-69 (2021) 下列双层条板隔墙构造正确的是（　　）。
A 双层 60mm 无错缝　　B 双层 90mm 无错缝
C 双层 60mm 错缝 200mm　　D 双层 90mm 错缝 100mm

2-70 (2021) 下列轻钢龙骨石膏板隔墙构造中，防火性能较优的是（　　）。

A 双面层石膏板,中间有加一层石膏隔板,开关盒无错开
B 双面层石膏板,中间有加一层石膏隔板,开关盒有错开
C 双面层石膏板,中间未加石膏隔板,开关盒有错开
D 单面层石膏板,中间有加一层石膏隔板,开关盒有错开

2-71 (2021) 使用6mm厚钢化玻璃,其最大使用面积不应超过( )。
A 1.5m² B 3.0m² C 4.0m² D 5.0m²

2-72 (2021) 90mm轻质条板隔墙接板安装高度不应大于( )。
A 3.0m B 3.3m C 3.6m D 3.9m

2-73 (2021) 关于轻质隔墙板的说法,错误的是( )。
A 在轻质隔墙上开槽敷设电气暗线时,隔墙厚度应大于90mm
B 石膏板隔墙用于潮湿环境时,下端应做混凝土条形墙垫
C 限高以内安装条板隔墙时,竖向接板不宜超过一次
D 分户隔墙选用符合隔声性能要求的单层条板时,其厚度不应小于100mm

2-74 (2021) 当吊灯必须切断主龙骨时,应采取的有效加强和补救措施是( )。
A 加密吊杆间距 B 增加吊灯板厚
C 减轻设备重量 D 设置加强龙骨

2-75 (2021) 下列双层石膏板吊灯伸缩缝的构造做法,正确的是( )。
A 龙骨没断,两层石膏板均断开 B 龙骨断开,上层石膏板未断开
C 龙骨断开,下层石膏板未断开 D 龙骨断开,两层石膏板均断开

2-76 (2021) 重4kg吊灯应固定在( )。
A 吊顶饰面板上 B 次龙骨上
C 主龙骨上 D 建筑承重结构上

2-77 (2021) 不适用于抗震支吊架与混凝土结构板连接方式的是( )。
A 膨胀型锚栓 B 自扩底锚栓
C 模扩底锚栓 D 双锁键锚栓

2-78 (2021) 金属面板吊顶,当采用单层龙骨时,龙骨至板端的尺寸最小应为( )。
A 300mm B 250mm C 200mm D 150mm

2-79 (2021) 潮湿地区房间当吊顶采用耐水石膏板时,其次龙骨间距最大宜为( )。
A 300mm B 400mm C 500mm D 600mm

2-80 (2021) 直接铺设楼地面面层,应设分格缝的是( )。
A 花岗岩 B 瓷砖 C 沥青类 D 细石混凝土

2-81 (2021) 工业厂房地面垫层的最小厚度宜为( )。
A 100mm B 80mm C 60mm D 40mm

2-82 (2021) 卫生间防水层在门口处水平向外延伸的最小尺寸是( )。
A 向外延展的长度为500mm,向两侧延展的宽度为200mm
B 向外延展的长度为400mm,向两侧延展的宽度为200mm
C 向外延展的长度为400mm,向两侧延展的宽度为100mm
D 向外延展的长度为300mm,向两侧延展的宽度为100mm

2-83 (2021) 关于医院洁净手术部地面的设计要求,错误的是( )。
A 地面整体应平整洁净易清洗 B 地面材料应耐磨防火耐腐蚀
C 地面颜色应以深底色为宜 D 地面踢脚做成$R \geqslant 40mm$阴圆角

2-84 (2021) 关于消防电梯的设计要求,错误的是( )。
A 消防电梯墙体的耐火极限不低于2h B 消防电梯基坑应设置排水设施

C 消防电梯前室的门可安装防火卷帘　　　D 消防电梯前室内部装修应采用不燃材料

2-85 (2021) 玻璃幕墙可开启扇最大开启角度宜为（　　）。
A 20°　　　B 30°　　　C 45°　　　D 60°

2-86 (2021) 采用胶缝传力的全玻璃幕墙应采用下列哪种密封胶？（　　）
A 硅酮耐候密封胶　　　　　　　　　B 硅酮结构密封胶
C 丁基热熔密封胶　　　　　　　　　D 氯丁橡胶密封条

2-87 (2021) 塑料门窗安装固定点的间距最大为（　　）。
A 600mm　　　B 700mm　　　C 800mm　　　D 900mm

2-88 (2021) 小学二层教室的临空外窗应选择（　　）。
A 外平开窗　　　　　　　　　　　　B 内平开窗
C 上悬内开窗　　　　　　　　　　　D 下悬外开窗

2-89 (2021) 采用 B_1 级外保温材料的二类高层住宅，外墙上门窗的耐火完整性不应低于（　　）。
A 0.5h　　　B 0.9h　　　C 1.0h　　　D 1.5h

2-90 (2021) 关于避难走道的具体要求，下列哪条不符合规范？（　　）
A 避难走道的防火隔墙耐火极限不应低于 3h
B 避难走道楼板耐火极限不应低于 1.5h
C 避难走道内部装修材料的燃烧性能应为 A 级
D 防火分区开向避难走道前室的门应为乙级防火门

2-91 (2021) 抹灰工程中不同材料墙体交接处设置的加强网与各墙体的搭接最小宽度是（　　）。
A 40mm　　　B 60mm　　　C 80mm　　　D 100mm

2-92 (2021) 下列石材幕墙中石材面板的安装方式，错误的是（　　）。
A 粘接式　　　B 通槽式　　　C 短槽式　　　D 背卡式

2-93 (2021) 关于外幕墙上的石材，说法错误的是（　　）。
A 石材宜选择火成岩　　　　　　　　B 石材吸水率宜小于 0.8%
C 石材火烧面板的厚度不应小于 25mm　D 单块石材板面大小不应大于 $1.5m^2$

2-94 (2021) 下列某 5 层建筑物屋面沉降变形缝节点做法正确的是（　　）。
A 缝宽 60mm 无阻火带　　　　　　　B 缝宽 100mm 无缝内保温
C 缝宽 60mm 有阻火带与保温　　　　D 缝宽 100mm 有阻火带与保温

2-95 (2021) 多层砌体房屋防震缝的设置要求，错误的是（　　）。
A 房屋高差 6m 时可不设防震缝
B 错层且楼板高差较大时宜设置防震缝
C 防震缝两侧宜在单侧设置墙体
D 防震缝的缝宽应根据烈度和房屋高度确定

2-96 (2021) 关于地下建筑变形缝的说法，正确的是（　　）。
A 沉降变形缝最大允许沉降差值应≤50mm
B 变形缝的宽度宜为 40mm
C 变形缝中埋式止水带应采用金属制作
D 防空地下室防护单元内不宜设置变形缝

参考答案及解析

2-1 解析：参见《城镇道路路面设计规范》CJJ 169—2012 第 7.3.1 条，砌块路面结构应包括面层、基层和垫层。A、B、D 选项均为砌块路面。
答案：C

2-2 解析：依据《透水水泥混凝土路面技术规程》CJJ/T 135—2009 第 4.1.6 条和第 4.1.5 条可知，图示路面为全透水结构，全透水结构适应范围为人行道（B 选项）、非机动车道、景观硬地（C 选项）、停车场、广场（D 选项），所以不宜用于 A 选项"机动车道"。
答案：A

2-3 解析：《地下工程防水技术规范》GB 50108—2008 第 4.8.1 条规定，地下工程种植顶板的防水等级应为一级（A 选项正确）。第 4.8.3 条，第 2 款规定，种植顶板厚度不应小于 250mm（C 选项正确），最大裂缝宽度不应大于 0.2mm，并不得贯通。第 4.8.4 条规定，地下室顶板面积较大时，应设计蓄水装置（D 选项正确）；寒冷地区的设计，冬秋季时宜将种植土中的积水排出。第 4.8.10 条，第 1 款规定，绝热（保温）层应选用密度小、压缩强度大、吸水率低的绝热材料，不得选用散状绝热材料（B 选项错误）；
答案：B

2-4 解析：参见《地下工程防水技术规范》GB 50108—2008 第 4.3.25 条，卷材防水层经检查合格后，应及时做保护层（B 项错误），保护层应符合下列规定：1 顶板卷材防水层上的细石混凝土保护层，应符合下列规定：1）采用机械碾压回填土时，保护层厚度不宜小于 70mm；2）采用人工回填土时，保护层厚度不宜小于 50mm；3）防水层与保护层之间宜设置隔离层（A 项正确）。2 底板卷材防水层上的细石混凝土保护层厚度不应小于 50mm（C 项正确）。3 侧墙卷材防水层宜采用软质保护材料或铺抹 20mm 厚 1：2.5 水泥砂浆层（D 项正确）。
答案：B

2-5 解析：参见《地下工程防水技术规范》GB 50108—2008 第 3.3.4 条，结构刚度较差或受振动作用的工程，宜采用延伸率较大的卷材、涂料等柔性防水材料。第 4.2.2 条，水泥砂浆防水层可用于地下工程主体结构的迎水面或背水面，不应用于受持续振动或温度高于 80℃的地下工程防水。
答案：A

2-6 解析：参见《岩棉薄抹灰外墙外保温工程技术标准》JGJ/T 480—2019 第 5.1.1 条，岩棉板外保温工程的基层墙体宜为混凝土墙体（A 选项正确）、实心砌体墙体（C 选项正确）和强度等级不小于 A5.0 的蒸压加气混凝土砌块墙体（D 选项正确）。
答案：B

2-7 解析：参见《建筑金属围护系统工程技术标准》JGJ/T 473—2019 第 5.3.6 条，外墙宜设整体防水构造。当有保温、隔热功能要求时，应在外墙金属板与绝热材料间设置透汽层（A 选项正确，B、C 和 D 选项错误）。
答案：A

2-8 解析：参见《近零能耗建筑技术标准》GB/T 51350—2019 第 7.1.15 条，外门窗及其遮阳设施热桥处理应符合下列规定：1 外门窗安装方式应根据墙体的构造方式进行优化设计。当墙体采用外保温系统时，外门窗可采用整体外挂式安装，门窗框内表面宜与基层墙体外表面齐平（A 选项正确），门窗位于外墙外保温层内。装配式夹心保温外墙，外门窗宜采用内嵌式安装方式（B 选项错误）。外门窗与基层墙体的连接件应采用阻断热桥的处理措施。2 外门窗外表面与基层墙体的连接处宜采用防水透汽材料密封（C 选项正确），门窗内表面与基层墙体的连接处应采用气密性材料密封（D 选项正确）。
答案：B

2-9 解析：参见《建筑外墙防水工程技术规程》JGJ/T 235—2011 第 5.2.2 条第 2 款，采用幕墙饰面时，设在找平层上的防水层宜采用聚合物水泥防水砂浆、普通防水砂浆、聚合物水泥防水涂料、聚合物乳液防水涂料或聚氨酯防水涂料；当外墙保温层选用矿物棉保温材料时，防水层宜采用防水透气膜（B 选项正确）。
答案：B

2-10 解析：参见《民用建筑热工设计规范》GB 50176—2016 第 4.2.7 条，外墙、屋面、直接接触室外空气的楼板、分隔采暖房间与非采暖房间的内围护结构等非透光围护结构应按本规范第 5.1 节和第 5.2 节的要求进行保温设计。图中出挑至室外的构件属于直接接触室外空气的楼板，按规范要求应进行保温设计。B 选项和 C 选项出挑楼板无保温构造，错误。A 选项出挑楼板上下两侧都设置了保温层，比 D 选项只在一侧设置保温层更好，所以应选 A。

答案：A

2-11 解析：参见《屋面工程技术规范》GB 50345—2012 第 4.7.8 条，块体材料、水泥砂浆、细石混凝土保护层与卷材、涂膜防水层之间，应设置隔离层（B 选项错误）。

答案：B

2-12 解析：参见《屋面工程技术规范》GB 50345—2012 第 4.7.8 条，块体材料、水泥砂浆、细石混凝土保护层与卷材、涂膜防水层之间，应设置隔离层。隔离层材料的适用范围和技术要求宜符合下表的规定（C 项正确）。

隔离层材料的适用范围和技术要求表

隔离层材料	适用范围	技术要求
塑料膜	块体材料、水泥砂浆保护层	0.4mm 厚聚乙烯膜或 3mm 厚发泡聚乙烯膜
土工布	块体材料、水泥砂浆保护层	200g/m² 聚酯无纺布
卷材	块体材料、水泥砂浆保护层	石油沥青卷材一层
低强度等级砂浆	细石混凝土保护层	10mm 厚黏土砂浆，石灰膏：砂：黏土=1：2.4：3.6 10mm 厚石灰膏砂浆，石灰膏：砂=1：4 5mm 厚掺有纤维的石灰砂浆

答案：C

2-13 解析：参见《屋面工程技术规范》GB 50345—2012 第 5.4.2 条第 3 款，卷材宜平行屋脊铺贴（A 选项错误），上下层卷材不得相互垂直铺贴（B 选项正确）。

答案：B

2-14 解析：参见《屋面工程技术规范》GB 50345—2012 第 4.7.3 条，采用水泥砂浆做保护层时，表面应抹平压光，并应设表面分格缝，分格面积宜为 1m²（C 选项错误）。

答案：C

2-15 解析：参见《屋面工程技术规范》GB 50345—2012 第 4.4.10 条，蓄水隔热层的设计应符合下列规定：1 蓄水隔热层不宜在寒冷地区、地震设防地区和振动较大的建筑物上采用（D 选项错误）；2 蓄水隔热层的蓄水池应采用强度等级不低于 C25、抗渗等级不低于 P6 的现浇混凝土（C 选项正确），蓄水池内宜采用 20mm 厚防水砂浆抹面；3 蓄水隔热层的排水坡度不宜大于 0.5％（A 选项错误）；6 蓄水池的蓄水深度宜为 150～200mm（B 选项错误）。

答案：C

2-16 解析：参见《倒置式屋面工程技术规程》JGJ 230—2010 第 3.0.1 条，倒置式屋面工程的防水等级应为 Ⅰ 级（A 选项错误），防水层合理使用年限不得少于 20 年。

答案：A

2-17 解析：参见《种植屋面工程技术规程》JGJ 155—2013 第 3.2.2 条，种植屋面不宜设计为倒置式屋面（A 选项错误）。第 5.2.2 条，种植平屋面的排水坡度不宜小于 2％（B 选项正确）；天沟、檐沟的排水坡度不宜小于 1％。第 5.8.2 条，防水层的泛水高度应符合下列规定：1 屋面防水层的泛水高度高出种植土不应小于 250mm（C 选项正确）；2 地下建筑顶板防水层的泛水高度高出种植土不应小于500mm。

答案：A

2-18 解析：由图集《建筑隔声与吸声构造》08J931可知，各选项隔墙的计权隔声量分别为：A选项53dB，B选项51dB，C选项56dB，D选项60dB，隔声效果最好的是D选项。

答案：D

2-19 解析：横龙骨是轻钢龙骨隔墙墙体和建筑结构的连接构件，竖龙骨是墙体的主要受力构件，通贯龙骨是竖龙骨的中间连接构件，覆面（次）龙骨是贴墙面和轻钢龙骨吊顶骨架中固定饰面板的构件。参见图集《轻钢龙骨石膏板隔墙、吊顶》07CJ03—1。

答案：B

2-20 解析：参见《住宅装饰装修工程施工规范》GB 50327—2001第9.3.5条第3款，轻钢龙骨应用自攻螺钉固定，木龙骨应用木螺钉固定。

答案：A

2-21 解析：参见《建筑轻质条板隔墙技术规程》JGJ/T 157—2014第5.5.1条，水电管线的安装、敷设应与条板隔墙安装配合进行，并应在条板隔墙安装完成7d后进行（D选项错误）。

答案：D

2-22 解析：轻钢龙骨隔墙的覆面石膏板常见规格为1220×2440mm，为了固定石膏板，龙骨的间距需与石膏板规格相配合，通常采用300、400或600mm的间距均匀排列。如果门窗洞口不能与龙骨间距相匹配，龙骨间距不因为门窗而改变，而是截断洞口处已排列的龙骨，并且在洞口一侧或两侧分别设置一根或两根补强龙骨。因此，B选项错误。

答案：B

2-23 解析：参见《蒸压加气混凝土制品应用技术标准》JGJ/T 17—2020第4.1.4条第1款，有防水要求的房间，墙面应做防水处理；内墙根部应做配筋混凝土坎梁，坎梁高度不应小于200mm，坎梁混凝土强度等级不应小于C20（A、B选项错误，D选项正确）。根据《住宅室内防水工程技术规范》JGJ 298—2013第5.4.6条，当墙面设置防潮层时，楼、地面防水层应沿墙面上翻，且至少应高出饰面层200mm（A、C选项错误，D选项正确）。当卫生间、厨房采用轻质隔墙时，应做全防水墙面，其四周根部除门洞外，应做C20细石混凝土坎台，并应至少高出相连房间的楼、地面饰面层200mm（A、B选项错误，D选项正确）。

答案：D

2-24 解析：参见《住宅装饰装修工程施工规范》GB 50327—2001第9.3.2条第4款，安装贯通系列龙骨时，低于3m的隔墙安装一道，3～5m隔墙安装两道。

答案：B

2-25 解析：参见《公共建筑吊顶工程技术规程》JGJ 345—2014第5.2.1条第3款，吊顶工程应根据施工图纸，在室内顶部结构下确定主龙骨吊点间距及位置。主龙骨端头吊点距主龙骨边端不应大于300mm（D选项错误），端排吊点距侧墙间距不应大于200mm。

答案：D

2-26 解析：吊顶的构造层次从上至下通常是：吊杆（吊顶系统中悬吊吊顶龙骨骨架及面板的承力构件）、吊件（吊杆与主龙骨间的连接件）、主龙骨（承载龙骨，吊顶龙骨骨架中主要受力构件）、次龙骨（吊顶龙骨骨架中连接主龙骨及固定面板的构件）、横撑龙骨（在次龙骨骨架中起横撑及固定面板作用的构件）、面板（安装在吊顶龙骨骨架上的各种装饰板材）。参见国家建筑标准设计图集《内装修—室内吊顶》12J502—2。

答案：A

2-27 解析：两题图中吊顶的龙骨都隐藏在面板之内，应为暗架式做法，A选项和C选项错误。根据次龙骨（覆面龙骨）的截面形式可知①图为H型，②图为T型，所以只有B选项正确。参见国家建筑标准设计图集《内装修—室内吊顶》12J502—2。

答案：B

2-28 解析：60系列是指吊顶主龙骨的断面高度尺寸为60mm，A选项错误。横撑龙骨吊挂在主龙骨之下，C选项错误。参见《公共建筑吊顶工程技术规程》JGJ 345—2014第4.2.1条第2款，上人吊顶的吊杆应采用不小于直径8mm钢筋或M8全牙吊杆。主龙骨应选用U型或C型高度在50mm及以上型号的上人龙骨（B选项正确），吊杆的间距不应大于1200mm（D选项错误），主龙骨的间距不应大于1200mm，主龙骨壁厚应大于1.2mm。

答案：B

2-29 解析：参见《建筑地面设计规范》GB 50037—2013第3.1.8条，混凝土或细石混凝土地面，应符合下列要求：1 混凝土地面采用的石子粗骨料，其最大颗粒粒径不应大于面层厚度的2/3，细石混凝土面层采用的石子粒径不应大于15mm（C选项正确）；2 混凝土面层或细石混凝土面层的强度等级不应小于C20（A选项正确）；耐磨混凝土面层或耐磨细石混凝土面层的强度等级不应小于C30（B选项正确）；底层地面的混凝土垫层兼面层的强度等级不应小于C20，其厚度不应小于80mm；细石混凝土面层厚度不应小于40mm（D选项错误）；

答案：D

2-30 解析：参见《建筑地面设计规范》GB 50037—2013第3.1.10条，水磨石地面，应符合下列要求：1 水磨石面层应采用水泥与石粒的拌和料铺设，面层的厚度宜为12~18mm（A选项错误），结合层的水泥砂浆体积比宜为1:3，强度等级不应小于M10。2 水磨石面层的石粒，应采用坚硬可磨白云石、大理石等岩石加工而成，石子应洁净无杂质，其粒径宜为6~15mm（B选项正确）。3 水磨石面层分格尺寸不宜大于1m×1m（C选项错误），分格条宜采用铜条、铝合金条等平直、坚挺材料。当金属嵌条对某些生产工艺有害时，可采用玻璃条分格。4 白色或浅色的水磨石面层，应采用白水泥；深色的水磨石面层，宜采用强度等级不小于42.5级的硅酸盐水泥、普通硅酸盐水泥或矿渣硅酸盐水泥（D选项错误）；同颜色的面层应使用同一批号水泥。

答案：B

2-31 解析：参见《住宅室内防水工程技术规范》JGJ 298—2013第6.3.3条，防水涂料施工操作应符合下列规定：2 防水涂料应薄涂、多遍施工（D选项正确），前后两遍的涂刷方向应相互垂直（A选项错误），涂层厚度应均匀，不得有漏刷或堆积现象；3 应在前一遍涂层实干后，再涂刷下一遍涂料（B选项错误）；4 施工时宜先涂刷立面，后涂刷平面（C选项错误）；

答案：D

2-32 解析：参见《住宅室内防水工程技术规范》JGJ 298—2013第7.3.6条，防水层不得渗漏。检验方法：在防水层完成后进行蓄水试验，楼、地面蓄水高度不应小于20mm（A选项错误），蓄水时间不应少于24h（B选项正确）；独立水容器应满池蓄水（C选项错误），蓄水时间不应少于24h。检验数量：每一自然间或每一独立水容器逐一检验（D选项错误）。

答案：B

2-33 解析：防静电水磨石地面构造层次从上至下应为：①10mm厚1:2.5防静电水磨石。②防静电水泥砂浆一道。③30mm厚1:3防静电水泥砂浆找平层，内配防静电接地金属网，表面抹平（B选项正确）。④1.5mm厚聚氨酯防水层（两道）。⑤20mm厚1:3水泥砂浆。⑥水泥浆一道（内掺建筑胶）。⑦80mm厚C15混凝土垫层。⑧夯实土。参见国标图集《楼地面建筑构造》12J304。

答案：B

2-34 解析：参见《玻璃幕墙工程技术规范》JGJ 102—2003第4.3.2条，明框玻璃幕墙的接缝部位（B选项），单元式玻璃幕墙的组件对插部位（D选项）以及幕墙开启部位（A选项），宜按雨幕原理进行构造设计。对可能渗入雨水和形成冷凝水的部位，应采取导排构造措施。

答案：C

2-35 解析：隐框幕墙玻璃板块与附框连接的内侧用结构胶传递荷载，外侧用双面胶条保护，位置①位的胶位于外侧，应为双面胶条；位置②处的胶位于内侧，应为结构胶，因此选B。参见《玻璃幕墙工程技术规范》JGJ 102—2003 第 3.1.4 条，隐框和半隐框玻璃幕墙，其玻璃与铝型材的粘结必须采用中性硅酮结构密封胶；全玻幕墙和点支承幕墙采用镀膜玻璃时，不应采用酸性硅酮结构密封胶粘结。第 3.7.1 条，与单组份硅酮结构密封胶配合使用的低发泡间隔双面胶带，应具有透气性。

答案：B

2-36 解析：参见《金属与石材幕墙工程技术规范》JGJ 133—2001 第 3.3.10 条，单层铝板应符合下列现行国家标准的规定，幕墙用单层铝板厚度不应小于 2.5mm（B 选项错误）。

答案：B

2-37 解析：参见《玻璃幕墙工程技术规范》JGJ 102—2003 第 4.4.1 条，框支承玻璃幕墙，宜采用安全玻璃（A 选项正确）；第 4.4.2 条，点支承玻璃幕墙的面板玻璃应采用钢化玻璃（B 选项正确）；第 4.4.3 条，采用玻璃肋支承的点支承玻璃幕墙，其玻璃肋应采用钢化夹层玻璃（D 选项正确）。

答案：C

2-38 解析：参见《全国民用建筑工程设计技术措施 规划·建筑·景观》（2009 年版）第二部分第 10.1.8 条，门窗框安装要点：1 轻质砌块墙上的门垛或大洞口的窗垛应采取加强措施，如做钢筋混凝土抱框。3 门窗框上固定片的固定方法：1）混凝土墙洞口应采用射钉或膨胀螺钉固定（A 选项正确）；2）实心砖墙洞口应采用膨胀螺钉固定，不得固定在砖缝处，严禁采用射钉固定（B 选项错误）；3）轻质砌块、空心砖或加气混凝土材料洞口可在预埋混凝土块上用射钉或膨胀螺钉固定（C、D 选项错误）；4）设有预埋件的洞口应采用焊接方法固定，也可先在预埋件上按紧固件规格打基孔，然后用紧固件固定。

答案：A

2-39 解析：平开门的开启方式造成其门扇易于变形，门扇不宜过宽，通常为 900mm 左右；折叠门为了折叠后少占空间，门扇宽度通常为 400~600mm；旋转门用于人流持续通行的入口，具有防风功能，门扇宽度通常为 1~2 股人流即 1000mm 左右；而推拉门不易变形，门扇可以做成超大尺寸，不仅适用于人流通行，还适用于车辆货物通行，如飞机机库通常采用推拉门形式。故本题 B 为正确选项。

答案：B

2-40 解析：参见《防火门》GB 12955—2008 第 5.3.1 条第 2 款，在门扇的有锁芯机构处，防火锁均应有执手或推杠机构，不允许以圆形或球形旋钮代替执手（特殊部位使用除外，如管道井门等）（B 选项正确）。第 5.3.4 条，防火顺序器：双扇、多扇防火门设置盖缝板或止口的应安装顺序器（特殊部位使用除外）（C 选项正确），其耐火性能应符合附录 C 的规定。第 5.3.5 条，防火插销：采用钢质防火插销，应安装在双扇防火门或多扇防火门的相对固定一侧的门扇上（若有要求时）（A 选项错误），其耐火性能应符合附录 D 的规定。

答案：A

2-41 解析：参见国家建筑标准设计图集《建筑隔声与吸声构造》08J931：①双层窗设计要注意空气层的厚度，以大于 100mm 为宜，一般可取 80~200mm（A 选项不能判断为错误）。②双层窗的两层玻璃厚度最好设计得不一样（C 选项错误），宜尽量有一层倾斜（B 选项正确）。

答案：C

2-42 解析：参见《建筑钢结构防火技术规范》GB 51249—2017 条文说明第 4.1.3 条第 5 款，应特别注意防火涂料与防腐涂料的相容性问题，尤其是膨胀型防火涂料（国内称超薄型、薄型防火涂料），因为它与防腐油漆同为有机材料，可能发生化学反应。在不能出具第三方证明材料证明"防火涂料、防腐涂料相容"的情况下，应委托第三方进行试验验证。膨胀型防火涂料、防腐油漆的施工顺序为：防腐底漆、防腐中间漆、防火涂料、防腐面漆，在施工时应控制防腐底漆、中间漆的厚度，避免由于防腐底漆、中间漆的高温变性导致防火涂层的脱落，避免因面漆过厚、过硬而影响膨胀型防火涂料的发泡膨胀。

答案：C

2-43 解析：参见国家建筑标准设计图集《外装修（一）》06J505—1下图：

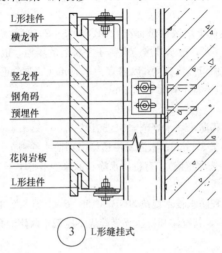

答案：D

2-44 解析：参见《清水混凝土应用技术规程》JGJ 169—2009第2.0.2条，清水混凝土：直接利用混凝土成形后的自然质感作为饰面效果的混凝土（C、D选项正确）。第8.4.1条，清水混凝土拆模后应立即养护，对同一视觉范围内的清水混凝土应采用相同的养护措施（B选项错误）。第9.0.2条，普通清水混凝土表面宜涂刷透明保护涂料，饰面清水混凝土表面应涂刷透明保护涂料（A选项正确）。

答案：B

2-45 解析：参见国家建筑标准设计图集《内装修—墙面装修》13J502—1第5.5条，金属干挂件连接板截面尺寸不宜小于4mm×40mm（B选项错误）。

答案：B

2-46 解析：金属卡锁形变形缝装置由铝合金基座、铝合金边侧盖板及铝合金中心滑动板组成，中心滑动板夹在边侧盖板与铝合金基座之间，外观整洁、安装方便。可用于楼、地面变形缝，内墙、吊顶变形缝，外墙变形缝，不适用于屋面变形缝。

答案：D

2-47 解析：耐酸砖地面属于防腐蚀地面，应设置隔离层，C选项未设错误。变形缝上口应设置密封膏，A、B选项未设错误，只有D选项的做法正确。

答案：D

2-48 解析：参见《建筑地面设计规范》GB 50037—2013第6.0.2条，地面变形缝的设置，应符合下列要求：1底层地面的沉降缝和楼层地面的沉降缝、伸缩缝、防震缝的设置，均应与结构相应的缝位置一致（A选项正确），且应贯通地面的各构造层（C选项错误），并做盖缝处理；3变形缝的构造应能使其产生位移或变形时，不受阻、不被破坏，且不破坏地面（D选项正确）；变形缝的材料，应按不同要求分别选用具有防火、防水、保温、防油渗、防腐蚀、防虫害性能的材料（B选项正确）。

答案：C

2-49 解析：参见《建筑地面设计规范》GB 50037—2013第6.0.3条，底层地面的混凝土垫层，应设置纵向缩缝和横向缩缝（C选项错误），并应符合下列要求：1 纵向缩缝应采用平头缝或企口缝，其间距宜为3～6m；3 横向缩缝宜采用假缝（B选项正确），其间距宜为6～12m；高温季节施工的地面假缝间距宜为6m。假缝的宽度宜为5～12mm；高度宜为垫层厚度的1/3（A选项错误）；缝内应填水泥砂浆或膨胀型砂浆（D选项错误）；第6.0.4条，平头缝和企口缝的缝间应紧密相贴，不得设置隔离材料（D选项错误）。

答案：B

2-50 解析：参见《湿陷性黄土地区建筑标准》GB 50025—2018 第5.3.3条，建筑物的周围应设置散水，其坡度不得小于5%；散水外缘应略高于平整后的场地，散水的宽度应符合下列规定：当屋面为无组织排水时，檐口高度在8m以内宜为1.50m（D选项正确）；檐口高度超过8m，每增高4m宜增宽0.25m，但最宽不宜大于2.50m。

答案：D

2-51 解析：参见《地下工程防水技术规范》GB 50108—2008 第4.4.6条，掺外加剂、掺合料的水泥基防水涂料厚度不得小于3.0mm；水泥基渗透结晶型防水涂料的用量不应小于1.5kg/m²，且厚度不应小于1.0mm（B选项正确）；有机防水涂料的厚度不得小于1.2mm。

答案：B

2-52 解析：参见《地下工程防水技术规范》GB 50108—2008 第5.2.3条，后浇带应采用补偿收缩混凝土浇筑（A选项正确），其抗渗和抗压强度等级不应低于两侧混凝土。

答案：A

2-53 解析：参见《地下工程防水技术规范》GB 50108—2008 第4.8.1条，地下工程种植顶板的防水等级应为一级（A选项正确）。第4.8.3条，地下工程种植顶板结构应符合下列规定：①种植顶板应为现浇防水混凝土，结构找坡（C选项正确），坡度宜为1%～2%；②种植顶板厚度不应小于250mm（B选项错误），最大裂缝宽度不应大于0.2mm，并不得贯通。第4.8.9条，地下工程种植顶板的防排水构造应符合下列要求：①耐根穿刺防水层应铺设在普通防水层上面（D选项正确）；②耐根穿刺防水层表面应设置保护层，保护层与防水层之间应设置隔离层。

答案：B

2-54 解析：参见《地下工程防水技术规范》GB 50108—2008 第3.1.3条，地下工程的防水设计，应根据地表水、地下水、毛细管水等的作用，以及由于人为因素引起的附近水文地质改变的影响确定；单建式的地下工程，宜采用全封闭、部分封闭的防排水设计；附建式的全地下或半地下工程的防水设防高度，应高出室外地坪高程500mm以上。A选项右侧设防位置错误，C选项设防高度不足错误，D选项两侧设防位置错误，只有B选项正确。

答案：B

2-55 解析：参见《地下工程防水技术规范》GB 50108—2008 第5.2.14条，后浇带需超前止水时，后浇带部位的混凝土应局部加厚（A选项正确），并应增设外贴式或中埋式止水带（D选项错误）。第5.2.4条，后浇带应设在受力和变形较小的部位，其间距和位置应按结构设计要求确定，宽度宜为700～1000mm（B选项正确）。第5.2.3条，后浇带应采用补偿收缩混凝土浇筑，其抗渗和抗压强度等级不应低于两侧混凝土（C选项正确）。

答案：D

2-56 解析：参见《外墙外保温工程技术标准》JGJ 144—2019 第7.2.6条，粘贴保温板薄抹灰外保温系统现场检验保温板与基层墙体拉伸粘结强度不应小于0.10MPa，且应为保温板破坏（B选项正确）。拉伸粘结强度检查方法应符合本标准附录C第C.3节的规定。第7.2.8条，EPS板现浇混凝土外保温系统现场检验EPS板与基层墙体的拉伸粘结强度不应小于0.10MPa，且应为EPS板破坏（B选项正确）。拉伸粘结强度检查方法应符合本标准附录C第C.3节的规定。

答案：B

2-57 解析：参见《蒸压加气混凝土制品应用技术标准》JGJ/T 17—2020 第 4.3.6 条，门窗洞口宜采用蒸压加气混凝土配筋过梁（C、D 选项错误）。第 5.5.15 条，承重墙体门、窗洞口的过梁宜采用蒸压加气混凝土预制过梁，过梁每侧支承长度不应小于 240mm。第 7.0.10 条，当采用预制窗台板时，预制窗台板不得嵌入墙内（B 选项错误）。
答案：A

2-58 解析：《建筑抗震设计规范》GB 50011—2010（2016 年版）第 7.3.10 条规定，门窗洞处不应采用砖过梁；过梁支承长度，6～8 度时不应小于 240mm（D 选项正确），9 度时不应小于 360mm。
答案：D

2-59 解析：参见《建筑外墙外保温防火隔离带技术规程》JGJ 289—2012 第 5.0.2 条，防火隔离带的宽度不应小于 300mm（A 选项正确）。第 3.0.6 条，建筑外墙外保温防火隔离带保温材料的燃烧性能等级应为 A 级（B 选项正确）。第 5.0.3 条，防火隔离带的厚度宜与外墙外保温系统厚度相同（C 选项正确）。第 5.0.4 条，防火隔离带保温板应与基层墙体全面积粘贴（D 选项错误）。
答案：D

2-60 解析：参见《装配式混凝土建筑技术标准》GB/T 51231—2016 第 6.2.5 条，预制外墙接缝应符合下列规定：①接缝位置宜与建筑立面分格相对应（A 选项正确）；②竖缝宜采用平口或槽口构造（B 选项正确），水平缝宜采用企口构造（C 选项错误）；③当板缝空腔需设置导水管排水时，板缝内侧应增设密封构造；④宜避免接缝跨越防火分区（D 选项正确）；当接缝跨越防火分区时，接缝室内侧应采用耐火材料封堵。
答案：C

2-61 解析：参见《建筑设计防火规范》GB 50016—2014（2018 年版）第 6.7.7 条，除本规范第 6.7.3 条规定的情况外，当建筑的外墙外保温系统按本节规定采用燃烧性能为 B_1、B_2 级的保温材料时，应符合下列规定：①除采用 B_1 级保温材料且建筑高度不大于 24m 的公共建筑或采用 B_1 级保温材料且建筑高度不大于 27m 的住宅建筑外，建筑外墙上门、窗的耐火完整性不应低于 0.50h。②应在保温系统中每层设置水平防火隔离带（A、C 选项错误）。防火隔离带应采用燃烧性能为 A 级的材料，防火隔离带的高度不应小于 300mm。第 6.7.8 条，建筑的外墙外保温系统应采用不燃材料在其表面设置防护层，防护层应将保温材料完全包覆。除本规范第 6.7.3 条规定的情况外，当按本节规定采用 B_1、B_2 级保温材料时，防护层厚度首层不应小于 15mm（B 选项错误），其他层不应小于 5mm。因此只有 D 选项都正确。
答案：D

2-62 解析：参见《地下工程防水技术规范》GB 50108—2008 第 4.8.9 条，地下工程种植顶板的防排水构造应符合下列要求：①耐根穿刺防水层应铺设在普通防水层上面（A、B、D 选项错误）。②耐根穿刺防水层表面应设置保护层，保护层与防水层之间应设置隔离层。③排（蓄）水层应根据渗水性、储水量、稳定性、抗生物性和碳酸盐含量等因素进行设计；排（蓄）水层应设置在保护层上面，并应结合排水沟分区设置。④排（蓄）水层上应设置过滤层，过滤层材料的搭接宽度不应小于 200mm。因此只有 C 选项正确。
答案：C

2-63 解析：参见《屋面工程技术规范》GB 50345—2012 第 4.4.4 条第 1 款，当严寒及寒冷地区屋面结构冷凝界面内侧实际具有的蒸汽渗透阻小于所需值，或其他地区室内湿气有可能透过屋面结构层进入保温层时，应设置隔汽层；隔汽层设计应符合下列规定：隔汽层应设置在结构层上、保温层下（A、D 选项错误）。依据《倒置式屋面工程技术规程》JGJ 230—2010 条文说明第 5.1.2 条，倒置式屋面基本构造是大量实际工程的常规做法，隔离层的设置应根据选择的防水材料和保温层的材料相容性和保护层材料的种类来决定的，倒置式屋面一般不需设隔汽层（B 选项错误）。
答案：C

2-64 解析：参见《倒置式屋面工程技术规程》JGJ 230—2010 第 5.1.3 条，倒置式屋面坡度不宜小于 3%（A 选项正确）。第 5.1.6 条，倒置式屋面可不设置透气孔或排气槽（B 选项正确）。第 5.2.5 条，倒置式屋面保温层的设计厚度应按计算厚度增加 25% 取值（C 选项错误），且最小厚度不得小于 25mm。第 5.1.10 条，硬泡聚氨酯防水保温复合板可作为次防水层用于两道防水设防屋面（D 选项正确）。

答案：C

2-65 解析：参见《屋面工程技术规范》GB 50345—2012 第 4.9.17 条，固定支座应选用与支承构件相同材质的金属材料，当选用不同材质金属材料并易产生电化学腐蚀时（C 选项正确），固定支座与支承构件之间应采用绝缘垫片或采取其他防腐蚀措施。

答案：C

2-66 解析：参见《屋面工程技术规范》GB 50345—2012 第 4.10.8 条第 3 款，玻璃采光顶的玻璃应符合下列规定：夹层玻璃的玻璃原片厚度不宜小于 5mm（A 选项正确）。第 4.10.9 条，玻璃采光顶所采用夹层玻璃除应符合现行国家标准《建筑用安全玻璃　第 3 部分：夹层玻璃》GB 15763.3 的有关规定外，尚应符合下列规定：①夹层玻璃宜为干法加工合成（B 选项正确），夹层玻璃的两片玻璃厚度相差不宜大于 2mm（C 选项正确）；②夹层玻璃的胶片宜采用聚乙烯醇缩丁醛胶片，聚乙烯醇缩丁醛胶片的厚度不应小于 0.76mm（D 选项错误）。

答案：D

2-67 解析：低波压型金属板屋面坡度≤10%时，其纵向最小搭接长度应为 250mm（B 选项正确）。参见《屋面工程技术规范》GB 50345—2012 第 4.9.13 条第 3 款，压型金属板采用紧固件连接的构造应符合下列规定：压型金属板的纵向搭接应位于檩条处，搭接端部与檩条有可靠的连接，搭接部位应设置防水密封胶带；压型金属板的纵向最小搭接长度应符合表 4.9.13（题 67 解表）的规定。

压型金属板的纵向最小搭接长度（mm）　　　　题 67 解表

压型金属板		纵向最小搭接长度
高波压型金属板		350
低波压型金属板	屋面坡度≤10%	250
	屋面坡度＞10%	200

答案：B

2-68 解析：参见《建筑轻质条板隔墙技术规程》JGJ/T 157—2014 第 4.2.8 条，在抗震设防地区，条板隔墙与顶板、结构梁、主体墙和柱之间的连接应采用钢卡（B 选项正确），并应使用胀管螺丝、射钉固定。

答案：B

2-69 解析：参见《建筑轻质条板隔墙技术规程》JGJ/T 157—2014 第 4.2.4 条，双层条板隔墙的条板厚度不宜小于 60mm，两板间距宜为 10~50mm，可作为空气层或填入吸声、保温等功能材料。第 4.2.5 条，对于双层条板隔墙，两侧墙面的竖向接缝错开距离不应小于 200mm（A、B、D 选项错误，C 选项正确），两板间应采取连接、加强固定措施。

答案：C

2-70 解析：查阅《建筑设计防火规范》GB 50016—2014（2018 年版）条文说明附录"附表 1 各类非木结构构件的燃烧性能和耐火极限"可知，轻钢龙骨石膏板隔墙耐火极限的大小与具体构造做法有关，在单层中空做法时最小，增加石膏板层数、换用防火或耐火石膏板以及在龙骨中空处填充岩棉等材料可提高其耐火极限。因此 B 选项做法最优。

答案：B

2-71 解析：6mm厚钢化玻璃最大许用面积应为3.0m² （B选项正确）。参见《建筑玻璃应用技术规程》JGJ 113—2015第7.1.1条，安全玻璃的最大许用面积应符合表7.1.1-1（题71解表）的规定。

安全玻璃最大许用面积 题71解表

玻璃种类	公称厚度(mm)			最大许用面积(m²)
钢化玻璃	4			2.0
	5			2.0
	6			3.0
	8			4.0
	10			5.0
	12			6.0
夹层玻璃	6.38	6.76	7.52	3.0
	8.38	8.76	9.52	5.0
	10.38	10.76	11.52	7.0
	12.38	12.76	13.52	8.0

答案：B

2-72 解析：参见《建筑轻质条板隔墙技术规程》JGJ/T 157—2014第4.2.6条，接板安装的单层条板隔墙，条板对接部位应有连接措施，其安装高度应符合下列规定：90mm、100mm厚条板隔墙的接板安装高度不应大于3.6m（C选项正确）。

答案：C

2-73 解析：参见《建筑轻质条板隔墙技术规程》JGJ/T 157—2014第4.3.5条，当在条板隔墙上横向开槽、开洞敷设电气暗线、暗管、开关盒时，隔墙的厚度不宜小于90mm（A选项正确），开槽长度不应大于条板宽度的1/2。第4.2.11条，当防水型石膏条板隔墙及其他有防水、防潮要求的条板隔墙用于潮湿环境时，下端应做C20细石混凝土条板墙垫（B选项正确），且墙垫高度不应小于100mm，并应作泛水处理。第4.3.1条，当单层条板隔墙采取接板安装且在限高以内时，竖向接板不宜超过一次（C选项正确），且相邻条板接头位置应至少错开300mm。第4.2.3条，条板隔墙厚度应满足建筑物抗震、防火、隔声、保温等功能要求。单层条板隔墙用作分户墙时，其厚度不应小于120mm；用作户内分室隔墙时，其厚度不宜小于90mm（D选项错误）。

答案：D

2-74 解析：参见《公共建筑吊顶工程技术规程》JGJ 345—2014第4.2.6条，龙骨的排布宜与空调通风系统的风口、灯具、喷淋头、检修孔、监测、升降投影仪等设备设施的排布位置错开，不宜切断主龙骨。第5.1.6条，吊顶施工中各专业工种应加强配合，做好专业交接，合理安排工序，保护好已完成工序的半成品及成品。不应在面板安装完毕后裁切龙骨。需要切断次龙骨时，须在设备周边用横撑龙骨加强。参照上述切断次龙骨的加强措施应选D。

答案：D

2-75 解析：参见《公共建筑吊顶工程技术规程》JGJ 345—2014第5.3.5条，板块面层吊顶的伸缩缝应符合下列规定：当吊顶为双层龙骨构造时，设置伸缩缝时应完全断开变形缝两侧的吊顶（D选项正确）。另见《全国民用建筑工程设计技术措施 规划·建筑·景观》（2009年版）第二部分第6.4.3条，顶棚构造4吊顶变形缝第2）款规定，变形缝处主次龙骨应断开，吊顶饰面板断开，但可搭接（D选项正确）。

答案：D

2-76 解析：《公共建筑吊顶工程技术规程》JGJ 345—2014第4.2.8条规定，当采用整体面层及金属板类吊顶时，重量不大于1kg的筒灯、石英射灯、烟感器、扬声器等设施可直接安装在面板上（A选项错误）；重量不大于3kg的灯具等设施可安装在U形或C形龙骨上（B、C选项错误），并应有可靠的固定措施。第4.1.8条规定，重型设备和有振动荷载的设备严禁安装在吊顶工程的龙骨上。条文说明第4.1.8条规定,龙骨的设置主要是为了固定饰面材料,如把电扇和大型吊灯固定在龙骨上,可能会造成吊顶破坏或设备脱落伤人事故。为了保证吊顶工程的使用安全,特制定本条并作为强制性条文。条文里的"重型设备"指重量不小于3kg的灯具。综上,重4kg的重型吊灯只能固定在建筑承重结构上,D项正确。

答案:D

2-77 解析:参见《混凝土结构后锚固技术规程》JGJ 145—2013第4.1.1条,锚栓应按照锚栓性能、基材性状、锚固连接的受力性质、被连接结构类型、抗震设防等要求选用。锚栓用于结构构件连接时的适用范围应符合表4.1.1-1(题77解表)的规定。

锚栓用于结构构件连接时的适用范围   **题77解表**

锚栓类型		受拉、边缘受剪和拉剪复合受力				受压、中心受剪和压剪复合受力
锚栓受力状态和设防烈度		非抗震	6、7度	8度		≤8度
				0.2g	0.3g	
机械锚栓	膨胀型锚栓	扭矩控制式锚栓	适用	不适用		适用
		位移控制式锚栓	不适用			
	扩底型锚栓		适用		不适用	适用
化学锚栓	特殊倒锥形化学锚栓		适用		不适用	适用
	普通化学锚栓		不适用			适用

第8.1.1条,后锚固技术适用于设防烈度8度及8度以下地区以钢筋混凝土、预应力混凝土为基材的后锚固连接。在承重结构中采用后锚固技术时宜采用植筋;设防烈度不高于8度(0.2g)的建筑物,可采用后扩底锚栓(包括自扩底锚栓和模扩底锚栓两种,B、C选项正确)和特殊倒锥形化学锚栓。

综上,抗震支吊架与混凝土结构板连接的锚栓主要的受力状态是受拉,膨胀型锚栓只适用于非抗震设防时,抗震设防时不适用。

答案:A

2-78 解析:参见《公共建筑吊顶工程技术规程》JGJ 345—2014第5.3.3条,金属面板类及格栅吊顶工程的施工规定第5款,当采用单层龙骨时,龙骨及挂件、接长件的安装应符合下列规定:吊顶工程应根据设计图纸,放样确定龙骨位置,龙骨与龙骨间距不宜大于1200mm;龙骨至板端不应大于150mm(D选项正确)。

答案:D

2-79 解析:参见《公共建筑吊顶工程技术规程》JGJ 345—2014第4.1.11条,在潮湿地区或高湿度区域,宜使用硅酸钙板、纤维增强水泥板、装饰石膏板等面板;当采用纸面石膏板时,可选用单层厚度不小于12mm或双层9.5mm的耐水石膏板,次龙骨间距不宜大于300mm(A选项正确)。

答案:A

2-80 解析:参见《建筑地面设计规范》GB 50037—2013第3.1.8条,直接铺设在混凝土垫层上的面层,除沥青类面层、块材类面层外,应设分格缝。A、B选项属于块材类面层,故A、B、C选项可不设分格缝,D选项应设分格缝。

答案:D

2-81 解析:参见《机械工业厂房建筑设计规范》GB 50681—2011第6.2.3条,混凝土垫层的最小厚度应为80mm(B选项正确),混凝土材料强度等级不应低于C15;当垫层兼作面层时,混凝土垫层的最小厚度不宜小于100mm,强度等级不应低于C20。

答案:B

2-82 解析：参见《住宅室内防水工程技术规范》JGJ 298—2013 第 5.4.1 条，楼、地面的防水层在门口处应水平延展，且向外延展的长度不应小于 500mm，向两侧延展的宽度不应小于 200mm（A 选项正确）。

答案：A

2-83 解析：参见《医院洁净手术部建筑技术规范》GB 50333—2013 第 7.3.1 条规定，洁净手术部的建筑装饰应遵循不产尘、不易积尘、耐腐蚀、耐碰撞、不开裂、防潮防霉、容易清洁、环保节能和符合防火要求的总原则（A、B 选项正确）。第 7.3.2 条，洁净手术部内地面可选用实用经济的材料，以浅色为宜（C 选项错误）。第 7.3.5 条规定，洁净手术部内墙面下部的踢脚不得突出墙面；踢脚与地面交界处的阴角应做成 $R \geqslant 30mm$ 的圆角（D 选项正确）；其他墙体交界处的阴角宜做成小圆角。

答案：C

2-84 解析：参见《建筑防火通用规范》GB 55037—2022 第 2.2.8 条，除仓库连廊、冷库穿堂和筒仓工作塔内的消防电梯可不设置前室外，其他建筑内的消防电梯均应设置前室。消防电梯的前室应符合下列规定：3 前室或合用前室应采用防火门和耐火极限不低于 2.00h 的防火隔墙与其他部位分隔。除兼作消防电梯的货梯前室无法设置防火门的开口可采用防火卷帘分隔外，不应采用防火卷帘或防火玻璃墙等方式替代防火隔墙（C 选项错误）。第 2.2.9 条，消防电梯井和机房应采用耐火极限不低于 2.00h 且无开口的防火隔墙与相邻井道、机房及其他房间分隔（A 项选项正确）。消防电梯的井底应设置排水设施（B 选项正确），排水井的容量不应小于 $2m^3$，排水泵的排水量不应小于 10L/s。6.5.3 下列部位的顶棚、墙面和地面内部装修材料的燃烧性能均应为 A 级：3 消防电梯前室或合用前室（D 选项正确）。

答案：C

2-85 解析：参见《玻璃幕墙工程技术规范》JGJ 102—2003 第 4.1.5 条，幕墙开启窗的设置，应满足使用功能和立面效果要求，并应启闭方便，避免设置在梁、柱、隔墙等位置；开启扇的开启角度不宜大于 30°（B 选项正确），开启距离不宜大于 300mm。

答案：B

2-86 解析：参见《玻璃幕墙工程技术规范》JGJ 102—2003 第 7.4.1 条，采用胶缝传力的全玻幕墙，其胶缝必须采用硅酮结构密封胶（该条款已被《民用建筑通用规范》55031—2022 废止）。

答案：B

2-87 解析：参见《塑料门窗工程技术规程》JGJ 103—2008 第 6.2.7 条，门窗在安装时应确保门窗框上下边位置及内外朝向准确，安装应符合下列要求：固定片或膨胀螺钉的位置应距门窗端角、中竖梃、中横梃 150~200mm，固定片或膨胀螺钉之间的间距应符合设计要求，并不得大于 600mm（A 选项正确）；不得将固定片直接装在中横梃、中竖梃的端头上；平开门安装铰链的相应位置宜安装固定片或采用直接固定法固定。

答案：A

2-88 解析：参见《中小学校设计规范》GB 50099—2011 第 8.1.8 条，教学用房的门窗设置应符合下列规定：二层及二层以上的临空外窗的开启扇不得外开（A、D 选项错误）。条文说明第 8.1.8 条第 4 款规定，学校应训练学生自己擦窗，这是生存的基本技能之一；为保障学生擦窗时的安全，规定为开启扇不应外开；为防止撞头，平开窗开启扇的下缘低于 2m 时，开启后应平贴在固定扇上或平贴在墙上；装有擦窗安全设施的学校可不受此限制。C 选项上悬内开窗开启后占用窗边室内空间，B 选项最合理。

答案：B

2-89 解析：参见《建筑设计防火规范》GB 50116—2014（2018 年版）第 6.7.7 条，除本规范第 6.7.3 条规定的情况外，当建筑的外墙外保温系统按本节规定采用燃烧性能为 B_1、B_2 级的保温材料时，

469

应符合下列规定：除采用 B_1 级保温材料且建筑高度不大于 24m 的公共建筑或采用 B_1 级保温材料且建筑高度不大于 27m 的住宅建筑外，建筑外墙上门、窗的耐火完整性不应低于 0.50h（A 选项正确）。

答案：A

2-90 解析：参见《建筑设计防火规范》GB 50116—2014（2018 年版）第 6.4.14 条第 1、4、5 款，避难走道的设置应符合下列规定：避难走道防火隔墙的耐火极限不应低于 3.00h（A 选项正确），楼板的耐火极限不应低于 1.50h（B 选项正确）。避难走道内部装修材料的燃烧性能应为 A 级（C 选项正确）。防火分区至避难走道入口处应设置防烟前室，前室的使用面积不应小于 6.0m^2，开向前室的门应采用甲级防火门（D 选项错误），前室开向避难走道的门应采用乙级防火门。

答案：D

2-91 解析：参见《抹灰砂浆技术规程》JGJ/T 220—2010 第 3.0.17 条，当抹灰层厚度大于 35mm 时，应采取与基体粘结的加强措施；不同材料的基体交接处应设加强网，加强网与各基体的搭接宽度不应小于 100mm（D 选项正确）。

答案：D

2-92 解析：粘接式不能保障安全性，不适用于石材幕墙安装，A 选项错误。参见《金属与石材幕墙工程技术规范》JGJ 133—2001 第 4.3.5 条，上下用钢销支撑的石材幕墙，应在石板的两个侧面或在石板背面的中心区另采取安全措施，并应考虑维修方便。第 4.3.6 条，上下通槽式或上下短槽式的石材幕墙，均宜有安全措施，并应考虑维修方便。

答案：A

2-93 解析：参见《金属与石材幕墙工程技术规范》JGJ 133—2001 第 3.2.1 条，幕墙石材宜选用火成岩（A 选项正确），石材吸水率应小于 0.8%（B 选项正确）。第 4.1.3 条，石材幕墙中的单块石材板面面积不宜大于 1.5m^2（D 选项正确）。第 5.5.1 条，用于石材幕墙的石板，厚度不应小于 25mm。第 3.2.4 条，为满足等强度计算的要求，火烧石板的厚度应比抛光石板厚 3mm。条文说明第 3.2.4 条、第 3.2.5 条，石板火烧后，在板材的表面出现了细小的不均匀麻坑，因而影响了厚度，也影响强度，在一般情况下按减薄 3mm 计算强度。因此火烧石板的厚度不应小于 28mm，C 选项错误。

答案：C

2-94 解析：参见《屋面工程技术规范》GB 50345—2012 第 4.11.18 条，变形缝防水构造应符合下列规定：变形缝内应预填不燃保温材料（B 选项错误），上部应采用防水卷材封盖，并放置衬垫材料，再在其上干铺一层卷材。

参见《建筑地基基础设计规范》GB 50007—2011 第 7.3.2 条，当建筑物设置沉降缝时，应符合下列规定：沉降缝应有足够的宽度，沉降缝宽度可按表 7.3.2（题 94 解表）选用（A、C 选项错误）。

房屋沉降缝的宽度 题 94 解表

房屋层数	沉降缝宽度（mm）
二～三	50～80
四～五	80～120
五层以上	不小于 120

答案：D

2-95 解析：参见《建筑设计抗震规范》GB 50011—2010（2016 年版）第 7.1.7 条第 3 款，多层砌体房屋的建筑布置和结构体系，应符合下列要求：房屋有下列情况之一时宜设置防震缝，缝两侧均应设置墙体（C 选项错误），缝宽应根据烈度和房屋高度确定（D 选项正确），可采用 70～100mm；

①房屋立面高差在 6m 以上（A 选项正确）；②房屋有错层，且楼板高差大于层高的 1/4（B 选项正确）；③各部分结构刚度、质量截然不同。

答案：C

2-96 解析：参见《地下工程防水技术规范》GB 50108—2008 第 5.1.4 条，用于沉降的变形缝最大允许沉降差值不应大于 30mm（A 选项错误）。第 5.1.5 条，变形缝的宽度宜为 20～30mm（B 选项错误）。第 5.1.7 条，环境温度高于 50℃ 处的变形缝，中埋式止水带可采用金属制作（C 选项错误）。参见《人民防空地下室设计规范》GB 50038—2005 第 4.11.4 条，防空地下室结构变形缝的设置应符合下列规定：①在防护单元内不宜设置沉降缝、伸缩缝（D 选项正确）；②上部地面建筑需设置伸缩缝、防震缝时，防空地下室可不设置；③室外出入口与主体结构连接处，宜设置沉降缝；④钢筋混凝土结构设置伸缩缝最大间距应按国家现行有关标准执行。

答案：D